电子组装工艺可靠性技术与案例研究

（第2版）

罗道军　贺光辉　邹雅冰　著

電子工業出版社
Publishing House of Electronics Industry
北京・BEIJING

内容简介

本书主要介绍电子组装工艺可靠性工程技术的基础理论和学科技术体系，以及电子组装工艺过程所涉及的环保、标准、材料、质量与可靠性技术，其中包括电子组装工艺可靠性基础、电子组装工艺实施过程中的环保技术、试验与分析技术、材料与元器件的选择与应用技术、20余个典型的失效与故障案例研究、工艺缺陷控制技术等内容。这些内容汇聚了作者多年从事电子组装工艺与可靠性技术工作的积累，其中的案例及技术都来自生产服务一线的经验总结，对于提高和保障我国电子制造的质量和可靠性水平，实现高质量发展具有很重要的参考价值。

本书可作为从事电子组装领域研发设计、工艺研究、检测分析、质量管理等工作的工程技术人员的参考用书，也可作为相关领域的大专院校和职业技术教育的参考教材。

图书在版编目（CIP）数据

电子组装工艺可靠性技术与案例研究 / 罗道军，贺光辉，邹雅冰著 .—2 版 .— 北京：电子工业出版社，2022.7

ISBN 978-7-121-43801-1

Ⅰ . ①电…　Ⅱ . ①罗…　②贺…　③邹…　Ⅲ . ①电子元件－组装－可靠性－研究　Ⅳ . ① TN605

中国版本图书馆 CIP 数据核字（2022）第 107934 号

责任编辑：陈韦凯　　文字编辑：底　波
印　　刷：固安县铭成印刷有限公司
装　　订：固安县铭成印刷有限公司
出版发行：电子工业出版社
　　　　　北京市海淀区万寿路 173 信箱　邮编：100036
开　　本：787×1092　1/16　　印张：26.25　字数：588 千字
版　　次：2015 年 9 月第 1 版
　　　　　2022 年 7 月第 2 版
印　　次：2025 年 3 月第 2 次印刷
定　　价：168.00 元

凡所购买电子工业出版社图书有缺损问题，请向购买书店调换。若书店售缺，请与本社发行部联系，联系及邮购电话：（010）88254888，88258888。

质量投诉请发邮件至 zlts@phei.com.cn，盗版侵权举报请发邮件至 dbqq@phei.com.cn。

本书咨询联系方式：lijie@phei.com.cn。

自从本书的第一版于2015年出版以来，引起了电子行业人士的强烈反响。与此同时，电子信息技术又发生了翻天覆地的变化，电子产品正向高密度、高集成度、大功率及高可靠等方向快速发展，目前，我国许多门类的电子电气产品的产量已经跃居世界首位。但是，电子制造业仍然面临许多挑战，组装的电子产品既要求高可靠性、高良率，又需要低成本，这样才能满足日益增长的客户需求，取得企业的竞争优势。另外，新工艺的导入也不断带来许多新的可靠性问题。因此本书作者应出版社及行业的需求，与时俱进地增加了新的技术内容和工程案例，进一步完善和丰富了电子组装工艺可靠性这门新学科的基础理论与方法，删减或更新了一些过时的内容，更正了第一版中的部分错误，使本版内容更加丰富，电子组装工艺可靠性的技术体系更加完善，更加符合现实产业发展对电子组装工艺可靠性技术的要求。

本版在保留原架构和主体内容的基础上，对第一版做了修改、补充、更新和完善，删除了一些过时或陈旧的内容，增加了一些新的技术内容和典型案例。其中在基础篇中增加了1.1.3节“电子组装工艺可靠性概述”（罗道军执笔）和1.1.4节“微组装技术概述”（肖慧执笔），对电子组装工艺可靠性的技术体系做了较为完整的概述。由于环保法规和标准随时间都发生了比较大的变化，2.1节和2.2节由孙秀敏进行了更新，2.3节则由罗道军进行了更新，删除或合并了其中的部分章节。在3.4节“印制电路板的选择与评估”中增加了3.4.8节“新型板材的选择与评估”（何骁执笔），关注先进覆铜板和微波板的有关内容，力求反映电子行业新材料的迅速发展态势。由于新的先进的工艺分析和试验技术不断涌现，在方法篇中增加了5种技术，分别是：4.8节“离子研磨技术及其在工艺分析中的应用”（陈镇海执笔）、4.9节“聚焦离子束技术及其在工艺分析中的应用”（熊峰执笔）、4.10节“电子背散射衍射技术及其在工艺分析中的应用”（陈镇海执笔）、4.11节“硫化腐蚀试验及其在PCBA可靠性评估中的应用”（唐雁煌执笔）、4.12节“有限元仿真及其在电子组装工艺可靠性工程中的应用”（肖慧执笔）。最后在案例研究篇中增加了5种新模式共12个典型案例，分别是：5.19节“烧板失效典型案例研究”（沈江华执笔）、5.20节“片式电阻硫化腐蚀案例研究”（罗杰斯执笔）、5.21节“盲孔失效典型案例研究”（陈方舟和李星星执笔），5.22节“键合失效案例研究”（刘加豪和邹雅冰执笔）及5.23节“立碑失效案例研究”（马丽利执笔）。此外，对第一版的部分错误或遗漏也由原作者一并做了修改和完善。全书最后由罗道军统一修改定稿。

另外，本书中的许多内容得到了作者单位许多同事的大力支持和帮助，标准查找、图谱绘制、案例中的试验和分析部分基本上都是由他们完成的，特别是张莹洁和许慧等可靠性分析中心工艺可靠性工程部和材料可靠性工程部的同事们，在此一并表示感谢！同时，本书的出版还得到电子行业许多企业的大力支持，给我们提供了很好的学习和研究案例的机会，由于信息安全的原因，我们隐去了他们的信息，在此要特别感谢他们！由于电子信息技术日新月异，很多新问题、新情况层出不穷，加上作者水平有限且时间仓促，书中可能有纰漏和不足之处，敬请读者朋友指正。

作　者

目录
Contents

Chapter 1

第1章　基础篇

1.1　电子组装技术与可靠性概述

琳琅满目的消费类电子产品和日益便捷的信息技术的应用得益于电子制造的快速发展。电子制造包括从电子材料开始，到元器件、组件、设备整机以及系统集成的整个硬件实现的过程，其中涉及了物理、化学、材料、机械电子等多学科的综合运用，是一个知识密集型的高技术的产业。随着技术的发展和越来越细化的社会分工，现今的电子制造则演绎为主要包括技术复杂度较高的两个环节，即由电子材料到电子元器件的封装工艺，以及把元器件安装到印制电路板（PCB）上形成电路板组件的组装工艺。本书主要讨论的是后者，即电子组装技术及其产品的可靠性问题。

1.1.1　电子组装技术概述

从最初的将元器件用手工的方法焊接到印制板上的生产方式，到目前普遍使用的高速表面贴装技术（SMT），电子组装技术这些年来经历了飞速的发展，贴装的零件已经小到01005的规格了。但是对于使用大型接插件或元器件的设备而言，如电源产品，则还必须使用通孔插装技术（THT），然后再使用波峰焊进行焊接组装。对于一些复杂产品，甚至同时使用SMT与THT技术。因此，本文讨论的电子组装技术则主要限于SMT与THT的工艺过程。这一过程涉及了材料技术、工艺技术、设计技术、可靠性与质量保证技术等，要得到高效率与高品质，任何一个环节的疏忽都不可以。组装工艺涉及的材料包括焊接材料、助焊剂材料、助焊膏、元器件与PCB等，工艺则包括设备参数的设置和优化，设计则需要进行DFM（可制造性设计）和DFR（可靠性设计），以降低制造难度以便提高制造成品率和效率；至于质量与可靠性的保证技术，则要在本书的稍后部分展开讨论。

典型THT的工艺流程如下：

备料——插件（手工或机械自动）——涂覆助焊剂——焊接（波峰焊或手工浸焊等）——检查——修补。

典型SMT的工艺简述如下：

（1）备料——PCB上点胶——贴片——固化（紫外或热）——波峰焊——检查——修补。

（2）备料——PCB上印刷焊锡膏——贴片——回流焊——检查——修补。

条件好的企业为了更好地保证质量，则会在每道工序后面增加检测和清洗环节，如增加焊锡膏厚度测试、贴片或焊接后的自动光学检测（AOI），有的甚至增加线上X射线透视检测焊点的环节。许多电路板组件（PCBA）的生产同时包含了上述THT和SMT工艺过程，那么就需要设计好工艺流程，以保证不同工艺环节良好的兼容性。

当PCBA完成后，可以说电子组装的工作基本完成了，因为后续的设备组装主要是一些简单的插接或拧螺钉的工作了。由于电子组装工艺技术涉及的面很宽、技术也复杂，论述清楚需要很大的篇幅，而且已经有大量的专著出版，因此电子组装技术部分不作为本书讨论的重点议题。

自从2003年欧盟的RoHS和WEEE法规的出台，各国政府以及民间环保组织也相继出台在电子电气行业限制使用有毒有害物质的法律法规。为此，在电子制造行业掀起了绿色环保的浪潮，不仅仅是含有铅、镉、汞、六价铬、PBB与PBDE等物质的材料使用受到限制，随着REACH法规的出台，受限制的物质已经超过160余项并有逐步增多的趋势。其中，对电子行业冲击最大的是无铅化和无卤化的实施，含铅或含卤的材料在电子产品和组装工艺中已经非常成熟地使用了很长的时间，而无铅或无卤材料的使用将导致设计、工艺、元器件、设备与可靠性等要素的一系列改变，这无疑是一场制造技术的革命。无铅工艺的高温、小的工艺窗口以及低润湿特性将会导致元器件的损伤、成品率降低、材料与能源成本的提升，无卤化则可导致工艺难度大大增加、PCB的可靠性与安全性受到损害等。一句话，绿色的电子组装将面临一场非常严峻的挑战，那就是如何避免成本的显著上升而同时确保产品的品质和可靠性。

本书的目的就是希望为电子组装业者提供一个解决问题的思路和方法，再通过一个个生动案例的研究分析，找到影响组装质量和可靠性问题的根源，从而采取有针对性的措施，最终达到确保所组装的产品的质量与可靠性的目的。

1.1.2 可靠性概论

对于一个完整的可靠的电子组装制造过程而言，首次通过SMT或THT技术获得了组件并没有达成最终的目标，其中还必须通过各种可靠性试验的考核以及失效分析手段，暴露和分析组件所隐含的缺陷以及造成缺陷的根本原因，并且针对这些原因通过工艺优化、物料控制及设计进行改进，不断地改进和提高焊点或组件的可靠性与质量，最终才能获得符合质量目标的组件和稳定的工艺条件。本书的第一部分重点讨论确保电子组装质量的可靠性工程技术，这些技术也理应成为制造过程收关的重要一环。

电子组件的可靠性取决于元器件的可靠性和互连焊点的可靠性。由于元器件种类繁多且自有规律，需要有专门的著作来讨论。本书主要讨论经过组装技术生产获得的PCBA的互连可靠性问题，而这一问题的关键则是如何既获得良好的可靠的焊点，又不伤及周围的元器件和材料。在展开讨论焊点的可靠性试验与失效分析技术之前，有必要先介绍一下有关焊点可靠性的基本概念与基础知识。

1. 研究焊点可靠性的意义

焊点通俗地说其实就是一个通过钎焊工艺形成的一个“接头”，通过这个接头就可以将不同的导体或功能零件连接在一起。对于本文要讨论的焊点则是限定在印制电路板与零部件之间起固定作用的接点，元器件就是通过这一接点输入、输出信号而发挥其作用的。因此，焊点最基本的作用就是固定零部件，确保这一机械连接的牢固，然后在此基础上实现电气连接，传导电信号，最终实现零部件以及PCBA的设计功能。从这个意义上讲，焊点是否可靠地持续保持良好的机械连接与电气连接的功能对于整机设备来讲至关重要。因为即使一个焊点发生不良或不可靠，也会导致整个设备异常甚至失效，严重的会引起灾难性的责任事故，如阿波罗号航天飞机的事故、火箭发射失败等。此外，焊点还有散热功能，这一点对板级可靠性也非常重要。

对于一个设计定型后持续生产的整机设备产品，决定其功能和质量的核心就是其PCBA，因为其他部分相对简单得多，很少有因为机壳或压缩机之类的机械部件不良引起的质量问题。而决定PCBA固有可靠性的因素主要有两个，一个是各元器件的可靠性，另一个就是电路板与元器件之间互连的可靠性。任何一个元器件或是焊点的不良都可以导致设备发生故障。而据美国空军的统计数据，焊点失效导致的故障超过总故障的30%。可见，在影响整机设备的可靠性方面，焊点的质量与可靠性和元器件一样重要，意义一样重大，即使看起来焊点似乎更普通，更不引人注目。

2. 可靠性基本概念

在人们的印象中，“可靠”的意义似乎就是“不出问题”，或者没有故障等，对于SMT焊点而言就是焊点不出问题。可以说这是人们对可靠性最初认识的一种通俗的说法。那么，到底什么是可靠性？如何对可靠性进行度量呢？按照国家标准《可靠性基本名称及术语》（GB 3187—1982）及国家军用标准《可靠性维修性术语定义》（GJB 451—1990）的定义：可靠性为“产品在规定的条件下和规定的时间内，完成规定功能的能力”。为了表征这种“完成规定功能的能力”，技术上使用概率论与数理统计的方法来定量表述。定量表示产品可靠性的特征量有可靠度（$R(t)$）、累积失效率（$F(t)$）、失效率（λ）及平均无故障工作时间（MTBF）等。

所谓可靠度 $R(t)$ 就是产品在规定的条件下，完成规定功能的概率。累积失效率其实就是累积的失效产品数占总量的比率。可靠度与累积失效率之间的关系可以用下式来表示：

$$R(t)=1-F(t) \tag{1.1}$$

所谓失效率，就是指产品单位的时间内失效的概率。而平均无故障工作时间，是指产品无故障工作时间的平均值。这里所说的产品就是焊点。通常来讲，表征焊点与元器件的可靠性的高低用失效率来表示，而对于设备的可靠性水平则多用可靠度或平均无故障工作时间来表达。这里多次提到的“失效”，是指产品丧失应有功能或降低到不能满足规定的要求。而失效模式则是失效现象的表现形式，与产生原因无关，如开路、短路、参数漂移、不稳定等。失效机理则是失效模式背后的物理化学变化过程，并且对导致失效的物理化学变化提供的解释，如银电迁移导致的短路。在工程上，有时会把导致失效的原因说成是失效机理。另外，值得注意的是，可靠性工程中所说的应力不是物理学上的机械应力，而是泛指驱动或阻碍产品完成功能的动力和加在产品上的环境条件（如温度、湿度、电压、振动等），这也是产品退化的诱因。

根据可靠性的定义，产品的固有可靠性是随设计的修改、工艺的变更以及使用条件的不同而变化的。因此，在评价或分析产品可靠性时，必须指定“规定的条件”和“规定的时间”以及需要“完成规定的功能”。否则，这个能力水平即可靠性水平就不可确定。因此，可靠性与“规定的条件”“规定的时间”以及“规定的功能”密切相关。例如，汽车音响，在北方的沙漠地区使用或是在海南岛地区使用，其寿命或可靠性就差别极大。这里所说的“规定的条件”就是指产品的使用条件和环境条件。另外，产品的可靠性一般都会随时间的推移而不断降低，它是时间的函数，产品使用一天的可靠性与使用一年以后的可靠性水平截然不同，因此必须限定“规定的时间”。此外，“规定的功能”是指产品的主要性能指标与技术要求，完成或达到这些指标或要求的能力则跟指标与技术要求的高低有关，指标高，完成的能力的可能性就会下降，反之则会上升。这些指标或要求实际上就是产品失效的判断依据，没有完成这个规定的功能就是失效了。

3. 可靠性试验概述

从广义上来说，凡是为了了解、评价、分析和提高产品可靠性水平而进行的试验，都可称为可靠性试验。从这个意义上讲，在产品设计到制造、鉴定到使用的每个阶段都需要进行可靠性试验。例如，在设计阶段，我们需要了解所设计的产品或焊点是否满足可靠性指标的要求，要进行可靠性试验。在生产制造阶段，需要了解生产工艺是否满足要求，要进行可靠性试验。在工艺定型后的正式生产时，需要对其产品的可靠性水平进行鉴定，也要进行可靠性试验。在使用阶段，由于使用现场与实验室条件的差异，同样要进行现场的可靠性试验。通过这一系列的可靠性试验，我们期望可以达到保证出售的产品的可靠性水平满足要求的目标。具体讲，就是通过可靠性试验可以发现在设计、原材料、结构、工艺和环境适应性方面存在的问题，再通过失效分析手段分析问题产生的原因，进行有效的改进，直到达成最终的设计目标，并可为后续的可靠性管理提供有效的依据。

为了达到不同的目的可以选择不同类型的试验方法。可靠性试验有不同的分类方法，如根据环境条件分为模拟试验和现场试验；根据试验的性质，可以分为破坏性试验与非破坏性试验；按照项目则可分为环境试验、寿命试验、加速试验和各种特殊试验。但通常惯用的分类方法是将其分为五类，即环境试验、寿命试验、筛选试验、现场使用试验和鉴定试验。而鉴定试验又可以分为产品的可靠性试验与工艺的可靠性试验，产品的可靠性试验一般在新产品设计定型和生产定型的时候进行，目的是考核产品的指标是否满足预定的设计要求。而工艺（含材料）的可靠性试验主要用于考核生产工艺和材料的选择与控制能力是否能保证所制造的产品的可靠性与质量等级的要求。由于SMT工艺从有铅的传统工艺到无铅的环保工艺，主要涉及工艺与材料的转换，因此，更多地是需要做工艺的可靠性试验，以确认所更新后的工艺和材料是否满足预期的可靠性要求。

由于无铅制造过程涉及的因素有很多，仅无铅焊料在业界都无法统一，各种合金组成的无铅焊料以及不同的表面处理，导致影响无铅产品可靠性的因素也有很多，且无铅实施的时间不长，与有铅产品的大量的可靠性数据积累相比，无铅产品的可靠性数据缺乏积累。这也就严重制约了无铅焊接技术的发展，导致在某些高可靠性要求的领域仍然得到豁免而继续使用有铅的焊接工艺，这样无铅有铅混装的工艺就产生了新的可靠性问题。为此，除了进行上面提到的可靠性鉴定试验，业界仍然需要针对无铅焊点进行必要的寿命试验，以获取无铅焊点的寿命特征。这种方法是模拟焊点的使用条件，在不改变失效机理的条件下采用加大应力缩短试验时间的加速寿命试验的方法。尽管如此，为了获得焊点的特征寿命，试验的时间仍然较长，投入仍然很大，在业界一般的中小企业都难以单独承担。所以，现在业界大多采用工艺的可靠性试验的方式，结合一定的机理分析来确保消费类产品的可靠性满足要求。

4. 确保产品可靠性的基本工作内容

可靠性工作是一项系统工程，它贯穿从产品设计到使用的整个生命周期。要确保产品的可靠性符合设计和使用的要求，显然仅仅通过可靠性试验的方法不能达到确保可靠性的目标。由于篇幅以及本书主旨的关系，在此只简单地讲述其他相关的可靠性工作的基本内容与工作思路。

每个产品的诞生都是从设计开始的，在产品的研制阶段必须首先进行产品可靠性规划，需要设计的产品将来在什么条件下使用，使用的寿命如何，寿命期内故障的容忍度如何，可靠性要求到什么程度等，都需要做好规划或设计。然后根据所使用的材料与工艺参数对进行可靠性设计和预计，预计可靠性能满足要求后方可进行产品样机的研究，并对产品的设计方案进行可靠性分析，通过可靠性试验发现问题与隐藏的缺陷，针对缺陷进行分析改进，即所谓的可靠性增长试验。这个过程反复进行，直至设计的产品的可靠性满足要求，设计才能定型。

设计定型后的产品就应该开始设计生产工艺，进入试制阶段。这时就要根据产品设计要求，选择工艺、材料、部件进行试生产，通过对试生产的产品的特征参数进行检测，获得工艺优化的初步依据，选择最佳的工艺参数和适合的原材料。正式量产前还需对产品进行可靠性试验，以进一步确认最佳的工艺与原材料选择方案，并验证试制样品的可靠性是否达到规划要求。

量产阶段需要加强工艺以及原材料的质量控制，并定期对产品进行例行的可靠性试验，以保障批量生产时工艺、材料、产品的一致性和稳定性。到了应用阶段，就应该做好维护工作，确保产品在产品设计的使用条件范围内使用，并及时准确地收集产品的实际使用的可靠性数据，准确反馈到研制方以便成为产品升级换代时的改进依据。

对于焊点的可靠性工作，建议考虑采用如下的工作思路：

- 收集产品历史经验与现场使用的可靠性数据；
- 分析建立主要的失效模式及其分布；
- 通过失效分析方法寻找产品失效的机理；
- 对新产品新工艺进行可靠性设计，并用可靠性试验验证其设计；
- 通过加速试验获得新设计的焊点的寿命特征；
- 建立加速试验数据或特征寿命和实际使用寿命之间的对应关系，得到评价数学模型；
- 利用数学模型描述产品寿命的变化规律；
- 基于失效机理与数学模型，通过软件仿真在设计阶段预测产品的寿命；
- 用加速试验方法进行产品的可靠性与寿命认证与评估；
- 定期进行可靠性试验，确保产品与工艺的一致性与稳定性；
- 进行现场使用的维护，收集可靠的现场使用数据，为下一步改进做准备；
- 建立故障报告、分析和纠正措施系统（FRACAS）。

综上所述，可靠性试验贯穿整个产品的生命周期，在确保产品可靠性的工作中，可靠性试验是其最重要的组成部分，是保证或提供产品可靠性的必要手段。可靠性试验的数据和结论是合理使用产品、正确设计产品、选择制造工艺和实施工艺控制的重要依据。

5. 影响焊点可靠性的主要环境应力

焊点是由不同材料通过SMT或THT工艺形成的一个连接点，本身可能因为处于不同的设备中而遇到不同的使用环境，因此，受到的环境应力及其水平都不尽相同。但是根据焊点的结构特点，可以总结出焊点可靠性的主要影响因素有两个方面：一是热应力，即由于使用现场的环境温度变化，或者工作状态与非工作状态导致的温度变化，这种温度变化会导致焊点中不同材料之间的不同幅度的应变，这种反复的应变会直接引起焊点的失效（见图1.1）；二是机械应力，由于焊点的基本作用就是固定元器件，起到机械连接的作用，而设备的使用运输过程经常会遇到振动、弯曲、跌落等规律性的或以外的机械应力，这种应力也会导致应变的产生从而引起可靠性的变化（见图1.2）。此外，长期的高温环境也会导致焊点老化，金属间化合物的生长引起脆性增加，严重的还会产生Kirkendall空洞（见图1.3），导致焊点可靠性降低。图1.4 是美国空军统计分析的影响互连可靠性的环境应力的影响因子。焊点的可靠性试验将选择主要影响应力来进行。

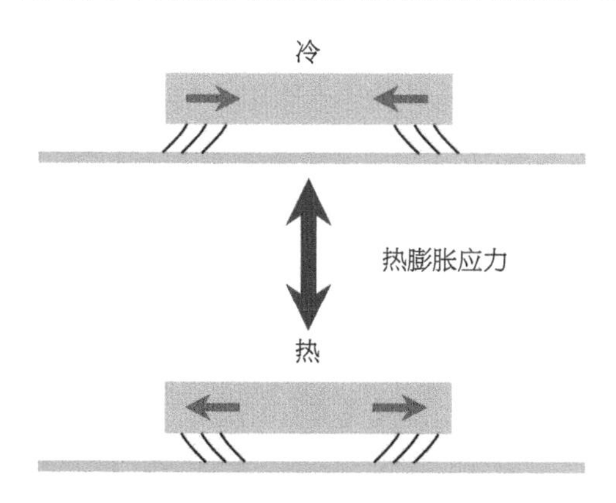

图 1.1　热应力对焊点可靠性的影响

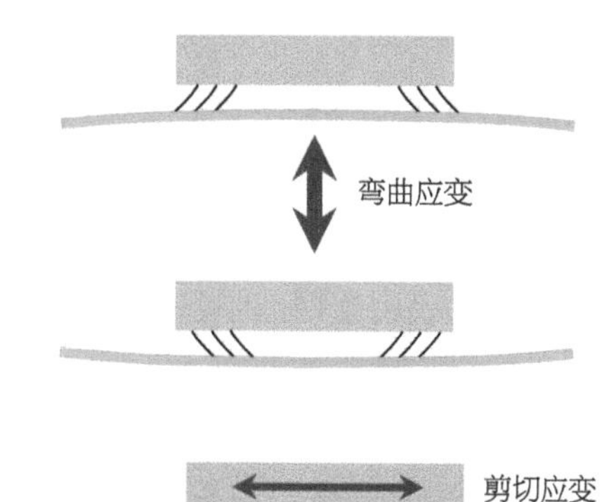

图 1.2　机械应力对焊点可靠性的影响

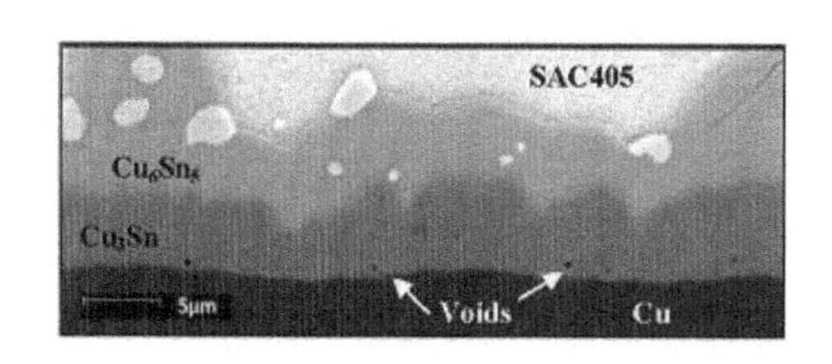

图 1.3　焊点高温老化后在金属间化合物界面产生的 Kirkendall 空洞（SAC405/Cu，175℃ ×1000h）

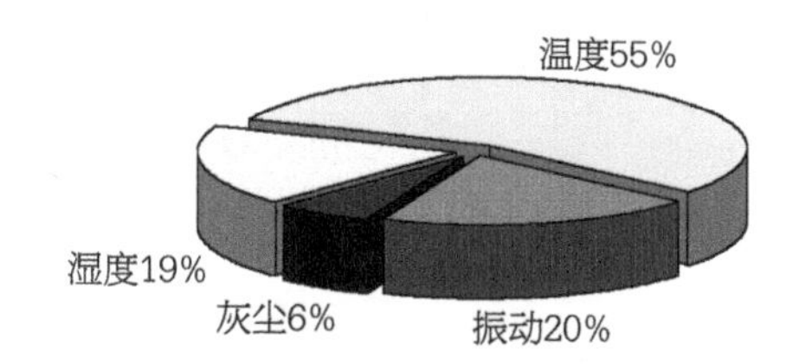

图 1.4　环境应力对互连（含焊点）可靠性的影响因子（Source: U.S. Air Force Avionics Integrity Program）

6. 焊点的主要失效模式

经过大量现场的数据收集与分析总结发现，在符合验收标准的合格焊点中，主要的失效模式可以分成两大类：一类是疲劳断裂引起开路失效，这种疲劳失效可以是机械应力导致的机械疲劳失效，也可以是热应力导致的热疲劳失效；另一类是腐蚀失效，包括化学腐蚀失效与电化学腐蚀失效，这种腐蚀失效可能还包括电迁移过程或绝缘电阻下降。这两种失效模式都与时间有关，随着时间的推移，失效率会逐步增加。疲劳开路失效还可以表现为焊点的阻值增大。腐蚀失效则更多地表现为焊点变色，以及漏电等绝缘性下降。腐蚀失效虽然常见，但与疲劳失效相比不太重要，并且容易控制或预防，只要将工艺中残留在焊点表面或周围的残留物清理干净，就可以防止腐蚀失效的发生。

需要指出的是，在工艺过程中，由于工艺未稳定产生的异常焊点或不合格焊点，不在此讨论之列。因为这些现场问题的产生属于狭义的现场质量问题，产品都不合格根本不能继续谈论可靠性问题。这些质量问题只需通过一般的检测就可以发现，并可通过工艺的优化与材料的选择来改进，如连焊、拉尖、孔洞、润湿不良、立碑等。讨论可靠性或寿命问题通常基于产品符合基本标准的质量基础之上。

7. 焊点主要失效机理

看起来简简单单的一个焊点其实并不简单，它包括焊盘、焊料及引线脚等部分，甚至还包括焊盘下面的基材，以及这些材料之间形成的金属间化合物。形成焊点的过程涉及冶金学、物理化学、材料学等学科的理论。因此，可以说焊点并不简单。由于焊点的结构包括了焊料、焊盘、引线脚以及基材，而这些材料的热膨胀性能各不相同（见表1.1），在焊点所在的设备工作或处于不同的环境时，随着季节与工作状态的变化，焊点会随时遭遇到不同的循环热应力，由于焊点中各材料的膨胀性能的差异，导致遭受不同程度的应力－应变的焊点产生疲劳裂纹，随着裂纹的扩展最终导致焊点开裂失效。如果焊点中再有隐含的缺陷，焊点就会出现早期失效或寿命折损。图1.5就是这种疲劳失效过程的一个典型的例子。

表1.1　焊点相关材料的典型热膨胀系数（CTE）

材　　料	热膨胀系数（ppm/℃，0 ~ 200℃）	材　　料	热膨胀系数（ppm/℃，0 ~ 200℃）
锡铅共晶合金	21	FR4水平	11 ~ 15
铜及其合金	16 ~ 18	FR4垂直	60 ~ 80
镍	13 ~ 15	环氧树脂	60 ~ 80
42合金	60	聚酰亚胺	40 ~ 50
锡银铜（SAC）	15.5 ~ 17.1	Sn5Pb95	28

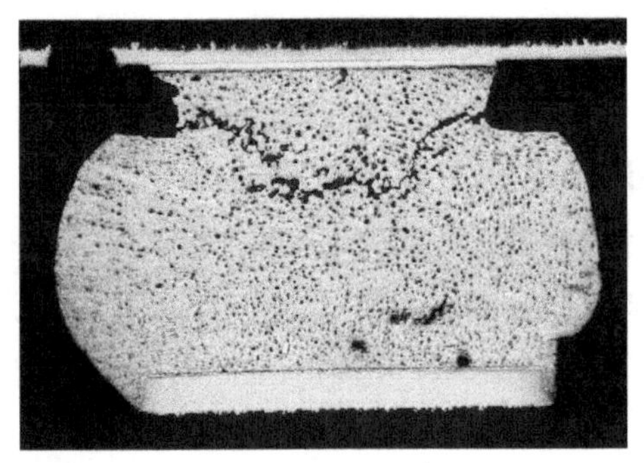

图1.5　焊点经过温度循环（−40 ~ 125℃，1 cycle/h × 1000cycles）前（左）后（右）的切片照片

至于焊点的腐蚀失效，主要与工艺过程中导致的在焊点表面或周围的活性残留物有关，通过大量的失效分析发现，腐蚀物主要来源于工艺过程中助焊剂的残留，助焊剂中的酸性物质或卤素离子的存在，当它们吸潮后即可形成腐蚀性极强的酸，这些酸性物质很快将焊点表面或周围的金属变成离子，在设备工作的时候，邻近焊点之间的电位差形成了电场，导致离子的迁移以及电化学腐蚀加剧，最终随着时间的推移，焊点会被腐蚀并可能在焊点之间长出枝晶（见图1.6），PCBA就会报废。这种失效现象一般都有规律，一旦出现问题，整个批次的PCBA或设备都将失效或遭到破坏。不过，令人感到欣慰的是，与疲劳失效的机理不同，这种失效机理反映的失效模式通常在工艺或材料上采取措施就容易得到控制。而疲劳失效则无法得到彻底的控制，疲劳失效是迟早的事，因此它最终成为焊点最主要的失效机理。

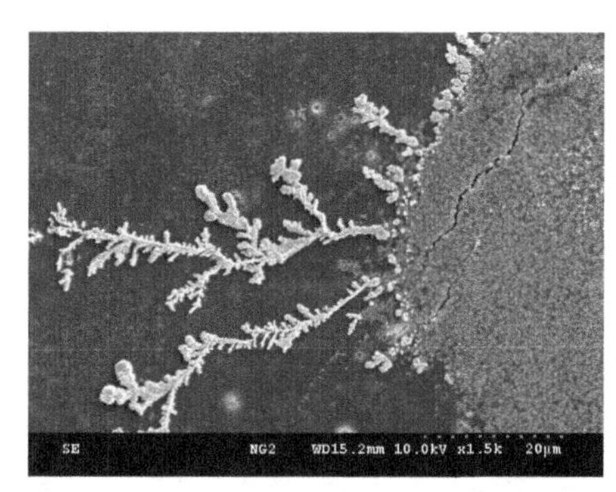

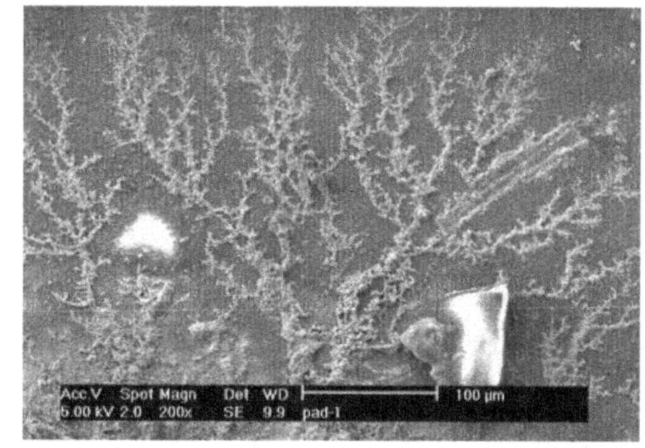

图 1.6　焊点发生腐蚀以及电迁移的 SEM 照片

1.1.3　电子组装工艺可靠性概论

此前，简要介绍了电子组装工艺和可靠性的基本概念和内容。我们也知道，电子组装工艺是电子制造的核心环节，组装好的电子产品在应用阶段还有很多可靠性问题，严重影响了产品的品牌和公司的形象及竞争力。经过仔细分析发现，这些可靠性问题不仅与所使用的材料和元器件有关，而且与很多制造工艺过程相关。这些工艺过程导致的可靠性问题又通常是批次性的，往往造成的损失也是巨大的，对于抵抗风险能力不足的中小企业很可能是灾难性的；但是对于航空航天一类涉及国家重点工程的企业来说，这些质量与可靠性问题造成的损失往往不是可以用金钱的损失来计算的。在很多人的基本印象或惯性思维中，认为只要我的设计好（未必是真正的好），加上采购的元器件和材料质量好，再用好的设备就一定可以做出好的、可靠的产品来，然而实际情况经常出乎意料，现实反馈的可靠性问题仍然层出不穷，而且很多都与工艺制程有关。因此，如何把可靠性工程理论和方法应用到电子制造，应用到电子组装工艺过程中去，使得组装制造出来的产品满足设计可靠性的要求和达到消费者或用户满意的目的，从而实现高质量发展的目标，就成为业界广泛关注的议题，这是本书要讨论的核心主旨。为了方便读者更好地了解电子组装工艺可靠性的基础理论和工程方法，本节将首先概要地介绍工艺可靠性的定义、技术范畴及工程方法。

1. 电子组装工艺可靠性技术的定义

电子组装工艺可靠性技术是指专门研究解决工艺制造阶段可靠性问题的工程技术。具体讲，就是将可靠性工程方法应用于电子组装制造过程，确保制造的产品达到预期的可靠性设计水平的工程技术。电子组装工艺可靠性的高低度量最终都需要在制成产品（电子组件）于应用阶段中体现出来。根据可靠性工程理论和实践，一个产品的固有可靠性，主要由设计、制造（工艺）和材料（包括元器件）三部分可靠性的贡献构成，其中设计是根本，材料是基础，制造是关键。对于一个产品的研制而言，设计、制造与材料密不可分，设计时不但要实现功能性能，还必须考虑材料的选择与工艺的实施。而工艺实施时必须有好的工艺设计，才能保证产品的可制造性、制造效率、制造质量和可靠性。因此，高水平的工艺可靠性必须从设计阶段就开始，包括材料、流程及设备的选择等，必须考虑影响工艺可靠性的所有相关要素。这体现了工艺可靠性技术是一门综合性和系统性极强的工程学科。

随着电子组件向高集成、高密度、小型化、模块化方向快速发展，电子组装工艺技术与元器件封装技术越来越多地交叉融合，使得组装、微组装及封装的界面越来越模糊，电源模块、通信模块、驱动模块、防雷模块等模块产品的SIP技术、MCM技术应用越来越广泛。工艺可靠性的内容和外延也在不断发展，但是它们的基础工艺技术如基板技术、SMT和THT工艺技术及可靠性方法都是通用的。

2. 电子组装工艺可靠性的技术范畴

一个产品的生命周期通常包括概念阶段、设计阶段、试制阶段、批产阶段和交付后的使用阶段，如图1.7所示。图1.7中同时把并行需要做的工艺工作与工艺可靠性要做的工作项目都给列了出来，系统考虑和形象地展现了工艺可靠性技术是如何实施到产品研制过程中的。组装工艺就是把各种元器件安装到PCB上去（当然这个PCB可以是有机、金属或陶瓷基的），包括贴装、插装、焊接、粘接、清洗、涂覆等工艺环节。从产品设计阶段开始，工艺设计就需要同步进行，否则设计的产品很可能无法制造出来，或者制造成本非常高，或者工艺缺陷非常多。工艺设计完成就需要准备设备、材料和工装，并且进行流程和仪器设备的参数初步设置，进而开始进行工艺试验和调制，获得工艺基线和工艺窗口，直到最佳或可以正常生产的状态，最后再开始批产（批量生产），批产阶段需要做的工作就是进行工艺控制，避免工艺波动过大产生次品。这是典型的工艺实施的管理流程。但是按照这个流程，往往还有许多工艺质量问题，以及由于有一些质量问题不能及时被发现而导致的应用阶段的可靠性问题。从对这些可靠性问题的分析发现，很多问题是由于工艺设计缺陷、材料选择不当、工艺优化不足、测试方法无效、设备不稳定及现场管理不到位等导致的，需要采取系统的应对措施。根据我们对这些措施的总结，分别列出了工艺阶段需要做的可靠性工作内容和项目（见图1.7的下面部分），这些项目的有效实施的工程方法集合就是我们现在要讨论的工艺可靠性技术的范畴。

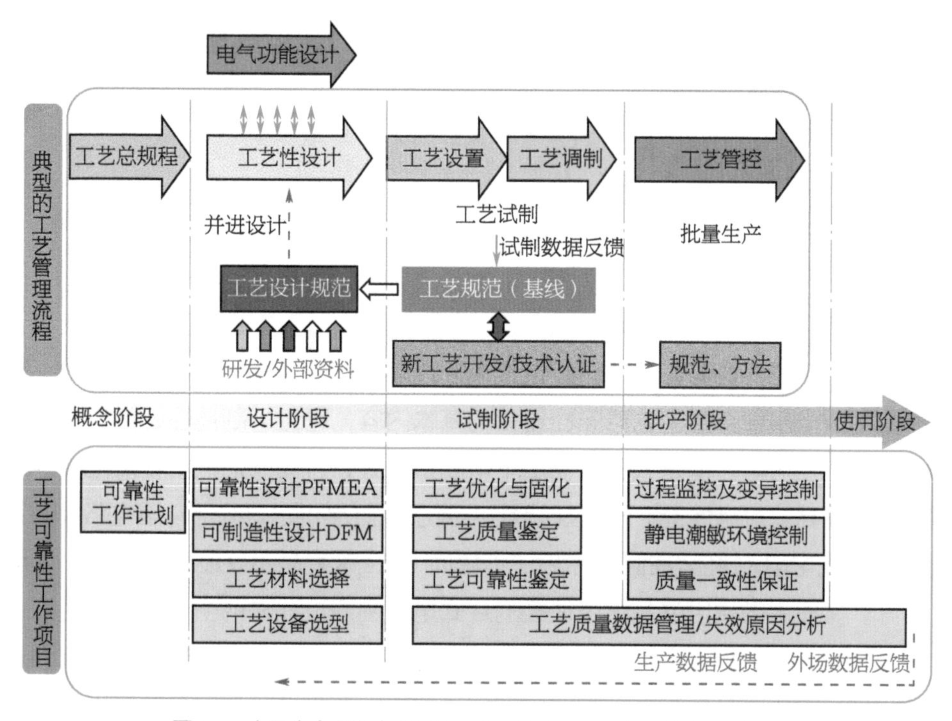

图 1.7　产品生命周期中典型的工艺管理流程和工艺可靠性工作项目

与产品研制的可靠性保证一样，工艺可靠性的工作首先从识别可靠性风险和可靠性需求、编制工作计划和大纲开始，做好总体规划和针对具体可靠性风险点的工作项目规划，读者可以参考已有的标准（如IPC-D-279 *Design Guidelines for Reliable Surface Mount Technology Printed Board Assemblies*）或已有的失效数据和案例库，有针对性地编制每个阶段要做的工作项目和计划。工艺可靠性的基本内容和架构如图1.8所示。

工艺可靠性最重要的工作就是做好可靠性设计和可制造性设计，必要时考虑可安装性设计及可测试性设计。传统的可制造性设计往往只考虑制造效率和良率，即设计好的东西好制造，以及按照目前的标准达到合格的质量标准，而这个标准很多时候只是外观检测和功能性能的合格标准，实际上不是可靠性的验收标准。而潜在的、隐含的缺陷没有及时发现，这些隐含的缺陷或者是视而不见的缺陷，往往会导致后期使用阶段的早期失效。例如，曾经有某公司在制造汽车助力转向的控制板组件时为了减少回流焊时锡珠的产生，印刷了更薄的焊锡膏，结果锡珠变少了，同时也使得片式陶瓷元件的焊点焊锡过薄，按照当时的验收标准是合格的，但最终导致批量产品不到半年就发生早期失效。因为除振动的环

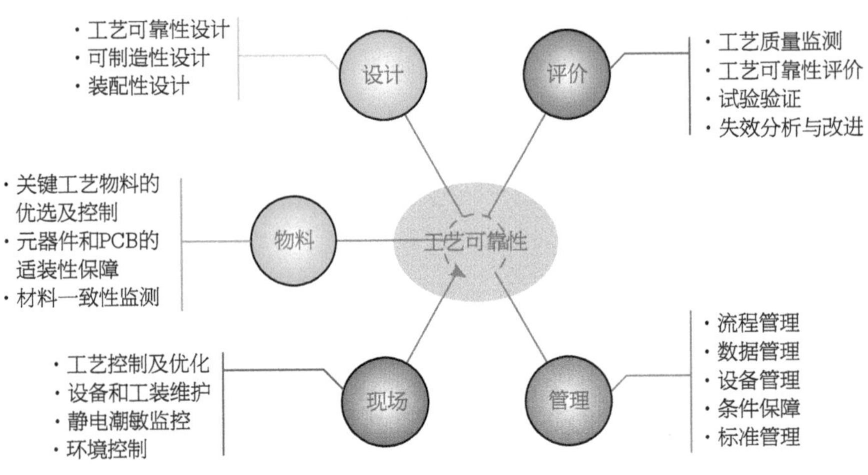

图1.8　工艺可靠性的基本内容和架构

境影响外，按照Engelmaier-Wild焊点的疲劳损伤模型，焊点疲劳损伤量与焊点的高度负相关，焊点的疲劳寿命与焊点的高度正相关，过薄的焊锡厚度极易发生早期失效。而工艺制造形成的焊点寿命正是工艺可靠性设计的基本内容，可见可制造性好的设计最终产品的可靠性未必一定可靠。但是大多数情况下可制造性好，容易制造，潜在缺陷少，这时可制造性与可靠性高或可靠性设计做得好就是一致的。案例如图1.9所示，该电路板上钽电容J477附近的片式电阻R1经常在回流焊后“不翼而飞”，这就是不好制造的问题，即可制造性设计不好。其根本的原因就是这个很轻的片式电阻刚好设计在两个大电容的旁边、钽电容本体下面是电容自己焊点上焊锡膏回流时助焊剂挥发产生的气流的通道，气流通道出口是很轻的片式电阻，而且气流最大的时候就是片式电阻焊盘上的焊锡膏黏度下降最厉害且没有形成焊点的时候。所以这不是一个好的可制造性设计，因为片式电阻丢失后需要重做或补焊，增加了质量成本并影响了效率。另外，如果这个片式电阻只是被吹斜了一点而没有被发现，则会影响焊点的可靠性，这就成为了一个不好的可靠性设计问题。所以很多时候，可靠性设计与可制造性设计是一致的，可以同时进行、同时考虑，这样可做到所设计的产品既好制造，制造出来的产品可靠性又高。一个好的可制造性设计还需要尽可能地把工艺窗口做大，让生产更容易。工艺可靠性设计和可制造性设计的内容非常丰富，后面还有专门的章节进行介绍。另外，设计阶段还包括工艺材料的选择、PCB和工艺适装性要求的设计、工艺设备和治具的选择等。

试制阶段就是为量产做准备的阶段，很多公司把它叫作新产品导入（NPI）阶段，也是如何把设计变成产品的关键环节。这里需要解决的主要问题就是材料的准备与工艺优化，并且通过工艺鉴定的可靠性试验技术确认工艺优化结果的可靠性。通常，优化不是一次完成的，可能需要多次迭代，最终的目标是找到最佳的工艺窗口，而且这个窗口还要尽可能大。优化的结果需要可靠性试验来评价，优化的过程需要失效分析技术来支撑，最终固化下来的工艺条件和参数需要工艺可靠性鉴定来确认。

图 1.9　工艺可靠性设计与可制造性设计案例

工艺条件固化以后，就可以按照固化的条件开展大规模量产了。为了慎重起见，很多企业还是从小批量生产开始，逐步放大量产规模，直到稳定量产。量产阶段的工艺可靠性工作就是要根据可靠性设计的要求，确保工艺材料和工艺条件的稳定性，以及环境的良好控制，确保规模量产的一致性和稳定可控，其中包括元器件和PCB板材的潮湿敏感度控制和静电防护，保持设备的良好维护和监控，关键工艺材料如焊料、焊锡膏、助焊剂、助焊膏和清洗剂等的质量一致性和稳定性，避免如何可能导致工艺波动超出工艺窗口范围的事件发生。这其中还有很多可靠性管理的工作要做，如全流程失效或不良品的失效分析及其数据管理与利用，标准的制定与维护，供应链品质的可靠性，设备和治具的保养等。

3. 电子组装工艺可靠性的主要问题

电子组装工艺主要包括插装、贴装、焊接、清洗、涂覆、灌封、压接、电镀、绑定、测试等环节或工艺过程，每个环节或工艺过程都涉及很多影响因素，包括人机料法环几个方面的内容，任何因素的不良影响都可能会引起工艺的不良和可靠性问题。例如，虚焊假焊、焊点桥连、焊点开裂、填充不足、锡珠过多、残留物过多、腐蚀、阻焊漆变色、焊点空洞过多、元器件损伤、元器件翘曲歪斜、三防脱落、镀层断裂、焊盘损伤等。这些工艺问题又可以分为两大类：第一类是工艺现场可以发现或出厂交付前可以发现、检查出来的问题，达不到我们的工艺质量标准的要求，称之为工艺质量缺陷或不良；第二类就是现场发现不了，出厂后在应用阶段才陆陆续续暴露的问题，称之为工艺可靠性问题，可靠性问题是在工艺阶段就产生且埋伏在产品中的，需要使用一些时间或一定的环境应力去激发才能暴露或发现的问题。图1.10所示是某飞控电脑主板的焊点切片，预计设计寿命为20年，结果不到2年就出故障了。当时按照标准检测并没有发现问题，焊点的孔洞率也没有超标，可是这两个孔洞刚好在应力集中的部位，在周期性的机械和热应力影响下孔洞加速了焊点的早期失效，而这个失效可能会导致机毁人亡的灾难。图1.11所示则是某组件焊点的切片，结果发现该焊点的IMC如此之厚（~10μm），服役期早期失效是大概率事件。这两个案例都是第二类工艺问题，可以通过加强工艺可靠性工作，在正式生产前的工艺优化阶段解决和避免。

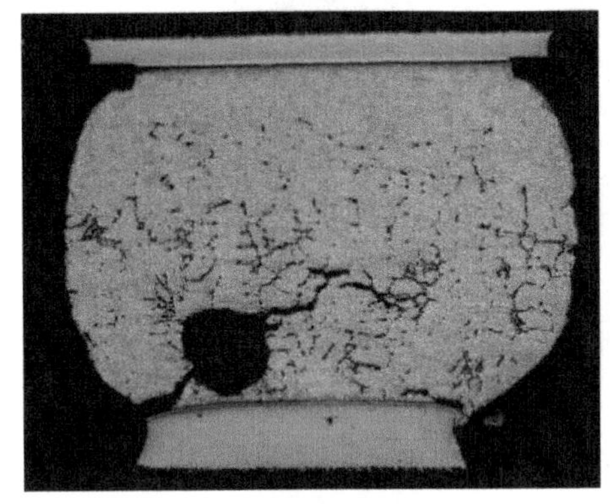

（a）金相显微镜照片

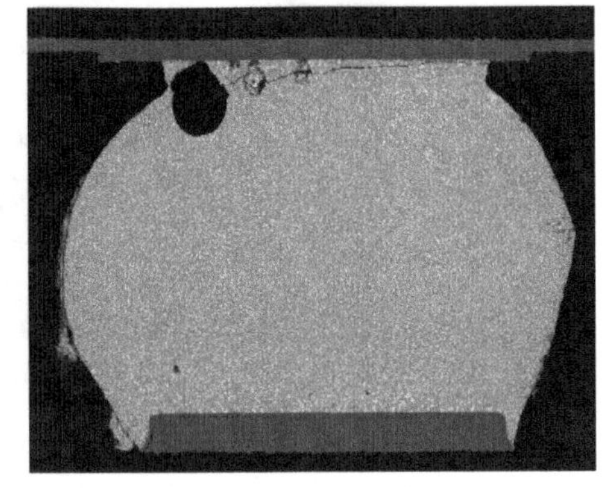

（b）SEM 照片

图1.10　某飞控电脑主板的焊点切片

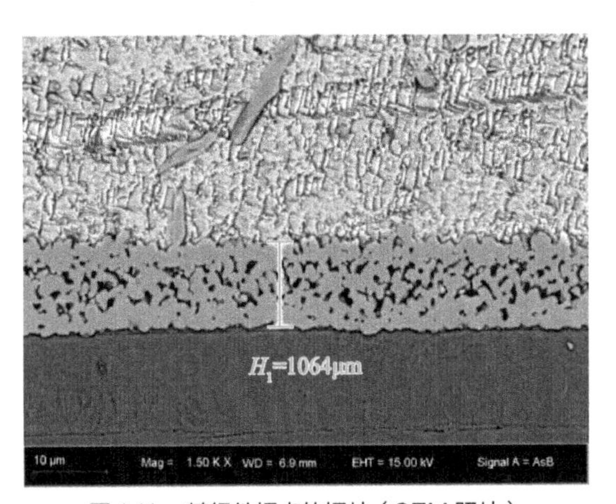

图1.11　某组件焊点的切片（SEM 照片）

品质良好焊点或互连结构在服役期间的主要失效模式或可靠性问题主要是疲劳、电迁移和过应力等导致的失效，这在可靠性概论中已经有论述。工艺可靠性技术的研究和应用主要是要解决第一类和第二类问题。

图1.12所示是一个典型PCBA的SMT工艺过程。我们针对这个过程分析了它每个环节的应力及该环节工艺不良和应力影响下可能的失效模式与机理，如表1.2所示。实际上每个失效模式可能有多种失效机理和原因，如虚焊或假焊，其原因可能是PCB焊盘的可焊性不良，也可能是元器件的引脚或端子问题，还有可能是焊料或助焊剂的问题等。本书的后面部分会有很多这方面的典型案例，以及针对这些案例的分析，这里不再一一展开了。

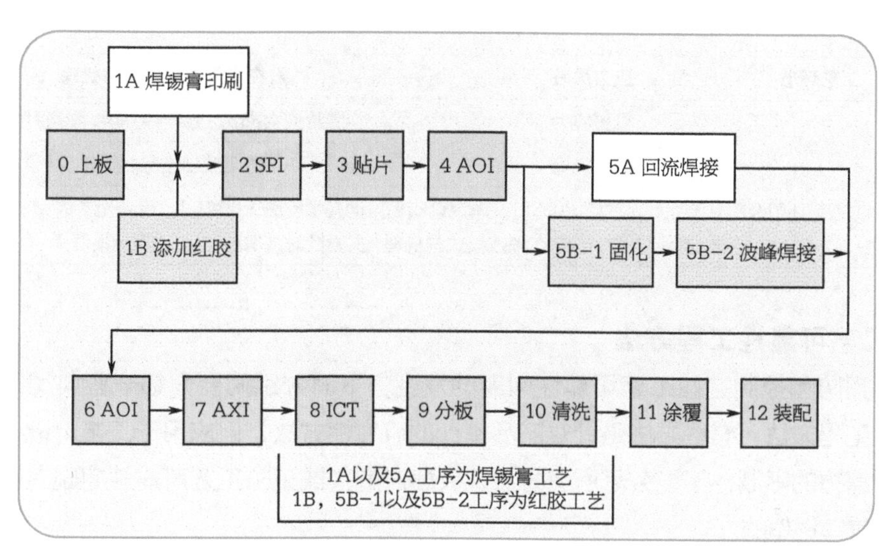

图 1.12　典型 PCBA 的 SMT 工艺过程

表1.2　失效模式与机理分析

序号	工艺环节	应力风险	潜在主要失效模式与机理
1	印刷	NA	漏印、虚焊、锡珠
2	SPI	NA	漏检、误检
3	贴片	机械应力	芯片破裂或损伤
		静电应力	静电放电击穿、烧毁、损伤
4/6/7	AOI/AXI	NA	漏检、误检
5A-1	回流焊接	热机械应力（峰值温度 235 ~ 260℃）	热变形、热撕裂、虚焊、焊点开裂、塑料封装器件分层、焊剂残留腐蚀、端子熔蚀
5B-1	固化	热机械应力（峰值温度 130 ~ 150℃）	掉件
5B-2	波峰焊接	热机械应力（峰值温度265℃）	热变形、虚焊、连焊、填充不足
5-2	手工焊接	热机械应力（峰值温度 235 ~ 310℃）	端子熔蚀、本体开裂、残留物腐蚀、漏电
5-3	返修	热机械应力（峰值温度 235 ~ 265℃）	元器件热变形、焊盘脱落、虚焊
8	ICT	机械应力	元器件开裂、芯片裂纹、焊点开裂
		静电应力	静电放电击穿、元器件损伤
9	分板	机械应力	芯片应力损伤、元器件开裂、焊点开裂
		静电应力	静电放电击穿、元器件损伤
10	清洗	机械应力（超声、喷淋）	元器件应力损伤
		化学腐蚀应力（清洗液）	元器件溶胀、阻焊漆溶胀脱落、污染与残留，腐蚀与枝晶生长
11	涂覆	化学腐蚀应力（涂覆材料）	兼容性、分层、起泡、吸湿、霉变

（续表）

序号	工艺环节	应力风险	潜在主要失效模式与机理
12	装配	机械应力	芯片应力损伤、元器件开裂、焊点开裂
		静电应力	静电放电击穿、损伤
备注	①工艺环节及序号与图1.12对应；②SPI：焊锡膏印刷自动光学检测；③AOI：自动光学检测；④AXI：自动X射线检测；⑤潜在失效模式与机理，主要针对PCBA；⑥NA表示不适用		

4. 工艺可靠性工程方法

为了预防和控制这些工艺可靠性问题的发生，下面分别简要介绍一些典型的、常用的可靠性工程方法，有些方法是针对产品设计的可靠性方法，但应用于工艺阶段也是通用的，由于篇幅的限制，不能穷尽所有方法，只要对解决或预防工艺可靠性问题有所帮助的方法就是值得提倡的。

1）工艺可靠性设计

工艺可靠性设计就是为保证工艺流程能够可靠地生产出符合产品可靠性指标要求的产品而进行的一系列分析和设计。因此，工艺可靠性设计需要与工艺设计和可制造性设计紧密结合，并行开展。工艺制造最终要服务于产品设计目标的实现，不能指望通过工艺可靠性的提高来提升或突破产品的固有可靠性水平，这是在产品可靠性设计时已经确定的了。工艺可靠性设计首先要根据产品可靠性的指标要求，明确工艺产出的成果——电子组件的应用需求（应用剖面）和应用部位的环境条件（微环境），以及工艺可靠性的指标要求，从而展开各种分析、设计活动。

工艺可靠性设计的主要内容包括以下三个方面。一是工艺材料的选择，元器件与PCB可焊性涂层的选择，耐热性、适装性等影响可靠性要素的确定和标准化，这些内容在本书的后续章节分别介绍。二是针对工艺过程产生的各种可靠性问题进行有针对性的设计，并制定相应的各种设计准则，以避免类似问题出现。这也就是我们常说的基于失效物理的设计，这种设计要取得成效，需要首先针对失效和工艺缺陷深入进行失效机理和原因分析，获得清晰、准确的机理和原因，而且设计采取的控制措施是针对这一类失效模式而不是个案。例如，针对电化学腐蚀导致迁移漏电失效模式的设计，就是要制定措施控制组件电路表面或内部的离子残留量到一个可以接受的程度，以及降低最小电气间隙或最容易发生迁移的相邻电极之间的电位差，或者增加电气间隙和爬电距离，这里还牵扯到材料的选择和工艺条件的影响，还有可靠性寿命要求的时间内材料退化和离子污染增加速率的影响。因此，可靠性设计是一个系统而复杂的技术过程，这里可使用PFEMA（工艺过程失效模式及影响分析）工具方法来帮助设计，某公司PFEMA的案例如表1.3所示，可用根据风险优先顺序号的大小排列，采取针对性的有效措施。一个好的PFEMA应用，需要研发设计、可靠性、工艺、品质和失效分析相关的经验丰富的技术人员参与，切忌流于形式。三是基于良好工艺条件下，针对工艺产品组件的主要失效机理的寿命设计。电子组件的寿命和可靠性的要求来自于产品的要求，因此工艺制造的各种互连结构（主要就是焊点）的寿命必须达到和超过产品使用寿命和可靠性的要求。由于互连结构或焊点在长期服役情况下的主要失效机理是热或机械疲劳失效，通常的做法是基于Engelmaier - Wild或Coffin - Mansion模型，制作能够代表实装板组件结构的测试结构（为了方便监测，一般制成菊花链形式），参考标准IPC 9701的可靠性试验条件和方法，进行寿命和可靠性评价。如果可靠性指标达不到要求，则需要重新选材和进行焊点的结构设计，最终实现可靠性寿命指标要求。具体的一些可靠性设计方法，可以参考有关的专著或标准，目前已经有了一些可用的包括工艺可靠性设计的软件工具。

表1.3　某公司PFEMA的案例

工序号	工序名称	潜在失效模式	潜在失效后果	潜在失效原因	现行工艺控制		特性分类	发生频率*O*	严重度*S*	不易识别度*D*	风险顺序数RPN
					预防性	检测性					
1	焊锡膏印刷	印刷偏位	焊点桥连	机器喷印控制不当，设备异常，钢网开口不良；焊锡膏粘连	定期计量喷印设备，确保钢网开口精度，定期清洗钢网，按要求对每块板进行检查	SPI，目检		5	7	3	105
		焊锡膏漏印	焊点虚焊	机器喷印设置不当，焊锡膏粘附钢网上，钢网堵孔	检查产品的喷印设置文件，定期清洗钢网，按要求对每块板进行检查	SPI，目检		3	2	3	18
2	元器件贴装	元器件偏位	焊点存在内应力，焊点强度不足	贴片精度不足 定位符偏差	贴片机保养和计量校准，加强PCB来料IQC，供应改善	目检		3	5	2	30
		多引脚元器件的引脚不共面	虚焊	元器件引脚受机械损伤变形，元器件来料不良	保证机器贴片和人工贴片的精度 元器件入厂和上件前进行检查	目检，尺寸测量		2	6	2	24
3	回流焊接（BGA）	焊点枕头（虚焊）	芯片电测异常	回流温度设置不当/元器件翘曲过于严重，焊锡膏/焊料球表面污染或氧化	试制阶段做好回流曲线的优化，并保证元器件的匹配性，选择耐热性更好焊锡膏	X射线/电性能测试/切片		5	8	4	160

（续表）

工序号	工序名称	潜在失效模式	潜在失效后果	潜在失效原因	现行工艺控制		特性分类	发生频率O	严重度S	不易识别度D	风险顺序数RPN
					预防性	检测性					
3	回流焊接（BGA）	锡珠残留、桥连	芯片电测异常	回流温度设置与焊锡膏不匹配，焊锡膏印刷偏位，贴片压力过大，焊锡膏氧化	试制阶段做好回流曲线的优化，贴片工艺优化，加强焊锡膏来料一致性保障和储存管理	X射线/电性能测试/切片		5	5	4	100
		焊点坑裂，与焊点相连的导线受应力被拉扯断	振动后信号异常	元器件与PCB热变形过大，回流工艺参数不匹配，PCB焊盘强度不足	试制阶段做好回流曲线的优化，改进设计，优选物料（元器件与PCB）	X射线/电性能测试/切片		3	8	6	144
4	回流焊接（普通元器件）	虚焊	电路开路	引脚沾污/镀层不良，焊锡膏漏印，焊锡膏活性不足	加强来料及外协件的可焊性检验，加强焊锡膏印刷控制，选择润湿性更好的焊锡膏	目检		5	7	2	70
		元器件分层	芯片信号异常	塑封元器件吸潮	加强潮敏管控	SAM测试		4	8	4	128

2）可制造性设计

前文说过，工艺的可靠性设计与可制造性设计是并行且密不可分的，前者主要是解决工艺的质量和可靠性问题，后者重点是解决制造工艺的效率和成本问题。可制造性做得好的电子组装工艺，不仅效率高而且成品良率也高，根据可靠性工程的理论，良率高的产品潜在的缺陷就更少，可靠性更有保障；另外，方便制造的设计也必然使犯错的机会更少，工艺的窗口更大。因此，可制造性设计成功的关键指标是工艺窗口大和良率更高。其主要内容包括焊盘结构和布局的设计、工艺边和拼版的设计、板面热与气流均匀平衡设计、大小元器件布局设计、防应力损伤设计、隔离槽和排气孔的运用、散热器安装、印刷钢网的设计、阻焊的选择和工艺方法的选择等。这方面IPC已有相关的针对不同封装类型的元器件的设计标准，如IPC2221（印制板设计通用标准）、IPC7093（BTC）、IPC7094（Flip Chip）、IPC7095（BGA）和IPC7525（钢网的设计）等。更重要的是，需要不断总结和制定、完善自己的设计准则，即使已经有商用比较好的设计软件工具。

3）工艺辅料选择与应用

组装工艺上使用的辅料主要包括焊锡膏、焊料、助焊剂、助焊膏、三防漆、清洗剂、灌封材料、热管理材料等。这些材料选择和使用不当可用造成批次性的可靠性问题，进而造成难以承受的损失。因此，需要在符合通用技术质量标准的基础上，根据要组装的产品的可靠性要求和工艺特点，增加或完善这些材料的考核标准和使用要求。例如，对于电气间隙小而电场强度大的电源产品，如果选用不清洗工艺，则必须使用低残留的焊锡膏进行焊接，还需要很好的工艺条件配合，以及严格的电迁移试验的验证，并在来料一致性方面有严格的质量保障措施的配合。实际上，工艺上使用的这些辅助材料的选择必须在实际的工艺应用验证中进行充分的可靠性试验，包括同时使用的不同材料之间的兼容性考核，以及加强对供应商的品质管理。本书的后续章节将做进一步讨论，这里不再赘述。

4）元器件工艺适装性保证

元器件要保证可靠地组装到PCB上去，除了需要有好的工艺条件和材料保障，还需要元器件有好的适装性，包括引脚的可焊性、共面性、耐焊接热、无引线端子耐熔蚀性、耐热变形和锡须生长等。可焊性不好的元器件，虚焊的可能性极大，而且很多封装形式的焊点在焊接后不容易检测，如果虚焊又检测不到，就会导致产品的应用阶段产生可靠性问题。可焊性往往取决于引脚基材和镀层的结构和成分，镀层太薄或致密性不好容易氧化和污染，导致可焊性快速劣化；纯锡镀层还容易生产锡须而引起短路风险；镀金镀层虽然耐储存但又容易导致焊点金脆发生，引起可靠性问题等。现在先进封装的大阵面的芯片本体很薄，焊接元器件热变形严重容易导致引脚或球形端子共面性不良，最终导致虚焊等。因此，必须加强元器件工艺适装性的保证和控制，从元器件供应商产品选择认证，到来料的运输老化储存管理都要有相应的控制措施予以保证。这部分内容本书后面的内容会有专门的深入讨论。

5）PCB适装性保证

良好的电子组装，对于PCB而言，除了需要有电气性能、物理化学性能与环境适应性，PCB还需要有很好的适装性，包括焊盘表面处理的可焊性、PCB内部互连在焊接热应力下的结构完整性、阻焊漆的质量、热翘曲和变形等。PCB的表面处理包括HASL、ENIG、ENEPIG、OSP、Im－Ag、Im－Sn等，各有优缺点，需要根据工艺条件和产品可靠性要求来选择。PCB的内部互联主要包括埋盲孔和通孔，在多次焊接热应力条件下，容易产生分层爆板和互连开裂导致互连电阻增大甚至开路，引起无法弥补的可靠性问题，需要在供应商工艺认证和来料检测时加强把关。差的阻焊漆在焊接的阶段发软黏性增加容易吸附助焊剂残留和锡珠，影响产品的长期可靠性。PCB热变形容易导致虚焊和部分焊点的应力集中，也是可靠性的重要风险来源；如果PCB基材吸湿性强加上镀通孔的工艺不良还很容易产生CAF（导电阳极丝生长）和孔铜断裂风险，高可靠性要求的产品，在板材的选择时必须加强对这方面的考核和认真地加以管控。相关内容本书后续有专门的章节予以讨论。

6）静电与潮敏防护

由于电子组装的环节多，而且使用了很多的静电敏感器件。很多器件的损伤或失效都是由于生产组装制造环节的静电防护不足所导致的。另外，元器件大多数是潮湿敏感的塑封器件，在组装环节的储存和使用过程中容易发生吸湿而在焊接高温下发生本体内部压力激增引起分层，即发生所谓的爆米花效应而失效。因此，静电和潮湿敏感引起的问题就都成了工艺可靠性关注的一部分，这样才能确保工艺过程不会给组件上的元器件带来实质性的损害。静电可参考ANSI/ESD S20.20或IEC61340建立管理体系进行严格管理，潮湿敏感器件参考IPC JEDEC J-STD-020E和J-STD-033D进行严格管理。

7）基于失效物理的工艺优化

包括可靠性设计与可制造性设计的工艺设计初步完成后，量产前，需要对工艺的参数做优化，优化的目的是要找到工艺生产的最佳工艺参数和工艺窗口，工艺窗口就是工艺参数可以变化或波动的范围，超出这个范围就可能导致不可以接受的结果。最佳工艺参数最好理解，就是在此条件下，可以生产出最好的质量和高可靠性的产品来。但那是理想状况，因为随着量产的持续，很多因素包括人、机、料和环境等都可能有一定的波动，所以最佳状况就是找到一个合理的工艺窗口。传统的工艺优化是通过多因子交叉进行试验设计（DOE）的，对于影响因子少的工艺过程比较好实施，对于影响因子比较多的工艺环节如回流焊，DOE就比较费时费力，成本高。这样，我们建议在所积累的经验的基础上，开展基于失效物理的工艺优化，来实现上述目标。基于失效物理就是针对所选材料和工艺基础开展试制，并且针对试制产品进行工艺分析和测量，寻找不良、失效或不足的机理和原因，采取针对性的改进，几次迭代后就可以找到最佳条件了，在最佳条件的基础上再变动或调节工艺参数的变化，调节参数时要考虑设备本身的工艺稳定性误差。每个关键参数或有可能在量产期间发生波动的参数都要认真试验和核实，确保结果可以重复，找出参数可以变化的范围。做好基于失效物理的优化，需要有很好的工艺原理知识和丰富失效分析经验的支撑。如BGA器件的回流焊接，需要具有对软钎焊的基本原理和回流焊工艺以及可能不良的焊点做分析的能力，良好的BGA器件焊点不但要没有空洞、润湿良好、金属间化合物的成分和形貌结构良好，还要焊料球的高度和宽度处于一个最佳比例，这些结果或指标通过一个好的金相切片就可以得到。而这些指标与回流工艺参数回流曲线密切相关，当产生空洞的时候知道分析空洞产生的原因，也就知道怎么调整参数，如增加预热的温度或延长回流的时间让空气从熔融的焊料球中全部跑出来；如果IMC过厚，则应该知道焊接的热量过大了，需要降低焊接回流的温度或减少时间等。总之就是要对工艺结果和过程进行物理分析，再根据分析结果与工艺条件的逻辑关系进行优化调整，最终目标就是要获得工艺的最佳条件和工艺窗口。这个方法需要强大的失效分析技术来支撑，最大的好处就是快速低成本地获得看得见的好结果。

8）工艺可靠性鉴定

产品样机设计完成后通常需要做设计鉴定，就是鉴定所设计的产品是不是满足设计要求。但是设计好通过鉴定的产品，并不一定能够量产，即使生产出来可靠性问题也很多，良率也不高，其主要原因就是制造样机和工艺批量生产仍然有工程问题需要解决，包括供应链准备、物料准备、设备调试、环境准备、试制与优化等。工艺优化以后，基本质量问题解决了，但是不是仍然有潜在的缺陷我们没有发现？这时就需要做一次工艺的可靠性鉴定工作，如电子组件的各种焊点除了外观检查、力学测试以及金相分析，通过增加温度循环或温度冲击（考核热疲劳特性）、振动（抗振动应力）、跌落（对易跌落的产品）、高温储存（考察Kirkendall空洞和IMC生长速度）、高温高湿（考核绝缘性退化）等环境应力，激发可能存在的潜在可靠性问题，如果没有发现这些问题，则说明在该工艺条件下生产的电子组件是可靠的，相应的该工艺就是可靠的，通过这样的工艺可靠性鉴定，就可以稳定地生产出可靠的产品，技术状态就可以固化下来。可靠性鉴定的方案要基于整机产品的可靠性要求和环境适应性要求来进行设计。当然，后续的重点工作就是密切监控工艺的波动，是否波动在我们所设定的工艺窗口内。任何变动，包括材料的变更或设备、环境的的变化都需要重新进行鉴定。

9）工艺可靠性仿真

随着数值计算方法和计算机技术的快速发展，各种针对电子组装仿真分析的软件工具越来越多，其中有限元仿真技术已经成为电子组装工艺可靠性分析最为常用的数值工具，可以对电子组装工艺过程和各种振动、温度和湿度等工作环境进行模拟分析，研究它对工艺过程及其产品可靠性的影响，避免或减少了大量的实验，大大提高了工艺可靠性保障的效率。

有限元仿真技术可应用于电子组装工艺可靠性工程相关的工艺可靠性设计、工艺参数优化、互连可靠性评价、失效根因分析等各环节。在工艺设计方面，基于有限元仿真可研究物料选型（如焊料和PCB材质）、结构（封装结构、尺寸）、布局（元器件在PCB版图布局）等对板级互连工艺实现及互连可靠性的影响，从而支撑确定设计优化方案；在工艺优化方面，可针对电子组装工艺过程，如典型的回流焊接工艺，研究焊接参数，焊接温度、焊接时间、加热和冷却速率等对板级互连成型的影响规律，确定关键工艺参数及影响机理，提出工艺改进方案；在互连可靠性评价方面，可研究不同环境应力加载条件，如振动、冲击、热循环等对互连可靠性的影响，实现PCBA产品互连可靠性仿真评价，预测互连焊点的寿命；在失效分析方面，依据失效样品的应力历程，通过仿真试验复现失效模式，明确失效位置、影响因素及影响机理，支撑产品失效根因复现和预防控制措施制定等。本书后续有专门的章节讨论仿真技术在工艺可靠性方面的应用，在此不再赘述。

10）可靠性试验与失效分析的应用

可靠性试验和失效分析分别是可靠性工程中极重要的两大基础学科和工程方法，前者主要是评价产品的可靠性水平和发现可靠性问题，后者主要是利用各种物理和化学技术分析失效品的失效机理和查找失效原因，它们可以共同协同用于设计验证和工艺验证。作为共性的可靠性工程方法，它们可以应用于工艺过程，发现和评价工艺可靠性水平和发现工艺可靠性问题，分析可靠性问题，为解决工艺可靠性问题提供强有力的支撑。通过对工艺和组件失效分析，可以及时获得失效机理和原因，并据此制定设计规则，进行可靠性设计或进行工艺优化，甚至可以优化可靠性试验方法和测试标准。因此，如果有一个很好的可靠性试验和失效分析平台，就可以大大提升我们的工艺可靠性工程能力。关于可靠性试验与失效分析在工艺上的应用，本书的后续章节将有更为详细的介绍。

5. 工艺可靠性的发展趋势与挑战

随着电子产品不断向高密度、多功能、小型化、大功率方向发展，半导体封装技术也发生了很大的变化。SiP、POP、MCM和Chiplet等新型封装形式越来越普及，电子封装与微组装以及板级组装的技术界面越来越模糊，工艺技术难度越来越大，带来的可靠性问题越来越复杂，需要在实现大规模工艺量产的同时还需要确保高良率和高可靠性，这就给工艺可靠性带来了巨大的挑战，特别是高密度高功率以及高速信号传输的产品的工艺实现就变得非常困难，如果工艺良率和可靠性不高，企业就失去市场竞争力。因此，工艺可靠性的工作将成为制约电子制造业快速发展的关键因素，得到越来越多的重视，同时，工艺可靠性技术的发展将成为高密度新产品大规模量产的关键技术。半导体先进制程代工产业的发展经历已经给我们带来了很多启示，只有不断重视工艺技术和工艺可靠性技术的开发和应用，才会在电子制造业上取得竞争优势。根据目前产业发展的态势，工艺可靠性需要在以下几个方面取得突破和进步才能跟上产业发展的需求。一是工艺可靠性设计技术，设计是根本是源头，决定工艺可靠性的最高水平。新材料、新工艺和新结构的不断涌现以及热管理的发展需求，需要发展更先进的仿真工具和提升工艺仿真技术水平，及时查找复杂组装工艺、复杂结构的可靠性薄弱环节，并进行优化设计。热、机械、结构和变化的工艺过程的仿真涉及多应力耦合的动态过程，需要联合行业的力量攻关。二是工艺可靠性分析技术。工艺可靠性分析可以提供工艺失效的各种机理和数据，为工艺改进和工艺仿真提供数据支撑。而新材料与复杂的工艺过程和组装结构特点，导致分析难度加大，手段需要与时俱进，本文后面也新增了一些新技术的介绍。三是新材料技术。更可靠的工艺需要更可靠、性能更好的材料来保障和支撑，包括更低残留的高润湿性能的焊锡膏技术，更高散热性能的热管理材料，更好的三防材料技术、低温焊料技术，以及更好性能的更可靠的基板技术，等等。四是不断开发先进的组装工艺设备。开发高精度、高稳定性和重复性的先进设备，包括高精度并能实时监控的贴片机、印刷机、选择性波峰焊设备、真空回流焊设备、点胶设备等，以满足更高精度和更多应力敏感的高密度封装元器件的组装需求。

1.1.4 微组装技术概述

微组装技术是微电子组装技术的简称，是电子封装与组装技术发展到现阶段的代表技术，也被称为第五代组装技术。与传统的电子组装技术相比，其特点是在“微”字上。“微”字有两个含义：一是微型化，二是针对微电子领域。本小节将简要介绍微组装技术的定义与内涵、工艺及可靠性、发展趋势及挑战。

1. 微组装技术的定义与内涵

微组装是通过微焊互连和微封装工艺，将高集成度的IC器件及其他微型元件组装在高密度多层基板上，构成高密度、高可靠、高性能、多功能的立体结构微电子产品的综合性高技术，是一种高级的混合微电子技术。微电子组装技术是电子组装技术最新发展的产物，是新一代高级（先进）的电子组装技术，属于第五代电子组装技术。

微组装技术这一名词提出的初期，特指组装工艺技术的高级发展阶段，即指元器件引脚间距小于0.3mm间隙的表面组装技术，如图1.13所示。随着技术的发展，现在也用于泛指电路引线间距或元器件引脚间距微小，或者所形成的组件、系统微小的各种形式封装和组装技术。

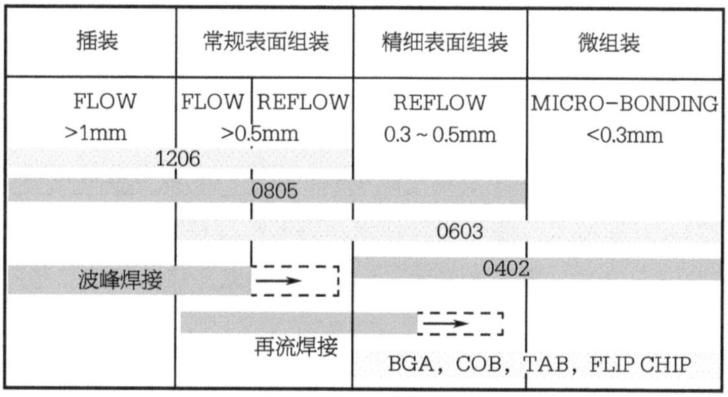

插装	常规表面组装		精细表面组装	微组装
FLOW >1mm	FLOW	REFLOW	REFLOW 0.3 ~ 0.5mm	MICRO-BONDING <0.3mm
	>0.5mm			

1206
0805
0603
0402
波峰焊接
再流焊接
BGA，COB，TAB，FLIP CHIP

图1.13 组装工艺技术发展[1]

在电子产品制造中，传统的概念将封装（Packaging）技术分为0级、1级、2级、3级共4个级别，如图1.14所示。0级封装指芯片级封装技术，1级封装指用封装外壳将芯片（含多芯片）封装成元器件的元器件级封装技术，2级封装指将1级封装和其他元器件组装到印制板上的印制板级封装技术，3级封装指将2级封装插装到母板上的整机或整机级封装技术。这种“封装”的表示方法源于国外有关专业组织给出的定义及其“Packaging”的广义性。国内一般将0级芯片级和1级元器件级“Packaging”技术称为“封装技术”，而将2级印制板级和3级整机级“Packaging”技术称为组装技术，并且常用“Assembly Technology”表示。

微组装技术是电子封装与组装技术发展到现阶段的代表技术。微组装技术应用对象的主要特征为：微型元器件、微细间距、微小结构、微连接，其主要应用场合包括：元器件级组装、电路模块级组装、微组件或微系统级组装。正是由于微组装技术的出现，如内引线键合和芯片倒装焊的芯片互连、系统级封装等工艺的大量引入，1级、2级、3级封装技术之间的界限已逐渐模糊。

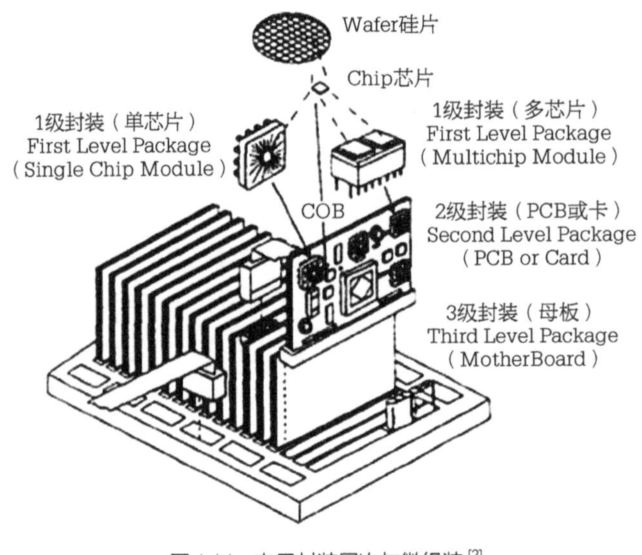

图1.14 电子封装层次与微组装[2]

2. 微组装技术的工艺及可靠性

微组装技术的工艺是电路模块微间距组装互连、微组件/微系统组装互连的主要技术手段，它涉及传统芯片互连技术、器件封装技术与表面组装技术、立体组装技术、系统级封装技术等结合而发展起来的一项新兴跨学科综合工艺技术（见图1.15），最终实现了电子产品的电气互连。

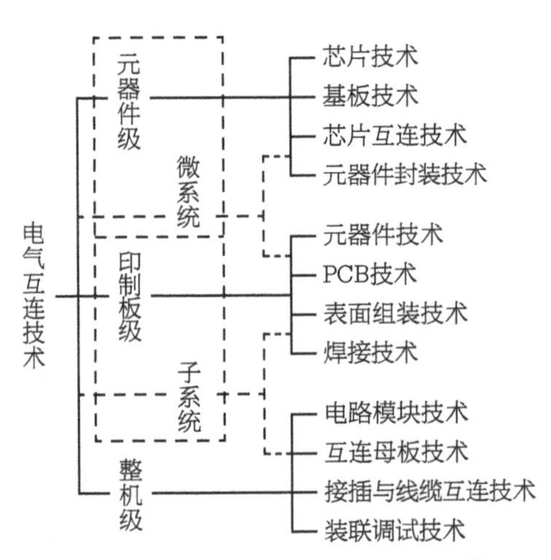

图1.15 电气互连技术体系层次关系[3]

微组装技术的工艺主要包含三个方面的内容：①多层布线基板工艺技术；②元器件及基板组装工艺技术；③组件封装工艺技术。其中多层布线基板工艺技术包含高密度多层印制板工艺技术、厚膜多层布线工艺技术、薄膜多层布线工艺技术、高温共烧多层陶瓷工艺技术、低温共烧多层陶瓷工艺技术、混合多层布线工艺技术等；元器件及基板组装工艺技术包含焊接工艺技术、粘接工艺技术、芯片互连工艺技术（如丝键合、芯片凸点互连、芯片TSV等）、清洗工艺技术等；组件封装工艺技术指组件外部保护性封装技术，如模塑封装、陶瓷气密封装、金属气密封装等。微组装技术的基本工艺流程如图1.16所示。

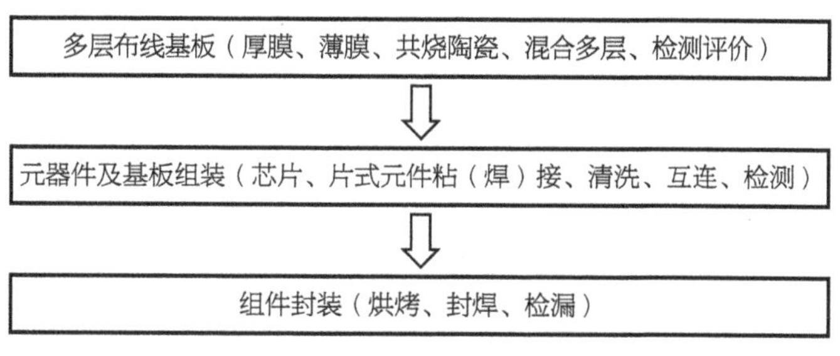

图 1.16　微组装技术的基本工艺流程

相比传统的组装工艺，新型微组装技术的工艺更为复杂，涉及的互连结构及其对应的失效模式和机理更加多样化，因此微组装技术的工艺可靠性设计更为复杂，目的重在消除影响产品可靠性的主要互连失效模式，使产品达到预期可靠性与环境适应性要求。微组装技术的失效模式和退化机理，与微组装的载荷应力类别和水平有关，需重点关注温度应力、机械应力和潮湿应力的影响，如长期稳态温度应力可导致微电子器件性能退化，长期温变应力可导致表贴焊点低周疲劳开裂，振动应力可导致BGA焊点高周疲劳、水汽渗入可导致内装芯片腐蚀等[4, 5]。表1.4 ~ 表1.6分别给出了温度应力、机械应力、潮湿应力下微组装技术的典型可靠性问题。

表1.4　温度应力下微组装技术的典型可靠性问题[6]

温度载荷应力类型		典型敏感互连结构	主要失效机理
稳态温度	降额温度（长期工作）	● 内装元器件 ● Au-Al键合 ● 芯片焊接 ● ……	● 内装元器件：TDDB、电迁移、热电子等 ● 微互连：Au-Al键合退化、芯片IMC生长等 ● 组装材料：有机材料老化等 ● 封装：聚合物解聚
	极限温度（短期工作）	● 内装元器件	● 高温过应力失效（参数超差、烧毁）
变化温度	温度循环（长期工作）	● SMT焊点 ● 塑封键合丝	● 焊点热疲劳开裂 ● 塑封器件键合丝疲劳断裂
	温度冲击（短期工作）	● 玻璃绝缘子 ● 封盖焊缝	● 玻璃绝缘子开裂 ● 金属封盖焊缝开裂

表1.5 机械应力下微组装技术的典型可靠性问题[6]

机械载荷应力类型	典型敏感互连结构	主要失效机理
机械振动	● 内装元器件SMT焊点 ● 键合丝颈部 ● 金属封盖焊缝 ● ……	● SMT焊点高周疲劳开裂 ● 键合丝谐振损伤疲劳 ● 金属封盖焊缝高周疲劳开裂 ● ……
机械冲击	● 金属封装盖板 ● 布线陶瓷基板 ● 引出端玻璃绝缘子 ● 外引脚 ● 内装元器件焊接、黏结 ● ……	● 金属盖板塌陷（瞬间短路） ● 布线陶瓷基板开裂（布线开路） ● 绝缘子过应力破裂（气密泄漏） ● 外引脚过应力断裂（开路） ● 内装元器件焊接、黏结脱开 ● ……
恒定加速度	● 大尺寸内装元件SMT焊点、黏结部位	● 内装大尺寸元件脱落 ● 叠层元件脱落

表1.6 潮湿应力下微组装技术的典型可靠性问题[6]

潮湿应力类型		典型敏感互连结构	主要失效机理
湿度		● 金属气密封装 ● 陶瓷气密封装 ● 塑封与引出端界面	● 内部多孔材料（有机胶、陶瓷基板）高温下释放水汽 ● 气密性泄漏 ● 气密封装露点温度过高 ● 塑封水汽渗入
湿度-温度	湿度-温度T	● 金属外壳 ● 外引脚内装裸芯片Pad部位	● 金属外壳、外引脚腐蚀 ● 内装裸芯片Pad腐蚀（水汽含量>5000×10^{-6}+污染传递）
	湿度-温变ΔT	● 气密封装器件内装裸芯片Pad部位	● 内装裸芯片Pad腐蚀（水汽含量<5000×10^{-6}+污染传递）
湿度-温度-偏压		● 单/多层布线陶瓷基板 ● 单/多层布线PCB基板 ● 玻璃绝缘子引出端	● 表面布线间金属离子迁移 ● 层间布线导电阳极丝（CAF） ● 玻璃绝缘子金属离子迁移

3. 微组装技术的发展趋势及挑战

随着微电子技术的飞速发展，半导体工艺发展的摩尔定律已经到了瓶颈，大大地促进了微组装技术的迅速发展。主要表现在小型轻型化、高密度三维互连结构、宽工作频带、高工作频率、具有较完整的分机/子系统功能和高可靠性等。微组装技术发展主要体现在：组装技术与芯片封装技术（甚至涉及芯片技术）的融合是发展方向；二维平面组装向三维系统级封装演变是微组装技术当前发展的主要方向；发展MEMS领域中的微组装技术势在必行等。下面结合典型微组装技术产品形式，以系统级封装和MEMS封装为例，简要介绍微组装技术的发展及挑战。

1）系统级封装

采用微封装技术实现电子整机系统的功能，通常有两种途径：一种是系统级芯片（System on Chip，SoC），即在单一的芯片上实现电子整机系统的功能；另一种是系统级封装（System in Package，SiP），即通过封装来实现整机系统功能。这是两条不同的工艺技术路线，与单片集成电路和混合集成电路一样，各有各的优势，各有各的应用市场，在技术上和应用上是相互补充的关系。

国际半导体技术路线图（ITRS）提出的系统级封装（SiP）原型图是一种多层次的系统集成，如图1.17所示，具体表现为：①可能包含子系统级封装；②包含WLP、有源与无源器件的三维堆叠（薄片）封装；③在功能上可能包括机械、光等非电功能；④埋置了各类元器件的完整系统或子系统；⑤可能含有裸芯片。作为一个“系统”，其内部包括数字、模拟、射频、宽带通信甚至微机电和光电器件，或者包括从传感器接收、控制到驱动输出执行的全过程。

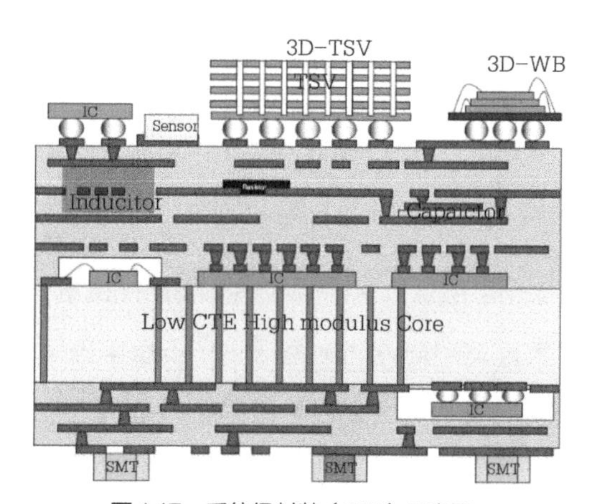

图1.17　系统级封装（SiP）示意图

2）MEMS封装

MEMS是微电子技术的延伸与拓宽，它不但具有信号处理能力，而且具有对外部世界的感知功能和执行功能，在此基础上开发出高度智能、高功能密度的新型系统。从单兵作战系统到各类武器装备，MEMS的应用几乎都可以遍及。目前已有应用的MEMS产品有加速/减速计、分光光度计、差压/压力传感器、流体传感器、惯性陀螺仪、医用微型泵和微型阀、轻型数字投影仪用微镜面模块、打印机墨盒用微型喷墨模块等。

MEMS封装之所以复杂的原因之一是几乎所有的微系统封装都包含了复杂而微小的三维结构，如图1.18所示，另外MEMS封装还要让精细的芯片或执行元器件与工作媒体直接接触，而这些媒体对芯片材料常常是有害的；还有许多MEMS的使用要求封装内是惰性或真空气体。目前，虽然单芯片陶瓷封装、模塑封装、芯片尺寸封装、晶圆级封装技术都已成功应用于MEMS，但技术尚不成熟，多芯片封装和三维封装MEMS技术尚在开发中，不少MEMS封装技术问题未能得到有效的解决。MEMS封装成本占MEMS制造成本的50%～80%，仍未能大量走出实验室，充分发挥其潜在价值，研究开发低成本的能批量生产MEMS封装技术极为迫切。

MEMS封装和SiP有许多共性之处，如MEMS封装也采用电子产品的微封装和微组装技术；但二者也有本质的区别，如MEMS封装更具有广义性，往往基于机械本体，需要采用纳米加工等制造工艺技术，实现的功能是机电系统的综合功能，而SiP以多电路芯片的集成为主，实现的功能主要为集成电路功能。MEMS封装与传统IC封装的根本区别还在于：传统IC封装的目的是提供IC芯片的物理支撑，保护其不受环境的干扰与破坏，同时实现与外界的信号、能源与接地的电气互连。MEMS封装器件或系统既要感知外部世界，又要依据感知结果做出与外部世界关联的动作反应。由于这种与外部环境的交互作用关系，以及自身的复杂结构，从而对MEMS封装技术的发展提出了严峻的挑战。

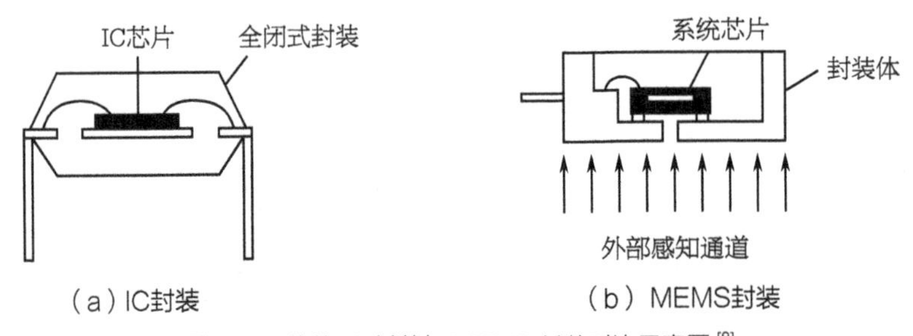

图1.18 传统IC封装与MEMS封装对比示意图[8]

总之，微组装技术并不是一门独立的工程技术，它属于电子产品先进制造技术范畴，是电子产品制造中的电子互连技术发展到现阶段的新兴综合性技术，它将表面组装技术、立体组装技术、内埋元器件基板技术、系统芯片技术等新兴技术，与传统元器件互连与封装技术相融合，应用于微间距元器件或微组件、微系统的组装。因此，微组装工艺过程还涉及电气互连技术体系中的材料、工艺、设备技术等诸多挑战，另外，随着微组装技术从二维平面组装向三维系统级封装演变发展，在理论、工艺、测试、可靠性、应用等方面均存在巨大挑战，可靠性问题必然更加突出。

参考文献

[1] 周德俭. 电子产品微组装技术[J]. 电子机械工程，2011，27（1）：1.

[2] LAU J H. Ball Grid Array Technologies [M]. New York：McGraw-Hill，1995.

[3] 周德俭，等. 电子制造中的电气互联技术[M]. 电子工业出版社，2010.

[4] Failure Mechanisms and Modes for Semiconductor Devices JEP 122G—2011[S].

[5] MICHAEL PECHT. Integrated Circuit，Hybrid，and Multichip Module Package Design Guidelines：A Focus on Reliability [M]. John Wiley & Sons，Inc.，1994.

[6] 何小琦，恩云飞，宋芳芳. 电子微组装可靠性设计[M]. 电子工业出版社，2020.

[7] TAI-RAN HSU. MEMS and Microsystems : Design, Manufacture, and Nanoscale Engineering [M]. New York : McGraw-Hill, 2017.

1.2　电子组件的可靠性试验方法

可靠性试验方法是工艺可靠性最重要的基础工具，无论是传统的锡铅工艺向无铅工艺的转化，还是其他新工艺或新材料的导入，都需要及时发现工艺过程的可靠性问题和评价确认工艺可靠性的水平，需要进行可靠性试验。因此，进行可靠性试验的目的主要是评价新工艺新材料是否满足生产合格组件或焊点的要求，同时也可暴露其中的隐含缺陷，再通过失效分析手段找到缺陷产生的原因，然后实施纠正措施而达到改善的目的，最终目标是获得合格的、至少与传统的锡铅焊点质量可靠性相当的无铅焊点。本章主要讨论具体的可靠性试验的方法、内容及标准，主要针对互连焊点，不讨论元器件本身的试验方法或技术。

1.2.1　可靠性试验的基本内容

电子组件可靠性试验的项目或内容要根据组件的主要失效模式以及可能遇到的环境应力来确定。电子组件所在的设备的运输、储存、使用环境和使用条件，决定了互连焊点可能遇到的主要应力，焊点的可靠性又因为这些应力的影响而逐渐降低，或者这些应力更容易导致焊点失效。可靠性试验就选择这些应力来进行，考虑到试验的时间及成本，试验又必须针对焊点的主要失效模式并采用加速应力试验的方法才可以满足要求。表1.7是失效模式与应力及可靠性试验的关系。针对表中所列的失效模式，安排需要考核的项目以及试验的内容。

表1.7　失效模式与应力及可靠性试验的关系

失效模式	主要应力类别	可能的环境应力 （规定的条件）	试验项目与方法
热疲劳断裂 蠕变断裂	热应力	日夜与季节导致的温度变化 使用与非使用状态的温度变化	温度循环
		使用与转移现场温度的快速变化	温度冲击
		储存期间的热应力	高温储存（老化）
电迁移 腐蚀 绝缘性能下降	化学/电化学应力	高温高湿的工作环境	湿热加电试验
			潮热试验 高加速应力试验
静态断裂 振动断裂 蠕变断裂	机械应力	跌落	机械跌落
		车载使用	随机振动
		按键与不正确的把握与移动	三点弯曲

1.2.2 焊点的可靠性试验标准

一般情况下，可靠性试验要求验证或测定的可靠性，是指在典型条件下或实际使用中一般条件下的可靠性，而不是特殊或极端条件下的可靠性，因此，试验条件应当选择现场使用中最典型和代表性的条件，同时为了取得试验结果的重复性和可比性，试验方法必须标准化。目前许多可靠性试验方法的标准，都是适用于元器件或设备的，专门适用于焊点的不多，主要有《表面安装焊接件加速可靠性试验导则》（IPC-SM-785 *Guidelines for Accelerated Reliability Testing of Surface Mount Solder Attachments*）和《表面贴装锡焊件性能测试方法与鉴定要求》（IPC-9701A *Performance Test Methods and Qualification Requirements for Surface Mount Solder Attachments*），其中上述两个标准中又引用了一些其他的具体的试验方法标准，如JESD22-A104D（《温度循环》）和IPC-TM-650（*Test Methods Manual*《测试方法手册》）。此外，由于可靠性试验前后还需要对失效判据指标进行测试或测量，因此，还会使用到IPC-A-610D（PCBA外观可接收标准），以及多款IPC-TM-650中的标准。由于焊点失效的主要失效模式是温度循环导致的机械疲劳，所以常常使用温度循环作为加速应力，参考标准IPC-9701A来进行产品焊点寿命的评估和预测。

另外，对于便携式产品越来越多的情况，还要考核这类产品耐跌落的环境适应性，这时就需要按照或参考适用于部件的JEDEC的机械冲击试验标准 JESD22-B110A（*Subassembly Mechanical Shock*）和板级跌落试验标准JESD22-B111（*Board Level Drop Test Method of Components for Handheld Electronic Products*）来进行试验。此外，长期高温也可以促进焊点界面金属间化合物的生长和变化，改变焊点的强度和寿命特征，因此，必要的时候还要开展高温储存试验，这时可以使用JESD22-A103E（*High Temperature Storage Life*）。

后面的章节将针对这些具体试验方法和测试方法进行阐述。

1.2.3 焊点的失效判据与失效率分布

要测试评价焊点的可靠性，必须首先给焊点的失效与否下一个清晰严谨的定义，这个定义就是我们在进行可靠性试验前必须明确的“失效判据”。定义失效判据的时候需要考虑产品的可用性以及失效机理。IPC-9701A标准中给出的焊点失效的定义是电阻增加超过原来的20%，或者用事件检测仪在1μs时间内检测到10次电阻超过1000Ω的事件。而IPC-A-610D则规定裂纹达到25%以上为不可接受。另外，对于腐蚀失效的判据，则是外观可以看到明显的变色腐蚀现象，并且绝缘电阻下降值超过原来的10%。以上两个针对主要失效模式的失效标准都是基于失效机理以及功能要求的情况来定义的，因为焊点疲劳开裂是循序渐进的，电阻也随之增大；腐蚀失效则会导致焊点变色以及绝缘电阻下降乃至漏电，引起功能失效。针对某些特殊情况，也可以另外定义失效标准。

由于各个焊点材料、结构以及所受应力水平的不同，哪怕同在一块PCBA上面，也不可能一批焊点在某一时刻同时失效，它们通常是随疲劳裂纹的扩展而逐步失效的，因此必然存在分布的问题。由于焊点失效的机理属于磨损失效类，它的失效分布规律可以或最好用威布尔（Weibull）分布来描述，偶尔也可用对数分布来表征。在加速试验中获得的失效数据在威布尔概率纸上处理以得到累积失效率与失效时间的关系函数。根据这个函数方程就可以获得该应力水平下的焊点的特征寿命（63.2%的焊点失效对应的试验时间或循环次数）以及平均寿命（50%的焊点失效对应的时间或循环次数）。在获得不同应力水平下的特征寿命及其分布规律后，就可以获得加速试验的加速因子，再外推即可预测实际使用或典型条件下使用的焊点可靠性寿命了。具体的数理统计分析方法由于篇幅的限制，请参考有关专著。

1.2.4 主要的可靠性试验方法

本小节将具体介绍几个主要或常用的可靠性试验方法以及几个焊点性能的检测方法，这些检测方法在评价焊点的时候常常需要用到。

1. 热疲劳试验方法——温度循环

由于焊点通常需要面对温度变化的环境条件，如日夜与季节导致的温度变化，使用与非使用状态的温度变化，位置改变导致的温度变化等，以及焊点的不同材料结合的结构特点，这些温度变化都会导致焊点材料的周期性蠕变，周期性蠕变则最终会导致焊点疲劳失效，温度循环给焊点所带来的影响见图1.5。因此，基于焊点的主要失效机理，首先选择温度循环试验来考核焊点的可靠性。这种通过加大应力来进行的加速试验的前提是，试验全过程不能改变焊点的失效机理。因此，在选择试验方案或条件时，必须考虑应力及其水平的设置。按照IPC-9701A的标准给出的条件，温度循环的幅度分为五个等级，即TC1 ~ TC5，低温区0 ~ −55℃，高温区+100 ~ 125℃，优选的条件是温度循环在0 ~ 100℃，并且分别在最低和最高温度点处保持10min，升温或降温速率小于或等于20℃ /min，以保持加速状态的蠕变与实际情况一致。具体情况见表1.8。

为了确保加速应力条件下焊点的失效机理与实际使用中的情况保持一致，标准IPC-9701A推荐温度循环的温度范围最好选择TC1，即0 ~ 100℃。这时候，高温阶段仍然处于典型的PCB的玻璃化温度之下，又不至于改变焊点的损伤机理。当然，在我们能够确认焊点损伤的失效机理不变的情况下，其他大范围的TC也是可以选择的，并且可以缩短试验的时间。在试验时间的选择上，最好试验到板面63.2%的焊点失效为止，因为这个时候正好对应的是这批焊点的特征寿命，并且可以很好地绘出精度较高的威布尔分布图，求得相关的特征参数。试验到50%的焊点失效，此时对应的时间恰好是这批焊点的平均寿命，这也是可以接受的。当然，如果焊点的可靠性很好，要试验到使50%或63.2%的焊点失效可能需要很长的时间，这个时候也可以选择试验适当的循环周期数，进行指定周期的定时截尾试验，相对于焊点的可靠性水平，可以选择NTC-A的200次循环，也可以选择NTC-E的6000次循环。对于大多数的循环温度范围而言，一般选择NTC-C水平的1000次来进行试验。温变速率要控制在20℃ /min以内，1h完成一个循环。同时，该标准建议，为了便于监测焊点的失效状况，在相同工艺的前提下采用菊花链的测试结构来代替实际的PCBA。这样只要工艺与材料不变，得到的可靠性就可以与实际PCBA的基本一致。

表1.8　温度循环试验要求与推荐的条件

项　目		试验条件	备　注
温度范围（TC）	TC1	0 ~ +100℃	优选
	TC2	−25 ~ +100℃	—
	TC3	−40 ~ +126℃	—
	TC4	−55 ~ +125℃	—
	TC5	−55 ~ +100℃	—
试验时间		直到50%（最佳63.2%）焊点失效	按失效时间或循环次数
		或	
试验周期数（NTC）	TC-A	200	
	NTC-B	500	
	NTC-C	1000（对于TC2、TC3、TC4优选此数）	
	NTC-D	3000	
	NTC-E	6000（TC1优选的次数）	
低温停留时间 温度容忍偏差		10min +0/−10℃（+0/−5）	一般采取1h一个循环的设置
高温停留时间 温度容忍偏差		10min +10/−0℃（+5/−0）	
温变速率		≤20℃ /min	
全部生产的样本量		33	需要考核返修，则加10
电路板厚度		2.35 mm	或实装板的厚度
元器件封装情况		菊花链结构或实际组装结构	—
试验监测方式		连续电阻检测/事件检测	监测焊点的失效时间

注：摘自IPC-9701A 表4-1。

值得注意的是，IPC-9701A是2006年版的，该版本引用的温度循环的条件来自于JEDEC的标准JESD22-A104的B版本，而现在最新JESD22-A104的版本已经到了2020年的F版本了。现在简单地介绍一下该标准的最新情况：温度循环的条件已经修改为11种，分别为（单位为℃）A（−55 ~ 85）、B（−55 ~ 125）、C（−65 ~ 150）、G（−40 ~ 125）、H（−55 ~ 150）、I（−40 ~ 115）、J（0 ~ 100）、K（0 ~ 125）、L（−55 ~ 110）、

M（−40 ~ 150）、N（−40 ~ 85）。最低温度允许的误差为（+0，−10）；最高的温度允许误差为（+10/15，−0）。另外，也将最低或最高温时的停留时间改成1min、5min、10min和15min共四种模式。而每个循环的时间长度从小于1h到3h不等，但是对于互连焊点，则推荐每个循环至少时长为30min。

具体的试验方法可参考相关的标准。

2. 振动试验

电子电工产品在运输或使用过程中都可能遇到不同频率或不同强度的振动环境，这对产品中焊点的可靠性是一个严峻的挑战。例如，车载电子设备会由于车辆的运动而产生振动，由于车辆运行的轨迹、速度、路面状况以及车辆的负荷等不同，焊点所受到的振动频率与振幅也不同。一般情况下，汽车、火车在运行过程中产生的振动加速度小于5.6g，振动频率范围为2 ~ 8Hz；民航飞机运行时产生的振动最大加速度可达20g，频率多为30Hz左右。当振动激励造成应力过大时，会使焊点或结构产生裂纹和断裂。长时间的振动形成的累积损伤会导致焊点产生疲劳破坏，如果焊点含有隐含的缺陷或设计不良，则振动试验很容易触发焊点失效。振动试验就是振动台在实验室的环境下模拟各种振动环境，将样品用专用夹具固定在振动台上进行试验，以检验振动对焊点可靠性的影响，确定焊点耐受振动的能力。

振动试验一般可以分为随机振动和正弦振动，后者又可以分为振动疲劳试验、扫频试验和振动噪声试验。自然界中的大多数振动属于随机振动，但是由于随机振动的复现性差以及试验的复杂性，许多情况下采用正弦振动来模拟替代。振动疲劳试验常常被用来考察焊点的可靠性，该试验采用固定的频率（如50Hz），振动加速度~10g，在X、Y、Z三个方向上各进行1h的试验。需要注意的是，振动试验中的安装与控制非常关键，特别是固定点、检测点以及控制点的选取，必须考虑试验结果的复现性以及与实际使用情况的吻合度。对于焊点的评价来讲，焊点所在的PCBA一般应该参考实际设备中的情况来安装，或者固定四个角上的支点，以使焊点在振动时受到充分的激励应力的考核。

由于篇幅所限，关于振动试验的具体试验方法可参考IEC标准，如IEC 68-2-34《环境试验　第2部分：试验方法　试验Fd：宽频带随机振动——一般要求》、IEC 68-2-36《环境试验　第2部分：试验方法　试验Fdb：宽频带随机振动—中再现性》、IEC 68-2-37《环境试验　第2部分：试验方法　试验Fdc：宽频带随机振动—低再现性》，以及IEC 68-2-6《环境试验　第2部分：试验方法　试验Fc和导则：振动（正弦）》，也可以参考国家标准GB/T 2423-（10 ~ 14），还可以参考JESD22-B110B（*Mechanical Shock-Component and Subassembly*）和IPC-TM-650 2.6.9来进行。JEDEC标准则是专门针对组件或部件的试验方法，不过它把跌落、振动等对焊点的影响通过不同水平的机械脉冲应力来模拟，也把组件分成自由态和固定态（固定在某些治具上）来分别模拟不同的应力环境。

3. 跌落试验

跌落试验主要是考察产品从一定高度上自由跌落下来的适应性和经受这种跌落后其结构或焊点的完整性。随着技术的进步，电子产品越来越小型化，便携式的电子产品越来越多，如鼠标、MP3和手机，这些电子产品在使用、运输的过程中极易发生跌落或甩伤。因此，跌落试验常用来评估焊点的耐跌落的性能。试验进行的时候，主要考虑的条件有试验台面的材质和硬度、跌落释放的方式和跌落的方向、跌落的高度或严酷等级等。对于小样品（如PCBA），试验台面一般采用硬质木地板（地板下为钢筋混凝土），样品的重量大时直接采用钢筋混凝土地板台面。IEC标准规定的跌落试验的严酷等级分为六级，对于小于20kg的样品，跌落高度（严酷等级）为1.0 ~ 1.2m。对于小型的电子产品，一般跌落的方向是六个面和四个角朝下分别跌落一次，共10次，并通过显微镜外观检查或电阻检测来考察焊点的破坏情况。

跌落试验的细节可以参考IEC标准IEC 68-2-32（*Basic Environmental Testing Procedures Part2: Free Fall*）或国家标准GB/T 2423.8《电子电工产品环境试验　第2部分：试验方法　试验Ed：自由跌落》，也可以参照JEDEC标准JESD22-B111规定的方法，通常选取的试验条件是JESD-22-A110A规定的自由态测试水平条件B（1500G，0.5ms）的脉冲；也可以是条件H（2900G，0.3ms）的脉冲，关于详细的试验程序、样品安装方式以及失效监测方法等在该标准中都有明确的规定。

4. 高温储存试验

高温储存主要是用来考查产品在储存条件下，温度与时间对产品可靠性的影响。对于焊点而言，经常会遇到高温的储存与使用环境，高温对焊点的影响主要体现在促使焊点界面的金属间化合物的生长，金属间化合物长厚的同时，可能还会产生Kirkendall空洞，这时焊点的强度就会下降。也就是说，高温应力可以导致焊点老化或早期失效。这一加速老化的过程可以用阿伦尼乌斯定律来描述。

目前没有专门针对焊点的高温试验的试验标准，一般焊点高温试验条件的选择可以参考JEDEC的标准JESD 22-A103C-2004（*High Temperature Storage Life*，《高温储存寿命试验》）。高温应力的水平可以划分为A ~ G共7个条件（见表1.9），对于PCBA上的焊点而言，一般选择条件A或G，因为其他温度条件可能导致其他新的退化失效机理，如超过PCB基材的T_g，将导致PCB严重变形，这样会对焊点产生新的应力，必然导致新机理的产生。此外，部分塑料封装的元器件的焊点也会产生类似问题。另外，由于高温应力单一及受周围的因素影响所限，试验的时间一般较长，都在1000h以上。试验过程最好有检测设备（见疲劳试验部分）进行检测，以便及早发现失效样品。也可以通过切片后用扫描电子显微镜来检查Kirkendall空洞的生长状况或速度，以达到初步评估焊点可靠性的目的。

表1.9　高温储存条件

条　　件	温　　度
条件A	+125（−0/+10）℃
条件B	+150（−0/+10）℃
条件C	+175（−0/+10）℃
条件D	+200（−0/+10）℃
条件E	+250（−0/+10）℃
条件F	+300（−0/+10）℃
条件G	+85（−0/+10）℃

5. 湿热试验

湿热试验的目的是确定焊点在高温高湿或有温度、湿度变化的情况下工作或储存的适应性。焊点是一个由焊盘、引线脚以及焊料等不同材料组成的统一体，高温高湿的同时作用，水分会在高温的推动下不断扩散、吸附、溶解等，会促使焊点及其周围发生化学或电化学反应，导致金属加速腐蚀，如果焊接工艺中有助焊剂的残留物，则这种腐蚀则更快、更为显著。湿热试验的失效判据一般是检查外观变色或枝晶生长与否，同时还可能进行功能检查以及绝缘性能的检测，看看功能正常与否和绝缘电阻是否下降到极限值以下。

对于焊点而言，大多选取恒定湿热试验来考察，交变湿热较少使用。考虑到焊点可能遇到的环境条件以及试验的时间，湿热条件一般选为：40℃ ±2℃，93%±3%RH，或者85℃ ±2℃，85%±2%RH。另外，根据产品的可靠性等级或使用寿命长短，可以选取不同的试验时间：48h、96h、144h、240h、504h、1344h，也有选择168h或1000h的。试验的顺利进行还需要有能达到上述试验条件要求的试验箱。

6. 电迁移（ECM）试验

随着电子产品向小型化及智能化的方向发展，焊点及导线之间的距离越来越小，而焊点在形成工艺过程中在其表面或周围会有一定的残留物聚集。当这些残留物中包含腐蚀性强的离子性物质时，将会给焊点乃至整个PCB组件带来腐蚀和漏电的可靠性问题，这一问题产生的主要机理就是发生了电迁移（ECM）。为了评估焊点或PCBA发生电迁移的可能性，常常需要针对PCBA工艺过程或相关物料进行电迁移试验。电迁移发生的机理和过程可以简单描述如下：第一步，焊点表面的金属在大气环境下首先氧化形成氧化物；第二步，残留物吸湿并电离出活性离子；第三步，活性离子在空气中水分的帮助下与金属氧化物反应并生成金属离子；第四步，设备工作时焊点之间产生电位差，金属离子向阴极移动；第五步，金属离子移动过程电场反复导致离子结晶析出溶解反复；上述第三步至第五步反复循环，最终产生枝晶并发生漏电现象。其中最容易产生电迁移或枝晶的金属元素是银、铅、锡及铜。图1.19是这些枝晶的典型代表。而这种失效往往不是一两个样品的失效，而是整批次的产品都会出故障，导致损失巨大。

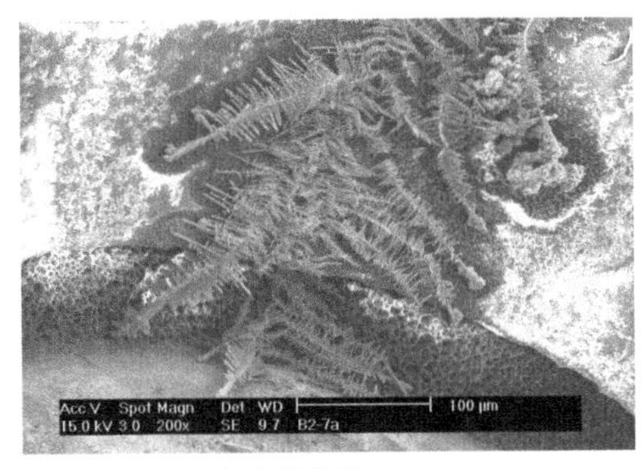

（a）铅枝晶

（b）银枝晶

图1.19 电迁移产生的典型枝晶

评价焊点的生产工艺或材料的电迁移情况，一般按照标准IPC-TM-650 2.6.14.1《抗电化学迁移试验》规定的程序进行。其主要方法简单介绍如下。

首先要在实际的样品上制作标准的梳形电极图形，或者参照标准制作梳形标准电极（间距0.318mm），如图1.20所示，也可以在实际的PCBA上选择类似的图形进行参考测试。然后使用相应的材料与工艺并按照正常的工艺流程制作样品，再将这些样品接上导线后置于温湿度为65℃，88.5%±3.5%RH（或40℃,93%±2%RH；85℃±2℃,88.5%±3.5%RH）的试验箱中，稳定96h后，测量绝缘电阻作为初始值，然后通过导线加上10V DC的偏置电压，再在试验箱中保持500h。最后再测量其绝缘电阻并将其与初始值进行比较，如果不低于初始值的十分之一，并且无枝晶生长（或生长不超过电极间距的20%），焊点无腐蚀，则该PCBA或焊点的耐电迁移能力合格。

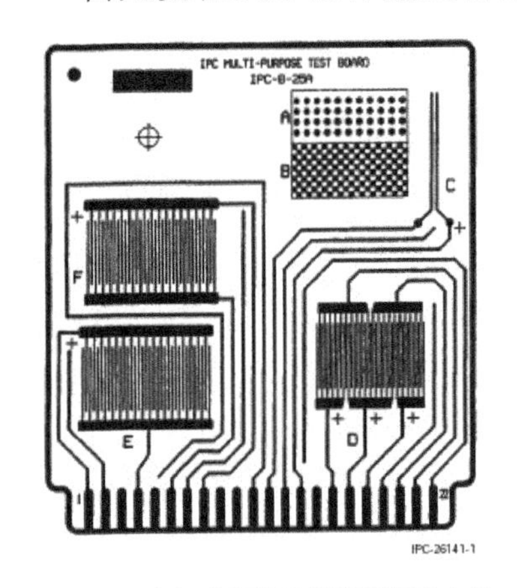

图1.20 电迁移所使用的梳形标准电极（IPC-B-25A 测试板 D 区）

近年来某些研究显示，低的偏压如5V DC更能激发电迁移的发生。为此，一些国际知名品牌的大公司还制定了自己公司内部的电迁移试验程序，例如，美国惠普公司的试验条件就是：温湿度为50℃，90%RH，所加偏压为5V DC，试验时间为672h（28天）。

当然，对于可靠性要求很高的产品，其电迁移试验的时间还将被延长到1000h以上，并且连续监视其绝缘电阻值随时间的变化，同时可能还需要进行PCBA的表面离子清洁度的测量，评估离子残留量与电迁移发生概率之间的关联性。

7. 高加速寿命试验和高加速应力筛选

传统的正常应力水平或加速寿命试验一般都需要半年以上的时间，显然不能满足日新月异的电子信息产品更新换代对设计品质或工艺品质验证的需求。因此，最早由美国军方研究推出的HALT（Highly Accelerated Life Test）与HASS（Highly Accelerated Stress Screening）技术现已经成为电子信息产业快速设计验证与工艺验证的试验方法，试验时间可以缩短到一周左右。由于目前HALT是一种全新的可靠性试验技术，还没有国际标准可以参考，国家标准也是刚刚出来，因此，下面将较为详细地介绍这一方法。

HALT从名称上看是一种寿命试验，但其更重要的作用是充当产品的设计或操作极限验证的角色。它是一种使样品承受不同阶梯应力，进而及早发现设计极限以及潜在缺陷或弱点的程序性的试验方法。利用此试验方法可迅速找出产品设计及制造的缺陷、改善设计缺陷、增加产品可靠度并缩短上市时间，同时可建立设计能力、产品可靠度的基础资料及日后成为研发的重要依据。通过失效分析手段对HALT发现的缺陷进行分析，再通过设计改进等达到产品可靠度增长的目标。HALT的具体内容如下。

- 逐步施加步进应力直到产品失效/故障。
- 采取临时措施，修正产品的失效/故障。
- 继续逐步施加应力直到产品再次失效/故障时，再次修正。
- 重复以上应力—失效—修正步骤，直到不可修复。
- 找出产品的基本操作界限和基本破坏界限。

在HALT中，可找到样品在温度及振动应力下的可操作界限（Operational Limit）与破坏界限（Destruct Limit）。可操作界限的定义为当实验过程中发生功能故障时，在环境应力消除后即自动恢复的应力临界点；而破坏界限则是功能故障在环境应力消除后依然存在的应力临界点（见图1.21）。

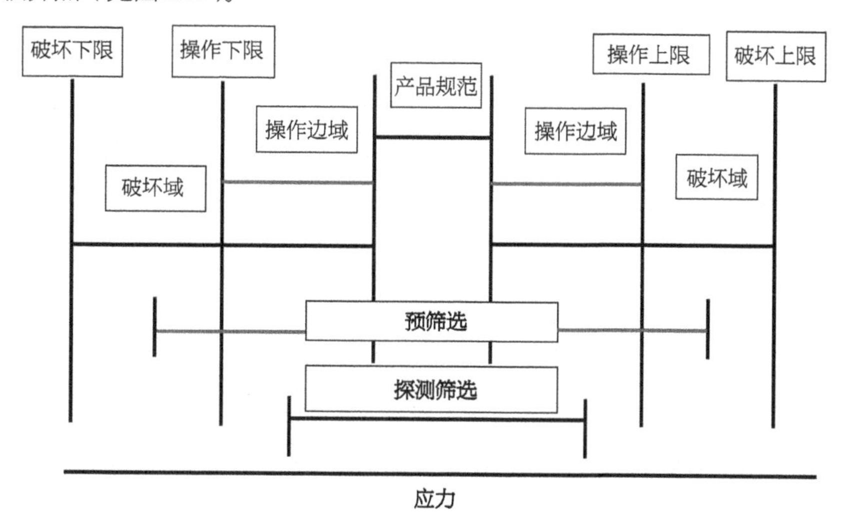

图 1.21　HALT 结果示意图

因此，HALT主要用于产品的研发阶段，其应力远高于正常运输、储存、使用时的应力，所使用的这些应力一般包括高低温储存、温度冲击、随机振动及多轴向振动、温度与振动组合应力等。一般HALT的程序如下。

（1）温度步进应力试验：此项试验分为低温及高温两个阶段应力，首先进行低温阶段应力试验，将样品放于综合环境试验机中，将温度感应线接至欲记录的零件上，并调整风管使气流能均匀分布于机台上，依样品的电气规格加满载，设定起始温度20℃，每阶段降温10℃，阶段温度稳定后维持10min，之后在阶段稳定温度下至少进行一次开关机及功能测试，如果一切正常则将温度再降10℃，并待温度稳定后维持10min再进行开关机及功能测试，以此类推，直至发生功能故障，则将温度恢复至常温并稳定后再进行开关机及功能测试，观察其功能是否恢复，以判断是否达到操作界限或破坏界限。如果功能正常恢复，则将故障前的低温值记录为可操作界限，同时再将温度逐段下降直至发现当恢复至常温仍然无法使功能自动恢复的低温，则此低温即为低温破坏界限。在完成低温应力试验后，可依相同程序进行高温应力试验，即将综合环境应力试验机自 20℃开始，每阶段升温10℃（PCBA的第一步升温可以到55℃），待温度稳定后维持10min，然后进行开关机及功能测试直到发现高温操作界限及高温破坏界限为止（见图1.22）。

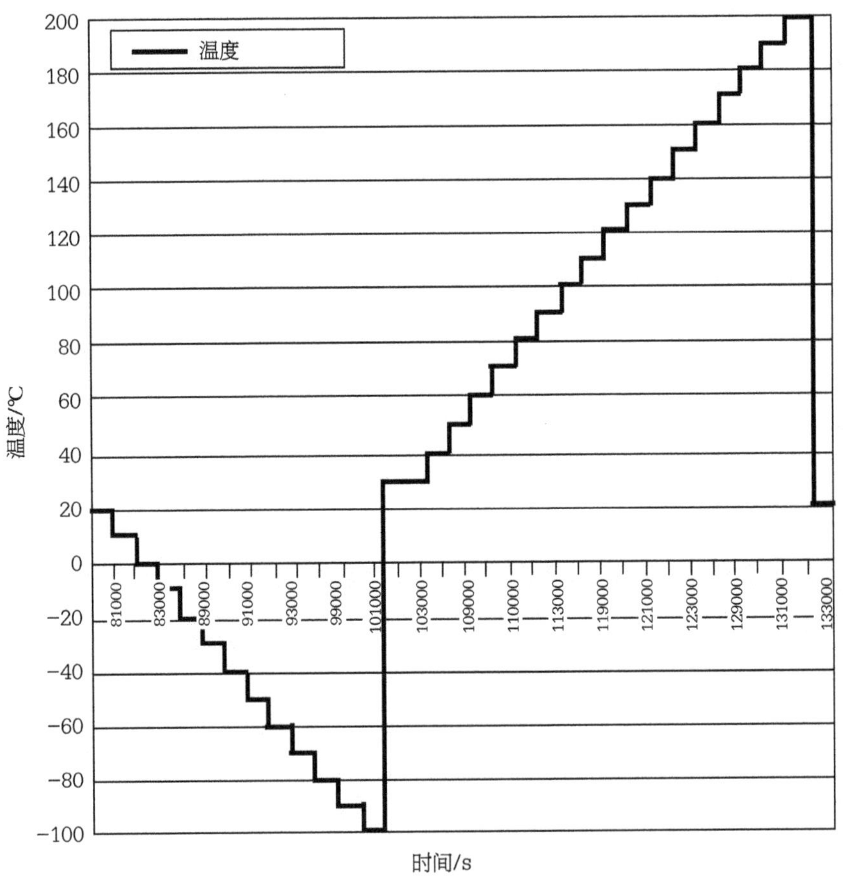

图1.22　温度步进应力试验剖面

（2）快速温变试验：此试验将先前在温度步进应力试验中所得到的低温及高温操作界限

作为此处的高低温度界限，并以60℃ /min的快速温度变化率在此区间内进行6个循环高低温度变化，在每个循环的最高温度及最低温度皆需停留10min，使温度稳定后再进行开关机及功能测试，如果发现样品发生可恢复性故障，则将温变速率减小10℃ /min，再进行温变，直到6个循环皆无可恢复性故障发生，则此温变速率即为此试验的操作极限，在此试验中不需要寻找破坏极限。

（3）随机振动试验：此试验是将振动频率值自5g开始，且每阶段增加5g，并在每个阶段维持10min后，在振动持续的条件下进行开关机及功能测试，以判断其是否达到可操作界限或破坏界限。当频率值达到30g时，在功能测试完成后，必须将频率值降至5g，再进行功能测试以观察样品是否在高振动条件下遭到破坏，但无法测得隐含的不良情况，而后更高频率值的测试都以此模式进行。

（4）温度振动组合环境试验：此试验将快速温变及随机振动试验合并同时进行，使加速老化的效果更显著。在HASS 的实验中就是以组合条件进行的，这样才能在短时间内发现制造上的问题。此处使用先前的快速温变循环条件及温变率，并将随机振动频率值自5g开始配合每个循环递增5g，且使每个循环的最高及最低温度持续10min，待温度稳定后进行开关机及功能测试，如此重复进行直至达到可操作界限及破坏界限为止。在以上4个试验中，样品所产生的任何异常状态应加以记录，且应分析是否可以由变更设计克服这些缺陷，并加以修改后再进行下一步骤的测试，提高产品的可操作界限及破坏界限，从而达到提升可靠性的目的。

HASS技术是一种高效的工艺筛选过程。它使用较高个别或组合应力，施加在批量生产的产品上进行筛选，剔除产品的隐含缺陷而又不至于损伤良好产品，同时可以为生产工艺的改进提供依据。HASS所使用的应力来自于HALT，通常，预筛选所采用的应力介于产品的操作界限与破坏界限之间，而探测筛选所采用的应力介于产品的标称值与操作界限之间。HASS一般应用于工艺试验或生产阶段，找出那些极有可能沉淀在客户使用终端，并最终导致产品故障的潜在缺陷，HALT/HASS已被证明是非常有效的。

HASS试验条件的建立一般包括三个步骤。

（1）HASS试验计划必须参考HALT 所得到的结果。一般均将组合环境试验中的高、低温度的可操作界限缩小20%，而振动条件则以破坏界限值的50%作为HASS试验计划的初始条件，然后再依据此条件开始进行组合环境试验，并观察样品是否有不良情况发生。如果有，则先分析判断是因过大的环境应力造成的，还是样品本身品质不良造成的，属前者时应再放宽温度及振动应力10%，属后者时表示目前测试条件有效。如果皆无不良情况发生，则必须再加严测试环境应力10%。

（2）不良品有效性验证。在建立HASS试验条件时应注意两个原则：第一个为该试验必须能检测出可能造成设备故障的潜在不良情况；第二个为经试验后，不致造成设备损坏或“内伤”。为了确保HASS试验所得到的结果符合上述两个原则，首先还必须准备三个试样，并在每个样品上制作一些未依标准所制造或组装的缺陷，如零件浮插、空焊及组装不当等。以最初HASS所得到的条件测试各样品，并观察各样品上的人造不良情况是否被检测出，以决定是否加严或放宽测试条件，而能使HASS 试验剖面达到预期效果。

（3）良品有效性验证。在完成有效性验证后，应再把新的良品在调整过的条件测试30 ~ 50次，如果皆未发生因应力不当而破坏的现象，则此时即可判定HASS试验条件。反之则必须再检测，调整测试条件以求得最佳组合。同时仍必须配合产品经客户使用后所回馈的异常再做适当的调整。另外，当设计变更时，也应修改测试条件以符合要求。

由于设备或整机产品由众多的零部件和模块组成，HALT会导致故障模式分布零散而复杂，使失效或故障分析困难。因此，HALT和HASS主要应用于组件、模块以及电路单元等，尤其适用于PCBA及焊点质量的考察。

1.2.5 可靠性试验中的焊点强度检测技术

为了表征焊点在可靠性试验前后的变化，以及准确地判断焊点的失效状况，需要对焊点的某些特征参数进行必要的检测，如焊点的力学性能、金相组织、空洞结构等。本小节只介绍焊点的力学性能的测试，其余部分会在“焊点的失效分析技术”部分介绍。

1. BGA 球剪切强度测试

随着电子产品的小型化以及多功能化，SMT工艺中用到越来越多的球栅阵列（BGA）封装的芯片，这些芯片的引脚就是一个个的焊料球，焊料球置入的工艺质量决定了焊料球的强度以及可靠性。越来越多的SMT质量案例与BGA封装时置球的质量有关，好不容易将BGA焊到PCB的焊盘上，结果却发现元器件端的焊料球与元器件本体开裂，而仔细检查这种开裂却与工艺条件无关。显然，这是一起BGA置球不良的质量问题。为了分析这类问题产生的原因或防止类似问题发生，常常是在BGA置球以后或SMT使用前对BGA置球的强度进行检测，具体方法可参考JEDEC的标准JESD22-B117（*BGA Ball Shear*）。常用的测试仪器是Dage公司的DAGE 4000系列测试仪，该仪器还可以测试绑定金丝或铝丝的键合强度。BGA球剪切强度测试示意图见图1.23，剪切方向垂直于置球方向，推杆（或撞锤）距离元器件基板的高度要大于50μm或小于球高度的25%，撞锤的宽度与球的直径大小相当；推杆的移动速度约为100μm/s。试验后要对所获得的数据进行分析，凡是量值小于平均值加三个标准偏差以下的或其他异常结果

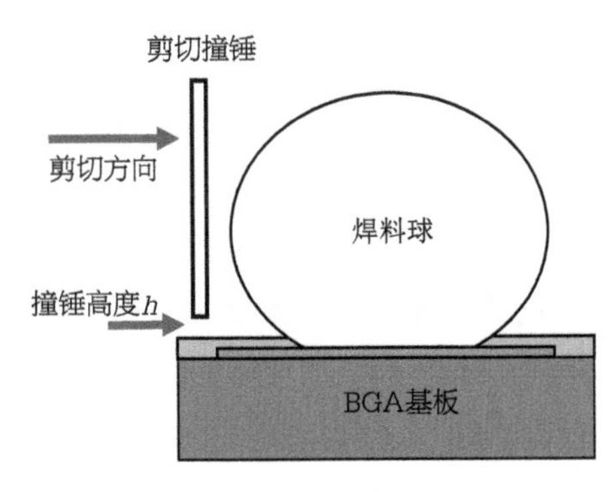

图1.23 BGA球剪切强度测试示意图
（h>50μm或≤球高度的25%）

都应该仔细分析，并考虑拒收或不予使用。同时还要关注剪切强度测试后的焊点的破坏界面，也就是破坏模式。

2. 焊点剪切强度测试

对于使用SMT安装的PCBA上的焊点，大多数是没有引脚的，或者引脚非常短，这些焊点的强度通常只能测试其剪切力或剪切强度，而没有办法通过拉伸来测量其拉伸强度。当焊盘的大小一致或可以比较的时候，通常只测焊点的剪切力，并分析力的分布和合格与否就可以了。相对于BGA的焊料球而言，由于元器件的体积都比较大，使用普通的拉力机就可以测试，只是需要根据元器件的大小选择规格合适的测试夹具（撞锤或推杆），见图1.24。推剪的速度一般为50mm/min，最好使用计算机将整个剪切测试的过程记录下来，得到剪切力与时间的变化关系，其中焊点破坏时的峰值即为最大剪切力。

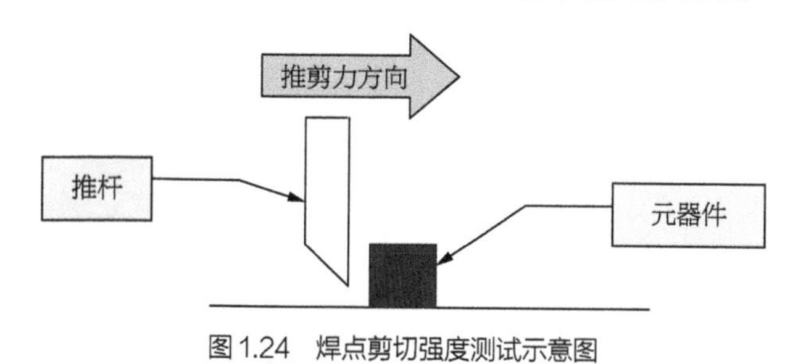

图 1.24　焊点剪切强度测试示意图

$$P\text{（剪切强度，Pa）}=F\text{（剪切力，N）}/S\text{（焊点面积，}m^2\text{）} \qquad (1.2)$$

特别需要注意的是，不能仅仅记录剪切力，更需要观察焊点破坏的失效界面。这对解释剪切强度的测试结果非常有帮助。对于一个焊点而言，至少存在三个界面，即焊料/焊盘、焊盘/PCB基材、元器件端子/焊料，剪切试验中焊点破坏一般从最薄弱的环节开始，有时甚至从三个界面之外的焊料中间破坏，偶尔也有元器件端子断裂的。不同失效界面代表不同的机理，如果破裂在焊料/焊盘，则说明此处最薄弱；如果剪切力异常小，则说明该PCB存在质量问题，与焊接工艺无关；如果焊料本身中间破裂，剪切力特别小，则应该是焊点存在冷焊，这时应检查工艺参数。具体的试验方法可参见日本工业标准JIS Z 3198-5（*Test methods for lead-free solders-Part 5：Methods for tensile tests and shear tests on solder joints*）。

如何来判断一个无铅焊点的剪切试验结果合格与否呢？一是先与有铅工艺的焊点比较，如果力值大则合格；二是看其分布，力值小于三个标准偏差加均值的，异常小的视为不合格；三是看破裂失效界面，如果是元器件或PCB本身部分破裂，则焊点合格。如果没有一定的数据积累，则不可能设定一个合格的绝对值的标准。只有经过大量的试验，才可能给出一个标准合格值。一般1210元器件的无铅焊点的剪切力为20 ~ 30N。

3. 焊点抗拉强度测试

对于通孔安装（THT）的焊点，以及SMT安装的有引脚的焊点，如QFP翼型脚焊点，其抗拉强度只能用拉的方式来测试。抗拉强度也可参考式（1.2）来计算，只不过需要将其中的剪切力F换成拉力F。对于THT安装的元器件，只需要顺着元器件引脚的方向拉伸，并记录焊点断裂时的最大值就可以了，拉伸速度一般为50mm/min。而对于翼型脚的焊点，则需要旋转45°角后拉伸，如图1.25所示。此外，与剪切力测试一样，需要关注焊点的破坏模式。力值的大小及合格与否也参考上一部分来分析。测试的详细步骤可参考日本标准JIS Z 3198-6（*Test methods for lead-free solders-Part 6 : Methods for 45° pull tests of solder joints on QFP lead*）。需要提醒的是，由于翼型脚的间距相当小且应力集中在引脚上，所以一般选取从元器件的第一个引脚开始，每排焊点选取头部和尾部的各两个引脚进行测试，这样一个QFP器件一般一共需要测试16个焊点。

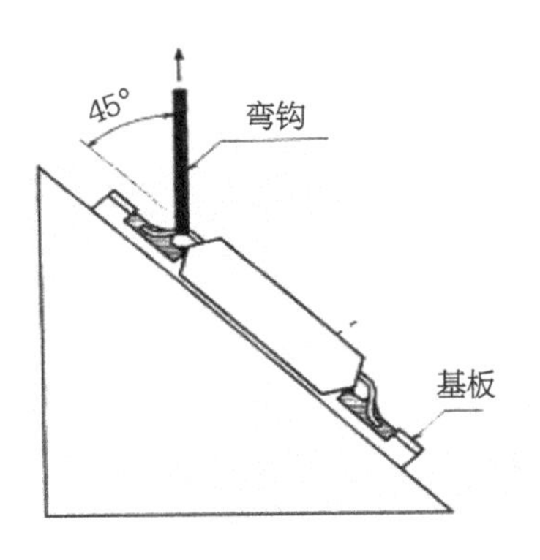

（a）测试示意图

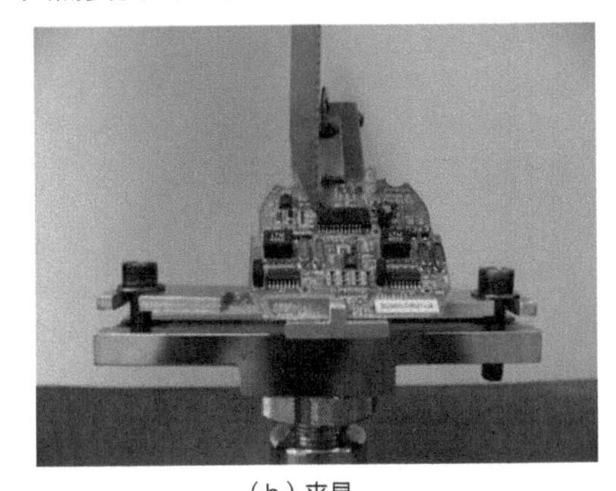

（b）夹具

图1.25 45°角拉伸试验测试示意图与夹具

4. 无铅焊点可靠性试验的方案设计

前面已经讨论了许多适用于焊点可靠性试验方法和检测方法，但是如何安排这些可靠性试验呢？哪些项目需要做？做到什么程度？需要多少样品？这些问题其实就是如何进行焊点的可靠性试验方案的设计了。

可靠性试验方案是对目标样品或工艺进行考察的总的试验计划和要求。设计时，首先必须根据设备或焊点所处的阶段和试验目的，如处于研制阶段，希望通过可靠性试验来暴露焊点设计的薄弱环节，以便采取改进措施，提高焊点的固有可靠性水平，就应该选择增长试验方案；如果是设备或焊点设计定型、生产定型或重大技术改进后的鉴定，就必须选择鉴定试验方案。显然，由有铅工艺转换成无铅工艺应该是涉及重大的技术改进，这时更多采用鉴定试验方案，而且是主要针对工艺的改动而进行的工艺鉴定试验。由于寿命评价试验与失效率指标的鉴定试验耗时太长以及成本过高，对于一般企业而言是难以承受的，因此，业界更多采用的是简化的鉴定试验方案。

无论如何，可靠性试验方案的设定必须首先考虑产品的可靠性水平，可靠性水平高的产品的焊点，试验的条件或使用的应力水平以及时间都相应地增加或延长；如果相反，则相应地减少试验时间以及应力水平。同时必须首先进行工艺的优化，并进行适当的老化处理，或者经过适当的环境应力筛选以确保没有早期失效产品，然后再根据抽样理论进行抽样。方案设计的时候，还必须考虑将来产品的使用环境以及可能遇到的环境应力，尽可能模拟实际的试验环境来选择试验项目或方案。并且需要根据目前的业界普遍遵守的国际标准来定义试验过程中的失效判据，即失效标准，而且这些标准中的参数最好在试验的整个过程中能够测量。此外，试验的样品应该能够代表该批次或该生产线生产的产品的可靠性水平。

下面举两个工艺可靠性鉴定的例子以供参考，它们分别是不同可靠性要求的产品代表，一个是可靠性要求较低的鼠标和键盘（见表1.10），另一个是可靠性要求相对较高的计算机主板（见表1.11与图1.26、图1.27）。其中计算机主板的工艺可靠性鉴定分为三个阶段，每个阶段鉴定的结果满意后再进入下一个阶段，直至通过所有的可靠性鉴定，才开始按照最佳的工艺条件和设计进行量产，接下来主要的工作就是确保原材料的一致性和工艺的稳定性了。

表1.10　鼠标与键盘主板无铅过渡可靠性测试方案

鉴定测试项目	温度循环	高温高湿	单体跌落	推拉力
样品数量 Sample size	12 个	12 个	6 个	有铅和无铅每个制程各选3个样品，每个样品上选择4个翼型脚
测试条件 Conditions	至少 −40/+85℃ 1h/循环	65℃ 90%RH	10个跌落方向，高度按照产品要求	对于翼型脚以45°拉伸，速度 10mm/min。对于无引脚的元器件，采用推剪方式测其推力强度
试验时间 Durations	100 循环	共192h：各在96h和192h测量其性能	N/A（不适用）	N/A（不适用）
切片测试 Samples	每个类型的元器件测试两个（电容、电阻、BGA、翼型脚、DIP）		板角部位的每个类型的元器件选两个（电容、电阻、BGA、翼型脚、DIP）	
功能测试 与 失效标准 Functional test & Failure criteria	功能失效 枝晶生长 裂纹超过焊点的25%，空洞面积超过焊点的25%，锡须长度超过60μm	功能失效 锡须长度超过60μm 枝晶生长	功能失效 枝晶生长 裂纹超过焊点的25%，空洞面积超过焊点的25% 锡须长度超过60μm	与有铅焊点相比，剪切强度下降超过20%

表1.11　某公司无铅主板工艺可靠性鉴定一阶段试验方案

（同时考察返修工艺能力）

样品组别	返修板数量	非返修板数	测试项目	样品描述	测试要求
1	4	4	SMT焊点拉力 PTH 焊点切片 PTH焊点拉力	每板4×QFP 各类型焊点×1 各类型焊点×1	每边角上4引脚 典型一排 所有引脚Pins
2	4	4	SMT焊点切片 BGA焊点切片	每板4×QFP 每板4×BGA	每个零件×每排×2 BGA×最外排×最内排
3	4	4	染色与渗透	每板6×BGA	检测所有焊点
1～3	所有返修板	所有非返修板	BGA X射线检查	所有BGA	检测所有焊点

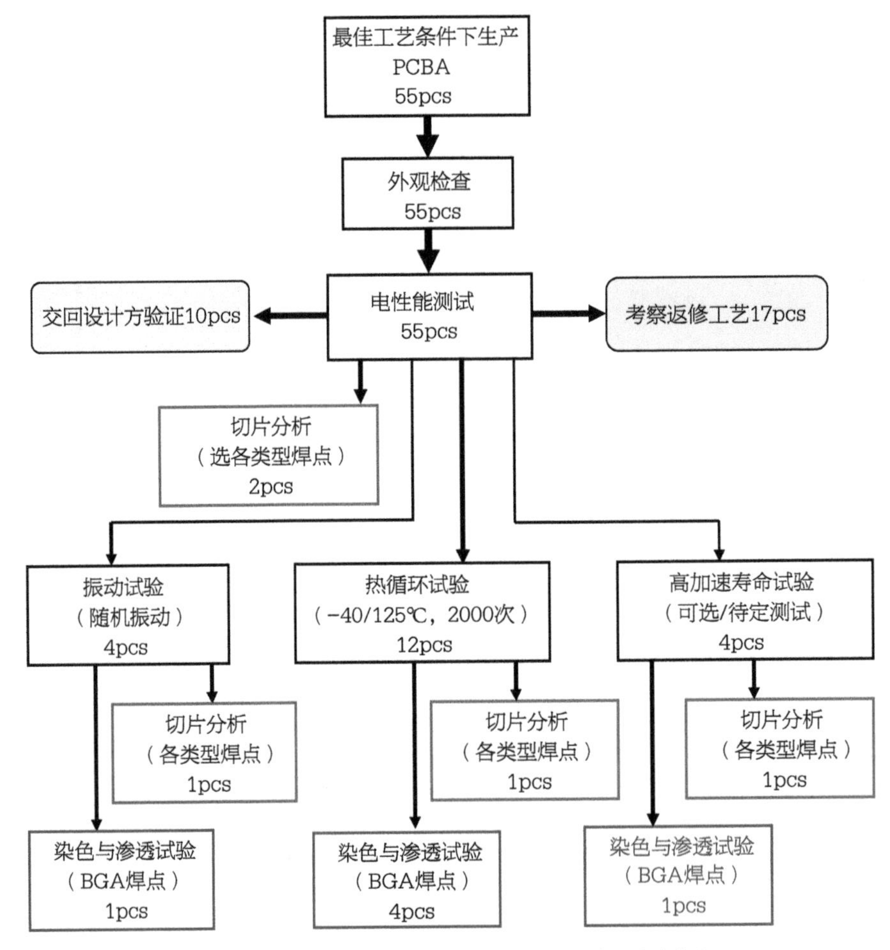

图1.26　某公司无铅主板工艺可靠性鉴定二阶段试验方案
（热循环2000次或到63.2%的焊点失效）

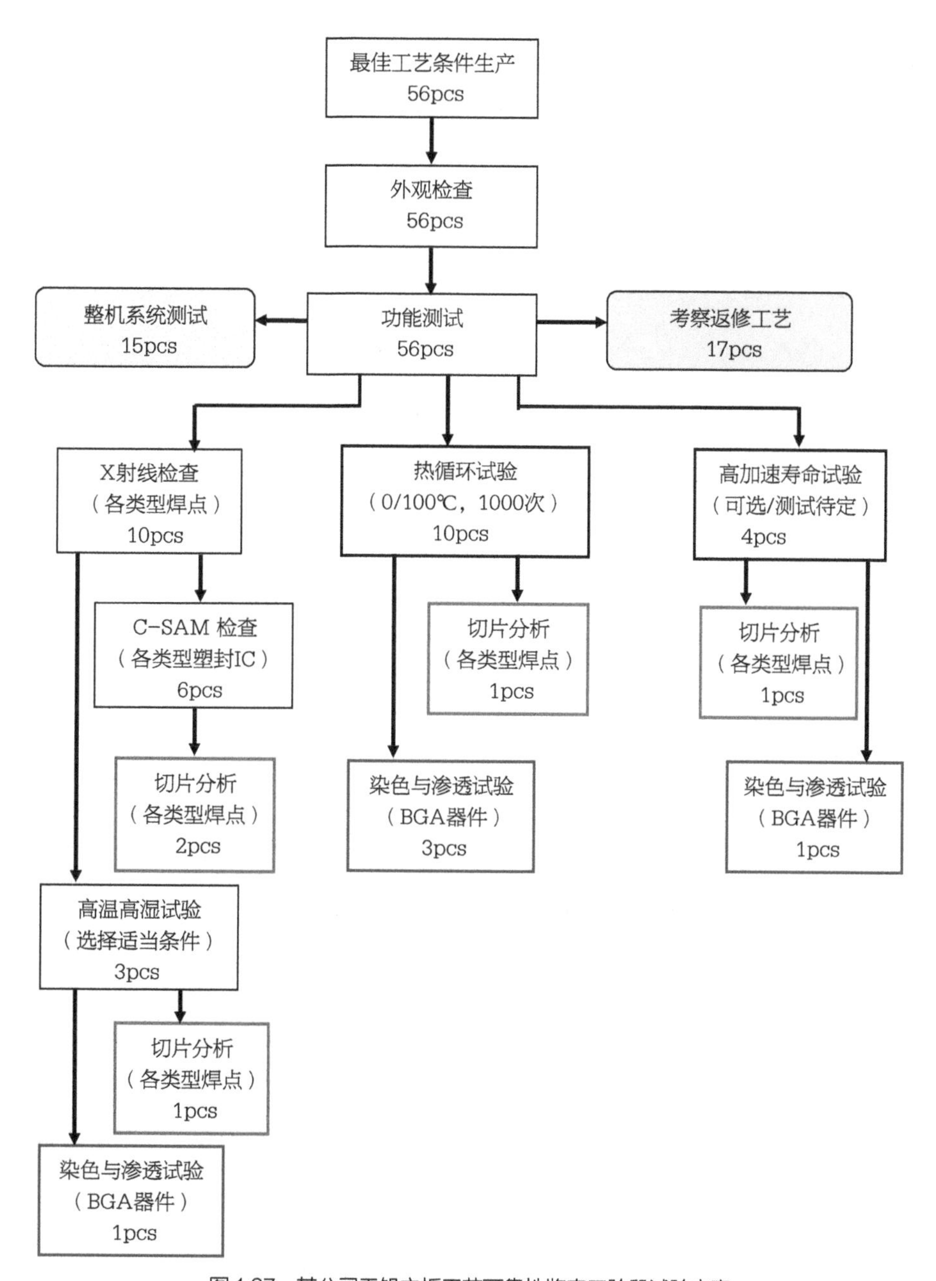

图1.27 某公司无铅主板工艺可靠性鉴定三阶段试验方案

1.3 电子组件的失效分析技术

无论是设计验证、工艺试验过程、使用过程，还是可靠性试验阶段，都可能会有一定的组件失效，只有搞清楚这些组件的失效机理和原因，才能及时采取有针对性的改进措施，使得产品的固有可靠性和使用可靠性得到提升。导致组件失效的原因大致可以分成两大类：一类是组件上的元器件失效；另一类是组件的互连焊点包括PCB内部的互连失效。元器件的失效通常可以通过筛选和设计的改进得到一定的控制，另外，由于组装工艺过程导致的元器件失效（热损伤除外）并不是主流，使得焊点或者互连的失效成为组装工艺后组件的最主要的失效模式，而且元器件的门类繁多及失效分析涉及面很宽，因此本节将主要讨论板级互连及焊点的失效分析技术，元器件的失效分析技术则请读者参考有关的专著。

而互连与焊点的失效分析技术是获取失效机理与原因的基本技术手段，也只有充分熟悉并运用这些技术，才能及时获得产品改进的依据。因此，对于电子组装工程师或是从事组件质量保证技术的工程师而言，掌握互连与焊点的失效分析技术则成为工艺成功实施非常重要的一环。本节将简要介绍互连与焊点失效分析技术的基础知识。

1.3.1 焊点形成过程与影响因素

要做好失效分析，必须首先搞清楚互连焊点的形成过程与机理，同时还必须将焊点的失效模式或者故障模式与影响因素联系起来。由于本书前面的章节已经对焊点形成的过程与焊接机理进行了介绍，这里就不再赘述了。

简单地说，焊点的生成包括焊料的润湿过程、焊料与被焊面之间的选择性扩散以及金属间化合物生成的合金化过程。其中最为关键的就是焊料对母材（被焊面）的润湿过程，也就是焊料原子在热以及助焊剂的帮助下达到与母材原子相互作用距离的过程，为下一步焊料中的原子与母材中的原子相互扩散做好准备。润湿的好坏决定焊点的根本质量，润湿是否能够形成是焊接最关键的第一步，如果没有润湿的发生就不会有后续的金属间的扩散过程，更不会有合金化。而润湿能否发生以及润湿的程度如何，其影响因素很多，如PCB的焊盘可焊性、元器件引脚的可焊性、焊料本身的组成、助焊剂的活性、焊料熔融的温度等。焊盘与引脚的可焊性好，焊料就容易润湿；焊料中的合金比例与杂质含量决定焊料的表面张力与熔点，表面张力小且熔点低的话，润湿就容易发生；助焊剂的活性高，它对润湿的促进就大；焊料的熔融温度高表面张力就小，也就有利于焊料的铺展与浸润，以上各项反之亦然。至于扩散过程则仅仅受到温度与焊接时间的影响，温度高扩散就快，金属化后形成的金属间化合物就比较厚，时间长也可以得到同样的结果，但是金属间化合物的结构可能有所不同。同样，第三步合金化也与时间和温度有关，不同的时间与温度使界面形成的金属间化合物的种类不同，如果界面生成过多的Cu_3Sn将使焊点强度降低，Cu_6Sn_5太厚将使焊点脆性增加，研究表明，金属间化合物的厚度均匀且在1 ~ 3μm最为理想。此外，焊接过后冷却速度的影响也非常重要，冷却速度快金属间化合物可能较薄且可能得到结晶细腻的光亮的焊点表面，但是可能导致过度的应力集中；而冷却速度过慢则可能得到灰暗且热撕裂的焊点表面。因此，合适的工艺条件是保证焊点可靠性至关重要的一环。

1.3.2　导致焊点缺陷的主要原因与机理分析

正如1.3.1节所述，元器件、PCB、焊料、助焊剂、工艺参数、其他辅助材料等都可能导致润湿不良，焊接的时间与温度也可导致扩散不良。那么它们是如何影响焊接过程的呢？换句话说，它们是如何导致焊点缺陷的呢？要做好焊点的分析，还需要先介绍焊点缺陷及其产生原因，以及这背后的机理。

对于元器件而言，只要它的可焊性不良，就极可能导致焊点虚焊或其他缺陷，除非助焊剂的活性足够强可掩盖这一缺陷，否则这种不良就马上显现出来。但是我们也知道，如果助焊剂的活性过强，将会带来对焊点腐蚀的风险。那么导致元器件可焊性不良的原因又有哪些呢？首先，如果引脚的表面被污染或氧化，焊料对它的润湿就难以进行；引脚的可焊性镀层的质量不好，如镀层太薄或疏松多孔，疏松多孔的镀层具有非常大的比表面积，很容易氧化，它本身也保护不了基材。另外，太薄的镀层极易在焊接的时候溶入焊料中，最后导致反润湿现象出现。不过，这种情况比起本身氧化比较容易区别。此外，如果是多引脚的元器件，且某一引脚的共面性不好，也将会导致虚焊的问题，这种原因导致的缺陷可以通过测量比较各引脚与焊盘之间的距离来做出判断。

如果是PCB不良导致的焊点缺陷，则可能的原因与元器件的类似，因为PCB焊盘与元器件的引脚都是被焊面。对于PCB来说，焊盘的共面性问题就是焊接前后的翘曲度过大。但是，与元器件引脚的可焊性镀层相比，PCB的可焊性镀层（或表面处理）的种类就多了很多，如有热风整平的（如SnPb、SnCu或SnCuAg合金），有OSP（有机可焊性保护层）的，还有化学镍金（ENIG）的、浸银的（ImAg）、浸锡的、电镀镍金的等。因此，在分析焊盘质量问题导致的焊点失效时，要特别认清每种表面处理的特点。这些表面处理各自的特点以及与焊料的兼容性在后面的章节都会介绍，本小节特别介绍ENIG的主要问题。

随着电子产品的小型化与无铅化，同时由于ENIG突出的简单工艺以及成本控制方便，还有可焊性好和平整度好的特点，越来越多的产品使用ENIG表面处理的PCB。但是，它的危害非常隐蔽，一般不易被察觉，一旦发现问题时大多已经迟了，已经造成了损失。其原因是，ENIG的工艺简单，一般是在铜焊盘上自催化化学镀镍，再利用新鲜镍的活性，将镀好镍的焊盘浸入酸性的金水中，通过化学置换反应将金从溶液中置换还原到焊盘表面，而表面部分的镍则溶入金水中，这样只要置换来的金将镍层覆盖，反应就会自动停止，这时镀金层的厚度往往只有~ 0.05μm，也就是说，ENIG的工艺比较容易控制且成本相对较低（与电镀镍金相比），关键取决于药水的配方和维护。这个表面薄薄的金层只能起着对镍的

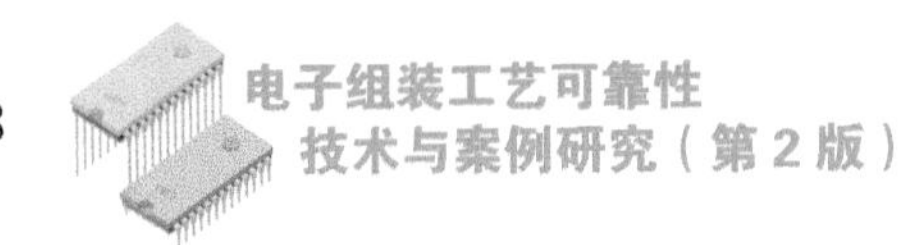

保护作用，一旦保护不了镍而导致镍腐蚀氧化了，而此时表面还是金光闪闪的，则非常容易欺骗用户。因为真正需要焊接形成金属间化合物的是镍而不是金，金在焊接一开始就溶解到焊料之中了，留下的镍如果因为氧化或腐蚀不能浸润，就必然导致虚焊假焊的结果。因此，加强对ENIG表面处理的PCB的质量检查是非常必要的。此外，PCB自身的互连也有质量与可靠性问题，如耐热性不足导致焊接时爆板以及通孔断裂等，本书后面有专门对PCB质量与可靠性讨论的章节，这里就不再赘述了。

焊料质量问题导致的焊点不良主要是由于其合金组成与设计不符，以及杂质含量过高或不正确地使用导致焊料合金的氧化严重。合金的比例超差主要影响焊料的表面张力以及熔点，如果张力变大或熔点增高，则必然会造成焊料的润湿性变差，形成的缺陷焊点就会增加，杂质含量也会明显影响焊料的性能。由于焊料合金中的组成以及杂质含量对焊料的成本影响非常大，在原材料普遍涨价的今天，一些不良的焊料供应商将会利用这个不容易觉察的指标来蒙骗消费者，特别是使用大功率的电烙铁的焊锡丝，实际的化学成分与声称的经常不符，需要用户提高警惕。

助焊剂因素对焊点质量的影响主要集中在它的残留物的高腐蚀性、低的表面绝缘电阻及低助焊能力等方面。助焊剂中的活性成分特别是其中的卤素离子与酸性离子，如果在焊接以后挥发不尽而残留在焊点周围，在吸湿后将会严重地腐蚀焊点乃至整个电路板，可导致大面积的漏电现象。有些助焊剂含有过多的吸湿性物质，焊后漏电的情况非常普遍。而另一部分助焊剂由于担心漏电，或者为了达到“免洗”的效果，仅添加很少活性物质以致助焊能力下降，甚至起不到助焊剂的作用，这样往往会造成大面积的焊接不良。助焊剂导致的焊接问题有一个显著特点，那就是问题往往出在使用了这一批助焊剂的产品上，而不是某个样板或某个焊点区域。

对于工艺参数设置不当造成的焊点不良，在前面的章节中有较多的论述。在正式的工艺生产之前，这些工艺造成的焊点缺陷一般可以通过工艺优化得到解决。而工艺优化的许多依据也是来自于对焊点的切片分析或失效分析。通常，焊接组装工艺的核心是热的管理问题，特别是无铅工艺的实施，什么时候该到什么温度、板面温差如何减小、最高的回流温度是多少等都涉及热的有效管理，而管理的依据则应该参考焊点的表面特征以及焊点切片界面的金属间化合物的特征。金属间化合物太厚则说明用热过度，金属间化合物太薄则说明热不充分，这些都可以通过调整回流的时间与温度来实现；如果焊点表面哑光，则说明或者是焊锡膏配方问题，或者焊接时间太长，或者冷却速度过慢等；如果通孔爬升不足，除与元器件、PCB有关外，更多与工艺中的预热不足有关；等等。无论何种焊点缺陷的症状与工艺参数都会有相当的关联。一个有经验的工艺工程师或失效分析工程师应该通晓这些缺陷产生的机理以及与可能原因之间的有机联系。

1.3.3 焊点失效分析基本流程

要获得焊点失效或不良的准确原因或机理，必须遵守基本的原则及流程，否则可能会漏掉宝贵的失效信息，造成分析不能继续或可能得到错误的结论。一般的基本流程是，首先必须基于失效现象，通过信息收集、功能测试、电性能测试以及简单的外观检查，确定失效部位与失效模式，即失效定位或故障定位。对于简单的PCBA，失效的焊点很容易确定，但是对于BGA封装的器件，焊点不易通过显微镜观察，一时不易确定，这个时候就需要借助其他手段来确定了；其次要进行失效机理的分析，即使用各种物理、化学手段分析导致焊点失效或缺陷产生的机理，如虚焊、污染、机械损伤、潮湿应力、介质腐蚀、疲劳损伤、离子迁移、应力过载等；再次是失效原因分析，即基于失效机理与制程过程分析，寻找导致失效机理发生的原因，必要时进行试验验证，一般应该尽可能地进行试验验证，通过试验验证可以找到准确的诱导失效的原因，这就为下一步改进工作提供了有的放矢的依据；最后就是根据分析过程所获得的试验数据、事实与结论，编制失效分析报告，要求报告的事实清楚、逻辑推理严密、条理性强，切忌凭空想象。

在分析的过程中，注意使用的分析方法应该遵循从简单到复杂、从外到里、从不破坏样品，再到使用破坏的基本原则。只有这样，才可以避免丢失关键信息、避免引入新的或人为的失效机理。就好比交通事故，如果事故的一方破坏或逃离了现场，再高明的警察也很难做出准确的责任认定，这就是交通法规一般要求逃离现场者或破坏现场的一方承担全部责任的原因。焊点的失效分析也一样，如果使用电烙铁对失效的焊点进行补焊处理，那么再分析就无从下手了，焊点失效的现场已经被破坏了。特别是在失效样品少的情况下，一旦破坏或损伤了失效现场的环境，真正的失效原因就无法获得了。

1.3.4 焊点失效分析技术

本小节重点介绍10余项用于焊点失效分析的常规分析技术，包括外观检查、X射线透视检查、金相切片分析、扫描声学显微镜、红外热相分析、显微红外分析、扫描电子显微镜分析、X射线能谱分析、染色与渗透技术、光电子能谱、热分析及离子色谱等。其中金相切片分析、染色与渗透技术和热分析属于破坏性的分析技术，一旦使用了这种技术，样品就破坏而无法恢复。另外，由于制样的要求，可能扫描电子显微镜分析和X射线能谱分析有时也需要部分破坏样品，因此，在进行分析时要注意使用方法的先后顺序。

1. 外观检查

外观检查就是不利用或利用一些简单仪器，如立体显微镜、金相显微镜甚至放大镜等工具检查焊点的外观，寻找失效的焊点或焊点失效的部位。其主要作用就是失效定位和初步判断焊点的失效模式。外观检查主要检查焊点的润湿角、失效的位置、焊点表面的颜色以及失效焊点的规律性，如是批次的还是个别的，是否总是集中在某个区域等。外观检查可以得到丰富而直接的信息，比如，如果焊料润湿焊盘的润湿角大于90°，则说明PCB的焊盘可能有可焊性不良的问题；如果焊料对元器件的引脚的润湿角大于90°，则说明引脚可能存在可焊性不良的问题；如果焊料对引脚与焊盘的润湿角均大于90°，则可能助焊剂有质量问题或是焊料与焊接温度存在问题。此外，如果总是某个引脚的焊点不良，就应该抽查该元器件的问题。如果总是某个位置的焊点开裂，就看看开裂焊点周围是否容易引入过大的外部应力，如近距离的螺钉安装等。总之，外观检查是一门简单而高超的学问，好比一个有经验的老中医，看看脸色、把把脉就能判断一个病人所患的疾病。如果我们的工艺工程师有足够的经验，从外观检查往往就可以找到工艺改进的依据，而不再需要后续复杂的分析程序了，这对于及时调整或改进工艺参数或物料有极大的好处。

外观检查所使用的工具可以很简单，一般的放大镜、立体显微镜或金相显微镜就可以完成这一任务。一般的放大镜只能放大8 ~ 10倍，如果是立体显微镜则可以放大几倍到上百倍，可以更清楚地看到需要观察的部位。而金相显微镜可以放大几十倍到上千倍，但是金相显微镜的景深小，对于凹凸不平的表面常常不能同时看清楚目标。因此，要根据目标物来选取适合的工具。典型案例如图1.28所示。

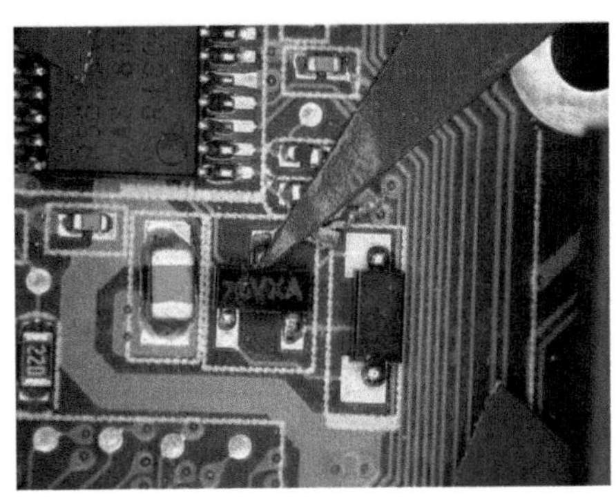

（a）润湿不良

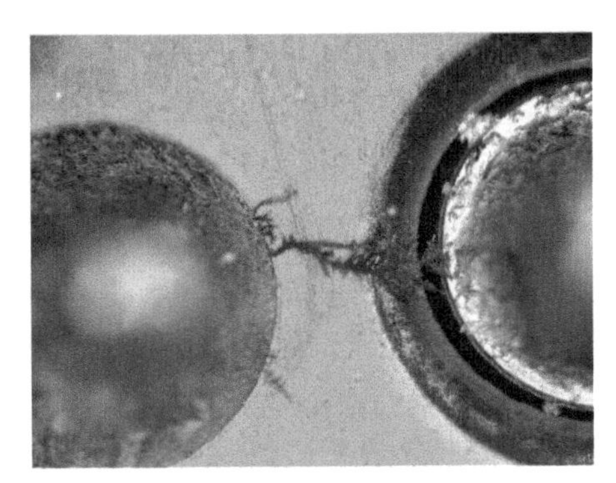

（b）焊点间枝晶

图1.28　典型案例

2. X射线透视检查

对于某些通过外观检查检查不到的部位以及焊点的内部和通孔内部，只好使用X射线透视设备来检查。X射线透视设备利用不同材料厚度或不同材料密度对X射线的吸收率或透过率不同的原理来成像，用来检查焊点内部的缺陷、通孔内部缺陷、高密度封装的BGA或CSP器件的缺陷焊点的定位，同时还可以用来检查PCB内部的结构缺陷等。目前的工业X射线透视设备的分辨率可以超过1μm，并正由二维向三维成像的设备转变，甚至已经有三维（3D）成像的设备用于封装的检查，但是这种3D的X射线透视设备非常贵重，没有在工业界得到普遍的应用，而在专门的研究机构或实验室中使用。

图1.29是X射线检查焊点孔洞的例子，图1.30是X射线检查焊点虚焊的例子。其中虚焊的检查是通过一定的原理分析出来的，当倾斜一定角度来观察BGA样品的时候，焊接良好的焊料球由于会发生二次坍塌而不再是一个球形的投影（一个圆形），而应该是一个拖尾的形状，如果焊接后的BGA焊料球的X射线投影仍然是一个圆形，则说明这个焊料球根本没有发生焊接而坍塌，这样就可以推定该焊点是虚的或是开路的结构。图1.30的例子中还有4个没有标识的焊点有类似的虚焊问题。所以，使用好X射线透视技术还需要有相关的焊接基础知识和实践经验，很少有通过X射线（2D）可以直接观测到导致开路的裂缝的情况出现。但是，如果焊点的投影异常，即该焊点的X射线图像与其他相同焊点的不一样，则问题往往就在这个异常形貌的焊点上，这时需要通过其他技术手段来做进一步分析。

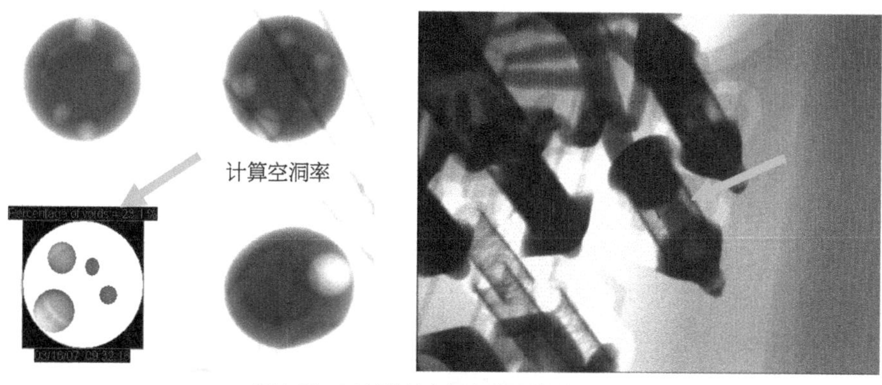

图 1.29　X 射线检查焊点孔洞的例子

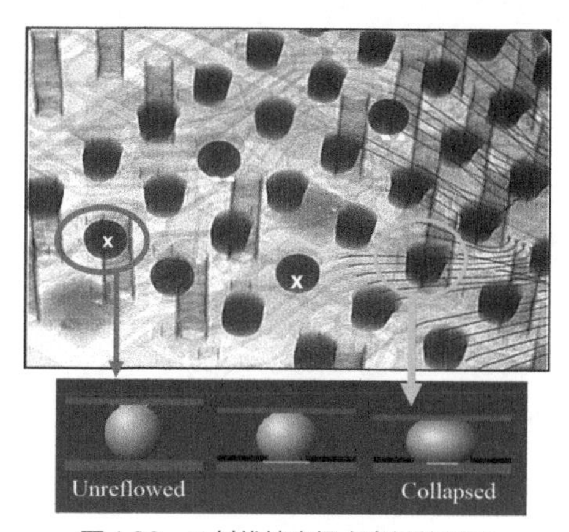

图 1.30　X 射线检查焊点虚焊的例子
（注：图上面部分是 X 射线倾斜观察 BGA 焊点）

随着X射线透视技术的快速发展，3D的X射线检测技术（工业CT）在电子封装领域得到了越来越广泛的应用。图1.31 是作者实验室3D X射线透视分析BGA焊点虚焊与通孔断路的典型案例。可见X射线透视分析技术与计算技术的完美结合可以得到分辨率更高、功能更强大的3D 透视分析技术，焊点或互连缺陷的检测将更为便捷高效。

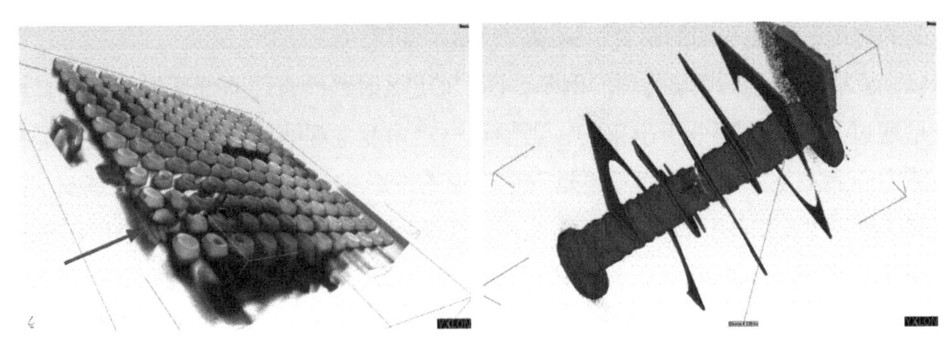

图1.31　3D X射线透视分析BGA焊点虚焊与通孔断路的典型案例

3. 金相切片分析

金相切片分析就是通过取样、镶嵌、切片、抛磨、腐蚀、观察等一系列手段获得焊点横截面的金相结构的过程。通过金相切片分析可以得到反映焊点质量的微观结构的丰富信息，为下一步的质量改进提供很好的依据。但该方法是破坏性的，一旦进行了切片，样品就必然遭到破坏；同时该方法制样要求高，需要训练有素的技术人员来完成；另外，制样耗时较长。若需了解详细的切片作业过程，可以参考IPC的标准IPC-TM-650 2.1.1和IPC-MS-810规定的流程。其主要的分析过程概述如下。

首先是取样。取样就是将需要切片的焊点或对象从PCBA上切割下来，备下一步的镶嵌使用。取样过程中特别需要注意的是，要使用专门的切割工具，如慢锯、激光切割等，总之不能使用过于剧烈的取样方法，更不能使用大剪钳，这样会导致焊点损伤或破坏要分析的现场。至少保持切割的部位与要分析的焊点有2.54mm的间距。取样的基本原则是不能造成要分析目标的破坏，或者引入新的失效模式。

其次是镶嵌，实际上就是将取得的样品置于加固化剂调制好的环氧树脂（或水晶胶）中，让环氧树脂渗透到每一个缝隙内，将样品固定并保护起来，以便接下来的切片及抛磨工序。基本步骤是，首先需将上一步取得的样品用溶剂清洗干净，去除边缘的毛刺以便于环氧树脂的浸润和渗透，避免固化后在环氧树脂与样品之间留有缝隙，影响抛磨及观察的效果。然后，用固定环将样品垂直固定于模具中，小心加入调整好固化剂的环氧树脂，置于真空环境消除其中的气泡和缝隙，再按照环氧树脂需要的固化条件进行固化，最好的效果是在室温下缓慢固化，避免固化后环氧树脂与样品之间有缝隙而影响切片的制作。

等环氧树脂完全固化后，就是切片了，即将固化好的样品依要观察面平行用锯切割，获得离观察面较近的剖面，以利于后续抛磨。到了抛磨阶段就是细致的工作了，从粗磨到细磨就要分别使用200目、400目直到1200目甚至更高目数的砂纸，每一道工序都要将样品转动90°并磨至上一道工序的划痕消失。磨完后还要使用不同规格的抛光布和抛光膏进行抛光，每道工序结束后都需要超声波清洗，直到获得的金相结构清晰没有划痕为止。抛光完成后的下一道工序是腐蚀，即使用适当的腐蚀液清洗金相界面，以便清洗后可以更好地观测金属间化合物的生长状况以及缝隙与裂纹的状况。对于不同的合金界面，使用不同的腐蚀液配方，对于铜合金，一般使用1：1的氨水（25% ~ 30%）与过氧化氢（3% ~ 5%）的混合溶液。腐蚀的目的是将金属间化合物和其他金相结构更好、更清晰地展示出来，同时避免原有的缝隙被软的金属堵住，造成没有缝隙的假象。

最后就是使用专门的金相显微镜对获得的金相切片进行观察和分析。

图1.32是一个金相切片分析案例，根据该切片结果可以得到焊点缺陷产生的根本原因，即回流不充分，导致焊料与焊盘之间的金属间化合物太薄且不连续，引起焊点强度不够，稍受应力即开裂。焊料球上面空洞的存在也证明了这一判断的正确性。改进的措施很简单，就是增加回流温度或延长回流时间。

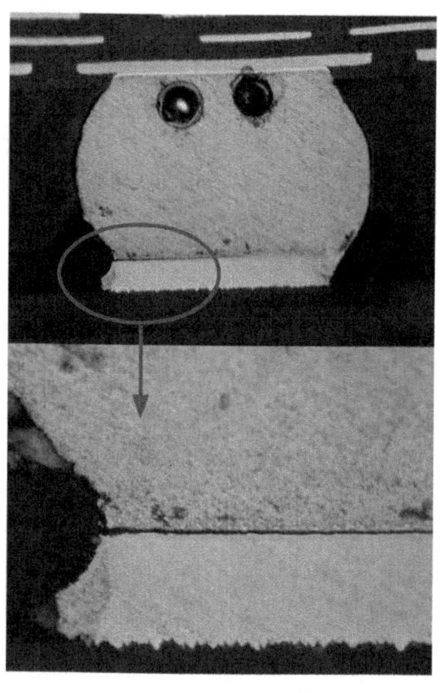

图 1.32　金相切片分析案例——不良 BGA 焊点

4. 扫描声学显微镜

扫描声学显微镜技术在工艺研究以及塑封器件的失效分析方面是一个极其常用的技术手段，它的基本原理就是利用高频超声波在材料不连续界面上反射产生的振幅及位相与极性变化来成像，目前用于电子封装或组装分析的主要是C模式的扫描方式，即沿着Z轴扫描X−Y平面的信息（见图1.33），有时也可以使用A模式来进一步确认这些缺陷信息。因此，扫描声学显微镜可以用来检测元器件、材料及PCB与PCBA内部的各种缺陷，包括裂纹、分层、夹杂物及空洞等。如果扫描声学显微镜的频率宽度足够，则可以直接检测到焊点的内部缺陷。典型的扫描声学的图像是以红色警示色表示缺陷存在的，如图1.34所示。

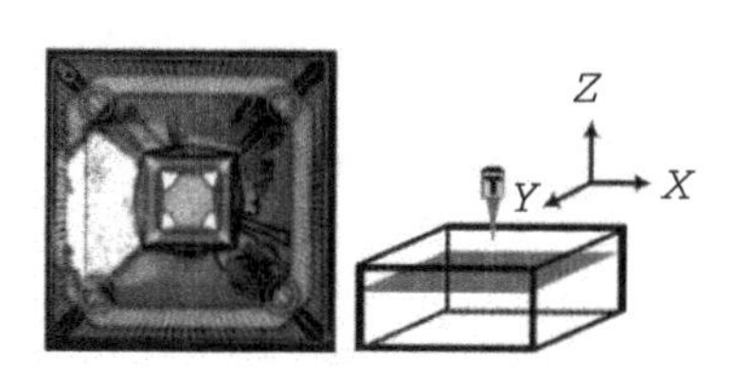

图 1.33　C 模式扫描声学显微镜的扫描方式与探测的信息

由于大量塑料封装的元器件使用在SMT工艺中，在由有铅转换成无铅工艺的过程中，产生大量的潮湿回流敏感问题，即吸湿的塑封器件会在更高的无铅工艺温度下回流时出现内部分层开裂现象。在无铅工艺的高温下，普通的PCB也会常常出现爆板现象，特别是埋置散热金属块的高频高速电路板。此时，扫描声学显微镜就凸显其无损探伤方面的特别优势。

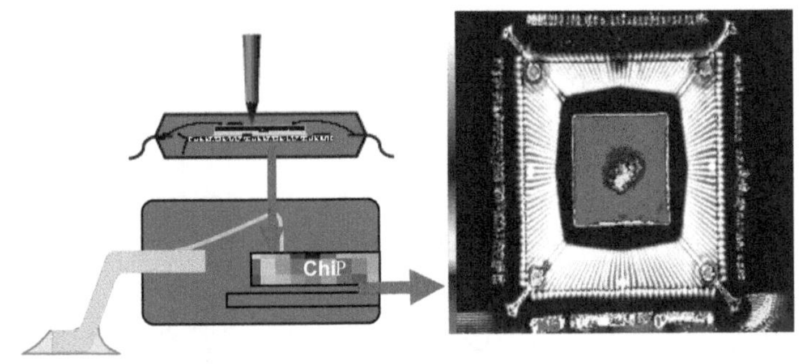

（a）声学扫描示意图　　（b）检测结果——芯片粘接分层

图1.34　C-SAM扫描检测示意图

5. 红外热相分析

利用红外测温原理，测试样品在工作状态时的表面温度分布，再形成相图，即所谓的热相图。红外热相分析就是分析热相图，通过对照正常的良品或理论值与异常品的热相差异，就可以获得故障点的区域，故红外热相分析主要用于模块与组件的故障定位，也常常用于热设计验证。当PCBA或模块的电路很复杂，不易找到故障点时，红外热相的故障定位就非常有效了。因为我们知道，温度过高或过低部位的焊点或互连点往往是虚焊或开路的部位，将问题样品与正常样品的热相图进行比较，往往可以找出缺陷位置。但如果PCBA或模块不能加电或不能处于工作状态，则无法进行红外热相分析。图1.35是红外热相分析一个电路模块的案例，发现两条并列的导线工作时的温度不同，结果证实高温的一条（127℃）的绑定存在连接不良的问题，导致电阻增大而引起高温。

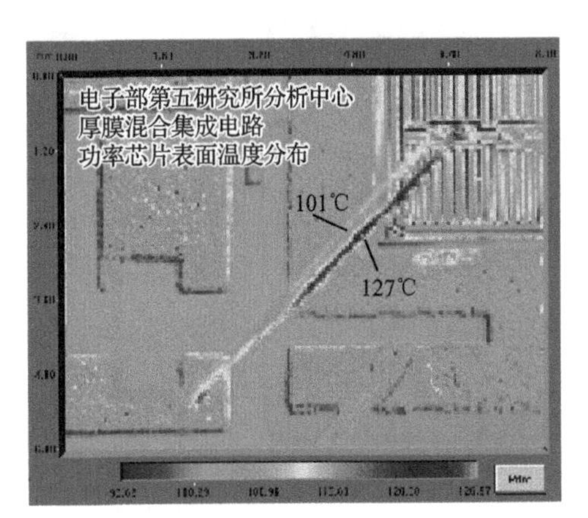

图1.35　红外热相分析的案例

（注：温度高颜色深，图最下面一栏为温度标尺）

6. 显微红外分析

显微红外分析就是将红外光谱与显微镜结合在一起的分析方法，它利用不同材料（主要是有机物）对红外光谱不同吸收率的原理，分析鉴别材料的化合物成分；再利用显微镜使可见光与红外光同光路，只要在可见的视场下，就可以分析微量的有机污染物。这种方法可以较好地对原位微少样品直接进行分析而无须特殊制样。如果没有显微镜的配合，则通常红外光谱只能分析样品量较多的情况。而工艺中很多情况是微量污染就可以导致焊盘或引脚的可焊性不良，也可以导致连接器的接触不良。可以想象，没有显微镜配套的红外光谱是很难解决工艺问题和产品因有机污染而导致的问题的。显微红外分析的主要用途就是分析被焊面或焊点表面的有机污染物，目的是查找导致腐蚀或可焊性不良的原因。图1.36是显微红外分析PCBA上污染物来源的案例，该案例中PCBA局部区域有异物，引起了电气连接不良，显微红外分析发现，该污染物与组装PCBA使用焊锡膏中的助焊剂残留物具有一致的红外光谱，即在指纹区（400 ~ 1600cm^{-1}）的红外吸收基本吻合，因此可以确认导致电气不良的残留物来自焊锡膏中的助焊剂残留。另外，显微红外分析还可以用于组件上金手指、接插件或继电器触点接触不良的分析，分析触点表面有机异物的成分并查找其来源。

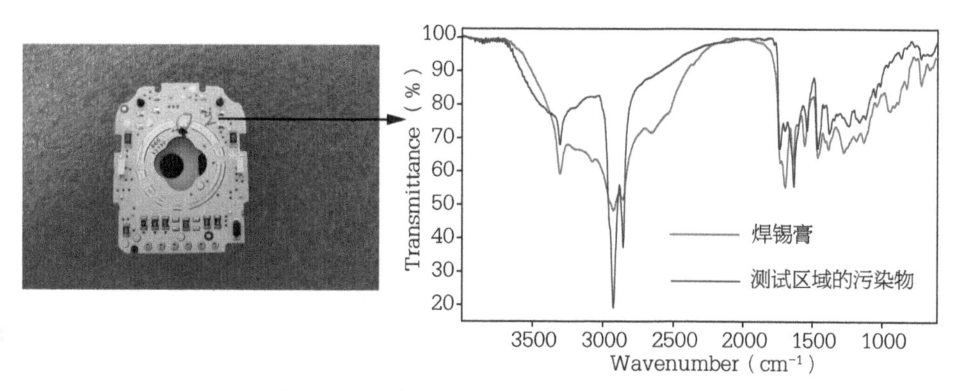

图 1.36　显微红外分析案例（与焊锡膏比较）

7. 扫描电子显微镜分析

扫描电子显微镜（SEM）是进行失效分析的一种非常有用的大型电子显微成像系统，其工作原理是利用阴极发射的电子束经阳极加速，再经由磁透镜聚焦后形成一束直径为几十至几千埃（Å）的电子束，在扫描线圈的偏转作用下，电子束以一定的时间和空间顺序在样品表面做逐点式扫描运动，这束高能电子束轰击到样品表面上会激发出多种信息，经过收集放大就能从显示屏上得到各种相应的图形。激发的二次电子产生于样品表面5 ~ 10nm范围内，因此，二次电子能够较好地反映样品表面的形貌，所以最常用于形貌观察；而激发的背散射电子产生于样品表面100 ~ 1000nm范围内，随着物质原子序数的不同而发射不同特征的背散射电子，因此背散射电子图像具有形貌特征和原子序数判别的能力，背散射电子图像可反映化学元素成分的分布。现在的扫描电子显微镜的功能已经很强大，任何精细结构或表面特征均可放大到几十万倍进行观察与分析。图1.37是SEM的原理图。

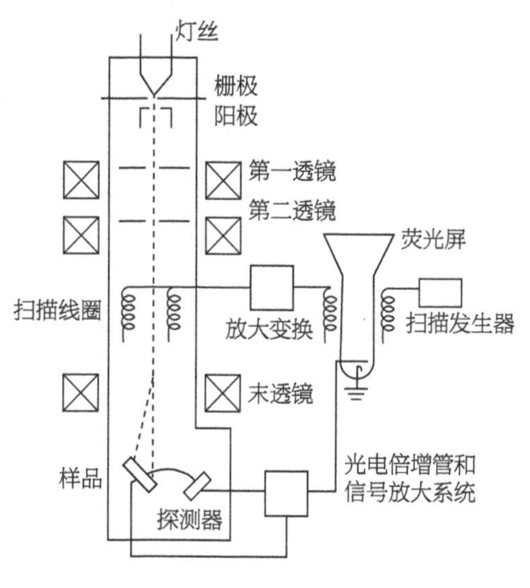

图 1.37　SEM 的原理图

在焊点或互连的失效分析方面，SEM主要用来做失效机理的分析，具体说就是用来观察焊点金相组织，测量金属间化合物，进行断口分析、可焊性镀层分析以及锡须分析测量。

与光学显微镜不同，SEM所成的是电子图像，因此只有黑白两色；并且SEM的样品要求导电，对非导体和部分半导体需要进行喷金或喷碳处理，否则SEM电荷聚集在样品表面就会影响对样品的观察。此外，其图像景深远远大于光学显微镜的，它是金相结构、显微断口以及锡须分析的重要方法。

图1.38、图1.39是SEM的应用举例，其中图1.39（左）是用SEM检查到镀纯锡的元器件引脚表面生长了锡须；而图1.39（右）是使用SEM观察到了焊盘镍镀层表面存在明显的腐蚀现象，这种腐蚀很可能会导致在此焊盘进行的焊接不良。

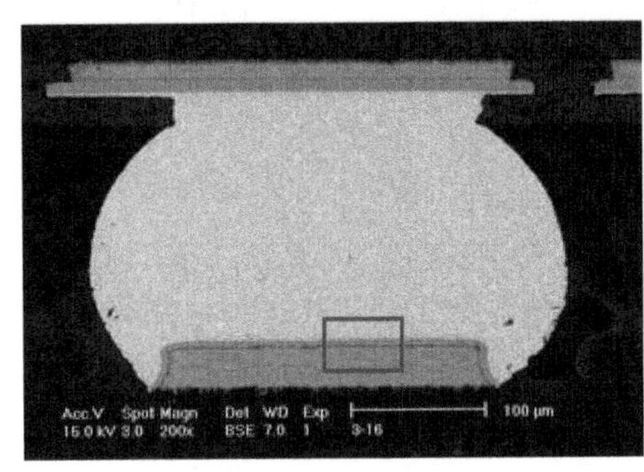

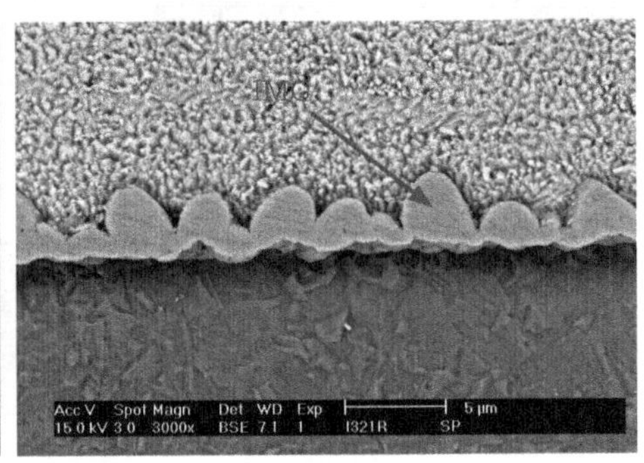

图1.38 焊点金相的SEM照片（左：整体，右：红框内的局部）

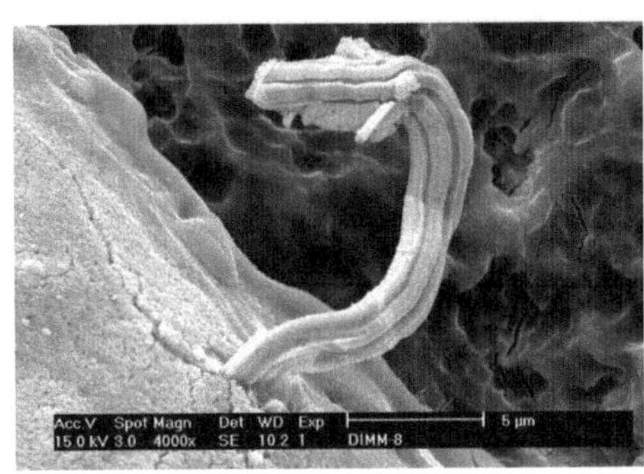

图1.39 锡须（左）与PCB焊盘（右）的SEM照片

8. X射线能谱分析

上面所说的SEM一般都配有X射线能谱仪。当高能的电子束撞击样品表面时，表面物质的原子中的内层电子被轰击逸出，外层电子向低能级跃迁时就会激发出特征X射线，不同元素的原子能级差不同，所发射的特征X射线就不同，因此，可以将样品发出的特征X射线作为化学元素成分分析。X射线能谱分析原理如图1.40所示。同时按照检测X射线的信号为特征波长或特征能量，又将相应的仪器分别称为波谱分散谱仪（简称波谱仪，WDS）和能量分散谱仪（简称能谱仪，EDS），波谱仪的分辨率比能谱仪的高，能谱仪的分析速度比波谱仪的快。由于能谱仪的速度快且成本低，所以一般的SEM配置的都是能谱仪。

电子束的扫描方式不同，能谱仪可以进行表面的点分析、线分析和面分析，可得到元素不同分布的信息。点分析得到一点的所有元素；线分析每次对指定的一条线做一种元素分析，多次扫描得到所有元素的线分布；面分析是指对一个指定面内的所有元素进行分析，测得的元素含量是测量面范围的平均值。

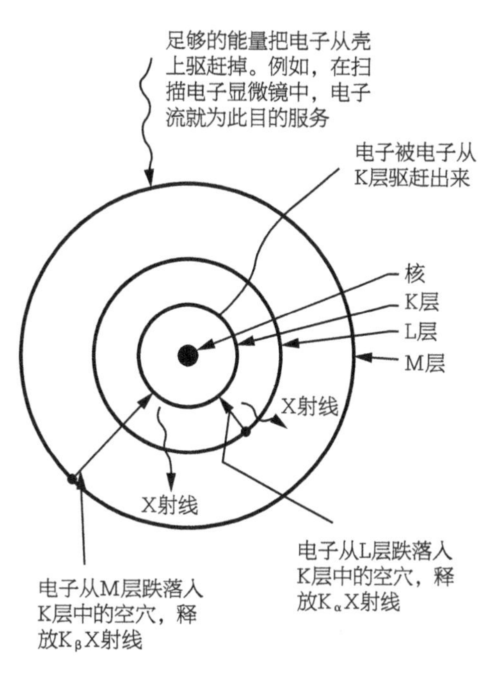

图1.40　X射线能谱分析原理

在焊点的分析上，能谱仪主要用于焊点金相组织成分分析、可焊性不良的焊盘与引脚表面污染物的元素分析。能谱仪的定量分析的准确度有限，低于0.1%的含量一般不易检出。能谱仪与SEM结合使用可以同时获得表面形貌与成分的信息，这是它们应用广泛的原因。

图1.41是先用SEM观察分析柔性电路板焊盘横截面开裂处，然后再用EDS分析镍镀层成分的案例，可以发现，化学镍镀层中的磷含量偏高，导致镍镀层的硬度增大，易脆。因此，在柔性电路板弯折的时候容易开裂，这样就找到了焊盘开裂的主要原因。

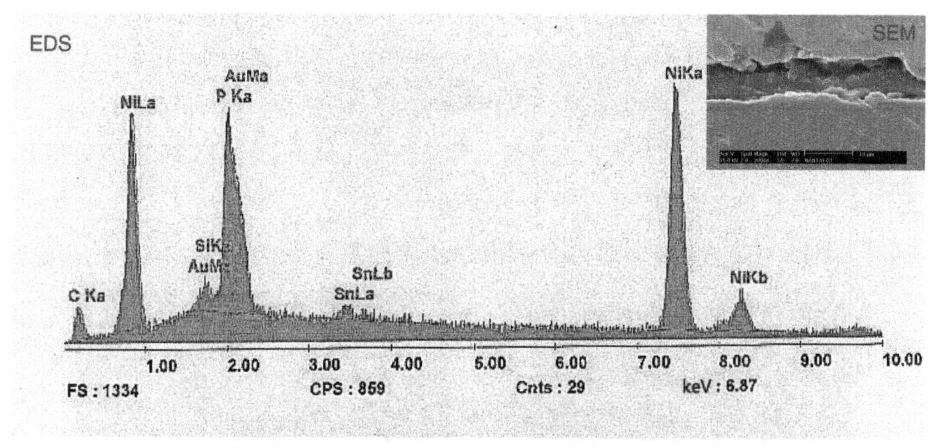

注：纵坐标单位是CPS（计数），横坐标单位是keV（能量单位：千电子伏特）

图1.41　柔性电路板焊盘截面开裂处的能谱分析结果（右上角为开裂处的SEM照片）

9. 染色与渗透技术

对于BGA类型的焊点裂纹，一般的显微镜以及X射线透视都无法检测到，即使切片也不知从哪里切起，这时就用到了染色与渗透技术（Dye & Pry）。这是一种简单实用的焊点缺陷定位技术，可惜它是破坏性的，但可以得到裂纹或空洞分布以及裂纹开裂界面的重要信息。其基本原理与方法是，通过将PCBA样品置于红色的染色液（或红墨水）中，让染色液充分渗透到有裂纹或孔洞的地方，取出干燥后强力垂直剥离已经焊上的元器件，其引脚与焊盘将从有裂纹或孔洞等薄弱界面分离，元器件分离后发现被染红的焊点界面将指示该处在强行剥离前存在缺陷，即焊点缺陷部位被检测到。

通过这一方法，首先可以检测失效或缺陷焊点的分布，确定开裂的有问题的焊点集中在哪些区域，这对改进工艺非常有帮助，同时也可以为金相切片定准位置。其次，在强行剥离元器件后，被染色的开裂界面就是事前存在的缺陷，仔细观察开裂界面，就可以判断是工艺存在问题、PCB质量问题，还是元器件的问题。这对下一步的工艺改进也是非常有价值的。染色法检测到焊点的失效或缺陷信息可以用面阵图（Mapping）来形象地表示，非常直观。

该分析方法的具体步骤如下。

- 第一步是取样，根据样品的大小，可以是整个PCBA或是要测试的局部，如果是局部，则需要用慢锯或相当的工具小心切割，以避免损伤到焊点。
- 第二步是使用化学溶剂清洗样品表面和焊点周围的残留物，以避免残留物堵塞缝隙，让染色液更容易渗透。
- 第三步是染色，就是将样品置于染色液中，然后移到真空区域，使染色液更好地渗透。
- 第四步是干燥，将样品从染色液中取出，置于真空干燥烘箱中，使染色液干燥，保持染色区域便于下一步检查。
- 第五步是垂直分离器件与PCB，先稍稍扭曲PCBA，然后用L形工具撬开元器件，使元器件与PCB垂直分离，并保护好分离的界面。
- 最后一步是检查与记录，使用显微镜观察染色的区域，并检查焊点分离的界面，也就是记录焊点的开裂失效模式，用Mapping图表示。

图1.42～图1.44是染色与渗透分析方法应用的案例。

图1.42　染色与渗透分析案例——器件机械分离后焊点情况

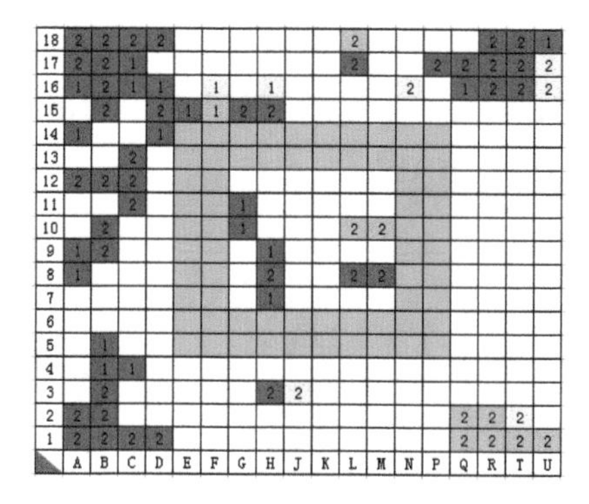

焊点开裂面积		
开裂面积	焊点数	占总数百分比
Type A	56	21.54%
Type B	7	2.69%
Type C	10	3.85%
Type D	187	71.92%
焊点开裂模式		
开裂模式	焊点数	占总数百分比
Type 1	21	8.08%
Type 2	52	20.00%

图 1.43　图 1.42 案例中的 Mapping（左）与结果统计（右）

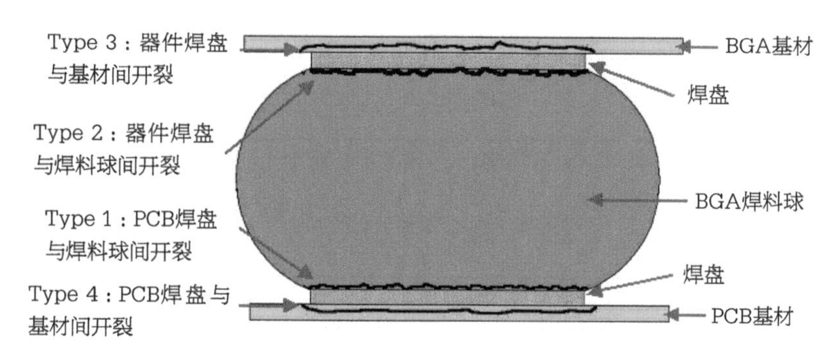

图 1.44　开裂模式示意图

开裂面积与开裂模式的分类见表1.12。

表1.12　开裂面积与开裂模式的分类

开裂面积（见图1.43）	开裂模式（见图1.44）
Type A：100%开裂	Type 1：PCB焊盘与焊料球间开裂
Type B：50%≤开裂<100%	Type 2：器件焊盘与焊料球间开裂
Type C：开裂<50%	Type 3：器件焊盘与基材间开裂
Type D：未开裂	Type 4：PCB焊盘与基材间开裂
Type E：无焊点	Type 5：球体引脚中间断裂

10. 光电子能谱（XPS）

样品受X射线照射时，表面原子的内壳层电子会脱离原子核的束缚而逸出固体表面形成电子，测量其动能E_x，可得到原子的内壳层电子的结合能E_b，E_b因不同元素和不同电子壳层而异，它是原子的“指纹”标识参数，形成的谱线即为光电子能谱（XPS）。XPS可以用来进行样品表面浅表面（几纳米）的元素定性和定量分析。此外，还可根据结合能的化学位移，获得有关元素化学价态的信息，如图1.45所示，锡的化学位移发生了变化，这说明锡已经发生了氧化。XPS能给出表面层原子价态与周围元素键合等信息；入射束为X射线光子束，因此可进行绝缘样品分析、不损伤被分析样品快速多元素分析；还可以在氩离子剥离的情况下对多层进行纵向的元素分布分析（见图1.46），图1.46中的横坐标显示的是氩离子刻蚀时间，对应的其实就是镀层的深度；XPS的灵敏度远比EDS的高，可惜的是XPS设备比较昂贵，不如EDS应用广泛。XPS在PCB或PCBA的分析方面主要用于焊盘镀层质量分析、污染物分析和氧化程度分析，以确定可焊性不良的深层次原因。

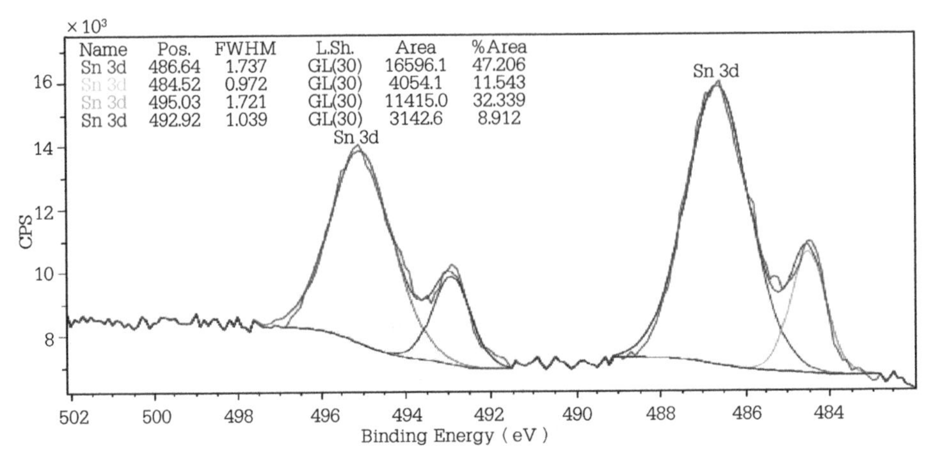

图1.45 焊盘锡镀层表面的XPS

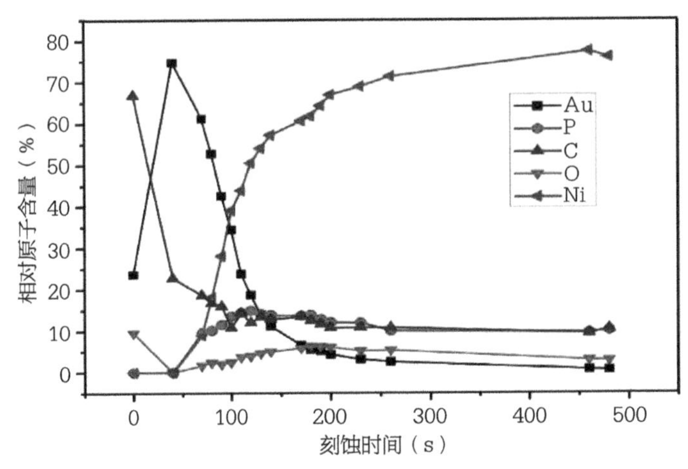

图1.46 PCB化学镍金焊盘的表面分析——元素深度分布

11. 热分析

常规的热分析主要包括差示扫描量热（DSC）、热机械分析（TMA）和热重分析（TGA）以及动态热机械分析（DMA）。下面只介绍前面三种组件失效分析常用的热分析技术。

1）*差示扫描量热*（DSC）

差示扫描量热（Differential Scanning Calorimetry）是在程序控温下，测量输入到物质与参比物质之间的功率差与温度（或时间）关系的一种方法。DSC在样品和参比物容器下装有两组补偿加热丝，当样品在加热过程中由于热效应与参比物之间出现温差ΔT时，可通过差热放大电路和差动热量补偿放大器，使流入补偿电热丝的电流发生变化，而使两边热量平衡，温差ΔT消失，并记录样品和参比物下电热补偿的热功率之差随温度（或时间）的变化关系，根据这种变化关系，研究分析材料的物理化学及热力学性能。DSC的应用广泛，但在PCB或组件的分析方面主要用于测量PCB上所用的各种高分子材料或封装材料的固化程度（见图1.47）、玻璃态转化温度（T_g），这两个参数决定PCB在后续工艺过程中的可靠性。连续测量封装材料的DSC热谱曲线，如果两次获得的T_g差异过大，则通常说明该材料的固化不完全。这种固化不完全的材料在工艺中或在后续的产品高温使用环境中会发生物理化学变化而不稳定，严重的会发生开裂分层以及耐化学溶剂差等质量和可靠性问题。

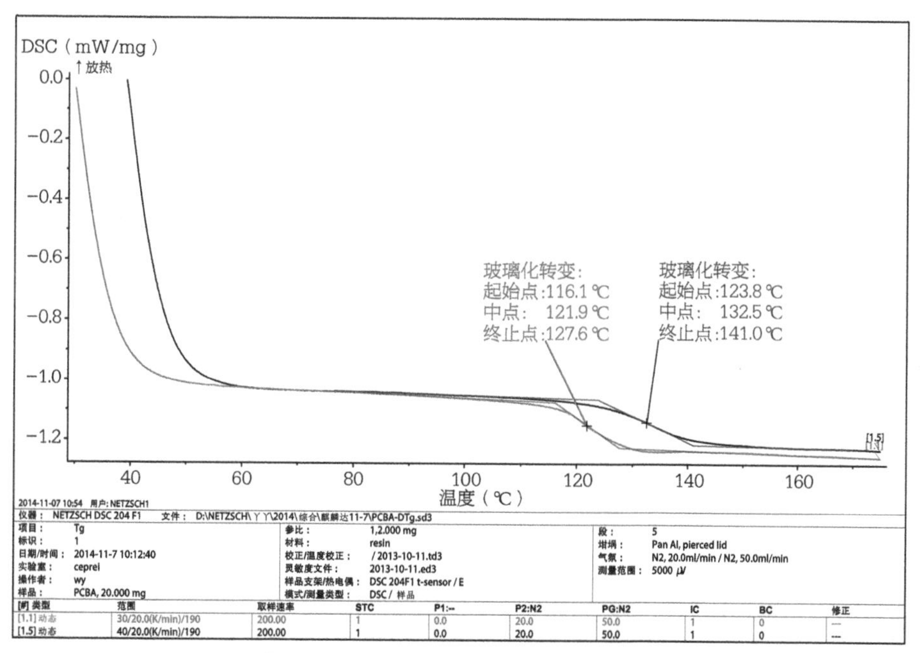

图 1.47　PCB 中环氧树脂的固化情况分析

2）热机械分析（TMA）

热机械分析（Thermal Mechanical Analysis）用于程序控温下，测量固体、液体和凝胶在热或机械力作用下的形变性能，常用的负荷方式有压缩、针入、拉伸、弯曲等。测试探头由固定在其上面的悬臂梁和螺旋弹簧支撑，通过电动机对样品施加载荷，当样品发生形变时，差动变压器检测到此变化，并连同温度、应力和应变等数据进行处理后可得到物质在可忽略负荷下形变与温度（或时间）的关系。根据形变与温度（或时间）的关系，可研究分析材料的物理化学及热力学性能。TMA的应用广泛，在PCBA的分析方面主要用于测量PCB最关键的两个参数：膨胀系数和玻璃态转化温度（见图1.48）。膨胀系数过大的基材的PCB在焊接组装后常常会导致金属化孔的断裂失效。

3）热重分析（TGA）

热重分析（Thermogravimetry Analysis）是在程序控温下，测量物质的质量随温度（或时间）的变化关系的一种方法。TGA通过精密的电子天秤可监测物质在程控变温过程中发生的细微的质量变化。根据物质质量随温度（或时间）的变化关系，可研究分析材料的物理化学及热力学性能，TGA在研究化学反应或物质定性定量分析方面有广泛的应用。在PCBA的分析方面，主要用于测量PCB材料的热稳定性或热分解温度（见图1.49），如果基材的热分解温度太低，则PCB在经过焊接过程的高温时会发生材料分解产生挥发物，引起材料内部压力瞬间增大导致爆板或分层失效现象。分解温度通常定义为样品分解失重达5%时对应的温度。此外，TGA对于工艺材料和封装材料的选择是一种非常重要的技术手段。

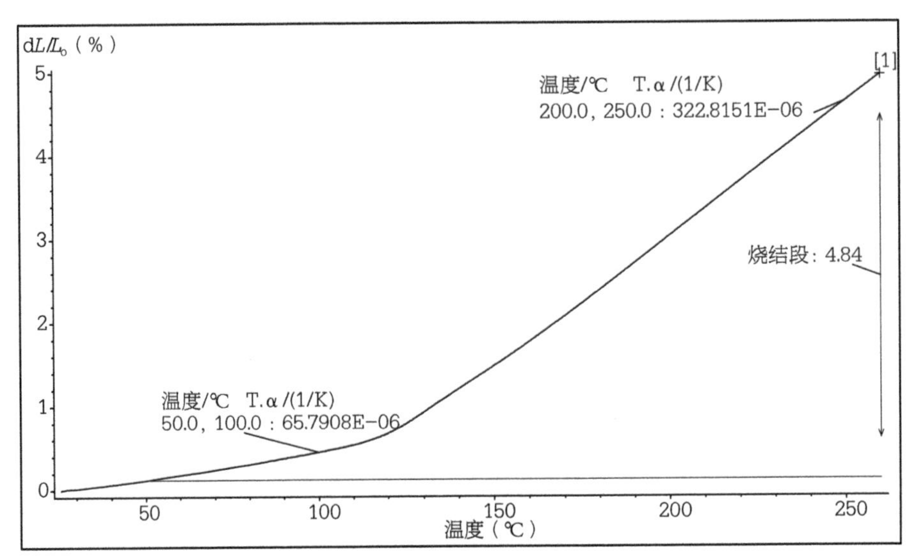

图1.48　PCB无铜区样品TMA测试曲线（Z-CTE）

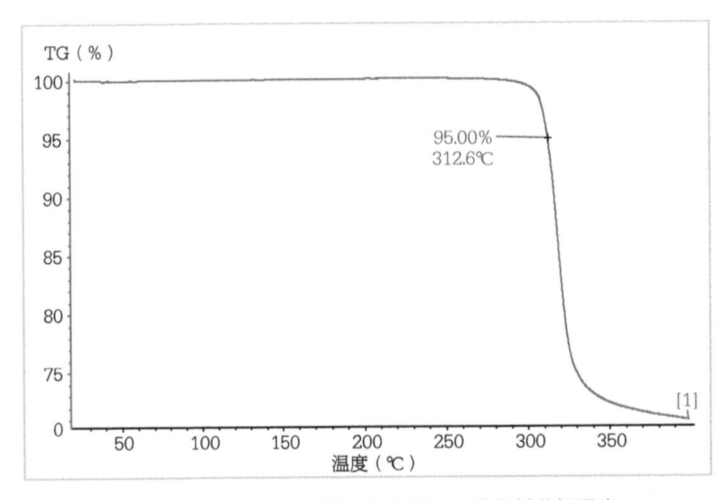

图1.49　PCB基材的热重分析——分析其分解温度

12. 离子色谱（IC）

离子色谱是高效液相色谱的一种，故又称为高效离子色谱（HPIC）或现代离子色谱。

离子色谱是指利用混合物中组分离子在流动相和固定相间分配系数的差别，当离子在两相间做相对移动时，各离子在两相间进行多次分配从而使各组分离子得到分离，然后通过电导或紫外等检测器进行离子的定性定量分析。结果用色谱图表示，色谱图是指被分离组分的检测信号随时间分布的图像，典型的阴离子色谱图如图1.50所示，横坐标是各组分离子流出色谱柱的时间，即保留时间或停留时间。离子色谱的主要操作流程或详细的分析方法可以参考IPC标准（IPC-TM-650 2.3.28）或有关专著。离子色谱在PCBA失效分析方面主要是用于分析板面的离子残留量及其种类，腐蚀性的离子残留过多往往就是PCBA产生腐蚀或漏电的根本原因，再结合发生腐蚀部位的外观和颜色即可做出准确的判断。

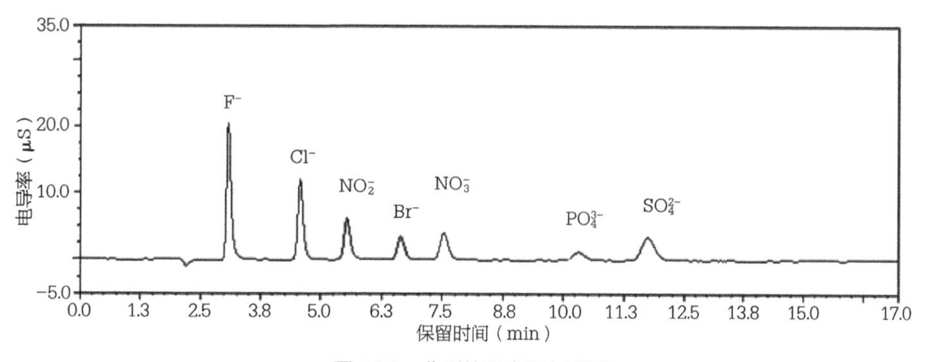

图 1.50　典型的阴离子色谱图

Chapter 2

第2章 环保与标准篇

2.1 电子电气产品的环保法规与标准化

随着电子信息产业的飞速发展，电子电气产品更新换代日趋频繁，由此产生了大量的电子垃圾。而由于这些电子电气产品某些特定功能或工艺过程的需要，在生产过程中使用了含有害物质（如重金属、溴代阻燃剂）的材料。如果对产品报废后的存放或回收处理不当，这些有害物质便会通过直接或间接的方式对环境造成污染，严重危害人类健康及可持续发展。因此，为了保护环境与人体健康，促进电子电气行业清洁生产和资源综合利用，欧盟率先于2002年起，陆续颁布了一系列环保指令，如RoHS指令、WEEE指令、REACH指令、EuP/ErP指令等，目的是通过产品的全生命周期来减少资源能源的利用及有害物质的使用。不仅如此，随着时间的推移，这些环境法规也在不断变化发展。与此同时，我国也陆续出台了一系列政策法规，如《电子信息产品污染控制管理办法》《电器电子产品有害物质限制使用管理办法》《电器电子产品有害物质限制使用达标管理目录（第一批）》《电器电子产品有害物质限制使用合格评定制度实施安排》《废弃电器电子产品回收处理管理条例》等，以实现我国电子电气行业的可持续健康发展。本章主要就目前国内外主要的环保法规及标准化状况进行简要介绍，以便企业及业界相关人士参考。

2.1.1 欧盟RoHS

1. 欧盟RoHS简介

欧盟RoHS指令全称为欧盟2002/95/EC《关于在电子电气设备中限制使用某些有害物

质指令》，该指令于2003年发布，指令要求从2006年7月1日起，在新投放欧盟市场的八大类电子电气设备产品中，限制使用铅（Pb）、汞（Hg）、镉（Cd）、六价铬[Cr（VI）]、多溴联苯（PBB）和多溴二苯醚（PBDE）六种有害物质，即在构成产品的各组成均匀材质中铅、汞、六价铬、多溴联苯及多溴二苯醚的含量不能超过0.1 wt%；镉的含量不能超过0.01 wt%，其中由于经济或技术的原因，设立了部分例外或豁免的条款。虽然这个法规是针对电子电气设备的，但是设备由成千上万种不同的材料构成，要确保设备的RoHS符合性，首先必须确保每一种相关材料都满足RoHS法规的要求。因此，RoHS指令是通过供应链的作用来最终影响到整个材料行业的。

2. 欧盟 RoHS 2.0

RoHS指令的颁布，给全球电子电气行业带来了大规模的绿色革命。而随着该法规在欧盟各国的推行，成员国和企业对指令的理解不断深入，越来越多的问题随之而来。例如，由于指令的法律条款和定义等不够清晰，导致责任不明确；同时，RoHS指令涉及的产品范围是否进一步扩大，也引起了争议；当然，最重要的还是该指令如何实施和监管的问题。为此，从2008年起，欧盟开始了对该指令的修订工作。期间由于制造商、政府、非政府组织和消费者的分歧较大，修订工作一直进展缓慢，特别在是否扩大产品范围以及限用物质清单方面争论十分激烈。经过长达两年半的时间，欧盟新版RoHS(即RoHS 2.0)(2011/65/EU）于2011年7月1日在欧盟官方公报上正式公告，各个成员国必须在2013年1月2日之前把新指令转换成本国法令。欧盟RoHS的此次修订从产品范围、限制物质清单、豁免条款以及责任相关方等方面进行了大幅修改。2015年6月4日，欧盟公报（OJ）发布RoHS 2.0修订指令（EU）2015/863，正式将邻苯二甲酸二（2-乙基己基）酯（DEHP）、邻苯二甲酸基丁酯（BBP）、邻苯二甲酸二丁基酯（DBP）、邻苯二甲酸二异丁酯（DIBP）列入附录II限制物质清单中，至此附录II共有十项强制管控物质，欧盟各成员国必须在2016年12月31日前将此指令转为各国的法规并执行。从2019年7月22日起，进入欧盟市场的其他电子电气产品（第1 ~ 7类、第10类、第11类）均需满足该限制要求；从2021年7月22日起，进入欧盟市场的第8类（医疗设备，包括体外医疗设备）和第9类（监控设备，包括工业监控设备）均需满足该限制要求。

1）*产品范围及豁免*

RoHS 2.0在原来产品范围的基础上，增加了第8类（医疗器械）、第9类（监视设备，包括工业监控仪器）和第11类（未包括在十类产品内的其他电子电气产品），这意味着其监管范围涵盖了所有电子电气产品。此外，电线电缆以及再利用零部件也受控于此项指令。为了使新添加产品的生产商有充分的时间来应对指令新要求，分别给予了这些产品（包括电缆和备用零部件）一定的过渡期。第8类的过渡期为5年（2012年7月22日生效），第9类的过渡期为3年（2014年7月22日生效），第11类部分产品的过渡期长达8年。同时给第8类和第9类产品设置了20项新的豁免。若到时因技术或经济等原因无法实现符合性要求，企业最晚应在豁免到期的18个月前提出豁免延续的申请。

2）管控物质范围

目前，欧盟RoHS 2.0指令（2011/65/EU）第4条第1款要求，各成员国应确保投入市场的电子电气产品，包括其用于维修或再使用或更新其功能或提升其容量的电缆和配件中，不得含有附件II所列的Pb、Hg、Cd、Cr（VI）、PBB、PBDE、DEHP、BBP、DBP和DIBP十种物质，这些限制物质在均质材料中以重量计的最大允许浓度为0.1%（镉为0.01%）。但是由于科技发展水平的限制，某种情况下不可能实现有害物质的替代或替代物的可靠性得不到保证，所以建立了RoHS指令的豁免机制，豁免条款也历经多次修订，RoHS 2.0附件Ⅲ豁免条款适合管控范围内所有产品，附件Ⅳ豁免条款适用于医疗设备和监控设备。使用豁免条款时，需要注意有效期、适用范围和更新信息。

3）责任明确及CE标识

新指令删除了其中“生产商”的定义，而添加了“制造商”“授权代表”“进口商”“经销商”的定义，并对各方的责任提出了具体的要求。如要求制造商在将产品投放市场时除确保产品符合限制物质要求外，还需要制作相关技术文档和EU符合性声明，并将这些资料保存10年以上以备欧盟审查。此外，产品必须加贴CE标识，而取得CE标识则需要提供明确的RoHS符合性声明，这就将RoHS指令和CE标识的规定紧密结合起来。因此，对于生产企业来说，建立一套行之有效的管理体系也很有必要。

3. 欧盟 RoHS 相关标准化

欧盟RoHS指令并没有指定相应的测试标准，也没有在实施前制定好指令实施所需的标准。在2008年以前，行业内测试RoHS指令中限用的六种物质的方法主要参考EPA系列，如EPA 1614—2003、EPA 3060A—1996、EPA 7196A—1992、EPA 6010C—2007等。直到2008年，国际电工委员会（IEC）发布了IEC 62321—2008《电子电气产品中六种限用物质的测定》，用于欧盟RoHS指令中限用六种物质的检测。2009年IEC又发布了指导性的技术文件IEC/PAS 62596—2009，用于指导和规范RoHS检测中的拆分制样。而IEC 62321—2008由于其标准内容较多，部分内容技术并不完全成熟，在实施过程中维护起来比较困难。为了更方便地维护该标准，IEC于2013年将该标准转化为系列标准，包含10个子标准，目前已正式发布，完全代替IEC 62321—2008中的相应条款。这些子标准包括IEC 62321-1—2013《第1部分：简介和概述》、IEC 62321-2—2013《第2部分：拆卸、拆分和机械样品制备》、IEC 62321-3-1—2013《第3-1部分：筛选试验方法 使用X射线荧光光谱法筛选电工制品中的铅、汞、镉、总铬和总溴量》、IEC 62321-3-2—2013《第3-2部分：筛选试验方法 通过燃烧对聚合物和电子中总溴筛选 离子色谱法（C-IC）》、IEC 62321-4—2013+AMD1（2017）《第4部分：使用CV-AAS、CV-AFS、ICP-OES和ICP-MS测定聚合物、金属和电子材料中的汞》、IEC 62321-5—2013《第5部分：使用AAS、AFS、ICP-OES和ICP-MS测定聚合物和电子中镉、铅和铬及金属中的镉和铅》、IEC 62321-6—2015《第6部分：气相色谱质谱联用（GC-MS）测定多溴联苯和多溴二苯醚》、IEC 62321-7-1—2015《第7-1部分：使用比色法测定金属无色和有色的防腐镀层中六价铬的存在》、IEC 62321-7-2—2017《第7-2部分：使用比色法测定聚合物和电子材料中的六价铬》、IEC 62321-8—2017《第8部分：气相色谱-质谱法测定聚合物中的邻苯二甲酸盐》。IEC 62321此次修订的内容主要包括：引入了最佳的操作和先进的技术，确保试验的一致性和可靠性，将标准系列化，添加了新的测试方法或仪器内容（如燃烧-离子层析仪C-IC、冷蒸汽原子荧光光谱仪CV-AFS）；在制样方面，引入了IEC/PAS 62596的相关内容。此外，还有标准正处于不同草案编制阶段，如IEC 62321-10《第10部分：气相色谱-质谱法（GC-MS）测定聚合物和电子产品中的多环芳烃（PAHs）》、IEC 62321-12《第12部分：聚合物中多溴联苯、多溴二苯醚和邻苯二甲酸酯类的同时测定　气相色谱-质谱法》等。值得一提的是，IEC 62321-12是由我国专家主牵制定的国际标准，这代表我国在国际标准中迈出了坚实的一大步。

2.1.2　中国 RoHS 最新进展

1. 中国 RoHS 简介

为了与国际接轨并维持我国电子信息产业的健康发展，由信息产业部、发展改革委、商务部、海关总署、工商总局、质检总局和环保总局于2006年2月发布了《电子信息产品污染控制管理办法》（俗称“中国RoHS”，以下简称《管理办法》），于2007年3月1日正式实施。该《管理办法》要求在电子信息产品中逐步限制使用欧盟RoHS指令规定的六种有害物质。这在当时计划以“两步走”的战略来实施这种限制措施：第一步是企业按照行业标准的要求进行自我声明，表明其产品中是否含有有害物质以及含有的部位；第二步则是拟定相关管控的污染控制重点管理目录，通过认证的方式来进行监管或推动有害物质的减免或剔除。也就是说，将那些技术上成熟、经济上可行的电子信息产品纳入此管理目录中，进入该目录的产品需要通过强制认证后方可进入中国市场进行销售。法规实施后，很快第一步措施在中国就基本完成了，绝大部分产品按照要求进行了标识，而第二步措施则由于种种原因拖了很久。

《管理办法》在施行3年多的时候，在实践过程中取得了巨大成绩，但是也表露出很多问题，为顺应形势变化，2010年启动《管理办法》修订工作。经过多次反复讨论，于2016年1月6日，由工业和信息化部等八部委联合发布《电器电子产品有害物质限制使用管理办法》，同年7月1日起施行，代替原办法。修订后的《管理办法》与原办法主要有以下三点调整。一是适用范围扩大，由原办法的电子信息产品扩大至电器电子产品，但核心内容没有变，都是有害物质限制使用。二是新增合格评定模式。继续沿用原办法的“两步走”工作思路，即第一步对《管理办法》管控范围的产品要求声明其中的有害物质信息，标识环保使用期限，第二步则对纳入《电器电子产品有害物质限制使用达标管理目录》（以下简称《达标管理目录》）的产品实施有害物质限量要求，删除污染控制重点管理目录，推出适合我国国情的合格评定制度。三是删除了有关包装物的标识要求。修订后的《管理办法》保留了有关电器电子产品生产者、进口者制作、使用包装物时，应当采用无害、易于降解和便于回收利用的材料的要求，但删除了原办法有关产品包装物的标识要求。

2. 合格评定实施安排

1）《电器电子产品有害物质限制使用达标管理目录》

为贯彻落实《管理办法》，做好电器电子产品有害物质的替代与减量化，工业和信息化部会同发展改革委、科技部、财政部、环境保护部、商务部、海关总署、质检总局组织编制了《电器电子产品有害物质限制使用达标管理目录（第一批）》（以下简称《管理目录》）和《达标管理目录限用物质应用例外清单》（以下简称《达标管理目录》），于2018年3月15日发布公告，自公告之日起一年后施行。纳入目录的产品为12类，包括电冰箱、空气调节器、洗衣机、电热水器、打印机、复印机、传真机、电视机、监视器、微型计算机、手持通信手持机和电话单机。12类产品所含有的铅、汞、镉、六价铬、多溴联苯和多溴二苯醚的含量应该符合电器电子产品有害物质限制使用限量要求等相关标准，并纳入电器电子产品有害物质限制使用合格评定制度管理范围。同时发布的《达标管理目录》共有39条，列入其中的可暂不按本要求执行。《管理目录》采用技术成熟一个放入一个、逐批发布的方式进行。

2）《电器电子产品有害物质限制使用合格评定制度实施安排》

为加强对《达标管理目录》的管理，2019年5月16日，国家市场监管总局会同工业和信息化部就纳入《达标管理目录》的电器电子产品有害物质限制使用合格评定活动提出实施安排，合格评定有两种方式：一种是电器电子产品有害物质限制使用自愿性认证（以下简称国推自愿性认证），指由企业自愿申请，经第三方认证机构证明电器电子产品符合相关有害物质限制使用标准和技术规范要求，由国家统一推行并规范管理的认证活动；另一种是电器电子产品有害物质限制使用供方符合性声明（以下简称自我声明），指供方（包括生产者、授权代表等）为证实所提供电器电子产品满足有害物质限制使用标准和技术规范要求，自主采用合理方式完成符合性评价并对产品符合性信息予以报送的合格评定活动。报送的平台为工业和信息化部联合市场监管总局建设的公共服务平台，可实现数据共享。评定合格的产品加贴合格评定标识，使用要求参见《绿色产品标识使用管理办法》。

3. 中国 RoHS 相关标准化

为了配套中国RoHS的实施，信息产业部同时组织制定了三个支撑行业标准：SJ/T 11363—2006《电子信息产品中有毒有害物质的限量要求》、SJ/T 11365—2006《电子信息产品中有毒有害物质的检测方法》以及 SJ/T 11364—2006《电子信息产品污染控制标识要求》。此外，为了规范限用物质的检测，国家的其他部门还出台了一系列标准化指导技术性文件：GB/Z 20288—2006《电子电气产品中有害物质检测 样品拆分通用要求》、GB/Z 21274—2007《电子电气产品中限用物质铅、汞、镉检测方法》、GB/Z 21275—2007《电子电气产品中限用物质六价铬检测方法》、GB/Z 21276—2007《电子电气产品中限用物质多溴联苯（PBBs）、多溴二苯醚（PBDEs）检测方法》、GB/Z 21276—2007《电子电气产品中限用物质铅、镉、汞、铬、溴的快速筛选 X射线荧光光谱法》等。从样品拆分到测试进行了统一规范，最大限度地保证了检测结果的一致性。随后为了适用国际法规，我国还组织制定检测方法和限量要求这两个国家标准：GB/T 26572—2011《电子电气产品中限用物质的限量要求》和GB/T 26125—2011《电子电气产品 六种限用物质（铅、汞、镉、六价铬、多溴联苯、多溴二苯醚）的测定》，其中后者等同采用标准IEC 62321—2008。

随着IEC 62321—2008修订标准的逐步发布，为提供全球一致的检测方法，我国也开启了转化IEC系列标准的工作。2020年12月14日，国家市场监督管理总局、国家标准化管理委员会发布中华人民共和国国家标准公告（2020年第28号），由全国电工电子产品与系统的环境标准化技术委员会归口的GB/T 39560.1—2020等5项国家标准正式发布，于2021年7月1日正式实施。目前，还有4项标准进入报批程序，分别为GB/T 39560.4、GB/T 39560.5、GB/T 39560.702和GB/T 39560.8，提醒企业时刻关注标准发布动态，及时做好方法替代准备。

2.1.3 REACH 法规——毒害物质的管理

1. REACH 法规简介

REACH法规全称为Registration，Evaluation，Authorization and Restriction of Chemicals，即《关于化学品注册、评估、许可和限制规定》，包含7卷、16部分和17个附件。该法规旨在对进入欧盟市场的所有化学品进行预防性管理，同时还涉及对三万余种化学物质及其下游精细化工、医药、纺织行业的全面监管，是一个非常复杂且庞大的法规体系。由于电子电气行业的供应链上都大量使用了各种化学品或相关配制品，因此该法规的实施也严重地影响了电子电气行业。为了贯彻REACH法规的实施，欧盟委员会成立了欧洲化学品管理署，即ECHA。REACH法规已于2007年6月1日正式生效，2008年6月1日法规开始实施。

REACH法规包括注册、评估、许可（授权）、限制等四大内容。该法规要求产量超过

1吨的所有现有化学物质（分阶段物质）和新化学物质（非分阶段物质）及应用于各种产品中的化学物质注册其基本信息；对制造量或进口量大于或等于10吨的化学品还应进行化学安全评估并完成安全报告。评估包括档案评估和物质评估。档案评估是核查企业提交注册卷宗的完整性和一致性，物质评估是确认化学物质危害人体健康与环境的风险性。根据ECHA对注册卷宗的评估意见，修改相关资料主要是ECHA的工作，企业配合即可；许可/授权则是对具有一定危险特性并引起人们高度重视的化学物质的生产和进口进行授权，目前以高度关注物质（SVHC）清单的形式予以公布，当某一物品中SVHC的含量超过0.1％时必须告知下游用户或消费者；当某一SVHC在物品中含量＞0.1%，且总量＞1吨/年/每供应商时，供应商应向ECHA通报该SVHC；如果认为某种物质或其配置品、制品的制造、投放市场或使用导致对人类健康和环境的风险不能被充分控制，将限制其在欧盟境内生产或进口。

2. REACH 法规实施进程

2007年6月1日开始生效，2008年6月1日开始实施。2008年6月1日—2008年11月30日，分阶段物质的预注册。2008年12月1日—2010年11月30日，年产或年进口超过1000吨的物质完成注册，年产或年进口超过1吨的致癌、致畸变和生殖毒性物质完成注册；年产或年进口超过10吨的水生毒性物质完成注册。2010年12月1日—2013年6月30日，年产或年进口超过100吨的物质完成注册，水生毒性物质完成注册。2013年7月1日—2018年6月30日，年产或年进口超过1吨的物质完成注册。2008年6月1日起可以开始提交注册卷宗，进行预注册。此外，新物质上市前必须注册，注册时间从2008年6月1日起。

3. 高度关注物质（SVHC）

高度关注物质（SVHC）主要包括列于类别1（根据足够的人体证据，知道它们是对人体的CMR物质）或类别2（根据大量的动物试验证据，应当认为它们是对人类的CMR物质）的致癌物、致突变物、具有生殖毒性的物质（CMR物质，即Carcinogenic，Mutagenic and Reprotoxic substances）；依据REACH法规附录XIII规定的持久性、生物积累和有毒的物质（PBT物质，即Persistent，Bioaccumulative and Toxic substances）、具有永久性和高生物积累性的物质（vPvB物质，即very Persistent and very Bioaccumulative substances）；与上文提及相当且其有科学依据证实将会对人类和环境造成严重影响的物质。2008年10月28日，ECHA首次公布第一批SVHC候选清单，截至2021年7月8日，已正式公布25批SVHC候选物质清单，总数达到219项，几乎覆盖了所有行业中化学物质的生产和使用。可以预见的是，SVHC物质候选清单将不断扩大，相关方必须予以实时关注。

4. 限制物质清单

REACH法规附录XVII即为常说的限制物质清单，其源自前欧盟危险物质指令76/769/EC及其修正法令。自2009年6月1日起，欧盟危险物质指令（76/769/EEC）正式废止，以欧盟新化学品法案（REACH）的附录XVII取代，目前限制物质清单数目已达75个。相关产品制造商必须注意并符合该限制内容，如违反规定将面临禁止贩卖或下架回收的处分。

5. SCIP 数据库

2018年6月4日，欧盟发布废弃物框架指令2008/98/EC的修订指令（EU）2018/851，其中第9条第1（i）项规定，任何符合REACH法规定义的物品供应方，若其物品中含有SVHC候选物质浓度＞0.1%，则应从2021年1月5日起，向ECHA提交相关信息。提交信息建立的SVHC信息数据库即为SCIP数据库（Substances of Concern In articles as such or in complex objects（Products）），是根据废物框架指令（WFD）建立的物品本身或复杂产品中SVHC信息的数据库，由物品的欧盟的生产商和组装商、欧盟的进口商、物品的欧盟分销商以及供应链中的其他将物品投放市场的参与者负责提交通报。欧盟境外的供应商不受此义务约束，并且不允许提交SCIP通报数据，但是应向欧盟进口商提供必要信息。欧盟专项执法行动REF-10将于2022年检查物品中SVHC信息传递义务的履行情况，可能涉及审查物品SCIP数据库通报情况，重点关注应进行SCIP通报而未进行的产品，相关企业需尤为关注。

2.1.4 废弃电子电气产品的回收处理法规

1. 欧盟 WEEE 指令

1）WEEE指令简介

为了减少电子废物，增加回收、再循环以降低对环境的影响，促进废弃电子电气设备的回收及再利用，提高电子电气设备生命周期中的环保功效，欧盟于2003年2月13日出台了《关于废弃电子电气设备指令》（WEEE指令，2002/96/EC），并于2005年8月13日正式实施。该指令范围涵盖了十大类电子电气设备，包括大小型家用电器、通信设备、照明设备等。该指令规定欧盟市场上的电子电气设备生产商必须自行承担报废设备回收、处理及再循环的费用，且投放市场的设备需要加贴“打叉带轮垃圾桶”的标志。因此，该指令也被称为“生产者责任延伸指令”。从2006年12月31日起，欧盟成员国确保实现电子电气设备废物的回收率目标（WEEE第7条第2款规定），欧盟家庭年人均回收废旧电子电气设备至少达到4kg。

2）WEEE指令的修订

WEEE指令实施过程中，欧盟当局发现其在技术、法律及管理等方面均出现了一些问题，如原指令中产品范围及分类缺乏明确性，不同成员国及利益相关者有不同的解释；原指令收集率目标采用“一刀切”（如每人每年4kg），不能反映个别成员国的经济状况，从而导致一些国家实施困难，因此于2008年启动了修订措施。修订后的新版WEEE指令于2012年7月24日正式公布（2012/19/EU），各成员国已在2014年2月14日前将其转成国内法律，制定法规及行政规定，并于2014年2月15日正式实施，同时废除旧版WEEE指令。新版WEEE指令的修订内容主要体现在以下几个方面。

（1）产品范围。

适用范围扩大至所有电子电气设备。在2012年8月13日—2018年8月14日过渡期间，规范的类别与范围仍与先前的2002/96/EC指令相同；自2018年8月15日起，将电子电气设备重新分类成附录III的六大类产品，并且采取开放式范围（意即未列入的产品也属规范范围），除非列于指令第二条（3）及（4）项目中的属于豁免产品。六大类产品主要包括：制冷器具和辐射器具；屏幕和显示器（屏幕面积大于100cm^2）；灯；大型器具（除制冷器具和辐射器具，如洗衣机、灶具等）；小型器具（除制冷器具、辐射器具、灯、屏幕和显示器、IT 器具）；小型IT和通信设备（外部尺寸不超过50cm）。

（2）设备回收系统的建立。

销售商应于零售商店（卖场面积大于400m^2）或其邻近的区域，提供尺寸小于25cm的小型废弃电子电气设备的免费回收。

（3）收集率目标。

成员国须确保其生产者承担起收集废弃电子电气设备的责任，自2016年起，每年至少达成45%收集率目标。而自2019年起，所有成员国每年收集率至少达到65%，或者于该国产生的WEEE总量的85%。

（4）回收率目标。

WEEE修订版将每个设备类别均设定其再生率目标，分为三个阶段进行。第一阶段：2012年8月13日—2015年8月14日，新WEEE的回收率目标与原WEEE指令基本相同，只是增加了对“医疗器械和光伏电池板”的回收要求。医疗器械回收率最低要达到每件器械平均重量的70%，再循环利用率最低达到50%；光伏电池板回收率最低要达到每件器械平均重量的75%，再循环利用率最低达到65%。第二阶段：2015年8月15日—2018年8月14日，新版WEEE指令生效后3 ~ 6年间，10类产品最小回收率目标，除气体放电灯外，其他较第一阶段各类产品最小回收率目标皆提高5%，并且将再使用率纳入规范。第三阶段：从2018年8月15日起，采用新的产品范围归类，回收率目标也具有较大变化，新版第1类和第4类产品，回收率最低要达到85%以上，再利用和再循环率达到80%以上；新版第2类产品，回收率最低要达到80%以上，再利用和再循环率达到70%以上；新版第5类和第6类产品，回收率最低要达到75%以上，再利用和再循环率达到55%以上。

2. 中国 WEEE

1）中国WEEE出台背景

国家统计局数据显示，从2003年起，我国每年至少将有500万台电视机、400万台冰箱、600万台洗衣机面临报废以及近500万台计算机进入淘汰期。在中国WEEE制度出台前，我国参与电子垃圾回收的企业素质参差不齐，主要通过小商贩上门回收或通过生产厂家、销售商“以旧换新”等方式回收后，流入旧货市场，销售给低端消费者。此外，也有一些个体手工作坊经过简单拆解、处理后，从中提取贵金属等原材料。而后一种处理方式，可能由于技术人员或技术设备的欠缺，大多为追求短期效益，采用露天焚烧、强酸浸泡等原始落后方式提取贵金属，随意排放废气、废液、废渣，对大气、土壤和水体造成了严重污染，由此给环境及人类健康造成巨大的危害隐患。鉴于此，我国国务院于2009年2月25日发布了第551号令《废弃电器电子产品回收处理管理条例》（以下简称《条例》），2011年1月1日起施行，此条例被称为“中国WEEE”。规范废弃电器电子产品回收处理活动，有利于防止和减少环境污染，有利于促进资源综合利用，发展循环经济，创建节约型社会，保障人体健康。

2）中国WEEE主要内容

（1）《条例》适用的电器电子产品范围。

《条例》适用的废弃电器电子产品范围列入《废弃电器电子产品回收处理目录》（以下简称《目录》）中，2010年公布的第一批目录主要包括五大类产品，分别是电视机、电冰箱、洗衣机、房间空调器和微型计算机。《目录》的制定主要遵循“社会保有量大、废弃量大；污染环境严重、危害人体健康；回收成本高、处理难度大；社会效益显著、需要政策扶持”等原则。《目录》管理委员会不定期组织对《目录》实施情况的评估，并且根据评估结果以及经济社会发展情况，对《目录》进行增补、变更、取消等调整。2015年2月，由国家发展和改革委会同五个部门公布《废弃电器电子产品处理目录（2014年版）》，自2016年3月1日起实施，原第一批目录同时废止。新公布的《目录》中，废弃电器电子产品类型增加，包括电冰箱、空气调节器、吸油烟机、洗衣机、电热水器、燃气热水器、打印机、复印机、传真机、电视机、监视器、微型计算机、移动通信手持机、电话单机14类产品。

（2）实行多渠道回收和集中处理制度。

《条例》维持了现行多渠道回收的体系，主要包括销售（以旧换新）、维修、搬家公司、城市垃圾回收系统等。考虑到产品回收后如不经过规范的拆解处理，会对环境及人体健康造成严重损害，因此《条例》设立了集中处理制度。《条例》规定由取得电器电子产品处理资格的企业对废弃电器电子产品进行拆解、提取原材料和按照环保要求进行最终处置。处理资格由设区的市级人民政府环境保护主管部门审批，审批的具体条件有：具备完善的废弃电器电子产品处理设施；具有对不能完全处理的废弃电器电子产品的妥善利用或处置方案；具有与所处理的废弃电器电子产品相适应的分拣、包装以及其他设备；具有相关安全、质量和环境保护的专业技术人员等。另外，考虑到目前一些小作坊向企业转型的困难，《条例》规定，经省级人民政府批准，可以设立废弃电器电子产品集中处理场。但这些集中处理场应当具有完善的污染物集中处理设施，确保符合国家或地方制定的污染物排放标准和固体废物污染环境防治技术标准，并应当遵守《条例》有关处理废弃电器电子产品须符合国家关于资源综合利用、环境保护、劳动安全、人体健康、技术和工艺要求等规定。

（3）建立专项处理基金。

《条例》规定，国家建立废弃电器电子产品处理基金，用于废弃电器电子产品回收处理费用的补贴。电器电子产品生产者、进口电器电子产品的收货人或其代理人应当按照规定履行缴纳义务。为此，2012年5月21日，我国出台了《废弃电器电子产品处理基金征收使用管理办法》，于2012年7月1日起执行。该管理办法第二十条规定，对处理企业按照实际完成拆解处理的废弃电器电子产品数量给予定额补贴，基金补贴标准为电视机85元/台、电冰箱80元/台、洗衣机35元/台、房间空调器35元/台、微型计算机85元/台。同时发布了《国内销售电器电子产品基金征收范围和标准》及《对进口电器电子产品征收基金的产品范围和标准》，规定国内生产销售的电视机、电冰箱、洗衣机、房间空调器及微型计算机分别征收人民币7 ~ 13元不等；对于进口的这五大类产品征收标准与国内生产销售的相同。为了规范管理该项基金，实现“专管专用”，国家税务总局于2012年8月20日发布了《废弃电器电子产品处理基金征收使用管理规定》予以监督管理。2015年12月，财政部等四部委发布新版《废弃电器电子产品处理基金补贴标准》，对原补贴标准进行了调整。2021年3月，由财政部等四部委联合发布《关于调整废弃电器电子产品处理基金补贴标准的通知》，对“四机一脑”基金补贴标准再次调整，基金补贴标准整体下降。

2.1.5 EuP/ErP 指令——产品能源消耗的源头管控

1. EuP 指令简介

2005年7月6日，欧洲议会和理事会正式公布了2005/32/EC《关于制定能耗产品环保设计要求框架的指令》（以下简称EuP指令），该指令是在原电气电子设备（EEE）指令和终端用电设备（EUE）最低能源效率要求（EER）框架指令的基础上提出的，综合了两个指令草案的内容。EuP指令作为集成产品策略框架的一部分，考虑了产品在整个生命循环周期对资源能量的消耗和对环境的影响，减少对环境的破坏。同时该指令还对92/42/EEC《关于新的燃气或使用液体燃料热水锅炉能效要求的指令》、96/57/EC《关于家用电冰箱、冷冻柜及其组合件能效要求的指令》及2000/55/EC《关于荧光灯镇流器能效要求的指令》进行了修订。欧盟要求各成员国最迟在2007年8月11日前制定对相关产品的具体化要求并转化为本国法规，以确保EuP指令得以有效运作。该指令首次将生命周期理念引入产品设计环节中，旨在从源头入手，在产品的设计、制造、使用、维护、回收、后期处理这一周期内，对用能产品提出环保要求，全方位监控产品对环境的影响，减少对环境的破坏。这是继WEEE、RoHS指令之后，欧盟另一项主要针对能耗的技术壁垒指令。

该指令的提出旨在创造一个完整的法规架构，作为产品环境化设计的基础，并希望由该指令达到以下四个主要目标：确保EuP在欧盟地区内部的自由流通；提升这些产品的全面环境绩效，以保护环境；有助于能源的稳定供应，并且提升欧盟经济体的竞争力；保护工业和消费者的利益。

2. EuP 指令的修订

2009年10月31日，欧盟委员会在其官方公报上发布了2009/125/EC《关于制定能源相关产品生态设计的框架指令》（以下简称ErP指令），取代EuP指令，并在公布之日起20日生效。该指令将原EuP 指令中的耗能产品（Energy-using Products）扩展为能源相关产品（Energy-related Products）。ErP指令只是一个关于产品生态设计的框架指令，其对具体产品的规定是通过实施措施体现的。根据ErP指令要求，欧盟优先考虑销售或贸易数量巨大、对环境有重大影响且具高成本效益改善潜力的产品。截至2014年5月，欧盟先后出台了20多项有关ErP指令实施措施的TBT通报，适用产品包括空调、非定向家用灯、家用滚筒洗衣机、计算机、计算机服务器、真空吸尘器、家用电炉、电源变压器等，预计未来还会持续发布更多产品的实施措施。2019年12月5日，欧盟委员会公布了最新的ErP指令EU 2019/2020《光源和独立控制装置生态设计要求》。新指令根据2009/125/EC《针对光源和独立控制装置制定统一的生态设计要求》，于2021年9月1日正式实施，届时现行ErP指令EC No 244/2009、EC No 245/2009、EU No 1194/2012将被替代。

2.2　电子电气产品的无卤化及其检测方法

2.2.1　电子电气产品的无卤化简介

卤素是指元素周期表中的氟（F）、氯（Cl）、溴（Br）、碘（I）、砹（At），其中砹（At）为放射性元素，除At在电子产品中的应用较少外，其他四种卤素在电子电气行业中用量巨大，如为了增加电气产品安全性的阻燃剂、帮助电子产品组装和封装的助焊剂、清洗剂及电气绝缘材料等。卤化物的种类至少有数百种，大多数直接对人体健康有害，但对环境直接造成破坏的则是少数。其对环境的危害主要来自废弃电子电气产品的回收处理阶段，可能由于回收处理不当导致危害物的产生，如多溴联苯及多溴二苯醚燃烧不完全时可能产生剧毒的二噁英。因此，卤素化合物在很多环保法规中都限制使用。如挪威PoHS指令的禁用物质中包括六溴环十二烷、四溴双酚A等；欧盟REACH指令已经公布的高关注物质

SVHC候选清单中包括氯化钴、六溴环十二烷、全氟辛酸、全氟辛烷磺酸等。1987年9月16日，24个国家签署了《关于消耗臭氧层物质的蒙特利尔议定书》，该法规限制了各种氟利昂系列含卤素的化合物的使用；2001年5月，由91个国家政府签署的《关于持久性有机污染物（POPs）控制斯德哥尔摩公约》对12种持久性卤化物进行管控，并于2004年5月17日正式生效。以上这些法规都是对环境影响巨大的部分卤化物的限制，而并不是限制卤素本身，其实卤素本身作为元素无所谓危害，关键是看卤素的存在形式。而需要指出的是，有毒有害的卤化物其危害也大多是在产品回收处理阶段。而无卤化则是限制卤素在电子电气产品中的使用。

2.2.2 无卤化的相关标准或技术要求

可能是由于有毒有害的卤化物种类繁多，对于电子电气产品制造厂商来说，其管控难度很大，分析鉴别这些众多的卤化物非常困难，而卤素的测试方法则相对简单。如果通过控制产品中卤素的含量来间接管控卤化物，则相对容易得多。因此，在各大知名厂商如苹果、飞利浦、索尼、戴尔以及世界绿色和平组织的推动下，出台了一系列无卤化的企业要求或行业标准。最早的是国际电工委员会的标准IEC 61249-2-21，该标准并没有禁止卤素的使用，但是划分并定义了无卤或有卤电路板。对于无卤制造电路板，规定所用的材料、树脂及增强性能的卤素的总含量及氯和溴元素的含量，其中要求氯、溴的含量各小于900ppm，两者总含量不大于1500ppm。类似的标准还包括IPC-4101和JPCA-01—1999；另外，IPC/JEDEC J-STD-709标准也规定了无卤的定义，规定在无卤电子元器件中的所有材料和部件中的氯、溴的含量各小于900ppm，两者总含量不大于1500ppm的要求。虽然这些标准都只是给出了无卤的定义，没有限制卤素的使用，但是很多下游产品的知名电子产品品牌的公司纷纷据此制定自己的内部无卤化的标准，要求供应商提供无卤化的元器件或材料，这样必然大大地推动了整个供应链向无卤化改变。

2.2.3 电子电气产品无卤化检测方法

卤素在电子产品及其辅料中存在的形式分为共价态或离子态，因此测定不同材料中卤素含量的前处理方法不一样。目前常用的测定卤素的方法有以下三种：（1）对于有机卤化物，通过适当的萃取方式如超声萃取、索氏提取、加速溶剂萃取（ASE）、微波辅助溶剂萃取（MASE）等将材料中的卤化物萃取出来，再采用相关的仪器（如GC、GC-MS、HPLC、LC-MS等）进行测试；（2）对于离子态卤素，液体样品可以直接采用离子色谱仪（IC）进行分析，固体样品则采用适当的溶剂（如水、异丙醇/水混合液）进行萃取后，再采用离子色谱仪进行分析；（3）对于样品中总卤的测试，测试前要先对样品进行预处理，采用氧弹燃烧法或碱熔融法将不同形态的卤化物全部转化为离子态的卤素，再用离子色谱仪进行测定。此外，还可结合X射线荧光光谱仪以及傅里叶红外光谱仪进行非破坏性筛选检测。卤素及卤化物的检测方法见表2.1。

表2.1　卤素及卤化物的检测方法

序号	检测项目	前处理方法/检测方法	仪器设备
1	ODS（破坏臭氧层物质）	液体直接进样 固体顶空热平衡后进样	GC-MS（色谱-质谱联用仪）
2	六溴环十二烷、四溴双酚A、短链/中链氯化石蜡、多氯联苯	EPA 8270 气象色谱质谱法分析半挥发性有机物 EPA 3540C—1996 索氏萃取法	GC-MS（色谱-质谱联用仪）
3	多溴联苯、多溴二苯醚	IEC 62321 电子电气产品—测定六种限制物质（铅、汞、镉、六价铬、多溴联苯、多溴联苯醚）的浓度	GC-MS（色谱-质谱联用仪）
4	全氟辛酸、全氟辛烷磺酸	EPA 3500B 超声消解法萃取挥发有机物	LC-MS（液相色谱-质谱联用仪）
5	总氯、总溴	BS EN14582（废弃物特性描述—卤素和硫含量—密闭系统内氧气燃烧法和测定方法）	IC（离子色谱仪）
6	氟离子、氯离子、溴离子	（1）IPC-TM-650 2.3.33D焊剂中的卤素，铬酸银方法 （2）IPC-TM-650 2.3.35.1氟点滴试验—定性	（1）铬酸银试纸对氯、溴离子的定性 （2）氟点滴板对氟离子的定性
		IPC-TM-650 2.3.28.1焊剂、焊膏的卤素含量 IPC-TM-650 2.3.28B 电路板表面离子浓度测试	IC（离子色谱仪）
		（1）IPC-TM-650 2.3.35.2氟浓度定量 （2）IPC-TM-650 2.3.35卤素含量，定量（氟化物与溴化物）	（1）氟电极 （2）化学滴定

由于工业界很多人对卤素测试结果产生误解，特别是在电子组装或封装行业，常常把环保概念上要求的卤素与工业技术标准中对电子封装材料要求的卤素混为一谈。因此，这里需要做一个特别的澄清，电子封装用的材料如助焊剂，当中的卤素离子通常发挥着促进焊料润湿、帮助焊接的好作用，但如果过多则会在焊后造成腐蚀或漏电等可靠性问题。因此，电子封装材料的用户或供应商都需要关心或测试材料中的卤素含量，这个时候通常指其中的卤素离子含量，即离子态的卤素含量，选用的测试方法则主要是表2.1中第6行中所列的IPC标准规定的方法；如果要满足客户的环保要求，则需要测试产品中卤素的总含量，无论是离子态的还是共价态的卤素存在形式，这个时候就要用表2.1中的第5行所列出的BS EN14582标准规定的方法。不同的方法得到不同的结果，结果代表的意义也就不一样，因此，测试时需要看测试的目的和要求，再选择对的测试方法。

2.3 无铅工艺的标准化进展

2.3.1 无铅工艺概述

锡铅焊料及其锡焊工艺已经伴随着电子信息产业走过了无数个春秋，并且一直以来都是电子制造中一个关键而重要的环节。然而由于欧盟RoHS指令和中国《电子信息产品污染控制管理办法》(后来有修订和变更，以下简称“中国RoHS”)以及其他相关环保法规的实施，含有铅等六种有害物质的材料或工艺在民用领域已经被禁止或限制使用，锡铅焊料中由于含有高含量的有毒有害的铅而在被禁止或限制使用之列，现在很多国家或地区锡铅焊料已经被禁止使用。为此，可靠地使用了数百年的锡铅焊料和工艺将逐步被无铅焊料和无铅工艺所取代，又由于环保组织不遗余力的推动，以及法规的实施与市场竞争的影响，电子工业无铅化的环保趋势已经不可阻挡。为了配合好RoHS法规及无铅工艺的顺利实施，本节将讨论实施无铅工艺所涉及的标准化问题。

从广义上来讲，电子制造业就是一个制造互连的行业，即将不同的材料黏结（或互连）在一起生产出元器件，再将具有不同功能的元器件按照一定的原理互连在一起形成组件，然后将组件机械件组合（互连）在一起就成为设备，将不同的设备组合（互连）在一起就产生了系统。因此，我们可以认为电子制造业就是一个由小到大的互连工艺过程。而焊接工艺则成了电子制造中最重要、最高效、应用最广泛的互连手段之一。锡铅焊料及其工艺所形成的焊点则成为最可靠的互连接点之一。因此，如果在此基础上的电子制造中导入替代的无铅工艺，则必将导致一场电子互连技术的革命。但是请注意，千万别认为“实施无铅工艺就是把原来的锡铅焊料更换成为无铅焊料就可以了”那么简单！

限制铅使用的法规最早在20世纪90年代初期就已经开始讨论了，无铅焊料及其工艺技术与可靠性的研究当时在全球范围内众多的研究机构中开展得异常热烈，直到20世纪90年代末期才取得初步成果。研究结果认为，在电子制造中实施无铅化是可行的，日本的松下公司甚至在1998年就批量生产出全球第一批无铅化的媒体播放器。可是，与使用了几乎上千年的锡铅焊料相比，无铅化还是太年轻了，许多问题至今也没有完全弄清楚，特别是涉及高可靠性要求的电子产品至今尚无十足的把握推行无铅化。我们还缺乏充足的使用数据来证明无铅化产品的长期可靠性是有充分保证的。这就是为什么无铅化的推行是一个渐进的过程，不能一蹴而就，当初中国RoHS在推行时充分考虑到了这一点。所以至今为止，无铅化只是主要在普通的消费电子产品或要求不是特别高的耐用消费品上推广应用，但这对于法规的推行而言其作用与目标已经足够了，因为消费类电子产品由于其产量大、应用广正是影响环境的主要因素。

无铅化的电子制造除要使用熔点相对较高的无铅焊料来替代锡铅焊料外，还必须考虑元器件、印制电路板、助焊剂、焊接设备的无铅化以及兼容性问题。由于无铅化工艺使用了更高熔点的无铅合金焊料，典型的合金系列主要为锡铜（Sn99.3Cu0.7）、锡银铜（SnAg3 ~ 4Cu0.5 ~ 0.7）及锡银（Sn96.5Ag3.5）等，其熔点温度比原来的锡铅焊料要高出30 ~ 40℃，因此，导致焊接的工艺温度再升高20 ~ 30℃。这样就要求元器件与PCB除材质无铅化外，必须能够耐受更高的温度；设备也需要能够提供更高的施热效率，并且设备中的锡炉还必须能够耐高温熔融的无铅焊锡的浸蚀；相应地，助焊剂也要求有更高的热稳定性以及助焊活性。因此，所有与工艺相关的要素都需要针对无铅化做出相应的改进，才能适应无铅化的基本要求。由于受到材料和元器件的耐高温稳定性的影响，焊接工艺温度不可能无限提高或按照比例提高，因此，无铅工艺的工艺窗口就变小了，参数的设置与控制的难度就明显增加了，这样产品的成品率就必然受到影响。与此同时，与锡铅焊料相比，无铅焊料还有润湿性下降的问题，进一步导致无铅工艺实施难度增加。所以，由于无铅焊料而带来的高温工艺、工艺窗口缩小以及润湿性劣化等无铅化特点，导致了实施无铅化的道路必然不会一帆风顺。

2.3.2　无铅工艺标准化的重要性

在贯彻实施中国或欧盟RoHS的过程中，仅有一些针对六种有害物质限量、检测方法和标识的标准显然是不够的。由于必须面对的技术标准问题没有解决，所以即使产品中没有六种有害物质或者六种有害物质的含量都符合要求，也并不表明RoHS法规能够得到顺利实施。因为这些符合环保标准的产品如果都存在质量或可靠性问题，许多甚至全都是废品的话，那么再环保的东西都失去存在的价值。我国在推行RoHS法规时，如果严重影响了整个电子信息产业的发展，则必然无法顺利推行，无铅焊接这道技术门槛无论如何都是我们必须认真面对的。

由于几乎所有的电子产品均涉及锡焊互连这一工艺环节，因此无铅工艺的实施不仅已经成为电子制造中最核心的关键环节，而且成为RoHS法规能否顺利实施的关键影响因素。而无铅化的实施涉及焊料、助焊剂、PCB、元器件、设备以及工艺、质量与可靠性等诸多的影响要素，如果没有统一的技术标准，那么必然导致整个社会的成本增加，而且还阻碍技术进步，拖延新产品上市的时间。虽然工艺标准不是一个强制性的标准，当然它也不可能、也不应该是一个强制性的标准，但只要成功生产出合格的无铅产品，一般而言没有必要再强制工艺过程的统一性。但是，工艺相关要素的标准化却可以大大降低生产成本、社会成本，加速产品进入市场的时间，促进技术的交流和进步，减少不必要的重复研究或试验，甚至在解决技术争端过程中都有十分重要的意义。

例如，对于无铅焊料，当没有标准时，由于尚未有单一的能够替代锡铅共晶焊料

（Sn63Pb37）的无铅合金，且种类较多，这就让用户在选择和使用无铅焊料时产生了很大的麻烦，而且有时还会产生许多争议。每个用户都去深入研究合金的性能、分析其可靠性，满足要求之后再去选择或使用，这必然会浪费许多社会资源，延长了产品上市的时间。再如，对于焊点的外观，如果没有统一的标准，可能在一个企业是合格的，而到了另一个类似的企业就不合格了，当然外观合格还不能代表该焊点可靠；由于无铅焊接的特点，许多无铅焊点表面都有少许裂纹，如果按照锡铅的标准判断都应该是不合格的了，但由于无铅焊接的特点，目前大部分企业都认为这是合格的。因此，如果将满足要求的焊点判定为不合格，则必然造成不必要的浪费，而如果把不合格的焊点产品判定为合格，则会导致整个电子产品存在质量或安全隐患。如果有一个经过充分研究的合格评判标准，则这些问题都将迎刃而解。

需要指出的是，标准的制定过程中需要特别注意避免引起知识产权纷争问题。如果将某公司的专利产品写入标准中，就有可能造成使用该标准的用户侵犯专利的问题或必须支付大笔专利使用费的问题，使得专利拥有者凭借该标准而赚取超常的不合理利润，而损害了使用者的利益。这不符合制定技术标准的初衷，应该尽量避免。

无铅工艺是一个技术涉及面极广的制造过程，包含设计、材料、设备、工艺与可靠性等技术。因此，任何一家企业或个人都难以完成标准化的工作，需要全行业众多企业和研究机构的共同努力才可以做到。任何一个电子信息产品都将遇到工艺过程，它的标准化无疑将解决RoHS法规实施的最重要的根本的技术问题，大大促进了RoHS法则的顺利实施。因此，无铅工艺的标准化显得尤为重要。那种认为实施RoHS法则的过程中只需要有针对电子电气产品中有毒有害物质的限量要求、检测方法以及标识要求等标准就足够的想法或论调显然不符合实际情况。

2.3.3 无铅工艺标准化的进展情况

标准化的程度往往是该项技术成熟与否的标志，无铅工艺标准化与无铅工艺技术发展及其可靠性密切相关。因此，标准的研究或制定一般是基于涉及的对象以及相关技术体系来开展的。对于无铅工艺而言，最基础、最关键的就是无铅焊料，然后是受其直接影响的助焊剂、PCB及元器件、PCBA及设备。基于无铅工艺的三个特点：高温、小工艺窗口和低润湿性的焊料，无铅工艺中所使用的助焊剂在助焊活性以及热稳定性方面必然需要改进；元器件的电极或端子必须由有铅替代为无铅，同时还必须确保耐热性；PCB的可焊性涂层必须改为无铅，基材满足耐热性的要求等。另外，测试方法也与原来的不同，那些依据原来锡铅焊料的标准都必须修改或重新制定。而设备的标准化则更为复杂。

1. 相关标准化组织

下面介绍本领域涉及的标准化组织。

按照标准化领域的划分和已经形成的习惯，无铅工艺技术这一领域的标准一般由几个标准组织牵头起草：一是我国的全国印制电路标准化技术委员会（SAC/TC47）组织起草，一般电子领域的印制电路板及其互连相关的技术和产品均在此范围；二是我国的全国焊接技术标准化委员会（SAC/TC55），负责牵头起草焊接焊料有关的技术标准，通常，该技术委员会主要做硬钎焊方面的标准，但他们偶尔也会跨界到电子行业的软钎焊；三是信息产业部为了推进中国的RoHS法规而成立的“电子信息产品污染控制标准化工作组”下属的无铅焊接项目组，主要制定与电子信息产品无铅焊接所涉及的一些技术标准和产品标准；四是国际电工委员会（IEC）的电子组装技术委员会（TC91），也是我国国家标准化管理委员会TC47的对口单位，主要负责电子装联相关领域的标准化；五是美国国际电子连接协会（IPC）组织起草的工业标准，该标准体系几乎涵盖电子装联包括焊接在内的所有方面的技术和产品标准，参与起草的著名机构和大公司多，用户多且广，是目前该领域最活跃的标准化组织；六是日本工业标准调查协会（JISC）组织制定的相关技术标准，日本工业标准（JIS）是日本国家标准中最重要、最权威的标准，主要为日本企业使用。下面分别介绍上述标准化组织制定的无铅工艺相关标准化的进展情况。

由于无铅工艺是在传统的有铅工艺基础上拓展延伸而来的，它们之间在技术上具有很强的传承性和继承性。因此，除一部分专门用于无铅焊接的标准外，很大一部分标准是根据无铅的特点在原来有铅焊接标准的基础上升级改版拓展而来的，并没有全部单独起草。应该说，自从20世纪90年代末无铅实用化以来，经过工业界、技术研究单位及政府几十年的合作和努力，无铅工艺已经基本成熟，工业界需要的无铅工艺标准化基本完成。

2. 国内无铅工艺标准化情况

下面介绍国内无铅工艺标准化的情况。

由中国机械工业联合会和国家标准化管理委员会TC55组织制定的《无铅钎料》（GB/T 20422—2006）于2007年1月推出，是我国最早的无铅材料标准，该标准几乎等同采用了ISO 9453：2006（*Soft Solder Alloys – Chemical Composition and Forms*）的内容，包括了一些非专利限制的常用的无铅焊料，但是当时没有包括国际上最常用的SAC305或SAC387系列合金。遗憾的是，该标准将合金与杂质成分混合并列在一个表中而没有任何明显的区分，用户使用有些不方便。众所周知，无铅焊料主要适用于电子互连软钎焊接，这样的标准由主要为硬钎焊领域的中国机械联合会提出或组织编制，造成了电子行业的不少困扰，因此该标准在国内电子行业中的应用并不普遍。该标准在2018年改版，新版本增加了八种常用的新焊料、产品形态与产品单元对照，删除了型号名称前的S－前缀、树脂芯焊剂部分、锡粉含氧量试验方法、锡粉颗粒尺寸分布显微镜测试方法等。

此外，由电子污染控制标准工作组于2005年成立的“无铅焊接项目组”，牵头组织电子行业制定无铅焊接有关的标准，直到2009年才推出第一批相关标准，包括《无铅焊料-化学成分与形态》（SJ 11392—2009）、《电子焊接用锡合金粉》（SJ 11391—2009）、《焊锡膏通用技术要求》（SJ 11186—2009）、《无铅焊料试验方法》（SJ 11390—2009）等。其中《无铅焊料-化学成分与形态》包括了23种合金焊料，涵盖了最常见的锡银、锡铜、锡银铜、锡锌、锡铋、锡锑等系列的熔点由低温到高温的常用合金，但需要业界注意的是，其中的某些三元以上的合金有专利授权问题。《电子焊接用锡合金粉》标准则专门针对无铅SMT焊锡膏要求而规定了焊锡粉的技术要求与测试方法，但该标准还包括有铅合金的焊锡粉。严格来讲，焊锡粉只不过是焊料中的一个不同形态的粉末焊料而已，在国外的标准中都是将其并入焊料的基础标准中，不单独制定；由于电子制造的发展方向是表面贴装技术（SMT），配套该技术使用的焊锡膏则成为该技术实施的关键材料，它是焊料粉与助焊剂的混合膏体状物质，因此，《焊锡膏通用技术要求》标准应运而生。该标准针对无铅化的特点在原标准的基础上进行了修订，内容包括有铅和无铅部分，主要规定了焊锡膏的标识、规格与技术要求、测试方法等。最后是《无铅焊料试验方法》标准，该标准规定了八种测试方法，包括无铅焊料的熔点测试、扩展率测试、润湿性测试、机械性能测试、焊点拉伸与剪切强度测试、QFP焊点45°角拉伸强度测试、片式元件焊点剪切测试、无铅抗氧化特性评价等。值得注意的是，其中的三个方法其实不是无铅焊料的测试方法，而是无铅焊点的测试方法，它不仅是焊料，而且涉及元器件与基板和工艺。该测试方法标准与日本的JIS Z3198—2003有一定程度的类似，可以提供给工业界一个统一的无铅焊料和焊点的质量的测试方法。总之，这些标准将对无铅化或绿色电子制造在我国的快速健康发展起到重要的作用。

随着无铅工艺和材料技术的发展，以及电子组装应用的需求变化，这四个SJ标准在2019年也进行了改版，主要变化如下。（1）SJ 11392焊料标准增加了球形分类、无铅焊料的标记方法、部分助焊剂特性的测试要求、合金S – Sn96.5Ag3.0Cu0.5的化学成分和液固相线等；删除了丝材、棒材和带材的包装要求。（2）SJ 11391锡粉标准方面，球形锡粉长短比由1.5修改为1.2，增加了含氧量要求及7和8两个型号的规格和要求，增加了激光粒度测试法，同时修改了检验规则和包装要求。（3）SJ 11186焊锡膏标准方面，将所用合金粉引用至SJ 11391的要求，增加了锡珠、润湿、干燥度、黏度、坍塌、黏附性、润湿性以及有效期的有关要求，删除合金粉的一些试验方法和部分包装要求。（4）SJ 11390标准规定的测试方法方面，修改了样品制备、润湿性测量的规定，另外增加了锡丝喷溅试验方法的内容。

3. 国外无铅工艺相关标准简介

国外的无铅标准主要由IPC、IEC、JISC及ISO制定发布，其中应用最广泛的是IPC标准，这些标准的一个共同点都是在原来有铅焊料工艺标准的基础上增加了无铅的内容，升级版本号，把有关无铅的要素囊括进去，并且在后续又都做了一次修订和完善，体现了标准的与时俱进。

1）无铅焊料的标准

最早是IPC于2006年1月修订出版的美国联合工业标准J-STD-006B（*Requirements for Electronic Grade Solder Alloy and Fluxed and Non-Fluxed Solid Solders for Electronic Soldering Applications*），以及从当年起陆续出版的ISO 9453：2006（*Soft Solder Alloys-Chemical Compositions and Forms*）、JIS Z3282—2006（*Soft Solder -Chemical Compositions and Forms*）和IEC 61190-1-3—2007（*Requirements for Electronic Grade Solder Alloy and Fluxed and Non-Fluxed Solid Solders for Electronic Soldering Applications*）。其中标准J-STD-006B覆盖了几乎所有目前用于电子焊接工艺的各种形态的焊料，包括锡银、锡铋、锡铜及锡银铜等27种无铅合金（见标准中的附表A-1）、传统的锡铅合金（见标准中的附表A-2）以及其他的非锡铅的特殊合金焊料（见标准中的附表A-3）。该标准规定了合金成分所允许的偏差以及允许杂质含量，同时还给出了各合金的液相线以及与ISO 9453：2006的合金标识比较，以便用户在选择使用不同合金焊料时参考。2013年，该标准做了一次改版（由B版改成C版），新版本修改了无铅合金和杂质的说明，删除了合金通常种类及温度范围，增加含锑和不含锑的锡银铜合金部分熔点范围217 ~ 229℃，更改了部分合金的名称，如把In52Sn48改为SnIn52.0，Sn42Bi58改为SnBi58.0，Sn95Ag5改为SnAg5.0等，另外还新增了SnCu0.7Si0.02合金及其含量范围等。

ISO 9453：2006更新的版本增加了无铅焊料部分，更新后的ISO 9453除包括9个系列的31种含铅的传统焊料外，还增加了11个合金系列的21种合金组成的无铅焊料。ISO 9453新版标准中列举的无铅焊料合金具体有：Sn-Sb系列1种、Sn-Bi系列1种、Sn-Cu系列2种、SnAgCu系列3种、Sn-In系列1种、Sn-In-Ag-Bi系列2种、Sn-Ag系列4种、Sn-Ag-Cu-Bi系列1种、Sn-Zn系列1种及Sn-Zn-Bi系列1种。ISO 9453于2014年再次做了修订，主要修改了合金名称及其标识方法，新增了8种牌号的合金成分，以及标注了专利合金及其持有人的名单信息等。

而日本工业标准协会的标准JIS Z3282—2006包括线状、条状、块状以及粉末状等各种形态合金形式，其中粉末合金的规格和要求按照标准JIS Z3284执行，按照合金的化学组成分类，该标准则包括了3个合金系列共19种合金组成的含铅合金，以及11个系列共21个化学组成的无铅焊料合金，无铅焊料在列表时还按照焊料的熔点划分为高温、中高温、中温、中低温与低温五大系列。其中，无铅合金中包含了3个化学组成比例的锡银铜专利合金，标准还特别提示了专利无铅合金及其专利的拥有者。这方便了业界在选择无铅合金焊料时考虑相应的适当措施，以避免违反法规或侵权。JIS Z3282于2017年再次进行了改版升级，新版本（JIS Z3282—2017）在修改了无铅焊料的元素含量、删除部分合金的同时增加了部分合金，种类由11个合金系列21种合金改成了19个合金系列30种合金，同时给出了新增合金专利及持有人名单和化学成分分析表。

另外，IEC 61190-1-3在2002年版都已经提及锡银铜锑的无铅合金，但没有展开到包括其他无铅焊料。2007年出版的版本参考J-STD-006B的内容进行了修改，主要内容趋于一致。2017年，IEC 61190-1-3再次做了修改，其中修改了锡粉尺寸、喷溅试验、锡槽试验的技术要求以及部分杂质元素的合格上限等；增加了部分合金如Sn96.3Bi2Ag1Cu，焊料合金中加入了镍和锗的缩写等。

由于助焊剂是配合焊料来使用的，随着焊料的无铅化，焊接工艺条件也发生了很大的变化，评价助焊剂的性能必须用到无铅焊料与无铅的工艺条件，显然新的助焊剂标准必须及时制定。目前这些标准大部分已完成，IPC也已经将J-STD-004A（*Requirements for Soldering Fluxes*）改版升级到包括无铅部分的J-STD-004B的工作，标准中增加了与无铅有关的内容，2012年标准又做了一次补充，修订了SIR在线监测的技术要求。

2）无铅元器件的标准

对于无铅工艺而言，元器件的相应转变主要体现在两个方面，即元器件的可焊性端子或引脚的可焊性涂层的无铅化以及本体耐高温性能。所有关于无铅元器件的标准基本上都是围绕这两个方面展开的。对于元器件的引脚或端子而言，主要考虑其无铅化后的可焊性、耐金属化熔解性与耐焊接热等。这方面已经有美国联合工业标准IPC/EIA J-STD-002C（*Solderability Tests for Component Leads, Termination, Lugs, Terminals and Wires*），该标准包括了无铅化部分，无铅元器件评估测试所使用的无铅合金为SAC305（Sn96.5Ag3.0Cu0.5），温度条件为250℃，而耐金属化熔解试验的温度条件无铅/有铅的均为260℃。该标准至今又做了两次改版升级，目前最新的已经是2017年的E版本（IPC/EIA J-STD-002E），E版本增加了向后兼容性测试的说明和方法；将可焊性涂层的耐久性由3类调整为2类，细化了蒸汽老化的分类和样品处理保存细节；同时调整了焊料槽杂质含量最大限值，并增加了可焊性参数表格。

另外，针对无铅塑封器件，其潮湿回流敏感度的标准IPC/JEDEC J-STD-020C（*Moisture/Reflow Sensitivity Classification for Nonhermetic Solid State Surface Mount Devices*）于2004年已经增加了无铅的分类和测试条件，目前已经发展到E版本。与有铅的条件相比，无铅元器件在回流曲线上，预热温度与峰值温度均显著增加（预热温度增加近50℃，峰值温度增加20℃），回流的时间增加近两分钟。该标准最近的一次改进主要是澄清一些技术和操作细节，如回流后器件失效的外观标准以及检测方法、试验中断时烘烤处理的时间计算等。另外，由于元器件引脚的可焊性涂层转变为纯锡后，其生长锡须的风险大大增加，因此JEDEC（美国联合电气工程师协会）又针对此问题于2005年组织起草发布了一个锡须生长风险的评价标准：JESD 22A121（*Measuring Whisker Growth on Tin and Tin Alloy Surface Finishes*），该标准规定了锡须加速生长试验的方法、观察细则要求以及锡须长度测试方法等，用于元器件引脚无铅可焊性镀层锡须生长的风险评估。

除此之外，JEDEC与IPC又分别发布了一个关于无铅元器件标识的标准，分别是IPC 1066和JESD 97，其内容基本一致，只是前者包括了电路板和组件部分，后者只强调元器件本身。这两个标准主要通过代号标识出无铅可焊性涂层的合金和最高安全温度，以便于使用时考虑工艺的兼容性问题，一方面避免产生材料的兼容性问题，另一方面便于物料以及供应链的管理。目前，IPC 1066和JESD 97已经合并成为IPC/JEDEC J-STD-609（*Marking and Labeling of Components，PCBs and PCBAs to Identify lead(Pb)，Lead-Free Pb-free and Other Attributes*）。它彻底统一了无铅可焊性涂层以及基材和元器件最高耐受安全温度的标识方法。

3）PCB的无铅化标准问题

对于无铅PCB，最关键的问题是其焊盘的润湿性以及基材的高温稳定性。2007年发布的IPC标准J-STD-003B已经包括了无铅工艺的部分，无铅可焊性的评估试验也像元器件一样选用了SAC305的合金来进行。该标准于2013年再次做了修订，目前最新的是C版本（J-STD-003C）。C版本整合了表1-1测试方法和预处理要求内容；调整了表1-2不同涂层耐久性测试条件；锡铅测试部分删除了焊料Sn62/Pb36/2Ag，无铅测试部分规定了允许Ag、Cu含量的波动范围；同时修改了边缘浸焊和波峰焊测试及6010浮焊测试的条件，并删除了摆动浸焊和预烘烤内容。由于PCB是一个受材质影响比较大的产品体系，涉及的因素很多，其产品的通用规范无论是柔性板、刚性板还是CCL基材，都已经完成包括无铅化内容的修订，有无铅规格的系列材料可供选用，本书的后续章节专门讨论，在此不再赘述。

4）无铅电路板组件（PCBA）以及焊点的质量与可靠性标准

第一个包括无铅组件要求的标准J-STD-001D（*Requirements for Soldered Electrical and Electronic Assemblies*）于2005年发布，期间经过多次修改，目前最新的版本是2020年的H版本，其中已经修改了多次。H版本新增第8.0章节（全新的行业认可的清洗和残留物要求），溶剂萃取物电阻率（ROSE）的1.56μg NaCl当量/cm^2不再是鉴定制造工艺的可接受依据。由于无铅焊点在外观上与有铅的已经有明显的不同，必须修改其中的评判标准，现在已经有直接可以用于评估无铅焊点外观可接收性的标准IPC-A-610E（*Acceptability of Electronic Assemblies*），已经被业界广泛采用。目前已经经过多次修改完善，最新版本于2020年已经升级到H版本（IPC-A-610H），期间补充了很多新的封装形式及其焊点形貌要求，最新版本的变化与无铅相关性很少。需要补充的是，日本工业标准协会于2003年就一次性发布了7个专门针对无铅焊料与其焊点质量的测试标准（JIS Z3198—2003系列），这7个标准分别为《无铅焊剂的试验方法　第1部分：熔化温度范围的测量方法》《无铅焊剂的试验方法　第2部分：机械拉伸特性试验的试验方法》《无铅焊剂的试验方法　第3部分：敷量的试验方法》《无铅焊剂的试验方法　第4部分：用湿平衡法与接触角法测定钎焊性的试验方法》《无铅焊剂的试验方法　第5部分：焊缝的拉伸试验与剪切试验方法》《无铅焊剂的试验方法　第6部分：QFP铅焊点的45°拉伸试验方法》《无铅焊剂的试验方法　第7

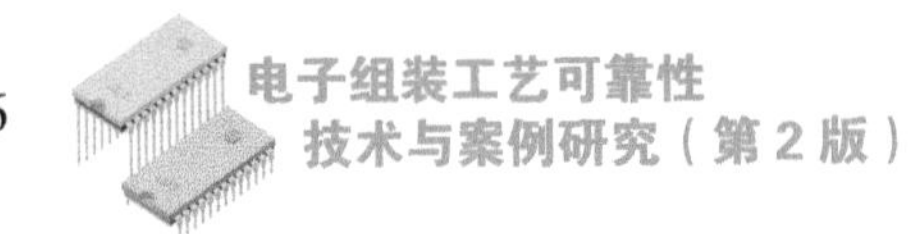

部分：芯片产品的焊料切割检测方法》。JIS Z3198在2014年也进行了修订，新版本对测试设备提出了技术要求，对部分测试条件进行了修改，增加了对图例的说明，以及判断固相液相温度的条件等。这些标准无疑为无铅化产品的质量保证发挥了至关重要的作用，对于推动电子制造无铅化的进展意义重大。

4. 无铅工艺及其标准化展望

无铅工艺发展到现阶段已经基本成熟。除了一些可靠性要求特别高或寿命要求特别长的电子设备、系统或基础设施，大多数产品已经实现无铅化生产和应用。但出于新时代节能和环保要求的进一步提高，需要继续寻找更低成本、更低工艺温度的无铅含量，以解决高能耗以及高温工艺对越来越薄的芯片封装的可靠性的影响。因此，无铅工艺下一步的发展关键取决于无铅焊料的发展，由于现在主流的无铅焊料中包含较高比例的贵金属银，而且相应的资源也越来越匮乏，导致无铅焊料的成本越来越高。要想无铅化能够得到健康而顺利的发展，必须解决无铅焊料的成本问题，并且同时还需兼顾产品的可靠性。因此，低银或不含银的低成本无铅焊料的研发是关键。另外，无铅焊点的可靠性评价技术还有许多问题没有解决，导致高可靠性要求的产品一时无法推广无铅化，因此无铅封装或组装的可靠性问题将是研究的焦点和热点。这样一来，使用SAC305作为标准合金的测试标准、合格判据都可能将重新修订，无铅焊料标准中将包括一些新型合金体系。无铅焊点可靠性及其寿命评价方法的标准化则是下一阶段的工作重点，只有等到无铅焊点的寿命可以依赖标准的方法进行评估，并且在高可靠性产品中得到了广泛的应用，无铅化的技术才算完全成熟。

Chapter 3

第 3 章　材料篇

3.1　无铅助焊剂的选择和应用

3.1.1　无铅助焊剂概述

1. 无铅助焊剂的定义

助焊剂（Flux）一词源于拉丁文“fluere”，即“流动”（Flow in soldering）。金属表面形成的氧化层在焊接中会妨碍焊接效果，通常要使用某些特殊物质去除被焊材料表面的氧化物，起到助焊的作用，以达到良好的焊接效果。人们通常把这种能净化被焊金属表面、帮助焊接的物质称为助焊剂。助焊剂是一种具有多重作用的混合物，它通过物理与化学作用影响钎焊过程，最终形成可靠的焊点，是焊接工艺中最重要的辅助材料之一，它在电子装配工艺中直接影响电子产品的质量和可靠性。由于电子信息工业的迅速发展，以及电子精密性的不断提高及环保法规的不断加严，所以对助焊剂的要求也越来越高。对于助焊剂本身来说，没有所谓的有铅或无铅的成分问题；而无铅助焊剂即是为顺应电子产品无铅化的要求，专门用于无铅焊料焊接用的助焊剂，这只是基于用途的划分。然而为了适应无铅更高焊接温度和更长焊接时间的不同工艺，助焊剂在性能和可靠性方面需要有较大的改变。

2. 无铅助焊剂的作用和性能要求

无铅焊料与传统的有铅焊料相比，最明显的差别是无铅焊料的润湿能力差，焊接温度高，因此，要求无铅助焊剂有更高的活性及活化温度，而其作用与传统的助焊剂是相同的，即分为化学作用和物理作用。化学作用主要表现在达到焊接温度前能充分地清除被焊接的金属表面的氧化物。下面以常用的助焊剂松香为例，说明助焊剂的化学作用。松香是典型的有机酸类助焊剂，其主要成分是松香酸，约占80％。松香酸在约170℃时活性表现得比较充分。在进行铜或铜合金焊接时，氧化铜和松香酸在加热条件下，生成松香酸铜（金属盐）和形成清新的金属表面，而松香酸铜受热分解，除生成活性铜外，还可以重新聚合成松香酸。而生成的活性铜也可与熔融焊料中的锡金属反应，生成铜锡合金，从而达到焊接的目的。其他有机酸的化学反应与上述反应类似，即有机酸和金属氧化物反应，生成的金属盐和熔融焊料反应，控制着焊料和被焊金属的润湿性，也表明焊剂去除氧化物的能力。物理作用主要表现在两个方面。第一，改善焊接时的热传导作用。因为焊接时焊料和被焊金属的接触不可能是平整的，它们之间包裹的空气起到隔热的作用。施加助焊剂后，助焊剂填充空隙，使焊料和被焊金属迅速加热，提高了热传导性，缩短了焊接时间。第二，施加助焊剂能减小熔融焊料的表面张力。如共晶焊料的表面张力为49Pa，用松香焊剂后，焊料的表面张力可降到39Pa，而用氯化锌焊剂，表面张力可降到33.1Pa。

归纳起来，在焊接过程中，作为辅助材料的助焊剂主要有以下4个方面的作用。

（1）清除被焊金属表面的氧化膜。

（2）防止焊接时焊料和金属表面的再氧化。

（3）降低液态焊料的表面张力，增强焊料的润湿性能。

（4）使热量快速传递至焊接区，从而能够顺利完成焊接。

在实际的焊接过程中，助焊剂的润湿作用如图3.1所示。

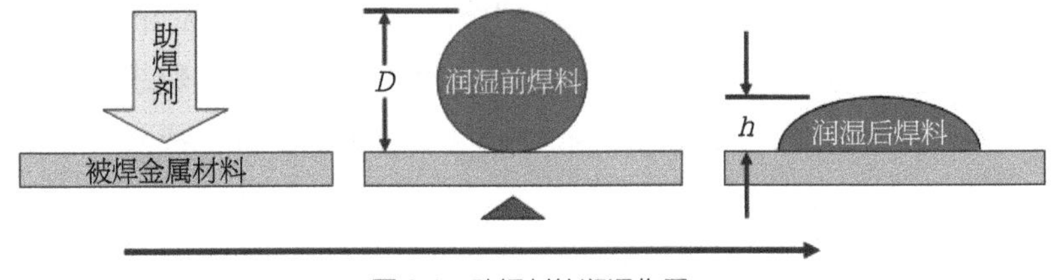

图 3.1　助焊剂的润湿作用

基于助焊剂在焊接时的重要作用，对助焊剂的综合性能提出了多种要求，主要表现在以下9个方面。

（1）具有良好的助焊能力或化学活性，能够去除母材和焊料表面的氧化膜、降低焊料表面张力、防止再氧化等。

（2）具有良好的热稳定性，保证在较高的焊锡温度下的高活性。

（3）具有良好的润湿性，对焊料的扩展具有促进作用，保证较好的焊接效果。

（4）焊接时尽可能无锡珠和飞溅产生，也尽可能不释放有毒或有刺激性味道的气体。

（5）留存于基板的残留物（助焊剂中的难以挥发的成分和残留的活化剂及因反应生成

的金属氧化物等）少且易清洗，对焊后材质无腐蚀性、不吸湿、不影响材质的电性能，具有良好的电气绝缘性能。

（6）焊接后不黏手，焊后不易拉尖。

（7）常温下易储存，性质稳定。

（8）黏度、比重应比焊料小，助焊剂黏度大会加大润湿扩散的难度，比重太大则难以覆盖整个焊料表面。

（9）助焊剂应能传递热量，能够“填平补齐”，使热量的传递得到强化。

实际上，生产和应用中的助焊剂不可能完全同时完美地满足以上要求，因为助焊剂存在助焊性与腐蚀性间的天然矛盾，因此在实际生产中应根据不同的工艺需求，合理选择不同类型和特点的助焊剂。

3. 无铅助焊剂的组成

无铅助焊剂的成分一般包含：保护剂、活化剂、溶剂、表面活性剂、添加剂等，见表3.1。其中，活化剂和表面活性剂最重要，对助焊剂的助焊能力和可焊性起到了决定性的作用。

表3.1　无铅助焊剂的组成

助焊剂成分		常见的使用材料	作用及副作用
保护剂	天然树脂	松香	防止氧化，焊后形成保护膜，但会造成清洗困难
	合成树脂	改性酚醛树脂、改性丙烯酸树脂、改性松香、改性环氧树脂、聚氨基甲酸酯、聚乙烯树脂、硬脂酸酚等	
	矿脂	矿物油、凡士林、纤维素、石脂等	
活化剂	无机酸	盐酸、磷酸、氢氟酸、氟硼酸等	去除氧化物，但含量增加，腐蚀性也会增强
	无机金属盐	氯化锌、氯化锡、氯化镉、氯化铅、氯化钠、氟硼酸镉、氟硼酸锌等	
	有机酸	乳酸、硬脂酸、柠檬酸、苯甲酸、松香酸、丁二酸、水杨酸、月桂酸、棕榈酸、谷氨酸、油酸、安息香酸、草酸、十二烷酸等	
	有机卤化物	溴化水杨酸、溴化肼、盐酸联胺、盐酸苯胺、盐酸二乙胺、盐酸谷氨酸、氢溴酸肼、盐酸肼、十六烷基溴化吡啶、溴化胺、二溴丁烯二醇、二溴丁烯二酸等	
	胺、酰胺	乙二胺、三乙醇胺、苯胺、联胺、磷酸苯胺、甘油等	
溶剂		水、乙醇、丙三醇、甲醇、异丙醇、聚乙二醇、乙醚、松节油等	溶解活化剂等物质，辅助热传导
表面活性剂		苯基缩水甘油醚、聚氧基次乙基十六烷基醚、聚氧基次乙基去山梨糖醇单油酸酯、聚氧基次乙基烷基胺等	降低助焊剂表面张力，但残留物普遍吸湿性强
添加剂	触变剂	氢化蓖麻油、硬化蓖麻油、乙基纤维素等	为满足工艺和环境的特殊要求而添加的物质
	助剂	乳剂、甘油、润湿剂等	
	缓蚀剂	苯并三氮唑、三乙醇胺等	
	抗氧化剂	对苯二酚、特丁基对苯二酚等	

3.1.2 无铅助焊剂的选择

1. 助焊剂选用不当常见问题

助焊剂种类繁多，如果选择不当，则直接影响焊接工艺甚至产品的质量可靠性，表3.2是助焊剂选择不当常见工艺缺陷及产品可靠性问题。

表3.2 助焊剂选择不当常见工艺缺陷及产品可靠性问题

缺陷/问题	典型图片
不/反润湿	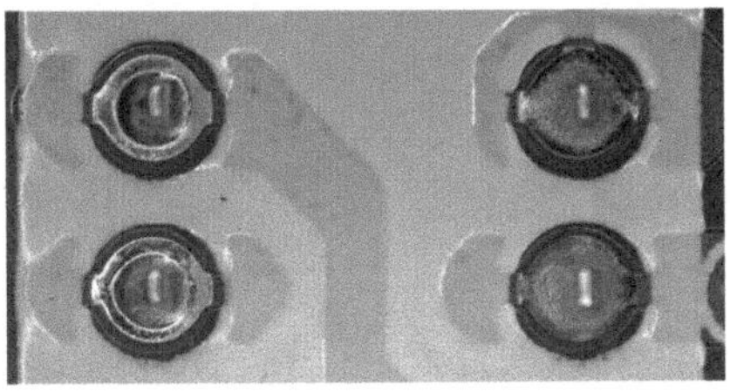
腐蚀	
漏电	
电迁移	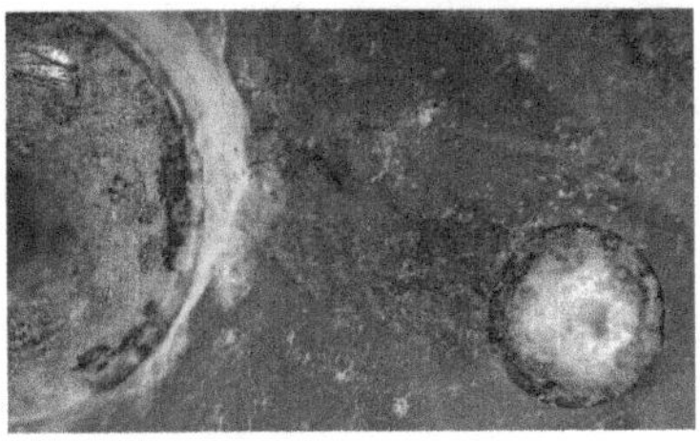 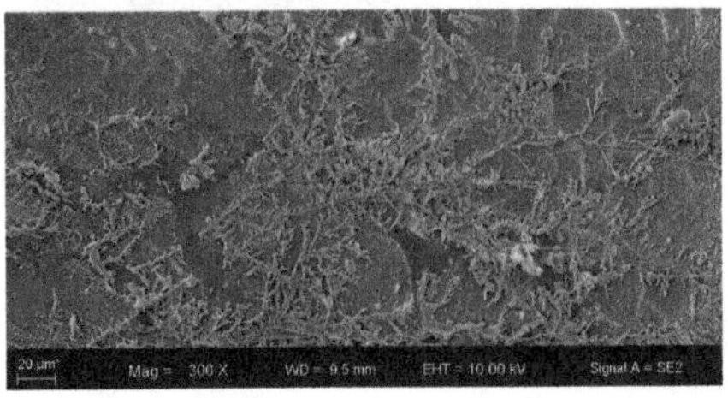

（续表）

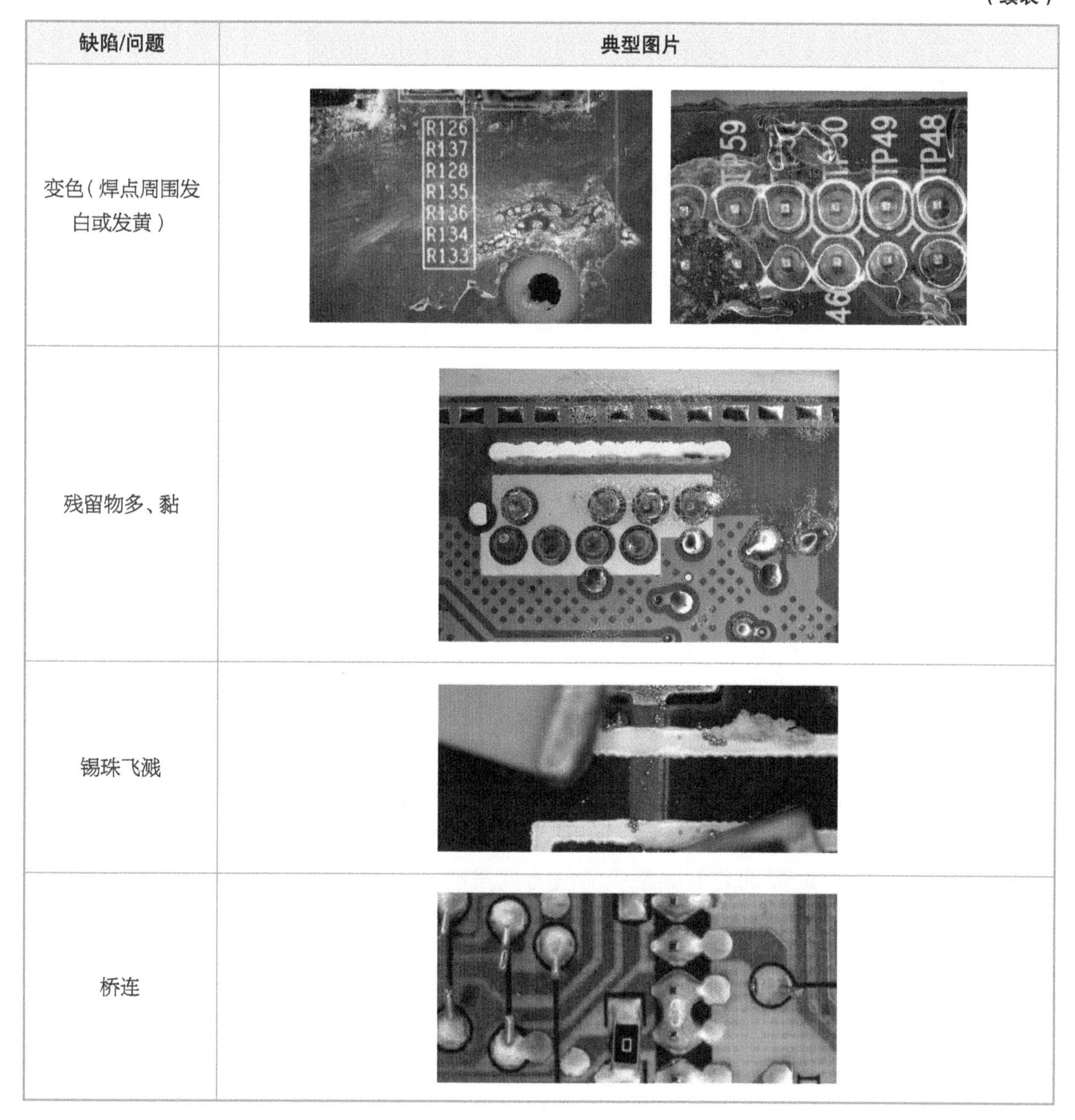

缺陷/问题	典型图片
变色（焊点周围发白或发黄）	
残留物多、黏	
锡珠飞溅	
桥连	

2. 助焊剂的主要性能指标

电子焊接用助焊剂的主要性能指标有：外观、物理稳定性、密度、黏度、固体含量（不挥发物含量）、可焊性（以扩展率或润湿力表示）、卤素含量、水萃取液电阻率、铜镜腐蚀性、铜板腐蚀性、表面绝缘电阻、电迁移、酸值等。下面简要地对这些技术指标进行解析，以方便根据这些指标分析产品性能的优劣。

（1）外观：助焊剂外观必须均匀，液体助焊剂还需透明，任何异物或分层的存在均会造成焊接缺陷。

（2）物理稳定性：通常要求在一定的温度环境（一般为5 ～ 45℃）下，产品能稳定存在，否则在炎热的夏季或严寒天气就不能正常使用。

（3）密度与黏度：这是工艺选择与控制参数，必须有参考的数据，太高的黏度将给该产品使用带来困难。

（4）固体含量（不挥发物含量）：表示助焊剂中的非溶剂部分，实际上它与不挥发物含量意义不同，数值也有差异，后者是从测试的角度讲的，它与焊接后残留量有一定的对应关系，但并非唯一或线性关系。

（5）可焊性：该指标也非常关键，它表示的是助焊效果，如果以扩展率来表示，孤立地讲是越大越好，但腐蚀性也会越来越大，因此为了保证焊后良好的可靠性，扩展率一般为80% ~ 92%。

（6）卤素含量：将含卤素（F、Cl、Br、I）离子的活性剂加入助焊剂可以显著提高其可焊性，改善焊接效果，但如果含量过多则会带来一系列的腐蚀问题。例如，焊接后卤素残留多时会造成焊点发黑，并且循环腐蚀焊点产生白色粉末，因此其含量也是一个非常重要的技术指标。它以氯离子的当量来表示离子性的氟、氯、溴、碘的总和，由于检测标准不同可能有不同的表示含义，如现行的IPC标准以焊剂中的固体部分作为分母，由于固体部分（即不挥发物含量）通常只占液体焊剂的10%以下，因此它的表示值看起来通常较大；而GB或旧的JIS（日本工业标准）标准则以整个焊剂的质量作为分母，其值就相对较小。

（7）水萃取液电阻率：该指标反映的是助焊剂中的导电离子的含量水平，阻值越小离子含量越多，焊后对电性能的影响越大。目前按照树脂型助焊剂的标准要求，低固态或有机酸型助焊剂大多达不到A类产品（JIS Z 3283—2017）和GB 9491—2002规定的RMA类型产品的要求。随着助焊剂向低固态免清洗方向发展，最新的ANSI/J-STD-004B标准已经放弃该指标，但对表面绝缘电阻一项指标加严了要求。

（8）腐蚀性：助焊剂由于其润湿性的要求，必然会给PCB或焊点带来一定的腐蚀性。为了衡量腐蚀性的大小，各种标准均规定了腐蚀性的测量方法，其中铜镜腐蚀性是测试使用时的腐蚀性大小，铜板腐蚀测试反映的是焊后残留物的腐蚀性大小，指示的是可靠性指标，因此各有侧重，对有高质量和可靠性要求的电子产品，必须进行该项测试，并且其环境试验时间需10天（一般为7 ~ 10天）。

（9）电气性能：电气性能最重要的指标是表面绝缘电阻（SIR）和电迁移（ECM），各标准对助焊剂的焊前、焊后的SIR和ECM均有严格的要求，因为它们对用其组装的电子产品的电性能影响极大，严重的可造成信号紊乱，不能正常工作。按GB或JIS标准在某些条件下的要求SIR最低不能小于$10^{10}\Omega$，而IPC J-STD-004B则要求SIR最低不能小于$10^{8}\Omega$。由于试验方法不同，这两个数值没有可比性，而对于某些产品而言，其要求会更高。

3. 助焊剂标准

上面讲述了助焊剂的主要性能指标。选择一款助焊剂，首先需要判断该款助焊剂各性能是否符合标准要求，但是助焊剂的标准较多，而各标准测试方法及评判各有差异，因此，选择助焊剂前熟悉各标准就很有必要了。表3.3是助焊剂检测标准及适用范围，其中使用频率较高的标准分别为IPC J-STD-004A/B、GB/T 9491—2002和JIS Z 3197—2012，三者对部分项目的测试方法及技术要求（判据）各有不同，如IPC J-STD-004A/B对水萃取液电阻率没有具体的规定，笔者认为可能是该标准的SIR（表面绝缘电阻）测试方法（在85℃、85% RH、DC 50V下168h后直接在该环境下测试）非常严格，其中包含了水萃取液电阻率测试的目的与要求的缘故。同时，根据笔者对大量测试数据的分析发现，除了松香含量较高的部分松香性产品，很少有其他样品能达到原来标准规定的基本要求（如RMA型需大于$5\times10^{4}\Omega\cdot cm$）。因此，去掉该项要求是合理的，也适应了助焊剂发展的需要。此外，IPC J-STD-004A/B规定的SIR的合格值与其他标准规定的合格值（如GB/T 9491—2002中的RMA要求阻值大于或等于$10^{11}\Omega$）相比小了很多，因此不同标准之间的SIR值由于测试方法不同，阻值大小没有可比性。又如卤素，IPC J-STD-004A/B标准中卤素含量的技术要求与其他标准的不同，这是由于测试方法不同造成的，该标准卤素含量是指卤素占助焊剂固体部分的含量，而GB/T 9491、JIS Z 3197则是指卤素占整个助焊剂的含量，因此，IPC J-STD-004A/B标准规定的卤素含量常常比其他标准的规定高得多，它们之间无法直接进行比较。另外，扩展率、表面绝缘电阻在测试方法、技术要求等方面各标准之间也均有差异。表3.4为三者主要检测项目的比较。

表3.3　助焊剂检测标准及适用范围

序　号	标准号及名称	适用范围
1	IPC-STD-004B助焊剂要求 IPC-TM-650测试方法	高质量焊接互连用助焊剂
2	GB/T 9491—2002锡焊用液态焊剂（松香基）	印制板组装件及电气和电子电路接点焊锡用各类松香基液态焊剂
3	JIS Z 3197—2012软焊用焊剂试验方法 JIS Z 3283—2006松脂芯焊锡丝	软焊用焊剂
4	SJ/T 11273—2016免清洗液态助焊剂	印制板组装件及电气和电子电路接点锡焊用免清洗液态助焊剂
5	HP EL-MF862-00/HP EL-EN861-00 惠普助焊剂测试方法	企标，企业内部用助焊剂
6	Cisco EDCS-828482思科助焊剂测试方法	企标，企业内部用助焊剂
7	GB/T 15829—2008软钎剂分类与性能要求	各种软钎焊用钎剂
8	ISO 9455-1~17软钎焊助焊剂测试方法	软钎焊接用助焊剂
9	IEC 61190-1-3—2017　电子组件用连接材料　第1~3部分　电子焊接用电子级钎焊合金及有焊剂和无焊剂的固体焊料要求	电子焊接用助焊剂
10	SJ/T 11389—2019无铅焊接用助焊剂	电子信息产品无铅焊接用助焊剂
11	DB44/T 679—2009 无铅电子焊接用助焊剂	电子产品无铅焊接用助焊剂
12	JB/T 6173—2014免清洗无铅助焊剂	电子元器件在印制板上进行自动焊接与手工焊接用免清洗无铅助焊剂

表3.4 IPC、GB及JIS标准主要检测项目的比较

序 号	检测项目		IPC J-STD-004A/B	GB/T 9491—2002	JIS Z 3197—2012
1	固体含量/不挥发物含量		6.0g，85℃，每隔1h称量一次，至恒重	6.0g，110℃烘4h 称量至恒重	有机溶剂：（1.0±0.1）g （110±5）℃烘1h 水溶剂：（1.0±0.1）g （110±5）℃烘3h
2	水萃取液电阻率，Ω·m		无此项	R&RMA ≥1000 RA ≥500	AA ≥1000； A ≥500 B/
3	酸值		中和1g助焊剂所需的氢氧化钾毫克数	无此项	无此项
4	卤素，wt% F^-、Cl^-、Br^-、I^-		L0，M0，H0<0.05 M1=0.5 ~ 2.0 H1 >2.0 注：卤素质量与助焊剂中的固体含量之比	R≥0.05 RMA=0.05 ~ 0.15 RA >0.15 注：卤素质量与焊剂质量之比	AA< 0.1 A：0.1 ~ 0.5 B：>0.5 ~ 1.0 注：卤素质量与焊剂质量之比
5	扩展率		004A：L≥78.5mm^2 M≥90.0mm^2 H≥100mm^2 004B：L1≥90.0mm^2 M1≥100mm^2	R>75 RMA>80 RA>90 （%）	有铅：AA>75 A>80，B>80 无铅：AA>65 A>70，B>70 （%）
6	铜板腐蚀		40℃，93%RH，10d（试验条件）	40℃，93%RH，7d或14d（试验条件）	40℃，93%RH，3d或4d（试验条件）
7	铜镜腐蚀性		L：无穿透性腐蚀 M：穿透性腐蚀<50% H：穿透性腐蚀>50%	R：基本无变化 RMA：不应有穿透性腐蚀 RA：/	无此项
8	表面绝缘电阻	方法	004A： 85℃，85%RH，168h， 加偏压：40 ~ 50V 测试电压：100V， 24h、96h、168h测试 004B： 40℃，90%RH，168h 加偏压：12.5V 测试电压：12.5V 测试间隔：20min	焊前：85℃烘30min， 40℃，93%RH，96h 焊后：235℃漂焊3s， 40℃，93%RH，96h 测量电压：500V，室温环境测试 焊后加电：245 ~ 260℃漂焊4s，85℃，85%RH，保持168h，加偏压40 ~ 50V，测试电压100V，在试验箱内试验环境中测试	条件A：40℃， 90% ~ 95%RH 168h； 温室环境下测试 条件B：85℃，85% ~ 90%RH，168h 不加偏压，24h、96h和168h分别在试验箱内试验环境中测试，测试电压：100V
		要求	A：96h、168h阻值必须大于100MΩ，无长度超过电极间距25%的树枝状结晶物生成 B：所有阻值必须大于100MΩ，不应当有使导体间距减小超过20%的电迁移，不应当有导体腐蚀	焊前、焊后： R&RMA型 ≥1×10^{12}（一级） ≥1×10^{11}（二级） RA型 ≥1×10^{11}（一级） ≥1×10^{10}（二级） 焊后加电：>10^8 单位：Ω	条件A： AA≥1×10^{11} A≥1×10^{10} B≥1×10^{9} 条件B： AA≥1×10^{9} A≥1×10^{8} B≥1×10^{8} 单位：Ω

（续表）

序　号	检测项目		IPC J-STD-004A/B	GB/T 9491—2002	JIS Z 3197—2012
8	表面绝缘电阻	测试图形	导线0.4mm， 间距0.5mm	导线、间距各0.5mm	导线、间距各0.318mm
9	电迁移	方法	在65℃、85%RH条件下稳定96h测试电阻 $IR_{initial}$，然后加电10V，继续潮热500h测试 IR_{final}	无此项	条件A：40℃、90% ~ 95%RH，1000h 条件B：85℃、85% ~ 90%RH，1000h 加40 ~ 50V偏压，不需要测试电阻
		要求	（1）$IR_{final} \geqslant IR_{initial}/10$ （2）电极间的电迁移不能超过间距的20% （3）无腐蚀现象（允许梳形电极的一极有轻微变色）		无枝晶生成
		测试图形	导线、间距各0.318mm		同IPC标准

4. 助焊剂的分类

助焊剂的品种繁多，而不同的标准分类方法也各不相同，以IPC J-STD-004B标准为例，该标准几乎包括了所有类型的助焊剂。对于IPC J-STD-004B而言，没有不合格的助焊剂产品，仅类别不同而已，这就给助焊剂的选用造成了一定的困难。所以用户必须首先熟悉该标准的分类方法以及每类产品的技术特点，然后根据自己的情况做出最佳的选择。表3.5是IPC J-STD-004B对助焊剂的分类，它将所有助焊剂分成24个类别，涵盖了目前所有的助焊剂类型。首先，该标准根据助焊剂的主要组成材料将其分成四大类：松香型（Rosin、RO）、树脂型（Resin、RE）、有机酸型（Organic、OR）、无机型（Inorganic、IN）。括号中的缩写字母为代号。其次，根据活性将助焊剂的活性水平划分为三级：L（表示低活性焊剂）、M（表示中等活性焊剂）、H（表示高活性焊剂）；再根据助焊剂中有无卤素进一步细分为L0、L1、M0、M1、H0、H1，其中0表示无卤素，1表示有卤素，表3.6是IPC J-STD-004B标准对助焊剂类型分类的测试要求。表3.7是JIS Z 3197对助焊剂的分类，表3. 8是GB/T 9491对助焊剂的分类。

表3.5 IPC J-STD-004B对助焊剂的分类

助焊剂组成材料	助焊剂/助焊剂残留物活性程度	%卤化物（质量百分比）	助焊剂类型	助焊剂标识符
松香型（RO）	低活性	0.0%	L0	ROL0
		<0.5%	L1	ROL1
	中等活性	0.0%	M0	ROM0
		0.5% ~ 2.0%	M1	ROM1
	高活性	0.0%	H0	ROH0
		>2.0%	H1	ROH1
树脂型（RE）	低活性	<0.0%	L0	REL0
		<0.5%	L1	REL1
	中等活性	0.0%	M0	REM0
		0.5% ~ 2.0%	M1	REM1
	高活性	0.0%	H0	REH0
		>2.0%	H1	REH1
有机酸型（OR）	低活性	0.0%	L0	ORL0
		<0.5%	L1	ORL1
	中等活性	0.0%	M0	ORM0
		0.5% ~ 2.0%	M1	ORM1
	高活性	0.0%	H0	ORH0
		>2.0%	H1	ORH1
无机型（IN）	低活性	0.0%	L0	INL0
		<0.5%	L1	INL1
	中等活性	0.0%	M0	INM0
		0.5% ~ 2.0%	M1	INM1
	高活性	0.0%	H0	INH0
		>2.0%	H1	INH1

表3.6 IPC J-STD-004B标准对助焊剂类型分类的测试要求

助焊剂类型	铜镜定性	卤化物定性（可选）		卤化物定量（Cl、Br、F）（质量）	腐蚀定性测试	通过100MΩ SIR要求的条件	通过ECM要求的条件
		铬酸银（Cl、Br）	点测试（F）				
L0	没有铜镜穿透迹象	通过	通过	0.0%	没有腐蚀迹象	不清洗	不清洗
L1		通过	通过	<0.5%			
M0	穿透小于测试面积的50%	通过	通过	0.0%	较少腐蚀可接受	清洗或不清洗	清洗或不清洗
M1		未通过	未通过	0.5% ~ 2.0%			
H0	穿透大于测试面积的50%	通过	通过	0.0%	较多腐蚀可接受	清洗	清洗
H1		未通过	未通过	>2.0%			

表3.7 JIS Z 3197对助焊剂的分类

分类	组成			形态
	主要成分	活化剂	氟化物	
树脂	1.松香 2.改性松香 3.合成树脂	1.未添加活化剂的 2.卤化胺类 3.有机酸及含胺的有机酸盐	F.（含有）	A.液态 B.固体 C.膏状
有机的	1.水基 2.溶剂基		N.（不含）	
无机的	1. 可水溶解的 2. 不能水溶解的	1.卤化铵 2.卤化锌 3.卤化锡 4.磷酸 5.氢溴酸	/	

表3.8 GB/T 9491对助焊剂的分类

助焊剂类别	说明
R型	纯松香基焊剂
RMA型	中等活性松香基焊剂
RA型	活性松香基焊剂

为了更好地选择适合自己的助焊剂，我们对传统的助焊剂分类方法划分的助焊剂类型与IPC J-STD-004A/B规定的L、M、H各类型助焊剂的分类方法进行比较分析，以便给用户一个更清晰的轮廓，表3.9就是它们之间的分类比较表。由表中可以看出，一个低固态免清洗焊剂可能是L1类型助焊剂，也可能是M0类型助焊剂，有些工艺线可以用REL1类型的低固态免洗助焊剂产品，而有些则不能用ORL1的低固态免洗类型，显然IPC J-STD-004A/B的分类更具广泛性，用活性和腐蚀性与卤素含量及主要材质来细分助焊剂类型，更有利于用户根据自己产品的实际情况选择使用。

表3.9 传统助焊剂的分类与IPC J-STD-004A/B的分类比较

序号	IPC J-STD-004A/B分类	与之相当的传统焊剂分类
1	L0类型焊剂	所有R类型焊剂
2		一些低固态免洗型焊剂
3		一些RMA类型焊剂
4	L1类型焊剂	大部分RMA类型焊剂
5		一些RA类型焊剂
6	M0类型焊剂	一些RA类型焊剂
7		一些低固态免洗型焊剂

（续表）

序　　号	IPC J-STD-004A/B分类	与之相当的传统焊剂分类
8	M1类型焊剂	大部分RA类型焊剂
		一些RSA类型焊剂
9	H0类型焊剂	一些水溶性焊剂
10	H1类型焊剂	一些RSA类型焊剂
11		大部分水溶性焊剂与合成活化焊剂

5. 无铅助焊剂的选用

IPC J-STD-001H《电气焊接与电子装配的技术要求》中规定了有关终端电子产品的分类方法。该标准根据主要功能或性能的要求将电子产品分成三大类：第一类（Class 1）为通用电子产品，主要是普通的消费类电子产品，如收录机、收音机等；第二类（Class 2）为所谓专门、耐用消费类电子产品，包括对性能与寿命均有一定要求但并非十分严格的产品，这类产品要求在典型的使用环境条件下不能出现早期失效情况，如计算机、通信产品与一些汽车电子产品等；第三类（Class 3）则是高性能要求的电子产品，包括那些需连续高性能和在恶劣的环境条件下使用，但在寿命期内又不能出现失效现象的电子产品，如军事用途产品、航空航天电子产品及用于救生系统的电子产品等。该标准还规定了电子电气焊接工艺中的助焊剂必须符合IPC J-STD-004A/B的要求，但没有给出如何从24种助焊剂类型中选用助焊剂的指导意见，仅规定了第三类电子产品的焊接装配线只能选用ROL0、ROL1、REL0、REL1及ORL0类型助焊剂，ORL1类型的助焊剂不能用于免清洗焊接工艺。因此只有选定助焊剂类型后，各项指标的要求才能具体化和便于操作。首先，助焊剂用户必须自我决定焊接装配产品的类别，然后，再根据长期进行电子产品失效分析与焊剂检测的经验，向用户推荐根据表3.10来选择的助焊剂产品。值得注意的是，电子装配焊接工艺中一般不用无机助焊剂，否则极易出现腐蚀与漏电现象，造成电子产品早期失效。

表3.10　不同类型产品和工艺可供选择的助焊剂类型

电子产品类别	焊接后的清洗工艺中可用的焊剂类型			焊接后的免清洗工艺中可用的焊剂类型		
	Rosin（RO）	Resin（RE）	Organic(OR）	Rosin（RO）	Resin（RE）	Organic（OR）
1	L0，L1，M0，M1，H0，H1			L0，L1，M0，M1	L0，L1，M0，M1	L0，M0
2	L0，L1，M0，M1			L0，L1，M0	L0，L1，M0	L0，M0
3	L0，L1			L0，L1	L0，L1	L0

表3. 10所给出的建议反映的是一般情况，即按表中的分类进行助焊剂产品的选用时，在通常条件下不会出现焊接或产品质量与可靠性问题。如果采取必要的措施后能保证满足

焊接和产品质量的要求，也可做其他选择。例如，第二类产品也可使用水溶性的H0焊剂，只要能保证焊接和清洗后无相关的质量问题即可。IPC J-STD-001H对第三类电子产品规定其免清洗工艺装配不能使用ORL1类型助焊剂是有道理的，这是因为，如果不用树脂或松香覆盖卤素残留物，就有潜在的腐蚀性（即使这种残留物只有一点点）。所以免清洗助焊剂是相对的，是对一定的电子产品而言的，要专门制定一个免清洗助焊剂标准意义不大，如要求免清洗助焊剂的固体含量低于2％就更没有理论依据和实际意义了，倒不如直接采用IPC J-STD-004A/B标准的做法，将助焊剂分成24种类别，根据自己的电子产品的分类或要求来选用适合的助焊剂。但是在选择时需要一定的经验，因此建议按表3.10的方法选用助焊剂。

当助焊剂类型确认以后，委托有能力的、独立的第三方机构进行测试，鉴定该种产品是否符合所选定焊剂类型的技术要求，合格后方可进行试用；并经焊接质量与可靠性测试合格后，方可初步确认供应商及其助焊剂产品，这就是所谓“技术采购”的基本步骤，当然技术采购还包括供应商的供货能力与品质保证方面的认证等。

上述方法并非尽善尽美，当上面所说的选用方法和步骤不能满足所有要求时，需要做些其他考量和补充，如助焊剂还可按焊接后焊点的外观来分类，分成光亮型和消光型，有些PCBA的板面较大，焊点很多，为了易于检查焊点的外观质量，通常选用能消光的助焊剂。此外，助焊剂的使用还受所用设备的影响，例如，如果选择助焊剂用喷雾的方法，则不能用固体含量过高的助焊剂，否则极易造成喷嘴堵塞，以致喷雾量下降，最后影响焊接效果。相反，施加助焊剂使用发泡法的设备，如果使用的助焊剂的固体含量太低，则会影响发泡的效果，使得要焊接的PCB板面助焊剂喷涂不均匀，最后也会影响焊接质量。

所以，助焊剂的选择与使用的一般步骤如下。

（1）所需装配的电子产品的类别确定。

（2）根据表3.10的方法初步确认所用助焊剂的类型。

（3）结合表3.6进行全面考量进一步选定助焊剂的类型。

（4）客观抽样委托第三方机构进行检测评价。

（5）兼容性试验，选择能与其他辅料相互兼容的助焊剂。

（6）工艺试用试验，对焊接质量进行评估。

（7）供应商供货能力与品质保证措施现场认证。

3.1.3　无铅助焊剂的发展趋势

目前，随着无铅焊料的不断改进研制，国内外研究人员对与焊料匹配使用的助焊剂进行了大量的研究。从传统的松香型助焊剂出发，对其进行组分的改变和含量的控制，力图研制出一种对环境和人体无污染、无毒害的低成本助焊剂，共经历了以下几个阶段：含卤素松香型助焊剂、无卤素松香型助焊剂和无卤素无松香型助焊剂。

但随着现代信息电子工业的飞速发展，无铅焊锡用助焊剂产品的市场竞争也日趋激烈，这主要源于人们对无铅焊接技术提出了更高的要求，以及对自身和环境日益的关注和保护。因此，在保护好人类及自然环境的前提下，如何有效提高无铅焊锡用助焊剂的焊接性能成了业界研究的重点。

在电子工业中，传统的松香型助焊剂因使用效果可靠稳定而被广泛应用，但是这种助焊剂也存在明显的技术缺陷与不足，松香型助焊剂大部分含有卤素，其焊后残留的大量卤素离子易引起电路板腐蚀，而过高的不挥发物含量使焊后残留物过多，同时焊接过程中会产生大量的烟尘，危害人体健康。而且目前的免清洗助焊剂大多采用低沸点的醇类，如乙醇、甲醇、异丙醇等溶剂作为载体，这些醇类属于易挥发的有机化合物（VOC），尽管它们对大气臭氧层不产生破坏作用，但它们散发在低层大气中，会形成光化学烟雾，对人类的身体有危害，也会造成空气污染，是环保要求逐渐禁用的物质。再则，这些醇类都是易燃易爆物质，使用过程中易引发火灾，给安全生产带来不可避免的隐患。同时，有机醇类是重要的化工原料，作为溶剂载体大量地挥发掉是一种浪费。

因此，发展“绿色助焊剂”，用去离子水代替有机溶剂，开发性能优良，不含卤素、松香的水基免清洗助焊剂，不但能克服溶剂型免清洗助焊剂的缺点，而且适应无铅焊料焊接工艺，是当今电子组装材料领域的重点发展方向之一。

参考文献

[1] 张文典. 实用表面组装技术[M]. 2版. 北京：电子工业出版社，2006.

[2] 罗道军，佘曼双. J-STD-004标准与助焊剂的选用[J].电子质量，2001（08）.

[3] 宋向辉. 免清洗技术的应用. 洗净技术，2003:20-24.

[4] Requirements for Soldering Fluxes: IPC J-STD-004A—2004[S].

[5] Requirements for Soldering Fluxes: IPC J-STD-004B—2008[S].

[6] Testing Methods for Soldering Fluxes: JIS Z 3197—2012[S].

[7] 信息产业部电子第四研究所. 锡焊用液态焊剂（松香基）：GB/T 9491—2002[S]. 北京：中国标准出版社，2003:3.

[8] Requirements for Soldered Electrical and Electronic Assemblies: IPC J-STD-001F—2014[S].

[9] DOWN W H. Wave Soldering Using A No-clean Process[A]. IEEE Technical Applications Conference and Workshops Northcon，1995:350-353.

[10] 肖文君. 无铅焊料用水基无卤无VOC助焊剂的研究[D]. 南昌：南昌大学，2012.

[11] 张冰冰，雷永平，徐冬霞，等. 无VOC助焊剂的无铅波峰焊工艺探讨[J]. 电子元件与材

料，2007，26（8）：1-4.

[12] GIRISH W，QUYEN C，PURUSHOTHAMAN D，et al. Wave Soldering，Using Sn/3.0Ag/0.5Cu Solder and Water Soluble VOC-free Flux [J]. IEEE Transations on Electronic Packaging Manufacturing，2006，29（3）：203-220.

3.2　无铅元器件工艺适应性要求

随着市场竞争压力的增大以及有关环保法律法规的实施，电子制造中无铅工艺的导入已成必然。但同时许多企业在无铅工艺导入过程中仍然出现了各种各样的质量问题，这反映了众多企业对导入无铅制程没有充分的准备。不少工艺转换要么过于仓促，要么工程师知识储备不足而将导入过程简单化，不少企业以为将有铅的焊料或涂层更换成为无铅焊料，再修改工艺参数就可以完成。其实，传统的制造工艺向无铅工艺转换过程中涉及了原材料（焊料、焊剂、焊锡膏、锡线与清洗剂）、元器件、PCB、设备、工艺优化、检测方法与标准、可靠性评价等许多复杂的技术问题，每个环节都不能疏忽。但是其中元器件的无铅化问题常常被人们所忽视或部分遗漏，因此带来了许多相关的质量问题。本节作者根据多年的研究工作总结，将全面分析无铅制程对所用元器件的技术要求以及可能产生的质量问题，希望对有关企业顺利导入或实施无铅制造有所帮助。

3.2.1　无铅工艺特点

由于使用了无铅焊料替代传统的锡铅共晶焊料，其中包括可焊性涂层的材料转换，使得无铅工艺具有与传统制造工艺显著不同的特点。

首先，焊接工艺的温度显著提升，工艺窗口急剧缩小。目前普遍使用的替代无铅焊料是锡银铜（Sn-Ag-Cu）与锡铜（Sn-Cu）系列合金，后者主要用于波峰焊组装，这两种组成的合金的熔点温度分别在217℃与227℃左右，比传统的锡铅共晶焊料（Sn63Pb37）的183℃的熔点高34 ~ 44℃。而实际使用时的最高温度比传统工艺高20 ~ 30℃甚至更多；与此同时，由于无铅焊料的浸润性下降，不得不延长焊接时间来保证焊点的符合性，焊接时间的延长与温度的升高导致热容增大，因此对设备的控温能力和元器件、PCB等的耐热损伤性能以及高温下的可靠性保证将是个极大的挑战。

其次，由于无铅焊料润湿性与锡铅焊料相比显著下降，因此要获得符合标准的良好焊点，必须确保元器件引脚和PCB焊盘等被焊面有更好的可焊性。同样，由于传统的锡铅可焊性涂层必须替换，更多地以纯锡镀层代替，要保持更好的可焊性同时又不带来其他问题确实难度很大。

总的说来，无铅元器件需要在如下两个主要的方面努力改进方能满足目前无铅工艺的技术要求：一是无铅可焊性涂层的可焊性保证而又没有其他可靠性问题；二是耐温性能的提升。

3.2.2 无铅元器件的要求

1. 环保要求

最早最主要的电子制造无铅化运动的推动力主要来自欧盟的两个指令（WEEE与RoHS），这些法规禁止在电子电气产品中使用含有铅、镉、汞、六价铬等重金属元素成分及PBB与PBDE两种阻燃剂的材料。由于元器件的封装形式多样，使用的材料种类繁多，除可焊性涂层、引线框架与端子等外均可能含有上述重金属有害物质，其他还包括硅橡胶、酚醛树脂、PVC、聚酰亚胺、环氧树脂以及各种添加剂，均可能含有上述有害物质，这些封装有机材料为了达到阻燃性及绝缘性能的要求，常常添加含有重金属的稳定剂以及违禁的阻燃剂（PBB与PBDE）。而RoHS指令的限值定义（2005/618/EC）则规定电子电气产品中各均质材料单元不能超过限量（其中Cd含量小于或等于0.01wt%，其他有害物质含量小于或等于0.1wt%）。对于元器件来说，限制的对象直接是构成元器件的各均质材料，不是整个元器件，要求非常严格。因此往往需要从生产元器件的原材料阶段开始着手有害物质的控制才有效。比如一个普通的集成电路（截面见图3.2），其中包括芯片（硅片）、键合引线、封装体（封装化合物）、引脚可焊性镀层、芯片粘接焊料（导电胶）等，按照RoHS指令的要求，上述每个部分均必须分别符合限值的要求，任何一个部分超标，该元器件都不符合要求。如果引脚上含有一层薄薄的传统锡铅镀层就不符合RoHS的要求，当然也就不是无铅的元器件了。

因此，必须对包括铅在内的有关有毒有害物质进行监控，以确保元器件符合有关环保法律法规的要求。

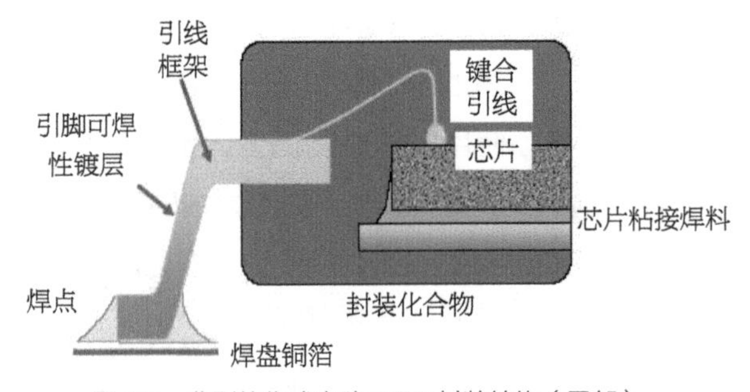

图 3.2 典型的集成电路 QFP 封装结构（局部）

2. 标识的要求

尽管欧盟的RoHS指令没有对产品是否需要标识做出具体的规定，但为了生产管理与设计的需要，标准化组织和工业界共同研究了关于无铅元器件的标识标准，同时可以进一步降低供应链的管理成本。这其中最有代表性的标准就是IPC1066和JESD97，后来统一更新为IPC/JEDEC J-STD-609 *Marking and Labeling of Components, PCBs and PCBAs to Identify Lead (Pb), Pb-Free and Other Attributes*；该标准对工业界最关心的元器件的两个技术指标，即引脚可焊性涂层类别与耐温性能给出了具体的要求。图3.3就是其标识的外观，具体的分类如图3.4所示。这样方便我们在使用该元器件时考虑耐温限制，工艺参数设置时应该充分考虑其不当可能带来的可靠性风险；另外，不同的可焊性涂层会有不同的特点和与无铅焊料的兼容性问题，如果细间距的元器件的引脚镀层是纯锡，则必须考虑锡须的可靠性问题；如果是含有铋的焊料涂层，则需要防范焊环提升的问题；如果是含有锌的涂层，则重点关注腐蚀与电迁移问题等。良好规范的标识不仅对工艺优化有帮助，更重要的是防范可能的可靠性风险，因此非常有必要。

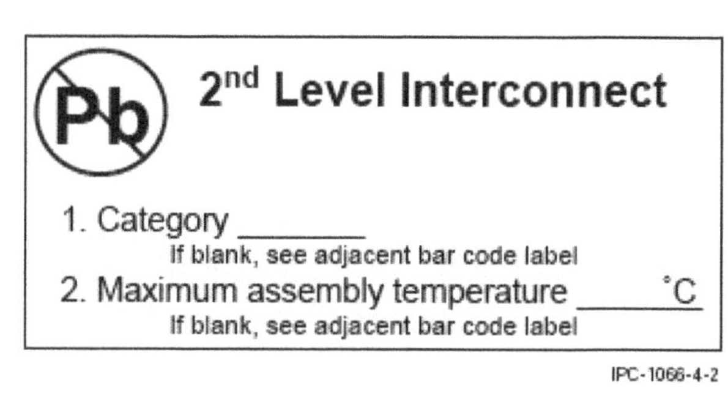

图 3.3　无铅元器件的标识

e1 – SnAgCu
e2 – Other Sn alloys (ie. SnCu, SnAg, SnAgCuX, etc.) (No Bi or Zn)
e3 – Sn
e4 – Precious metals (ie. Ag, Au, NiPd, NiPdAu, but no Sn)
e5 – SnZn, SnZnX (no Bi)
e6 – Contains Bi
e7 – Low temperature solder (<150°C) containing indium but no bismuth

e8, e9 symbols are unassigned categories at this time.

图 3.4　无铅元器件的可焊性涂层标识式样与分类

3.2.3　无铅元器件工艺适应性

让元器件符合环保的要求，单纯地做到不含铅或其他有毒有害物质其实比较容易。而根据无铅工艺的特点，还要满足制造工艺的要求，即做到所谓的工艺适应性好就相当不容易。制造工艺的目的就是实现元器件与PCB的互连，达到符合要求的机械强度与电气连接，实现最终的功能需求，而良好可焊性的元器件可使焊点缺陷率低，连接更可靠，同样良好的耐热性能可确保焊接工艺后元器件性能与可靠性不受影响。工艺适应性的核心内容就是可焊性及耐热性，以及由此引起的相关可靠性问题。

1. 可焊性

决定焊点焊接质量有四个要素：被焊面的可焊性、助焊剂的助焊能力、焊接温度以及所使用的焊料。这里的被焊面就是元器件的引脚或无引线端子，假定这四个要素影响相加为100%（100%对应于良好焊点）。由于无铅焊料的润湿性明显下降，其他三个要素对焊点质量的贡献影响份额就必须上升，但由于受材料性能的限制，焊接温度不能增加太多，此外，助焊剂助焊性能的增加还会带来残留物增加以及腐蚀性增大或绝缘电阻下降，所以助焊剂的改善空间也不是很大。因此，要保证有良好的无铅焊点，元器件的可焊性必须保证。无论元器件的引脚镀层如何，必须按照标准对其可焊性指标进行严格管控，确保元器件来料的可焊性。现有的验收标准工业界主要采用ANSI/J-STD-002、MIL-STD-202G及IEC 60068-2-58，按照标准的测试条件，元器件引脚的润湿时间应该不超过2s才可以接受，否则可能会带来过高的缺陷率。

2. 耐焊接热

无论是回流焊、波峰焊，还是手工焊，无铅工艺的高热容是PCBA安装过程中元器件所面临的最大技术挑战。由于元器件的封装形式多，结构越来越复杂，所使用的材料之间的温度膨胀系数（CTE）不匹配，尤其是含有液体介质的电容器、脆性极强的片式阻容元器件和使用塑料封装高密度的集成电路等，在焊接的过程中极易产生破损或开裂等失效，特别是在引脚与元器件本体连接处失效的概率特别高。图3.5是片式陶瓷电容器焊接热导致失效的典型案例。

图 3.5　片式陶瓷电容器焊接热导致失效的典型案例

为了确保所使用的元器件具有合格的耐焊接热性能，在来料质量控制时增加这一项目的考核，参考ANSI/J-STD-002、MIL-STD-202G及IEC 60068-2-58标准所给的条件，分别在波峰焊（260℃，10s）、回流焊（235℃，30s）及手工焊（350℃，5s）的条件下考察不同工艺条件的耐焊接热性能。

3. 金属化端子耐熔解性

由于无铅工艺中使用的无铅焊料基本上是含锡量超过90%的合金，同时工艺过程中温度过高，这些特点导致了焊料对金属的浸蚀熔解力非常强劲。而在SMT的回流工艺中大量使用越来越小的SMD元器件，这些元器件一般都没有引脚，而是直接在本体的端子部位进行金属化做成电极。因此这些没有引脚的金属化端子非常容易在高温熔融的高锡焊料中发生熔解，最终导致金属化的端子熔解过多而造成焊点缺陷，典型的就是形成反润湿与虚焊。图3.6即是其中一例，端子上的金属镀层往往只有几微米，在回流中熔解后焊锡无法再浸润上去，形成反润湿。因此在评估或选择无引脚的SMD元器件的时候，必须注意其金属化端子的耐熔解性，测试其镀层的厚度与耐熔蚀性，保证不出现端子可能熔解的可靠性问题。

图 3.6　片式元器件金属化端子熔解过度形成反润湿不良

4. 锡须生长的可靠性风险

传统的有铅元器件，其引脚的可焊性涂层一般为锡铅共晶焊料，当元器件无铅化后，纯锡镀层已经成为业界的主流，主要是因为其低成本以及可焊性相对较好的原因。但随之而来的是另一个极具挑战性的问题，即纯锡镀层表面极易产生锡须，这种细如发丝的单晶会随时间不断长长，这样长到一定长度后就会导致细间距的元器件的引脚之间形成短路，最终导致元器件烧毁失效，而且这种失效原因非常难以查证。工业界为此进行了大量的研究，希望找到抑制这种锡须单晶生长的方法及其可靠性风险，每年针对锡须生长机理与控制的各种研究论文众多。基本的共识是锡须的生长主要是由于锡镀层与铜基材之间逐渐产生金属间化合物，导致三者之间的CTE匹配不当而在界面产生压迫应力，促使锡以单晶的形式“破土而出”，形成形状各异的锡须，如图3.7所示。实践证明，高温高湿与热循环明显可以加快锡须的生长速度。

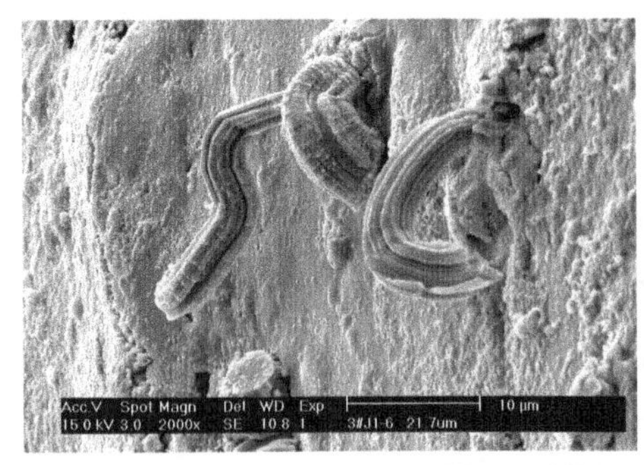

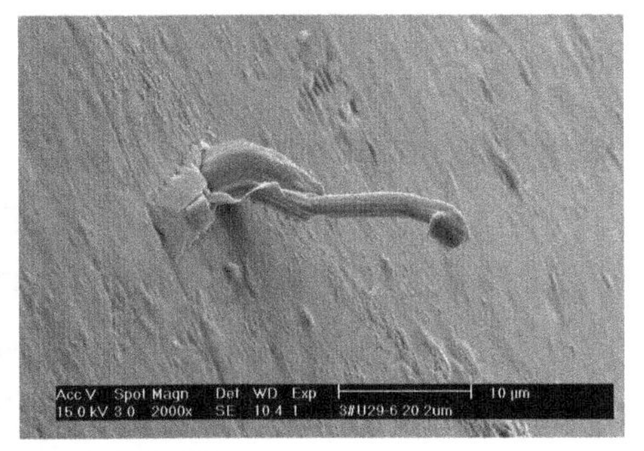

图 3.7　锡镀层上生长的典型锡须

目前采用的控制锡须生长的措施很多，如镀灰暗的厚锡、增加镍阻挡层、退火处理、选用合金镀表面有机涂层处理等，其中最有效的方法就是镀结晶颗粒粗的灰暗的纯锡，厚度最好超过10μm。但实际上对于可靠性要求很高，即使用寿命很长的电子通信产品而言，锡须生长的可靠性风险还是很高的。因此，目前工业界在向支撑欧盟RoHS管理实施的技术机构TAC提出豁免的申请，希望能够获得对细间距元器件的铅的继续使用，另外，在加紧研究控制锡须生长的技术。

目前对于元器件的用户而言，如何通过评价测试选择合乎可靠性需求的纯锡镀层尤为重要。JEDEC与NEMI推出了评估锡须生长的测试标准JEDEC STANDARD（JESD22A121 *Measuring Whisker Growth on Tin and Tin Alloy Surface Finishes*），为了满足无铅工艺对元器件的可靠性要求，用户需要对客户提供的采用纯锡作为其可焊性镀层的元器件（主要是细间距）的锡须生长情况进行必要的评估。

5. 塑封器件回流敏感度

高温或高热容的无铅工艺过程对塑料封装的集成电路影响最大。塑封器件相对于其他陶瓷或金属封装的器件而言，属于一种非密封封装形式，封装用的塑料材料具有易吸湿的特点，即对潮湿较为敏感。因此，绝大多数塑封器件属于潮湿敏感器件，该器件在回流焊的工艺条件下，会由于迅速上升的焊接高温的作用，将封装体内部吸湿的水分急速蒸发，在器件内部形成很大的压力，导致器件分层或膨胀，即所谓的“爆米花”效应。塑封器件在这一过程中，既吸湿又整个本体过回流，受这一效应影响的程度就称为塑封器件潮湿回流敏感度（简称MSL）。对这类器件要根据其MSL等级反映的敏感程度进行严格的包装与使用。工业界为避免出现类似的可靠性问题，做了大量的研究工作，由IPC与JEDEC共同组织业界的专家编制出版了相应的技术标准，即IPC/JEDEC J-STD-020（*Moisture/Reflow Sensitivity Classification for Nonhermetic Solid State Surface Mount Devices*），其中已经包括了无铅工艺的内容。我们可以按照该规定来给所生产或使用的敏感器件进行敏感度分类，目前分成八大类（1、2、2a、3、4、5、5a、6），除了1级均为潮湿敏感器件，数字越大反映该类型器件越敏感，越容易吸湿。用户可以根据敏感度的等级来选择与使用、运输、保存潮湿敏感器件等。如果我们使用的器件是按照原来的标准分类的，一般情况是在无铅工艺条件下要降低一个级别使用。当然，如果使用前开封过久，在使用前就应该对这些器件进行必要的烘烤，条件一般是在125℃下烘烤5 ~ 48h，具体的烘烤条件还要根据潮敏等级、开封车间使用时间以及元器件的封装厚度等来选择，详细可参考标准IPC/JEDEC J-STD-033C（*Handling, Packing, Shipping and Use of Moisture/Reflow Sensitive Surface Mount Devices*）。

塑封器件的用户，在导入无铅工艺时应该严格管理这类器件，因为这些器件在无铅回流工艺后会分层或损坏，如果不够严重则常常不易发觉，可靠性问题层出不穷，芯片与封装材料分层可以导致芯片散热不好而容易被烧毁，分层也可以导致键合点脱落而开路等。检查塑封器件是否分层或损坏的最好方法就是使用C模式的超声波显微镜（C-SAM）。图3.8就是使用切片技术证实的以及用C-SAM检测到塑封IC分层失效的两个典型例子。

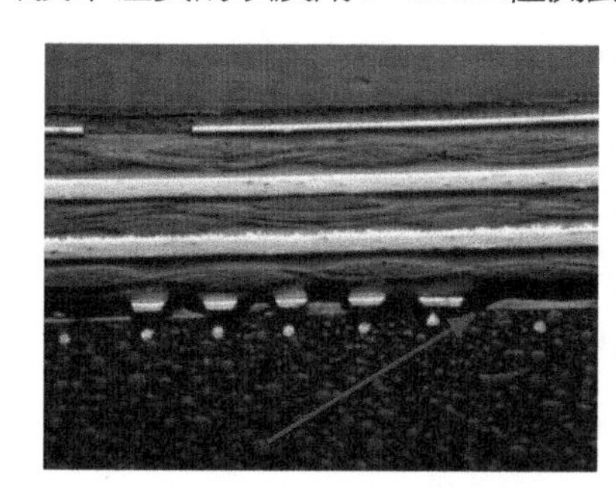

图 3.8　塑封器件分层失效的例子
（左：BGA 分层截面图，右：QFP 分层 C-SAM 图，红色表示该处发生界面分层）

6. 镀层与焊料的兼容性问题

元器件的涂层除具有可焊性要求外，还需要与所使用的无铅焊料合金相兼容，即在焊接过程中，能顺利地完成润湿、扩散与合金化过程，即在焊料合金与引脚的界面上形成良好的金属间化合物，这是良好可靠的焊点具有的特征。但实际上，某些镀层如银钯合金的镀层与锡银铜合金的兼容性就非常差，在现有的工艺条件下，要获得可靠的焊点非常困难。但银钯合金与锡铅合金的兼容性非常好。因此，在选择好无铅焊料合金的前提下，就必须考虑无铅元器件引脚镀层的合金适用性问题，确保无铅工艺顺利转换。

此外，元器件无铅化以后，某些工艺还是使用传统的有铅焊料，这就导致了无铅、有铅材料的工艺兼容性问题。这种问题在国内非常普遍，主要原因是国内的环保法规并没有禁止有害物质铅的使用，特别是军工产品，其首要的要求是可靠性而非环保，但是他们往往又买不到这些有铅的元器件，特别是一些核心元器件，国外都已经无铅化了。无铅元器件用于有铅回流焊时，由于可焊性涂层或作为元器件球形引脚的焊料球熔解温度高、可焊性下降，有铅焊锡膏的回流温度低，导致了许多浸润不好的虚焊假焊问题，而且如果无铅焊料球不充分熔融，其焊点的自校正效应不好，焊点界面扩散不均匀，助焊剂导致的气体聚集在焊料球内部不容易扩散形成空洞，导致焊点可靠性明显下降。与此相反的另一种情况是，无铅工艺使用有铅可焊性涂层的元器件焊接，反润湿的可能性也会明显增加。因此，在这种情况下，必须做好工艺设计和进行必要的工艺研究，寻找最佳工艺条件和助焊剂材料，来缓解可焊性涂层与装联所使用焊料的兼容性问题。

3.2.4 结束语

传统的电子制造业大家更多地是关注元器件本身的电性能指标与可靠性指标，很少关注元器件的工艺性能指标，也就是元器件是否更适合于焊接工艺过程的实现。指导无铅化工艺转换时才真正认识到，不管元器件本身的可靠性指标如何好，可是如果其工艺性能差，即使焊接安装到电路板上后，可靠性问题也层出不穷，还会严重影响生产的不良品率，最终影响制造业的效率和成品的可靠性。因此，要顺利地实现从有铅制程向无铅制程的转换，需要考虑许许多多相关的技术问题与管理问题，其中仅无铅元器件就至少涉及了上述六大类问题。除需要我们的工程技术人员具有专业的精神以外，还需要有广泛的技术积累，这就需要方方面面的技术资源的整合，切忌疏忽大意，因为许多可靠性问题要到将来的某天才会暴露，造成的损失与负面影响就无法估量了。

3.3 无铅焊料的选择与应用

焊料是电子组装行业所用到的关键材料之一，其质量好坏直接影响电子产品的质量与可靠性。由于含铅焊料对人体和环境的危害，2003年以后，无铅组装工艺在全世界范围内蓬勃发展起来，目前销往欧盟或其他发达国家/地区的电子产品基本上都已经实现了无铅化，国内的电子产品的无铅化比例也越来越高。参照国际/国内的法规或标准，均匀材料中铅含量不超过0.1％的焊料即为无铅焊料。然而，目前业界常用的无铅焊料类型较多，各有其优劣点及适用场合，因此，电子产品制造业界依然面临对无铅焊料的选择与应用问题。本章将探讨如何选择合适的无铅焊料，为保障无铅组装产品可靠性、降低制造成本等业界需求提供相关技术和管理参考。

3.3.1 电子装联行业常用无铅焊料

1. 电子组装行业对无铅焊料的要求

根据欧盟法规2005/618/EC及JIS Z 3282、ISO 9453和IPC/J-STD-006等相关技术标准的要求，无铅焊料的定义为：焊料中的铅（Pb）含量小于1000ppm的焊料。作为Sn-Pb焊料在电子组装工业的替代品，无铅焊料的性能和特点应该与Sn-Pb焊料接近，且能满足电子组装的要求。以下是对无铅焊料的基本要求。

（1）无毒性。

（2）储量满足现在和未来电子工业发展的需求。

（3）具有足够好的导热性和导电性。

（4）具有良好的力学性能：强度（抗拉、抗剪切）、低周疲劳性能、抗蠕变性能。

（5）能润湿常用的金属化层（如铜、镍、银、金、锡等）。

（6）价格低廉或适中。

（7）固液相变温度适宜，最好与SnPb共晶焊料相近，避免过高温度对电路板、元器件等造成热损伤。

（8）在冷却过程中不会形成低熔点相、大尺寸的脆性相等组织。

（9）具有抗枝晶生长与电化学腐蚀等的能力。

至于什么样的无铅焊料才能符合电子组装使用的要求，美国国家制造科学研究中心（NCMS）给出了无铅焊料主要技术性能指标的评价标准，见表3.11。

表3.11 NCMS给出的无铅焊料主要技术性能指标的评价标准

性能指标	可接受水平
液相线温度	<225℃
熔化温度范围	<30℃
润湿性（润湿称量法）	F_{max}>300μN，t_0<0.6s，$t_{2,3}$<1s
铺展面积	>85%的铜板面积
热机疲劳性能	>Sn/Pb 共晶相应值的75%
热膨胀系数	<29ppm/℃
蠕变性能（室温下167h内导致失效所需的应力值）	>3.5MPa
延伸率（室温，单轴拉伸）	>10%

2. 常用的无铅焊料

电子组装行业常用的无铅焊料主要包括Sn-Zn系列、Sn-Bi系列、Sn-Cu系列、Sn-Ag系列等。

1）Sn-Ag系列焊料合金

由于Ag在Sn中的固溶度有限，在高冷却速率下所形成的共晶组织细小，球状Ag_3Sn化合物及Ag颗粒可以弥散分布在焊料中，产生弥散强化作用，因此在没有片状Ag_3Sn的情况下，Sn–Ag系列焊料力学性能优异（片状Ag_3Sn会降低力学强度），其力学性能优于Sn–Pb共晶焊料。Sn–Ag系列焊料共晶成分为96.5wt%Sn–3.5 wt%Ag，简写为Sn–3.5Ag，Sn–3.5Ag焊料的熔点为221°C，Sn–3.5Ag二元相图如图3.9所示。Sn–3.5Ag焊料合金组织如图3.10（a）为金相组织，白色部分为初生的β–Sn，灰色部分为共晶组织。由图3.10（b）放大的SEM观察结果可知，共晶组织由Sn基体及弥散分布的Ag_3Sn颗粒构成。

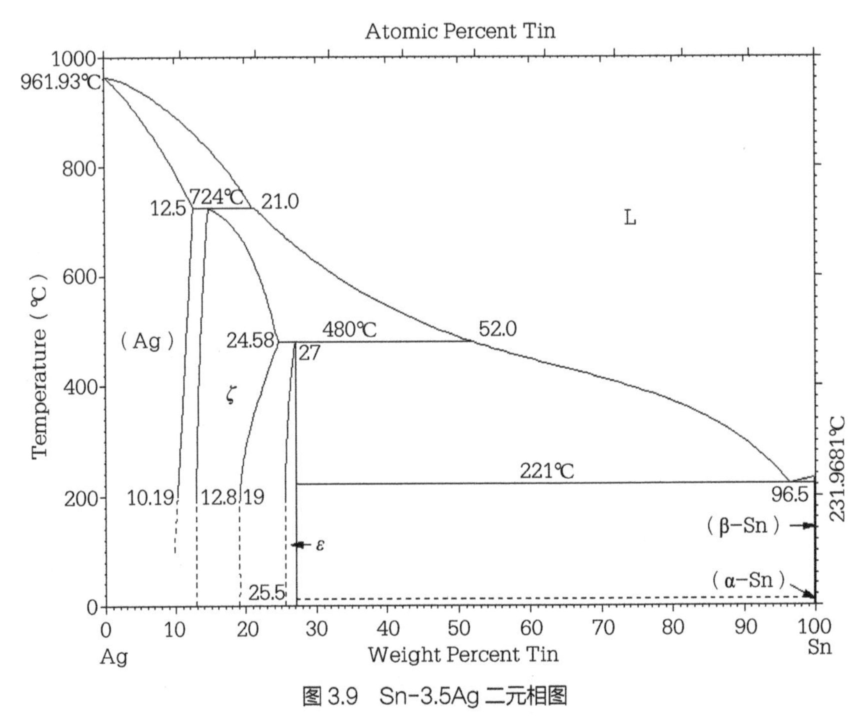

图3.9　Sn–3.5Ag二元相图

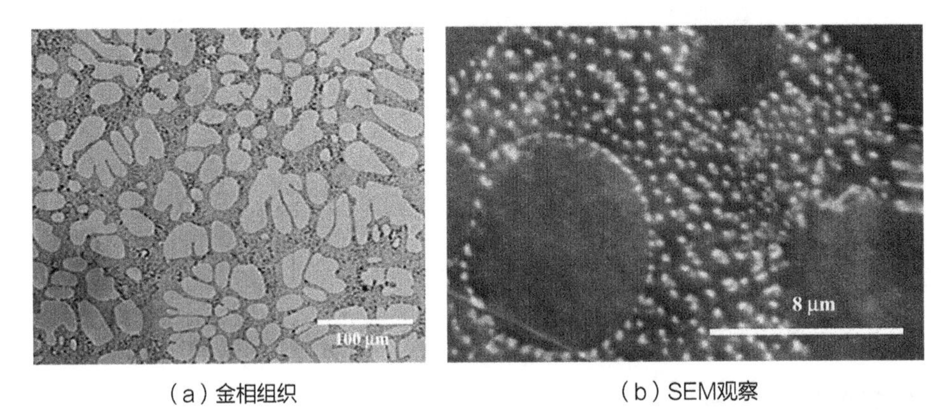

（a）金相组织　　　（b）SEM观察

图3.10　Sn–3.5Ag焊料合金组织

（注：来自于Dutta I，Park C，Choi S. Impression creep characterization of rapidly cooled Sn–3.5 Ag solders[J]. Materials Science and Engineering：A，2004，379（1–2）：401–410.）

Sn–3.5Ag在某些应用领域作为Sn–Pb焊料的替代合金，工业界已有多年的使用经验，表3.12为Sn–3.5Ag焊料的物理性能。

表3.12　Sn-3.5Ag焊料的物理性能

密度 /g·cm^{-3}	硬度 /HV	拉伸度 /MPa	剪切强度 /MPa	延伸率 /%	热膨胀系数 /10^{-6}·K^{-1}	电阻率 /μΩ·cm^{-1}	杨氏模量/GPa	润湿时间 /s	熔点 /℃
7.42	16.5	54.6	37.8	22.5	30.2	12.7	55	1.9	221

许多研究人员以Sn-Ag系列合金为基体，通过添加其他微量的元素进行焊料性能的改善。如添加微量Zn元素，可以提高焊料合金的力学强度和抗蠕变性能，同时可以抑制焊接界面化合物的生长；但由于Zn元素较为活泼，容易在焊料表面形成一层致密的ZnO，从而降低焊料的润湿性，所以需要配用助焊剂才能应用。加入微量Bi元素后可以降低焊料的熔点，但由于Bi元素相对较脆，焊料加工较为困难，并且降低焊点的可靠性和抗蠕变性能。相对于其他微量元素来说，向Sn-Ag系列合金中添加Cu元素，是目前电子组装行业内应用最为广泛的焊料成分，适量Cu元素的加入可以降低液相线的温度、改善焊料合金的润湿性等。

2）锡银铜系列焊料合金

Sn-Ag-Cu三元合金相图如图3.11所示，K.W Moon等人通过实验和理论计算得出Sn-Ag-Cu三元合金的共晶点Ag和Cu的含量分别为3.82%和0.9%，其共晶点的温度为217.7℃。

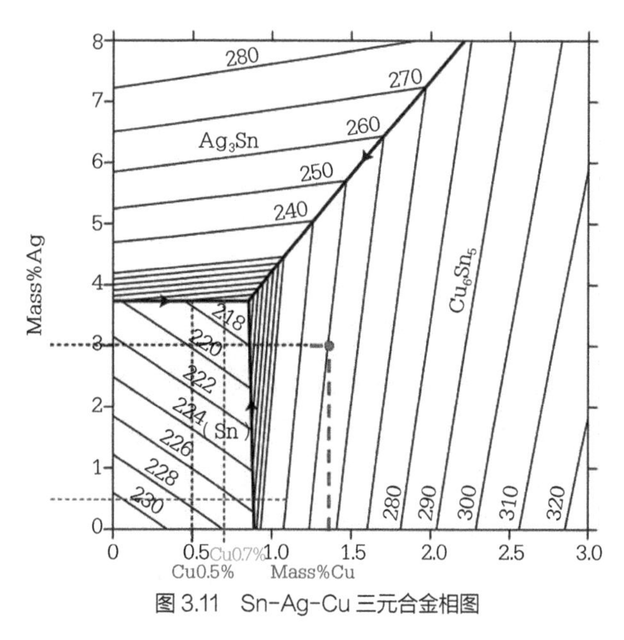

图 3.11　Sn-Ag-Cu 三元合金相图

在电子产品无铅化推广之初，不同的国家对Sn-Ag-Cu焊料成分有不同的推荐标准，日本倾向于Sn-3.0Ag-0.5Cu和Sn-3.0Ag-0.75Cu（0.7），美国倾向于Sn-3.9Ag-0.6Cu，欧洲推荐使用Sn-3.8Ag-0.7Cu。其实，上述所推荐的几种焊料的性能差别不大，如表3.13所示。考虑到成本等因素，业界越来越趋向于选择含银更少的Sn-3.0Ag-0.5Cu作为锡银铜系列无铅焊料的代表，其合金组织如图3.12所示。

表3.13 推荐Sn-Ag-Cu焊料性能对比

合　金	拉伸强度/MPa	延伸率/%	扩展率/%	熔化温度/℃
Sn-3.9Ag-0.6Cu	50.0	24.8	77.3	217 ~ 221
Sn-3.8Ag-0.7Cu	48.0	25.3	77.1	217 ~ 221
Sn-3.0Ag-0.5Cu	47.5	25.2	77.1	217 ~ 221

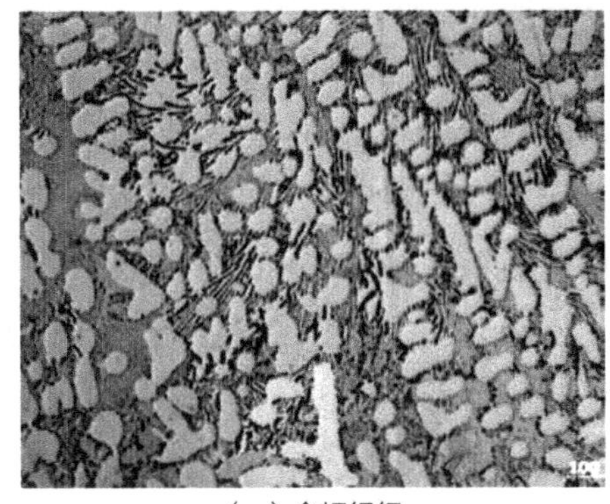
（a）金相组织

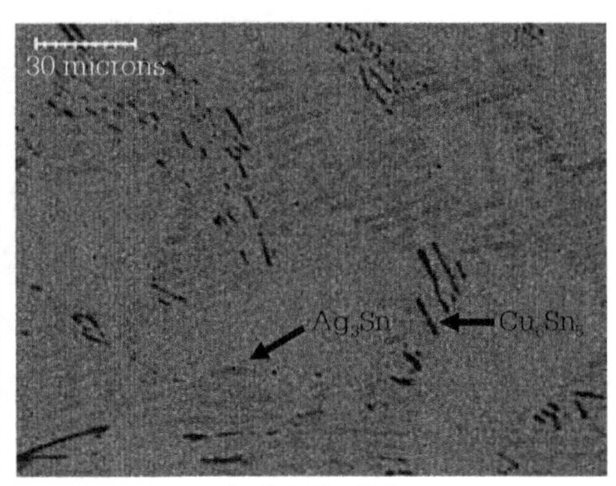

（b）SEM观察

图3.12 Sn-3.0Ag-0.5Cu 焊料合金组织
（注：来自于 Reid M，Punch J，Collins M，et al. Effect of Ag content on the microstructure of Sn-Ag-Cu based solder alloys[J]. Soldering & Surface Mount Technology，2008.）

向Sn-Ag-Cu焊料中加入微量合金元素也可以进一步提高焊料的综合性能。如加入Cr元素，会改善高温抗氧化和抗腐蚀性；加入RE、Sb、P元素，则可以提高焊料的润湿性和抗氧化性。

Sn-Ag-Cu焊料不仅拥有较低的熔点，而且具有较好的热疲劳可靠性。然而，相对于Sn-Pb焊料而言，Sn-Ag-Cu焊料的刚性较大，导致该焊料合金抗跌落和抗冲击的性能较差，此外，高Ag含量也提高了焊料成本。低银Sn-Ag-Cu焊料应运而生，其代表成分为Sn-1.0Ag-0.5Cu、Sn-0.5Ag-0.7Cu和Sn-0.5Ag-0.7Cu。低银Sn-Ag-Cu焊料不仅组织细化、保留Ag_3Sn弥散强化优势，而且提高Sn-Ag-Cu焊料合金焊点的抗跌落性能的同时也降低了焊料的价格。此外，还有部分研究表明，向低银Sn-Ag-Cu焊料中添加Mn、Ce、Ni、Ti等元素，不仅能够进一步改善焊料的组织，还能够改善力学性能。

3）锡铜系列焊料合金

Sn-Cu二元合金是一个简单的二元共晶系，共晶点处Cu的质量分数为0.7%，熔点为227℃，Sn-Cu二元合金相图如图3.13所示，室温下焊料组织主要由β-Sn/Cu_6Sn_5共晶组成，通常选择Sn-0.7Cu作为新型无铅焊料基体合金。Sn-0.7Cu焊料合金组织如图3.14所示。

由于Sn-0.7Cu焊料的熔点比Sn-Pb焊料高34℃、比Sn-Ag焊料高10℃左右，应用时必须提高焊接温度，所以Sn-0.7Cu焊料常用于焊接温度敏感度不高的元器件的波峰焊场合。表3.14为常用几种焊料合金的物理性能对比。

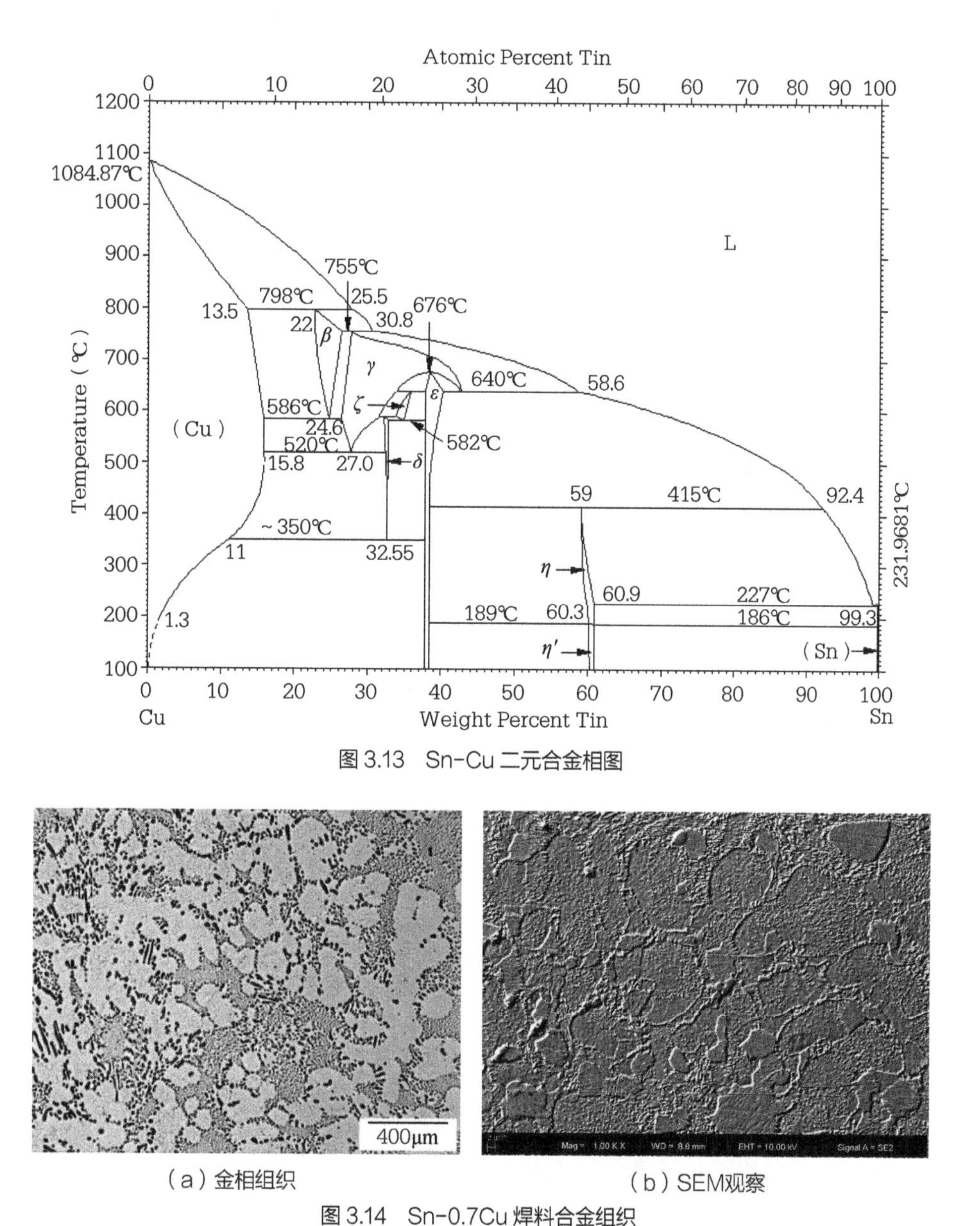

图 3.13　Sn-Cu 二元合金相图

（a）金相组织　　（b）SEM观察

图 3.14　Sn-0.7Cu 焊料合金组织

（注：来自于 Zeng G，McDonald S D，Gu Q，et al. The influence of Ni and Zn additions on microstructure and phase transformations in Sn - 0.7 Cu/Cu solder joints[J]. Acta Materialia，2015，83：357-371.）

表3.14　常见几种焊料合金的物理性能对比

序号	特征	焊料合金			试验方法
1	合金系	Sn-Ag-Cu	Sn-Cu（Ni）	Sn-Pb	
2	组成（主成分）wt%	95/3.8/1.2	99.3/0.7	63/37	
3	熔解温度/℃	约217	约227	约183	示差热分析升温速度20℃ /min
4	密度（25℃）/（g/cm^3）	约7.4	约7.4	约8.4	比重测重器
5	比热/[J/（kg·K）]	约220*	约220*	约176	*是推算值

（续表）

序号	特征		焊料合金			试验方法
6	热传导率/[J/（m·s·K）]		约64*	约64*	约50	*是推算值
7	抗拉实验/（kg·f/mm²）		5.3	3.3	4.5	抗拉实验机 100nm/min 25℃
8	延伸率/%		约27	约48	约25	
9	扩展率实验 /%	230℃	77	—	91	JIS Z3197使用助焊剂NS—828A
		240℃	77	77	92	
		250℃	77	77	93	
		260℃	78	78	93	
		280℃	—	78	—	
10			T_a T_b F_{max}	T_a T_b F_{max}	T_a T_b F_{max}	0.3mm×3.5mm×25mm全钢片为试验片，T_a为0交叉时间（s），T_b为最大润湿时间（s），F_{max}为最大润湿强度（N/m）
		230℃	0.72 2.10 0.213	1.00 4.53 0.159	0.12 0.80 0.195	
		230℃	0.37 1.46 0.213	0.86 2.79 0.161	0.11 0.64 0.200	
		230℃	0.23 0.81 0.192	0.47 1.46 0.186	0.10 0.41 0.206	
		230℃	0.21 0.48 0.192	0.31 0.80 0.192	0.07 0.32 0.211	
11	电阻试验/μΩ		0.15	0.13	0.17	四端子法25℃
12	铜蚀实验 260℃		约2min	约2 min	约1 min	铜线不到0.18
13	蠕变强度实验		300h以上	300h以上	20h以上	145℃ 1kg
			300h以上	300h以上	3h以上	145℃ 1kg
			300h以上	300h以上	7h以上	145℃ 1kg
14	热冲击试验		1000周期以上	1000周期以上	500~600周期以上	−40~+80℃各1h
15	迁移试验		1000h以上归原位（起点）	1000h以上归原位（起点）	1000h以上归原位（起点）	40℃、95%RH & 85℃、85%RH
16	晶须产生实验		1000h以上归原位（起点）	1000h以上归原位（起点）	1000h以上归原位（起点）	50℃

由于Sn−Cu焊料的原材料易得、成本低廉，而且对杂质的敏感度不高，因此Sn−0.7Cu焊料拥有非常大的应用范围，但Sn−0.7Cu焊料也存在缺点，如Sn−0.7Cu焊料组织主要由β−Sn/Cu_6Sn_5共晶组成，Cu_6Sn_5相在焊料中弥散分布使其初期获得很高的力学强度，但是，在服役过程中，如果焊点温度超过100℃，则Cu_6Sn_5弥散相便会变得粗大、力学强度明显下降，因此Sn−0.7Cu焊料不适用于高热疲劳可靠性要求的产品。

4）锡锌系列焊料合金

Sn−Zn焊料的共晶成分为Sn−8.8wt.%Zn，共晶点温度为198℃，实际上行业中常用的Sn−Zn焊料多为Sn−9.0wt.%Zn。由于Sn−Zn共晶温度接近Sn−Pb焊料的共晶温度，在有铅转无铅过程中焊接设备可以继续应用，从而可以极大降低设备投资成本。Sn−Zn二元相图如图3.15所示。

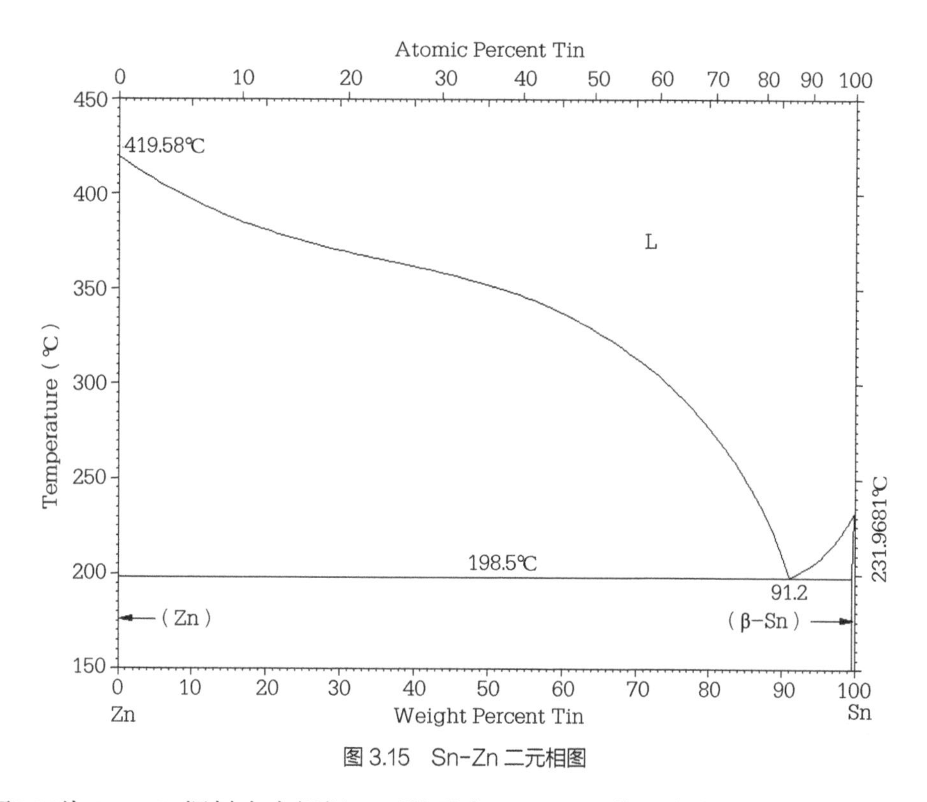

图 3.15　Sn-Zn 二元相图

图3.16为Sn-9Zn焊料合金组织，可以看出，Sn-9Zn共晶合金主要由β-Sn/Sn-Zn共晶相组成，基本不能相互固溶，β-Sn和Sn-Zn呈分离状。

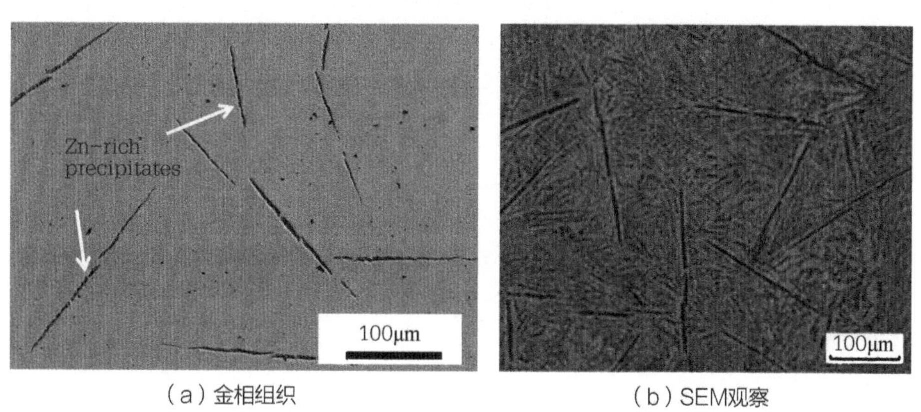

（a）金相组织　　　　（b）SEM观察

图 3.16　Sn-9Zn 焊料合金组织

（注：来自于 Liu J C，Zhang G，Ma J S，et al. Ti addition to enhance corrosion resistance of Sn - Zn solder alloy by tailoring microstructure[J]. Journal of Alloys and Compounds，2015，644：113-118.；Xiao Z，Xue S，Hu Y，et al. Properties and microstructure of Sn-9Zn lead-free solder alloy bearing Pr [J]. Journal of Materials Science：Materials in Electronics，2011，22（6）：659-665.）

Sn-Zn焊料的原材料矿产资源丰富，所以其原材料价格较低；但由于焊料合金中含有Zn元素，导致焊料表面活性较高，容易在焊料表面生成致密的氧化膜，导致其润湿性非常差，如表3.15所示。

表3.15　Sn-Pb与Sn-Zn合金润湿性能的比较

合　　金	熔点/℃	润湿力/mN	润湿角/°	润湿时间/s	表面张力/（mJ/m²）
Sn-37Pb	183	0.61~0.73	17±/260	0.5~1.48	—
Sn-9Zn	199	—	79±/230	<2	676

当采用Sn-Zn焊料来焊接Cu基体母材时，Zn主要富积于Cu与焊料界面处，抑制Cu_6Sn_5、特别是Cu_3Sn等金属间化合物的生长，有利于保持接头力学强度。但是，由于Sn-Zn焊料的塑性差，难以制成细线径的焊丝，不便于制作为焊锡丝。通过添加适量的Al，既可提高其延展性，又不会影响Sn-Zn焊料的熔点和强度，不但能提高焊料的润湿性，而且可减少Zn结晶造成的柱状偏析，使焊料组织更致密。

综上所述，尽管Sn-Zn焊料具有较多的优点，如熔点接近Sn-Pb、成本低，但是由于其容易氧化、润湿性差，必须配用特殊的助焊剂才有可能在实际生产中广泛应用。此外，其生成的焊点还容易被腐蚀或发生电迁移。因此，Sn-Zn焊料目前的应用较为有限。

5）锡铋系列焊料合金

Sn-58Bi是一种低温无铅焊料，共晶成分为Sn-57.9wt% Bi，共晶温度为138℃，在温度较低的情况下（如180℃）就可以应用，因此在多级组装中的后道封装/后端组装和对温度敏感的元器件组装中具有很大的应用优势，如LED、高频头、柔性板等热敏感元器件的封装以及散热器的组装。Sn-58Bi二元相图如图3.17所示。

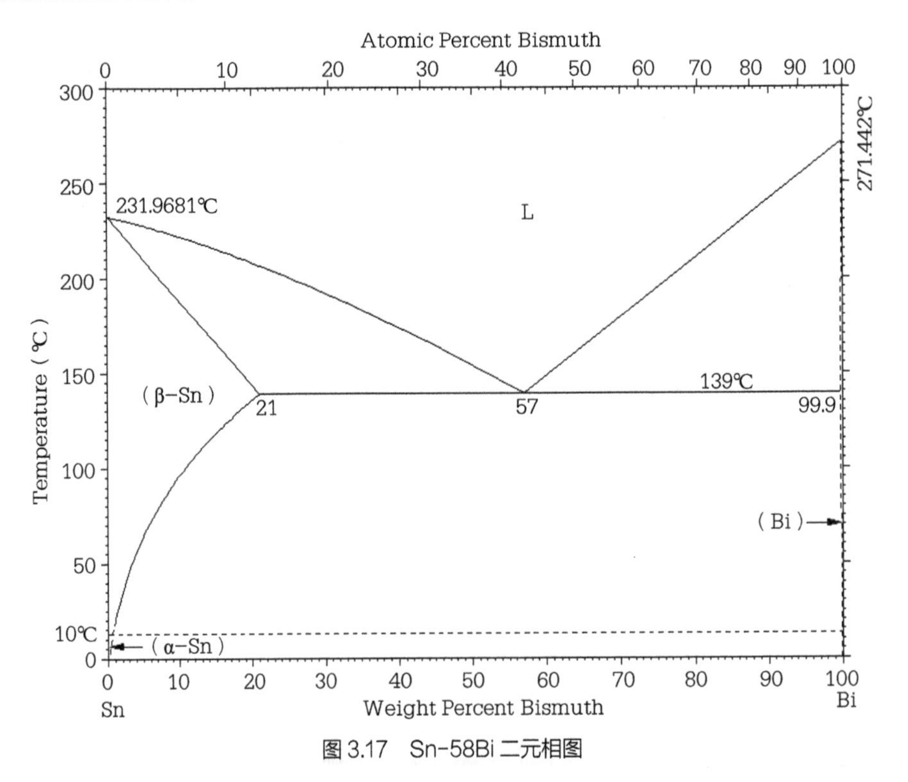

图3.17　Sn-58Bi二元相图

Sn-58Bi焊料合金组织由交替的富Sn和富Bi相以及少量的白色Bi颗粒组成，如图3.18所示，在亚共晶区（富Sn），合金的微观结构为共晶组织基体上析出不规则富Sn相；在过共晶区（富Bi），合金的微观结构为共晶组织基体上析出块状富Bi相。

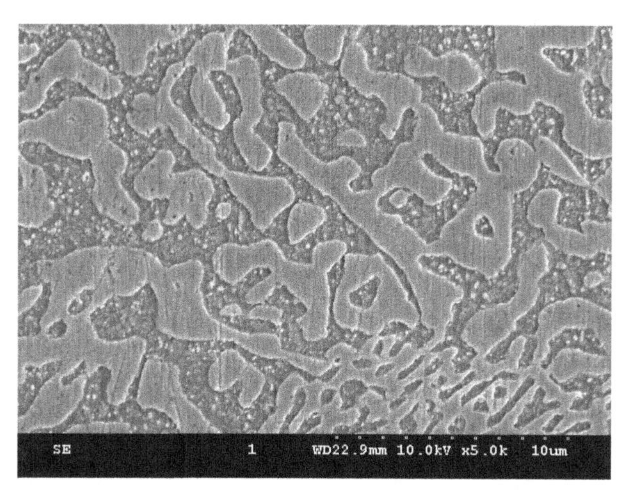

图 3.18 Sn-58Bi 焊料合金组织的 SEM 观察

由于Sn-58Bi焊料的低熔点优势，日本的某些主板组装厂最早进行了量产使用。表3.16为部分焊料合金的性能对比，可以看出，焊料的力学性能受到应变速率和微观组织的影响较大，像Sn-57Bi及Sn-37Pb这种高应变速率敏感的焊料，其伸长率的浮动范围都较大。

表3.16 部分焊料合金的性能对比

性 能	Sn-37Pb	Sn-57Bi	Sn-3.5Ag	Sn-5Sb	Sn-0.7Cu	Sn-9Zn
熔点/℃	183	138	221	238	227	199
抗拉强度/MPa	31 ~ 46	45 ~ 80	55	23 ~ 42	31	60 ~ 65
伸长率/%	35 ~ 176	40 ~ 200	35	90 ~ 350	12	38
剪切强度/MPa	28.4	48.3	32.1	31.8		
硬度/HV	12.9	20	17.9	17.2	14.4	23
蠕变强度/MPa	2	—	11	—	3	—
低周疲劳寿命（75℃，1000h）	16000	8500	—	6300	—	—
铜溶解速率/（μm/min）	0.085	0.055	>0.2	>0.2	—	—
电气电阻率/（μΩ·cm）	17.0	30 ~ 35	7.7	17.1	10 ~ 15	10 ~ 15
弹性模量/（GPa）	29	35	37	58	—	—

注：来自于NPL（National Physical Laboratory，国家物理实验室（研究所）[英]。

Bi金属本身较脆，随着Bi含量的增加，Sn-Bi焊料合金的脆性也增加，延展性随之下降，并且Bi在焊料合金中易结晶，生成不规则的粗大富Bi相，会进一步增加合金的脆性；在高温时效后，其组织和金属间化合物粗化也极其严重，界面层不稳定导致焊点性能恶化。

3.3.2 无铅焊料的选择与应用情况

在电子产品无铅化制造过程中，无铅焊料的选择是最基础的环节之一，直接关系到工艺设备的选择或改造、工艺路线和工艺方法的确定、检验标准的修改、产品可靠性以及产品的成本等问题。如何选择并应用好无铅焊料，成为电子组装企业及电装工程师们所必须解决的关键问题，需要从材料的性能、工艺的特点、应用产品的可靠性以及成本等多方面进行周密的考虑。

在选择无铅焊料时，首先需要了解市场上广泛应用的典型无铅焊料的性能、特点、工艺性与可靠性，然后结合产品的服役特点、可靠性要求、拟采用的焊接方式，以及焊料成本限制，综合考虑后选择企业产品所适用的无铅焊料。

1. 无铅焊料的性能

1）物理性能

影响电子制造工艺及其产品可靠性的焊料物理性能主要包括：熔点温度（或液相线与固相线）、表面张力、密度、电阻率、热导率及热膨胀系数，详见表3.17。

表3.17 部分无铅焊料的物理参数

性能参数	Sn-3.5Ag	Sn-0.7Cu	Sn-Ag-Cu	Sn63Pb37
熔点温度/℃	221	227	217	183
表面张力/（dyne/cm）	460（260℃，air） 431（271℃，air） 493（271℃，N_2）	491（277℃，air） 461（277℃，N_2）	510 （Sn2.5Ag0.8Cu0.5Sb）	380（260℃，air） 417（233℃，air） 464（233℃，N_2）
密度/（g/cm^3）	7.5	7.3	7.5	8.4
电阻率/（μΩ·cm）	10.8	10 ~ 15	13	15
热导率/[W/（cm·℃）]	0.33（85℃）	—	0.35（85℃）	0.5（30 ~ 85℃）
热膨胀系数（CTE，ppm/K）	30	—	—	25

注：来自于NPL（National Physical Laboratory，国家物理实验室（研究所）[英]。

无铅焊料在密度方面没有明显差异，但是密度都小于Sn-Pb焊料，这给无铅波峰焊的去锡渣工作造成一定困难；因为有铅波峰焊中可以从锡炉表面上捞锡渣，而无铅波峰焊中锡渣会沉底，不得不暂停产线从锡锅底部捞渣。电阻率方面，Sn-Ag合金表现最好，所造成传输信号的损失最小。热导率越大，焊点的散热越快，可以改善器件的可靠性，该方面各无铅焊料之间没有明显差别。

2）机械力学性能

焊点的机械力学性能与材料的本身性能相关之外，还受工艺优劣的影响，材料性能中与焊点性能密切相关的主要包括抗拉强度、剪切强度与延展率，前二者主要影响焊点的强度及PCBA互连的可靠性，而延展率则决定焊料在使用或加工时的适应性，表3.18给出了常用典型焊料的机械力学性能参数，各无铅焊料的延展率均无明显差异，都可以满足制造与使用的要求。可以看出，在强度方面，除了Sn-Cu的抗拉强度较低，其余无铅焊料差别不大，但基本都比Sn-Pb焊料的强。

表3.18　常用典型焊料的机械力学性能参数

性能参数		Sn-3.5Ag	Sn-0.7Cu	Sn-Ag-Cu	Sn63Pb37
抗拉强度/MPa		35	23	48.5	46
剪切强度/MPa（1mm/min，reflow）		27	20 ~ 23	—	23
		39*	28.5*	—	34.5*（60/40）
杨氏模量/GPa		26 ~ 56	—	—	15.7 ~ 35
蠕变强度/（N/mm^2）	20℃	13.7	8.6	13	8.0
	100℃	5	2.1	5	1.8
延展率/%		39	45	36.5	31

注：来自于 NPL（National Physical Laboratory，国家物理实验室（研究所）[英]。

3）润湿性能

焊料润湿性能属于焊料工艺适应性的关键指标之一，直接影响焊点可靠性。在实验室中，润湿性能通常用润湿力天平来测量，并用润湿时间及最大润湿力来表示。不同焊料（配用0.5%的活性助焊剂）在系列过热度条件下的润湿时间如图3.19所示，同样条件下其润湿能力按如下顺序增加Sn-Cu<Sn-Ag<Sn-Ag-Cu<Sn63Pb37。同时也可以看出Sn-Ag与Sn-Ag-Cu相差甚微，高温时各合金的润湿性差异更小，特别是在波峰焊的温度条件下，Sn-Cu的劣势就更小，这也是Sn-Cu焊料在波峰焊工艺上得到广泛应用的主要原因。

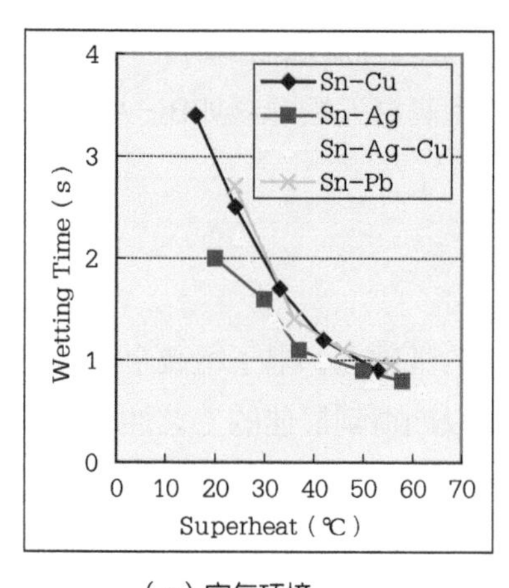

（a）空气环境

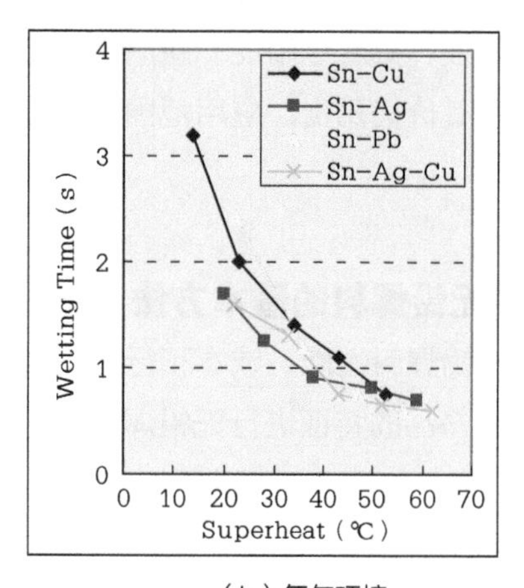

（b）氮气环境

图 3.19　不同焊料（配用 0.5% 的活性助焊剂）在系列过热度条件下的润湿时间

4）可靠性

焊点可靠性一直是各电子制造商最关注的指标之一。焊料本身无所谓可靠性问题，但是焊接后形成了焊点，就有了焊点可靠性问题。因为焊点中除了金属间化合物，还有焊料与被焊零部件之间的界面，由于使用不同的焊料就会得到不同的金属间化合物，并且焊接界面特征也不同，而且它们都与时间有关，这样就产生了不同的可靠性结果。因此，一般可以通过相同的工艺制备不同焊料的焊点来比较不同成分焊料的焊点可靠性，用焊点可靠性代表焊料应用的可靠性。基于焊点的主要失效机理，其可靠性可以通过可靠性加速试验来考察，如通过温度循环考察其疲劳寿命，以及用跌落、振动的方式来评价机械可靠性。由于影响焊点可靠性的因素非常多，且可靠性评估非常耗时，目前很难给出具体统一的数据；根据对已有数据的分析，业界一般认为，在应变范围较小的情况下，焊点的疲劳寿命按如下顺序增加Sn-Pb<Sn-Cu<Sn-Ag<Sn-Ag-Cu；如果是在应变范围较大的情况下，焊点热疲劳寿命的顺序可能刚好相反。此外，需要注意的是，相对于锡铅焊点，无铅焊点增大了锡须的可靠性风险，特别是当元器件引脚镀层使用纯锡的情况下。

3. 无铅焊料的应用状况

电子组装行业常用的焊接方式主要有回流焊、波峰焊及手工焊，相应的焊料存在形式为焊锡膏、焊条和焊锡丝。回流焊中使用的无铅焊料主要有Sn-3.5Ag和Sn-3.0Ag-0.5Cu、低银Sn-Ag-Cu焊料，波峰焊中使用的无铅焊料主要有Sn-0.7Cu及Sn-0.7Cu-*x*Ni、低银Sn-Ag-Cu焊料，手工焊时使用的无铅焊料主要有Sn-0.7Cu、低银Sn-Ag-Cu焊料。由于性能和价格的综合优势，低银Sn-Ag-Cu无铅焊料的行业应用比例越来越大，同时可以避免使用不同焊料可能带来的板级辅料兼容性问题。

在特殊应用场合中，如低温应用场合下多使用Sn-Bi合金，典型低温组装场合如LED、高频头、柔性板、散热器等热敏感电子元器件的组装，成分多为Sn-58Bi和Sn-57Bi-1Ag。但是，Sn-Bi合金的抗疲劳特性较差，不具备在恶劣环境下使用，以及高可靠性设备所需的可靠性，只能应用在一些消费类电子产品中。而在高温场合下，Sn-Au有较成熟的应用，但是其价格昂贵，应用范围有限，替代型高温无铅焊料如Bi-Ag和Zn-Al等在尝试应用。

4. 选择无铅焊料的基本方法

在了解无铅焊料性能、成本和行业常规应用的基础上，电子组装企业及电装工程师还需要结合自己产品的特征进行无铅焊料的选择，以期得到最佳的工艺性、可靠性及与成本的匹配性。

1）选择基本方法

首先，根据所要组装的产品的可靠性要求以及组装焊接方式，初步确定焊料的合金组成，因为合金组成决定焊料的熔点。对于可靠性要求高的产品，通常需要焊料各方面的综合性能较好，焊接工艺温度要低，避免或减少对元器件和PCB可靠性的影响，成本往往成为最后考虑的因素，这时通常选择Sn-Ag-Cu焊料，典型的成分就是Sn-3.0Ag-0.5Cu。另外，焊接组装方式对选择焊料的影响非常关键，如果是回流焊，则Sn-Ag-Cu焊料具有一定优势；对于波峰焊而言，由于焊接的时间短、且熔融的高温焊料一般不直接接触元器件本体（部分片式元器件或小型元器件除外），成本低的Sn-Cu系列焊料则应用较多。

其次，在综合考虑所要组装的产品可靠性、无铅焊料的性能和成本等方面进行焊料的初选后，应该按照国际/国家标准对所初选的无铅焊料进行性能检测或者指定供货商到第三方资格的检测机构进行性能检测，如合金化学成分、熔点或液相线、润湿性、力学性能、可靠性能等。确认各项指标符合设计要求后，开展工艺鉴定。

工艺鉴定就是用所选焊料进行产品的试制，期间可以根据焊料的性能、产品特点以及产线设备能力等，进行组装工艺优化；并对组装后的PCBA进行工艺质量分析和可靠性评价，其中至少应该包括焊点的外观、推拉力、金相组织、焊接界面金属间化合物情况、温度循环或冲击、机械冲击或振动及跌落等，完成无铅焊料导入的型式试验项目，确认焊料是否符合产品的可靠性要求。

最后，综合评价选定的无铅焊料，包括性能、价格、工艺适应性、可靠性，以及设备、工艺兼容性等，筛选出企业产品最适合的无铅焊料。

此外，如果行业内标准化的无铅焊料不能满足自己企业的需要，则可以通过添加某些特殊的合金元素进行合金化性能改善，如Mn和Ti能够明显改善焊料合金的组织和力学性能，Ce元素提高焊料合金的润湿性，但是对这些特殊的非标准化的成分焊料，更加需要进行全面的性能检测和可靠性评估。

2）日常使用管理

在选定无铅焊料后，企业进行大规模生产应用时，应该建立较为完善的材料管控办法，确保焊料成分一致性、性能稳定，从工艺物料方面强化企业产品的可靠性保障。

首先，应该明确制定无铅焊料的性能标准要求，如熔点、成分、润湿性、力学性能、可靠性等。可以参考国内外标准来制定自己的企业标准，国内外标准如GB/T 20422—2018《无铅钎料》、JIS Z 3282—2006《焊锡-化学成分及形状》、IPC J-STD 006B—2006《电子焊接应用的电子级焊料合金熔性和非熔性固体焊料要求》、ISO 9453—2014《软焊料合金——化学成分和形式》，不经过严格的评估程序不得随意变更物料。

同时，应该建立无铅焊料的日常管控办法。根据企业检测能力、生产产量、产线情况等，制定无铅焊料的一致性检测和型式检测管理办法，定期对所用的无铅焊料进行性能检测或者指定供货商到第三方进行性能检测，确保无铅焊料各项技术指标在标准要求内，检测方法可以参考GB/T 10574—2017《锡铅焊料化学分析方法》、GB/T 3260—2013《锡化学分析方法》、JIS Z 3198.1 ~ 7—2003《无铅焊剂的试验方法》等。如果是波峰焊，还应该及时监测锡炉中焊料的成分变化，特别关注某些易污染的元素，如铅和铜的含量增加状况，通常要根据产量及污染元素增加的速度进行定期检测，确保整个工艺流程焊料质量的稳定性。

此外，如果既有无铅产品又有锡铅产品，则最好采用物理分区、专线等方法隔离两类产线，避免生产过程中发生物料混用、铅污染。

3.4 印制电路板的选择与评估

3.4.1 印制电路板概述

印制电路板又称印制线路板，简称印制板，英文缩写PCB（Printed Circuit Board）或PWB（Printed Wire Board），是电子工业产品重要的基础零部件之一。PCB为整机或组件提供支撑、绝缘、导热、电路导通、信号传输等功能和作用，广泛用于消费类电子产品、计算机、通信电子设备、汽车、医疗电子、航空航天和军用武器系统中，可以说凡是有电路或电气控制的设备或产品都会用到PCB，各种电子元器件只有通过PCB才能实现互连互通，才能实现其功能。因此，PCB的质量和可靠性直接影响电子整机或系统产品的质量和可靠性，应该引起电子相关行业特别是电子制造业的高度重视。

在过去约40年的历史中，PCB产业跟随全球电子制造中心的转移步伐，已经先后从美国转移到日本再到中国台湾，现阶段已转移到中国大陆。目前，全球约2800多家PCB企业，其中约1500家在中国大陆，主要分布在珠三角和长三角区域，中国大陆PCB产值全球占比已超过50%。

随着电子信息产品向轻薄小化、高密度封装、高速高频、高性能、高可靠性及绿色环保等方向的快速发展，电子制造工艺的质量与可靠性成为电子行业最大的挑战之一，尤其是对于PCB行业更是一个严峻的挑战。为了适应和满足这些发展的需要，PCB本身的制造技术和材料技术不断发展和提高的同时，对于用户而言，PCB的选择和评估则成为保证电子制造工艺乃至电子整机产品质量和可靠性的关键环节。

1. 印制电路板的定义及作用

根据GB 2036中对PCB的定义，PCB是指在绝缘基材上，按预定的设计，用印制的方法得到的导电图形，它包括印制电路和印制元件或者两者结合的电路。完成了印制电路和印制电路工艺加工的基板通称为PCB。根据这个定义，PCB的功能和作用就非常明确了，其作用如下。

（1）为各类元器件的固定、组装、安装提供机械支撑作用。

（2）提供元器件之间的电气连接和电绝缘。在一些特殊电路中还可以提供其所需的电气特性，如特性阻抗、电磁屏蔽等。

（3）热传导和散热作用。

（4）对于一些特殊板，如内嵌入无源元件的PCB，提供电气功能，简化电装程序，提高产品的可靠性。

（5）为芯片提供载体。

（6）极大地缩小了互连导线的体积和重量。

（7）为手动/自动插装、焊接、检查、维修等提供阻焊和字符等标识。

（8）保证了产品的标准化生产、批量性、一致性生产和组装。

2. 印制电路板的组成与分类

1）PCB的组成

从PCB的定义可知，它是由导电用的印制电路和基板材料构成的。印制电路包括印制元件或印制电路以及两者结合的导电图形，如印制导线、焊盘等，印制元件是指印制在基板上制成的无源元件，如电容、电阻、电感等；PCB绝缘基材是指板材的树脂及增强材料部分，可作为铜电路与导体的载体及绝缘材料。通常基材按照结构特征类别有半固化片（Prepreg，PP片）、覆铜箔层压板（Copper Clad Laminate，CCL）、附树脂铜箔（Resin Coated Copper，RCC）及无铜箔的特殊基材等。

2）PCB的分类

PCB的分类目前没有统一的标准，其分类方式多样，可以根据用途、图形、结构、物理特性、所用基材等来分类。按照用途的不同分为民用板、工业板和军用板；按照图形的层数或结构可以分为单面板、双面板、多层板、齐平板；按照所用基材的刚挠等物理特性可以分为刚性板、挠性板（FPC）、刚挠结合型板；按照特殊用途可分为阻抗特殊性板、高频微波板、高密度互连（HDI）板、高玻璃化转变温度（高T_g）板、抗导电阳极丝（CAF）板、无卤板、埋盲孔板和集成元件板等；按照基材类型可以分为覆铜箔层压板、陶瓷基板、金属基板，而覆铜箔层压板进一步分为纸基板、复合基板、环氧玻璃纤维布板等，甚至还可以根据材料类别进一步细分，见表3.19。

表3.19　印制板基材的分类

序号	分类方式	基材类型
1	按所采用绝缘树脂	酚醛树脂、环氧树脂（EP）、聚酰亚胺树脂（PI）、聚酯树脂（PET）、聚苯醚树脂（PPO或PPE）、氰酸酯树脂（CE）、聚四氟乙烯树脂（PTFE）、双马来酰亚胺三嗪树脂（BT）

（续表）

序号	分类方式	基材类型
2	按所采用不同增强材料	玻纤布基覆铜板、纸基覆铜板、复合基覆铜板、芳酰胺纤维无纺布基覆铜板、合成纤维基覆铜板等
3	按阻燃特性等级	UL标准将基板材料划分为四类不同的阻燃等级：UL-94 V0级；UL-94 V1级；UL-94 V2级；UL-HB级
4	按介电损耗等级	常规损耗：Df>0.02；中等损耗：Df为0.01 ~ 0.02；低损耗：Df为0.006 ~ 0.01；甚低损耗：Df为0.003 ~ 0.006；超低损耗：Df<0.003
5	按CTI（漏电起痕指数）等级	I级，CTI≥600V； Ⅱ级，600V>CTI≥400V； Ⅲ级，400V>CTI≥175V
6	按T_g等级	（1）普通T_g板材：低于130℃，包括普通FR-4板材。 （2）中T_g板材：130 ~ 150℃，包括改性FR-4板材（多官能团或酚醛型环氧树脂对一般FR-4树脂体系的改性）。 （3）高T_g板材：170℃左右，包括FR-5板材、高耐热性树脂改性FR-4、PPE改性环氧板、PPE改性BT板、热固性PPE板、环氧改性BT板、环氧改性氰酸脂板、环氧改性PI板等。 （4）超高T_g板材：200℃以上，PI板、BT板、改性BT板、马来酸酐缩亚胺-苯乙烯MS板、新型PPE板、氰酸脂板、碳氢树脂板等
7	按卤素存在与否	（1）含卤基板材料。 （2）无卤化基板材料：无卤化基板材料是在其树脂中的“氯含量或溴含量小于0.09wt%。在IPC-4101标准中，还更具体地将无卤化的PCB基板材料根据其树脂中所用的阻燃剂种类的不同，划分为三个不同的无卤化的品种。即非卤非锑的含磷型无卤化基板材料（不含无机填料）、非卤非锑的含磷型无卤化基板材料（含有无机填料）、非卤非锑非磷型的无卤化基板材料
8	按基材类型	有机树脂覆铜板、金属基（芯）覆铜板、陶瓷基覆铜板

3.4.2 绿色制造工艺给印制电路板带来的挑战

本文所说的绿色制造是指在工艺和所制造的产品中不能再使用环保法规限制使用的有毒有害物质。对于电子制造工艺影响最大的受限有害物质是铅和卤素化合物（卤化物），因此绿色制造对于PCB来说，主要是PCB的无铅（Lead free）、无卤（Halogen free）化。PCB中铅（Pb）含量、卤素含量要符合欧盟RoHS、挪威PoHS和REACH指令等环保法规，以及GB/T 26572、IPC/JEDEC J-STD-709等标准的要求，即铅（Pb）、汞（Hg）、六价铬（Cr（VI））的限量为0.1wt%（1000ppm）、镉（Cd）的限量为0.01wt%（100ppm）、多溴联苯（PBB）、多溴二苯醚（PBDEs）限量为0.1 wt %（1000ppm）；氯（Cl）、溴（Br）的限量为0.09 wt %（900ppm）、总卤素（Br+Cl）的限量为0.15 wt %（1500ppm），关于环保法规和标准在本书的其他章节已有详细的描述，在此不再繁述。

PCB的无铅、无卤化除了指材料本身符合环保法规要求，还要适应无铅焊接工艺的需求，包括阻焊油墨、字符、表面可焊性涂层、板材等的无铅、无卤化工艺的适应性。而这些都给PCB带来了很大的挑战，无铅、无卤化过程产生了大量的质量和可靠性问题。

1. 无铅、无卤化给 PCB 带来的挑战

首先，无铅焊接工艺带来的高热容、小窗口、低润湿性等给PCB带来很大的挑战。由于传统的有铅焊料如Sn63Pb37熔点为183℃，而典型的无铅焊料熔点范围为217 ~ 227℃，几十度的熔点差异导致焊接温度相应提高。而无铅焊接工艺中使用的无铅焊料本身润湿性较传统锡铅焊料差，加之使用高效卤化物作为活性剂的助焊剂中的卤化物被替换，无疑大大增加了PCB良好焊接的难度，工艺缺陷率明显增加（见图3.20）。为了保证良好的焊接质量，焊接工艺参数相应有较大的调整，最直接的变化是调整焊接峰值温度和时间。如传统有锡铅再流焊接工艺典型的峰值温度为210 ~ 230℃，再流（回流）区时间为30 ~ 50s，而无铅焊接工艺典型的峰值温度为235 ~ 245℃，再流（回流）区时间为50 ~ 70s；波峰焊中有铅温度一般控制在250℃左右，而无铅焊接温度一般控制在255 ~ 265℃。无铅工艺的转变，意味着PCB需经受更高的温度、更长的焊接时间，而这些更高热量的冲击纷纷给PCB带来板弯、板翘、板面起泡分层等不良影响（见图3.21）。

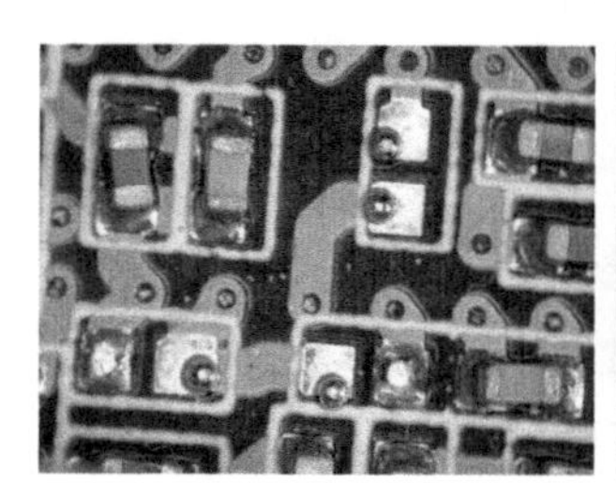
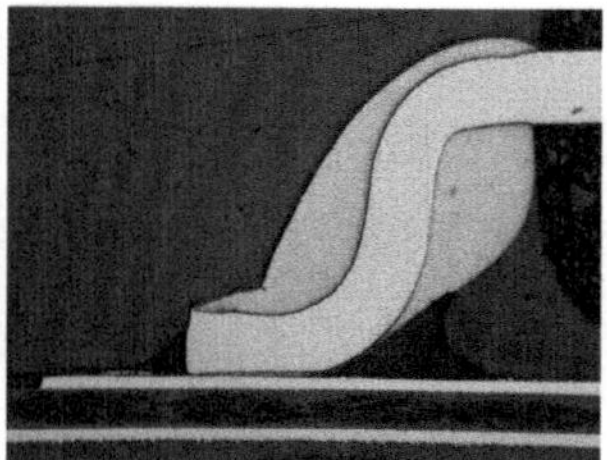

图 3.20 上锡不良工艺缺陷图例

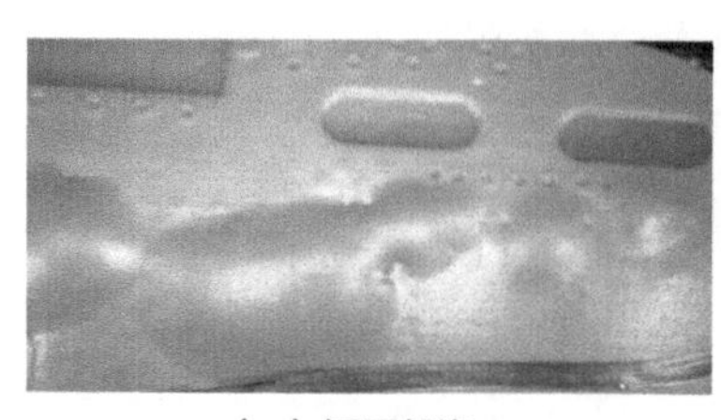
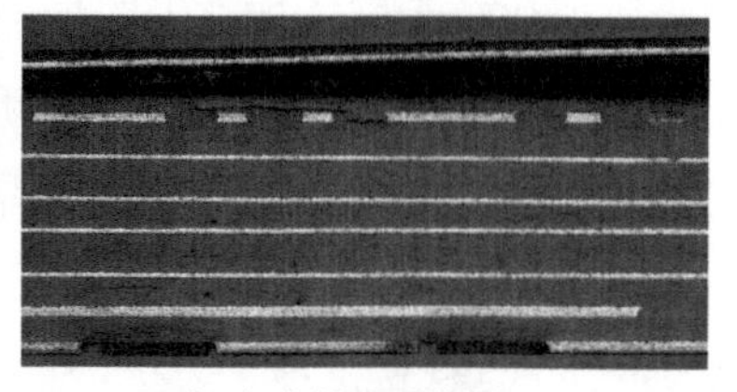

（a）板面起泡　　（b）内部出现分层

图 3.21 PCB 不良图例

其次，无卤化给PCB也带来了很大的挑战，在传统的如FR-4板材中，为了满足阻燃要求（如符合UL94 V0要求、GB 4943 V0级），保证电子信息产品在实际使用中的安全可靠，都会添加大量的含溴阻燃剂，如四溴双酚A，通过溴的作用，产生阻燃的效果。这些含溴产品在燃烧过程中可能会释放出二噁英（TCDO）和二氢呋喃等毒性很大的物质，极大地威胁人类的健康。因此，为了满足绿色制造的要求，PCB中溴代阻燃剂逐步被其他物质

所代替，如含氮酚醛树脂、含磷环氧树脂等，氢氧化铝、氢氧化镁等无机填充剂加入树脂中以满足阻燃的要求。目前这些阻燃剂，要么成本高、要么阻燃效果下降，同时会引起绝缘性下降、脆性增加、硬度增加、加工性能变差等众多质量问题。导致PCB在后期加工过程中存在玻纤开裂（见图3.22）、拉丝、分层剥离、孔粗、芯吸超标，甚至产生导电阳极丝（CAF）等不良现象（见图3.23）。

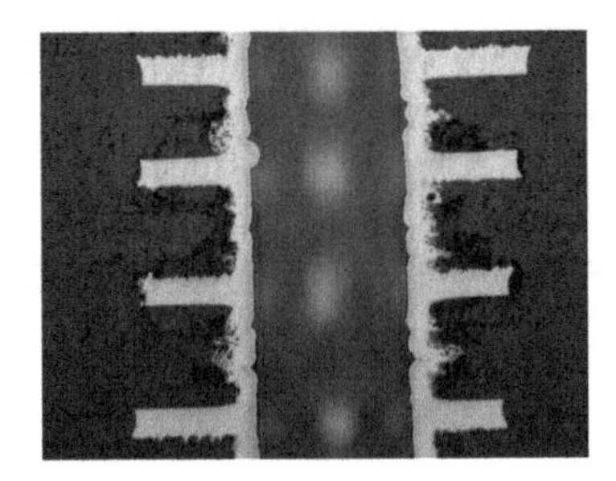

图 3.22　玻纤开裂

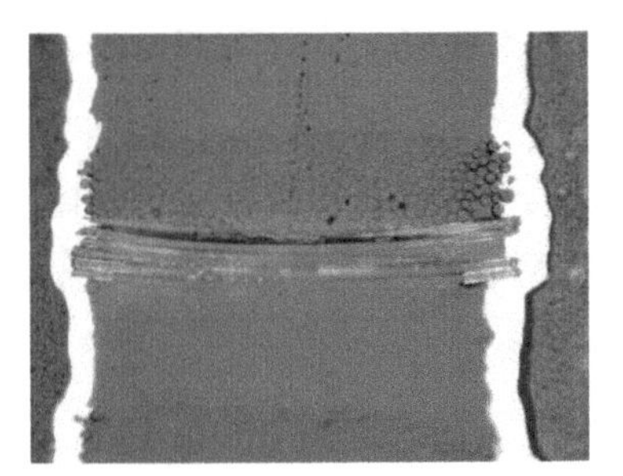

图 3.23　出现 CAF

2. 无铅、无卤化给 PCB 涂层带来的挑战

相对用于传统的有铅工艺的PCB涂层来说，焊接热量和使用工艺辅料的转变，对PCB涂层有较大的影响，其中应用较普遍的无铅热风焊料整平（HASL）层、有机可焊性保护剂（又称有机可焊性保护膜，OSP）、化学镀镍/浸金（ENIG）、电镀镍金（Electrolytic Ni/Au）层等在实际应用中出现问题频次较高。

HASL工艺由于其生产成本低，且其锡焊料涂层与焊接用锡焊料兼容性好，其应用已有数十年。但其工艺本身被认为有一定的控制难度，PCB焊盘尺寸和几何图形使此类工艺增加了额外的难度，使得其表面很不平整、厚度差别大，本身不适用于细小间距的表面组装技术。而导入无铅工艺后，要承受更高热量的焊接，涂层中金属相（Cu_6Sn_5和Cu_3Sn）的增长和氧化导致涂层退化较明显，加之无铅焊料本身润湿性不如有铅焊料，这些因素给无铅HASL层的可焊性带来了很大的影响，一般经历一次或两次焊接后，其焊接现象尤其明显，如最薄区域的焊盘边缘或PTH孔拐角位置可焊性下降最快，往往造成在二次再流焊或在波峰焊中失效出现焊接不良现象（见图3.24）。

（a）不平整的无铅 HASL 焊盘

（b）焊接后出现退润湿

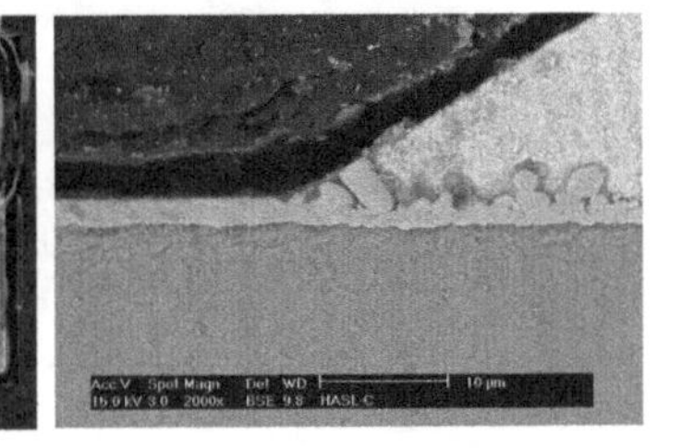

（c）HASL 层合金化

图 3.24　无铅 HASL 层 PCB 焊接不良现象

OSP涂层由于其膜厚均匀、平面性好、成本低等优点而应用广泛。但传统的OSP膜在250℃左右就会分解，在有铅焊接中，OSP一般能耐受两次焊接，即两次再流焊，在第三次波峰焊时，镀覆孔（PTH）内经常发生焊料填充不足现象。而在无铅焊接工艺中，更高的焊接热量给OSP膜带来更大的挑战。在焊接工艺中经常面临这样的问题，OSP膜处理的PCB焊盘在第一面再流焊时未发生失效，但到第二面焊接时往往会焊接不良，这就是因为OSP膜在第一次焊接时已发生分解或消耗，焊盘铜面高温氧化，劣化了焊盘的可焊性，从而出现焊接失效（见图3.25）。因此，为了适应无铅的高焊接热、使用多次焊接的需求，OSP配方不断改进，热分解温度不断提高，据报道，目前OSP已发展到第五代，其OSP膜的分解温度已提高到300℃，能承受4次或以上的焊接。

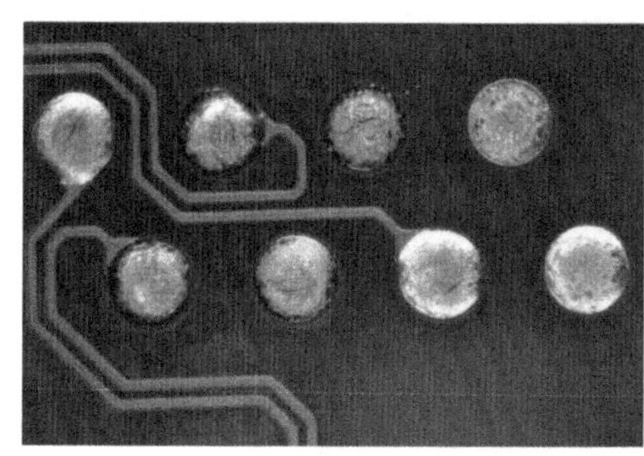

（a）第一次焊接（接收态）

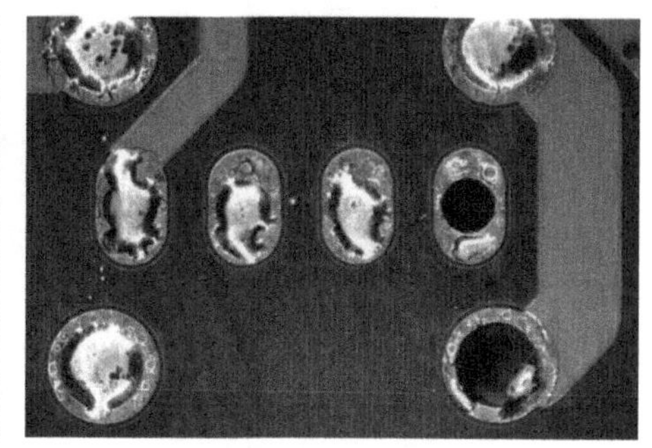

（b）第二次焊接（空板再流一次后）

图3.25 不同焊接次数对OSP焊盘可焊性的影响

对于ENIG涂层来说，由于浸金层是一层很薄的多孔性的沉积层，同时如果在镍层酸性浸金镀液或工艺控制失控时，焊盘底层镍更易出现氧化腐蚀，因此在无铅焊接工艺中，镍氧化腐蚀产生“黑焊盘”的失效屡有发生（见图3.26）。而如果ENIG焊盘Au层太厚，则Au易与焊料中的Sn形成$AuSn_4$这种脆性的金属间化合物（Intermetallic Compound，IMC），如果停留在焊接界面则容易引起“金脆”即焊接界面断裂。因此，如何控制浸金工艺，既不能太薄起不到保护底层镍的作用，又不能太厚引起“金脆”，以适应更高热量、更窄窗口的无铅焊接工艺，保证良好的可焊性和焊接可靠性尤为关键。

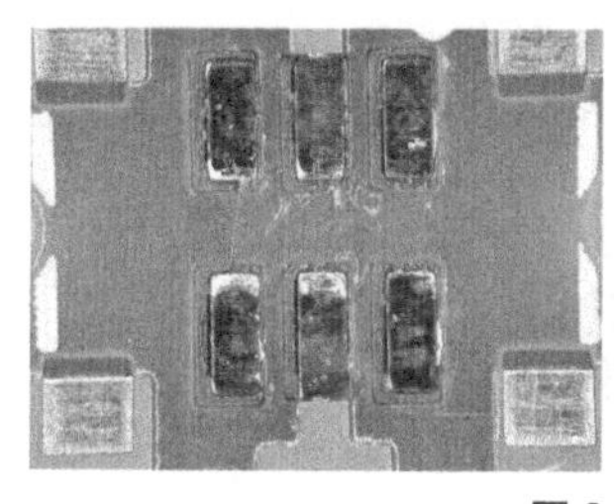

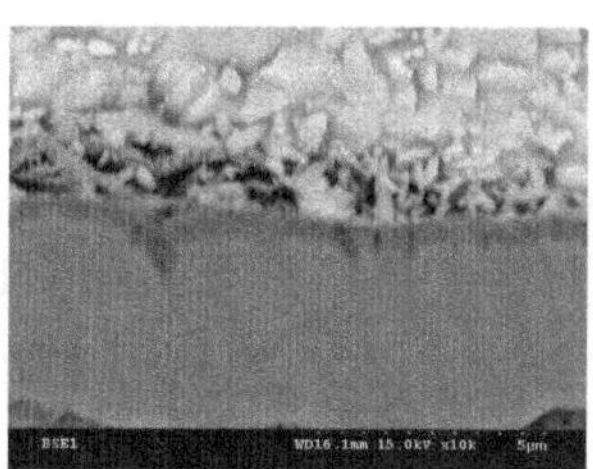

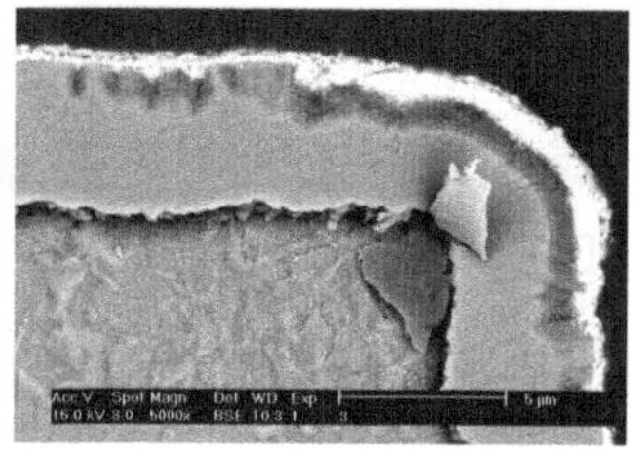

图3.26 PCB焊盘镍氧化腐蚀不良典型图例

电镀镍金（Electrolytic Ni/Au）的优点与ENIG类似，除金面平整、导电性能好以及金本身稳定性好不会被氧化等优点而应用较广泛外，还有键合性能好且电镀镍金不会出现ENIG中的“黑焊盘”现象等优点，因此常常被用作连接器焊盘（金手指）或键合焊盘；但是与ENIG相比，电镀镍金的硬度稍大，可焊性会有所下降。在实际应用中，不同厚度工艺的电镀金层在无铅焊接工艺中也会出现不同问题，如电镀薄金时（其金层厚度只有十几纳米），可能无法很好地保护镍层不被氧化，同时薄金层的镍元素的扩散形成固溶体阻碍金层在焊料中的溶解和扩散，容易产生金层润湿不良现象（见图3.27）。电镀厚金一方面成本高，同时由于其硬度等原因可焊性不如ENIG，而且过厚的金层容易导致“金脆”等现象；另一方面，由于电镀镍金工艺本身问题，容易出现孔穴，在后期焊接过程中出现焊接不良的现象也很多（见图3.28）。

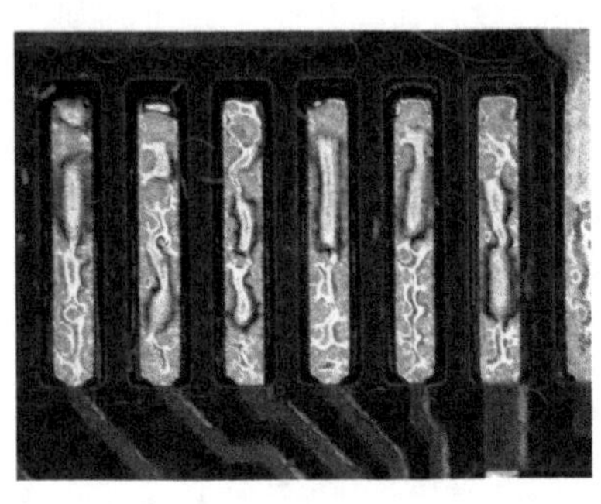

（a）金层润湿不良

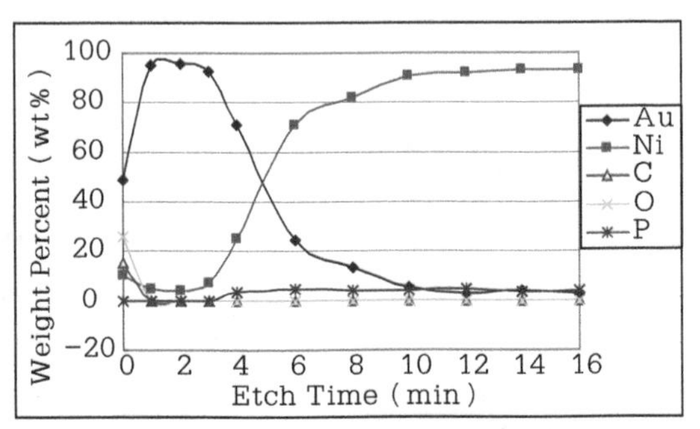

（b）PCB焊盘金层元素含量变化图

图3.27 电镀镍金PCB焊盘由于镍扩散的作用引起焊接不良图例

（a）金面

（b）焊盘退润湿

（c）焊接界面多空洞

图3.28 PCB多孔的电镀镍金焊盘焊接不良图例

3.4.3 绿色制造工艺对印制电路板的要求

1. 绿色制造工艺对PCB基材的要求

PCB基材有多种，从纸基板（如XPC、XXXPC、FR1、FR2、FR3系列）、环氧玻璃布基板（如FR4、FR5、G10、G11系列）到复合基板（如CEM-1、CEM-3系列）。目前应用较广泛的有CEM-1、CEM-3、FR-4等类型基板。以应用最广泛的制作两层及以上的环氧玻璃纤维板FR-4为例，传统的FR-4的极限温度为240℃左右，而无铅焊接可能会超过240℃，前面提到无论是无铅再流焊还是波峰焊，其焊接热量明显高于传统的有铅焊接。因此，无铅焊接要求除考虑环保法规的符合性外，还要求PCB基材有较高的玻璃化转变温度（T_g）、较高的热分解温度（T_d）、较低的热膨胀系数（CTE），另外，还要兼顾成本方面的考虑因素。IPC-4101D《刚性及多层印制板用基材规范》中规定了不同类型的基材技术指标要求，其中与无铅焊接工艺兼容的典型规格有IPC-4101/99，/101，/121，/122，/124，/125，/126，/127，/128，/129，/130，/131；无铅非FR-4的板材有IPC-4101/16，/102，/103。几类常见的无铅用FR-4板材部分参数技术要求见表3.20，其他类型板材及参数要求详见IPC-4101D。

表3.20　几类常见的无铅用FR-4板材部分参数技术要求

序　号	参数与单位	IPC-4101/99	IPC-4101/101	IPC-4101/121	IPC-4101/124
1	玻璃化温度/℃	≥150	≥110	≥110	≥150
2	热分解温度/℃	≥325	≥310	≥310	≥325
3	Z轴CTE A. α_1，ppm/℃ B. α_2，ppm/℃ C. 50 ~ 260℃，%	 ≤60 ≤300 ≤3.5	 ≤60 ≤300 ≤4.0	 ≤60 ≤300 ≤4.0	 ≤60 ≤300 ≤3.5
4	分层时间（TMA）（除去铜箔） A. T260，min B. T288，min C. T300，min	 ≥30 ≥5 供需双方协定	 ≥30 ≥5 供需双方协定	 ≥30 ≥5 供需双方协定	 ≥30 ≥5 供需双方协定

PCB基材除耐热性能等参数与无铅工艺兼容性相适应外，其他性能如机械性能（弯曲、剥离强度等）、电气性能（介电常数、介质损耗因子tan δ 、绝缘电阻、介电强度、耐漏电起痕性CTI等），以及环境适应性（湿热绝缘电阻、耐离子迁移CAF性能等）等都要满足不同级别的无铅产品技术要求。

2. 绿色制造工艺对 PCB 涂层的要求

传统的铅工艺PCB涂层有锡铅HASL、OSP、ENIG、电镀镍金、化学浸银（ImAg）、化学浸锡（ImSn）等。无铅化后这些涂层种类变化不大，HASL中用无铅焊料合金取代锡铅合金，并要求焊盘涂层中有害物质符合欧盟RoHS指令等法规的要求，其厚度控制也相对有铅工艺更严格。其他涂层情况类似，既要满足各类环保法规的要求，也要满足无铅工艺适应性要求。涂层通用类型见表3.21，涂层厚度的一般要求见表3.22。

为了降低和缓解化学镀镍/浸金（ENIG）中的“黑焊盘”问题，一种替代的表面处理化学镍钯金（ENEPIG）工艺得到应用和发展，ENEPIG是一种多功能的最终涂层，钯与镍不同，有更高的抗浸金层的特性，在仍能保证良好的金线键合性能和良好可焊性前提下，不易产生“黑焊盘”的问题。目前其应用越来越广泛，但是在应用初期，不仅它的成本较高，而且工艺不稳定等问题导致不能完全避免“黑焊盘”问题。

表3.21　涂层通用类型

有铅PCB焊盘表面涂层	无铅PCB焊盘表面涂层
Sn/Pb热风焊料整平（HASL）	无铅（Sn/Cu，SAC）热风焊料整平（HASL）
化学镍金（ENIG）	化学镍金（ENIG）
—	化学镍钯金（ENEPIG）
电镀镍金（Electrolytic Ni/Au，电镀薄金/水金板，厚金）	电镀镍金（Electrolytic Ni/Au，电镀薄金/水金板，厚金）
有机可焊性保护膜（OSP）	有机可焊性保护膜（OSP）
化学浸银（Im-Ag）	化学浸银（Im-Ag）
—	化学浸锡（Im-Sn）

表3.22　涂层厚度的一般要求

序　号	涂　层	厚　度	
1	热风焊料整平（HASL）	锡铅工艺：覆盖，可焊（≥1μm）	无铅工艺：覆盖，可焊（≥2μm，典型值2 ~ 12μm）
2	化学镍金（ENIG）	镍层（Ni），3 ~ 6μm 金层（Au），≥0.05μm	
3	电镀镍金（Electrolytic Ni/Au）	焊接区，最大0.45μm	
4	有机可焊性保护膜（OSP）	可焊，典型值0.3 ~ 0.5μm	
5	化学浸银（Im-Ag）	可焊，薄银层≥0.05μm（典型值0.07 ~ 0.12μm）；厚银层≥0.12μm（典型值0.2 ~ 0.3μm）	
6	化学浸锡（Im-Sn）	可焊，≥1.0μm（典型值1.15 ~ 1.3μm）	
7	化学镍钯金（ENEPIG）	≥镍层3.0μm（典型值3 ~ 6μm） ≥钯层0.05μm（典型值0.1 ~ 0.2μm） ≥金层，覆盖并可焊（典型值0.03 ~ 0.05μm）	
备注	（1）可焊性涂层厚度要求参考IPC-6012C标准及印制板企业内部要求； （2）涂层厚度根据印制板结构及焊接工艺的复杂性程度略有不同，目的都是实现良好焊接		

3.4.4　印制电路板的选用

1. 选用 PCB 的一般要求

选用PCB一般会从用户需求出发，结合产品特性、使用环境、成本与质量可靠性、环保法规、过程可制造性、标准符合性等综合因素，进行PCB的设计和选用。

1）要能满足产品的电路特性和使用环境的要求

首先要考虑所选的PCB及其基材是否与设计的电路特性相匹配，是否能满足电路设计的要求，以及产品工作使用环境的要求。如高频、高速电路要选用介电常数低、介质损耗因子小的PCB；在高电压工作条件下，要选用介电强度高、耐漏电起痕指数（CTI）高、绝缘性能好的PCB；在高温工作条件下，要考虑选用耐热性能好的PCB；在高湿工作条件下，要选用吸湿性小、绝缘性能好PCB；在海洋性气候工作条件下，要选用耐盐雾强的PCB及涂层；而振动工作条件下如车载电子产品，则应选用机械强度较好的PCB等。因此，在选用PCB时一定要考虑能否满足其应用在产品上的使用环境要求，不能因为环境因素影响电子整机产品的质量和可靠性。

2）要能满足质量标准要求及产品的可靠性要求

产品的可靠性是指产品在规定的时间内和规定的使用条件下，完成规定功能的能力。PCB作为电子整机产品的基础零部件，其可靠性要求应高于整机产品。电子行业通常根据可靠性要求的高低将电子产品分为三个通用等级。

1级 普通类电子产品——包括消费类、某些计算机和计算机周边（外围）设备，适合外观缺陷并不重要且以成品PCB功能完整性为主要要求的应用。

2级 专用（或耐用）服务类电子产品——包括通信设备、复杂的商用机器、仪器，这些设备要求高性能及较长的使用寿命，同时希望产品能够不间断地工作，但这一要求并不严格。要求有较好的可靠性，一般情况下不会因使用环境而导致故障，允许有某些外观缺陷。

3级 高性能电子产品——包括以连续高性能或严格按指令运行为关键的设备和产品。这类设备的服务间断是不允许的，且在有要求时必须能够正常工作，如生命维持设施或航空控制系统。本级别产品的PCB适用于要求较高、保证水平且服务非常重要的应用。

产品可靠性要求越高，对PCB稳定可靠性的要求就越高。如鼠标、遥控器、电子玩具类产品，一般以单面PCB（板材为CEM-1或FR-2等）为主；专用服务类产品，要求有较高可靠性的如计算机，则以四层或以上PCB（一般用FR-4等板材）为主；高性能产品则用性能更高的PCB（改性FR-4或FR-5等）。在选择这些不同级别或不同类型的PCB时，要按照产品标准或国家、行业等标准要求对其符合性进行测试评估，选择合格的PCB。可靠性要求高、使用寿命长的还应该选择电气绝缘性好、耐导电阳极丝（CAF）迁移且膨胀系数（CTE）小的产品。

3）考虑成本要求

任何产品的设计和材料的选用，都会在保证产品质量的前提下，考虑成本最低原则。选用PCB时同样如此。从PCB的层数及功能设计等角度出发，先确定板材，再考虑板面涂层的选用。目前PCB板材都有系列的规格清单，如IPC-1401D中根据不同的材料有系列规格清单（如酚醛树脂/纸有IPC-1401//00，/01，/02等，环氧/玻纤布有IPC-1401/20，/21，/121，/122，/124，/125，/129，/130，/131等）。厂家一般都有对应的规格单，如S1141系列、S1170、KB-5150、NY3140、KB-6160等产品。选择这些板材时都会考虑选用性价比较高的产品，为了降低质量风险和后续产品不良带来的损失，都会选择合格供应商及其目录内的满足性能和使用要求的成熟产品。在选用不同涂层时也会在做到满足产品质量和制造工艺的要求下，选择成本相对低的涂层，如OSP等。近年来，企业从节约成本入手，从顾客的实际需求出发，不断平衡产品质量与成本之间的关系，尽量做到产品的“合理质量”，既能被顾客接受，又不会远远超出顾客期望，产生无效质量或不必要的质量从而造成损失或浪费。

4）要能满足产品的可制造性要求

选用PCB时除了考虑产品使用环境条件、可靠性、成本等因素，产品生产过程的可制造性要求非常关键，也是直接影响产品批量生产的稳定性和质量可靠性的关键要素。一般从前期PCB的可加工性和后期PCB可制造性设计方面考虑。可加工性方面，结合PCB的结构和制造，如是单面板还是双面板或多层板，是非金属化孔，还是有镀覆孔、盲埋孔等，孔成型要考虑板材与冲切孔、机械钻孔、激光钻孔等工艺的适应性选取不同的覆铜箔板等。在后期PCB可制造方面，考虑板材的耐热性能，如无铅工艺应选择较高T_g耐热性能好的板材；考虑PCB不同封装的元器件焊盘分布位置、方向、间距等对焊接直通率的影响等。因此，应选择与加工性能和制造性能相适应的PCB。

5）考虑环保法规等符合性要求

基于环保法规要求，在产品设计和制造过程中，不仅要考虑产品当前使用的环保性，也要考虑将产品在整个生命周期内对环境产生的影响降到最低。考虑产品完成使命报废后的存放或回收处理，含有的有毒有害物质是否通过直接或间接渠道对环境和人类健康造成危害等。因此，要选择符合RoHS、WEEE等指令和国内环保法规及标准要求的环保产品，使用无铅、无卤化的PCB以满足绿色制造的要求。

2. 正确选用绿色制造用 PCB

目前，无铅或无卤化的绿色制造工艺带来的质量与可靠性问题层出不穷，因此，作为电子产品基础零部件的PCB的选用尤为重要。

选用无铅PCB，首先考虑其高温相容性。高温带来的问题如前文所述，翘曲变形、起泡分层、孔铜断裂等，所以要求PCB有较高的T_g、较高的T_d、较低的CTE；当有无卤化要求时，大量的卤化物阻燃剂的替代填充剂使得PCB的脆性、硬度增加，可加工性能变差，加工过程产生微小裂纹、拉丝等现象，且更易吸湿，使得电子产品在后期因CAF导致漏电，严重时导致烧板等事故。

1）如何选择无铅、无卤化PCB

选择无铅、无卤化PCB首先要选择符合相关法规的板材。在此基础上，根据产品的不同等级、不同可靠性要求、产品应用的环境、可制造性，以及兼顾成本等方面来考虑和选择，确定后按照产品标准或国内外发布的各类标准对其性能参数进行评估，评估通过后方能投入使用。

对于低成本的普通消费类的电子产品，如计算机鼠标、空调遥控器等，可以考虑用CEM-1、CEM-3（如 IPC-4101/81）、FR-1、FR-2等板材，注意有无铅要求的不一定有无卤化要求，要看实际要求来选择。为了满足无铅的需要，避免在实际应用中，将不能耐高温的无卤化基材误用于无铅工艺中，目前不适应无铅工艺的无卤化板材已逐渐被取代。对于专用服务类电子产品，如计算机、服务器主板、手机主板、电视机等机芯电控板，这类有无铅要求的，可以选择IPC-4101中标注有关键词“无铅FR-4”板材；对于有无卤化要求的，可以选择溴等含量符合环保法规要求的FR-4板材，如 IPC-4101/122，/125，/127，/128等；对于细间距、可靠性要求较高的板材还要考虑是否耐CAF，那么选择耐CAF板材，如IPC-4101/129，/130，/131等；对于较复杂的无铅产品，可以选择高T_g的FR-4系列产品，如IPC-4101/24，/26等；对于耐高温弯曲强度、高厚径比、高可靠性要求的还可以选择FR-5，如IPC-4101/23或类似级别产品；高速高频的需要考虑采用聚四氟乙烯玻璃纤维（PTFE）或氰酸酯（CE）覆铜板等；对散热有较高要求的，需要考虑采用金属基板（铝基板、铜基板等）；其他如低膨胀系数要求等均可以参考IPC-4101D中规格单号对应的特性关键词进行选用。表3.23中列出了IPC-4101D标准中的规格单号，对应不同的特性要求。

表3.23　IPC-4101D标准中的规格单号

特性要求（关键词）	IPC-4101D规格单号
无铅	无铅FR-4：IPC-4101/99，/101，/121，/122，/124，/125，/126，/127，/128，/129，/130，/131
	无铅非FR-4：IPC-4101 /16，/102，/103
无卤化（低卤素含量）	IPC-4101/05，/14，/15，/35，/44，/58，/96，/122，/125，/127，/128，/130，/131
耐CAF	IPC-4101/29，/30，/61，/70，/71，/72，/73，/102，/126，/129，/130，/131
低X/Y轴CTE	IPC-4101/50，/53，/55，/58，/60，/61，/70
低Z轴CTE	IPC-4101/43，/44，/99，/101，/102，/121，/122，/124，/125，/126，/127，/128，/129，/130，/131
低D_k/D_f	IPC-4101/13，/25，/43，/44，/50，/53，/54，/55，/58，/61，/70，/71，/72，/73，/90，/91，/96，/102，/103
高T_g（150～250℃）	IPC-4101/22，/23，/24，/25，/26，/28，/29，/30，/33，/41，/42，/50，/53，/54，/55，/58，/60，/61，/70，/71，/83，/90，/91，/94，/95，/96，/98，/99，/102，/103，/124，/125，/126，/128，/129，/130，/131
高可靠性（聚酰亚胺/玻纤布）	IPC-4101/40，/41，/42，/43，/44
高分解温度	IPC-4101/99，/124，/125，/126，/128，/129，/130，/131
高温弯曲强度	IPC-4101/22，/23
消费类电子产品	IPC-4101/00，/01，/02，/03，/04，/05，/10，/11，/12，/14，/15，/16，/80，/81
可冲孔	IPC-4101/00，/01，/02，/03，/04，/05，/10，/11，/12，/14，/15，/16，/80，/81
单面	IPC-4101/00，/01，/02，/03，/04，/05，/10，/11，/15，/80

（续表）

特性要求（关键词）		IPC-4101D规格单号
CEM-1		IPC-4101/10，/15，/80
CEM-3		IPC-4101/12，/14，/16，/35，/81
CRM-5		/11
FR-1		/02
FR-2		/03，/05
FR-3		/04
FR-4	FR-4.0	IPC-4101/21，/24，/26，/27，/72，/73，97，/98，/101，/121，/124，/126，/129
	FR-4.1	IPC-4101/122，/125，/127，/128，/130，/131
FR-5		IPC-4101/23
其他		略，详见IPC-4101D
备注		“低卤素含量”：溴或氯，最大900ppm；溴+氯，最大1500ppm

2）*如何选择无铅、无卤化PCB涂层*

目前无铅工艺常用的PCB涂层中，HASL、OPS、ENIG最为常见，其次是电镀镍金、ImAg、ImSn，以及近年来为更高可靠性要求导入的ENEPIG。这些涂层各有优缺点，在选择这些涂层时，要兼顾成本、板材类型、焊接工艺所用焊料、助焊剂等工艺材料，以及工艺次数等，做到材料兼容、工艺适应性好。

HASL涂层由于与焊接用无铅焊料兼容性好、成本低而受到欢迎，而且焊接后的焊点强度较高、可靠性好，即便是空焊盘，由于HASL焊料覆盖，也不容易受环境影响发生腐蚀或迁移（恶劣环境除外，这时要考虑在板面涂覆三防漆等防护层）。但由于其涂层不平整，不适用于细小间距的SMT工艺，因此HASL层适用于组装密度不高的PCB上。为了保证良好的焊接效果，避免高温焊接后涂层合金化而降低可焊性的问题，无铅HASL在厚度控制方面的要求有所提高，如传统有铅HASL工艺最小厚度为1μm甚至更低也能焊接好时，在无铅HASL方面要求最小厚度为2μm或以上才能焊接好，否则较薄区域的涂层合金化后导致局部区域发生退润湿或不润湿现象。目前市场上常用的无铅HASL涂层组成主要有锡铜系列（如Sn99.3Cu0.7）、锡铜镍（Cu0.7Ni0.05）系列或低银系列的锡银铜（SAC）合金，早期的SnAg3.0Cu0.5（SAC305）合金涂层由于其成本问题已逐渐被低银系列焊料（SnAg0.3Cu0.7、SnAg0.5Cu0.7等）取代。

OSP涂层由于其膜厚均匀、平面性好、成本低、符合无铅要求，并且获得的焊点强度高等优点而应用广泛，特别是早期成为取代无铅HASL、解决细窄间距元器件焊接问题的有效选择。由于OSP膜本身耐热性能的问题，目前常用在单面板（CEM-1、FR-3等）、双面板（CEM-1/3、FR-4）中，受1 ~ 2次焊接热，以保证良好的焊接效果。随着OSP膜的配方不断改进，热分解温度不断提高，其应用在多层板，以及复杂焊接工艺上越来越多，如在服务器主板、手机板等应用广泛。选用OSP涂层时要考虑其膜厚，膜太薄容易破损和劣化，不能良好地保护铜层，膜太厚焊接时不易分解影响焊接，典型膜厚为0.3 ~ 0.5μm（也有PCB企业控制在0.1 ~ 0.5μm）；同时还要考虑其储存条件（温湿度敏感）、储存时间（货架寿命短，一般要求储存期为3个月）；另外，因为OSP膜容易破损及耐热较弱等问题，在PCB可制造性设计（DFM）时要考虑PCB的可测试性问题，同时考虑避免大尺寸非焊接盘的设计（OSP涂层处理的焊盘不适合长期裸露在外），因为其膜破损后容易导致铜面裸露出来氧化变色，严重时产生铜绿和发生电迁移（ECM）而漏电失效。

化学镀镍/浸金（ENIG）涂层由于其金面平整、导电性能好、键合性能好、金（Au）本身稳定性好不会被氧化等优点应用广泛，大量的中高端产品都使用这类涂层。当然由于“黑焊盘”及“金脆”缺陷的发生，使得一些用在高可靠性要求上的产品越来越慎用该类涂层板材。考虑到要兼顾良好的导电特性和金层的稳定性，同时又避免出现前述的“黑焊盘”的焊接不良或掉件现象，在使用ENIG涂层工艺中，会用其他涂层进行选择性涂覆，如在一些密间距小焊盘贴装位置如贴装BGA、CSP等器件的焊盘表面选择性涂覆OSP膜，目前这类选择性涂层广泛应用在手机、计算机主板等较高可靠性要求的表面涂覆工艺中。

电镀镍金的优点与化学镀镍/浸金层类似，同时电镀镍金不会出现ENIG中的“黑焊盘”现象，焊接良好的焊点其强度和可靠性高于ENIG形成的焊点；但由于其电镀工艺及镀层金层厚薄、硬度与多孔性结构等问题，焊接过程中也频出不良，以及其成本与工艺等控制难度大等问题，其应用相对而言没有化学镀镍金涂层广泛。

化学浸银（ImAg）因银层平整、银层本身与焊料兼容性好、导电性良而受欢迎。但在焊接过程中产生大量的界面微孔和气泡导致焊点强度不够；同时由于与ENIG有相似的“贾凡尼”效应，发生焊盘腐蚀，如导线连接盘处铜发生电迁移而腐蚀断裂（“断脖子”现象）的典型不良等。这类涂层通常与配方材料以及表面涂覆工艺参数控制有关。

化学浸锡（ImSn）工艺也是由于锡的兼容性好，平整，而成为无铅HASL的替换涂层，解决高密度组装的问题。但由于其厚度较薄，在焊接过程中容易合金化很难承受2次以上的焊接（高温合金化、氧化变色，见图3.29），同时出现不能接受的“锡晶须”（Tin Whisker）现象，目前此类涂层应用不多，主要应用在双面板、可靠性要求相对不高的产品中。

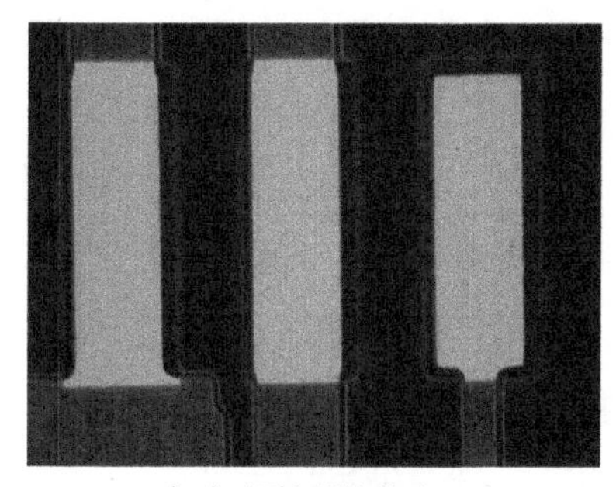
（a）焊接前接收态

（b）耐受一次无铅再流焊接后变色

图 3.29　不良 ImSn 层高温焊接前后图例

作为替代ENIG在较高可靠性产品中的应用，解决“黑焊盘”带来的质量和可靠性问题，化学镍钯金（ENEPIG）作为新兴的涂层，在较高可靠性要求的PCB中应用越来越广泛。

3）考虑无铅、无卤化PCB与工艺辅料的兼容性

由于印制板阻焊剂和焊盘的表面涂层可能还会与焊料、助焊剂、清洗剂以及三防漆等工艺辅助材料存在不兼容的问题，所以必须考虑PCB与上述这些无铅、无卤化工艺辅料的兼容性。因此会将PCB与待用的工艺辅料，如焊膏、助焊剂、焊锡丝、三防漆（适用时）模拟焊接后再进行电迁移（ECM）测试，评估其腐蚀性和电绝缘性能，以考察PCB与工艺辅料的兼容性，避免出现后续由于兼容不好导致的阻焊油墨起泡、腐蚀、漏电等不良现象。这要求根据检测或评估的结果，选用兼容性好的PCB。

3.4.5 印制电路板的评估

印制板在选用之后和使用之前，通常要对其进行质量和可靠性的评估。印制板的性能等级及其技术要求与印制板所使用的基材、机构、类型，以及其应用在电子整机产品中的预期最终用途、应用环境等有关。在IPC-6011《印制板通用性能规范》中，根据印制板的复杂性、功能性能要求以及测试/检验频次，参考电子产品的可靠性分类方法对应地将印制板分成1、2和3个不同的可靠性等级。在IPC-6012《刚性印制板的鉴定及性能规范》中，对印制板不带镀覆孔和带镀覆孔进行分类：

1型——单面印制板

2型——双面印制板

3型——不带盲孔或埋孔的多层印制板

4型——带盲孔和/或埋孔的多层印制板

5型——不带盲孔或埋孔的多层金属芯印制板

6型——带盲孔和/或埋孔的多层金属芯印制板

根据类别的不同，其性能与可靠性要求会有所差异。印制板性能评估的标准有很多，包括国家标准（如GB/T 4677）、国家军用标准（如GJB 362）、航天行业标准（QJ 831）、国外标准（IPC-6011/12/13/15/16/18系列、IPC-TM-650手册）等，不同标准对印制板性能描述略有不同，部分分类也有些差别，但总体来说，印制板的性能评估主要包括外观和尺寸、电气性能、物理性能、机械性能、化学性能、环境适应性和可靠性等的评估，如图3.30所示。

印制板的外观和尺寸主要包括外观目视可见或借助于放大镜（一般是×3或×10）观察到的、借助尺寸测量仪（如游标卡尺、工具显微镜、二次元等）测量到的，有关印制板结构、外形、孔、槽、焊盘等尺寸是否在公差范围内，是否满足设计文件或合同采购文件或标准等的要求；外观如油墨、标识符号、图形、涂层等是否满足要求。例如，观察板边

有无毛刺、缺损，基材有无露织物、晕圈、起泡或分层等。借助于显微剖切主要测量层间重合度、介质层厚度、孔径、孔间距、孔镀层厚度及结构完整性，观察孔洞有无芯吸、裂纹、凹蚀或负凹蚀情况，以及镀层空洞情况、阻焊油墨（或树脂）填充情况、阻焊油墨覆盖厚度等，具体检查内容及技术要求详见各个标准，其中IPC-6012C、IPC-A-600H标准对不同级别的印制板不同状态都有详细的描述。

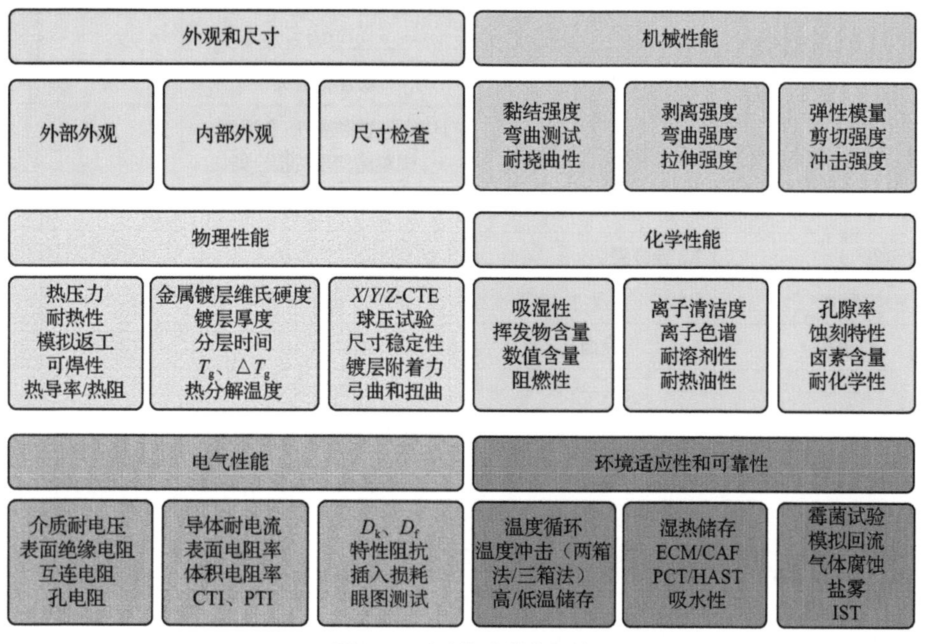

图 3.30 印制板的性能评估

印制板的机械性能包括印制板及基材的弯曲强度、剥离强度、拉伸强度、耐挠曲性和弯曲测试、黏结强度等；物理性能包括可焊性、模拟返工、热压力等；化学性能包括离子清洁度（离子污染）、耐溶剂性、阻燃性等；电气性能包括表面绝缘电阻、介质耐电压、孔电阻、互连电阻、特性阻抗等；环境适应性和可靠性包括气体腐蚀、霉菌试验、温度冲击、湿热储存等。国家标准（GB）、国家军用标准（GJB）、航天行业标准（QJ）、国际电子工业联接协会（IPC）等几类主要标准关于印制板性能评估项目见表3.24，技术指标详见各标准。从产品的质量角度来说，符合标准要求是基本的条件。从产品的验收要求或准则来说，主要是满足用户的要求，因此要根据采购合同或文件、相关产品规范、标准和引用的文件来做出接受或拒收的决定。

表3.24 印制板性能评估项目

QJ 831B—2011	GJB 362B—2009	IPC-6012C	GB 4677—2002
1 一般性能			
1.1 外观	1.1 外观和尺寸要求	1.1 目视检查	1.1 目检
1.2 基本尺寸和特征	一般要求	边缘	一般要求

（续表）

QJ 831B—2011	GJB 362B—2009	IPC-6012C	GB 4677—2002
基材（指绝缘基材）	基材	层压板缺陷	1.2 尺寸检验
导电图形	导电图形	孔内镀层和涂层空洞	—
阻焊膜	阻焊膜	连接盘起翘	—
—	特征尺寸	标记	—
孔位置（精）度	孔位精度	可焊性	—
层间重合度	外层重合度	镀层附着力	—
—	连接盘起翘	印制板边接触片的金镀层与焊料涂覆层的接合处	—
—	—	工艺质量	—
1.3 显微剖切	1.2 显微剖切	1.2 印制板尺寸要求	1.3 分层和显微剖切
尺寸	尺寸	孔径、孔图形精度	—
镀覆孔	镀覆孔	孔环、孔破	—
—	—	1.3 导体精度	—
—	—	1.4 结构完整性	—
—	—	1.5 阻焊膜要求	—
2 物理/机械性能			
2.1 弓曲和扭曲（翘曲度）	2.1 弓曲和扭曲	2.1 弓曲和扭曲	2.1 翘曲度
2.2 表面导体剥离强度	2.2 表面剥离强度	—	2.2 剥离强度（常温、高温）
2.3 焊盘（连接盘）拉脱强度（黏合强度）	2.3 导体边缘镀层增宽	—	2.3 拉脱强度
2.4 镀层附着力	2.4 镀层附着力	2.2 镀层附着力	镀层：2.4 镀层附着力 2.5 镀层孔隙率 2.6 镀层厚度
2.5 模拟返工	2.5 模拟返工	2.3 模拟返工	—
2.6 可焊性	2.6 可焊性	2.4 可焊性	2.7 可焊性
2.7 阻焊膜固化及附着力	—	—	2.8 挠性板弯曲疲劳
2.8 热应力	2.7 热应力	—	2.9 热应力（浸油/浸流沙/浮焊/浸焊/手工焊/模拟气相再流焊）
2.9 耐热油性	—	—	—
2.10 吸湿性	—	—	—
2.11 印制插头金镀层孔隙率	—	2.5 热膨胀系数	—
2.12 伸长率	2.8 铜镀层伸长率	—	—
2.13 拉伸强度	2.9 铜镀层抗拉强度	—	—

（续表）

QJ 831B—2011	GJB 362B—2009	IPC-6012C	GB 4677—2002
3 化学性能			
3.1 清洁度	3.1 清洁度	3.1 清洁度	3.1 表面离子污染
3.2 耐溶剂性	3.2 耐溶剂性	—	3.2 耐溶剂性和耐焊剂性
—	—	—	3.3 燃烧试验（阻燃性）
4 电气性能			
4.1 绝缘电阻	—	4.1 湿热绝缘电阻	4.1 绝缘电阻（表层、内层、层间）
4.2 抗电强度（介质耐电压）	4.1 介质耐压	4.2 湿热后介质耐电压	4.2 耐电压（表层、层间）
4.3 电路的导通	4.2 电路连通性	4.3 短路	4.3 电路的连通性
4.4 电路的短路	4.3 电路非连通性	—	4.4 电路绝缘性
4.5 镀覆孔（金属化孔）电阻	—	—	4.5 镀覆孔电阻的变化
4.6 互连电阻	—	—	4.6 互连电阻
4.7 特性阻抗	4.4 特性阻抗	4.4 阻抗测试	4.7 电路阻抗
—	—	—	4.8 耐电流
—	—	—	4.9 导线电阻
—	—	—	4.10 频率漂移
5 环境适应性（环境性能）			
5.1 耐负荷振动	5.1 湿热和绝缘电阻	5.1 振动	5.1 加速老化蒸汽/氧气
5.2 耐负荷冲击	5.2 温度冲击	5.2 机械冲击	—
5.3 盐雾	—	5.3 热冲击	—
5.4 特殊环境（如NO_2、H_2S等）	—	5.4 霉菌试验	—
—	—	5.5 有机污染	—

除可以按照表3.24中各标准对印制板的性能参数进行评估外，在实际应用中，为了降低后续无铅或无卤化印制板的使用风险，如爆板、焊接不良、孔铜断裂、CAF或ECM导致的漏电等不良现象，往往根据产品历史上的主要失效模式和机理，在选用印制板时会增加一些针对性的评估项目。基于印制板及所用工艺材料兼容性方面，会增加电迁移（ECM）、耐离子迁移或导电阳极丝（CAF），对于孔铜方面除观察热应力后的结构完整性外，还要增加热应力后的孔洞晶格观察等；而针对板材耐热方面会增加热应力的焊接次数，如288℃，10s，3次（一般标准未规定次数），空板过模拟再流焊接（无铅工艺模拟再流焊接，5次）；印制板去铜前后对其玻璃化转变温度（T_g）、固化因子（Delt T_g/ΔT_g）、膨胀系数等几项关键物理性能指标的测试（参考IPC-4101D相关规格单进行）；针对表面涂层可焊性方面，目

前的标准已逐渐健全可焊性测试前的老化处理，如IPC/J－STD－003C中有至少3种不同条件的预处理老化条件。如无铅、无卤化空板再流工艺老化后再进行可焊性测试，以评估经历多次回流焊的能力。无铅、无卤化印制板的其他评估项目见表3.25。

表3.25　无铅、无卤化印制板的其他评估项目

<table>
<tr><th colspan="2">项　目</th><th>技术要求[1]</th><th>测试标准</th></tr>
<tr><td colspan="2">玻璃化温度，T_g</td><td>典型范围130 ~ 200℃</td><td rowspan="2">IPC−TM−650 2.4.24（TMA法）
IPC−TM−650 2.4.25（DSC法）
GB/T 19466.2</td></tr>
<tr><td colspan="2">固化因子，ΔT_g</td><td>≤3℃</td></tr>
<tr><td rowspan="3">Z轴CTE</td><td>α_1−CTE/（ppm/℃）</td><td>≤60</td><td rowspan="3">IPC−TM−650 2.4.24（TMA法）</td></tr>
<tr><td>α_2−CTE/（ppm/℃）</td><td>≤300</td></tr>
<tr><td>PTE/%</td><td>≤4.0（部分3.5）</td></tr>
<tr><td colspan="2">热分解温度，T_d</td><td>≥310℃</td><td>IPC−TM−650 2.4.24.6（TGA）
ISO 11358（TGA）</td></tr>
<tr><td rowspan="3">分层时间（TMA）</td><td>A. T260/min</td><td>≥30</td><td rowspan="3">IPC−TM−650 2.4.24.1</td></tr>
<tr><td>B. T288/min</td><td>≥5</td></tr>
<tr><td>C. T300/min</td><td>供需双方协商确定</td></tr>
<tr><td colspan="2">耐CAF测试/h</td><td>湿热加偏压（T.H.B）至少500h（596h，其中96h不加偏压）后，绝缘电阻不小于100MΩ（1×10⁸Ω）</td><td>IPC−TM−650 2.6.25</td></tr>
<tr><td colspan="2">耐ECM测试</td><td>湿热加偏压（T.H.B）500h（共596h）后，绝缘电阻不小于100MΩ（1×10⁸Ω），绝缘电阻值较初始值下降小于一个数量级</td><td>IPC−TM−650 2.6.14.1</td></tr>
<tr><td colspan="2">孔铜结晶</td><td>避免延伸率差的柱状结晶和/或多晶界空洞</td><td>IPC−TM−650 2.1.1
GB/T 16594—1996</td></tr>
<tr><td colspan="2">可焊性[2]</td><td>老化处理后，可焊性良好</td><td>IPC/J−STD−003C</td></tr>
<tr><td>备 注</td><td colspan="3">（1）T_g、CTE、T_d项目技术要求参考IPC−4101D中不同规格单；其他项目技术要求来自于企业标准。
（2）按照IPC/J−STD−003C，印制板可焊性测试前，要按照以下三种预处理条件选择其中之一进行：
① 温度72℃ ±5℃和相对湿度85%±3%，样品老化时间应当为8h±15min。这是默认的应力条件。
② 标准再流温度曲线（具体试验方法见IPC−TM−650 2.6.27）。SnPb共晶焊料测试应当使用较低的峰值温度曲线。SAC305共晶焊料测试应当使用更高的峰值温度曲线。测试应当选用两组同时进行。
③ 仅锡铅合金表面适用于在适当的温度蒸汽下处理8h</td></tr>
</table>

3.4.6　印制电路板及基材的检测、验收通用标准

对印制板的评估或检测需要依据相关的国际、国家或行业标准，其中国内标准包括国家标准/推荐性标准（GB、GB/T）、国家军用标准（GJB）、和行业标准（电子行业SJ、SJ/T、航天行业QJ等）。国际标准目前使用最为广泛的有国际电工委员会（IEC）标准、国际电子工业联接协会（IPC）、日本工业标准（JIS C）等标准。为了方便读者使用，下面列出常用的印制板评估或检测相关的各类主要标准。

1. 国家标准

GB/T 4677　印制电路板测试方法
GB/T 4721　印制电路用刚性覆铜箔层压板通用规则
GB/T 4722　印制电路用覆铜箔层压板试验方法
GB/T 4723　印制电路用覆铜箔酚醛纸层压板
GB/T 4724　印制电路用覆铜箔复合基层压板
GB/T 4725　印制电路用覆铜箔环氧玻璃布层压板
GB/T 4207　固体绝缘材料耐电痕化指数和相比痕化指数的测定方法
GB 2423系列　电工电子产品基本环境试验规程
GB 10244　电视广播接收机用印制板规范
GB/T 16261　印制板总规范
GB/T 14515　有贯穿连接的单、双面挠性印制板技术条件
GB/T 14516　无贯穿连接的单、双面挠性印制板技术条件

2. 国家军用标准

GJB 2142　印制线路板用覆金属箔层压板通用规范
GJB 4896　军用电子设备印制电路板验收判据
GJB 362　刚性印制板通用规范

3. 行业标准

1）电子行业标准
SJ 20632　印制板组装总规范
SJ 20747　热固型绝缘塑料层压板总规范
SJ 20749　阻燃型覆铜箔聚四氟乙烯玻璃布层压板详细规范
SJ/T 10389　印制板的包装、运输和保管
SJ/T 10716　有金属化孔单双面印制板能力详细规范
SJ/T 10309　印制板用阻焊剂
SJ/T 10717　多层印制板能力详细规范
SJ/T 11171　无金属化孔单双面碳膜印制板规范
SJ 20604　挠性和刚挠印制板总规范
SJ/T 9130　印制线路板
SJ 3275　单面纸质印制线路板的安全要求
2）航天行业标准
QJ 3103　印制电路板设计规范

QJ 201 印制电路板通用规范

QJ 519 印制电路板试验方法

QJ 831A 航天用多层印制电路板通用规范

QJ 832B 航天用多层印制电路板试验方法

QJ 2776 印制电路板通断测试要求和方法

4. 国际标准

1）国际电工委员会（IEC）标准

IEC 61189-1 电气材料、互连结构和组件试验方法 第1部分：一般试验方法和方法学

IEC 61189-2 电气材料、互连结构和组件的试验方法 第2部分：互连结构用材料试验方法

IEC 61189-3 电气材料、印制板和其他互连结构及组装件的试验方法 第3部分：互连结构的试验方法（印制板）

IEC 61189-5 电气材料、互连结构和组件的一般试验方法 第5部分：印制板组件的试验方法

2）国际电子工业联接协会（IPC）标准

IPC-A-600H 印制板的可接受性

IPC-A-610 电子组件的可接受性

IPC-TM-650 测试方法手册

IPC-CC-830C 印制线路组件用电气绝缘化合物的鉴定及性能

IPC-SM-840C 永久性阻焊膜的鉴定与性能规范

IPC-4101C 刚性及多层印制板用基材规范

IPC-4103A 高速高频基材规范

IPC-4202 挠性印制电路用挠性基底介质

IPC-4552A 印制板化学镀镍/浸金（ENIG）镀覆性能规范

IPC-4553A 印制板浸银规范

IPC-4554 印制板浸锡规范

IPC-4562 印制线路用金属箔

IPC-4781 永久性、半永久性及临时性标识和/或标记油墨的鉴定和性能规范

IPC-4811 用于刚性和多层印制板的埋入无源元件电阻材料规范

IPC-4821 用于刚性及多层印制板的埋入无源元件电容材料规范

IPC-6011 印制板通用性能规范

IPC-6012C 刚性印制板鉴定与性能规范

IPC-6013C 挠性印制板鉴定与性能规范

IPC-6016 高密度互连（HDI）层或板的鉴定和性能规范

IPC-6018B　高频（微波）印制板的鉴定与性能规范

IPC-7711/21　电子组件的返工、修改和维修

IPC-9252A　未组装印制板的电气测试要求

IPC-9691　IPC-TM-650测试方法2.6.25耐导电阳极丝（CAF）测试（电化学迁移测试）用户指南

IPC/J-STD-001　焊接的电气和电子组件要求

IPC/J-STD-003　印制板可焊性测试

J-STD-609　元器件、印制电路板和印制电路板组件的有铅、无铅及其他属性的标记和标签

3）其他国际标准

MIL-STD-13032　印制电路的质量保证

UL 94　设备和器具部件用塑料材料的可燃性测试

JIS C5012　印制线路板试验方法

JIS C5016　挠性印制线路板试验方法

3.4.7　印制电路板技术的发展

印制板技术的发展是电子设备向集成化、小型化、多功能化、智能化、高速高频化、高可靠、低成本发展的需要，直接由封装技术和电子装联技术发展所驱动。随着信息产业技术的飞速发展和元器件的高集成度的快速进步，印制板在提高现有产品质量和可靠性的基础上，将进一步向多品种、多功能、高可靠性、小薄轻型化和高速高频传输方向发展。传统的多层印制板将逐步被高性能的高密度互连（HDI）板代替；高散热性能或电磁屏蔽性能的金属性印制板，预埋电阻、电阻以及直接封装芯片的功能性印制板将被广泛应用；为进一步增加电子产品的立体空间，刚挠结合型印制板将被更加广泛地使用等。多品种、多功能、高可靠性的印制板产品的发展需求，在推动印制板设计和制造技术的同时，要求检测和评估技术向自动化、智能化和模块化发展，印制板的自动光学检测系统（AOI）、在线功能和通断电测试技术、无损故障定位等技术将会得到进一步提升和广泛应用。无论如何，印制板作为电子信息产品必不可少的基础核心元件之一，随着电子信息行业的飞速发展，它的可靠性问题以及对电子组装产业的重要性将会引起越来越多的关注。

1. 高密度化

印制板是元器件之间信号相互传递的支撑平台和桥梁，印制板必须随着元器件的集成度（或连接密度）的提高而增加其连（焊）接密度，这样才能获得最佳的尺寸匹配性。在摩尔定律的驱动下，元器件封装技术发展迅速，IC集成度不断提高，CSP封装已经集中在

0.5mm甚至更小的节距，这就要求印制板产品必须向高密度化方向发展。

传统提高印制板密度主要通过导线细（微）小化和导通微孔化来实现：印制板导线从精细化到短线化再到少线化（部分以连接盘和/或连接孔取代），最后到无线化，也就是全部由连接盘和/或连接孔取代；印制板导通孔从微孔化到埋/盲孔化再到盘孔化（“狗骨结构”），最后到叠孔化[14]。但导线或导通孔的精细加工存在技术“瓶颈”问题，密度提高到一定程度后就难以进一步发展了。当导线的$L/S \leqslant 50$mm时，对制造原辅材料（如薄、低或无粗糙度的覆铜箔、薄的感光干膜等）、设备（如激光直接成像、新的蚀刻技术和控制或激光直接刻线等）以及制造环境管理（如清洁度或洁净度等）提出了更高的要求，也极大地增加了成本。红外激光钻太小的孔会带来“烧蚀”（清洁）处理困难和孔形不好等问题，同时太小的孔的孔金属化和层间对位在技术上都存在较大困难。

为了进一步提高PCB密度，未来的重要发展方向就是开发具有最短、最少（线、孔、盘）连接的埋置元器件PCB技术[15]。埋置元器件PCB技术还具有降低返修工作及返修成本，减少信号串扰、噪声和电磁干扰，消除表面贴装焊点的可靠性问题，消除表面贴装或插装工艺中产生的感抗，缩短信号传输的路径，提高电路的阻抗匹配等优点。目前，内埋电容、电阻技术的实现方式包括以下几种。

（1）利用分离元器件实现PCB内埋电容、电阻。通过将分离的电容、电阻元件埋入到PCB内，虽然可以降低PCB表面占用，但需要严格筛选合格元件，以保证电气系统的整体可靠性。其最大的缺点是内埋元件的技术比表面贴装技术复杂得多，且成本高。

（2）利用陶瓷烧结方式实现PCB内埋厚膜电容、电阻。如DuPont公司的Interra烧结陶瓷材料可以实现电容、电阻内埋。虽然该方法加工精度高，同时可以满足大电容、大电阻的制作，但特殊的高温氮烧结技术需要额外的设备或技术投入，难以在实际生产中应用。

（3）利用印刷油墨方式实现PCB内埋厚膜电容、电阻。DuPont公司的GREEN-TAPE油墨厚膜材料，可采用丝网印刷方式形成电阻。Motorola公司开发出含有$BaTiO_3$的环氧油墨，将油墨涂覆于PCB板面，通过感光成像形成单独的电容。由于材料本身特性或工艺能力的限制，该方法加工产品的误差较大，通常在20%以上，仅能满足部分应用需求。在印刷油墨的基础上，该公司还开发出了喷墨打印技术，可以形成精度较高的内埋电容、电阻。

（4）利用薄膜材料实现PCB内埋电容、电阻。该方法的研究较广泛，发展相对成熟。通过在铜箔一面形成厚度均匀、阻值稳定的合金镀层来获得埋阻薄膜材料，或者采用具有高介电常数，超薄介质层厚度的覆铜板材料作为埋容薄膜材料，通过成像蚀刻的方法，比较准确地制造出薄膜电容、电阻，其误差范围在10%左右。同时，还可以使用激光修饰的方法使容值、阻值更加精确。

2. 高频化

新一代信息技术将以移动通信第五代（5G）技术为基础开展和发展。5G的频率，既包括6GHz以下的低频频率，也包含6GHz以上的毫米波频率。随着低频Sub6G频谱资源越来越紧张，高频段的毫米波频率应用已提上日程，然而，由于频率越高，信号损耗越大，毫米波本身的传播距离相对于低频段会显著降低，需要使用更多的基站才能实现大规模的覆盖。目前行业预测5G基站数量将会达到4G的2倍，用于5G基站天线的高频PCB的用量将是4G的数倍。5G通信系统各硬件模块可能用到的通信设备与PCB技术见表3.26，可以看出，PCB发展方向就是：大尺寸、高密度、高频高速低损耗、高低频混压、刚挠结合等。

表3.26 通信设备与PCB技术[16]

应用领域		主要设备	相关PCB产品	特征描述
通信	无线网	通信基站	背板、高速多层板、高频微波板、多功能金属基板	金属基、大尺寸、高多层、高频材料及混压
	传输网	OTN传输设备	背板、高速多层板 、高频微波板	高速材料、大尺寸、高多层、高密度、多种背钻、刚挠结合、高频材料及混压
	数据通信	路由器、交换机、服务/存储设备	背板、高速多层板	高速材料、大尺寸、高多层、高密度、多种背钻、刚挠集合
	固网宽带	OLT、OUN等光纤到户设备	背板、高速多层板	多层板、刚挠结合

PCB工作频率提高后，信号完整性控制要求也会更高，要求制造的导线（孔、盘等）尺寸向微米级细线方向发展，尺寸（位置准和偏差小）控制也要求更为精准；趋肤效应的影响也促使导体表面粗糙度必须向低粗糙度甚至无粗糙度的方向发展。

需要指出的是，伴随着集成电路技术中的器件尺寸进一步减小，芯片尺寸进一步增大，频率的不断提高以及数据流量的剧增，未来还会向光电印制板的方向发展。光互连充分利用了光的优势，用光作为信息载体来实现计算单元之间的信息交换，具有速度快、光波独立传播无干扰、互连数目大，互连密度高、功耗低等优点，可弥补电互连在带宽、互连密度、时钟歪斜、能耗、抗干扰性等方面的限制。目前将波导嵌入PCB中是光电板商业化最大的技术障碍，且波导制作和耦合精度要求高，商业化成本较高。随着光互连技术的进一步发展，技术不断成熟，生产成本不断降低，光电印制板商业化应用的步伐将会加速。

3.4.8 新型板材的选择与评估

在制造PCB所应用的众多材料中，基板材料（以增强材料浸以有机树脂，一面或两面覆以铜箔，经热压而形成的一种板状材料）是首位的、重要的基础原材料，在PCB的物料成本中占比也最高，被称为电子电路产业的“地皮”，其性能对PCB的质量与可靠性有着直接的影响。作为上游物料，基板材料的发展为电子整机产品、半导体制造技术、电子安装技术、电子电路制造技术的革新所驱动。

1. 印制电路发展对板材的新要求

为满足印制电路的发展需求，PCB基材将向高耐热性、高频低损性及稳定性、高绝缘性、高散热性方向发展，且追求基材主要的基本性能、加工应用性能与成本性能的均衡性也将是基材开发中的“永恒主题”。

1）高速高频化

基材是影响PCB高频工作性能的重要方面。为了确保PCB在高频工作的性能达到要求，基材也必须朝着以下几个方向发展：介电常数（D_k）要小而且很稳定，越小越好，以减少信号传输延迟；介质损耗（D_f）要小，使信号损耗小；铜箔表面粗糙度越来越小，以避免电流集肤效应引起的阻抗不匹配和信号损耗，但不能降低铜箔剥离强度；吸水性更低，以确保介电常数与介质损耗不会因吸潮而变大；包含尺寸稳定性、耐热性、抗化学性、冲击强度、可靠性、加工性等在内的良好综合性能，适应同时要求高集成和精细化PCB加工要求。

2）高导热化

电子产品朝着集成化和小型化的方向发展，会造成单位面积或体积内元器件组装密度提高，一方面大功率器件功耗发热产生“传导热”会造成PCB温升，另一方面PCB内部本身的功耗增加也会带来板内的温升；同时，信号高频化的发展和进步，会带来更大的功率损耗（阻抗损耗、信号损失、介质损耗），这些热也会传导到PCB内部，引起PCB内的急剧升温。近年来，PCB的高密度化和信号传输高频化的迅速发展，使PCB的温升迅速增加，从传统的温升（70℃左右），上升到100℃，甚至130℃，严重威胁着元器件、焊点和电子设备的工作寿命与安全[17]。

为了较大幅度地改善PCB内温升或高热的问题，必须采用导热性能好的介质层材料才能从根本上解决问题，因此，金属（金属芯、金属基）、陶瓷（如高纯度的氧化铝、氮化硼等）材料作为介质层将是发展的主体方向。

（1）金属芯。

金属芯（板）埋置到PCB介质层之内，则可把介质层内的热量通过金属（如铜、铝等）芯（板）快速传递出来或散发掉，使PCB内部温度降下来。

（2）金属基。

由于金属具有好的散（导）热性能，如果把PCB等贴压在涂覆有导热而绝缘（如导热硅胶膜等）的金属基上，热导率可达到1 ~ 5W/（m·K），导热性能明显好于常规基材的PCB，则PCB内的热量便可以通过导热胶膜（绝缘介质层）迅速传递到金属基板而散发出去，从而降低PCB的温度。

（3）陶瓷。

陶瓷材料具有很好的导热性能，如氧化铝（含量≥92%）的热导率大于20W/（m·K），特别是氮化铝基板的导热性更好，可达到20 ~ 40W/（m·K），相比传统有机树脂介质的印制板0.4 ~ 0.6W/（m·K）的热导率有了极大的提高。此外，陶瓷基板还具有高的尺寸稳定性（变化小）与匹配性、宽的操作（工作）温度和优良的绝缘性能等优点，因此非常适合作为高导热PCB的介质材料。

3）超薄化

电子产品的超薄化需求及应用，要求基板材料都要做到超薄。当前主流的高阶HDI板均采用“堆叠式”设计，为了确保整板厚度符合要求，就要求芯片厚度一般控制为0.025 ~ 0.075mm。此外，由于任意层或高阶HDI的一般都采用激光孔实现互连，这也要求芯板的厚度不能太厚，否则激光加工能力会不满足要求，会带来品质问题[18]。

但超薄化的要求不仅是“减小厚度”就能满足要求的，还需考虑加工性和可靠性问题。如薄的芯板在PCB加工过程中会引起变形、涨缩、CAF、玻纤重叠区域与纯树脂区域的介电性能差异等问题，要求板材供应商在配方、加工等方面加以管控。

4）高耐热性

针对层数多、厚度厚和面积大的高性能板，为了确保焊接可靠性，一般需要更大的加热容量，这意味着其需要更高的峰值温度或高温焊接时间，因此，对于高性能PCB所使用的板材应具有更好的耐热性或更高的玻璃化转变温度。若使用常规耐热性的板材，会在高温焊接时容易出现“软化”状态，产生大的形变，造成元器件引脚与板面焊盘之间距离尺寸不一致，形成虚焊等不良焊点缺陷。

5）高尺寸稳定性

在电子产品小型化、多功能化追求和封装技术加速发展的驱使下，留给PCB板材形变的空间越来越小，这就要求相应的板材具有良好的尺寸稳定性。一方面应在X、Y方向控制尽可能小的形变，以避免开料到成品外形加工等几十道流程中任一环节因为涨缩过大引起的层间对位不良、偏移、互连失效等缺陷；另一方面，在高频信号和高速数字信号系统中，还有介质层厚度均匀性及内部结构（玻纤布和树脂的分布或匹配）均匀性的要求，否则会给PCB的电气与物理特性（特性阻抗、滤波电容量等）带来影响。

2. 新型板材的选择

PCB板材类型众多，从标准材料到非常复杂的材料和专用材料，在对其进行选择时，除考虑材料成本和工艺成本外，还需要考虑其树脂成分配方、热稳定性、电性能、结构强度、增强板材料、玻璃化转变温度、非标准尺寸和公差、机械加工性能、热膨胀系数、尺寸稳定性、耐燃性等性能指标。PCB板材宜选择标准结构，以减少批准的费用和时间。当有几种绝缘板可选时，应选择综合性能最好的。

按树脂类型选择材料时，需要考虑环氧、聚酯、聚酰亚胺、聚四氟乙烯等不同类型树脂的特点。如环氧型树脂机械性能较好，工作温度较高，本身性能受环境影响较小，通孔孔壁光滑，金属化效果好，是当前覆铜板中产量最大、使用最多的一类；聚酰亚胺熔点高，耐热性好，有良好的尺寸稳定性，可在200℃ 下连续工作，常应用于耐老化性要求较高的PCB，如航空航天和航空电子设备、石油钻井等耐热性能至关重要的军事领域；聚四氟乙烯介电常数和介质损耗小、化学稳定性好、工作范围宽，但刚性较差、加工难度大、成本高，常与其他材料一起用于制作混压结构的电路板；聚苯醚比环氧树脂有更好的电气性能和耐热性能，适用于射频、无线通信和高速计算机产品，对树脂配方的调整及材料流变性能的控制后也较为容易加工；双马来酰胺三嗪（BT）/环氧树脂具有较好的电气、热和耐化学性能，适用于半导体封装基板或制造高可靠性需求的高密度多层板。

按结构强度选择材料时，应确保所选材料能达到工作环境中振动、冲击、跌落、负荷等方面的技术要求。按电气性能选择材料时，需要重点考虑电气强度、介电常数、介电损耗、吸水率等因素。按环境性能选择材料时，需要重点考虑热膨胀系数、吸水率、玻璃化转变温度、热稳定性等因素。材料耐热温度的选择非常关键，一般应高于PCB或设备的最高工作温度。

随着5G、人工智能、物联网等终端应用的高速发展，电子组件需要更加高效快速地处理、存储和传送海量信息，运行的频率变得越来越高，对PCB板材提出了更高的要求，一般而言，必须达到以下几点。

（1）具备低且稳定的介电常数（D_k），具备较低的介电损耗（D_f）。

（2）具备良好的尺寸稳定性以及较小的热膨胀系数（CTE）。

（3）具备较高的导热系数。

（4）厚度必须均匀一致，公差小。

目前，高速高频基材是当今众多厂商的重要发展方向，市场上品种众多，下面重点介绍选择高速高频基材的基本依据，减少因基材选用不当而出现的质量问题。

目前，市场上高速高频覆铜板选用的基体树脂有：PTFE树脂、PPO树脂、改性环氧树脂、聚酰亚胺（PI）树脂、CE 树脂、BT树脂及其他耐高温热塑性树脂。从介电性能角度看，PTFE树脂最好，然后依次是CE树脂、PPO树脂、BT树脂、PI树脂、改性环氧树脂；从耐金属离子迁移性（耐CAF）角度看，BT树脂最好，然后依次是PPO树脂、CE树脂、PI树脂、改性环氧树脂；从耐热性角度看，PI树脂最好，然后依次是BT树脂、PPO树脂、CE树脂、改性环氧树脂、PTFE树脂；从耐湿性角度看，PTFE树脂最好，然后依次是PPO树脂、改性环氧树脂、BT树脂、PI树脂、CE树脂；从加工性角度看，改性环氧树脂最好，然后依次是BT树脂≈PPO树脂、PI树脂、CE树脂、PTFE树脂；从成本角度看，改性环氧树脂相对价格最为便宜，然后依次是PPO树脂、PI树脂、CE树脂、BT树脂、PTFE树脂。在实际应用过程中，应综合各方面性能、可加工性、成本等方面的因素进行基材树脂体系选择。总的来说，以PTFE树脂、PPO树脂、改性环氧树脂以及近年来较为流行的碳氢化合物的应用较为普遍。

除了树脂体系，增强材料、基材厚度、铜箔和填料对基材性能也有较大影响，特别是传输信号走向“毫米波”后，其影响更加显著。对于高速高频基材用增强材料，一般建议采用薄型玻璃布、扁平开纤玻璃布或玻璃纤维纸；对于介质层厚度的控制，一般应小于或等于信号传输波长的1/8，如以30GHz 频率的信号（其波长为10mm）来计算，介质层的厚度应不大于1.25mm；铜箔方面需要使用铜牙更小的RTF/VLP/HVLP 铜箔；填料上应选择粒径更小、球形或类球形、表面处理剂与树脂相匹配的填料。

3. 新型板材的评估

评估一般可以按照基础性测试、扩展资格测试和PCB成品验证的步骤依次进行，如图3.31所示。其中基础性测试常用于材料评估刚启动时，主要是一些简单的关键指标测试，如介电性能、玻璃强度、厚度、热膨胀系数等，对明显不符合要求的材料进行剔除；扩展资格测试是对材料进行覆铜板级指标的全面评估，包括电性能、热性能、阻燃性、化学性能、无铅兼容性、机械性能等方面的测试评估，一般至少应该涵盖对标datasheet中的相关项目，用于对材料的综合性能进行全面了解，作为是否开展PCB级验证的依据；PCB成品验证是将待验证的材料走完流程，包括内外层、钻孔、阻焊、表面处理、铣板等在内的整个PCB生产流程，再对加工完成的PCB进行测试，考察材料与PCB工艺的兼容性，该项测试也非常关键，是材料能否直接上板应用的直接依据。高可靠性应用如汽车电子或5G通信应用的板材，建议完成这里所有的测试验证评估。

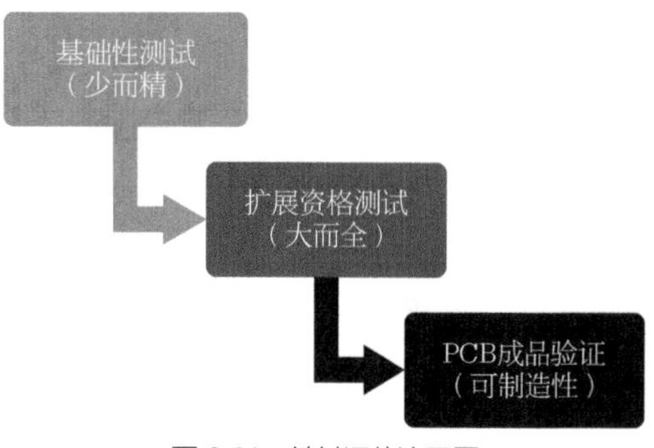

图 3.31　基材评估流程图

基材扩展资格测试的常见项目见表3.27，基材中PCB成品验证的常见可靠性项目见表3.28。

表3.27　基材扩展资格测试的常见项目

项目	测试标准
外观（蚀铜后）	GB/T 4722
厚度	GB/T 4722
剥离强度	IPC-TM-650 2.4.8
体积电阻率	IPC-TM-650 2.5.17.1
表面电阻率	IPC-TM-650 2.5.17.1
吸水率	IPC-TM-650 2.6.2.1
击穿电压	IPC-TM-650 2.5.6
介电常数	PC-TM-650 2.5.5.5.1、GB/T 12636-90、IEC 61189-2-721、IPC-TM-650 2.5.5.9等
介质损耗角正切	
介电常数温度系数（$T_c D_k$）	
弯曲强度	IPC-TM-650 2.4.4

（续表）

项目	测试标准
尺寸稳定性	IPC-TM-650 2.4.39
$X/Y/Z$轴膨胀系数（$X/Y/Z$-CTE）	IPC-TM-650 2.4.24
分层时间（T260/T288）	IPC-TM-650 2.4.24.1
玻璃化转变温度（T_g）	IPC-TM-650 2.4.25、IPC-TM-650 2.4.24.2
热分解温度（T_d）	IPC-TM-650 2.4.24.6
卤素含量	IPC-TM-650 2.3.41
可燃性	UL-94

表3.28 基材上PCB成品验证的常见可靠性项目

项目	测试标准
温度循环	IPC-TM-650 2.6.6
潮湿绝缘电阻	IPC-TM-650 2.6.3
CAF	IPC-TM-650 2.6.25
模拟回流	IPC-TM-650 2.6.27
温度冲击	IPC-TM-650 2.6.7.2
IST	IPC-TM-650 2.6.26

参考文献

[1] 电子工业部标准化研究所. 印制电路术语：GB/T 2036—1994[S]. 北京：中国标准出版社，1995:8.
[2] 电子电路互连与封装术语及定义：IPC-T-50K—2013[S].
[3] 刚性及多层印制板用基材规范：IPC-4101D—2014[S].
[4] 印制板通用性能规范：IPC-6011—1996[S].
[5] 刚性印制板的鉴定及性能规范：IPC-6012C—2010[S].
[6] 印制板的可接受性：IPC-A-600H—2010[S].
[7] 印制板可焊性测试：J-STD-003C—2014[S].
[8] 高速/高频应用产品用基材规范：IPC-4103A—2014[S].
[9] 张家亮.全球无卤刚性覆铜板的五大发展趋势[A].第十三届覆铜板技术市场研讨会论文集，2012.
[10] 姜培安，等. 印制电路板的设计与制造[M].北京：电子工业出版社，2012.
[11] 顾霭云，罗道军，等.表面组装技术（SMT）通用工艺与无铅工艺实施[M].北京：电子工业出版社，2008.

[12] 纪成光，等.化学镍钯金表面处理工艺研究[J].电子工艺技术，2011，32（2）.
[13] 祝大同. 高速、高频PCB用基板材料评价与选择[J]. 印制电路技术，2003，8.
[14] 林金堵. PCB信号传输导体高密度化要求和发展—— PCB制造技术发展趋势和特点（1）[J]. 印制电路信息，2017，5.
[15] 林金堵. PCB信号传输导体高密度化要求和发展—— PCB制造技术发展趋势和特点（2）[J]. 印制电路信息，2017，6.
[16] 深南电路股份有限公司. 深南电路股份有限公司2019年年度报告[R].深圳：深南电路股份有限公司，2020.
[17] 林金堵. PCB高温升和高导热化的要求和发展—— PCB制造技术发展趋势和特点（3）[J]. 印制电路信息，2017，7.
[18] 陈世金. 高阶HDI印制电路对基板材料性能的新要求[J]. 印制电路信息，2018，A02.

3.5　元器件镀层表面锡须风险评估与对策

近年来，随着全世界范围内无铅化进程的推进，电子制造中传统的锡铅工艺逐步被无铅工艺所取代。其中在各种元器件无铅化中，引脚纯锡电镀工艺由于具有成本低、镀层性能与锡铅镀层接近、与各种焊料相容性好、无须更改原有的工艺和设备等优点，得到了业界的认同与接受，成为取代原来锡铅可焊性镀层的首选。然而也随之出现了许多新的可靠性问题，其中最为典型的是锡（Sn）须生长问题。由于锡须可以引起高密度封装器件引脚之间发生漏电甚至短路，从而使电子产品失效甚至引发灾难性事故，因此研究并阐明锡须生长机理、探索有效抑制锡须生长的手段、寻找合适的锡须生长加速试验方法评估电子产品的可靠性等，成为当前业界亟待解决的问题。

3.5.1　锡须现象及其危害

1951年，Compton、Mendizza和Arnold[1]发现锡须会导致电路短路，并导致电容器失效，这一问题引发了人们对锡须进行长期深入而广泛的研究。但是时至今日，锡须现象还存在大量未解之谜，可以认为这一现象本身至今依然很神秘。

晶须是指在金属表面生长出的细丝状单晶，通常生长在厚度较小（0.5 ~ 50μm）的金属沉积层表面，而以含锡镀层表面生长的锡须最典型。由于材料内应力梯度的存在，锡须的生长是一个自发的过程，但是，其生长速度与外部环境条件密切相关。图3.32所示为作者实验室在镀层中观察到的一些典型而生动的锡须形貌。

由锡须导致的失效形式主要有4种[2]：在低电压下，由于电流比较小，锡须可以在邻近不同电势表面产生稳定持久的短路；在高电压下，当电流足够大而超过锡须的熔断电流时（通常为50mA），可以熔断锡须从而导致瞬时短路；在航天器真空环境中，由锡须短路导致金属蒸发放电，可形成一个稳定的等离子电弧，并导致电子设备迅速毁坏；在震动环境中，锡须脱落会引发电路短路，同时还可造成精密机械的故障或损坏。历史上由于锡须导致的失效故障很多，其中有一些甚至是灾难性的故障，表3.29所列为历史上由锡须引起的重大事故案例[3]。可见包括心脏起搏器、F15战斗机雷达、火箭发动机、爱国者导弹、核装置等各种电子产品中都曾发生过因锡须问题而导致的事故。值得指出的是，在卫星等太空电子产品中也已经发生了数起由锡须问题引起的故障甚至严重事故。因此，锡须问题成为无铅化进程的一个重要的可靠性问题。

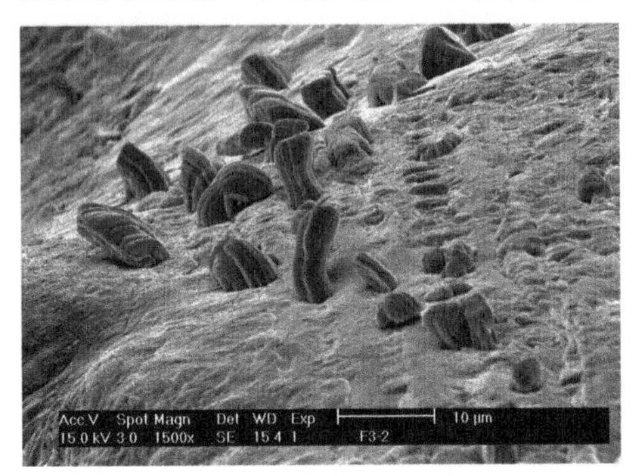

（a）柱状

（b）针状

（c）弯折状

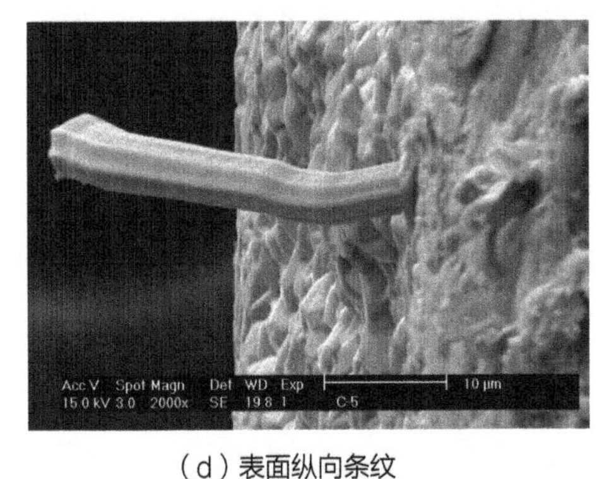

（d）表面纵向条纹

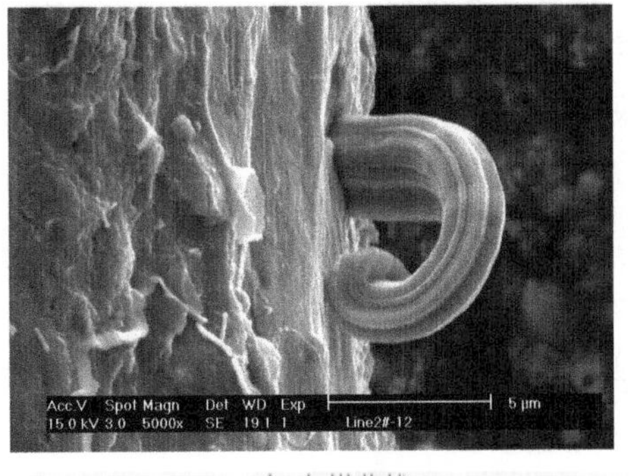

（e）卷曲状

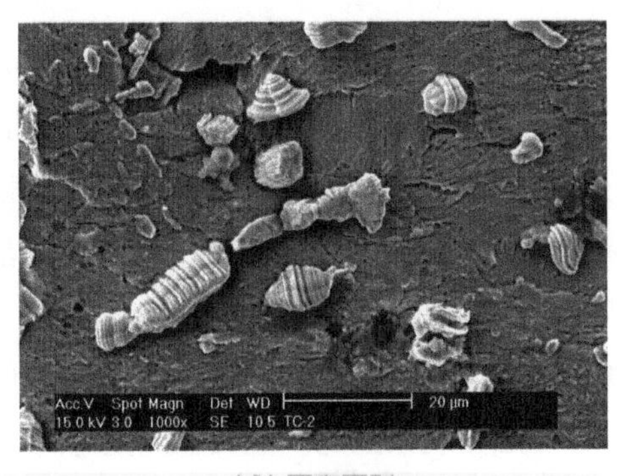

（f）表面突起

图3.32 锡须形貌

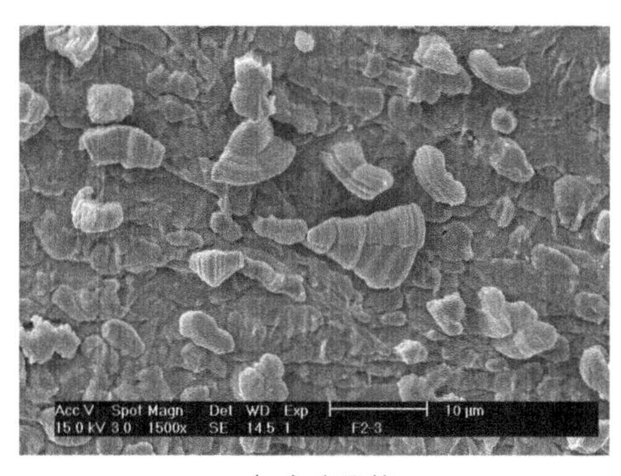

（g）扇贝状

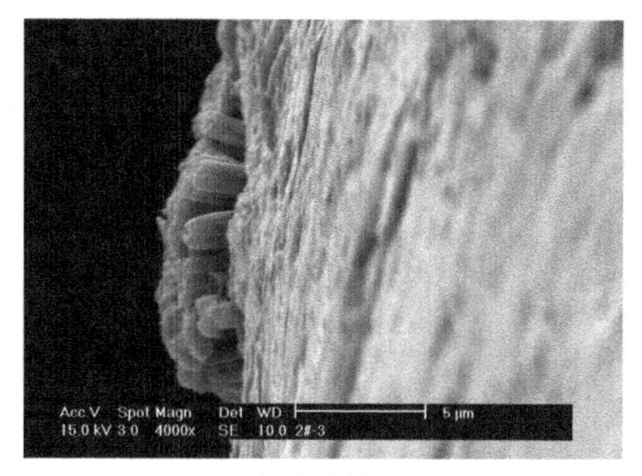

（h）束状

图 3.32　锡须形貌（续）

表3.29　由锡须引起的重大事故案例[3]

出事故的产品名称	事故原因分析
心脏起搏器	从锡镀层上长出的锡须导致短路（1986年3月）
F15战斗机雷达	锡须导致短路（1986年）
美国导弹事故	镀锡继电器上长出锡须（1988年）；镀锡晶体管上的锡须导致短路（1992年）
Phoenix空空导弹	锡须导致短路（1989年）
爱国者II导弹	镀锡引脚长出锡须（2000年）
Galaxy IV卫星 Galaxy VII卫星 SOLIDARIDADI卫星	镀锡继电器上锡须导致短路，导致卫星失控。Galaxy IV卫星1998年失效；SOLIDARIDADI卫星2000年失效
其他卫星	锡须导致冗余控制处理器失灵
核装置	继电器锡镀层上长出锡须（1999年）
火箭发动机点火装置	装配测试阶段锡须导致电线与壳体发生短路

3.5.2　锡须的生长机理

锡须的生长属于一种自发的表面突起现象。人们从20世纪50年代开始就不断探索锡须的生长机理，Bell实验室较早报道了锡电镀层上会出现自发生长的锡须。但到目前为止，还没有一个关于锡须生长机理的非常明确而完整的理论。目前普遍的观点认为，压应力是锡须生长的主要动力之一，化学反应将为其生长提供源源不断的能量，锡须生长所需的锡原子主要以扩散方式或位错运动方式提供。温度因素在锡须生长过程中扮演着非常重要的角色，它既影响原子扩散速度，又影响镀层内部的应力松弛。另外，值得指出的是，目前已有的各种锡须生长机理都将环境气体如氧气的存在作为晶须自发生长的先决条件或重要的影响因素。

在锡须研究历史上，已经出现的并得到认可的关于锡须生长的理论主要有以下三种。

1. 位错运动

1953年，Peach首次提出了基于位错的锡须生长机制。Frank和Eshelby分别独立提出，以扩散机制运动的位错提供了锡须生长源[4, 5]，锡须邻近区域的表面氧化过程产生反向表面张力，降低表面自由能，为其生长提供驱动力。Frank认为锡须的轴向必与位错的柏氏矢量平行，而氧化或活化的气氛、表面的小凸出物以及位错（尤其是螺旋位错）则是锡须生长的先决条件。Amelinckx等提出了锡须形成和生长的螺旋位错模型，每个到达表面的完整位错环都使表面增加一个柏氏矢量厚度。Lindborg针对锡镀层上的锡须生长建立了一个两阶段位错模型，认为空位源存在于晶界上而非早期模型中那样在晶粒内部。

2. 再结晶

1958年，Ellis比较了当时已知的所有的生长方向，发现并非所有锡须的生长方向都在低指数滑移面上，并据此认为位错理论无法解释锡须在非滑移面的生长，而需要另一种理论也就是再结晶来解释[6]。锡须的形成和生长可以被看成特殊形式的再结晶。Glazunova和Kudryavtsev用镀层热处理后的晶粒生长被抑制的现象证明镀层晶粒的再结晶对锡须生长起到重要的作用。Kakeshita等发现细晶粒锡镀层中的位错环数量比粗晶粒锡镀层中的多，并据此推测锡须是在再结晶晶粒上长出来的[7]。

3. 氧化层破裂

Fisher等提出锡原子趋向于从高应力区运动到低应力区，并提出了促使锡须生长的压应力梯度概念[8]。Hsiguiti认为当镀层表面的小突起不足以缓释锡须生长介质中直达表面的应力时，就会借助锡须的生长来消除。Tu K N等在石英基板上分别真空沉积Cu/Sn双层薄膜和单层锡薄膜，发现锡须只在下面有Cu层的锡上出现，据此把Cu/Sn镀层结构中锡须生长的内部压应力归结为Cu6Sn5金属间化合物（IMC，Intermetallic Compound）的形成，并提出锡须形成和生长理论的新概念，即“氧化层破裂”生长理论[9]。锡须从表面氧化层薄弱的破裂处长出，形成尺寸保持不变的横截面，见图3.33，被晶粒释放的应变能与生成表面氧化物所耗能量之间的平衡决定了锡须直径。

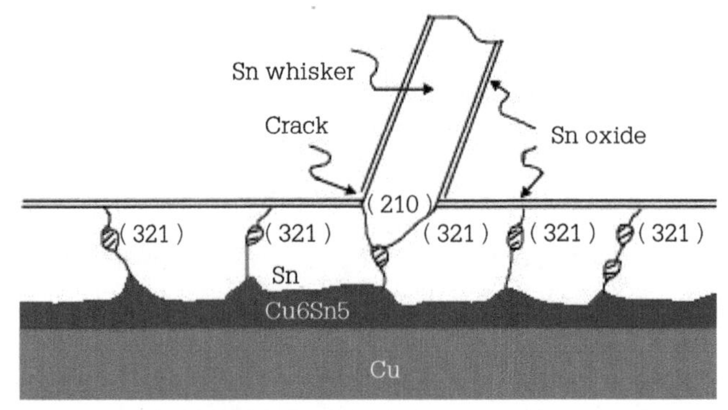

图3.33 Cu/Sn表面锡须生长示意图（来源：UCLA的Tu K N和Zeng K）

Lee等用X射线衍射给出了薄膜的择优取向指数，并比较了锡须晶粒的取向和择优取向，发现锡须晶粒与普通锡晶粒的晶面取向始终不同[10]。他们综合位错与氧化膜破裂理论提出了一个锡须生长机制：锡薄膜刚镀上时受到纯粹的拉应力作用，然后经过数天转变为压应力，并通过锡须的生长来释放。压应力主要来自基板中Cu原子向锡薄膜的扩散，以及后续的Cu6Sn5金属间化合物的形成。与锡薄膜主要取向不同的那些晶粒表面的氧化膜容易沿着晶界被剪切，从而在这些被切开的表面长出锡须释放应力。在Bardeen-Herring位错源作用下，在滑移面以攀移等方式扩展则受到晶界限制，然后沿着柏氏矢量方向滑移，这样锡须得以长出一层原子。锡须在位错源作用下不断生长直到应力完全释放。

3.5.3　锡须生长的影响因素

锡须的生长一般分为三个阶段：孕育期、快速生长期（恒速率）、低速生长至停止生长期。孕育期的时间因电镀条件、温度、外加压力、镀层厚度、基体材料等的不同，从几小时到几个月不等。第二个阶段是晶须长成的关键阶段，但目前缺少此阶段内更为细致的研究结果，已报告的都是平均数据，这些数据点往往是间隔比较大的天数（一般间隔几十天），计算所得的生长速率差别较大，范围为0.0002 ~ 1000nm/s[11]。在经过第二阶段后，锡须已快达到最终长度，这时往往是突然转入第三阶段，最后停止生长。影响锡须生长速率、生长密度及最终长度的主要因素包括以下几点。

1）应力

长期以来主要的观点认为镀层内部的残余应力是锡须生长的主要驱动力，并且认为锡须生长是一种应力松弛或表面重构现象。然而，对于镀层中的应力来源有不同的看法，一种猜测认为这种应力可能是由于在基体预加工或使用过程中受外力产生以及基体与镀层的热膨胀系数（CTE）失配产生的热应力。但这一猜测与锡须生长具有孕育期的现象不符，由于这种应力在镀后是不断松弛的，也就无法为锡须的后续生长提供源源不断的驱动力。近年来，通过对镀层应力的实际测量发现，镀层中的残余应力是不断变化的：随放置时间的延长，从镀后的拉应力逐渐变为后期的压应力，Lee B Z等认为它与锡/铜界面反应生成的金属间化合物Cu6Sn5有关[10]。据此，Tu K N首先提出一种观点，认为镀层内部形成金属间化合物（IMC）导致体积改变产生的应力是锡须生长的主要应力来源[9]，而这种应力可持续地为锡须生长提供驱动力。1954年，Fisher R M等通过外加压应力使锡须的生长速度加快，并且得出外加压力越大，生长速率越高，快速生长阶段（第二阶段）时间越短的结论[12]。在后来的研究中，人们常用施加机械压应力的方法来加速锡须生长，然而Ellis等发现，无论施加压应力还是拉应力，都促进镀层表面锡须生长[9]，这一现象对揭示应力在锡须生长中的真实作用提出了新的课题。

2）镀层微观结构

镀层的晶粒大小及形状对锡须的生长也有影响，Kawanaka R发现晶粒细小

（0.2 ~ 0.8μm）、形状不规则的镀层比结晶良好、晶粒较大（1 ~ 8μm）的镀层更容易长锡须[7]，这种现象也被Lee B Z的试验所证实[10]。根据这一现象，Kawanaka R认为锡须生长应是再结晶的结果，而晶粒细小、形状不规则的镀层发生再结晶的机会更大，因此更易长出锡须。然而从已报告的金相图片看，锡须长大前后，镀层锡晶粒尺寸并未显著长大。Lee B Z认为细小的晶粒本身更有助于发生晶界扩散，促进传质而导致更易长锡须。此外，Boettinger W J[12]发现Sn-Pb镀层比纯锡或Sn-Cu镀层难长锡须，通过用聚焦离子束（FIB）进行切割分析，发现Sn-Pb镀层的晶粒呈等轴状，而纯锡或Sn-Cu镀层的晶粒呈平行排列柱状单晶，贯穿于整个镀层，据此分析，认为这些垂直于表面的长晶界提供了锡须生长所需要的原子扩散通道，等轴状晶粒因没有这种通道而不利于锡须生长。

3）*镀层表面状况*

已有的许多研究表明：一般锡须会从镀层表面凸起、节点、划痕处长出，但也有直接从晶粒中间长出的。通过我们的观察发现，当镀层表面比较脏，或者电镀后残留的镀液清洗不彻底时，锡须反而不易生长。Xu C等[13]指出光亮镀锡层比亚光镀锡层更易长锡须，光亮镀锡层的晶粒细小，同时镀液中的光亮剂是否对锡须生长有促进作用也是一个问题。Tu K N认为镀锡层表面氧化对锡须生长有重要作用，而氧化膜的局部破裂是锡须形成的关键因素之一，在镀层内部应力的驱动下，一旦锡须冲破表面氧化膜的限制后，便在破裂处形成锡须，然而，这一推测目前尚无来自试验上的直接证据。

4）*基体材料及镀层厚度*

在不同的基体材料上镀锡后锡须生长的难易程度也不一样，当基体是黄铜时最易长锡须。若将基体金属对锡须生长的影响程度按由强到弱的顺序排列为：黄铜、磷青铜、无氧铜、Kovar（铁镍钴）合金、纯铁、黄铜上镀镍，即在黄铜上镀锡后锡须生长的倾向最强，而在黄铜上镀镍后锡须生长的倾向最弱。从内应力是驱动力的观点出发，不同的基体上锡须生长难易程度不一样，可能和不同基体与锡镀层间的热膨胀系数（CTE）失配度不同有关。此外，不同基体向镀层扩散及与镀层反应的行为也不一样，如Zeng K和Tu K N[14]认为当基体为铜时，铜扩散至镀层内部后，在锡晶界处会形成金属间化合物Cu6Sn5，由此而产生的应力将成为锡须生长的主要动力来源。Britton S C发现在黄铜上镀镍后再镀锡则较难生成锡须，他就认为是因为先镀的镍层起到了阻碍基体的锌向镀锡层扩散的作用，从而抑制锡须的生成。同理，当镀层较厚时，扩散过程相对需要更长的时间，所以也不易生长锡须[15]。

5）*温度与环境*

Arnold S M[16]早于1966年就发现在52℃左右锡须生长最快，但实际上不同条件下（如镀液不同、厚度不同、成分不同等）的镀层锡须生长最快的温度也不一定相同。从室温到60℃范围内升高温度能提高锡须的生长速率，但温度太高锡须生长反而放慢，甚至发现当温度达到某特定值时不长锡须的情况。如Tu K N于1994年发表的文章中就提出铜上镀锡后在150℃存放时，镀锡层表面只形成小丘而不长锡须[9]。他认为在室温至60℃范围内，升高温度可以使原子扩散加快，并促进Cu6Sn5的析出，但在太高的温度下，可以使应力松弛，而一旦失去应力来源，锡须将停止生长。如前所述，Tu K N认为镀锡层表面的氧化膜（保护性的）是长锡须的必要条件之一，按其假设，在超高真空条件下（无氧状态）是不长锡须的，而在有氧条件下才会长锡须。在1953年，Eshelby J D和Frank F C甚至认为是表面氧化产生的应力导致锡须生长。但有趣的是，1958年Franks J[17]在其试验中发现，在真空条件下加热至190℃时锡须生长情况与室温相同，这与Tu K N等人的观点是迥然不同的，所以气氛对锡须生长的影响还有待进一步研究考证。

6）合金元素

目前发现，除添加Pb能阻止锡须生长外，Ni、Bi也能在一定程度上抑制锡须生长，但效果都不如Pb好。若添加Cu反而促进锡须生长[18]。这方面的研究相对不多，对于Cu促进锡须生长的看法主要与Cu6Sn5引起局部应力有关，然而同样的问题是Ni3Sn4也会引起内应力，却不会促进锡须的生长，也有文献说Ni3Sn4产生的内应力不是压应力（Compression）而是张力（Tension），到底它对锡须生长的影响如何，其他金属间化合物的影响如何，显然这方面的深入研究无论对于科学界还是工业界都是很有价值的课题。

3.5.4 锡须评估方法

1. 锡须的生长环境

由于材料内应力梯度的存在，锡须的生长是一个自发的过程，但是，其生长速度与外部环境条件密切相关。锡须生长的基本动力是在室温附近的锡或者合金元素的异常迅速扩散。即使在室温下，锡镀层中的原子也会自由运动，再加上“环境”或“驱动力”条件，更会促使元素的扩散，从镀层表面的一个“出口”成长为锡须。目前锡须发生的环境条件主要理解为三种：常温常湿条件下锡须的生长、高温高湿条件下锡须的生长和温度循环条件下锡须的生长。

1）常温常湿条件下锡须的生长

电子元器件在装联之前的存放过程中产生锡须的情况如图3.34（a）所示，在Cu基体上制作Sn镀层条件下，Cu向Sn的晶界扩散而在晶界形成扇贝状金属间化合物Cu6Sn5，由此产生的压缩应力是产生锡须的驱动力。镀层制作后至锡须开始出现的时间称为潜伏期，镀层厚度大则潜伏期长，而且达到锡须饱和长度的时间也长。对室温下镀层的耐锡须试验一般是对10μm左右厚的镀层进行数个月至一年的试验。实际生产中室温条件下产生锡须的情况并不多见。

2）高温高湿条件下锡须的生长

高湿和高温高湿条件下Sn容易氧化生成SnO_2，SnO_2的体积比Sn增大30%左右。由此产生的压缩应力作用于表面均匀的氧化膜。这还不是引起锡须的主因，最令人担心的是因高湿带来的腐蚀，图3.34（b）所示为导致锡须的示意图。在高温高湿条件下（如63℃，93%RH），焊件表面容易结露而产生腐蚀。特别是电子元器件引线表面完成镀覆后，如将引线剪短，则露出引线基体金属Cu，在Cu与镀层界面形成水膜而出现微电池腐蚀，腐蚀生成物周围的Sn受到压应力作用而成为锡须的高发区。在极端高温高湿条件的长期作用下，即使Sn-Pb合金的镀层也会产生锡须。

3）温度循环条件下锡须的生长

温度循环变化即热循环条件下会加速锡须的产生，这是最近研究发现的现象。产生这种内应力型锡须的主要原因是元器件基体材质与其表面Sn镀层之间的热膨胀系数（CTE）差，如图3.34（c）所示。Sn的热膨胀系数是23.5×10^{-6}/K，Cu的热膨胀系数是17.0×10^{-6}/K，而42合金（Fe-42Ni）的热膨胀系数仅为4.3×10^{-6}/K。Cu与Sn的CTE差不太大，而Sn与42合金的CTE差就很大了，所以后者组合更容易产生热循环条件下的锡须。其锡须的形成过程是：当首次升温时，Sn镀层的热膨胀受到42合金的约束而承受压缩应力作用，但此时可通过Sn镀层的变形而释放压缩应力，然而，当继续再经受热循环的反复作用时，就导致锡须的出现。

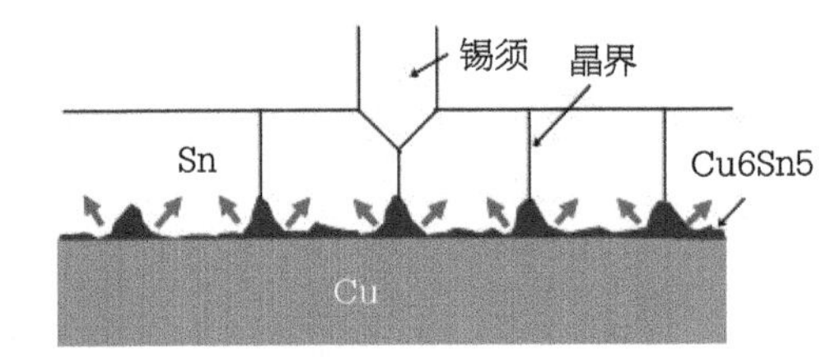

（a）常温常湿条件下发生的锡须

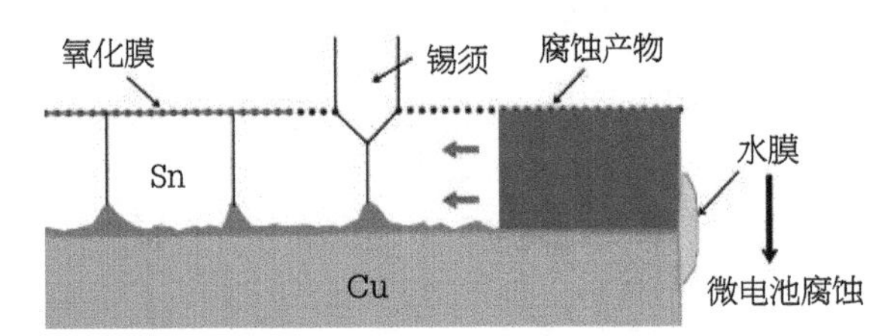

（b）高温高湿条件下发生的锡须

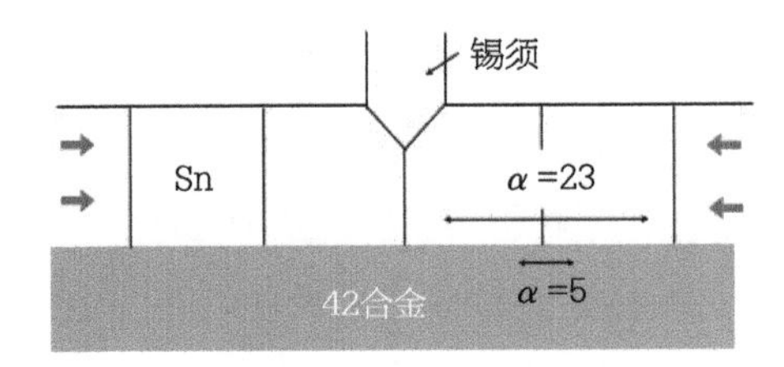

（c）温度循环条件下发生的锡须

图3.34　不同环境下锡须的生长

锡须的生长是一个长期可靠性问题，必须明确合适的加速试验方法及加速因子，才有可能利用短期的试验结果来评估其长期可靠性。目前常用的加速试验方法除基于NEMI的建议或JEDEC标准JESD22-A121A的认证测试外，Sony公司的技术标准也颇具参考价值，尤其是该方法提出“锡须长度不超过50μm”的评价标准更是值得借鉴。表3.28给出了推荐的锡须生长加速试验条件[19]。

表3.30　推荐的锡须生长加速试验条件[24]

参考标准	加速试验	试验条件	最少试验周期	检查时间间隔
JESD22-A121A	温度循环试验（空气对空气）	-55/-40（+0/-10）~ +85（+10/-0）℃，分别停留5 ~ 10min，~ 3循环/h	1000次循环	500次循环
	常温常湿恒定试验	（30±2）℃，60%±3%RH	3000h	1000h
	高温高湿恒定试验	（55±3）℃，85%±3%RH	3000h	1000h
SS-00254-10（评判标准：锡须长度不超过50μm）	温度循环试验（空气对空气）	-35℃，30min，+125℃，30min	500h	500h
	高温高湿恒定试验	85℃，85%RH	500h	500h

2. 锡须的测量和评估

锡须的测量通常是在扫描电子显微镜（Scan Electronic Microscope，SEM）下完成的。首先需要在SEM下对样品进行全面的扫描观测，一旦在样品上观测到锡须，就可以用SEM对该锡须进行放大拍照并保留图片了，同时记录锡须生长位置，JESD22-A121A中对锡须观测面做了说明，如图3.35所示。

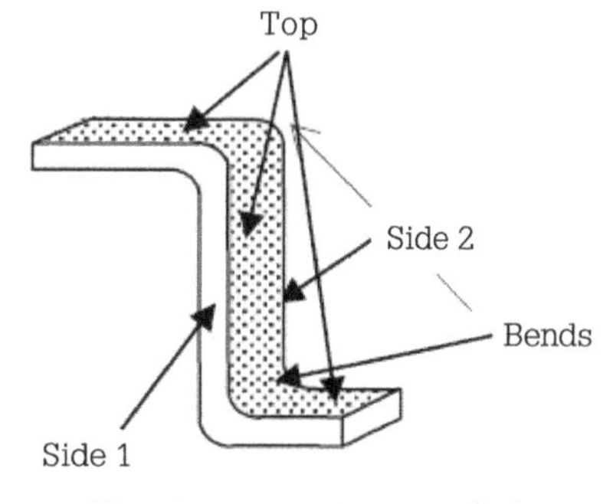

图 3.35　JESD22A-121A 指定的锡须观测面

在锡须观测过程中，样品引脚有几个面是必须进行的。这些面包括：引脚上表面、两个侧面和引脚弯曲的面。在JESD22-A121A锡须加速测试中，对于有引脚的样品，都必须对这几个面进行观测。

在微电子元器件互连中，晶须生长的主要风险是锡须桥连引起电流泄漏和短路，因此，锡须的长度是表征晶须生长风险的主要参数。常用的锡须长度测量方法如下：对于直锡须，直接测量镀层表面生长点至锡须顶端的实际距离；对于中间有弯折而改变生长方向的锡须，则需要分别测量每一段的直线距离后进行加和，如图3.36所示。也有人认为对于不规则的锡须，只要对其有效长度进行评价即可，因此选用以镀层表面生长点为圆心，直接测量到锡须顶端最大距离的方法，如图3.37所示。显然使用第二种测量方法较为保守，如果锡须存在的环境稳定则应该没有问题，也相对合理，因为最大实际距离代表了可能短路的风险。但是实际的情况常常会有变数，如锡须存在的环境不稳定（如便携式电子产品），由于机械振动或者外来风压力等都可能导致锡须伸直，远远超出正常最远距离，这种伸直以后的长度就可能是第一种测量方法所得到的结果了。因此，现在大多数情况下都采用较可能发生风险的第一种方法进行。

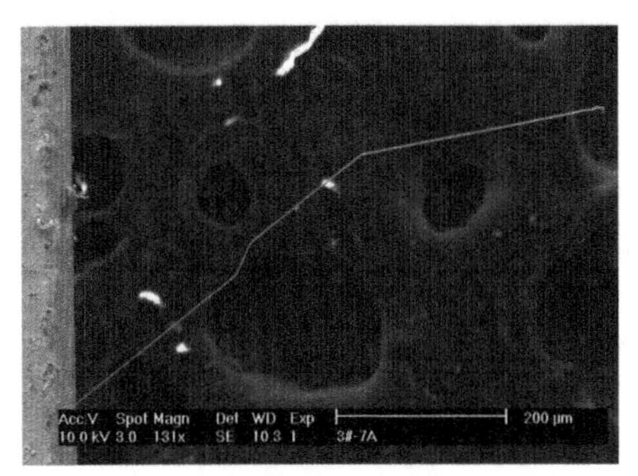

图 3.36 弯折锡须长度测量方法 1[20]

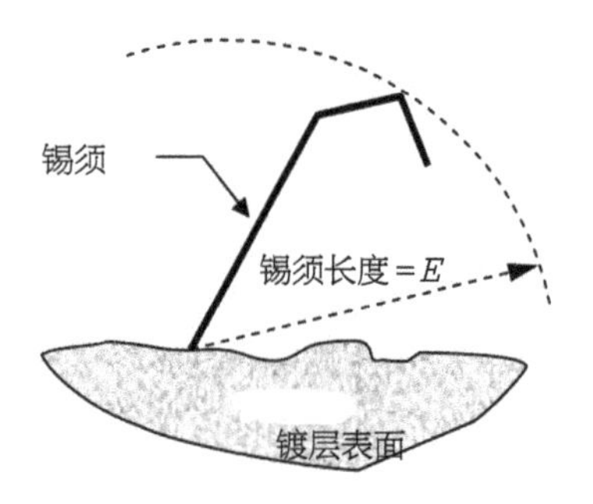

图 3.37 弯折锡须长度测量方法 2[21]

3.5.5 锡须生长的抑制

1. 锡须生长的抑制措施

如前所述，由于锡须的生长机制还不完全清楚，因此，到目前为止，工业界尚未找到一种合适的方法能完全避免锡须的形成与生长。随着电子封装无铅化进程的推进，原来锡须生长倾向较弱的Sn-Pb镀层已逐步被锡须生长倾向较强的纯锡镀层所取代。寻求抑制锡须生长的方法已成为工业界一项紧迫的任务。目前，一些常用的抑制锡须生长的工业措施如下。

1）合金化

工业界一直在寻找新的无铅锡合金镀层以替代Sn-Pb来抑制锡须的生长。由于Bi的一些性质与Pb的类似，可作为一种候选元素。最近的研究表明，Sn-Bi镀层在常温下有抑制锡须生长的作用，但在热循环条件下，Sn-Bi镀层也存在锡须生长；同时，Sn-Bi共晶是一种低熔点镀层，这种低熔点共晶的最后凝固还会引起焊点剥离现象，两者对焊点的可靠性都有很大影响。其他替代Sn-Pb的合金镀层包括Sn-Zn、Sn-Ag和Sn-Sb镀层[22]。这些合金镀层是否具有抑制锡须生长的作用目前并不明确，而且各自也存在一些缺陷，很难获得实际的工业应用。例如，对于Sn-Zn镀层，Zn的易氧化性导致镀层合金的可焊性很差；Sn-Ag镀层由于采用贵金属Ag，不但成本大幅度提高，而且电镀工艺上很难实现，因为实现合金共镀的前提条件是两元素在镀液中的析出电位相近，否则就要添加合适的络合剂来调整其电位使之相近，由于Sn与Ag的电极电位相差很大，工业上很难找到合适的络合剂；而Sn-Sb镀层中Sb是一种有毒的元素，它的添加本身就是一个问题。综上所述，目前工业界尚未找到可以与Sn-Pb相媲美的合金镀层，而且从合金电镀原理上要找到这样的合金镀层也很困难。

2）去应力退火

Glazunova和Kudryavtsev[23]提出用150℃退火处理来抑制锡须的生长；随后，Zhang等[24]、Whitlaw等[25]在这方面进行了大量的研究工作。目前，工业界建议采用镀后50℃退火处理来抑制锡须生长。然而，目前对退火处理能够抑制锡须生长的原因尚不明确。一种研究认为，镀层内部的残余应力是锡须生长的驱动力，而退火可以减小或消除残余应力，因而能够抑制锡须生长。根据Tu的假设，驱动锡须生长的内应力是由后续镀层中Cu6Sn5长大产生的，这种去应力退火应当加快Cu6Sn5的形成和生长，后者应当促进而非减缓锡须生长。此外，电子产品在通电过程中，焊点受热会发生自然退火，但目前并无其抑制锡须生长的报道，所以，退火是否为一种有效的技术措施还有待进一步研究。

3）中间隔离层

Schetty[26]及Britton[15]研究认为，金属基体材料对锡须生长有影响，因此，可在基体上先预镀一层隔离层，阻止基体元素（如Cu）向锡镀层中扩散，减小Cu/Sn界面的反应速度，达到减小锡须生长的驱动力、抑制锡须生长的目的。预镀层还可降低热膨胀系数（CTE）失配产生的应力，这时，隔离层的CTE应介于基体和镀层之间。基于这些考虑，在铜基体上预镀一层镍作为隔离层，然后再镀锡，可以抑制锡须的生长。同时赛宝实验室的研究也表明，镍隔离层的厚度需要超过0.3μm以上才会有明显的效果。此外，Horvath等[27]提出用预镀银等作为隔离层。作为相反的报道，Dittes等[28]和Xu等[29]在铜基体上预镀一层镍作为隔离层后，样品在热循环条件下锡须反而更易生长，此现象的作用机理有待进一步研究。

4）镀后重熔

由于锡须主要在电镀层表面生长，而在熔炼块体合金表面很少发现。根据这一现象，工业界采用镀后重熔的方法来抑制锡须的生长。镀后重熔是一种电镀后处理工艺（热风整平），通过不同的加热方式（如红外热熔、气相热熔、热油浸渍）使镀锡层熔化并重新凝固，以改变电镀层的组织结构。镀后重熔时应快速加热并冷却，以减少表面氧化，保证表面的可焊性。当用热油浸渍时，油浴的温度一般控制在250 ~ 265℃，以保证将镀层浸入油浴后在2 ~ 10s内完全熔化，然后快速冷却凝固[30]。它作为一种有效的工艺，能抑制锡须生长的机理以及镀层微观组织与锡须生长的关系有待进一步研究。

5）有机涂层

Woodrow和Ledbury[31，32]的研究表明，有机保护性涂层可以降低锡须的生长速度，但同时缩短锡须的孕育期。目前，有关镀层表面施镀有机涂层是否可抑制锡须生长的报道较少，并且尚无明确的结论。然而，从电子产品可靠性设计方面考虑，即使有机保护性涂层不能抑制锡须的生长，但由于它本身的绝缘性，应当能防止从镀层表面生长出的锡须与相邻镀层表面的导通，从而降低锡须短路的危害。因此，在不影响焊盘可焊性的前提下，有机保护性涂层对提高电子产品的可靠性是有益的。

6）电镀工艺

电镀工艺对锡须的生长有很大的影响，但电镀涉及的工艺参数有很多，如电镀液的成分、电镀电流、温度以及电镀添加剂等，各种因素之间又互相影响，因此，研究电镀工艺对锡须生长的影响十分复杂。值得指出的是，在关于电镀工艺对锡须生长的研究中，电镀液中少量添加剂的影响很大，这些添加剂不但对镀层的组织和质量有很大的影响，而且对锡须生长倾向也有影响。根据文献[33，34]，光亮锡镀层的锡须生长倾向比哑光镀层的大。例如，贝尔实验室Ellis报道细晶的光亮锡镀层（0.5 ~ 0.8μm）比粗晶的哑光锡镀层（1 ~ 5μm）更容易长锡须，他们认为这是由于细晶组织易于发生再结晶，但其未用实验证实在锡须生长前后，镀层细晶粒发生了明显的长大。

7）选择适宜的镀层厚度

研究表明，小于1μm的薄纯锡镀层和超过20μm的厚纯锡镀层都可以减少锡须的形成[35]。由于薄的镀锡层本身的局限性，导致其他必要的修饰功能如抗腐蚀性、结合性、稳定性等性能降低，使镀锡修饰不能达到电子行业的要求。另外，虽然厚的镀锡层可以减小镀层与基材相互间的应力，但是镀层表面的机械损伤或长期的金属化合物的生长仍将引起锡须的生长。由于镀锡修饰表面的几何图形的制约和引脚间距缩小的要求，镀锡层的厚度不可能太厚。由于对于厚的镀层将产生桥连，这也是在优良的点封装工艺中存在的特殊问题。因此，如何选择适宜的厚度已成为研究的方向之一。现电子封装行业多数采用的镀层厚度为8μm左右，对于大的连接器件和带有较大面积的散热片器件来说，一般采用镀层厚度为10μm以上。此厚度的引线框架元器件的综合性能和抗锡须能力都较好。

2. 抑制锡须生长的试验研究

为了得到抑制锡须生长的更有效的方法，作者试验室也做了相关方面的研究。我们监测了两种不同工艺的哑光锡镀层（matte tin：C质量分数低于0.050%，晶粒尺寸不低于1μm）样品，在同样加速试验的条件下比较研究了锡须生长的情况。本试验研究参考Sony公司技术标准所推荐的两种加速试验方法（温度循环试验：−35℃，30min ~ ＋125℃，30min；高温高湿恒定试验：85℃，85%RH），适当增加试验期间的检查次数，试验结果详见表3.31。

表3.31　锡须生长的试验结果

样品简述	试验条件	锡须形态与数量	最长锡须长度
样品A Cu基材镀雾锡	温度循环150h	未发现明显的锡须生长	—
	温度循环500h	观察到少量带条纹的灯丝状锡须	10μm
	温度循环1000h	观察到少量带条纹的灯丝状锡须	12μm
	高温高湿150h	未发现明显的锡须生长	—
	高温高湿500h	未发现明显的锡须生长	—

（续表）

样品简述	试验条件	锡须形态与数量	最长锡须长度
样品B Cu基材加Ni阻挡层镀雾锡	温度循环150h	观察到大量带条纹的灯丝状锡须	26μm
	温度循环500h	观察到大量带条纹的灯丝状锡须	59μm
	温度循环1000h	观察到大量带条纹的灯丝状锡须	78μm
	高温高湿150h	观察到少量带条纹的针状锡须	68μm
	高温高湿500h	观察到大量带条纹的针状锡须	120μm

由试验结果可知，Cu基材加Ni阻挡层后镀雾锡的样品B反而比未加阻挡层的同类型样品A更容易长出危害性大的锡须，其结果不是人们常常认为的那样，Ni阻挡层并没有真正发挥作用。接下来我们通过扫描电子显微镜（SEM）对锡须生长的镀层结构进行分析。

为了得到锡镀层表面的晶粒结构，选用SEM进行观察与微观测量。结果表明样品A的晶粒尺寸（平均尺寸：10.1μm × 8.3μm）明显大于样品B的晶粒尺寸（平均尺寸：4.1μm × 3.5μm）。热力学上大结晶颗粒的锡比小结晶颗粒的锡较安定且不易受影响而再结晶，在相同的内应力下，大结晶颗粒的锡会相对更难长出锡须。图3.38是放大2000倍后的两种样品锡镀层的电子显微照片，样品A的锡镀层晶粒尺寸明显较大。

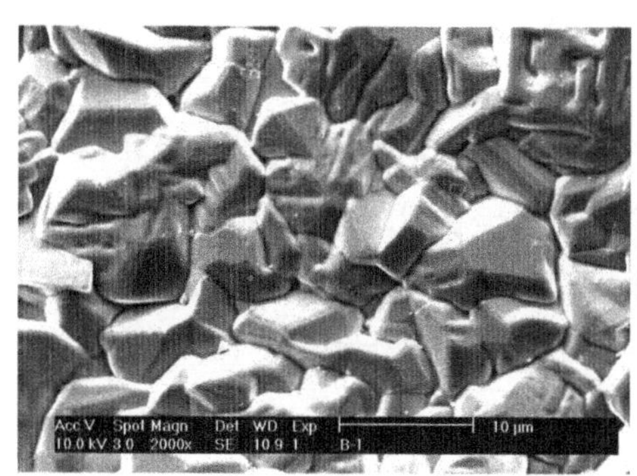

（a）样品 A 锡镀层表面颗粒放大照片

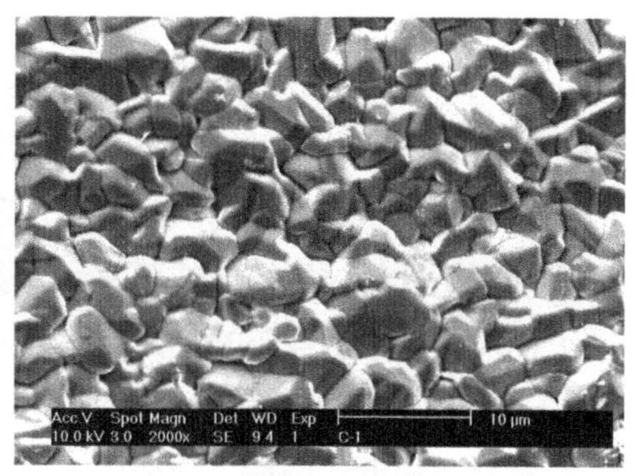

（b）样品 B 锡镀层表面颗粒放大照片

图 3.38　放大 2000 倍后的两种样品锡镀层的电子显微照片

为得到镀层厚度数据，分别对两种样品的引脚进行金相切片，获得其截面后用SEM进行测量，两种样品的镀层厚度测量结果如图3.39所示。结果发现，样品A的锡镀层平均厚度为11μm，而样品B的锡镀层平均厚度仅有6μm。锡镀层偏薄，相对而言扩散作用对锡表面区域的挤压则更容易发生。虽然样品B增加了Ni阻挡层，但是平均厚度仅为0.3μm，同样不能够起到很好的阻挡扩散作用。

最后，为了研究退火抑制锡须生长的效果，在完成电镀的一周后，将样品A和样品B分别在150℃的高温下退火5h，再把它们分为两批分别完成表3.31所描述的试验，然后在常温下储存三个月（20 ~ 25℃，50% ~ 60%RH）后进行观察。除了高温高湿条件下放置了500h的样品B发现了10μm长度的锡须，其余样品均未发现明显的锡须生长。试验结果表明：退火有效地抑制了锡须的形成与生长。其机理可以这样解释：由于金属间化合物（IMC）对晶粒的挤压使得锡表面应力增大，加速晶粒表面晶核的形成与锡须的生长；而烘烤过程使得IMC变得比较均匀，挤压锡镀层表面的问题减少，从而降低了应力，减少了锡须的生长机会。

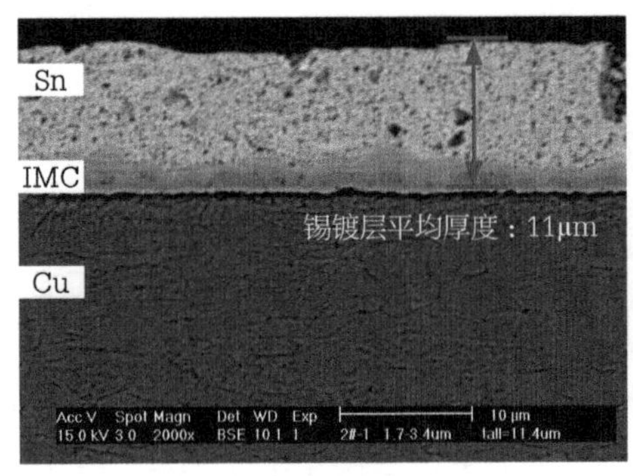

（a）样品A镀层截面照片

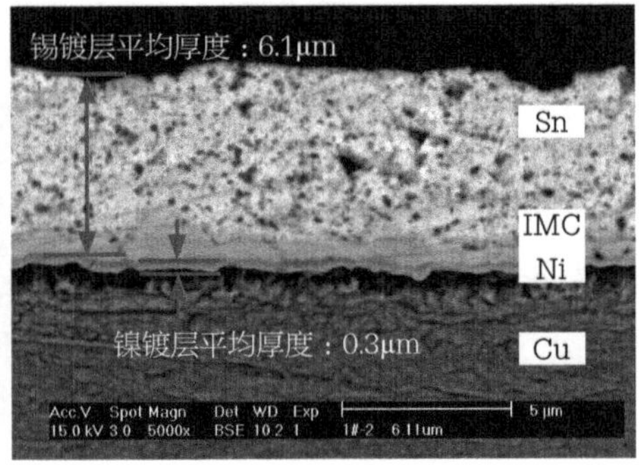

（b）样品B镀层截面照片

图3.39 两种样品的镀层厚度测量结果

3.5.6 结束语

20世纪50—60年代，产业界和研究机构虽然对锡须有所研究，但是未能把握机会。2000年以后，随着无铅化的要求而再次发生问题，技术人员面临着最新知识和尖端装置的再挑战。随着电子工业无铅化的快速发展，锡须自发生长对电子产品的可靠性构成潜在的威胁，特别是在航天领域已经造成了重大的损失。锡须生长及其引发的失效问题已经再次得到了人们的关注。在这数年间，人们逐步理解了锡须的发生原理，并且根据相关原理提出了可能的若干对策。影响锡须的因素有很多，包括应力、基体材料、镀层厚度、镀层晶粒的尺寸和形状、温度和湿度、合金化、冷热循环及电镀工艺等。目前，锡须的生长机制尚不清楚，主要的假说有位错机制、再结晶或动态再结晶机制及氧化膜破裂机制等。这些机制或假说只能在一定程度上解释一些实验现象，还不能解释所有锡须行为。目前，工业界还不能从根本上找到防止锡须生长的方法，但有一些抑制锡须生长的工艺措施，如合金化、去应力退火、电镀中间隔离层、热熔、选择合适的镀层厚度、有机保护性涂层和改进电镀工艺等。研究锡须的加速试验评估方法以及锡须生长的抑制措施是一个很好的课题，它不但有很强的应用背景，而且在揭示锡须生长的机理方面也有很高的理论价值。

对于无铅元器件的用户而言，特别是当元器件的引脚可焊性镀层是纯锡且引脚间距很小（一般pitch≤0.65mm）时，需要采取预防锡须生长的应对措施。参考上面所述针对锡须的抑制方法，不仅需要制定包括对镀层厚度、结构以及外观形貌的基本要求，还需要加强对来料元器件的锡须生长速度的评估或评价，避免在产品使用期限内产生锡须而导致的故障风险。

参考文献

[1] COMPTON K G, MENDIZZA A, ARNOLD S M. Filamentary Growths on Metal Surfaces- "Whiskers" [J]. Corrosion, 1951, (7) :327.

[2] COUREY K, ASFOUR S, BAYLISS J, et al. Tin whisker electrical short circuit characteristics: Part I [J]. IEEE Transactions on Electronics Packaging Manufacturing, 2008, 31 (1) : 32.

[3] NASA Goddard Space Flight Center. Tin (and other metal) whisker induced failures [EB/OL]. [2009-11-20]. http://nepp.nasa.gov/whisker/failures/index.htm.

[4] FRANK F C. On Tin Whiskers [J]. Phil Mag. 1953, (7) : 854-860.

[5] ESHELBY J D. A Tentative Theory of Metallic Whisker Growth [J]. Phys Rev. 1953, 91 : 755-756.

[6] ELLIS W C, GIBBONS D F, TREUTING R C, et al. Growth of Metal Whiskers from the Solid, Growth and Perfection of Crystals[M]. New York: John Wiley & Sons, 1958, 102-120.

[7] KAKESHITA T, SHIMIZU K, KAWANAKA R, et al. Grain Size Effect of Electro-Plated Tin Coatings on Whisker Growth [J]. J Matls Sci. 1982, 17 : 2560-2566.

[8] FISHER R M, DARKEN L S, CARROLL K G. Accelerated Growth of Tin Whiskers [J]. Acta Metallurgica. 1954, 2 : 368-372.

[9] TU K N. Irreversible Process of Spontaneous Whisker Growth in Bimetallic Cu-Sn Thin-Film Reactions [J]. Phys Rev B. 1994, 49 (3) : 2030-2034.

[10] LEE B Z, LEE D N. Spontanous Growth Mechanism of Tin Whisker [J]. Acta Metallurgica, 1998, 46 (10) : 3701-3714.

[11] DOREMUS R H, ROBERTS B W, TURNBULL D. Growth and Perfection of Crystals [M]. New York John Wiley, 1958 : 102-118.

[12] BOTTINGER W J, JOHNSON C E, BENDERSKY L A, et al. Whisker and Hillock Formation on Sn, Sn-Cu and Sn-Pb Elecrodeposits [J]. Acta Mater, 2005, 53 : 5033-5050.

[13] XU C, ZHANG Y, FAN C, et al. Whisker Prevention [J]. Circuit Tree, 2002, 15 (5) : 10-21.

[14] ZENG K, TU K N. Six Cases of Reliability Study of Pb-Free Solder Joints in Electronic Packaging Technology [J]. Mater Sci Eng R, 2002, 38 : 55-105.

[15] BRITTON S C, CLARKE M. Effects on Diffusion from Brass Substrates into Electrodeposited Tin Coatings on Corrosion Resistance and Whisker Growth [J]. Trans of the Inst of Met Finishing, 1963, 40 : 205-211.

[16] AMOLD S M. Repressing the Growth of Tin Whiskers [J]. Plating, 1996, 53 (1): 96–99.

[17] FRANKS J. Growth of Whiskers in the Solid Phase [J]. Acta Met, 1958, 6 : 103–109.

[18] SHENG G T T, HU C F, CHOI W J, et al. Tin Whiskers Studied by Focused Ion Beam Imaging and Transmission Electron Microscopy [J]. J Appl Phys, 2002, 92 : 64–69.

[19] 许慧，罗道军. 元器件纯锡镀层表面晶须风险评估及对策[J]. 电子工艺技术，2007，28 (5) : 249–252.

[20] JESD22A121. Measuring Whisker Growth on Tin and Tin Alloy Surface Finishes [S]. JEDEC Solid State Technology Association. May 2005.

[21] JESD201.Environmental Acceptance Requirements for Tin Whisker Susceptibility of Tin and Tin Alloy Surface Finishes [S]. JEDEC Solid State Technology Association. March 2006.

[22] DIMITROVSKA A, KOVACEVIC R. The effect of micro–alloying of Sn plating on mitigation of Sn whisker growth [J]. Journal of Electronic Materials, 2009, 38 (1) : 1–9.

[23] GLAZUNOVA V, KUDRYAVTSEV N. An investigation of the conditions of spontaneous growth of filiform crystals on electrodeposit coatings [J]. J App Chem, 1963, 36 (3) : 543–550.

[24] ZHANG Y, FAN C, XU C, et al. Tin whisker growth: Substrate effect understanding CTE mismatch and IMC formation [J]. CircuiTree, 2004, 17 (6): 70–82.

[25] WHITLAW K, EGLI A, TOBEN M. Preventing whiskers in electrodeposited tin for semiconductor lead frame applications [J]. Circuit World, 2004, 30 (2) : 20–24.

[26] SCHETTY R. Minimization of tin whisker formation for lead–free electronics finishing [J]. Circuit World, 2001, 27 (2) : 17–20.

[27] HORVATH B, ILLES B, HARSANYI G. Investigation of tin whisker growth: The effects of Ni and Ag underplates[C]//Proceedings of the 32nd International Spring Seminar on Electronics Technology (ISSE) Hetero System Integration, the Path to New Solutions in the Modern Electronics. Brno (Czech) : IEEE, 2009 : 5–10.

[28] DITTES M, OBERNDORFF P, CREMA P, et al. Tin whisker formation in thermal cycling conditions [C]//Proceedings of the 5th Electronics Packaging Technology Conference. Singapore: IEEE, 2003 : 183–188.

[29] XU C, ZHANG Y, FAN C L, et al. Driving force for the formation of Sn whiskers: Compressive stress-pathways for its generation and remedies for its elimination and minimization [J]. IEEE Transactions on Electronics Packaging Manufacturing, 2005, 28 (1): 31-35.
[30] 曾华梁，吴仲达，陈钧武. 电镀工艺手册[M]. 北京：机械工业出版社，1997.
[31] WOODROW T, LEDBURY E. Evaluation of conformal coatings as a tin whisker mitigation strategy: Part Ⅰ [C]//Proceedings of the 8th International Conference on Pb-Free Electronic Components and Assemblies. San Jose, 2005 : 18-20.
[32] WOODROW T, LEDBURY E. Evaluation of conformal coatings as a tin whisker mitigation strategy: Part Ⅱ [C]//Proceedings of SMTA International Conference. Rosemont, 2006 : 24-28.
[33] FUKUDA Y, OATERMAN M, PECHT M. The effect of annealing on tin whisker growth [J]. IEEE Transactions on Electronics Packaging Manufacturing, 2006, 29 (4): 252-258.
[34] FUKUDA Y, OSTERMAN M, PECHT M. Length distribution analysis for tin whisker growth [J]. IEEE Transactions on Electronics Packaging Manufacturing, 2007, 30 (1): 36-40.
[35] BRITTON S C. Spontaneous growth of whiskers on tin coatings: 20 years of observation [J]. Trans Inst of Metal Finishing, 1974, 52 (4): 95-102.

3.6　电子组件的三防技术及最新进展

随着社会的进步与信息技术的飞速发展，许多电子产品或电子组件都工作在航天、航海以及野外等各种恶劣的环境中，原来很少使用电子组件或电子控制部件的设备或武器装备由于智能化的需要都大量使用电子组件或部件，如航天器的太阳能电池板、野外施工地挖掘机、行驶各地的汽车、舰船上的雷达，甚至是安装在室外的空调外机等设备。由于我国地域辽阔以及产品用户的全球化，这些“苛刻”的外界环境严重危害电子产品的使用性能和使用寿命[1~3]，作为电子设备核心的电子组件受到的影响首当其冲。通常在众多环境因素中，湿热、盐雾以及霉菌是最为常见的破坏性因素[2, 3]。目前，电子行业对这三个方面的防护技术简称为“三防技术”。

电子组件是电子产品或装备系统的核心关键组成部件，包括用于导电互连的焊盘、元器件引脚、焊锡焊点、连接器触点的金属材料、半导体及功能无机非金属材料，以及用于封装防护的包封料和绝缘的有机高分子材料、电子组件中各种金属材料、无机非金属材料和有机材料相互结合为一个整体，尤其是随着电路组装工艺不断向高密度、窄间距方向发展，PCB铜导线的厚度越来越薄，电子组件对使用环境变得更加敏感，其失效的风险也急剧增大[1, 4, 5]。而当电子组件通电工作时，不同电极之间存在一定的电势差，这种电势差加速了金属材料的腐蚀[4]。此外，随着间距的不断减小，引脚之间的电场强度随之加大，从而增加了电迁移失效的风险。因此，与普通的外部设备以及金属材料不同，三防对保证电子组件本身的电气性能，以及提升设备整体可靠性有着非常重要的作用。

通常来说，PCB上涂覆阻焊膜，可以起到阻焊绝缘、防止氧化的作用，但是经过电子装联工艺后，其面板上可能会残留许多污染物，如助焊剂、电镀残液以及手印等。在外界环境的作用下，这些污染物可能会破坏PCB表面的阻焊膜以及腐蚀金属材料，导致PCB的绝缘电阻下降、导通电阻升高，最终导致电子组件的整体失效。此外，电子组件中的元器件与PCB焊盘之间焊点一般都是直接裸露在大气中的，而焊点中一般为金、银、铜、锡及其合金组分，其中锡和金、银的电位差较大，当其一旦遭受潮湿、盐雾等恶劣环境影响时，就可能发生电化学腐蚀而失效。图3.40所示为电子组件在外界环境作用下发生的腐蚀失效现象，图3.40（a）为某计算机主机板上由于残留助焊剂，导致PCB上铜导线暴露在潮湿的环境中发生腐蚀；图3.40（b）为某品牌空调外机主板表面由于局部残留了含有大量溴（Br）的腐蚀性物质与金属发生了化学反应而导致严重腐蚀；图3.40（c）、（d）为某品牌空调外机主板经过盐雾处理后，元件引脚焊点与金属材料发生严重腐蚀，这种情况其实是不允许和不能够接受的，因为空调是盐雾大及湿热的沿海地区必备且大量使用的设备。

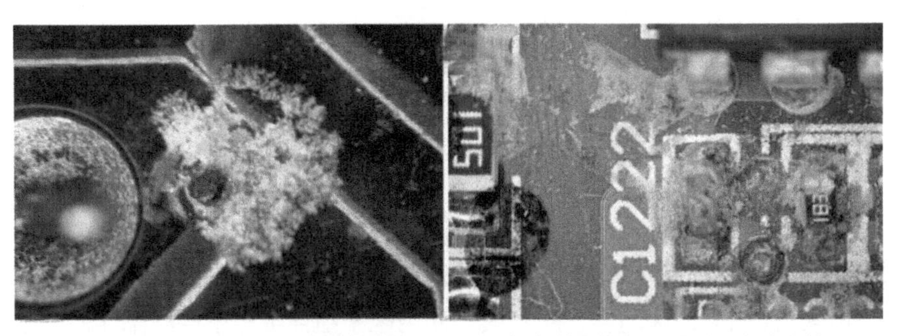

（a）某计算机主机板 PCB 铜基材腐蚀　（b）某品牌空调外机主板焊点腐蚀

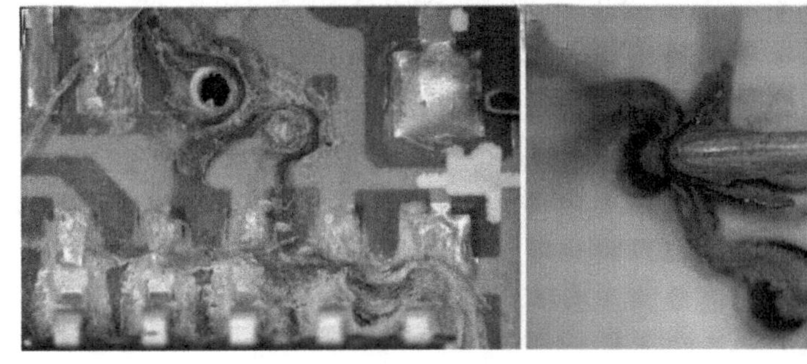

（c）某品牌空调外机主板焊点与金属材料腐蚀 1（d）某品牌空调外机主板焊点与金属材料腐蚀 2

图 3.40　腐蚀失效现象

3.6.1　湿热、盐雾及霉菌对电子组件可靠性的影响

湿热对电子组件的危害主要有三个方面：物理方面（溶胀、变形与分解）、机械方面（破裂与机械性能变化）以及电学方面（改变电气性能）[6]。在某种程度上，水分子可以渗透所有高分子材料，如图3.41所示。在湿热环境作用下，电子组件中的高分子材料的水含量不断增加，从而导致重量增加、发胀和变形，甚至还会降低绝缘电阻。另外，湿气一般溶有无机盐等，也会造成绝缘材料的绝缘电阻下降，在高密度的电路中，湿气还是潜在的导电通路，引起漏电或短路等失效现象[7]。在湿热环境及电场的共同作用下，电子组件的金属引脚、焊点及PCB铜导线等金属材料腐蚀速度加快。一般来说，在室温中，当环境湿度达到60% ~ 70%时，材料表面即可吸附足够厚度的水膜（20 ~ 50个水分子层），使金属材料发生腐蚀[1]。

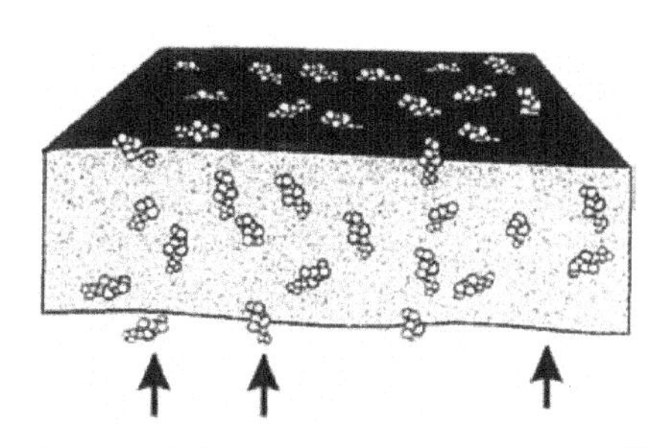

图 3.41　水分子在高分子材料中扩散示意图[7]

大气中的盐雾是由悬浮的氯化物和微小液滴组成的一种气溶胶，通常是指在海上，由于海水飞溅而雾化并随气流传播形成的盐雾。此外，地面上的盐碱被风刮起，再经大气环流作用也可形成盐雾。一般来说，除了在海上作业的电子设备，如船舰及海洋钻油平台等，盐雾的影响区域主要集中在离海岸约400 m、高度约150 m的范围内[6, 8]。盐雾的成分主要是NaCl和$MgCl_2$，其余为少量的$MgSO_4$、$GaSO_4$以及其他杂质等。一般来说，大气中任何物体的表面均有0.001 ~ 0.01μm的水膜，而盐雾中的氯化物能够从相对干燥的空气中吸收更多的水分，因此盐雾环境中的电子组件表面将会长期保持潮湿状态，再加上盐雾中的各种盐离子，加速组件上金属材料的腐蚀，并降低PCB的机械性能以及绝缘电阻等[8, 9]。在电场梯度的作用下，潮湿金属材料表面存在微量的氯离子污染物甚至可以腐蚀金[4]。

霉菌是由菌丝组成的植物体，为单细胞真菌，生长于植物及普通材料上，成熟时散落的孢子随着空气流动到处传播，产品中只要空气能进入的部分便有可能被霉菌污染[6, 10]。霉菌能够在暴露于空气中的大多数有机材料表面上生长，塑料中的增塑剂、有机填料、颜料等也是霉菌的营养品，在湿热季节长霉现象极为普遍。而PCB经过装联工艺可能会有残留的手印、汗液以及其他有机物，为霉菌的生长提供了条件。而霉菌对电子组件的破坏主要体现在两个方面：直接影响与间接影响。

直接影响是指霉菌菌丝可以横跨材料的表面繁殖，而大多数霉菌菌丝是潮湿的并可以导电，从而造成表面漏电，导致绝缘电阻下降甚至出现短路等现象[6]。间接影响主要是指霉菌代谢产物（如酸性物质及其离子物质等）影响电子组件的功能。当电子组件的金属材料暴露在湿热霉菌的环境作用下，霉菌孢子附着在金属表面，进行新陈代谢并分泌出胞外聚

合物（Extracelluar Polymer Substances，EPS）。EPS的黏性有助于霉菌孢子和菌丝吸附在金属表面，而EPS中一般包含磷酸根、羧基、氨基酸等带负电的官能团，以及柠檬酸、不饱和脂肪酸等代谢产物，使金属表面处于酸性的腐蚀介质中，从而发生化学和电化学反应[11]。图3.42所示为化学浸银工艺的PCB在霉菌环境中的腐蚀示意图。通常情况下，化学浸银的银层厚度一般为几百纳米，银层表面存在微孔，霉菌孢子容易在微孔缺陷处附着，孢子的吸湿作用使得周围表面很快形成微液膜，霉菌孢子分泌的EPS溶于其中形成腐蚀性介质。电极电位偏低的Cu作为阳极优先与腐蚀介质反应，生成铜离子，而在这一过程中，氧气则被还原生成水[10]。此外，霉菌分泌出的酶可以破坏许多有机物及矿物质，从而也会影响电子组件的使用性能与寿命。

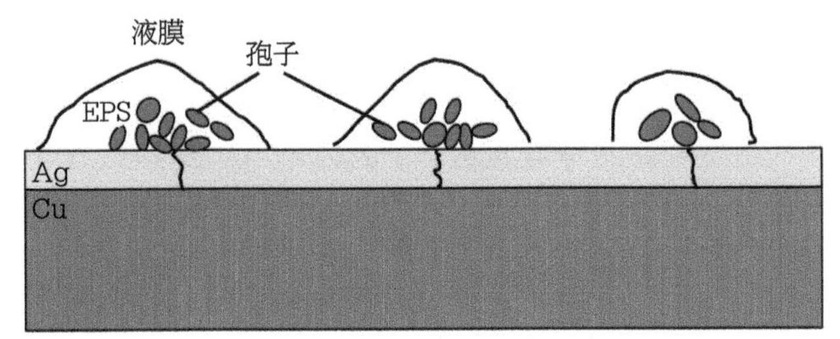

图 3.42　化学浸银工艺的 PCB 在霉菌环境中的腐蚀示意图

3.6.2　电子组件的防护技术

敷形涂覆是对电子组件进行三防的一种主要手段，它是指在PCB表面涂覆一层合成树脂或聚合物，也称为表面涂覆[12, 13]。涂覆的薄膜将电子元器件和PCB基板与恶劣的外界环境隔离，可显著改善电子产品的寿命、安全性及可靠性。表3.32为三防涂层对产品使用性能的影响[14]。由该表可见，不进行三防处理的产品半年后PCB上的印制导线产生严重的铜绿，元件引脚腐蚀开裂，不能正常工作；而涂覆了聚氨酯涂料产品的PCB上的印制导线仅发现变黑，元件个别引脚有锈斑，仍可正常工作。由此可知，对电子组件进行表面涂覆的三防处理可以显著地改善产品的环境适应性，增加使用寿命。随着电路组装工艺不断向高密度、窄间距方向发展，其使用性能及使用寿命对外界环境条件日趋敏感，表面涂覆处理可以允许PCB具有更小间距及更高功率[13]。

表3.32　三防涂层对产品使用性能的影响[14]

涂覆材料	PCB印制导线	元　　件	电路功能
无涂层	半年后严重产生铜绿	引脚腐蚀开裂	不正常
聚氨酯涂料	半年后变黑色	个别引脚有锈斑	正常

针对电子组件的表面涂覆工艺一般包括基板清洗、掩蔽、预烘、涂覆、固化、去掩蔽等工序[15, 16]。

清洗过程主要是为了去除经过电子组装工艺的PCB表面的污染物，包括助焊剂、电镀残留液、油污及手印等。这些残留表面的污染物将影响涂层对电子组件的防护效果，如表面残留的油污类物质将会显著降低三防涂层与基板的结合力，有机污染物则为霉菌的生长提供了条件，残留的灰尘、纤维等则导致空气中水分的吸附，而非金属颗粒以及有机残留物也会影响电接触等。

清洗技术一般分为：氟碳溶剂清洗、超声波清洗及水基清洗[15]。氟碳溶剂清洗也称为气相清洗，主要利用三氯三氟乙烷（CFC-113）与有机溶剂构成共沸物，从而对基板进行清洗。然而，由于三氯三氟乙烷破坏臭氧层，已被限制使用。超声波清洗是指利用超声波产生的高频振动，在溶液中产生气泡，这些气泡被压破后产生较强的冲击力而使污垢从被洗表面剥离，最终达到洗净的效果。需要指出的是，超声波清洗可能会对某些精密器件造成损害。水基清洗是指利用水本身极强的极性溶剂，对极性污染物有很好的清洗能力，然后在水中添加表面活性剂、螯合剂以及缓蚀剂等，用于清洗黏附的油脂、灰尘、助焊剂及手印等。水基清洗基本无毒或毒性很低，不燃、不爆，生物降解性好，比较环保。

掩蔽是指把电子组件上无须涂覆区域掩盖起来，防止三防涂料深入影响工作性能，如图3.43所示。预烘过程是指在产品涂覆之前对其进行预热处理，去除潮气。涂覆过程是指对产品进行三防涂料的涂覆，具体防护材料与涂覆工艺在后文中有详细叙述。固化是指成膜物质发生交联反应而干燥成膜的过程，固化方式主要有空气固化、紫外（UV）固化、热固化及湿固化等[13]。

图 3.43　掩蔽[17]

3.6.3　传统防护涂料及涂覆工艺

1. 传统防护涂料

防护涂料通常为某些高分子聚合物制成的清漆，而这些用于涂覆PCB及元器件表面的聚合物需要满足一定的要求[18]：（1）具有良好的电学性能，其损耗正切角（$\tan\delta$）、介电常数（ε）值较小，体积电阻（ρ_V）、介电击穿强度（E_s）值较高；（2）具有防潮、防霉及防盐雾的性能；（3）具有良好的机械性能，与PCB有良好的附着力，具有耐冲击性和一定的柔韧性；（4）具有良好的工艺操作性，表干时间短。需要指出的是，传统用于电子组件的三防涂料一般可以分为以下三类：AR型丙烯酸酯树脂、ER型环氧树脂、UR型聚氨酯树脂[13, 19]。

AR型丙烯酸酯树脂类涂料一般为单组分，这类三防涂料具有良好的电性能及工艺性能，得到的涂层较为美观。AR型丙烯酸酯树脂类涂料一般适用于室内产品，可采用浸涂、刷涂和喷涂等手段进行施工，操作方便。

ER型环氧树脂类涂层具有良好的电性能和优良的附着力，工艺性能良好。这类涂料具有极佳的抗潮性能及溶剂耐受性，常用于需要非常坚硬涂层的场合。需要指出的是，环氧树脂的溶剂耐受性极强，涂层几乎不能去除。此外，这类三防涂料在聚合时会产生应力，从而可能会对一些易脆元器件造成危害。因此，这类涂层应用的场合并不多见。

UR型聚氨酯树脂类涂层适用于在要求有耐湿热和耐盐雾腐蚀环境中使用的电子组件的涂覆，可浸涂、刷涂和喷涂。UR型聚氨酯树脂类三防涂料以双组分居多，双组分主要为多羟基化合物固化型聚氨酯，单组分聚氨酯现在也有使用，单组分聚氨酯以氧固化型和湿固化型居多。聚氨酯类三防涂层的漆膜光滑、丰满、坚硬、附着力强，具有耐水、防潮、防霉、耐磨、防化学腐蚀等性能。

2. 传统涂覆工艺

电子组件传统涂覆工艺一般包括浸涂法（Dipping）、刷涂法（Brushing）、人工点胶法（Needle Dispensing）及人工喷涂法（Spraying）等，其中浸涂法、刷涂法和人工点胶法属于非雾化法，人工喷涂法属于雾化法[17, 20]。顾名思义，后者是指在喷涂时将三防涂料进行雾化处理，而前者是指涂料在喷涂时没有经过雾化处理。雾化的过程是指将涂料分解为细小的粒子，然后将这些细小粒子涂覆在目标表面。雾化涂覆往往会导致涂料粒子在不需要涂覆的区域成膜，从而不能精确控制涂覆的图形，并且得到涂覆薄膜的边缘比较平缓，而非雾化涂覆得到的图形边缘较为锐利。但是，非雾化涂覆在拐角处的涂层厚度不均匀，往往需要二次涂覆，如图3.44所示，而利用喷涂法进行涂覆则没有这种问题。

浸涂法是一种传统的三防涂覆工艺，它具有较好的涂覆效果，其实施过程如图3.45所示。在涂覆前需要进行掩蔽，即利用胶带把不需要涂覆的区域覆盖起来，然后浸涂一层涂料，当涂料固化后除去胶带。该方法对设备要求低，操作较为简单。浸涂法一般可通过人工操作完成，然而，为了能够满足大批量、自动化生产的需求，目前也有许多自动浸涂设备，如图3.46所示。浸涂法具有一定的局限性，对涂料的黏度要求较高，得到涂层的厚度不能控制，不能涂覆装有电位器、微调磁芯以及不密封器件的电子组件，并且涂料浪费严重。

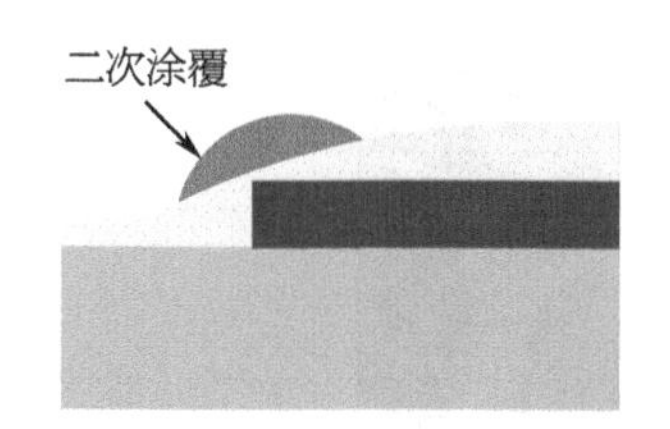

图 3.44　非雾化涂覆的二次涂覆示意图

图 3.45　浸涂法

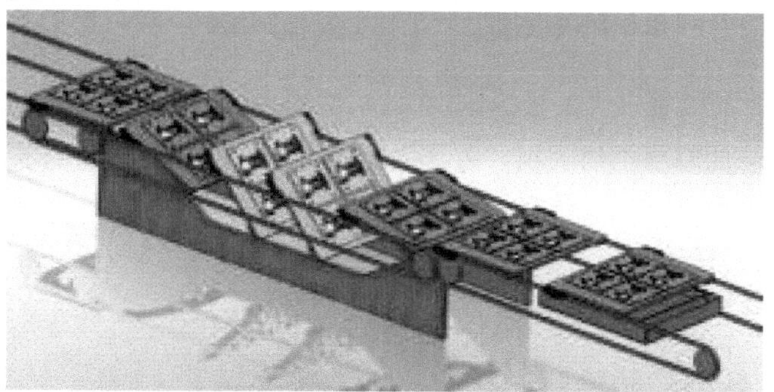

图 3.46　自动浸涂设备

刷涂法是另一种较为简单的涂覆工艺。刷涂法是指利用刷子把三防涂料刷到电子组件上，如图3.47所示。与浸涂法相同，该方法对设备要求低，过程简单，适用性广。但是这种方法对工人的要求较高，需要对无涂覆的区域进行标记，转换效率较低。刷涂法通常用于小体积产品的三防涂覆以及对涂层的修补。

人工点胶法的出现对于三防涂料的涂覆工艺是一个很大的提升，图3.48所示是人工点胶仪器。人工点胶法是利用压缩涂料，使其通过针头，从而以珠状分散在电子基板上，然后珠状涂料通过毛细作用从而覆盖需要涂覆的表面。与前述的人工涂覆工艺相同，人工点胶法的重复性及稳定性不是很理想。

图 3.47　刷涂法

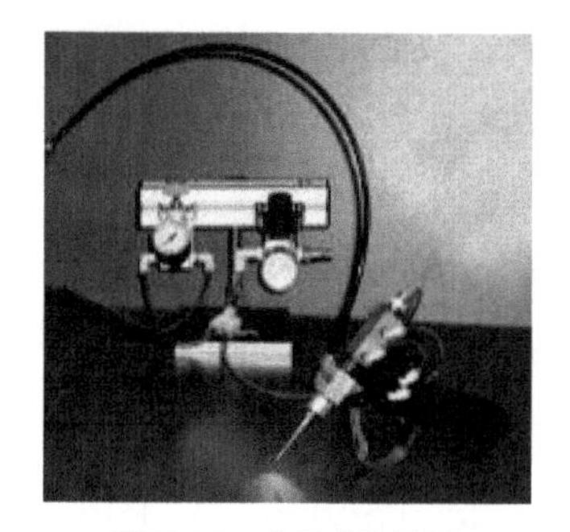

图 3.48　人工点胶仪器

人工喷涂法是在电子组件上形成一层较薄的三防涂层，是一种较为常用的工艺。与浸涂法类似，进行喷涂之前也要对不允许有涂覆的元器件及组件进行覆盖，以免其受到喷雾的污染，图3.49所示为典型的人工喷涂。与前面的非雾化人工涂覆方法相比，由于喷涂法属于雾化喷涂，往往不需要二次涂覆，但是涂层边缘较为平缓。

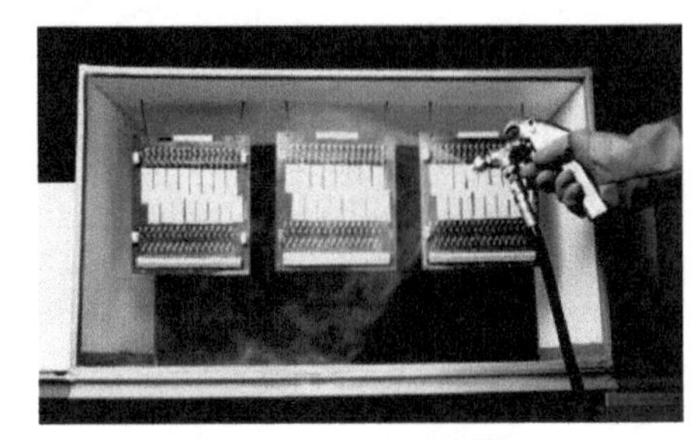

图 3.49 人工喷涂[20]

传统的涂覆工艺一般采用人工涂覆手段，原理简单、对设备要求较低、投入少，但是得到的涂层厚度不易控制，劳动强度大、效率低下，对环境以及工人的危害较大。

3.6.4 电子组件三防技术最新进展

1. 新型防护涂料

随着电路快速向高频高速及高密度方向发展，传统的三防处理技术已经不能满足产品可靠性与环境适应性的要求。传统的防护材料一般适用于中低频电路的电子组件，并不适用于高频电路的防护，这是因为高频电路会改变传统防护材料的电学参数，从而不能达到防护要求，因此在高频电路中的电子组件需要选择特殊的防护材料。特殊的防护涂料一般有SR型有机硅树脂类涂料和XY型聚对二甲苯涂料[21，22]。表3.33所示为SR型和XY型特殊涂料与AR型，ER型和UR型等传统涂料的各性能参数。

SR型有机硅树脂类涂料最早由美国Dow Corning公司在20世纪80年代推出。该涂料的涂层电学性能优良，与其他涂料相比，该涂料的介质损耗和介电常数更低。有机硅树脂类涂料是一种液态涂料，固化后同时兼具柔韧性以及塑性疏水性，因此也称为弹塑性有机硅涂料。它具有耐温度冲击、高频性能好，适用于高频电路板的涂覆，也适用于高温下工作电路板的涂覆，可浸涂、刷涂和喷涂。在美军标中，该类涂料被推荐作为电子设备高频部件及其他电子部件的保护涂料。

XY型聚对二甲苯涂料，即派拉伦（Parylene）涂料，最早由美国Union ×××公司推出。聚对二甲苯不溶于大部分溶剂，它是需要通过化学气相沉积的方法在电子组件表面上得到涂层。聚对二甲苯涂层纯度高、致密性好，当厚度达到7 ~ 8μm时具有良好的防护效果。聚对二甲苯有Parylene C、Parylene N、Parylene D等型别，主要区别在于其分子上的取代基不同，不同型别的聚对二甲苯涂层在热稳定性和绝缘性等方面有所不同。聚对二甲苯是一种无色透明的薄膜，不吸收可见光，耐低温性能突出，并有较高的电绝缘性和热稳定性。自问世以来，聚对二甲苯涂料常应用于各种高端、关键技术领域，如军工领域、航天飞行器及飞机黑匣子等。

表3.33 不同类型防护涂料的性能参数[22]

性能		涂料类型				
		AR型	ER型	UR型	SR型	XY型
体积电阻/（Ω·cm）(23℃、50% RH）		$10^{13\sim14}$	$10^{12\sim17}$	$10^{11\sim15}$	$10^{15\sim16}$	（6 ~ 8）$\times10^{16}$
介电常数	60Hz	3~4	3.5~5.0	5.3~7.8	2.7~3.1	3.15
	1kHz	2.5~5	3.5~4.5	5.4~7.6	2.6~2.7	3.10
	1MHz	3~4	3.3~4.0	4.2~5.2	2.6~2.7	2.95
介质损耗	60Hz	0.2~0.4	0.002~0.01	0.015~0.05	0.001~0.007	0.020
	1kHz	0.02~0.04	0.002~0.02	0.04~0.06	0.001~0.005	0.019
	1MHz	0.035~0.056	0.03~0.05	0.05~0.07	0.001~0.002	0.013
	1GHz					0.0043
	10GHz					0.0032
空气中使用温度/℃		−59~137		−45~110	−64~199	−200~120
气体、潮湿屏蔽性		很好	很好	好	一般	优秀
耐盐雾性		一般	很好	一般	一般	优秀
耐霉菌性		差	很好	很好	一般	优秀
可维修性		很好	差	好	一般	好

为了便于对涂覆效果的检测，目前市场上出现了具有荧光可检测性的新型紫外荧光三防涂料[23]。通常，大部分三防涂料固化形成的膜透明，在电子组件上很难被检测到，无法确定产品表面是否完全被涂料涂覆，从而给产品的质量带来不确定性。新型紫外荧光三防涂料在以往三防涂料的基础上添加了荧光粉溶液，当特殊荧光材料受到紫外线的照射导致内部电子能级跃迁，处于激发态的电子跃迁至较低能级时发出发射光。因此，利用荧光粉的发光对电子组件三防涂料的涂覆效果进行检测，图3.50所示为紫外荧光三防涂料涂覆的电子组件在紫外光照射下的照片。

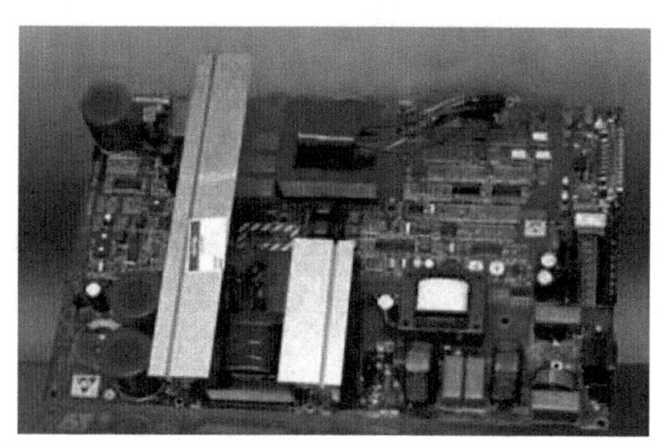

图 3.50 紫外荧光三防涂料涂覆的电子组件在紫外光照射下的照片

随着人们对健康和环保的日益关注，以及越来越多的通信电子产品向5G时代迈进，三防涂料需要适应环保的要求，同时还需要满足在高频高速信号传输的PCBA产品上使用的要求。因此，剔除或减少传统三防涂料中大量挥发性有机溶剂（VOC）的使用已经成为大势所趋。电路表面的防护材料除具有优良的三防性能外，还需要有更低的介电损耗。亿铖达公司开发的一款（TR6200）单组分非反应型聚烯烃类热熔防护胶，常温下为固体，无VOC，通过加热熔融后喷涂于PCB表面，物理冷却固化即可起到防护作用，固化速度快，且无须固化设备；涂层具有优异的介电性能、防水和抗凝露性能；易返修，加热即可拆除，甚至可替代灌封胶使用；可广泛应用于家电、新能源汽车、LED、电动工具、变频器等高三防要求领域及5G高频领域。

另外，电子产品特别是其中含有银电极的片式电阻电容等元器件的设备，硫化腐蚀失效的案例越来越多，其中以户外使用的汽车电子、通信电子和工业电子为甚。而使用有效的防护涂层是防止硫化失效的一个主要技术手段，因此，未来的三防涂料除需要具有优良的三防性能外，还需要增加防硫化功能，即“三防”变成了“四防”。目前应用的情况反馈显示，聚氨酯类的三防涂料具有更好的防硫化性能。

2. 新型涂覆工艺

1）自动选择性涂覆技术

由于电路基板尺度不断减小、组装密度不断提高，对三防涂层的的涂覆工艺也提出了更高的要求。借助计算机控制涂覆技术的进步，以20世纪90年代开始出现一种全新的涂覆技术——自动选择性涂覆技术[17, 20]。这种技术是指通过计算机精确定位，在基板的指定区域上进行选择性涂覆液态涂料。采用这种工艺，可以大大提高涂料的利用率和工作效率，缩短生产周期，得到的涂层具良好的均匀性和一致性。

（1）自动点胶法（Automated Needle Dispensing）。

自动点胶法是一种非雾化喷涂过程，与前面的人工点胶法相比，该方法由计算机进行自动定位，因此该方法涂覆精度高、喷涂一致性较好，并且节约人力成本，如图3.51所示。然而，自动点胶法有一些缺点。由于点胶机涂料的开关位置与针头都存在一定的距离，因此通常会发生涂料滴落的现象，从而导致涂料滴落在不期望有三防涂料覆盖的位置。如果珠状涂料大小控制不好，还会导致得到的涂层过厚，或者涂覆面积不够等缺陷。此外，由于点胶法中的针头比较细，在移动的过程中碰到物体可能会折弯，从而中断涂覆过程。但是，通过对工艺参数的控制与调整，可以避免出现上述的不良现象。总体来说，自动点胶法是制备三防涂料涂层的一种有效手段，对于比较难以涂覆的区域，该方法显得尤为重要。

图 3.51 自动点胶法

（2）选择性薄膜涂覆法（Selective Film Coating）。

选择性薄膜涂覆法利用压力使涂料液体通过特殊的喷嘴，从而在指定的区域成膜，这种方法也是一种非雾化涂覆法。与前述的自动点胶法相比，这里采用的特殊喷嘴比较坚固，不易被折弯。由于选择性薄膜涂覆法是非雾化过程，因此这种方法得到的薄膜图形具有极佳边缘清晰度，涂料的转移率较高。近年来，在选择性薄膜涂覆法的基础上结合激光控制系统，如图3.52所示，利用激光传感器可以精确地控制涂覆图形的尺寸，从而大大提高涂覆的可重复性和一致性。通常，选择性薄膜涂覆法使用的涂料的黏度小于100cp（厘泊），当涂料的黏度增加时，得到薄膜的最小图形尺寸将会增大。

随着电子设备自动化和智能化水平的不断进步，选择性薄膜涂覆法和设备也取得了飞速的发展。先进的设备将高速点胶阀与精密喷涂阀完美组合和自由切换而实现了选择性精密点涂的高质量和高效率，较传统选择性薄膜涂覆法有了革命性的改进，大大提高了生产效率和产品质量。东莞欧力自动化公司的精密智能点涂机（见图3.53）就是一个典型的设备，它采用 CCD 相机视觉精准定位，可以提供一个清洁、智能高效的全自动精密三防点涂或喷涂，实现真正的精密选择定量涂覆，避免喷涂到所选择的区域外，也免去了覆膜去膜及修复过程，而且涂覆完成后还可以通过 CCD 视觉检测涂覆效果，确保了涂覆质量和可靠性。

图 3.52 结合激光控制系统的选择性薄膜涂覆法

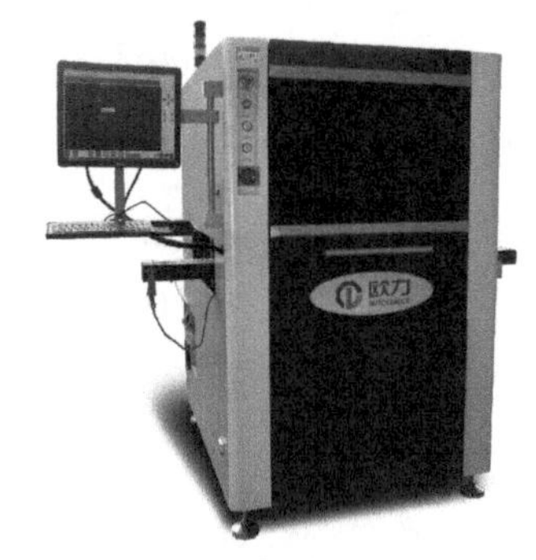

图 3.53 精密智能点涂机

（3）超声涂覆法（Ultrasonic Coating）。

超声涂覆法利用压电传感器，把电信号转化为超声频率的机械振动，从而将涂料进行雾化。雾化的涂料经过气流的带动，在待涂覆表面上成膜。超声涂覆法选用涂料的黏度一般较低，得到的雾化颗粒十分细小，从而可以制备很薄的涂层。但是，该法的施工效果对环境气流和机械振动非常敏感，应用的场合并不多，通常仅用于局部的特定区域。

（4）三模式涂覆法（Selective Tri-mode Coating）。

三模式涂覆法可以通过一个喷头而得到三种不同的涂覆模式：非雾化珠状模式、非雾化螺旋单丝状模式及雾化漩涡模式，如图3.54所示。这种方法主要是通过对涂料流速及气流速度大小的控制，在一个喷头上得到不同的涂覆图形，见表3.34。这种方法集三种涂覆模式于一体，具有很好的灵活性，可以通过计算机在涂覆过程中自由切换涂覆模式，从而完成复杂的涂覆任务。

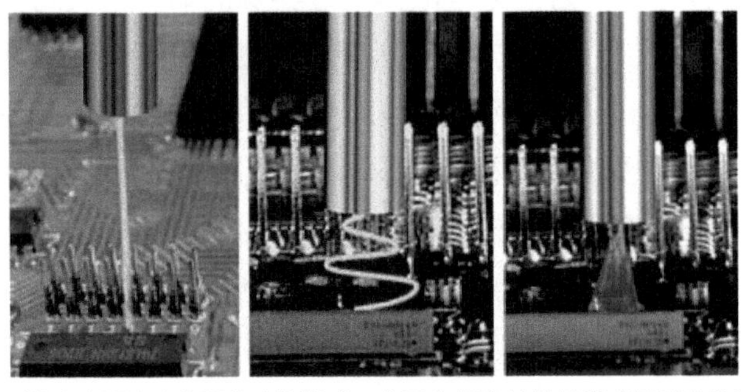

图3.54　三模式涂覆法（非雾化珠状模式、非雾化螺旋单丝状模式及雾化漩涡模式）[20]

表3.34　三模式涂覆法中涂料流速与气流速度对涂覆模式的影响[20]

涂料流速	气流速度	涂覆模式
低	高	雾化漩涡模式
高	低	非雾化螺旋单丝状模式
高	关闭	非雾化珠状模式

2）气相沉积技术

气相沉积技术是一种特殊的涂覆手段，实际上这种技术是唯一一种真正意义上的“敷形涂覆”，传统的涂覆手段得到的涂层厚度随着样品表面形貌的起伏发生变化，而气相沉积技术制备的涂层厚度不受表面形貌的影响，如图3.55所示。这种方法是指在真空、高温条件下，通过气相聚合的方式在真空腔内敷形涂覆在基板表面。图3.56所示为气相沉积制备聚对二甲苯薄膜的示意图，首先在100°C以上的真空环境中，原料二聚对二甲苯升华；然后二聚对二甲苯进入到500°C以上的真空腔内裂解为聚对二甲苯单体；最后聚对二甲苯单体进入室温的真空沉积室内，在目标产品表面聚合成膜。利用气相沉积技术在具有三维结构的Si表面可以制备得到均匀致密的聚对二甲苯薄膜，图3.57所示为具有沟道结构的Si表面在沉积聚对二甲苯薄膜前、后的截面形貌。由该图可以看到，Si表面具有微观沟道结构，沟道宽度约为100μm，然而聚对二甲苯可以很好地覆盖Si表面的三维沟道结构，并且该薄膜厚度均匀，约为10μm，并且薄膜表面致密。

该工艺不涉及任何溶剂，可以得到极薄且均匀一致的涂层。与传统的液相涂覆相比，气相沉积法具有以下优点。①在涂覆过程中，没有液相的存在，可以免除很多涂覆缺陷，如针孔等。②气相沉积法没有遮蔽效应。传统的液相涂覆难以渗透间隙小于10μm的区域，而气相聚合过程仍可以在该细小间隙中进行涂覆。③在室温下进行涂覆，不会损伤元器件。④涂层致密，薄膜厚度可精确控制。图3.58所示为气相沉积设备。但需要指出的是，气相沉积法中使用的设备昂贵，成本较高。

传统涂覆

化学气相沉积

PCBA　　三防涂层

图 3.55　传统涂覆手段和气相沉积法的区别

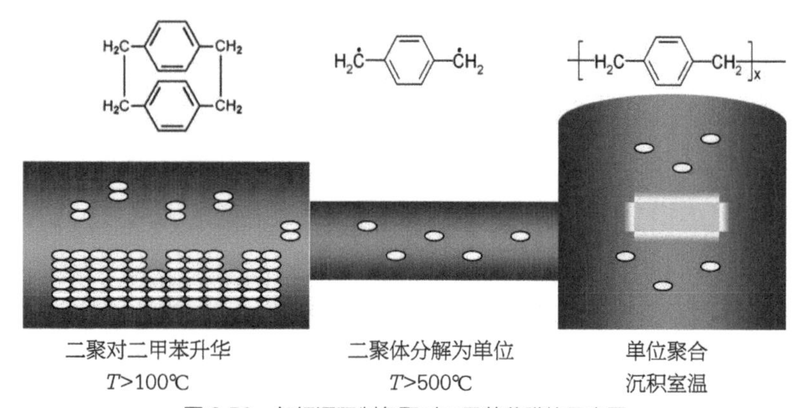

图 3.56　气相沉积制备聚对二甲苯薄膜的示意图

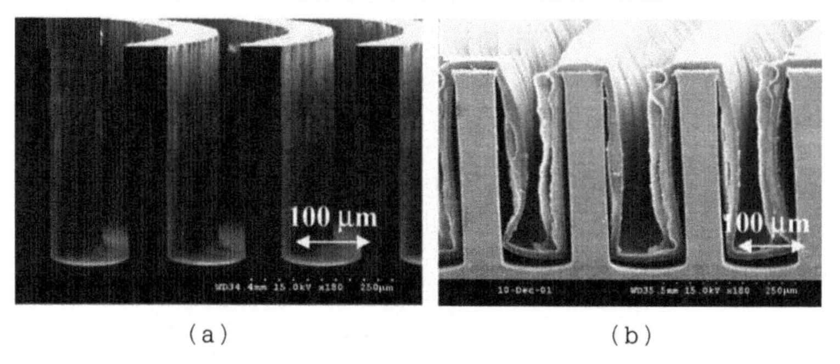

图 3.57　具有沟道结构的 Si 表面在沉积聚对二甲苯薄膜前、后的截面形貌[24]

图 3.58　气相沉积设备

3.6.5 结束语

外界苛刻的环境显著威胁着电子产品的使用性能和寿命，而电子组件是电子产品的核心部件，对电子组件进行防护显得尤为重要，对其进行表面涂覆起到了很好的防护作用，可以有效提高电子产品整体可靠性及环境适应性。随着社会的进步，人们环保意识逐渐增强，表面涂覆工艺在确保对电子组件起到防湿热、防盐雾及防霉菌作用的同时，朝着无毒、无害的方向发展。实际上，对电子组件的三防已经远远超过了传统的防湿热、防盐雾及防霉菌，广义的三防范畴还包括硫化、太阳辐射、沙尘颗粒以及机械振动等外界环境因素。在保证良好防护性能的同时，还需要考虑防护材料对电子产品特别是高频通信产品信号完整性的影响、防护材料本身寿命与防护效果保持时间的问题等，这就需要从事电子行业领域的人员在设计、制造电子组件的过程中进行综合考虑。

参考文献

[1] RISTO HIENONEN， REIMA LAHTINEN. Corrosion and climatic effects in electronics[M]. VTT Publications，2007.

[2] 张卫民. 电子设备的三防设计[J]. 科技创新导报，2008（27）：33.

[3] 袁敏，郭振华，王忠. 印制电路板工艺涂层防湿热、防霉菌、防盐雾试验标准的对比与分析[J]. 环境技术，2012（3）：62-65.

[4] RAJAN AMBERT. A review of Corrosion and environmental effects on electronics[DB/OL].http://www.smtnet.com.

[5] HUALIANG HUANG，ZEHUA DONG，ZHENYU CHEN，et al. The effects of Cl^- ion concentration and relative humidity on atmospheric corrosion behaviour of PCB-Cu under adsorbed thin electrolyte layer[J]. Corrosion Science，2011（4）：1230-1236.

[6] 丁小东. 浅谈电子设备的三防设计[J]. 腐蚀与防护，2001（6）：260-262.

[7] MANFRED SUPPA. Conformal coatings and their increasing importance for a safe operation of electronic assemblies[J]. Circuit World，2007（4），60-67.

[8] 张增照. 以可靠性为中心的质量设计、分析和控制[M]. 北京：电子工业出版社，2010.

[9] 肖葵，邹士文，董超芳，等. 盐雾环境下浸银覆铜板的腐蚀行为[J]. 科技导报，2011（24）：25-28.

[10] 邹士文，肖葵，董超芳，等. 霉菌对化学浸银处理印制电路板腐蚀行为影响[J]. 科技导报，2012（30）：21-26.

[11] HERBERT H.P FANG，LI-CHONG XU，KWONG-YU CHAN. Effects of toxic

metals and chemicals on biofilm and biocorrosion[J]. Water Research, 2002(19): 4709–4716.

[12] 田芳，乔海灵. 三防保护涂覆工艺及设备[J]. 电子工艺技术，2006（2）：108–110.

[13] 孙典生. 敷形涂覆工艺的选择与实施[A]. 全国第六届SMT/SMD学术研讨会论文集，2001.

[14] 齐兴昌，赵鹏飞. 无人机用印制电路板组装件三防涂覆工艺[A]. 中国电子学会生产技术学分会机械加工专业委员会第七届学术年会论文集，1998.

[15] 黎全英. PCB三防技术[A]. 中国电子学会化学工艺专业委员会第五届年会论文集，2000.

[16] 王益美，完颜裕仁. 选择性敷形涂覆的应用[J]. 上海涂料，2013（5）：26–28.

[17] REIGHARD M, BARENDT N. Advancements in conformal coating process controls [C]. NEPCON WEST, 2000（1）, 239–248.

[18] 马静，章文捷. 军用电子设备印制电路板的防护[J]. 电子工艺技术，2004（3）：109–110.

[19] 吴礼群. 印制板组件用三防涂层[A]. 第五届电子产品防护技术研讨会论文集，2006.

[20] MICHAEL SZUCH, ALAN LEWIS, HECTOR PULIDO. New coating technologies and advanced techniques in conformal coating [DB/OL]. http://www.nordson.com.

[21] 曹立荣. PCB三防工艺技术进展[A]. 安徽省第十二届腐蚀与防护学术交流会，2010.

[22] 黄萍，张静. 印制电路组件三防涂覆工艺研究[J]. 电子工艺技术，2007（6）：324–326.

[23] 张震，李丽，荣海宏，等. 环保型紫外荧光“三防”涂料的研制[J]. 现代涂料与涂装，2011（1）：28–29.

[24] HONG-SEOK NOH, YOUNG HUANG, PETER J. Hesketh. Parylene micromolding, a rapid and low-cost fabrication[J]. Sensors and Actuators B, 2004（102）：75–85.

3.7 焊锡膏的选用与评估

3.7.1 焊锡膏概述

1. 焊锡膏的作用

焊锡膏（Soldering Paste），又称焊膏、锡膏，是由助焊剂和超细（10 ~ 75μm）焊锡合金粉末混合而成的膏状物，主要用于电子装联中的表面贴装回流焊工艺。焊锡膏是伴随表面组装技术发展起来的一种新型焊接材料，是当今电子产品生产中极其重要的辅助材料，其质量的优劣直接关系到表面组装组件（Surface Mount Assembly，SMA）品质的好坏及可靠性水平，因此受到电子制造行业的广泛关注。

焊锡膏是一个复杂的物料体系，它涉及流体力学、金属冶金学、材料学、化学和物理学等综合知识，其优点在于可采用印刷或点涂等技术对焊锡膏进行精确的定量分配，可满足各种电路组件焊接可靠性要求和高密度组装要求，便于实现自动化涂覆或印刷和回流焊工艺。此外，涂覆或印刷在电路板焊盘上的焊锡膏，回流加热前具有一定的黏性，能起到使元器件在焊盘位置上暂时固定的作用，使其不会因传送和焊接操作而偏移；而在焊接加热时，由于熔融焊锡膏的表面张力作用，可以校正元器件相对于PCB焊盘位置的微小偏离等。归纳起来焊锡膏具备以下三大功能。

（1）提供形成焊接点的焊料。

（2）提供促进润湿和清洁表面的助焊剂。

（3）在焊料热熔前使元器件固定。

2. 焊锡膏的组成

焊锡膏的基本组成如图3.59所示，即由助焊剂（助焊膏）和焊锡合金粉末（简称“锡粉”）组成，其中大部分焊锡膏中助焊剂的质量分数为10% ~ 12%（传统的有铅焊锡膏一般为10%，无铅焊锡膏通常为12%）。其中助焊剂的主要作用在于去除焊接材料表面的氧化膜、净化焊接表面、降低熔融焊料的表面张力、提高润湿性、防止焊料氧化和确保焊点可靠性等。另外，焊锡膏中的助焊剂不同于液体助焊剂，其通常还添加少量的辅助成分以改善焊锡膏的储存寿命和流变特性，如黏着力、坍塌度、黏滞性与可印刷性等。焊锡合金粉末在焊锡膏中占88% ~ 90%，是焊锡膏的主要成分，其中焊锡合金粉末的成分、颗粒形状、尺寸及表面氧化程度等因素都是影响焊锡膏性能的重要因素。焊锡合金粉末主要有两种形状：球形和非球形或无定形，球形即圆球状、粒径均匀一致的焊锡合金粉末因为流动性好、比表面积小、含氧量低等优点而被用户广泛采用。

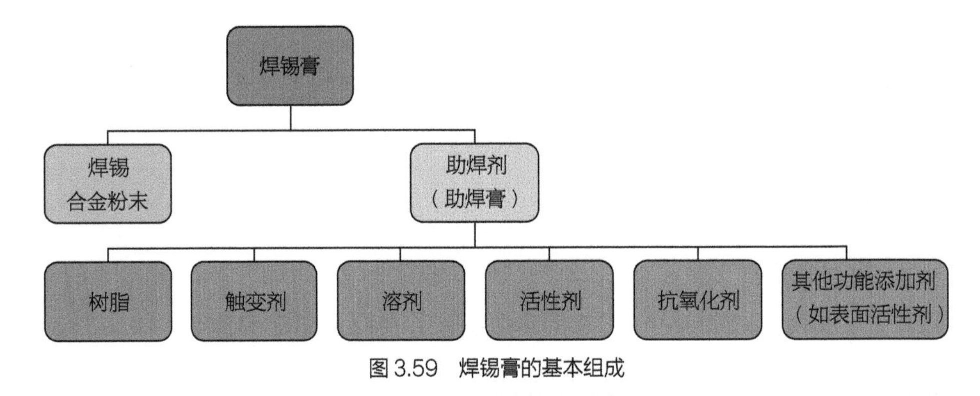

图3.59　焊锡膏的基本组成

焊锡合金粉末和助焊剂的介绍在本书相关章节中论述，下面仅简单介绍焊锡膏组成部分较特殊的情况。

1）锡粉

锡粉是焊锡膏的“心脏”，是在惰性环境里由雾化熔融焊料制备而成的。它有两种普遍的雾化方法：气体雾化和离心雾化。气体雾化是用高压惰性气体横向吹入熔融的焊料液流。气流把焊料粉碎成微小球粒，迅速冷却掉入容器里；离心雾化，熔融焊料掉进一个高速转动的盘中，焊料被粉碎成细小颗粒，冷却后收集到容器中。这两种方法均可得到球状的粉末。其主要的性能指标是氧化物含量和颗粒的形状及分布。

电子级焊料必须无任何污染，如果有污染就会降低其特性，焊料的氧化也属于一种严重的污染，它会导致一系列的问题，包括降低可焊性，使邻近焊盘之间桥接，形成锡珠等。为减少氧化的形成，必须严格控制粉末的制造过程，粉末在加工过程、储存过程直到膏体过程均应在惰性气氛中进行。一般认为氧化物含量达0.05wt％以上就不能采用了。一项研究测定了氧化百分比含量对产生锡珠百分含量的影响，结果发现，甚至当氧化物含量达0.05wt％时，锡珠百分含量就相当大。推荐的锡粉含氧量限值见表3.35（SJ/T 11391—2009）。

表3.35　锡粉含氧量限值

锡粉类型	锡粉含氧量/wt%	锡粉类型	锡粉含氧量/wt%
1	<0.008	4	<0.015
2	<0.010	5	<0.018
3	<0.012	6	<0.020

丝网印刷或注射式布膏，要求粉末粒子的形状最好是球形（IPC J-STD-005A规定的球形最大长宽比为1.25）或接近球形，球形在一定体积的情况下具有最小的表面积，其氧化的概率也就小了。细长的或不规则的粒子，很可能是使用时印刷的障碍。有人提倡使用含有一定百分比的非球形粒子，以减少焊锡膏的“塌陷”和小间隙焊盘之间的桥连。这种主张认为这些粒子具有内部止动作用，可以阻止在热熔过程中焊剂熔化时粉末粒子的流散。大多数制造厂家减少“塌陷”的手段是选用流变调节剂。

2）膏状助焊剂

膏状助焊剂与液体助焊剂相比，主要的差异在于膏状助焊剂添加了触变剂（流变调节剂），更多的抗氧剂和缓蚀剂以降低焊剂与焊锡粉之间的反应以提升其储存寿命，同时将液体助焊剂的低沸点溶剂换成了复合的高沸点溶剂。

流变调节剂也称黏度控制剂，它用来使之获得合适的焊锡膏黏度与沉积特性。用于网印布膏，选择调节剂必须是促进可印刷性，减少“塌陷”，在重复印刷周期中，焊料合金粉末不会从焊剂中分离出来。若是焊锡膏由注射式涂覆，那么流变调节剂必须起到防止堵塞注射的作用。同时最小可能产生“挂珠”（Stringing）现象。所谓“挂珠”现象是注射嘴在焊盘表面分离不充分而把部分粘在咀上的焊膏丝带到焊盘上。

而所加的多数溶剂是作为焊剂活性剂的媒体，同时可以改善焊膏的储存寿命。这些挥发性组合必须是低毒性、高闪点的物质。另外，在焊锡膏预热回流的工序中，溶剂也要求能够全部挥发掉不致产生溅射的现象。焊锡膏里任何残留的低沸点焊剂在热熔操作时均会强烈地沸腾，使之将焊料粒子散射在电路板上。

3. 焊锡膏的分类

焊锡膏主要是按以下三种方法进行分类的。

（1）合金种类及等级。

（2）焊剂活性。

（3）合金粉末粒度。

其中合金种类及等级、焊剂活性见本书的相关章节；而合金粉末粒度不同的标准分类也各不相同，如IPC J-STD-005A和GB/T 20422—2018均要求锡粉为球形，其中IPC J-STD-005A将锡粉按颗粒尺寸大小分为7类，GB/T 20422—2018将其分为7类，而JIS Z 3284-1：2014将其分为8类，各标准分类的具体要求见表3.36 ~ 表3.38。

表3.36　IPC J-STD-005A对焊锡膏的分类

类型	少于0.5%颗粒大于/μm	最多10%颗粒在以下范围内/μm	最少80%颗粒在以下范围内/μm	最多有10%颗粒小于/μm
1	160	150 ~ 160	75 ~ 150	75
2	80	75 ~ 80	45 ~ 75	45
3	60	45 ~ 60	25 ~ 45	25
4	50	38 ~ 50	20 ~ 38	20
5	40	25 ~ 40	15 ~ 25	15
6	25	15 ~ 25	5 ~ 15	5
7	15	11 ~ 15	2 ~ 11	2

表3.37　GB/T 20422—2018对无铅焊锡膏的分类

类型	质量分数小于0.5%的颗粒尺寸/μm	质量分数小于10%的颗粒尺寸/μm	质量分数不小于80%的颗粒尺寸/μm	质量分数不大于10%的颗粒尺寸/μm
1	>160	150 ~ 160	75 ~ 150	<75
2	>80	75 ~ 80	45 ~ 75	<45
3	>60	45 ~ 60	25 ~ 45	<25
4	>50	38 ~ 50	20 ~ 38	<20
5	>40	25 ~ 40	15 ~ 25	<15
6	>25	15 ~ 25	5 ~ 15	<5
7	>15	11 ~ 15	2 ~ 11	<2

表3.38　JIS Z 3284-1：2014对焊锡膏的分类

类型	颗粒不超过/μm	少于1%颗粒大于/μm	最少80%颗粒在以下范围之间/μm	最多有10%颗粒小于/μm
1	160	150	150 ~ 75	20
2	80	75	75 ~ 45	20
3	50	45	45 ~ 25	20
4	40	38	38 ~ 20	20
5	28	25	25 ~ 15	15
6	18	15	15 ~ 5	5
7	13	11	11 ~ 2	2
8	11	8	8 ~ 2	2

3.7.2　焊锡膏的选用与评估情况

1. 焊锡膏的主要性能指标

在选择一种焊锡膏产品之前，首先要对这个产品的特点、用途和主要性能指标有一个清楚的了解。

焊锡膏的主要性能指标分为三部分，即焊锡膏本身的性能指标，助焊剂部分的性能指标和合金部分的性能指标，主要包括：合金粉末粒度形状、大小及分布，以及金属百分含量/助焊剂含量、锡珠试验、润湿性试验、黏度、抗坍塌性能、黏滞力、触变系数、润湿性（以扩展率或润湿力表示）、卤素含量、铜镜腐蚀性、铜板腐蚀性、表面绝缘电阻、电迁移、酸值、合金元素成分分析等。下面简要地对焊锡膏本身的性能指标进行解析，以方便根据这些指标分析产品性能的优劣，而助焊剂及合金部分的性能指标其他章节已经提及的就不再赘述了。

（1）金属（粉末）百分含量：金属百分含量是指一定体积的焊锡膏沉积的焊料的量。金属百分含量常规是质量百分比而不是体积百分比。但体积是直接影响焊锡膏特性和焊点质量的主要因素。焊料的质量与体积具有一一对应关系，如果焊料太少，则其结果会造成多的针孔和增加“塌陷”产生。

早期焊锡膏的金属百分含量只有70%（质量）和小于25%（体积）。当前为了得到高质量的焊点，需要更高的质量百分比。用于丝网或漏模板用的焊锡膏，大多数制造厂家推荐用88% ~ 90%金属含量的焊锡膏。为防止可能的堵塞，采取注射式分配时，则金属含量可低至69% ~ 85%。标准则要求金属百分含量应在标称值的±1%范围内。

（2）合金粉末粒度形状、大小及分布：前面提到焊锡膏的合金粉对粒度的要求是非常严格的，一般要求锡粉必须是球形，否则会影响焊锡膏的印刷性能，严重会引起空焊、焊点不饱满等问题。粒度的大小与分布也必须满足一定的要求，见表3.36 ~表3.38。

（3）黏度：焊锡膏的黏度是非常重要的参数，太高或太低的黏度会影响印刷、坍塌和掉件（元器件脱落）等问题。焊锡膏的黏度通常用Brookfield或Malcom黏度计测量，按照涂覆工艺规范（丝网的目数，刮刀的速度等），提出焊锡膏的黏度。对丝网印刷一般推荐黏度为180 ~ 220Pa·s，注射式用的焊锡膏会更低一些。

（4）锡珠试验：主要是考察锡珠产生的原因。板面上分布孤立的焊料球（锡珠）是在热熔焊以后出现的，引起的原因较多。例如，氧化物含量较高，塌陷严重，焊料粒子形状不佳，热熔焊之前干燥不当等因素。若在清洗过程中不去除，则会引起邻近导体之间的短路。更严重的情况是，在焊点上留下的焊料体积可能不足以形成可靠的连接。

（5）润湿性试验：焊锡膏的润湿性，表示焊锡膏中（助焊剂）清洁金属表面和促进润湿的能力。可通过测试方法测定：在已知氧化厚度的铜表面放上一定量的焊锡膏，助焊剂的活性越强，热熔的焊料直径越大，且无反润湿现象。润湿性差则焊接效果差，会引起虚焊、漏焊等质量问题。

（6）抗坍塌性能：当印刷焊锡膏时，由于重力和张力的原因，引起印刷图形塌陷，超出原来的图形边界，这种现象称为坍塌。这会造成焊锡膏向外流动并可能产生桥连。热熔的动态特性使得焊料在润湿焊盘前，把不必要的区域也润湿了，因而将焊点的焊料夺走，使该连接的没连接，不该连接的则形成桥连，造成短路。

品质好的焊锡膏要求有良好的抗坍塌性能，不仅常温印刷、添片时有这种要求，高温150℃时都要求有这种良好的性能，否则，再流焊预热时也会产生坍塌。

（7）黏滞力/工作寿命：焊锡膏的工作寿命是确定焊锡膏印上后到元器件安放之间所经历的时间。对于丝网印刷（丝印）焊锡膏而言，工作寿命也表明丝印焊锡膏搁置多长时间就要报废。

最长的工作寿命为三天，一块印制板星期五印上焊锡膏，可以到下个星期一安装元器件。然而这仅在原理上成立，大量的经验证实：为了达到最低的次品水平，即使焊锡膏有较长的工作寿命，一般在丝印焊锡膏几小时后就应安放元器件。工作寿命密切关系到焊锡膏在丝网或漏模板上能停留多长时间，而不致降低性能。

工作寿命容易规定但难以测定。一般的测定是观察在丝印以后，不同间隔时间内焊锡膏的黏滞力变化来测定，刚刚印刷的焊锡膏的黏着力最大，当该力下降到其80％时对应的放置时间就是其工作寿命。

（8）储存寿命：一般焊锡膏的储存寿命，制造厂家规定为六个月到一年，但随着时间的延长性能会下降。溶剂挥发，焊料粉末沉淀，各组分间的化学反应，焊料粉末的氧化等均会随着时间使之失效。冷却环境里（但不到焊锡膏冷冻点）可以使其储存寿命延长。

经过适合的储存周期后，为了确保均匀性，一般在使用之前最好在恢复到常温后缓慢、充分地搅拌。也可用小刮刀混合，并小心操作防止产生空气泡（空气会加速氧化）。

溶剂挥发和成分之间的化学反应可导致焊锡膏的黏度发生变化，有时可以适当加入稀料来挽救。但实际上不主张这样做，若稀料使用不当，则会使焊锡膏的流变性、金属百分含量发生变化，引起焊点的次品率增高。最好的解决方法是购买小包装焊锡膏，这样焊锡膏能够很快用完，即使焊锡膏有问题进行报废，也不会造成较大的经济损失。

2. 焊锡膏标准

前面提到的是焊锡膏的主要性能指标，那么选择一款焊锡膏，最基本的就是首先要判断该款焊锡膏各性能是否符合标准要求。目前业界焊锡膏标准应用最多的是IPC J-STD-005A—2012和JIS Z 3284-1 ~ 4：2014。IPC J-STD-005A—2012规定助焊剂部分按照IPC J-STD-004B的要求进行评判，合金部分按IPC J-STD-006C的技术要求进行评判；而JIS Z 3284-1 ~ 4：2014规定助焊剂部分按JIS Z 3197规定的方法进行评判，合金部分按JIS Z 3282规定的技术要求进行评判，IPC与JIS标准主要检测项目的比较见表3.39。

表3.39　IPC与JIS标准主要检测项目的比较

<table>
<tr><th>序号</th><th colspan="2">检测项目</th><th>IPC J-STD-005A—2012</th><th>JIS Z 3284-1 ~ 4：2014</th></tr>
<tr><td>1</td><td colspan="2">合金含量</td><td colspan="2">$\frac{样品中合金质量}{原试验质量} \times 100\%$
要求：用户规定的±15%以内</td></tr>
<tr><td rowspan="2">2</td><td rowspan="2" colspan="2">黏度</td><td>采用Brookfield（Adapter）或Malcom黏度计测试</td><td>Malcom黏度计测试</td></tr>
<tr><td colspan="2">测试温度：（25±0.25）℃，转子转速：10r/min</td></tr>
<tr><td rowspan="2">3</td><td rowspan="2" colspan="2">合金粉末粒度形状、大小及分布</td><td colspan="2">测试：1.粒度形状——显微镜观察（金相显微镜）。
2.粒度大小分布——（1）筛分称重法（合适孔径的筛网）；
（2）显微镜法；
（3）激光扫描测试；
（4）基于光学图像分析仪的粒度分析</td></tr>
<tr><td colspan="2">技术要求：表3.36、表3.37、表3.38</td></tr>
<tr><td rowspan="2">4</td><td rowspan="2">锡珠</td><td>检测方法</td><td>1.金属模板尺寸（1 ~ 4型）76mm×25mm×0.2mm，至少要有3个直径6.5mm、中心间距为10mm的圆形漏孔；金属模板尺寸（5 ~ 6型）76mm×25mm×0.1mm，金属模板上至少要有3个直径为1.5mm、中心间距为10mm的圆形漏孔。
2.锡浴温度：处于焊锡膏合金粉末的液相线温度以上（25±3）℃</td><td>1.金属模板尺寸：25mm×50mm×0.2mm，中心有直径6.5mm的圆形漏孔。
2.锡浴温度：处于焊锡膏合金粉末的液相线温度以上50℃</td></tr>
<tr><td>技术要求</td><td></td><td><table><tr><th>等级</th><th>焊料球情况</th><th>图例</th></tr><tr><td>1</td><td>焊料熔融形成一个焊料球</td><td></td></tr><tr><td>2</td><td>焊料熔融形成一个焊料球，并有少于3个直径在75μm的小焊料球</td><td></td></tr><tr><td>3</td><td>焊料熔融形成一个焊料球，并有多于3个直径在75μm的小焊料球，未形成半连续的环</td><td></td></tr><tr><td>4</td><td>焊料熔融形成一个焊料球，并有大量的小焊料球形成半连续的环</td><td></td></tr></table></td></tr>
</table>

（续表）

序号	检测项目		IPC J-STD-005A—2012	JIS Z 3284-1 ~ 4：2014
5	黏滞力		圆柱形探针以（300±30）g的压力、（2.5±0.5）mm/min的速度接触沉积点，再以（2.5±0.5）mm/min的速度抽出探针，记录打破接触所用的最大力即为黏滞力。 同时记录黏滞力和黏滞力下降到80%时的时间	圆柱形探针以50g的压力、0.2mm/s的速度接触沉积点，再以10mm/s的速度抽出探针，记录打破接触所用的最大力即为黏滞力。同时记录黏滞力和焊料膏印刷后的放置时间
6	润湿性		印刷基板为纯铜片	印刷基板为黄铜片
7	坍塌	图形	2种模板厚度及模板图形（IPC-A-21）和3种沉积尺寸	1种模板厚度、2种模板图形
		条件	（1）（25±5）℃、50%±10%相对湿度下，保持10 ~ 20min后。 （2）（150±10）℃下保持10 ~ 15min后冷却至室温	（1）室温下，保持1h后。 （2）150℃（共晶焊料）或低于液相线温度10℃下保持1min后冷却至室温

3. 选用与评估

正确选择与评估焊锡膏是保证产品质量的关键，一款合适的焊锡膏能大幅减少焊后的缺陷，因此尽可能因地制宜地选择满足生产要求的焊锡膏，确保参数接近实际生产情况和产品的需求。选用原则和步骤如下。

（1）首先应根据所生产产品的可靠性要求来确定焊锡膏中助焊剂的类型，一般使用较多的是RMA型或REL0、REL1、REM0、REM1型，可靠性要求越高的助焊剂的活性越低，否则就要增加清洗工序。

（2）根据所要焊接的PCB上布线和焊盘间距确定所使用的焊锡膏中锡粉的粒度型号，选用原则是最细间距至少应是锡粉最大粒度直径的三倍以上。一般使用较多的是TYPE 3 ~ 4的锡粉的焊锡膏。封装或组装的产品越密集选用的锡粉越小，但不是越小的锡粉颗粒越好，因为越小的锡粉颗粒其比表面越大，也就越容易氧化，且成本也高。

（3）确定焊料主成份类型，如无铅SMT工艺一般使用SAC305、SAC105、其他低银SAC合金，或者低温的SnBi合金的锡粉；有铅SMT工艺则主要是锡铅共晶焊料或加入少量的银。具体合金选择可参考本书其他相关章节。

（4）注意组装工艺与焊锡膏黏度的配套，高速印刷的黏度可高一点，点涂的则只能低一些。通常，间距越细的，黏度越大一些，防止印刷后坍塌导致焊接后桥连。

（5）客观抽样委托第三方机构按照标准进行检测评价，选择各项指标合格的产品；在检测评价过程中，应该关注焊锡膏与其他辅助材料的兼容性，增加兼容性试验，选择能与其他辅料相互兼容的焊锡膏。

（6）选择经检测各方面性能满足标准要求，与其他配套使用的辅料兼容的产品进行工艺试用。试用确认焊锡膏的可印刷性、脱网性，以免反复擦洗丝网，影响工作效率。

（7）从严格意义上讲，工艺试用试验后，还需对试制出的PCBA产品进行可靠性评价试验，分析焊点质量与焊锡膏产品的关系，特别是焊点的空洞率、润湿效果、残留物、兼容性及寿命等，确认焊点质量和可靠性后，才可以正式采用。

（8）最后还应对供应商供货能力与品质保证措施进行现场认证，重点关注过程品质管理与产品一致性。

4. 焊锡膏选用不当常见问题及原因

焊锡膏的性能与焊锡膏的印刷、元器件的贴装、焊接以及焊后残留物密切相关。统计表明：SMT生产中60% ~ 70%的焊接缺陷与焊锡膏的质量以及应用有关，因此，了解焊锡膏产品选择和应用不当以及产生的相关问题和后果要有一个清醒的认识，以便于更好地选择和评估焊锡膏产品。表3.40是焊锡膏选择不当常见工艺缺陷及产品可靠性问题。

表3.40　焊锡膏选择不当常见工艺缺陷及产品可靠性问题

序号	缺陷/问题	与焊锡膏质量相关的可能原因	焊锡膏可评估的性能指标
1	元器件脱落（掉件）、上锡不饱满、不/反润湿（虚焊）	焊锡膏黏滞力不够、润湿性差、焊锡膏或合金量不足	黏滞力、润湿性、合金含量
2	锡珠	焊锡膏中助焊剂配方不合理、锡粉氧化、吸潮	锡珠试验
3	残留物多、腐蚀、漏电、电迁移	焊锡膏中助焊剂配方，如松香树脂含量高、高沸点溶剂或活性剂偏多、活性剂复配性不好	残留物干燥度、铜镜腐蚀、铜板腐蚀、表面绝缘电阻、电迁移
4	印刷时出现拖尾、粘连	焊锡膏溢流性差、焊锡膏中合金成分偏低、配方问题	合金含量、触变系数
5	元件移位	焊锡膏黏性不够、助焊剂含量偏高	黏滞力、焊剂含量
6	焊点不光亮	焊锡膏中锡粉氧化、助焊剂中有消光成分的添加剂、残留物覆盖	锡粉氧含量、润湿性
7	焊后元件立碑	焊锡膏活性不够、焊锡膏中助焊剂分布不均匀	润湿性

3.7.3 焊锡膏的现状及发展趋势

焊锡膏的研制大体上分两个大方向，即合金粉末的研制及助焊剂的配制，合金粉末的研制又从无铅焊料的无毒化和合金粉末小型化两个方面开展。目前市面上用得较多的合金粉末为Sn63Pb37、Sn62Pb36Ag2、Sn96.5Ag3.0Cu0.5、Sn95.5Ag3.8Cu0.7、Sn96.5Ag3.5和Sn42Bi58。但由于银（Ag）成本高、储量少，低银/无银的无铅焊料将是无铅焊锡膏用焊料的发展趋势，但随着银的减少，对助焊剂的要求就越来越高了。

与此同时，随着组装高密度小型化的发展趋势，合金粉末的颗粒度也要求越来越小型化，20世纪90年代初应用最广泛的是类型2，而从1998年开始应用最广泛的是类型3，同时类型4开始出现，随着表面贴装元器件和焊点的小型化，类型5和类型6的应用也逐渐提上日程，典型的例子是IPC J-STD-005标准只有6种类型锡粉，而IPC J-STD-005A标准有7种类型锡粉，即多了类型7锡粉。

对于焊锡膏的研究主要集中于焊锡膏配用的助焊剂的研究，目前电子行业中普遍使用的是松香/树脂型助焊剂，但此类助焊剂焊后残留物较多，从长远来看，低残留免清洗技术才是发展的重点，一些美国专利免清洗焊锡膏中用固体溶剂和高黏度溶剂代替松香，而其在焊锡膏中所起的作用与松香或改性松香相同。此外，针对一些特殊封装元器件的贴装或特殊的失效模式，需要在焊锡膏研发方面采取针对性的措施，如一些新型封装如QFN器件对低空洞率焊点的特殊要求，需要焊锡膏在配方设计上予以适应；另外，为了避免或减少BGA器件回流焊后容易产生枕头效应的失效模式，需要焊锡膏在回流焊阶段有更好的耐热性，所以，耐热性好的焊锡膏的研发也是一个重要方向。

因此，焊锡膏的发展趋势应该是朝着绿色环保、性能优良、免清洗低残留、低空洞率，适应无铅焊料焊接工艺及高密度细间距组装工艺的方向发展。但是焊锡膏产品长期作为SMT技术用于电子组装工艺的必不可少的关键材料不会改变，评估和选用的原则或方法也是大同小异。

3.8 导热材料的选用与评估

随着电子信息产业的飞速发展，越来越多的大功率器件与高密度封装的广泛应用，热导致的可靠性问题已经成为制约行业发展的主要问题，加强热管理以及导热材料的开发、应用理所当然地成为因应的主要手段。良好的热设计必须选择好导热材料，选择完成后导热材料的安装和使用，就成了电子组装工艺的一部分。因此，导热材料的选择和使用评估，将直接影响工艺可靠性的水平。本节将重点介绍导热材料的基础知识，并在此基础上讨论材料的选择和评估方法与要求。

热管理技术就是通过设计、工艺以及材料的选择与使用来消散发热器件或模块的热量，降低其本体和周边的温度，使产品的性能和可靠性指标满足用户要求的相关技术的总称。在自然界中，热量传递的方式主要有以下三种：热传导、热对流、热辐射。热传导是热量通过固体、液体、气体或接触的两个介质之间流动的过程，是固体热传递的主要方式。在气体或液体等流体中，往往同时存在热传导和热对流，热对流是指流体内部质点发生相对位移的热量传递过程。热辐射是指一切温度高于绝对零度的物体向外界辐射电磁波的现象，温度越高，热辐射的能量就越大。与热传导和热对流不同，热辐射可以在真空中进行[1]。本节所述导热材料的传导方式以热传导为主。

在满足体积、质量、散热、制造以及环境友好的基础上，电子热管理材料基本上可以分为导热材料（Thermal Interface Materials，TIM）和主体材料两类。导热材料用来提供产生热量的器件和主体材料之间的低热阻路径；主体材料负责将器件的大面积热量传导到热沉。电子封装中的热传导受多种因素的影响，包括芯片面积、封装材料、工作环境、导热材料等。导热材料可用于填充界面间隙，增加实际接触面积，进而有效减小界面热阻。随着电子技术的快速发展，导热材料的应用愈加广泛，需求量越来越高。根据BBC Research的报告，目前全球导热材料市场规模已经超过9亿美元，年增长率达7.4%[2]。伴随着5G技术的应用，电子产品和通信模块轻薄化和性能提升的速度加快，将带来导热材料需求的新一轮快速增长。由于篇幅有限，本节所述特指板卡级封装或组装的导热材料，电子封装中热流途径示意图如图3.60所示。

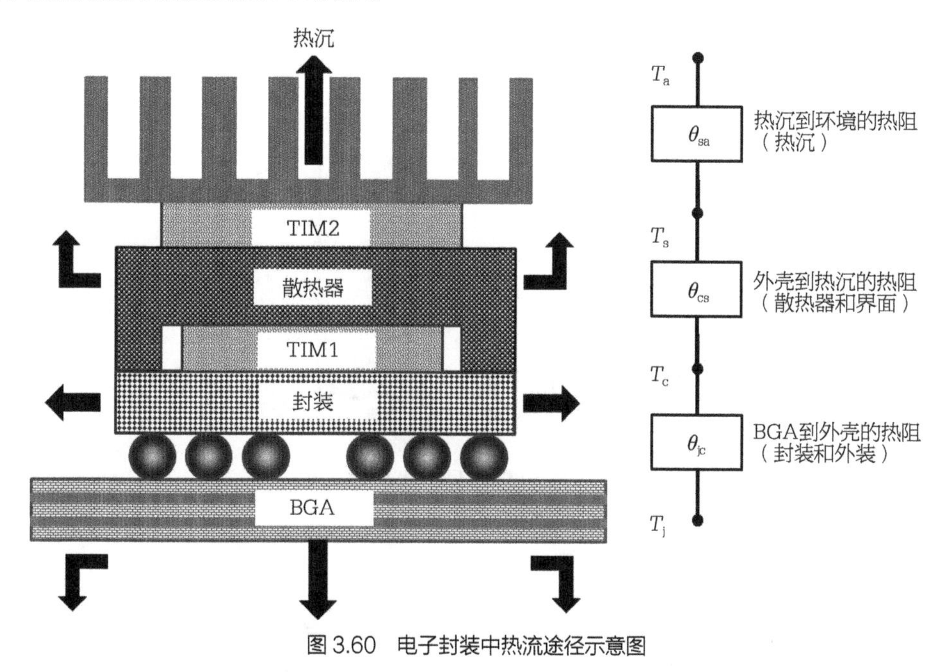

图 3.60　电子封装中热流途径示意图

3.8.1　导热材料概述

1. 导热材料的基本概念及作用机理

在电子设备的使用中，温度过高将会降低其使用寿命以及稳定性，而半导体的节点也会因此造成一定程度上的损坏，进而损伤电路的连接界面[3, 4]。电子产品封装中的一个重要方面便是确保电子设备使用过程中产生的热量能够有效排除。而对于日渐小型化、微型化的便携式电子产品，散热问题俨然成为了整个产品质量的关键问题。导热材料则是涂覆在散热电子元件与发热电子元件中间，降低两个电子元件之间接触热阻所使用的材料总称[5]。导热材料在电子产品散热中起到了十分重要的作用，其作用机制如图3.60所示。TIM1可以有效填充不规则的表面，降低空气热阻，TIM2则能够有效地降低界面热阻[6]。导热材料的主要功能是填补导热路径中的空气间隙，因此必须拥有较好的柔性以贴合电子设备的热沉与芯片，高导热性和较好的机械性能够避免外力破损，以及较好的绝缘性以保证安全[7 ~ 9]。如图3.61所示，导热材料的主要作用是填补间隙，其加入到电子封装中后，通过压力变形来填充这些间隙进而提高整个封装体系的热导率，改善电子封装的热传递[10]。

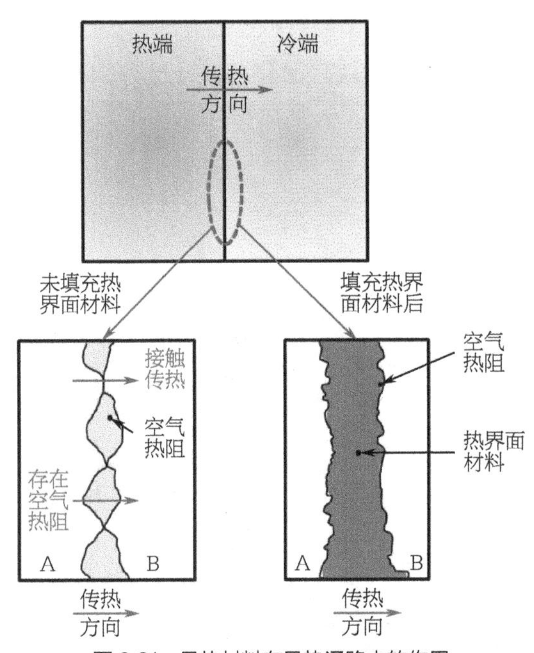

图 3.61　导热材料在导热通路中的作用

2. 导热材料的分类

导热材料的填充使界面中的空气得以排除，并且由于导热材料本身的高热导率，因此实现了热量快速、有效的传递。按照材料的不同，板卡级的电子封装热管理材料主要分为金属基导热材料、聚合物基导热材料、陶瓷基导热材料和碳基导热材料。

1）金属基导热材料

与传统的聚合物基导热材料相比，金属基导热材料由于其较高的热导率、优良的机械性能、可调节的热膨胀系数和良好的力学性能得到广泛关注。高热导率金属基复合材料的基体主要包括Al、Cu及其合金，在较小程度上，Be、Mg、Ag、Co、Ni等其他金属材料也有一些类似的应用[11]。在电子封装领域，最熟悉的便是再流焊或波峰焊过程中所使用的各类焊料。事实上，作为无铅焊料的导热材料，铟（In）已经成功地在商业中获得应用，以满足电子封装中日益增加的对散热冷却能力的需求。熔点在60 ~ 157℃的铟及其化合物，其热导率在35 ~ 86W/（m·K）范围内，常见的SAC305焊料的热导率为33W/（m·K），有铅焊料Sn63Pb37的热导率为50W/（m·K）。图3.62所示为铟作为TIM1连接芯片和散热器的结构示意图。

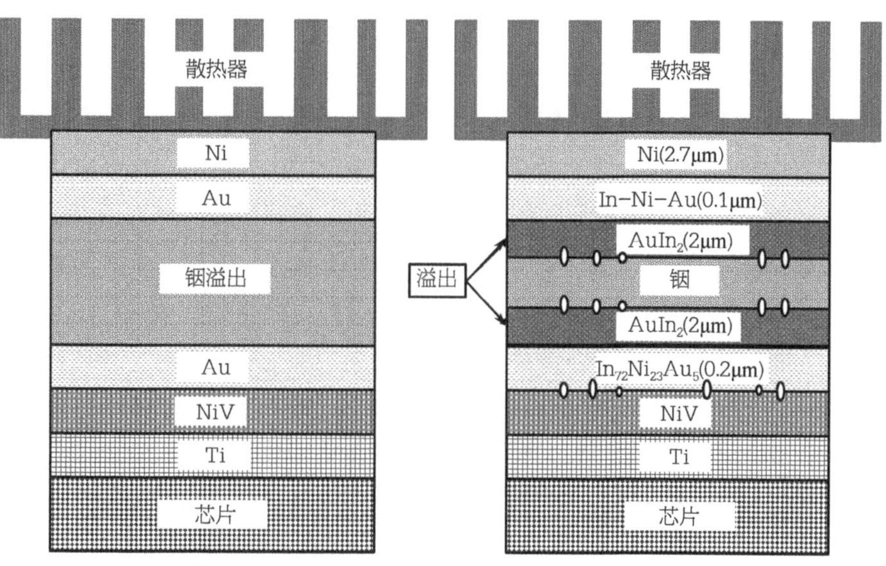

图3.62 铟作为TIM1连接芯片与散热器的结构示意图

2）聚合物基导热材料

如果金属基导热材料主要适合TIM1的应用，那么聚合物基导热材料主要适合TIM2的应用。而随着封装技术的进步，如何选取合适的导热材料变得更为复杂，这里的叙述将复杂的问题简单化，介绍一些常规的聚合物基导热材料。目前，工业上大范围生产的导热材料主要分为以下几种：导热硅脂（Thermal Grease）、导热凝胶（Thermal Gel）、导热垫片（Thermal Pad）、导热相变材料（Thermal Phase Change Materials）以及导热覆铜板（Thermal CCL）。

导热硅脂称导热膏，一般由高导热的固体作为填料，流动性优良兼有一定黏度的液体作为基体通过混合脱泡而成。它具有一定的流动性，是常见的传统导热材料。导热硅脂一般由基体部分和填料构成。目前最常用的导热填料为无机填料，主要有金属颗粒（铜、银、锌等）、氧化物类（氧化铝、氧化锌等）、氮化物类（氮化硼、氮化铝等）及碳材料（碳纳米管、石墨烯等），这些导热填料都有比较优越的导热性能。而最常用的基体是硅油，主要为二甲基硅油，乙烯基硅油、氨基硅油、苯基甲基硅油等，它们均具有良好的润滑性以及与填料之间较好的相容性。与其他导热材料相比，导热硅脂通常具有更短的制造周期和更便捷的工艺涂覆。而且，它的黏度比较低，这可以使其轻易地填满界面空隙中，减少空气热阻的影响。但是，受限于硅油本身的低热导率，导热硅脂的热导率很难突破10W/（m·K），通常为3 ~ 6W/（m·K）。除此以外，导热硅脂在使用寿命期间容易受到各种失效机制的影响，如硅脂渗油或者基体干燥而失效，这直接导致界面热阻的增加；

另外，当芯片组合散热器之间由于外力作用发生相对运动时，会导致导热硅脂挤出接口间隙，造成硅脂溢出而污染电路板，引起短路、腐蚀等问题。目前有研究表明，使用新的具有高导热性液体介质来代替硅油，如液态金属等[12]，可以使导热硅脂兼具良好流动性、黏度和高导热性。

导热凝胶是一种较为新颖的热界面材料，其本质是预成型室温固化的有机硅粘接密封胶，它通过与空气中的水分子发生缩合反应放出低分子引起交联固化，进而硫化成高性能的弹性体，从而实现最大程度地贴合两相界面，减少空隙。一般的导热凝胶由高导热的填料与高分子基体组合而成。根据导热填料是否导电可以将导热凝胶分为两类：绝缘导热凝胶以及导电导热凝胶。制备导热凝胶所使用的高分子基体主要有聚氨酯、有机硅、环氧树脂等。相对于导热垫片，导热凝胶显然更加柔软，且其表面亲和性更强。由于导热凝胶几乎没有硬度，因此使用起来也可以避免产生内应力而引起失效。相对于导热硅脂，导热凝胶易加工成型、工艺简便且可实现全自动封装，目前已经广泛应用于电子封装领域。导热凝胶的缺点是使用中需要固化步骤，会存在固化不完全导致的电路板功能失效。另外，由于导热凝胶的黏结性能比较弱，在使用过程中可能导致其出现分层现象，这会影响电子设备长期有效的散热。

导热垫片是一种传统的热界面材料，由高分子材料为基体，加入拥有较高热导率的填料和助剂通过加热固化制备得到的一种片状材料。与其他导热材料不同，导热垫片在固化之后才用于电子设备的组装。这种导热垫片一般自带黏性而无须额外表面黏合剂，压缩性能良好，柔软的同时兼有弹性，且具有较高的热导率，厚度可自由调整。正是由于它具有这些物理特征，使其能够覆盖非常不平整的固体表面，因此导热垫片可以充分地填充至发热器件和散热板或均热板之间的空气间隙中，从而提高发热电子元器件的散热效率和使用寿命。同时，导热垫片通常还具有良好的电绝缘性能，可以起到密封绝缘的作用，非常适应于现代电子封装中小型化、微型化的发展趋势。但是，导热垫片在使用的过程中，压力和温度是两个相互制约的因素，随着设备运转一段时间后的温度升高，导热垫片会发生软化、蠕变、应力松弛现象，其机械强度也会随之下降，最终导致电子封装结构中的压力降低，影响电子设备的性能。导热垫片的制备工艺技术非常简单而且产品制备流程较为成熟，目前在热界面材料市场上占有非常大的份额[13]。

导热相变材料顾名思义，是一种拥有较为良好导热性能的相变材料。导热相变材料能够随着温度的变化由固态变成液态，通过其中产生的相变焓使热量得以排除。导热相变材料由于其低成本、特有的储热性能以及灵活精准的控温功能而受到了热管理方面的极大关注。导热相变材料的优点在于它综合了导热硅脂和导热垫片各自的优点，在温度到达其相变点前，它具有和导热垫片不相上下的弹性及塑性，不会出现被挤出的现象；随着电子发热元器件的工作温度逐渐升高，当温度达到相变材料的熔点以上时，就会发生相变成为液态，这个时候和导热硅脂类似，它能够充分地填充固体界面之间的空隙，从而极大地降低了两固体界面之间的热阻。尽管如此，导热相变材料也有很多局限性，它的热导率比导热硅脂低。另外，在使用过程中，由于要求利用一定的压力作用来增加其传热效率，因此也会导致其机械应力的增加[13]。现今各种散热器的设计广泛使用了导热相变材料，尤其是较大规模的电子器件。通过使用导热相变材料填充的散热器，元器件的散热性能得到了较大的改善。

导热覆铜板是针对普通覆铜板的导热能力较差而专门研发的一类新型的、具有一定热导率的导热材料。由于金属和树脂基覆铜板的黏结层树脂的热导率极低，从而影响其散热和导热，所以提高黏结层树脂热导率而保持高绝缘性及一定击穿强度是制备导热覆铜板的核心技术。在普通覆铜板基础上发展起来的导热覆铜板可大致分为导热金属基和导热树脂基覆铜板，其在结构上与普通覆铜板并无差异，只是在保留电绝缘性的基础上提高了其导热能力。导热覆铜板除具有覆铜板的一般性能外，还具有高热可靠性、高尺寸稳定性及高电气绝缘性等特点[14]。图3.63所示为导热覆铜板的基本结构示意图。

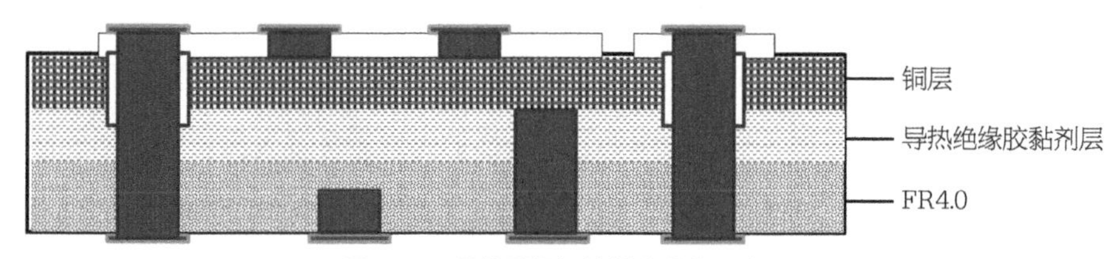

图 3.63　导热覆铜板的基本结构示意图

3）陶瓷基导热材料

陶瓷基导热材料可以为集成电路芯片提供气密性的密封保护，而且在电、热、机械性能等方面极其稳定，其特性可通过改变化学成分和工艺的控制调整来实现。陶瓷材料以独特的电学、化学、力学和物理性能，广泛应用于电子封装领域，可用作封装的封盖材料或微电子产品的承载基板，一般陶瓷基导热材料分为三大类：①氧化物，如氧化铝、氧化锆等；②非氧化物，如碳化物、硼化物、氮物、硅化物等；③复合材料，包括增强颗粒、氧化物和非氧化物的组合。这些材料各有优缺点，例如，氧化物陶瓷抗氧化、有化学惰性且电气绝缘，其中氧化铝热导率较低，氮化铝虽然热导率高但工艺流程复杂、成本高；非氧化物陶瓷抗氧化性差、硬度高，具有化学惰性、高导热和导电性，但生产过程耗能高导致成本较高。陶瓷基导热材料可以通过增强相和陶瓷基体的结合，克服陶瓷本身固有的脆性和不可靠性，通过调控导电、导热性能，得到新的优良性能。增强相的加入使以往易碎的陶瓷具有韧性，可以获得优异的导热性、高温热稳定性、高耐热冲击性等，例如，碳化硅基连续纤维陶瓷复合材料（CFCC）已经在很多要求高导热、低热膨胀系数、低密度、耐腐蚀性和耐磨的领域成功应用[11]。

4）碳基导热材料

碳基导热材料主要包括炭黑、石墨、柔性石墨纳米片、金刚石、碳纳米管（CNTs）和石墨烯（Gr）等，作为具有高导热性的导热材料被应用于电子元器件的散热。炭黑可以作为涂层提高导热材料的接触电导。此外还有炭黑、石墨、金刚石和柔性石墨纳米片可以分散在基体中形成复合材料，从而提高基体的性能。CNTs和Gr等复合材料可以单独作为TIM或分散在基体中形成复合材料以提高材料的导热性能。但是，碳基导热材料通常会表现出垂直于表面方向的低热导率和高脆性，另外，碳基导热材料基本都是导电的，不能用于需要电气绝缘的特定热管理应用，因此，它具有一定的使用局限性[15]。

随着科技的发展，导热材料需要适应更高的应用需求，其热导率也越来越高。目前，市面上就有12W的高导热凝胶和40W的高导热垫片投入商用。表3.41列出了常见导热材料的优缺点和基本参数。

表3.41　常见导热材料的优缺点和基本参数

TIM类别	k/[W/（m·K）]	BLT/mm	特征	优势	劣势	应用领域
导热硅脂	1 ~ 5	0.05 ~ 0.10	有机硅或烃油+填料	低热阻； 无须固化； 可重复利用； 良好的表面润湿性	容易溢流； 溢流； 电气绝缘性差	CPU/GPU 微处理器 存储芯片 电源芯片 LED组装
导热凝胶	1 ~ 6	0.05 ~ 0.10	有机硅+填料	低热阻； 不会溢流； 可重复利用	需要固化； 比硅热导率低	
导热相变材料	1 ~ 5	0.05 ~ 0.25	聚烯烃或低分子量聚合物+填料（熔点为45 ~ 62°C）	低的热阻； 不会溢流； 无须固化；； 比硅脂容易应用； 可重复利用； 可靠性佳	需要压力； 电气绝缘性较差	
导热垫片	1 ~ 8	0.25 ~ 5	低模量（软），导热硅橡胶和非橡胶混合弹性体	高热导率； 电气绝缘性好； 方便使用	高BLT	
焊料	30 ~ 86	0.05 ~ 0.125	低熔点焊料合金	高热导率； 不会溢流	不可重复利用； 回流产生应力	IGBT组件 功率半导体 射频元件
碳基导热材料	100 ~ 1500（面内传导）	0.05 ~ 0.5	石墨，石墨烯或碳纳米管	高热导率（面内传导）	垂直于表面方向的低热导率； 高脆性； 高接触热阻	

3.8.2　热传导机理

界面在微观和纳米结构系统中对热流的传导具有决定性的作用。但是，在学术界内，界面热传导的原子级结构特征的机理并没有统一的表述。主流的机理主要分为两种：声子导热与电子导热。其中电子导热在金属基导热材料中占重要位置，而聚合物基导热材料、碳基导热材料、陶瓷基导热材料等的热量传输一般通过声子导热来完成。

1. 晶格振动与声子

声子并未被证明真实存在，其可以理解为类似光子的物质。若材料中缺乏电子传输，则声子承担了主要的散热任务[16]。因此，声子承担了非金属导热材料中的热传导。如果声子的传输不受阻碍，就能更好地传递热量，并且整个材料呈现出更好的导热性能。但是如果声子传输被非金属、空隙或边界所阻挡，则材料的导热性能会大打折扣。声子的动量、能量或运动方向因为被阻挡而发生变化的现象称为声子散射。非金属材料热传导不如人意的首要原因便是声子散射。而在复合材料中，填料与基体界面之间产生的声子散射使得其整体的导热性能大大下降。声子散射具体可以分为三类：声子–杂质散射，声子–界面散射和声子–声子散射[17]。因此，若要提高导热性能，就应当减少声子散射。

材料的热导率可以通过德拜公式来进行预估，德拜公式将声子看作伪粒子并以基本动力学理论为基础，如式（3.1）所示。

$$K=\frac{1}{3}\int v(w)\times L(w)\times C_{\mathrm{v}}(w)\mathrm{d}w \tag{3.1}$$

式中，v是声子的速度；L是声子平均自由程；C_{v}是恒定体积的比热容[18, 19]。

这里面，声子的速度对于整个材料的热能传递起着决定性的作用。在短波长的区域，声子速度由于受到阻碍而变得非常小，在整个热量传输中的贡献可以忽略不计，主要的热量传输依靠长波区域声子来完成。而声子的平均自由程是声子在发生声子散射之前所经过的路径，有三个因素会影响声子的平均自由程：第一，当声子在传递的过程中遇到了基体中的杂质时，会导致声子–杂质散射而降低整体的热导率，这些散射从本质上来说是弹性的；第二，由于存在材料中化学相互作用的非谐性，非弹性的声子–声子散射也影响整体的热导率[20]；第三，当声子在运动过程中遭到边界的阻挡时，会引起声子–边界散射。

2. 电子

电子承担了金属材料散热的主要任务。电流是在外加电场的条件下，自由电子沿着外加电场的方向移动造成的[21, 22]。此外，电流也可能由于材料内部存在温度梯度时产生，自由电子将会从高温区域自动向低温区域移动而产生电流。除去声子，自由电子也是能量载体，所以电子的运动也会产生相应的热量流动，即电子导热。与电子导热相比，声子在金属材料中对传热的贡献非常小。对于金属材料来说，维德曼–弗兰兹定律可以很好地表示电子热导率与电导率之间的关系，如式（3.2）所示。

$$\frac{K}{\sigma}=\frac{1}{3}T\left(\frac{\Pi\xi}{3e}\right) \tag{3.2}$$

式中，σ是导电系数；T是温度；ζ是玻尔兹曼常数；e是电荷量。

通过实验直接测试电子热导率非常困难，所以在实际操作中一般采用上述公式来预估电子热导率[23]。

3. 其他导热模型

其他导热模型，如有效介质理论模型（EMT）[24]、Foygel模型[25, 26]、Hamilton-Crosser模型、Pal模型[27]、Springer-Tasi模型[28]、Lewis-Nielsen模型[29, 30]和Agari模型[31]等，都可以用来验证或预测聚合物基复合材料的导热性能。由于复合材料的结构复杂性以及导热性能影响因素的多样性，目前还没有万能公式。但结合大量实验数据对传统模型不断进行优化和改进，新的导热模型还是可以在复合材料结构设计方面发挥重要作用的。

3.8.3 导热性能表征技术

导热材料的导热性能主要包括热导率（导热系数）、热扩散系数和热阻。热导率为单位面积、厚度、温度相差1℃时，在单位时间内通过的热量[W/（m·K）]，是物质传导热能的一个重要的基本物理参数。理论上，通过弄清物质导热机理、确定导热模型，通过一定的数学分析和计算可获得热导率。然而材料的热导率受材料结构、密度、多孔性、导电性、温度和压力的影响，并且热导率的理论计算方程几乎都有较大的局限性。因此，至今除少数物质的热导率从理论上计算外，绝大多数材料的热导率仍然需要依靠实验测定获得。

1. 热导率和热扩散系数的测量方法

宏观材料热导率的精确测量和表征面临着诸多挑战。例如，输入热量在流经样品时通常存在损失，并且难以量化。目前商用的测试方法，大多数只能够确保精度控制在5%以内。这些技术中的任何一种，既有其自身的优势也有局限性，其中有一些技术更适用于具有特定几何形状的样品，如稳态热流法适用于25.4mm×25.4mm的样品。测试材料热导率和热扩散系数的方法有很多，按照热流原理一般可分为稳态法和非稳态法，详见图3.64和表3.42。

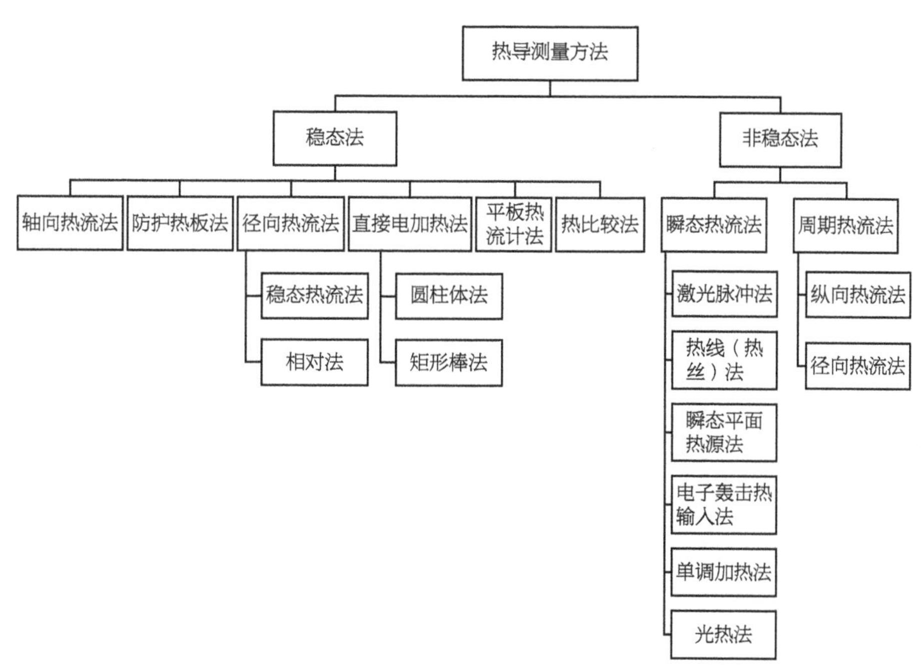

图 3.64　热导率测量方法分类

表3.42　热导率测量方法的适用性和特点

测量方法	适用的样本材料类型	温度/K	热导率/[W/(m·K)]	误差/%	优点	缺点
轴向热流	金属和金属合金，圆柱形状样本	90 ~ 1300	10 ~ 500	0.5 ~ 2.0	精度高，利用电阻加热源	热量损失500K以上
防护热板	坚实，不透明，绝缘子	80 ~ 1500	0.0001 ~ 1.0	2.0 ~ 5.0	适用于范围广泛的材料，精度高	复杂，昂贵，测试时间长（3 ~ 12h）
直接电加热	电导体线，棒，管	400 ~ 3000	10 ~ 200	2.0 ~ 5.0	宽的温度范围，速度快，利用电性能	设备复杂
径向热流	固体和粉末，圆柱	298 ~ 2600	0.01 ~ 200	3.0 ~ 15	良好的精度与宽温度覆盖	样本较大
平板热流计	耐火材料	600 ~ 1600	0.05 ~ 15	15	简单	高温度梯度，慢测量
激光脉冲	固体，液态金属，聚合物，陶瓷，磁盘标本直径为（6 ~ 16mm）	100 ~ 3300	0.1 ~ 1500	1.5 ~ 15	宽的温度范围，简单、快速热扩散测量	不方便，半透明材料，复杂的误差分析
热线（热丝）	耐火材料	298 ~ 1800	0.02 ~ 2	5.0 ~ 15	探针和样本的尺寸变小	适用于低电导率材料
电子轰击热输入	固体，液态金属，非金属	330 ~ 3200	50 ~ 400	2.0 ~ 10	高温覆盖，小标本，应用交流技术	高真空，复杂试验仪器

（续表）

测量方法	适用的样本材料类型	温度/K	热导率/[W/（m·K）]	误差/%	优点	缺点
单调加热	陶瓷，塑料，复合材料	4.2 ~ 3000	50 ~ 400	2.0 ~ 12	简单的仪器，简单测量，宽温度覆盖	不适合良热导体，低精度
光热	大多数固体材料	200 ~ 800	0.1 ~ 200	1.0 ~ 10	适当的模型包括无损检测模式测试热扩散或热导率	复杂的数学分析，复杂的误差分析

2. 稳态法

稳态法顾名思义，是等待系统达到稳态后才开始对材料的导热性能进行测量。傅里叶定律是稳态法的核心，在稳态法中，一般通过施加一定的加热功率并对输出的信号进行分析。稳态法假设的前提条件为传热等于散热，也就是平衡条件假设，目前的稳态法测量导热性能主要有传统稳态热流法、热流计法及防护热板法等。稳态法原理非常简单，操作也简单，是目前生产领域中广泛应用的方法，但是其测量时间较长，测量要求的条件非常高，并且对温度的控制需要非常精准，一般用来测量中低热导率的材料。

在稳态法的测量中，待测样品处在一个不随时间变化的温度场中，当其内部达到热平衡后，通过测定样品单位面积上的热流速率、热流方向上的温度梯度和样品的几何尺寸等，由一阶傅里叶-毕渥定律可以直接得到热导率，如式（3.3）所示。

$$\kappa = \frac{\Delta Q}{\Delta t} \times \frac{1}{A} \times \frac{\Delta x}{\Delta T} \tag{3.3}$$

式中，κ 是热导率；ΔQ是垂直层面上通过样品的热量；Δt是单位时间；A是截面面积，Δx是距离；ΔT是温度差。

设热扩散系数为α，从物体的一面传递到另一面的速率为ΔT，ΔT与时间t的关系可以由二阶傅里叶-毕渥方程定义为：

$$\frac{\partial \Delta T}{\partial t} = \alpha \nabla^2 T \tag{3.4}$$

则热导率与热扩散系数存在以下关系：

$$\kappa = \alpha \rho c_p \tag{3.5}$$

式中，$\nabla^2 T$是T的梯度；α是热扩散系数；ρ是材料密度；c_p是比热容。

在高温或材料尺寸很小时，经常通过以上公式测量热导率，这种测量方法称为瞬态法，后面会讲到。

下面介绍三种常见的稳态法。

1）传统稳态热流法

传统稳态热流法根据ASTM D 5470的方法进行测量，其装置和原理图如图3.65所示。其加热端在设备上方，冷却端在设备下方，使用测量温度范围内已知热导率的标准金属块当作上、下金属棒作为量热计。

根据稳态热流法，样品夹在热导率已知的上、下金属棒之间，上端施加一定的压力，使金属棒夹紧样品，减少界面间空气间隙。开启加热器并达到热平衡后，记录金属棒上的测温点，即T_1、T_2、T_3、T_4、T_5、T_6，以及与样品接触的温度点T_a、T_b。

经过样品的热流为：

$$Q=V\cdot I \tag{3.6}$$

式中，Q为通过样品的平均热流；I为加热器电流；V为电压。

然后根据稳态热流时的样品的热阻方程：

$$R=\frac{S}{Q}\times(T_a-T_b) \tag{3.7}$$

式中，R为热阻；S为样品横截面积；T_a为样品上表面温度，是金属棒各温度点（T_1、T_2、T_3）与各温度点距离的函数；T_b为样品下表面温度，是金属棒各温度点（T_4、T_5、T_6）与各温度点距离的函数。

将式（3.6）代入式（3.7）后，得到热阻的计算公式：

$$R=\frac{S}{V\cdot I}\Delta T \tag{3.8}$$

式中，R是热阻；S是样品面积；V是电压；I是电流；ΔT是样品上、下表面温度差与各温度点距离的函数值。

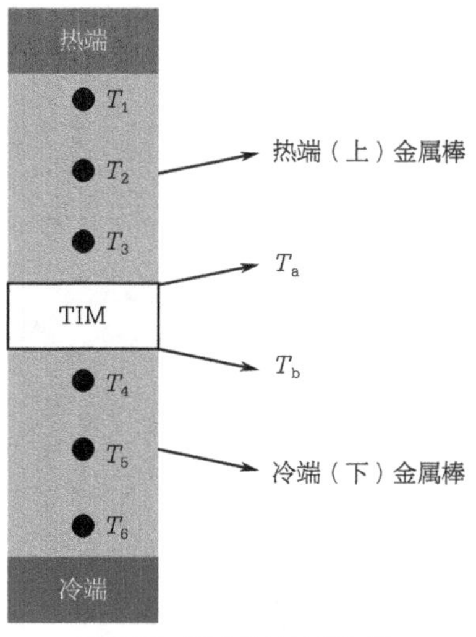

图 3.65　稳态热流法示意图

2）热流计法

热流计法的原理是防护热板技术的一种变形，即热通量传感器用于测量通过安装在两个板子之间的试样的热流，即“热”板和“冷”板，同样是通过一阶傅里叶方程获得热导率。该方法是准稳态方法，因此必须保证仪器和试样在进行测量之前达到热平衡。根据热通量的测量值、样品上的温差和样品厚度，可以确定热导率。该方法属于比较方法，因此必须使用已知热导率的样品校准仪器。

平板热流计法是热流计法的一种，其最大的优点是样片容易制备，适用范围广，能够测膏状、片状材料的热导率，而且测量准确度和实验温度都很高，被许多国家列为中低热导率材料的标准测试方法而被广泛应用。

3）防护热板法

防护热板法（GHP）在学术上被普遍认定是对导热性能测量精度较高的方法，其对热扩散系数及热导率测量的误差能够保证在2%以内。它的机理是能够实现低于2%的全局测量的不确定性。图3.66所示是防护热板法示意图。其机理在于上、下两个假定无限温度均匀的热板与热界面材料进行贴合，测量通过材料的热通量推导出材料本身的热导率。

防护热板法的具体工作原理如下。下端热源将下板（热板）加热至稳态，上端冷源将上板（冷板）加热至稳态后，将需要测量的热界面材料放置于冷板与热板之间。热板中的热量将通过材料逐渐传递至冷板，由于焦耳效应，热板上的热量也会向热板的边缘进行传播，边缘处的热绝缘材料对这些热量进行防护。整个装置分成两部分：测量区域与防护区域。测量区域包括中间整体的加热与测量装置，而防护区域包括外围整体的防护材料。

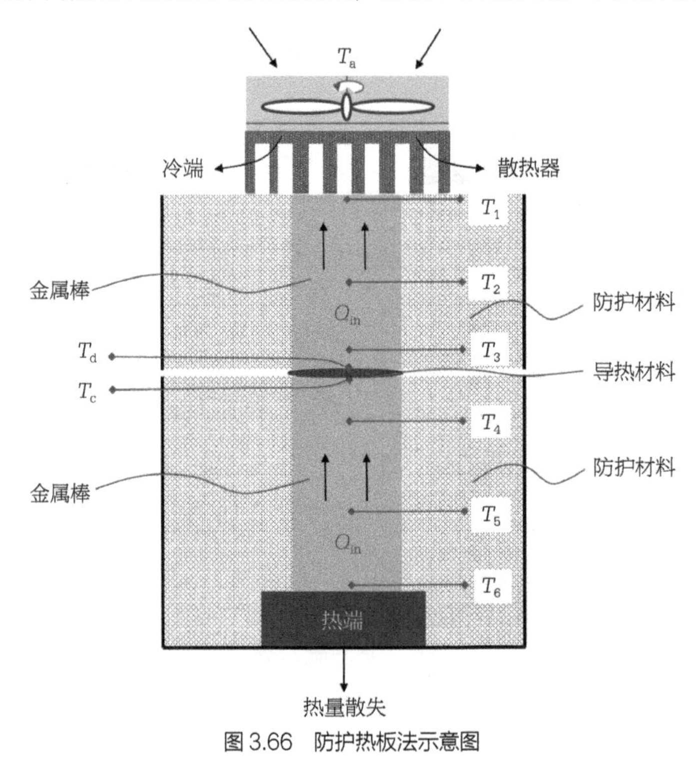

图3.66 防护热板法示意图

3. 非稳态法

非稳态法在原理上与稳态法的根本区别在于，稳态法在测试过程中样品的温度随时间而变化，非稳态法使用非稳态导热微分方程作为测试依据。测试时，通常使样品的某一部分温度做周期性或突变，而样品的另一部分测量温度随时间的变化速率，再根据由特定的边界条件所推导出的不稳定导热方程式的解，计算得到热导率。

市场上主流的非稳态技术方法有激光脉冲法、瞬态平面热源法和热线法。

1）激光脉冲法

激光脉冲法根据ASTM E1461的方法进行测量，其原理是使用由激光提供的短能量脉冲照射样品的正面，并使用红外探测器记录随后的样品背面温度的升高。常用的有德国耐驰公司LFA467热导率测量仪，方法是，将样品置于真空炉中，在均匀温度下等温加热。然后，用短能量激光脉冲照射样品的一侧。通过红外探测器测量样品背面的温度升高值。根据背面温度-时间曲线的形状和样品厚度，可以确定样品的热扩散率。激光脉冲法通常对样品的尺寸有较高的要求，如果样品尺寸符合要求，则它是一种方便的热测量方法。其示意图如图3.67所示。

激光脉冲法是迄今为止最常用的测量热扩散率的方法之一，对于高热导率材料的测量比较准确；特别是，当密度ρ和比热c_p已知时，可以根据热扩散率计算热导率。

激光脉冲法具有准确快速的优点。然而，由于激光脉冲法的装置昂贵，并且由于其对样品的要求严格，且实验程序太复杂，因此，激光脉冲法主要用于研究。

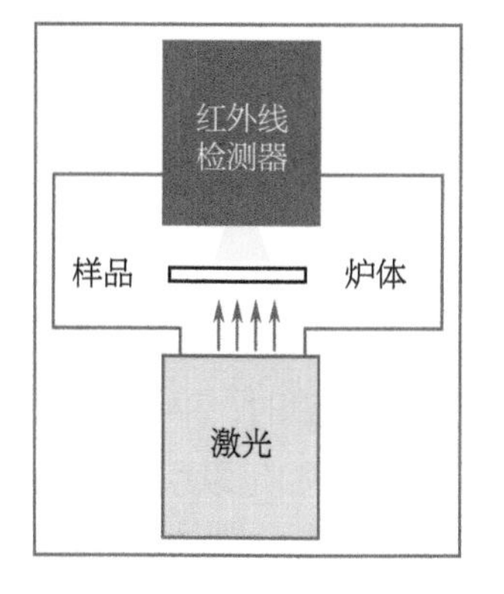

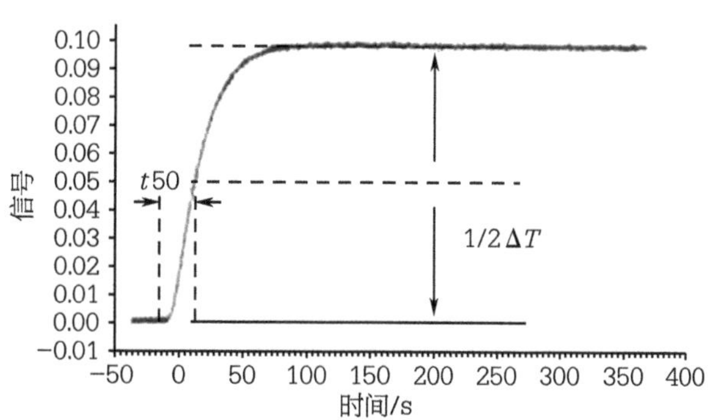

图 3.67　激光脉冲法示意图

2）瞬态平面热源法

瞬态平面热源法（Transient Plane Source Method，TPS）符合ISO 22007-2—2008及GB/T 32064—2015，其测量原理是由瑞典科学家Silas Gustafsson博士在热线法和热带法的基础上发明的一种新的测量方法。这种方法基于瞬态加热平面探头的使用，也被称为Hot Disk法。它的原理是探头中的镍丝具有较大的电阻温度系数，当探头置于样品之间时，若给探头施加一个恒定的功率，则探头表面的温度会因为受热而升高，从而又造成探头阻值会随加热时间发生改变，此关系为：

$$R(t)=R_O[1+\alpha\Delta T_i+\alpha\Delta T_s(t)] \tag{3.9}$$

式中，$R(t)$是探头在t时刻的电阻；R_O是探头的初始电阻；α是镍丝的电阻温度系数；ΔT_i

是热流通过TPS 探头绝缘层后产生的温度差；$\Delta T_s(t)$是测试过程中样品表面随时间变化的温度增值。由此可得 TPS 探头本身的温度增值为：

$$\Delta T_s(t)+\Delta T_i=\frac{1}{\alpha}\left[\frac{R(t)}{R_O}-1\right] \tag{3.10}$$

式中，ΔT_i可描述 TPS 探头与样品表面的热接触情况，理想情况下 ΔT_i为0。实际上，由于探头有一个小且有限的热容，而且探头的功率输出、绝缘层厚度及横截面积都是恒定的，因此当热量通过探头绝缘层的极短时间 Δt_i后，ΔT_i将变成一个恒定值。如图3.68所示，红线表示样品表面的温度增加情况，蓝线表示探头本身的温度增加情况，ΔT_i在起始阶段后恒定。此时，探头聚酰亚胺绝缘层内外表面温度均匀分布，温度差为 ΔT_i。

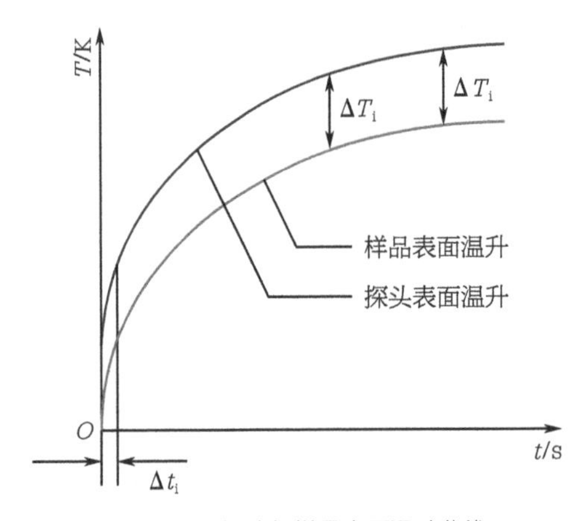

图 3.68　探头与样品表面温升曲线

Hot Disk 探头由可导电的双螺旋结构绕线组成。此绕线采用的是光刻的金属箔（镍丝），被夹在两绝缘薄层（聚酰亚胺、云母等）之间。当进行热导测量时，平面的 Hot Disk 探头放置在两片样品之间，接触探头的是样品的一个平面。通过施加足以引起探头温升的电流，同时记录电阻（温度）增加与时间的关系，Hot Disk 探头既被用作热源，也被用作动态温度探头，如图3.69所示。

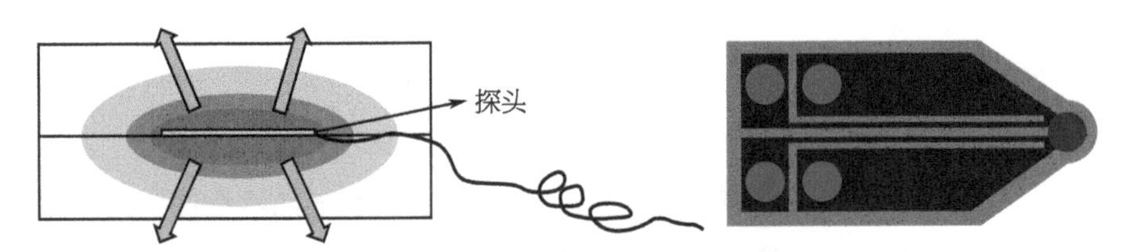

图 3.69　热传导依赖探头温度变化及瞬态时间

与其他测量方法相比，瞬态平面热源法具有以下优点。

（1）测量材料种类多，适用于固体、液体、粉末、薄板、薄膜以及各向异性材料等多种状态的样品。

（2）可测量的热导率范围广，可以覆盖热导率为0.005 ~ 500 W/（m·K）的绝大部分材料。

（3）测试时间短，完成一次测量的时间最少为1s。

（4）样品制备简单，对于形态没有特殊要求的，单面法可原位测量。

（5）测量性能好，热导率的测量重复性小于1%，准确度小于2%。

（6）可通过一次测量同时获得样品的热导率、热扩散系数及体积比热容。

基于以上优点，瞬态平面热源法自提出后得到了国内外学者的广泛应用。

3）热线法

热线法（或热丝法），适用于固体和液体材料热导率的测量。热线法测量过程如下。首先，准备一根具有恒定热通量和均匀放热特性的电阻丝（热丝），然后将其置于两个相同的各向同性无限介质的中间。在均匀的温度下，测量热线或样品在一段时间内的温度变化，以确认样品的一些物理参数。使用热线法测定材料热导率误差较大，但由于对样品制备，快速测试的简单要求，热线法在实验室和工业中变得越来越流行和成熟。而且其设备费用低，不仅适用于干燥材料，也适用于湿材料及高温耐火材料。

4. 微纳尺度热测量方法

由于石墨烯的厚度为纳米尺度，商用的测量设备无法准确测量其热导率，需要采用微纳尺度热测量方法。常见的微纳尺度热测量方法有拉曼光谱法、悬空热桥法、时域热反射法等[32 ~ 38]。

3.8.4 导热材料的选用与评估情况

导热材料广泛运用于改善电子封装中的热接触和热传输性能。在选择一款导热材料之前，首先要了解它的特性、用途和主要性能指标。以下重点介绍聚合物基导热材料选用与评估的程序和方法。

1. 导热材料主要性能指标

在选用导热材料之前，首先要了解其性能指标，以下介绍导热材料的主要特性指标。不做特别说明的适用于各类聚合物基导热材料。

比重（密度）：考察导热材料的比重，作为材料一致性的关键指标。在使用激光脉冲法测试中，比重（密度）是作为测量热导率的输入指标之一，见式（3.5）。

硬度：考察导热材料的软硬情况，是材料一致性的关键指标。它适用于导热垫片，硬度不建议选得太高，否则不利于导热垫片与热界面的贴合，在导热性能满足产品要求的情况下，优先选用硬度较低的导热垫片。不同型号的邵氏硬度计测量差异较大，一般建议采用邵氏硬度计（shore 00）进行测量。

出油率：考察高温条件下导热材料中硅脂油的渗出情况，出油率高会加速材料老化，且会增加附近的元器件、引脚发生腐蚀的风险，是可靠性的关键指标。它适用于导热垫片。

锥入度：考察导热材料的稠度，锥入度值越大，表示导热材料越软，越有利于安装，它也是材料一致性的关键指标，适用于导热硅脂和导热凝胶。

阻燃等级（或燃烧性）：考察导热材料的安全性能，评估材料是否发生燃烧以及燃烧后是否可以自熄。一般UL 94的标准适用于导热垫片，HG/T 2502的标准适用于导热凝胶和导热硅脂。

油离度：考察导热材料的耐热性和稳定性，油离度高，渗油量多，稳定性差。油离度是安全性和可靠性的指标，适用于导热硅脂和导热凝胶。

挥发份：考察导热材料的耐热性和稳定性，是指其挥发气体的含量，与油离度是相结合的，挥发份高，说明挥发性气体含量多，稳定性差。挥发份是安全性和可靠性的指标，适用于导热硅脂和导热凝胶。

电气强度：考察导热材料在一定电压等级下被击穿的能力，是材料电绝缘性的重要指标。对于导热绝缘材料而言，电气强度与击穿电压、样品厚度有关，一般而言，击穿强度越大材料的电绝缘性越好。

体积电阻率：考察导热材料单位体积对电流的阻抗，是材料电绝缘性的重要指标，体积电阻率越大表明导热材料单位体积的电绝缘性能越好。

最小压缩量（BLT）：考察材料的扩散性能，BLT值越大，其扩散性能越好，与界面的接触越好，热阻越小，适用于导热垫片。

介电常数/介质损耗因数：根据导热材料的介电常数判断导热材料的极性和绝缘性能，便于在设计时避免对信号完整性的影响。

永久变形率、压缩性能：考察导热材料变形后的恢复能力，通常，压缩永久变形率越低，导热垫片回弹性越好，有利于安装和应用，适用于导热垫片。

断裂强度/断裂伸长率：考察导热材料在受机械应力作用下的力学性能，适用于导热垫片。

2. 导热材料标准

1）导热性能常用标准

（1）国际标准。

ASTM E1461 *Standard Test Method for Thermal Diffusivity of Solids by the Flash Method*

ASTM D5470 *Standard Test Method for Thermal Transmission Properties of Thermally ConductiveElectrical Insulation Materials*

ASTM C518　*Standard Test Method for Steady-State Thermal Transmission Properties by Means of the Heat Flow Meter Apparatus*

ASTM E1530　*Standard Test Method for Evaluating the Resistance to Thermal Transmission of Materials by the Guarded Heat Flow Meter Technique*

ISO 22007-2　*Plastics - Determination of thermal conductivity and thermal diffusivity - Part 2 : Transient plane heat source (hot disk) method*

（2）国内标准。

GB/T 22588《闪光法测量热扩散系数或导热系数》

GB/T 10294《绝热材料稳态热阻及有关特性的测定　防护热板法》

GB/T 10295《绝热材料稳态热阻及有关特性的测定　热流计法》

GB/T 10296《绝热层稳态传热性质的测定　圆管法》

GB/T 10297《非金属固体材料导热系数的测定　热线法》

GB/T 11205《橡胶—热导率的测定　热线法》

2）其他重要性能常用参考标准

其他重要性能常用参考标准如表3.43所示。

表3.43　其他重要性能常用参考标准

性能参数	常用标准
硬度	ASTM D2240　*Standard Test Method for Rubber Property—Durometer Hardness*
密度	GB/T 4472《化工产品密度、相对密度的测定》
锥入度	GB/T 269《润滑脂和石油脂锥入度测定法》
阻燃等级（或燃烧性）	UL 94—2013　*Tests for Flammability of Plastic Materials for Parts in Devices and Appliances* 或HG/T 2502《5201 硅脂》
油离度	HG/T 2502《5201 硅脂》
挥发份	HG/T 2502《5201硅脂》
电气强度	HG/T 2502《5201 硅脂》
体积电阻率	GB/T 31838.2《固体绝缘材料　介电和电阻特性　第2部分：电阻特性（DC方法）体积电阻和体积电阻率》
最小压缩量（BLT）	ASTM D374/D374M　*Standard Test Methods for Thickness of Solid Electrical Insulation*
介电常数/介质损耗因数	ASTM D150　*Standard Test Methods for AC Loss Characteristics and Permittivity (Dielectric Constant) of Solid Electrical Insulation*
永久变形率、压缩性能	ASTM D575　*Standard Test Methods for Rubber Properties in Compression*
断裂强度/断裂伸长率	GB/T 528《硫化橡胶或热塑性橡胶　拉伸应力应变性能的测定》

3. 选用与评估

在实际应用中，选择一款适合的导热材料是热设计工程师的主要责任，除需要考虑导热散热的性能要求外，还需要关注适装性或工艺性、环境适应性以及长期可靠性等。

热设计工程师在选择一款导热材料时，要综合考虑热设计过程中的所有因素，如优化集成电路的散热途径；优化冷却方式；做好电气设计，使用高导电材料或散热孔尽可能消耗大量的基板热，减少互连电容和热阻；做好力学设计，减少在芯片和基板间的热失配；根据产品类型考虑其可制造性、耐环境应力、系统可靠性及服役能力，并确认材料乃至产品的寿命指标，以便做好成本预计。电子封装产品热设计示意图如图3.70所示。

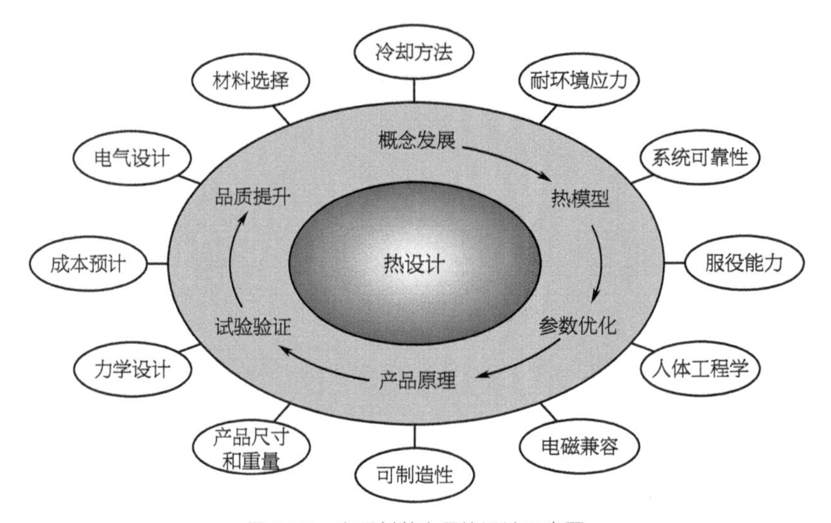

图 3.70 电子封装产品热设计示意图

特别需要强调的是，在选用一款导热材料时，还应关注产品的可制造性，即导热材料是否适宜安装在特定工况下，这里不仅要考虑材料的热物性、弹塑性、热流方向、表面硬度、表面形状、温度、接触压力和间隙介质等，还要从微观层面考虑接触界面的粗糙度、微观形貌、表面弹塑性变形等制约因素。这些因素都会影响材料的导热能力及产品的散热能力。

综上所述，在选用和评估导热材料时，需要重点考虑以下几个方面的内容。

（1）热导率。热导率是材料传递热量的量化能力，是导热材料最关键的性能指标之一。热导率越高，材料传递热量的能力越强；热导率越低，材料传递热量的能力越弱，这将导致界面处存在更高的温度差。热导率是热设计选择导热材料时应首先考虑的最关键的指标之一。当然还要考虑成本的限制，一般情况下，热导率越高，材料的价格就越高。

（2）电导率。根据实际应用需要，导热材料可以是导电的或绝缘的。一些金属基导热材料，如焊料，低熔点合金是导电的。通常，陶瓷基导热材料是绝缘的。聚合物基导热材料既可以导热又可以导电，导电类的导热材料可以用于不会导致短路，或者期望加强屏蔽性能的场合，绝缘类导热材料用于对短路很敏感的场合。

（3）扩散性（或压缩能力）。导热材料的扩散性能决定了它在散热器压力下扩散，并且充满发热器件与散热器之间空气空隙的能力。由于空气的导热性能很差，所以空隙被导热材料填充得越多，材料的传热能力就越强。通常，在导热材料的扩散过程中，使BLT达到最低值是热设计的一项目标。BLT值则与压力和填料的体积分数有关。

（4）可靠性和长期稳定性。导热材料的可靠性和长期稳定性是指即使在过度使用的情况下，也能保证良好的热传导性能。质量差的导热材料在长期使用过程中会硬化或溢出，这将导致存储器、芯片过热或提早失效。质量好的导热材料在整个寿命周期具有稳定的导热能力。导热材料的老化速度是整机产品可靠性设计或寿命设计需要考虑的重要指标。

（5）可安装性。在设计过程中，应考虑导热材料与产品的安装匹配。例如，导热垫片在使用时需要一定的安装力机械固持，长期使用中也会存在应力的产生，因此需要考虑芯片和其他元器件的承受能力。导热硅脂需要采用工装印刷，其涂覆面积不能太大，太大会导致溢流，污染周围元器件；也不能太小，太小会导致涂不满引起的散热不良。因此，涂覆面积控制在接触面积的80%是比较理想的。另外，为了避免硅油污染，导热硅脂不适合涂覆在周围有裸露出点的继电器附近。这是制造方需要考虑的关键指标，同时该指标也会影响产品的可靠性。

（6）可返修性。在实际应用中，导热材料不应粘连存储器或芯片。可返修性意味着能够轻松地移除散热器，可以方便清洁。例如，填充型导热硅脂、导热相变材料及某些导热凝胶就具有良好的可返修性。

（7）应用范围。在材料设计中，除了散热的需求，电子元器件绝缘性能以及其他参数的一些特殊需求，例如，窄间距以及高集成度都对导热材料的设计有影响。而且，在选择导热材料的过程中，还应当考虑产品的环境适应性、化学特性、温湿度环境、抗老化能力等特性。

3.8.5 导热材料的现状及发展趋势

热界面材料在电子元器件和组件散热领域应用广泛，它可填充于电子元器件与散热器之间以驱逐其中的空气，使电子元器件产生的热量能更快速地通过热界面材料传递到散热器，达到降低工作温度、延长使用寿命的重要作用。自20世纪90年代以来，一些全球知名公司投入巨大力量持续进行热界面材料的科学探索和技术研发，最初我国高端热界面材料基本依赖从日本、韩国、欧美等发达国家进口，国产化导热材料占比非常低，这阻碍了我国的高端电子信息产业发展[40]。目前，国内导热材料的发展非常迅速，TIM2应用的材料研制单位已经发展到几十家，同类型产品的主要性能指标与国外的差距已经很小；TIM1材料则差距很大，主要是综合性能要求太高，缺乏应用研究的条件和试用的机会。

未来研究和应用的主要方向应该在于，不断提高导热性能的同时，加强对导热材料可靠性和性能退化机理的深入研究。现在商业化的导热材料在长时间的高温暴露中热阻性能退化，会影响产品的长期可靠性，这种影响在很大程度上取决于芯片的工作温度和暴露时间，但没有机理能够解释这些退化以及退化的速率，需要研究建立起基于物理化学的退化模型，来更加具体地描述材料性能的退化与材料的热性能退化关系。此外，由于越来越多的大功率电子元器件的应用，需要更高导热性能的材料，因此碳基导热材料（石墨、石墨烯、CNTs）的大范围应用是不可避免的，它将在下一代高性能电子封装材料中发挥重大作用。目前，这个领域的研究还是应该以现行商业化可用的导热材料的性能作为基础，同时重点关注于尽量减小总体热阻，而不是仅仅增加热导率。对于碳基导热材料的选用和评估手段也将是未来研究的重点。

3.8.6 结束语

由于大功率器件以及高密度封装的快速发展，导热材料的研究和应用已经成为当今非常热门的研究方向和应用领域。目前商业用途的导热材料普遍存在的问题是：要么热导率不高，要么热导率高的材料其他综合性能又不令人满意。高热导率往往伴随着力学强度和韧性退化、击穿强度下降，以及伴随而来的加工困难等问题；此外，导热材料种类繁多，测试方法多，性能指标和安装方式各异。因此，对于用户而言，需要更多地了解各种导热材料的性能特点及各项指标的含义，加强热设计的同时做好导热材料的选择评估工作，同时需要更多关注导热材料的可靠性和性能退化。选好导热材料是热设计成功的关键，也是确保所研制的产品可靠性至关重要的一环。

参考文献

[1] 仝兴存.电子封装热管理先进材料[M]. 北京：国防工业出版社，2016.

[2] RAZEEB K M，DALTON E，CROSS G L W，et al. Present and future thermal interface materials for electronic devices[J]. International Materials Reviews，2017，36：1-21.

[3] LOEBLEIN M，TSANG S H，PAWLIK M，et al. High-Density 3D-Boron Nitride and 3D-Graphene for High-Performance Nano-Thermal Interface Material[J]. ACS Nano，2017，2：2033-2044.

[4] SANTOS L P，BERNARDES J S，GALEMBECK F. Corona-treated polyethylene films are macroscopic charge bilayers[J]. Langmuir，2013，3：892-901.

[5] 赵兰萍，徐烈. 固体界面间接触热阻的理论分析[J]. 中国空间科学技，2003，04：9-14.

[6] CHU W X，TSENG P H，WANG C C. Utilization of low-melting temperature alloy with confined seal for reducing thermal contact resistance，Appl. Therm.

Eng. 163 (2019)，114438.

[7] AN D，DUAN X，CHENG S，et al. Enhanced Thermal Conductivity of Natural Rubber Based Thermal Interfacial Materials by Constructing Covalent Bonds and Three-Dimensional Networks[J]. Composites Part A，2020，2 : 105928.

[8] KUILLA T，BHADRA S，YAO D，et al. Recent advances in grapheme based polymer composites[J]. Progress in Polymer Science，2010，11 : 1350-1375.

[9] 白坤. 石墨烯界面材料在LED灯具散热系统中的应用研究[J]. 光源与照明，2019，03 : 31-35.

[10] 薛阳. 导热填料的结构设计及其环氧树脂复合材料[D]. 武汉 : 华中科技大学，2019 : 2-3.

[11] 崔倩月. 高导热石墨/铜复合材料的制备和性能研究[D]. 北京 : 北京科技大学，2020 : 6-7.

[12] 汪倩，高伟，谢择民. 高导热室温硫化硅橡胶和硅脂[J].有机硅材料，2000，01 : 5-7.

[13] 毛大厦. 有机/无机复合热界面材料的制备与性能研究[D]. 深圳 : 中国科学院深圳先进技术研究院，2020 : 3-5.

[14] 周文英，丁小卫. 导热高分子材料[M]. 北京 : 国防工业出版社，2015.

[15] XIAOXIAO GUO，SHUJIAN CHENG，WEIWEI CAI，et al. A review of carbon-based thermal interface materials : Mechanism，thermal measurements and thermal properties[J]. Materials & Design，2021，209 : 109936.

[16] CHAKRABORTY S，GANGULY S，TALUKDAR P. Determination of thermal resistance at mould-strand interface due to shrinkage in billet continuous casting - Development and application of a novel integrated numerical model[J]. International Journal of Thermal Sciences，2020，4 : 981-988.

[17] BARANI Z，MOHAMMADZADEH A，GEREMEW A，et al. Thermal Properties of the Binary - Filler Hybrid Composites with Graphene and Copper Nanoparticles[J].Advanced Functional Materials，2020，8 : 108-111.

[18] MANSOUR H，El-Hendawy M M. Mechanistic perspectives on piperidine-catalyzed synthesis of 1，5-benzodiazepin-2-ones[J]. Molecular Catalysis，2020，484 : 61-66.

[19]李宾，刘妍，孙斌，等. 聚合物基导热复合材料的性能及导热机理[J]. 化工学报，2009，10 : 2650-2655.

[20]王志亮，周哲玮. 热传导对气-液射流界面不稳定性的作用机理研究[J]. 应用数学和力学，2003，07 : 661-668.

[21] WAN UHUA，LIAN G PEQING，WU NENGYOU. Molecular dynamics simula-

tions of the mechanisms of thermal conduction in methane hydrates[J]. Science China (Chemistry), 2012, 01 : 167–174.
[22] KOVALEV A, WAINSTEIN D, VAKHRUSHEV V, et al. Endrino. Anomalous Heat Transport in Nanolaminate Metal/Oxide Multilayer Coatings : Plasmon and Phonon Excitations[J]. Coatings, 2020, 3 : 260.
[23] 叶昌明，陈永林. 热传导高分子复合材料的导热机理、类型及应用[J]. 中国塑料，2002，12 : 14–17.
[24] NAN C W, BIRRINGER R, CLARKE D R, et al. Effective thermal conductivity of articulate composites with interfacial thermal resistance[J]. Journal of Applied Physics, 1997, 81 (10): 6692–9.
[25] BONNET P, SIREUDE D, GARNIER B, et al. Thermal properties and percolation in carbon nanotube–polymer composites[J].Applied Physics Letters, 2007, 91 (20): 201910.
[26] FOYGEL M, MORRIS R D, ANEZ D, et al. Theoretical and computational studies of carbon nanotube composites and suspensions : Electrical and thermal conductivity[J]. Physical Review B, 2005, 71 (10): 104201.
[27] PAL R. New models for thermal conductivity of particulate composites[J]. Journal of Reinforced Plastics and Composites, 2007, 26 (7): 643–651.
[28] TAVMAN I H, AKINCI H. Transverse thermal conductivity of fiber reinforced polymer composites[J]. International Communications in Heat and Mass Transfer, 2000, 27 (2): 253–261.
[29] LEWIS T B, NIELSEN L E. Dynamic mechanical properties of particulate filled composites[J]. Journal of Applied Polymer Science, 1970, 14 : 1449–1471.
[30] NIELSEN L E. Thermal conductivity of particulate–filled polymers[J]. Journal of Applied Polymer Science, 1973, 17 (12): 3819–3820.
[31] AGARI Y, UNO T. Estimation on thermal conductivities of filled polymers[J]. Journal of Applied Polymer Science, 1986, 32 (7): 5705–5712.
[32] 张乃华. 基于TPS法的薄膜导热系数测量技术研究[D]. 天津：天津大学，2017 : 11–12.
[33] BALANDIN, A A, GHOSH, S, BAO W, et al. Superior thermal conductivity of single–layer graphene[J]. Nano Letters, 2008, 8 : 902–907.
[34] SHI L, LI D, YU C, et al. Measuring thermal and thermoelectric properties of one–dimensional nanostructures using a microfabricated device[J]. Journal of Heat Transfer–Transactions of The Asme. 2003, 125 : 881–888.
[35] CAHILL D G, KATIYAR M, ABELSON J R. Thermal–Conductivity of Alpha–Sih

Thin–Films[J]. Physical Review B, 1994, 50 (9): 6077–6081.

[36] CAHILL D G. Micron–scale apparatus for measurements of thermodiffusion in liquids[J]. Review of Scientific Instruments, 2004, 75: 2368–2372.

[37] SONG H, LIU J, LIU B, et al. Two–Dimensional Materials for Thermal Management Applications[J]. Joule, 2018, 2: 442–463.

[38] WANG Y, XU N, LI D, et al. Thermal Properties of Two Dimensional Layered Materials[J]. Advanced Functional Materials, 2017, 27: SI.

[39] WU X, TANG W, XU X. Recent progresses of thermal conduction in two–dimensional materials[J]. Acta Physica Sinica, 2020, 69: 196602.

Chapter 4

第4章 方法篇

4.1 助焊剂的扩展率测试方法研究

以锡焊工艺为基础的现代电子组装制造业必须使用一种基础的助焊剂材料，包括波峰焊使用的液体助焊剂、焊锡丝芯助焊剂及焊锡膏中的膏状助焊剂。这些助焊剂在锡焊工艺中主要起到促进焊锡浸润、帮助提高焊接效果的作用，为了表征助焊剂的助焊性能，通常需要测试评估其扩展率指标和润湿时间（或润湿力），其中扩展率因其测试相对方便而且直观，常被用来表征助焊剂的助焊能力。另外，由于焊接过程还涉及温度、焊料及被焊面等因素，当固定或标准化其中的温度、被焊面及助焊剂后，所测得的扩展率还可以用来表征焊料的润湿性能力。因此，扩展率又常常是焊料的一个关键性能指标。各种标准规定的扩展率测试方法原理是基本一致的，方法的差异也不大，但它们的结果却常常离散性较大。本文希望基于扩展率的物理含义，展开扩展率测试方法的研究，以求进一步完善现有的扩展率测试方法。

4.1.1 扩展率的物理含义

根据润湿的基本原理，要在焊接界面上形成一个好的焊点，焊料必须首先润湿被焊面，焊料金属的原子与被焊面的金属基材的原子达到一个双方可以产生作用力的距离，然后才会发生金属之间的扩散，乃至最后形成合金层或金属间化合物。而焊料常常需要在助焊剂的帮助下，才能发生焊料的润湿现象。焊料的浸润过程就是焊料在被焊表面的铺展过程，焊料在被焊面均匀地铺展开后，焊料的形状就会发生变化，即高度变低、面积变大。

扩展率就是这个高度变、低面积变大的一个表征参量。由于铺展面积的量是一个绝对量，与焊料的多少及被焊面的大小有关，因此一般不使用铺展面积来表示，而是用扩展率来表示，即假定润湿发生的最初阶段焊料完全没有浸润被焊面，此时的润湿角为180° ，只有一个接触的点而没有面接触，此时的焊料就应该是一个完整的球形，焊料的高度就是这个球的直径（D）。施加助焊剂与热量后，焊料就开始润湿并铺展，焊料由最初的理想的球形铺展成为一定高度的焊点（高度为h），那么这个焊点与理想的球形焊料的高度差（$D-h$）与完全不浸润时的球形焊料的高度D的百分数比值就定义为扩展率。这个扩展率就是与焊料的多少及被焊面的大小无关的特征参数了。目前的标准如GB 9491、JIS Z3197和JIS Z3198等都是使用基于上述原理制定的测试方法。扩展率测试原理如图4.1所示，扩展率$S_R=(D-h)/D\times100\%$。根据该原理，扩展率应该与铺展面积成正比，润湿性或助焊能力越好，焊料的铺展面积就越大，焊点的高度越低，扩展率也就越大。因此，通过测试扩展率就可以很好地表征焊料的润湿性及助焊剂的助焊能力。

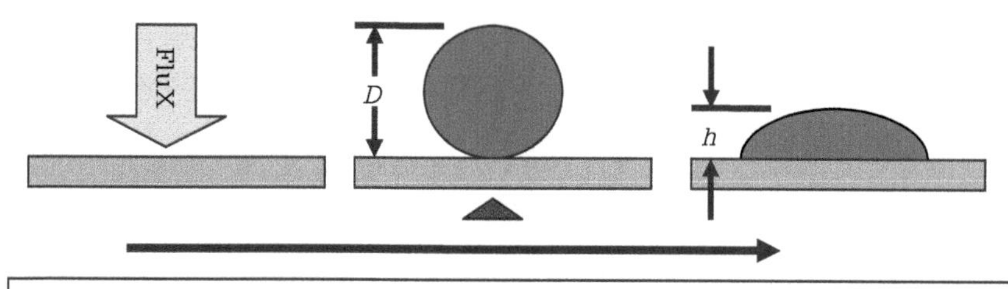

1.施加焊剂；2. 放置标准焊料（焊环或焊球）并加热 20~30s；3.冷却后测量焊点高度 h

$S_R=(D-h)/D\times100\%$（D为标准焊球的直径）

图 4.1　扩展率测试原理

4.1.2　目前的测试方法

目前，几个关于助焊剂扩展率的标准[1~3]规定的扩展率测试方法类似，就是选取标准的铜片，经过抛磨、酸洗、烘烤等工艺处理后作为被焊面样品使用；锡铅焊料使用的标准合金是Sn60Pb40或Sn63Pb37的实心焊锡丝，焊锡丝的线径为1.5 ~ 1.6mm，绕成内径为3mm的环，整个焊料环的质量约为0.3g。测试条件方面：锡铅工艺测试时的焊接温度为235℃；而无铅焊料使用的标准合金是SnAg3Cu0.5即SAC305焊料，无铅焊接的温度为250℃。

测试时，在标准铜片中央放上制备好的焊料环，往环中滴加约0.1ml的助焊剂（或先滴加助焊剂后再放置焊料环），然后将该样品置于设置好焊接温度的锡炉表面，放置20s后取出，冷却后用溶剂清洗掉残留物后测量焊点高度（h）。

扩展率（S_R）的计算如下：

$$S_R=(D-h)/D\times100\% \tag{4.1}$$

式中，D为假设与所用的焊料环等体积的焊料球的直径，即

$$D = 1.24V^{1/3}，V=m/\rho$$

式中，m为焊料环的质量；ρ为焊料环的密度。

该方法中只需要称量焊料环的质量，其密度可查资料，再测量焊点的实际高度即可计算出所求的扩展率。

需要注意的是，由于该方法中使用了直径为3mm的实心焊料环来代替定义中的焊料球（图4.1中的焊料球），这时焊料的高度只是实心焊锡丝本身的直径1.5mm，而不是假定的完全不润湿时焊料球的直径D。显然在没有加热与施加助焊剂的时候，焊料已经铺展到一定程度了，所以实际的测试结果应该比理论的要大。此外，由于用焊锡丝制作焊料环的过程不易控制，导致焊环差异大且不平整，扩展率的测试结果误差较大。

4.1.3 试验方法研究

既然扩展率的定义中使用了假定的焊料球的直径，因此，本研究将直接使用焊料球代替焊料环来测试助焊剂的扩展率，看看实际的结果与目前测试方法的结果会有多大的差异。关键的步骤是如何获得相应的焊料球，本研究使用某品牌合金为SAC305的焊锡膏和合金为Sn63Pb37的焊锡膏来制备焊料球，通过不同大小开口、不同厚度的印刷模板将相同合金的焊锡膏印刷在铝板上，然后回流，由于焊锡在铝板上不浸润，回流后即得到不同规格的焊料球，选取质量与先前所使用的焊料环质量相当的约为0.3g的焊料球来进行扩展率试验。

被焊面样品使用T2号（GB/T 2040）标准铜片，按照JIS Z3197规定的方法进行前处理备用。助焊剂按照表4.1中的配方配制成不同卤素含量、不同活性的样品进行测试，每个活性水平下的助焊剂测试五组数据求平均值，以考察不同助焊活性或不同扩展率水平下两种方法的差异。焊接试验的温度有铅选择为标准规定的235℃，无铅选择为260℃；焊接时间为20 ~ 30s，一般至熔融焊料不再流动为止。

表4.1 用于扩展率测试的助焊剂描述

序号	焊剂组成（wt%）	卤素含量（以Cl计，wt%）		活性水平分类	
		GB 9491	J-STD-004A	GB 9491	J-STD-004A
S-1	松香：25，异丙醇：75	0.0	0.0	R	RoL0
S-2	松香：25，二乙胺盐酸盐：0.15，异丙醇：74.85	0.049	0.193	R	RoL1
S-3	松香：25，二乙胺盐酸盐：0.39，异丙醇：74.61	0.126	0.498	RMA	RoL1
S-4	松香：25，二乙胺盐酸盐：0.80，异丙醇：74.20	0.259	1.00	RA	RoM1
备注	（1）S-1、S-2与S-3助焊剂是传统的标准助焊剂；（2）卤素含量GB 9491是以整个助焊剂为分母来计算的，而J-STD-004A则是以助焊剂中的固体部分为分母来计算的				

4.1.4　结果与讨论

1. 焊料球的制备

为了获得与0.3g焊料环相近的焊料球，本研究选择了两种材料制作印刷焊锡膏的模板，分别是厚度为1.71mm的环氧树脂光板和厚度为0.80mm的铝板，由于模板越厚孔径越小焊锡膏印刷越困难，考虑到好印刷以保证焊料球大小的一致性，模板开口直径分别为4mm、6mm、10mm和6mm、9mm、10mm。焊料球研制的情况汇总见表4.2。根据表4.2的结果，选择厚度为0.8mm、孔径为ϕ10mm的铝板为印刷模板来制作焊料球，控制焊锡膏的印刷质量，回流后可获得质量约为0.3g的标准焊料球，均匀性及球形都非常好（见图4.2）。

表4.2　焊料球研制的情况汇总

印刷模板	孔径尺寸（ϕ，mm）	锡球质量（g）			
		SAC305		Sn63Pb37	
环氧树脂板（厚度d：1.71mm）	4	0.0198	0.0172	0.0432	0.0550
	6	0.1191	0.1198	0.1538	0.1498
	10	0.4426	0.4235	0.5030	0.5143
铝板（厚度d：0.80mm）	6	0.1039	0.1092	0.1318	0.1511
	9	0.1928	0.2470	0.2312	0.2345
	10	**0.2991**	**0.3339**	**0.3103**	**0.3209**
备　注	使用的焊锡膏：（1）Sn63Pb37：金属含量90.0wt%；（2）SAC305：金属含量88.8wt%				

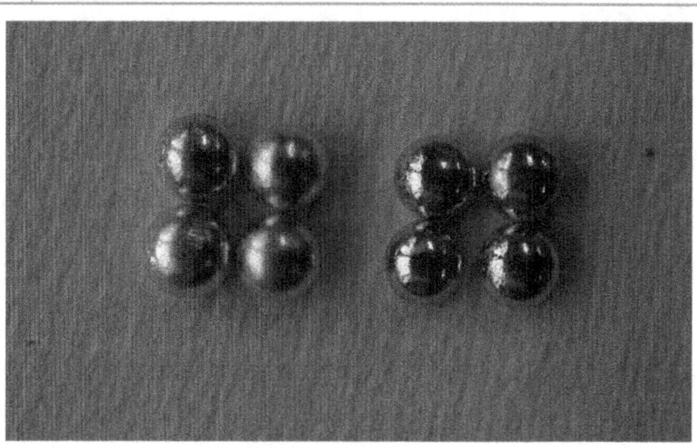

图 4.2　获得的用于扩展率测试的焊料球（右边光亮的为 SnPb 球，左边的为 SAC305 球）

2. 扩展率试验

利用上述方法获得的焊料球和标准的焊料环分别进行扩展率试验，使用不同活性的助焊剂可得到不同的扩展率试验结果（见图4.3、图4.4）。无论是使用锡铅焊料还是无铅焊

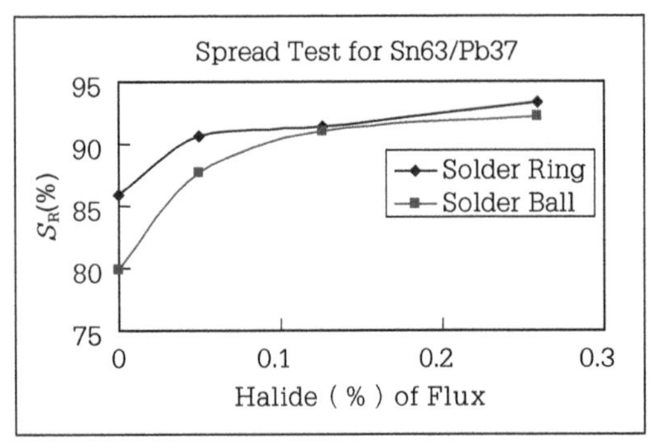

图 4.3 锡铅焊料的扩展率试验结果

料，样品为焊料环的扩展率都要高于焊料球的。从理论上讲，焊料环本身的高度已经低于焊料球的直径，也就是说，焊料即使没有熔化铺展就已经有一个基础的扩展率值了，而焊料球熔化形成焊点前几乎是没有铺展的，所以当焊料熔化后，焊料环铺展的面积自然要大，相应的焊点高度（h）就会变小，焊料球则从完全没有铺展试验到最后的铺展，因此结果要偏低。对于锡铅合金，在扩展率低于90%时，使用焊料环与焊料球得到的结果差异逐渐扩大；而对于无铅合金，扩展率大于76%以后，二者差距更大，达到4% ~ 7%。从试验的过程来看，由于无铅焊料的熔点较高，而当它是一个焊料球时，焊料球与铜片样品只有一个接触点，加热高温时需要更长的时间，热量才能传导到焊料球致使其熔融扩展，在这个过程中，助焊剂的活性物质可能由于更长时间的高温而挥发或分解，使得助焊剂的活性或助焊性能下降，最终导致扩展率偏低。而焊料环则由于与铜片的接触面积大，加热焊接时热传导效率高而快速熔融，使得其扩展率高于前者。

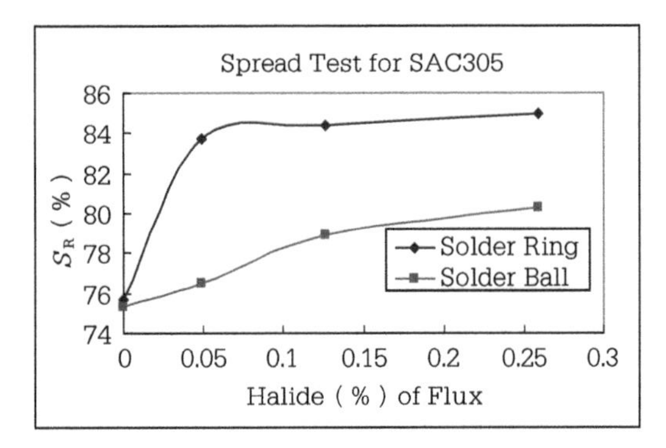

图 4.4 无铅焊料的扩展率试验结果

由对以上结果的分析可知，使用锡铅焊料来进行测试，使用焊料环的扩展率的结果要较为接近使用焊料球的，而对于无铅焊料环而言，其测试得到的助焊剂的扩展率是明显偏大的。从扩展率的定义来看，无疑使用焊料球来测试扩展率更加符合实际情况，毕竟使用焊料环时假定它是一个球，而实际情况却并非如此。原来的标准在测试扩展率时使用焊料环而不是焊料球，估计其原因是不容易得到符合要求的焊料球。通过上面的扩展率测试，同时还可以看出，当焊接温度较高时，助焊剂需要提高其热稳定性，以确保在更高温度的焊接过程中有很好的活性。因此，无铅的助焊剂需要在现有的锡铅用助焊剂的基础上做进一步的改良，以满足无铅工艺的需求。另外，比较图4.3与图4. 4中的结果，我们还可以得到这样的结论：使用同样活性的助焊剂，无铅焊料（SAC305）的润湿性以扩展率表示，要低于共晶的锡铅合金焊料5% ~ 10%。因此，在导入无铅工艺的时候，需要更严格地确保元器件与PCB焊盘的可焊性，同时选择活性更强、高温稳定性更好的无铅助焊剂，以确保无铅焊接的质量与可靠性。

4.1.5　结论

本节按照扩展率定义的原理，对原来标准规定的扩展率测试方法进行研究改进，利用焊料球代替焊料环来进行扩展率测试。结果发现，原来使用焊料环进行测试计算时又假定它是一个球的做法所得到的结果与直接使用焊料球进行测试得到的结果有明显的差异，当使用锡铅共晶焊料时得到扩展率小于90%，差异逐渐扩大。而对于无铅焊料的焊接，扩展率大于76%时，二者的误差为4% ~ 7%。而直接使用焊料球进行扩展率的测试无疑更接近实际情况，因此，建议在修订扩展率测试方法的标准时，用焊料球取代焊料环。企业在认证选用助焊剂或焊料时建议参考本节描述的使用焊料球的方法，结果更为准确且平行性更好。

同时本节还给出了标准焊料球的制备条件，即选择厚度为0.8mm、孔径为ϕ10mm的铝板作为印刷模板，印刷标准合金的焊锡膏并控制焊锡膏的印刷质量，回流后可获得质量约为0.3g的标准焊料球，这与现有标准中使用的焊料环的质量基本一致。

参考文献

[1] 信息产业部电子第四研究所. 锡焊用液态焊剂（松香基）：GB/T 9491—2002[S]. 北京：中国标准出版社，2003.

[2] Testing methods for soldering fluxes：JIS Z 3197—1999[S].

[3] Test methods for lead-free solders：JIS Z3198—2003[S].

[4] Requirements for Soldering Fluxes：IPC J-STD-004B[S].

4.2　SMT 焊点的染色与渗透试验方法研究

随着SMT技术与元器件高密封装技术的迅速发展，很多隐藏的焊点缺陷很难用直观的方法发现，焊点的质量与可靠性的检测试验技术必须适应这种快速发展的需求，因此各种先进的检测试验仪器设备层出不穷，但是价格高与维护困难也使工业界大多数企业承担不起。染色与渗透试验方法应用于焊点特别是SMT组装的BGA等阵列式焊点的质量检测中已有多年的历史，并证明十分有效。其优点是操作简单易行、成本低廉，几乎每个厂家都可以完成，并且获得的质量信息也丰富而准确，有时获得的质量信息甚至比另一种破坏性的分析方法——金相切片所获得的更加丰富。不过遗憾的是，这种测试方法是破坏性的，一旦进行了该试验，样品便要报废。尽管如此，染色与渗透试验方法在焊点质量检测评价方面的广泛使用也是必然趋势。

正是由于该方法简单，所以造成许多试验者没有仔细研究其细节，往往导致很多试验出现偏差，严重的可能得到错误的结果。本节将系统地研究分析染色与渗透试验方法的过程及误差来源，并提出相应的改进建议。

4.2.1 染色与渗透试验方法的基本原理

将焊点置于红色墨水或染料中，让红墨水或染料渗入焊点的裂纹之中，干燥后将焊点强行分离，焊点一般会从薄弱的环节（裂纹）处开裂，因此可以通过检查开裂处的染色面积与界面来判断裂纹的大小与深浅，以及裂纹的界面，从而获得焊点的质量信息。通过染色与渗透试验可以获得焊点分离界面的信息与失效（缺陷）焊点分布的信息，这对焊点的质量评估及失效原因分析非常有价值。

4.2.2 染色与渗透试验方法描述

1. 器件准备

首先小心地将需要试验的器件从电路板组件（PCBA）上截取下来。如果PCBA不大，也可以将含有需要试验器件的整个PCBA一起进行试验，但是这样做的话，需要有足够大的装有红墨水的容器，同时也可能浪费更多的红墨水，假如红墨水价格较贵，成本就会增加。不过直接截取器件也需要特别小心，可使用专门的工具，千万不能造成器件的焊点破坏或损伤。

2. 染色与渗透

在器件准备好后，可以直接将器件置于装有红墨水的容器中，盖严后抽真空，一般可抽至压强为100毫巴（mbar）。这样可以使得残留在缝隙或裂纹中的气体排放出来，同时让红墨水渗入到它应该去的地方并将其染红。通常为了使红墨水有更好的渗透效果，可以在红墨水中加入几滴表面活性剂以降低其表面张力。

3. 烘烤

染色后的器件在等多余的红墨水流干后，即放入温度为100℃左右的烘箱，烘烤直至样品干燥，时间依使用的红墨水的性质而定，一般需要1h，最快的也要15min，最长时间甚至要4h以上才能烘干。烘干的器件通常需要放入干燥器皿中冷却至室温，以免吸湿。

4. 器件分离

可以通过各种工具将染色后的器件分离，以检查其焊点是否有被染红的界面。分离的方法一般是使用L形的钢钩先翘动器件的四个角，并弯折PCBA使器件的焊点部分断裂。再在器件的表面使用强力胶固定一大小适当的钢筒（见图4.5），将器件所在的PCBA固定后垂直向上引伸钢筒，即可分离器件。如果器件太大或过于牢固，可以使用如图4.6所示的占孔拉伸的方法。有人建议在分离难分离的器件时，使用升温至140℃或保温的方法，但实际操作非常麻烦或困难，业界很少使用。

图 4.5　分离器件的垂直引伸夹具

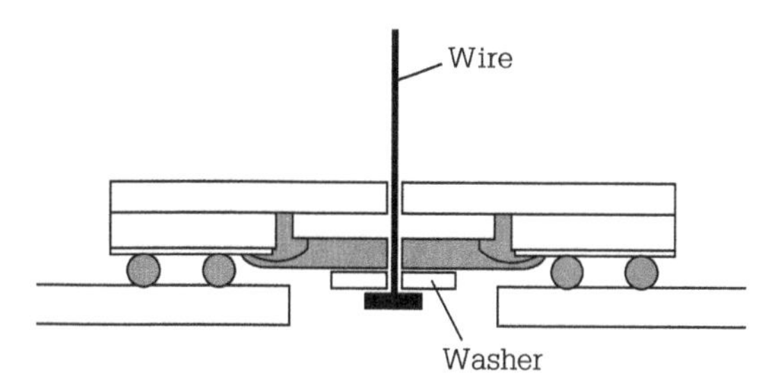

图 4.6　占孔拉伸分离器件方法示意图

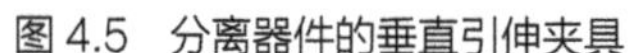

5. 检查与记录

使用足够放大倍率的立体或金相显微镜检查器件分离后的界面。注意应该对称地检查分离后的PCBA与器件这两个表面，注意拍照记录染成红色的界面，一般都是对称的，即PCBA面与器件引脚上的界面都会同时染红或不红。特别提醒的是，需要仔细记录焊点染红的界面（失效或分离模式）及其面积，还有该焊点在整个器件所有焊点中的分布规律。

4.2.3　染色与渗透试验结果分析与应用

通过染色试验我们可以得到焊点质量的信息，尤其是通过分离界面及其分布的信息可以获得工艺改进的依据，甚至能够分清质量事故的责任。首先，我们可以通过染色找到焊点中裂纹存在的界面，以BGA器件来举例，其分离模式通常有BGA焊料球/器件焊盘（Type Ⅱ）、BGA球本身破裂（Type Ⅲ）、BGA球/PCB焊盘、PCB焊盘/PCB基板（Type Ⅵ）等，有些甚至能够分清焊锡膏回流后的焊料与焊料球（Type Ⅳ）或焊盘（Type Ⅴ）的界面（见图4.7）。如果没有被染成红色，则证明该焊点本身没有质量问题（但并不一定表明没有可靠性问题）。

如果出现第一种或第二种开裂失效模式，则至少证明这是器件本身的质量问题，是器件在加工置球的时候没有控制好最佳条件，导致该处出现裂纹。如果是第三种失效模式，则情况比较复杂，可能是SMT工艺没有控制好导致焊料球中大量气孔或回流不足金属化不好，使得哪怕低应力存在也会导致裂纹，这种情况需要金相切片来做进一步判断。如果是第四种失效模式，则表明该BGA焊料球表面可能受到严重污染或氧化，可以通过流程查找与批次统计分析来判断污染或氧化的来源。如果是第五种情况，则可能存在三种情况：一是PCB焊盘受到氧化或污染导致可焊性不良；二是焊锡膏的润湿性不良或漏印；三是工艺参数设置不良，导致焊锡膏的润湿不佳。第一种情况存在的可能性最大，这可以通过其他手段如可焊性测试与SEM等进一步分析来判断。第六种失效模式则确定是PCB本身质量问题，一般是焊盘附着力太差。

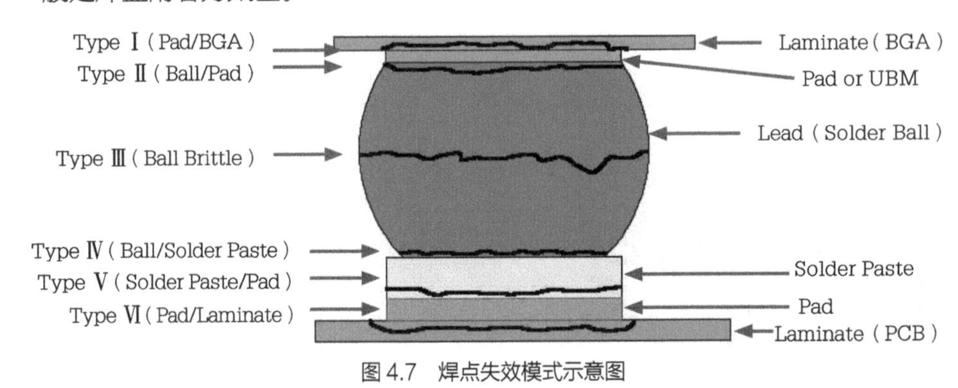

图 4.7　焊点失效模式示意图

此外，我们还可以使用失效模式分布图（Mapping）来清晰地表征失效焊点的分布（见图4.8），图中每个焊点用一个空格来表示，空格的颜色代表焊点裂纹的面积占整个焊点的面积比例大小。通过这样一张图，我们可以获得更多的非常有用的信息，如焊点开裂集中在某个区域，我们在选择切片分析时将有意识地选择这个位置分析，否则焊点数目较大时切片位置不对会影响效率。另外，焊点裂纹集中的地方可能是受到应力最大的地方，如四周的焊点，这样就可以通过PCB的设计与工艺优化来消除裂纹。总之，该图会给出焊点整体质量的直观信息，如果裂纹（红、黄与绿）太多且杂乱无章，则显示许多工作需要改进。

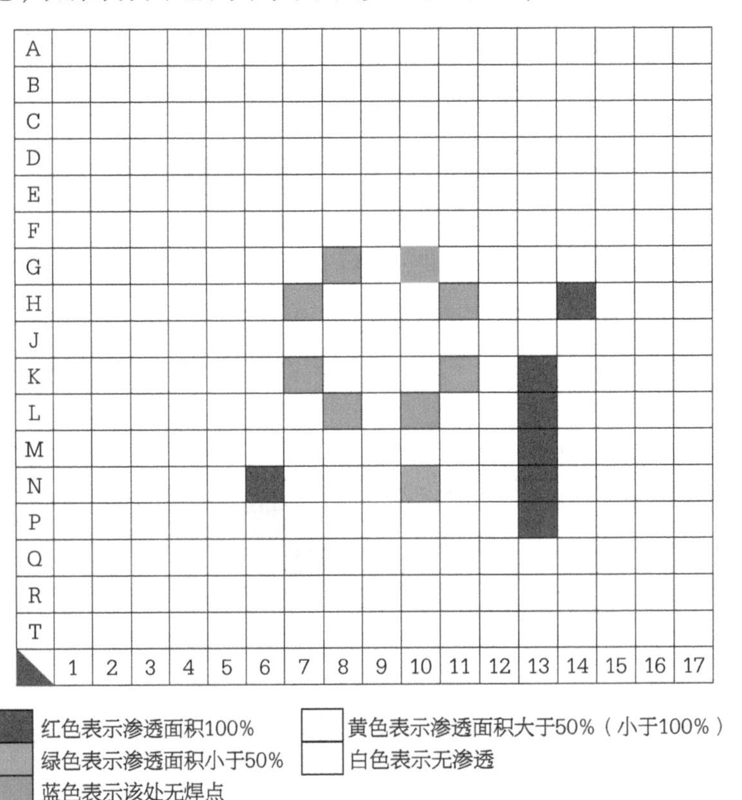

图 4.8　器件焊点染色试验失效模式分布图

这种通过染色面积来检测焊点的裂纹大小或深度的方法与难度更大的金相切片检测方法相比有时往往更准确。如图4.9所示，如果按A线切片得到的结果将是焊点贯穿性开裂；而如果按B线切片，则结果是未见开裂。这时染色与渗透试验的结果则更能全面反映焊点质量的实际情况。

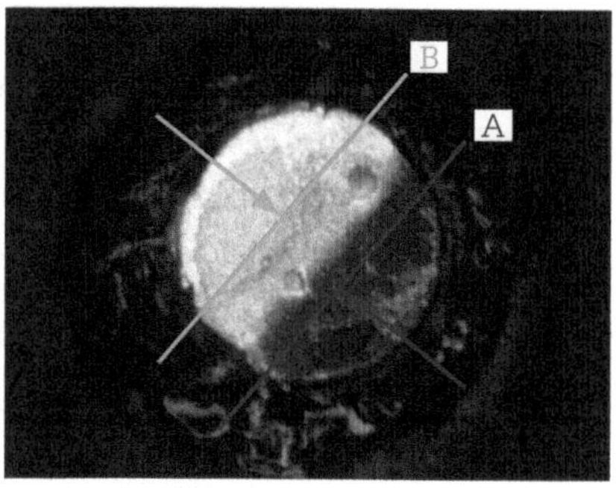

图 4.9　切片分析与染色分析结果的差异（染色部分显示焊点开裂）

4.2.4　试验过程的质量控制

从以上试验过程的描述可知，只要有一个显微镜和简单的工具就可以完成试验。但是，经过仔细研究分析，许多地方如果不注意则非常容易出现偏差，甚至得到错误的结论。因此，读者要注意以下几个方面。

（1）取样过程。取样过程必须小心谨慎，避免受试器件受到外来的机械应力的损伤，要轻拿轻放，不能使用剪刀等工具，一般要使用专用的切割取样机，并且切割的位置要与器件保持适当的距离。如果可以则尽量使用大的染色池，以免去切割取样的麻烦。

（2）清洗。器件在染色前，一般需要选择专用的溶剂认真对其进行清洗。这是因为经过回流工艺后，焊锡膏中的助焊剂会残留在焊点的周围，有些还特别严重，这些残留物中含有较多的松香或树脂类物质，它们会进入焊点的裂纹或缝隙中，阻止接下来的红墨水的渗透。清洗剂可以选用卤代烃类溶剂如三氯乙烯，或者醚类溶剂如乙二醇单丁醚来清洗，可以获得很好的效果。

（3）染色液的选择。染色液的选择非常重要，应该选择憎水性、染色稳定、渗透性强的红墨水，而一般不能使用含有易吸湿物质的普通红墨水。因为器件分离后如果来不及马上检查，吸湿性强的红墨水将很快吸入空气中的水分，并且迅速扩散，导致原本未存在裂纹的界面都染上红色或部分染色的区域面积扩大，这样会导致结果出现极大偏差（见图4.10）。控制这种偏差只有在器件分离后立刻检查完所有焊点，而要在几分钟的时间内完成所有焊点的检查显然不可能。扩散严重的甚至本来没有裂纹的焊点却出现了100%开裂的焊点的错误判定。相比之下，使用良好性能的染色液所得到的结果则完全不同（见图4.11）。

（4）器件分离。该操作过程需要注意的是，必须以器件的干燥与多余物的必要清理为前提，以免本来没有染色的界面得到染色的结果。同时注意不要平推器件，尽量垂直分离器件，因为裂纹的界面可能由于分离不当导致界面擦伤而不清晰，不易评定失效模式与计算开裂面积，影响结果的准确性。

（5）烘烤条件。由于有些器件焊点间距太小，且器件本身很大，导致表面干燥而内部的裂纹中的染色液不易干燥，如果时间不够，则常常出现分离器件后染色面积扩大的情况。最好在试验前摸清该染色液的最长干燥时间。而温度一般控制在100℃左右，最高不超过120℃，以免超过PCB的T_g温度导致新的失效模式产生，甚至焊点金属化结构的变化。

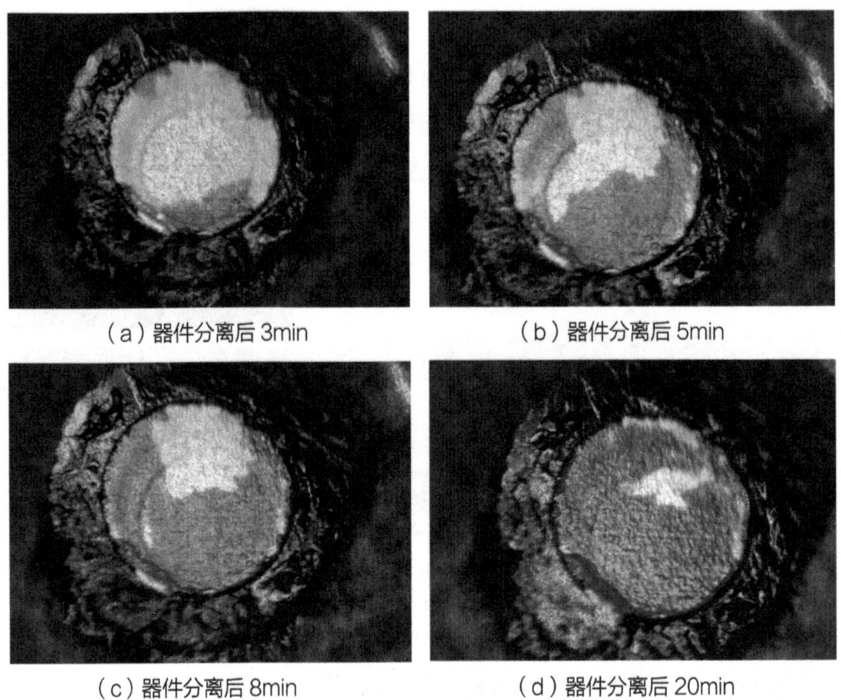

（a）器件分离后 3min （b）器件分离后 5min

（c）器件分离后 8min （d）器件分离后 20min

图 4.10 染色面积因染色液选择不当导致的扩展变化

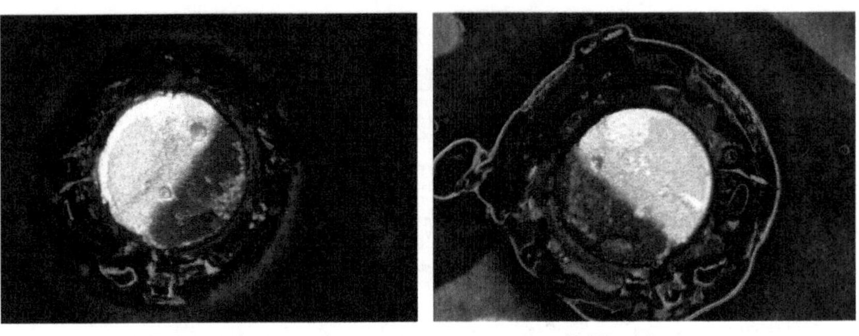

BGA side PCB side

（a）器件分离后 5min

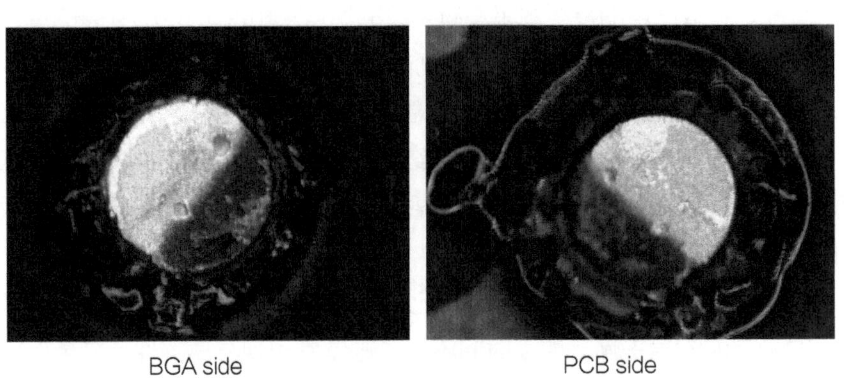

BGA side PCB side

（b）器件分离后 120min

图 4.11 新型染色液的染色效果不随时间变化

4.2.5 结论

染色与渗透试验是一项操作简单但非常有效的焊点质量分析技术，它的使用可以获得焊点质量的全面信息。但是，也需要关注测试过程中的每个细节，特别是关键的取样过程与染色液的选取，这些关键环节如果处理不当，将会得到完全相反的结果。同时需要提醒的是，该试验方法是一种破坏性的手段，如果样品的数量不够则不宜盲目采用。如果样品足够，则最好先在切片之前进行染色试验，以使切片更有针对性。

4.3 热分析技术及其在 PCB 失效分析中的应用

PCB作为各种元器件的载体与电路信号传输的枢纽已经成为电子信息产品的最为重要而关键的部分，其质量的好坏与可靠性水平决定了整机设备的质量与可靠性。随着电子信息产品的小型化及无铅无卤化的环保要求，PCB也向高频高速、高密度、高T_g及环保等方向发展。但是由于成本及材料变更的原因，PCB在生产和应用过程中出现了大量的失效问题，其中许多与材料本身的热性能或稳定性有关，并因此引发了许多质量纠纷。为了弄清楚失效的原因以便找到解决问题的办法并分清责任，必须对所发生的失效案例进行失效分析。本节将讨论和介绍一部分常用的热分析技术，同时介绍一些典型的应用案例。

4.3.1 热分析技术

1. 差示扫描量热法（DSC）

差示扫描量热法（Differential Scanning Calorimetry）是在程序控温下，测量输入到物质与参比物质之间的功率差与温度（或时间）关系的一种方法。DSC在样品和参比物容器下装有两组补偿加热丝，当样品在加热过程中由于热效应与参比物之间出现温差ΔT时，可通过差热放大电路和差动热量补偿放大器，使流入补偿电热丝的电流发生变化，而使两边热量平衡，温差ΔT消失，记录样品和参比物下两只电热补偿的热功率之差随温度（或时间）的变化关系，并根据这种变化关系，可研究分析材料的物理化学及热力学性能。DSC的应用广泛，但在PCB的分析方面主要用于测量PCB上所用的各种高分子材料的固化程度（见图4.12）、玻璃态转化温度，这两个参数决定PCB在后续工艺过程中的可靠性。

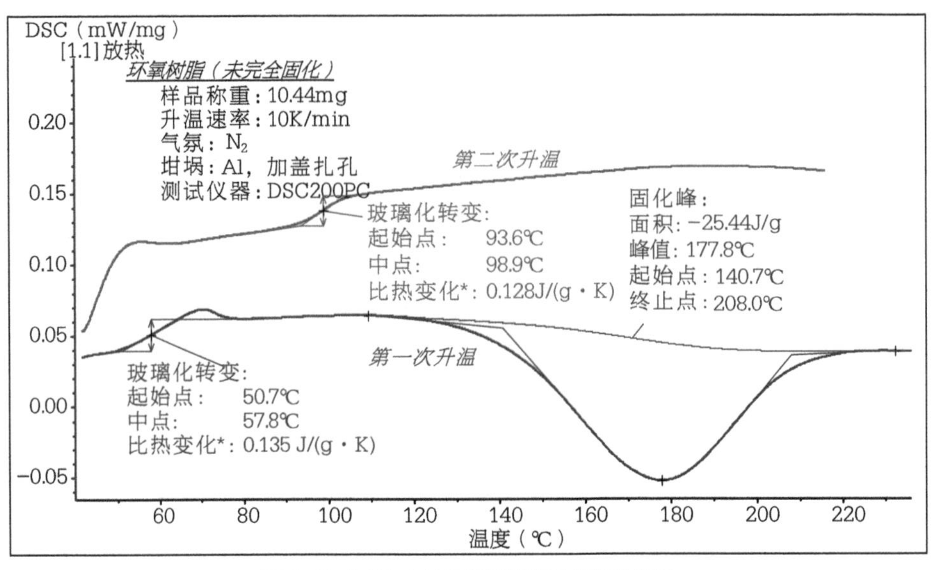

图4.12 PCB中的环氧树脂的固化情况分析

2. 热机械分析法（TMA）

热机械分析法（Thermal Mechanical Analysis）是在程序控温下，测量固体、液体和凝胶在热或机械力作用下的形变性能，常用的负荷方式有压缩、针入、拉伸、弯曲等。测试探头由固定在其上面的悬臂梁和螺旋弹簧支撑，通过发动机对样品施加载荷，当样品发生形变时，差动变压器检测到此变化，并连同温度、应力和应变等数据进行处理后可得到物质在可忽略负荷下形变与温度（或时间）的关系。根据形变与温度（或时间）的关系，可研究分析材料的物理化学及热力学性能。TMA的应用广泛，在PCB的分析方面主要用于PCB最关键的两个参数：膨胀系数和玻璃态转化温度。膨胀系数过大的基材的PCB在焊接组装后常常会导致金属化孔的断裂失效。

3. 热重分析法（TGA）

热重分析法（ThermoGravimetry Analysis）是在程序控温下，测量物质质量随温度（或时间）的变化关系的一种方法。TGA通过精密的电子天平可监测物质在程控变温过程中发生的细微的质量变化。根据物质质量随温度（或时间）的变化关系，可研究分析材料的物理化学及热力学性能。TGA在研究化学反应或物质定性定量分析方面有广泛的应用。在PCB的分析方面，主要用于测量PCB材料的热稳定性或热分解温度，如果基材的热分解温度太低，则PCB在经过焊接过程的高温时将会发生爆板或分层失效现象。

4.3.2 典型的失效案例

由于PCB失效的类型和原因众多，且篇幅有限，所以下面选择几个典型爆板的案例进行介绍。重点介绍上述热分析技术的运用及解决问题的基本思路，分析的过程省略。

案例一　PCB 局部爆板分析

该批样品为CEM1类型板材，无铅回流焊后发生爆板失效，概率达3%左右，样品呈长条形，其中有一排较大的电磁继电器（见图4.13）。爆板的区域集中在元器件分布少的部位，且该部位和对应的背面的颜色较黄，颜色比其他部位要深（见图4.14）。通过切片分析发现，爆板发生的区域内部PCB基材分层在纸质层。用近似批次的样板进行热应力试验，在260℃下10 ~ 30s都没有发现类似的爆板失效，试验后样品的颜色也没有实际失效的样品深。同时用热分析技术（TGA和DSC）对爆板区域的材质进行分析，发现该材质的热分解温度和玻璃态转化温度均符合材质的技术规范。根据以上分析，可以推断该无铅回流焊组装工艺的条件超出了该类型PCB的技术要求，回流时为了保证吸热的大器件的焊点合格或良好，设置的工艺参数主要是焊接的温度过高或时间过长，导致元器件少或空白的区域局部温度超过该类型板材的技术规范，最终导致产品爆板失效。该失效与板材本身无关，而与材质的选用、设计及焊接工艺有关。实际上，业界的PCB爆板案例大多与板材选用不当有关，主要是热分解温度过低或水分含量过高造成的，而本案例则例外。

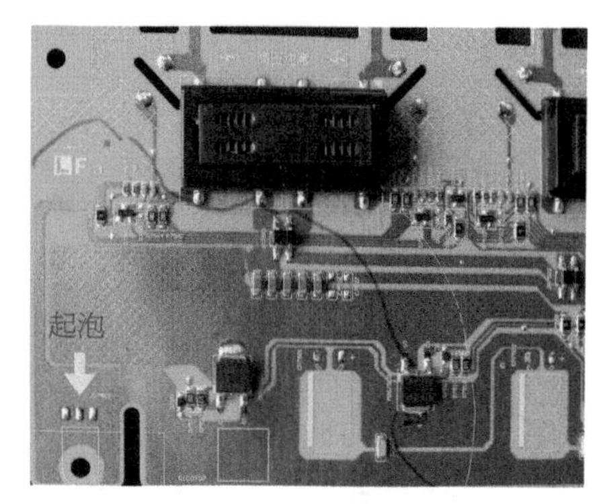

图 4.13　爆板样品的局部

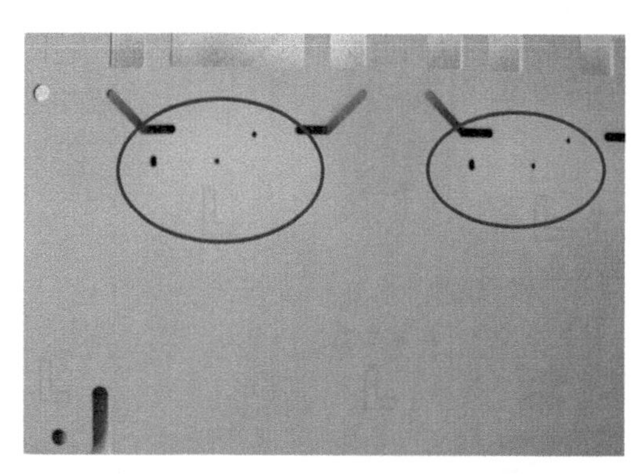
图 4.14　失效样品背面的局部外观
（浅色部分对应的另一面为大器件——电磁继电器）

案例二　PCB 回流焊后爆板

该批PCB样品在经历无铅回流焊后发生爆板现象，失效样品爆板位置主要分布在器件较少和大铜面位置，经过切片分析发现，爆板分层位置在纸层内部（见图4.15）。然后对同一批次的PCB空白板进行260℃ /10s的热应力试验，只发现部分爆板现象。最后我们分别使用TGA与DSC分析了样品材料的玻璃态转化温度T_g与分解温度T_d（见图4.16），结果显示，板材的T_g约为132℃，而T_d只有246℃。

由于失效样品爆板位置主要分布在器件较少和大铜面位置，在无铅回流焊接过程中，该位置由于热容量较大器件少，且大铜面吸热更多，从而造成样品失效部位的温度比别处偏高，失效部位的颜色较深也证明了上述结论。对PCB材料的热分解温度测试结果表明，该PCB的热分解温度为246.6℃，考虑到无铅回流焊接工艺下焊接最高温度通常为245 ~ 255℃，显然，在回流焊接过程中，器件较少位置的温度和PCB热分解温度接近甚至更高，而当焊接温度超过PCB热分解温度时，PCB将发生热分解而产生气体，气体膨胀产生的应力将导致PCB爆板分层。由于该失效样品的热分解温度和焊接最高温度接近，所以导致一定比例的爆板失效。

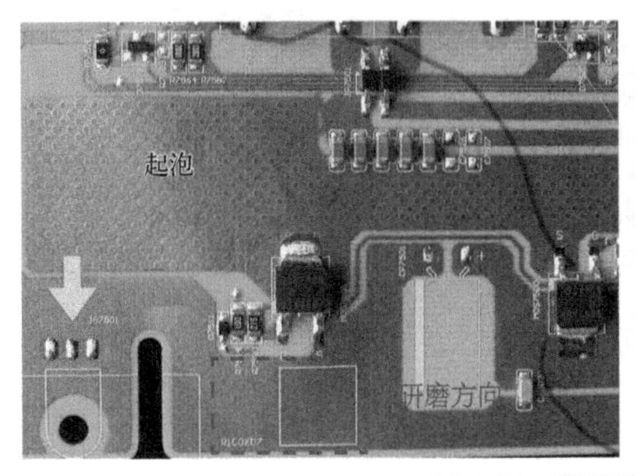

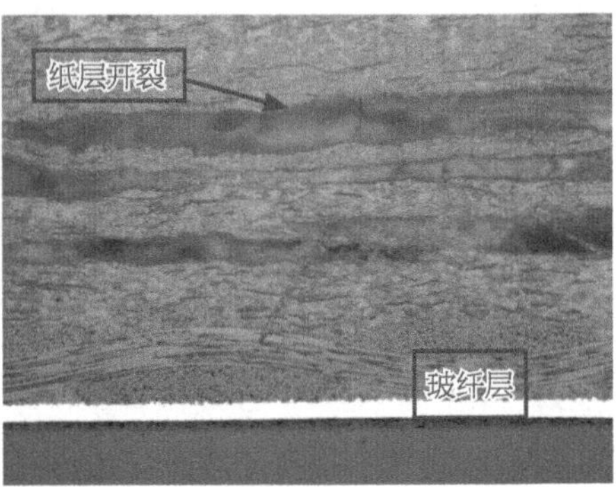

图 4.15　爆板区域的切片照片

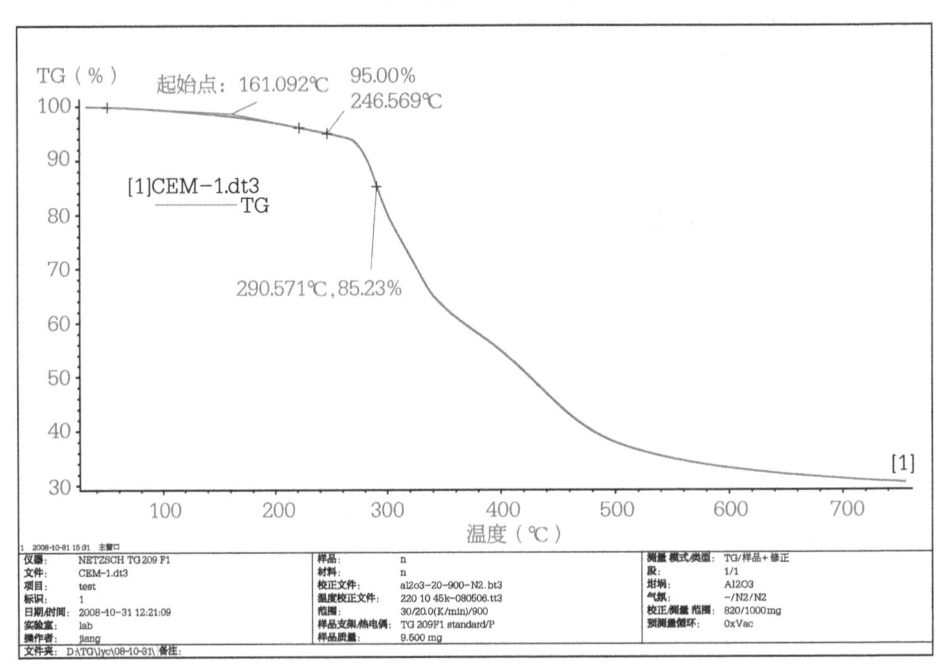

图 4.16　样品材料的 TG 曲线

案例三　PCBA 局部爆板

一批PCBA样品，其表面的某个QFP器件边缘气泡鼓起（见图4.17），PCB内部分离界面在铜箔与PP层之间。经过包括热应力、玻璃态温度分析、分解温度分析与模拟工艺试验等一系列试验都没有发现类似现象和参数不合格的问题。最后在用TMA分析材料的Z轴膨胀系数（Z-CTE）时发现（见图4.18），基材的膨胀系数无论是低于还是高于T_g段都超过标准范围。

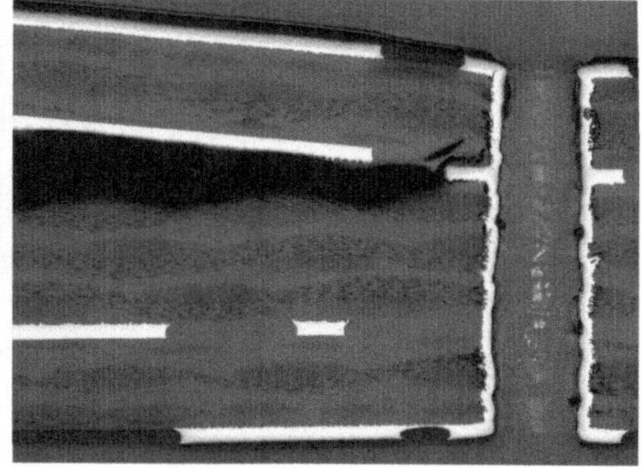

图 4.17　PCB 表面鼓起位置及其金相切片图

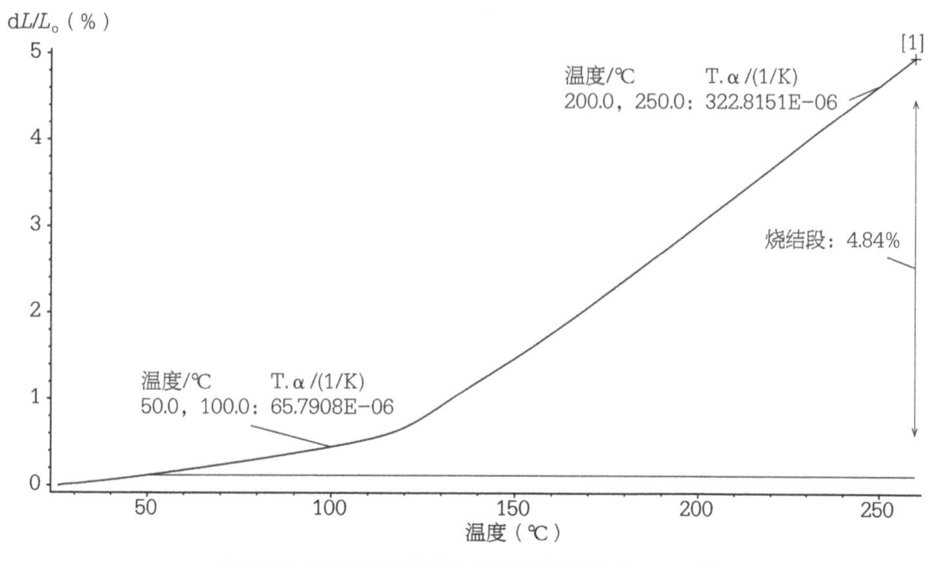

图 4.18　PCB 无铜区样品 TMA 测试曲线（*Z*-CTE）

PCB材料本身的*Z*-CTE相对较高，在无铅回流焊接过程中，升温段树脂与金属铜箔的膨胀系数的不匹配（*Z*轴）导致PCB受热膨胀，在随后的降温过程中，PCB变形逐渐恢复，但是在器件下端，由于首先凝固的SOP焊点的约束作用，导致其下PCB无法恢复，并产生较大的纵向应力，当其纵向应力大于铜箔与树脂之间的黏合力时，将导致该位置PCB内部分层。而焊接面由于不存在QFP引脚的限制可以自由回缩，因此失效主要发生在靠近QFP器件面的芯板树脂与铜箔界面。另外，由于该位置处焊盘及通孔的分布和结构特点造成该处应力不容易释放，导致该位置比其他位置更易发生爆板失效，因此该处焊盘设计特征是加剧爆板的一个因素。

4.3.3　结论

为了适应环保以及电子产品小型化的发展要求，电子制造的材料和工艺过程都发生了很大的变化。作为电子信息产品中最关键的部件之一，最近早期失效现象频频发生。为了更好地控制或保证PCB的质量与可靠性，必须从研发、设计、工艺及质量保证技术等多方面着手才能达到目的，其中作为质量保证技术中的关键手段，失效分析也发挥着越来越重要作用，只有通过失效分析才能够找到问题的根源，从而不断改进或提升产品的质量与可靠性，而在爆板、分层、变形等分析中热分析手段必不可少。本文通过几个典型的案例介绍了热分析在PCB分析中的应用，希望能够在PCB业界的快速发展中起到一点借鉴作用。

4.4 红外显微镜技术及其在组件失效分析中的应用

随着电子产品的小型化、多功能化及逐步无铅化，导致电子制造技术难度不断增加、制造过程日趋复杂，无论是在生产还是在使用过程中，组件失效现象都非常普遍。而随着在封装或组装环节各种有机材料的使用日益增多，如散热、润滑、封装、抗氧化、元器件的加固等环节常常使用各种功能有机高分子材料，在众多导致组件失效的原因中，一大类的失效现象则主要由这些有机材料的使用或过程控制不当所造成。而由这些有机材料或有机物污染所导致的组件失效则需要一种红外显微镜技术来进行分析，这种红外显微镜技术有时又称为显微红外技术，这种将红外光谱与显微镜结合在一起的技术在分析微量有机物或进行微区分析时非常有效，通过它可以鉴别其他技术手段难以做到的微区或微量有机物的化学成分，进而判断其来源，最终找到导致组件失效的根本原因。这对于控制或消除该类失效、提高组件的可靠性显得尤为重要。本节将详细介绍红外显微镜技术及其在组件失效分析中的应用情况。

4.4.1 红外显微镜技术的基本原理

物质的分子通常按照各自的固有频率振动着，当波长连续变化的红外光照射这些分子的时候，与分子固有振动频率相同的特定波长的红外光即被吸收，如果将照射分子的红外光用单色器进行色散，则按其波数或波长依序排列，并测定不同波数处被吸收的强度，就得到了红外光谱。其中最常用的是波数为4000 ~ 400cm^{-1}范围的中红外光谱，由于分子结构及其基团所处的环境与红外光谱有很好的对应关系，特别是在1800 ~ 600cm^{-1}区域，几乎所有的化合物均有互异的光谱，如人的指纹，所以该区域又叫指纹区。因此，红外光谱可以用来进行化合物主要是有机化合物的鉴别与鉴定，以及定量分析。此外，由于传统的红外光谱的分析测量一般需要特殊的破坏性制样，并且对样品的量有一定的要求，因此，对一些样品少且不能被破坏的微量的微区样品而言，传统的红外光谱分析技术就无法测量。于是红外显微镜技术应运而生，就是在原来红外光谱的基础上增加了与显微镜的联机技术，该技术将红外光导入显微镜（见图4.19），并可与可见光同轴直接作用于待检测的样品上，而不需要将样品进行特殊的制样处理，即可得到该样品的红外光谱，检测极限可达10ng，以及厚度仅为几十纳米的样品，当然必要时还需要使用全衰减反射ATR附件。将所测得的红外光谱与计算机中储存的已知的标准谱进行比对，即可判断样品的化学成分，如果被测样品是混合物，则问题变得复杂一些。红外显微镜的最大好处主要在于无须特殊制样的微区分析，测试的区域可以只有几微米，在显微镜的观察下，可以方便地选择样品的不同部位进行分析；对于非均匀样品，可在显微镜下测量各相的红外光谱；对于不均匀的混合物固体，可以直接测定各个固体微区组分的红外光谱，样品制备非常简单，只需直接将样品放在显微镜的样品台上，就可以进行红外光谱的分析测量了。现在仪器技术的日新月异，新生产的仪器都常常配置面扫描（Mapping）的功能，扫描形成被检测样品分布的三维立体图像。如果检测有机污染物，则可以更形象地表示污染物分布的情况。

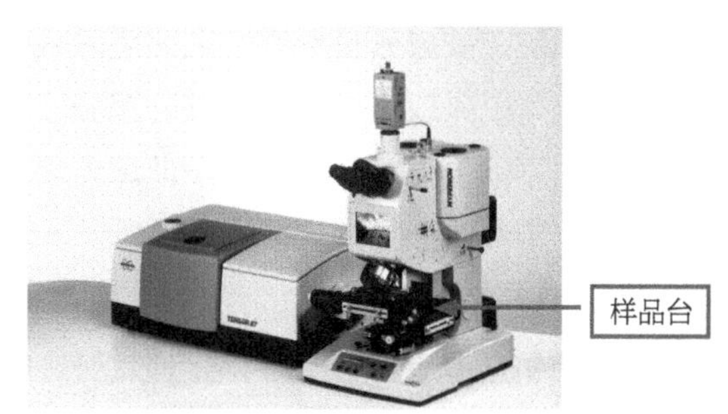

图 4.19　某公司的红外显微镜系统（左：红外光谱主机，右：显微镜）

4.4.2　红外显微镜技术在组件失效分析中的应用

组件的失效主要可以分成两大类：一类是由于组件中各元器件本身的故障导致的失效，这时需要对元器件本身进行失效分析；另一类则主要是各元器件之间的互连失效，它们的主要失效模式是开路或接触电阻增大和短路或漏电等。随着元器件质量与可靠性的不断提升，消费电子产品中的失效越来越多地属于后一类，即互连失效。例如，接插件和继电器上的触点有机污染，由于有机污染物通常不导电，污染后必然导致接插件的接触电阻增大甚至形成开路，第一个例子，也是比较典型的例子，就是电路板上的金手指表面的污染，污染源常常来自焊接过程中助焊剂的树脂残留，还可能来自为防止焊接而粘贴的胶带纸的残留，当然也可能来自润滑油、固定元器件用胶水的污染。为了确认污染物的来源，必须鉴别这些污染物的化学成分。由于污染物很少，只能用红外显微镜进行分析，而如果用能谱（EDS）进行分析，对于有机物而言只能得到碳和氧元素的相对含量，根本无法判断有机物是何种化合物。图4.20所示是用红外显微镜分析金手指表面沾污的一个典型例子，红外分析结果经过检索发现，

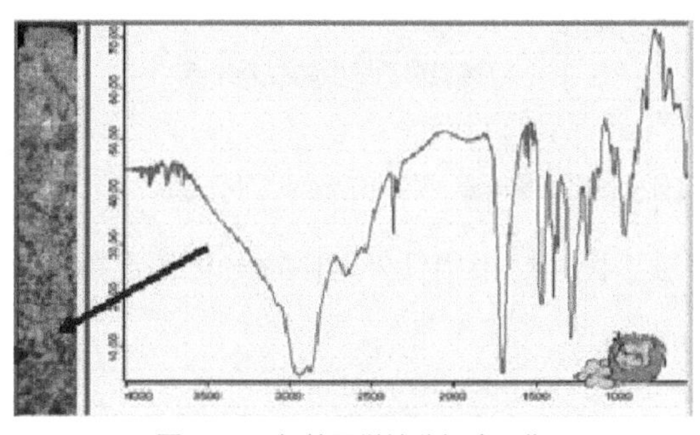

图 4.20　红外显微镜分析金手指（左）表面沾污的红外光谱（右）分析案例

沾污金手指的主要成分是松香，因此可以判断是焊接工艺过程所使用的助焊剂所造成的沾污，这样就可以采取有针对性的预防措施了。同样的问题有时会出现在焊盘表面，有些焊盘在焊接时不能上锡，EDS分析发现焊盘表面存在有机物，但是不能确认有机物的成分和来源，结果用红外显微镜分析才能鉴别，大多的情况是该焊盘受到绿油、硅油或胶水的污染，导致焊锡不能浸润。

第二个例子是，一块印制电路板组件（PCBA）发现有绝缘性下降或漏电现象（见图4.21），经过电路检查发现，在图4.21中箭头所示的部位漏电并发现有较多的残留物，将残留物去除后漏电问题解除。为了确认残留物的来源，我们用红外显微镜原位分析了两处的残留物，并将其与补焊用的焊锡丝焊剂芯的红外光谱进行比较（见图4.22），结果分析该处的残留物来自补焊工序，经过对焊锡丝焊剂芯的绝缘电阻进行检测，发现该款焊锡丝产品的绝缘电阻不合格，进一步证实了该PCBA的漏电问题由补焊的焊锡丝造成。

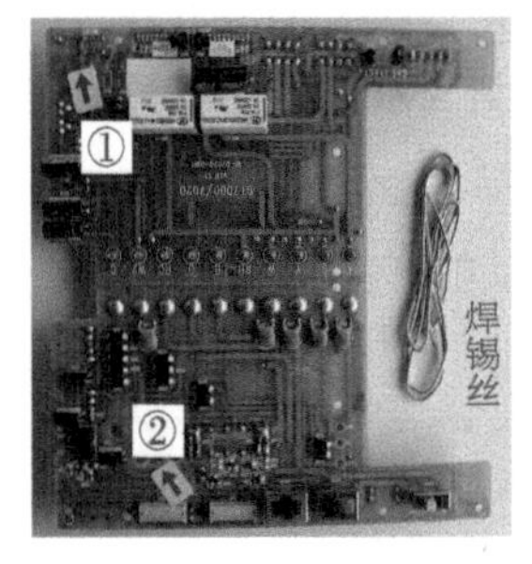

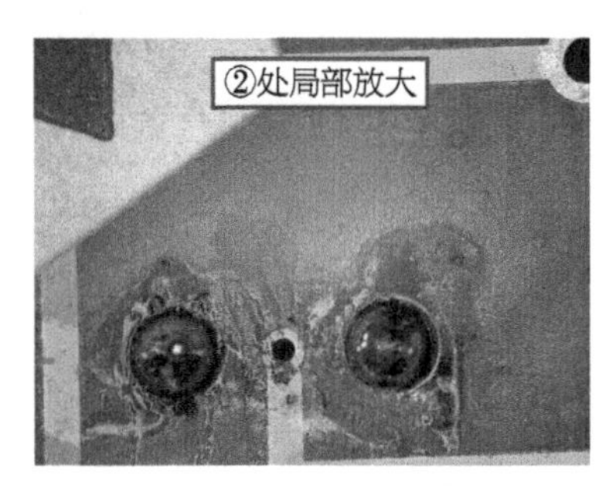

图4.21 局部漏电的PCBA及漏电点局部

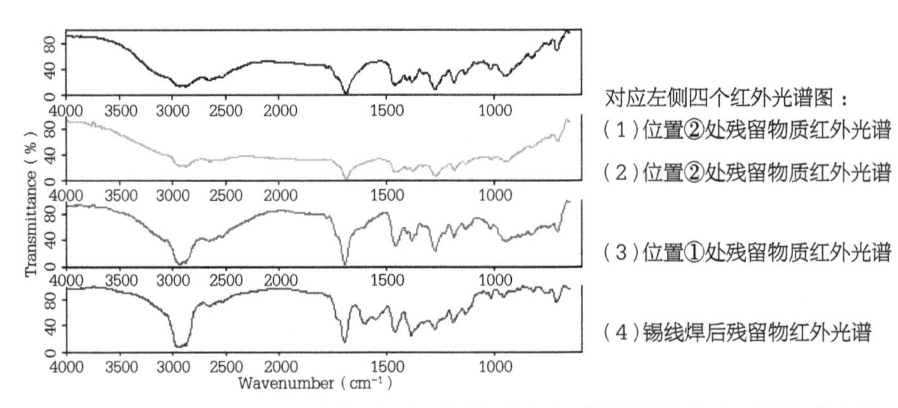

图4.22 图4.21所示PCBA漏电点局部残留物的红外光谱及焊锡丝焊剂芯残留物的红外光谱

第三个例子是，图4.23中PCBA内的连接器接触不良，结果用红外显微镜分析该连接器插槽中污染了有机硅油（见图4.24）。

图 4.23　连接器接触不良的 PCBA

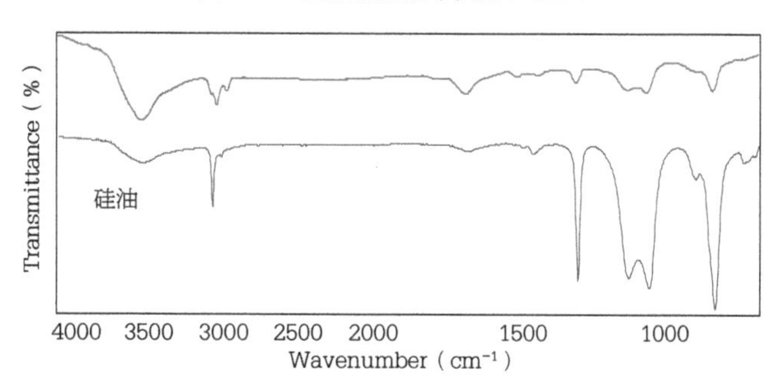

图 4.24　连接器插槽中的表面物质的红外光谱（上）及检索结果（下）

4.4.3　结论

经过以上案例分析可知，红外显微镜技术在微区或微量物质的分析方面非常有用，特别是在组件的失效分析中，因为电子工艺的过程十分复杂，导致失效的污染物质的量一般都非常少，并且分析时大多数不能破坏组件，使用传统的红外光谱分析技术根本无从下手，而EDS/SEM手段通常只能获得元素的信息，它对于有机物则无能为力。因此，红外显微镜技术结合EDS/SEM的微区及其元素的分析手段，基本解决了失效分析中的物证鉴别问题。如今，它们已经共同成为了失效分析技术中最重要的手段之一。

4.5　阴影云纹技术及其在工艺失效分析中的应用

阴影云纹（shadow moire）技术是一种可以用来衡量漫反射表面的离面位移不同的光学测量技术。目前，阴影云纹技术已广泛应用于物料筛选与评价、失效分析及解决方案中。本文首先描述了阴影云纹技术的测试原理及特点，然后介绍了其在失效分析中的应用及典型分析案例。

4.5.1 阴影云纹技术的测试原理

阴影云纹是基于参比光栅与其投射到样品表面的阴影之间的几何干涉。阴影云纹系统及其原理如图4.25所示。其主要光学元器件包括白光光源、光栅、与计算机连接的摄像头。光栅是具有低热膨胀系数（CTE）、底表面上带有清晰图案化铬膜的玻璃。

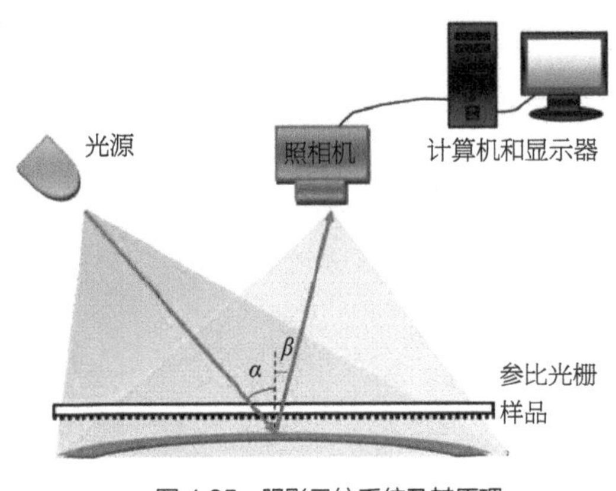

图 4.25 阴影云纹系统及其原理

在图4.25中，当光以一定的倾斜角度（通常为45° 左右）通过参比光栅时，光栅的阴影也一并投射在样品上。阴影会因样品表面高低不平而发生扭曲。当以不同的角度（通常为0° ）透过实际光栅来观察这个影子光栅时，影子光栅和实际光栅叠加形成可用来表征样品表面变形情况的干涉条纹。若样品是平整的，则观察不到云纹图案。然而，当样品表面不平整时，则可以观察到一系列的明暗条纹（云纹），如图4.26所示。

连续的条纹代表样品表面的高度变化，可定义为条纹高度或条纹值。可以由下式计算：

$$w=\frac{p}{\tan\alpha+\tan\beta} \tag{4.2}$$

式中，p是光栅间距；α是照明角度；β是观察角度。当α、β和光栅间距给定时，阴影云纹法的分辨率是一定的。

在云纹图像中的任意两个点之间的相对高度可以通过数它们之间条纹的数目，并与w相乘来计算。如图4.26所示，A点和B点之间有6条完整条纹，则A和B的相对高度可通过6乘以w计算出来。

通过一系列图像处理及分析技术，得到样品表面翘曲情况的图像和数据，如图4.27所示。

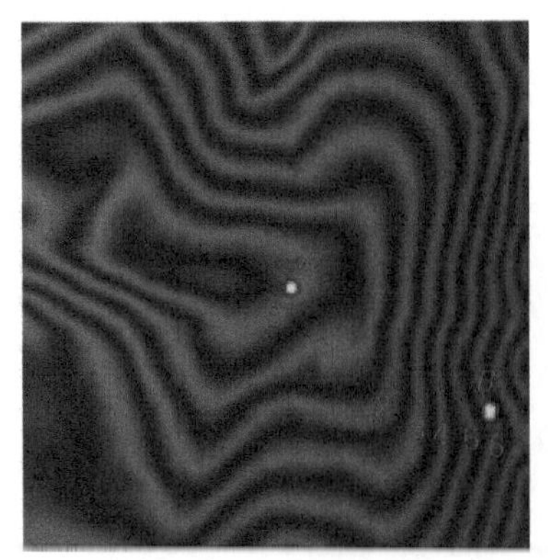
图 4.26 云纹图像

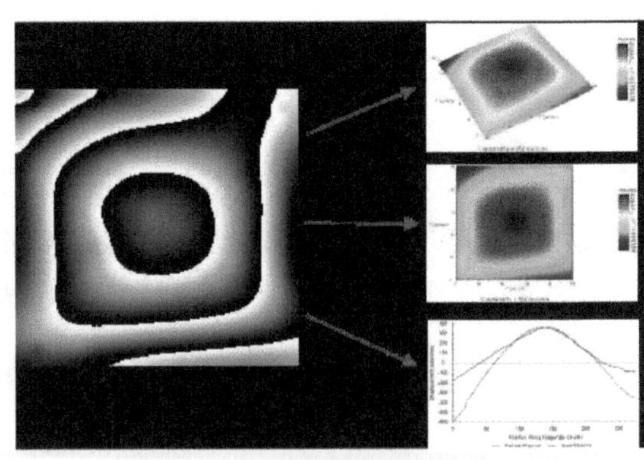
图 4.27 数据处理后得到的图像及数据结果（3D/2D）

4.5.2　阴影云纹技术的特点

与传统扫描测试方法相比，阴影云纹技术具有以下显著的特点。

（1）采用光学非接触式测试，测试结果客观真实。

（2）既可以全视场测试也可以局部测试。

（3）高速，且测试分辨率高。

（4）可以捕捉样品在高温状态和模拟某些热过程中的变形。

4.5.3　阴影云纹技术在失效分析中的典型应用

当今电子组装工艺日趋复杂，组装密度不断提高，元器件集成化、薄型等已成为主流发展趋势，然而，无铅组装工艺焊接温度更高，工艺窗口更小，组装难度更高。在诸多的组装缺陷中，由于来料质量不佳、材料兼容性或工艺适应性差导致的焊接缺陷尤为突出。特别是在三维封装日益普及的情况下，由于材料热失配导致的焊接问题如桥连、焊点开裂等层出不穷。阴影云纹技术对于鉴别物料质量、甄别有害工艺、查找失效原因具有重要的意义，并能针对材料和工艺提出设计改进建议。

阴影云纹技术可以测量来料表面全部或指定区域表面的形貌数据及翘曲情况，广泛应用于BGA、CSP、POP、IC、PCB等来料工艺质量鉴定中，如图4.28 ~ 图4.30所示。JEDEC和JEITA已经建立了相关的工业标准用于评价得出的翘曲数据。

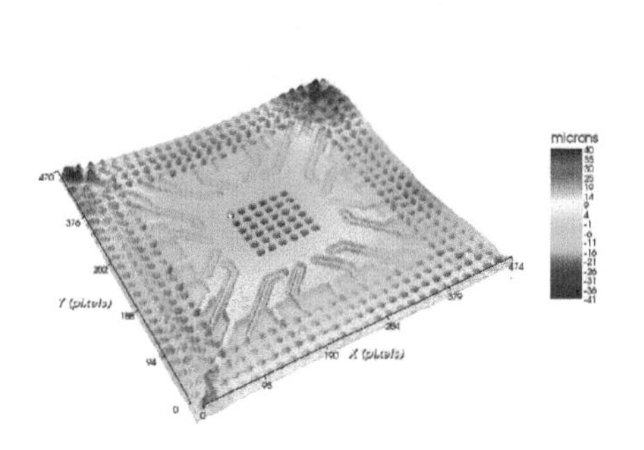

图 4.28　典型 BGA 的翘曲测试结果

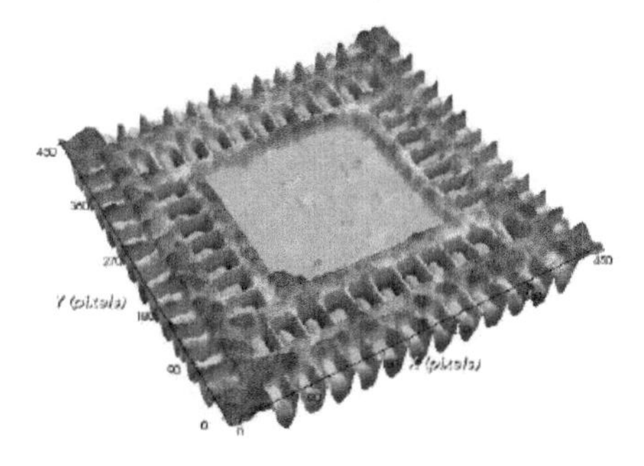

图 4.29　典型 QFN 的翘曲测试结果

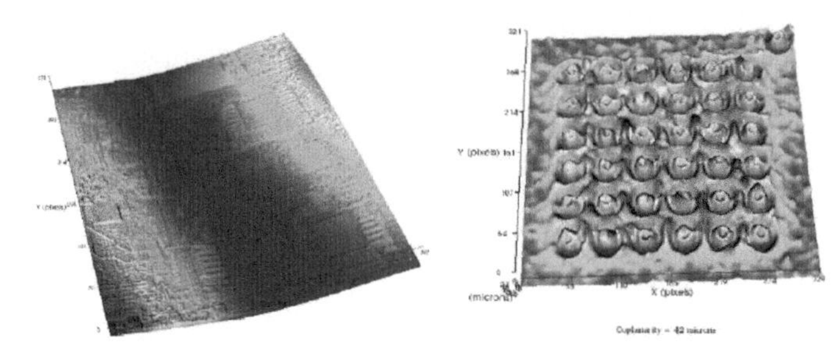

图 4.30　典型 PCB 的翘曲测试结果（整体 / 局部）

随着通信设备和多媒体设备的广泛应用和消费者对于轻便化的不懈追求，堆叠封装组件（POP）与其他的3D 封装和TSV 技术变得越来越常见，这些封装形式不断朝着高球距的薄型封装趋势发展，与此同时，对封装材料的热匹配性能要求也变得越来越严格。阴影云纹技术通过对多层封装材料的热翘曲数据的测试和分析，可以模拟并有效评估多层封装体之间的热匹配性能，为材料优选和设计改进提供便利。图4.31展示出两层POP封装结构的热翘曲数据及组装后的匹配情况，结果发现两层封装体的翘曲方向相反，组装后边角位置的热应力过大，容易导致焊接缺陷的发生。

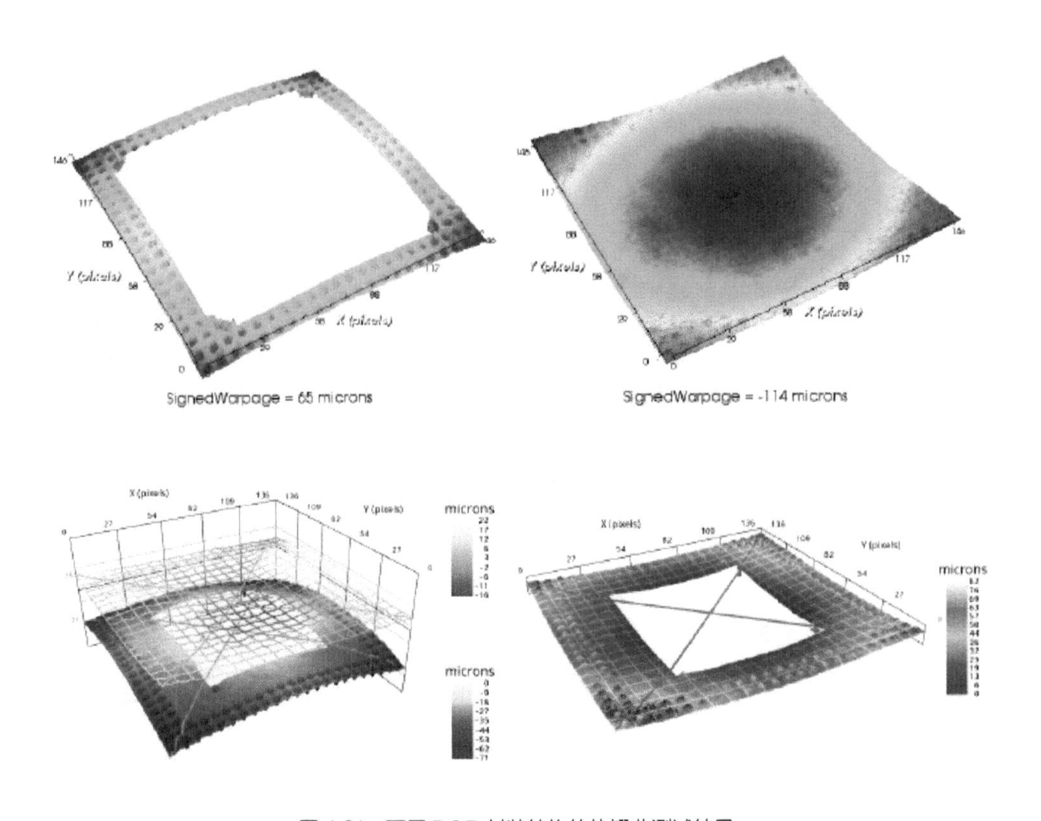

图 4.31　两层 POP 封装结构的热翘曲测试结果

阴影云纹技术还可以模拟组件组装的热过程，再现元器件及印制板在焊接整个过程中的翘曲变化。典型BGA封装体模拟焊接过程的翘曲测试结果如图4.32所示，可见封装体在整个焊接受热及冷却过程中是反复翘曲的，如果工艺参数设置不当，则会带来过度的热应力导致焊接质量缺陷或极大的可靠性风险。

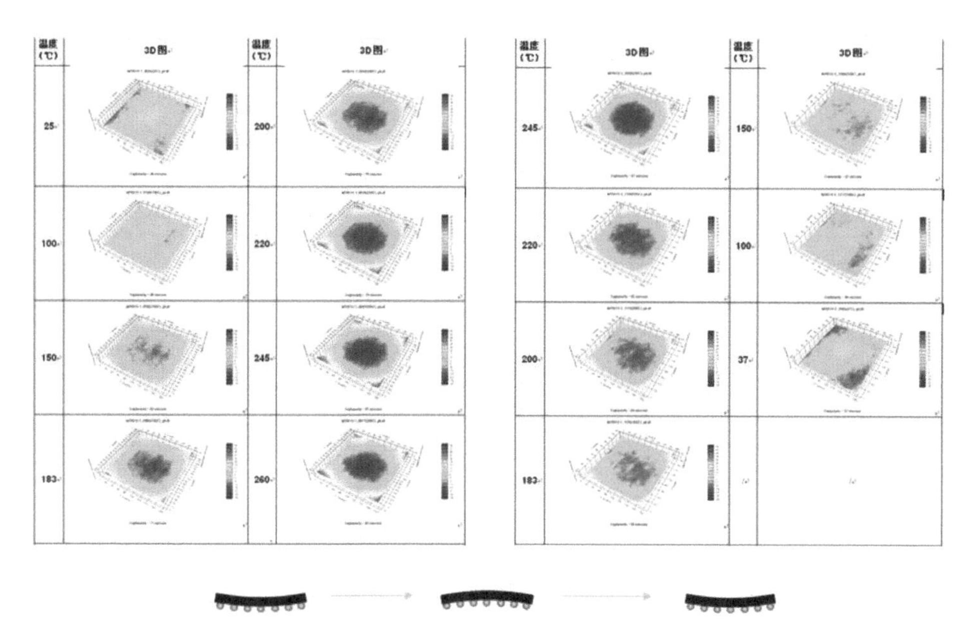

图 4.32　典型 BGA 封装体模拟焊接过程的翘曲测试结果（25℃ /-260℃ /-25℃）

4.5.4　典型分析案例

本案例中的样品采用POP组装工艺（904 I/O CPU+240 I/O RAM，见图4.33），故障现象为组装后程序不能下载或下载后USB端口不再开启，整机表现为无显示，工作电流为50 ~ 100mA，失效比率为10% ~ 30%。

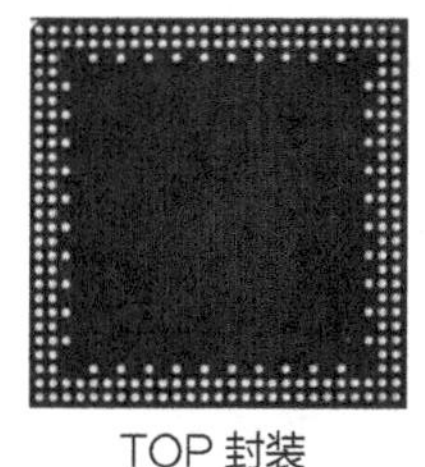
TOP 封装

Bottom 封装

图 4.33　两层封装结构

利用X射线透视系统观察焊点情况，结果发现较多焊点呈现枕头效应（HIP），如图4.34所示。

借助金相切片分析手段进一步分析发现：顶部封装体中央位置的焊点出现HIP；底部封装边角位置的焊点开裂。焊点的代表性金相切片照片如图4.35所示。分析结果表明封装体中央位置焊点开路及边角位置焊点开裂是主要的焊接失效模式。

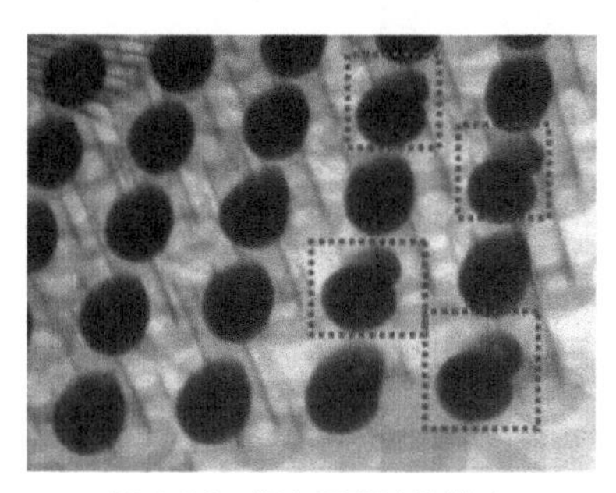
图 4.34　焊点呈现枕头效应

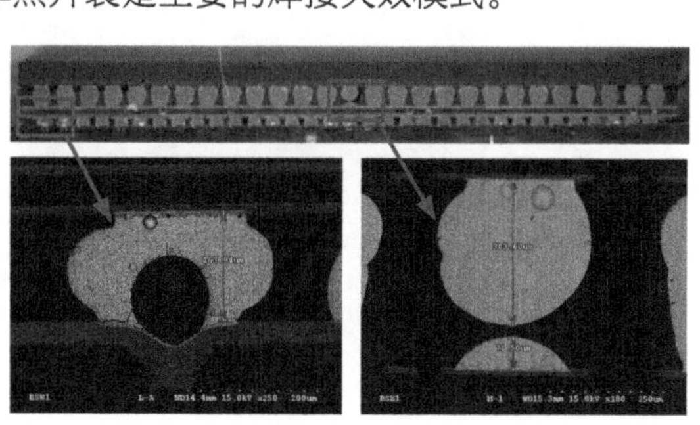
图 4.35　焊点的代表性金相切片照片

利用阴影云纹技术模拟POP两层封装体在焊接过程中的热翘曲状况，温度设置曲线如图4.36所示。

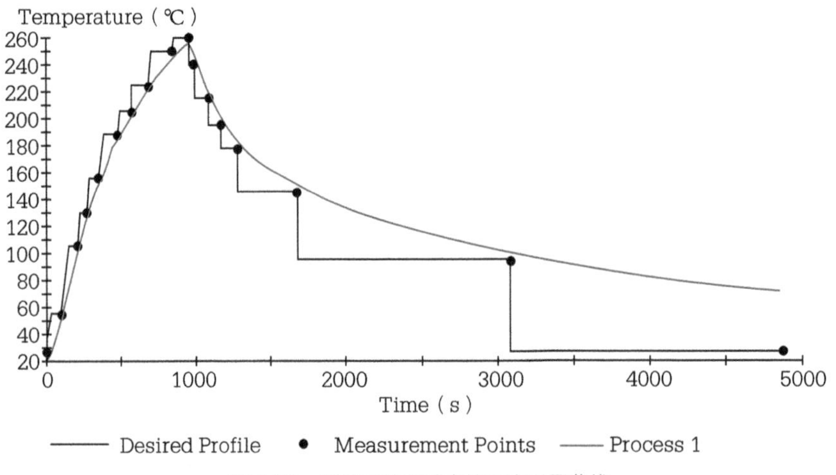

图 4.36　阴影云纹测试中的温度设置曲线

测试得到的封装体热形变曲线如图4.37所示。对于底部封装，在升温过程中形成凹形形变（笑脸）。而顶部封装的形变趋势则完全相反，其升温过程形成凸形形变。并且，这种顶部封装与顶部封装之间相对形变的差异在峰值温度附近达到最大（＞0.5μm）。顶部封装与底部封装在峰值温度（260℃）时的3D云纹图像如图4.38所示。两种封装体之间的相对形变量甚至超过了两种封装体植球的总高度。显然，这种显著的封装热形变会阻碍处于元器件中央位置的焊料球与焊锡膏焊料的相互接触及融合。此外，封装体边角位置的焊点也因热应力影响容易发生开裂失效。形变失效的示意图如图4.39所示。

封装体的热形变主要是因为各种材料的弹性模量和热膨胀系数不一致，要保证较高的组装良率，对于封装体的选择非常重要。本案例借助阴影云纹技术揭示出封装体间热失配导致焊接缺陷的真相，为后续设计和生产上的改进指明了方向。

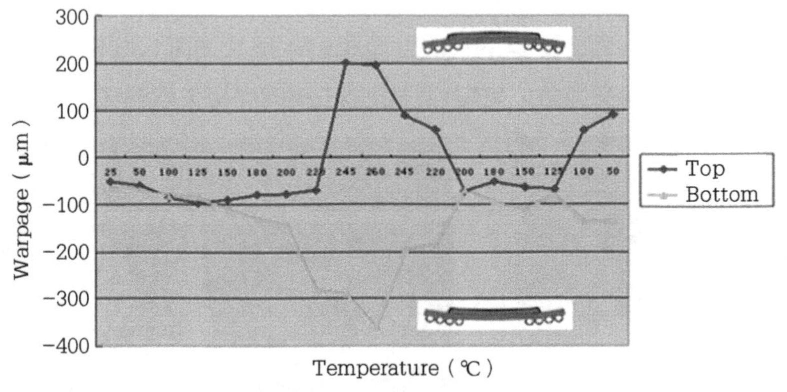

图 4.37　封装体热形变曲线

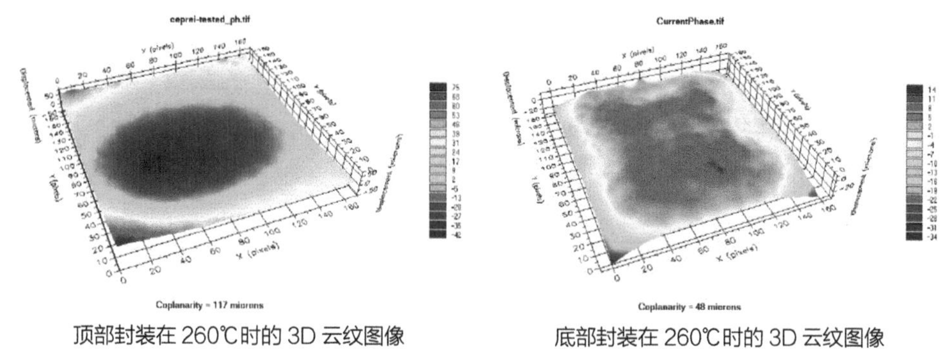

顶部封装在 260℃时的 3D 云纹图像　　底部封装在 260℃时的 3D 云纹图像

图 4.38　3D 云纹图像

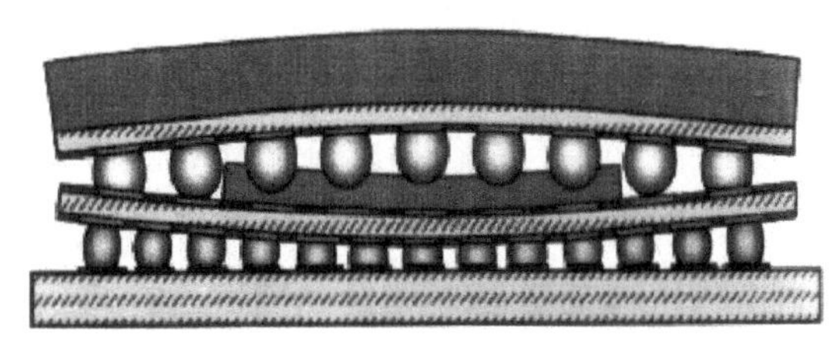

图 4.39　形变失效的示意图

参考文献

[1] Akrometrix Optical Techniques and Analyses 101，30-50SW-0101 Rev. D.

[2] High Temperature Package Warpage Measurement Methodology：JESD22B112—2005[S].

[3] Measurement methods of package warpage at elevated temperature and the maximum permissible warpage：JEITA ED-7306—2007[S].

4.6　离子色谱分析技术及其在工艺分析中的应用

随着电子行业的迅速发展，电子产品的集成度越来越高，电路板上的元器件密度越来越大，使线路布线变得更加密集，线与线的间距也越来越小，因而对电路板表面的清洁度要求也就越来越高了。

电路板表面离子主要来源于PCB制程酸洗、PCBA焊接后的助焊剂残留物、大气中的污染及人为原因引入的残留物。这些污染残留物的超标存在极易引起腐蚀、漏电、短路、电迁移和电故障等失效现象。因此，需要及时监测分析PCBA表面以及各自工艺材料的离子污染水平和状况，为工艺改进以及物料选型提供依据；同时还可以用于分析导致PCBA产品失效的根本原因。

离子污染度测试分为总离子污染度测试（氯化钠当量法）和单个离子含量测试（离子色谱分析技术），通常总污染度表征的是电路板表面清洁程度，而无法定义到具体离子的种类和来源。而离子色谱分析技术可以很精确地分析出电路板表面残留物的种类和数量，是电路板失效分析定位及离子来源排查的重要分析手段之一，对于产品品质管控及质量提升起着重要的作用。

4.6.1 离子色谱的基本原理

离子色谱是高效液相色谱的一种，故又称高效离子色谱（HPIC）或现代离子色谱。离子色谱分析技术利用混合物中组分离子在流动相和固定相间分配系数的差别，当离子在两相间做相对移动时，各离子在两相间进行多次分配从而使各组分离子得到分离，其过程的本质是待分离混合离子在固定相和流动相之间分配平衡的过程。然后用电导或紫外检测器对分离出来的离子进行定性检测，再结合色谱进行定量分析。图4.40所示是色谱分离原理。

按分离机理离子色谱分为高效离子交换色谱法（HPIC）、高效离子排斥色谱（HPICE）和流动相离子色谱法（MPIC）。其中高效离子交换色谱法主要用于极性阴、阳离子和部分弱极性有机酸的分离。

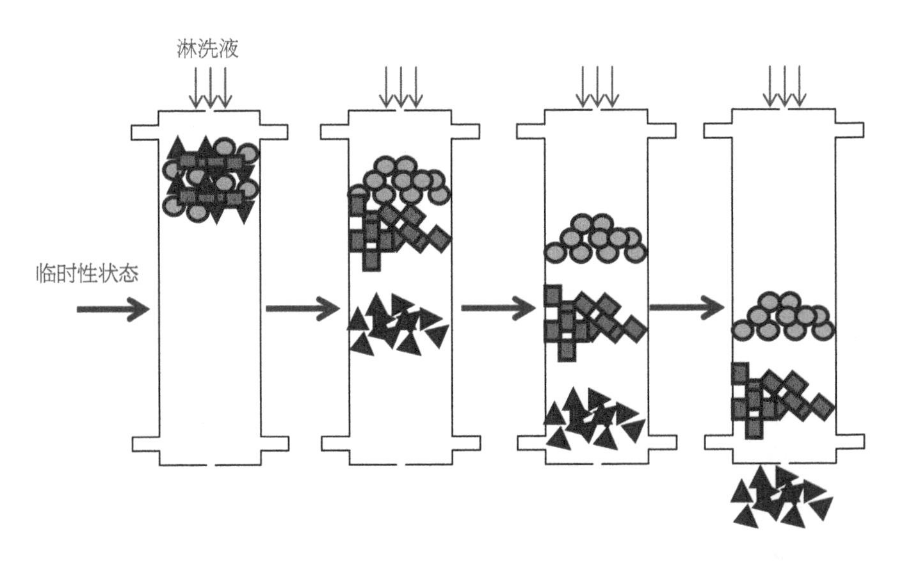

图 4.40 色谱分离原理

4.6.2 离子色谱系统

离子色谱系统由进样系统、分离柱分离系统、抑制检测系统和数据采集分析系统四部分组成，分别完成进样、离子分离、检测鉴别以及量化分析的功能。图4.41描述了离子色谱系统的组成及其功能。

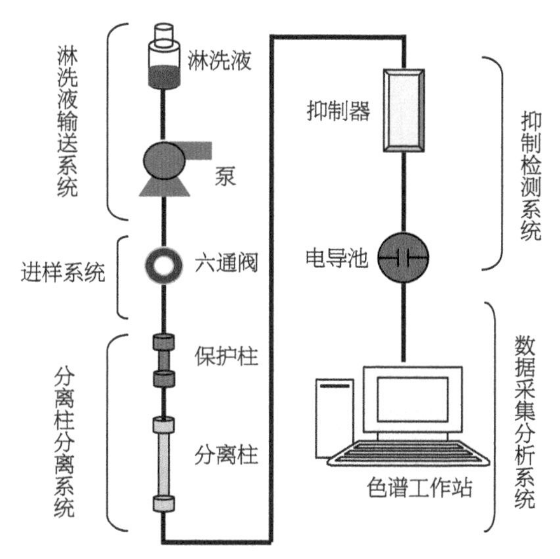

图 4.41　离子色谱系统的组成及其功能

4.6.3　色谱图

离子色谱的分析结果通常用色谱图来直观地表示。色谱图就是样品流经色谱柱和检测器，所得到的信号-时间曲线，又称色谱流出曲线（elution profile）。色谱图是指被分离组分的检测信号随时间分布的图像，典型的离子色谱图见图4.42、图4.43。横坐标代表各离子成分在色谱柱中的保留时间，由于各离子的极性和大小等属性不同，它们流经色谱柱的时间各异；而纵坐标一般由电导率来表示，这与设备所使用的检测器有关，代表不同离子在检测器中的信号强弱，每个离子峰的面积或高度的大小则反映了该离子浓度的高低，它的绝对值是通过与标准样品的峰进行比较获得的。

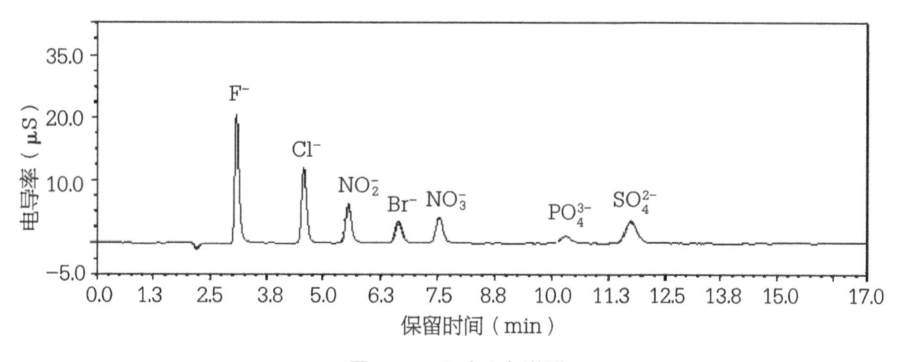

图 4.42　阴离子色谱图

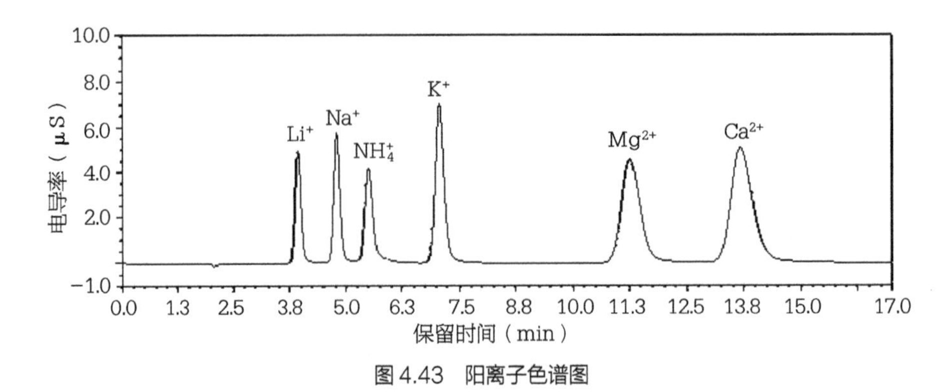

图4.43 阳离子色谱图

4.6.4 基本分析程序

离子色谱分析技术目前已经非常成熟并标准化，下面依据IPC标准IPC-TM-650 2.3.28B，简单介绍离子色谱分析技术用于分析PCBA残留离子的一般方法，而其他材料的样品分析也可以参考此方法进行。该方法将分析过程分为萃取、测试和计算三个步骤。

（1）萃取。将电路板置于洁净的萃取袋中，向其中加入已知体积的萃取液（根据样品的大小按照一定比例配置），密封后，置于80℃水浴锅中加热萃取，1h后取出。萃取液一般是没有背景干扰的高纯水或高纯水与优级纯的异丙醇的混合溶液，目的是尽可能将样品表面的离子性物质全部通过萃取转移到溶液中，定容待测。

（2）测试。使用离子色谱仪，对冷却后的萃取液进行阴、阳离子及弱有机酸分析，得出定容后的萃取液中各单个离子的浓度。

（3）计算。由电路板表面积、萃取液体积及单个离子浓度，计算出电路板表面单个离子含量。结果通常以单位面积（cm^2或$inch^2$）中离子的质量（μg）来表示。

若想进一步了解详细的分析方法，读者可以参考IPC的相关标准以及离子色谱的有关专著。

4.6.5 离子色谱分析技术在电子制造业中的应用

在电子制造业中，离子色谱分析技术主要用于分析原材料、PCB以及PCBA或元器件中或表面的离子含量，离子含量的多寡用于评价材料的好坏以及工艺的优良程度；离子色谱分析技术也用于分析腐蚀或电迁移发生的根本原因，以及材料如助焊剂和其他电子材料的研发。下面举一个典型的例子，说明离子色谱的作用和应用情况。

某知名品牌的空调主板在使用一段时间后出现故障，经检查发现，主板面局部区域发生腐蚀与变色，见图4.44。为了寻找腐蚀发生的原因和机理，我们使用SEM&EDS分析了腐蚀的焊点区域，结果发现除了所使用的焊锡，还有较多的有机物（特征是C和O），特别值得注意的是溴（Br）元素的含量很高，这可能是腐蚀的根本原因。但是溴的腐蚀与否与其存在的形式有关，EDS的分析只能分辨元素而不能判断其存在形式。如果它以共价态的化合物如阻燃剂的形式存在，则它不具有腐蚀性；如果它以离子形式存在，吸湿后则具有极强的腐蚀性。腐蚀点表面的SEM&EDS分析照片与图谱如图4.45所示。

图 4.44　某空调主板局部发生腐蚀的外观

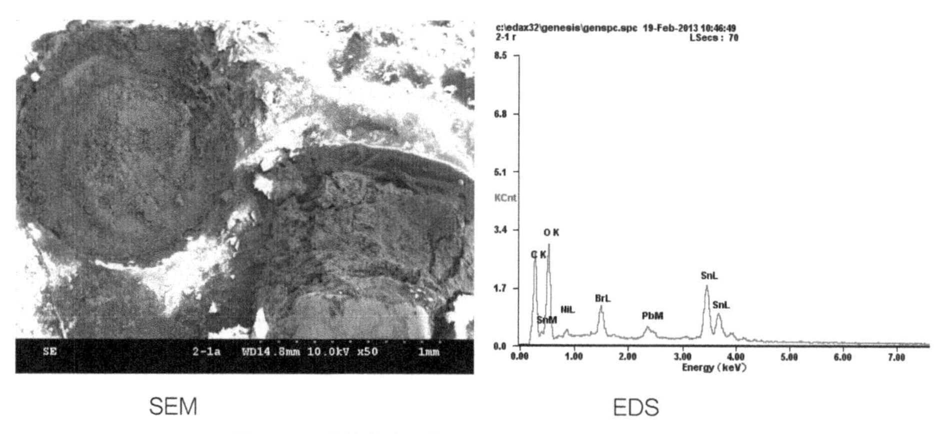

图 4.45　腐蚀点表面的 SEM&EDS 分析照片与图谱

为此，我们使用离子色谱分析技术，分析腐蚀区域与发黄非腐蚀区域，结果发现：腐蚀区域溴离子（Br^-）浓度高达448.8μg/cm^2，远远超过不腐蚀区域（见表4.3和图4.46），进一步证实腐蚀就是溴离子的存在造成的。后来经过分析腐蚀区域的特征，以及对照分析所使用的补焊的焊锡丝中助焊剂成分，确证这起腐蚀失效的根本原因是，该批出现腐蚀失效的主板是因为使用了高活性含溴的焊锡丝补焊，焊后残留物中含有大量的溴离子，导致其吸湿后发生了严重的腐蚀，最终引起该主板失效或电路故障。

本案例说明，在分析PCBA腐蚀与漏电故障的机理，以及查找腐蚀污染物来源时，离子色谱分析技术是一个非常有效不可或缺的技术手段。

表4.3　离子色谱分析测试结果

样品名称	Br^-检测结果/（μg/cm^2）
样品1的腐蚀区域	448.80
样品3的发黄区域	0.221
备　　注	仪器检测下限：0.003μg/cm^2

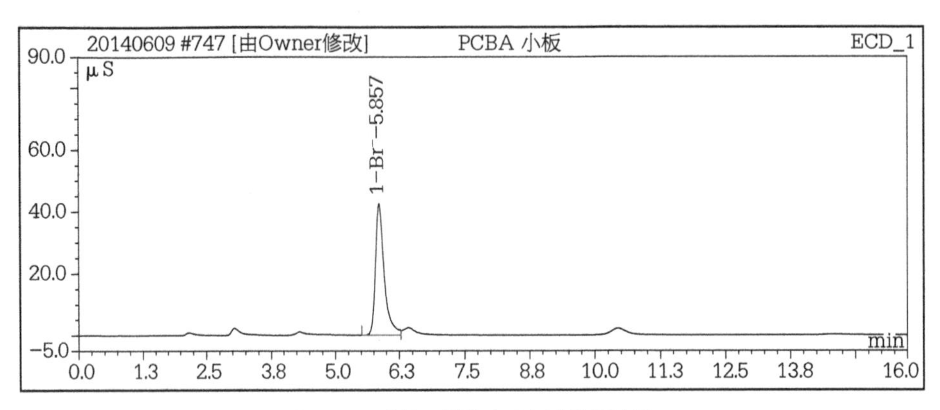

图 4.46 腐蚀区域的离子色谱分析结果

4.7 应变电测技术及其在PCBA可靠性评估中的应用

印制电路板组件（PCBA）的焊点起着电气连接和机械连接以及散热的多重作用，其可靠性是人们长期关注的重要问题之一。近年来，电子产品向轻薄小的方向发展，导致这些电子产品的PCBA在制造、测量、运输及使用过程中经常容易受到外力影响而造成焊点的失效。随着人们环保意识的增强，无铅化已经成为必然趋势，应力过大导致应变引起PCBA损伤的可能性也在增大。因此，研究保证无铅焊点受外力情形下的可靠性方法不仅具有重要的理论意义，而且也有很大的实际应用价值。本节基于应变电测技术的基本原理及PCBA应变损伤现象，展开应变电测技术在PCBA可靠性评估中的应用研究，以求进一步完善电子领域的应变评估方法。

4.7.1 应变电测技术的基本原理

应变电测技术是将应变转换成电信号进行测量的方法，简称电测法。应变电测技术的基本原理是：将电阻应变片（简称应变片）粘贴在被测构件的表面，当构件发生变形时，应变片随着构件一起变形，应变片的电阻值将发生相应的变化，通过电阻应变测量仪器（简称电阻应变仪），可测量出应变片中电阻值的变化，并换算成应变值，或者输出与应变成正比的模拟电信号（电压或电流），用记录仪记录下来，也可用计算机按预定的要求进行数据处理，得到所需要的应变或应力值。

1. 电阻应变片

电阻应变片是一种用途广泛的高精度力学量传感元器件，其基本任务就是把构件表面的变形量转变为电信号，输入相关的仪器仪表进行分析。在自然界中，除超导体外的所有物体都有电阻，物体电阻的大小与物体的材料性能和几何形状有关，电阻应变片正是利用了导体电阻的这一特点。电阻应变片的主要组成部分是敏感栅，它的特性对于电阻应变片的性能有决定性的影响。敏感栅可以看成一根电阻丝，其材料性能和几何形状的改变会引起其阻值变化。

测量应变时，先用特种胶水将应变片粘贴在构件的欲测部位，当该处沿应变片的纵向发生正应变时，应变片也随之变形，敏感栅的电阻值R相应发生变化。

实验表明，在一定范围内，敏感栅的电阻变化率$\Delta R/R$与正应变ε成正比，即

$$\frac{\Delta R}{R}=K\cdot\varepsilon \tag{4.3}$$

式中，ε为应变片轴向应变值；R为敏感栅的初始电阻值；ΔR为敏感栅电阻值的改变量；K是比例常数，称为灵敏系数，其值与敏感栅的材料和构造有关，灵敏系数越大，表示它对变形的敏感性越高。R和K的值均由制造厂家标明。

由式（4.3）可知，只要测得的电阻变化率$\Delta R/R$，即可确定构件的应变。

在工程实际中，构件的变形往往很小，所以电阻变化率也很小，而在测量精度上要求高，且希望读数误差要小，故需要专门的仪器进行测量，即电阻应变仪。

2. 电阻应变仪及测量原理

电阻应变仪的功能是配合电阻应变片组成电桥，并将应变电桥的输出电压放大，以便由指示仪表以刻度或数值显示应变数值，或者向记录仪器输出模拟应变变化的电信号。按频率响应范围可将应变仪分为静态电阻应变仪和动态电阻应变仪两类，前者专供测量不随时间而变化或变化极缓的应变；后者则是供测量随时间变化的应变。电阻应变仪测量所采用的基本电路是惠斯通电桥电路，如图4.47所示。

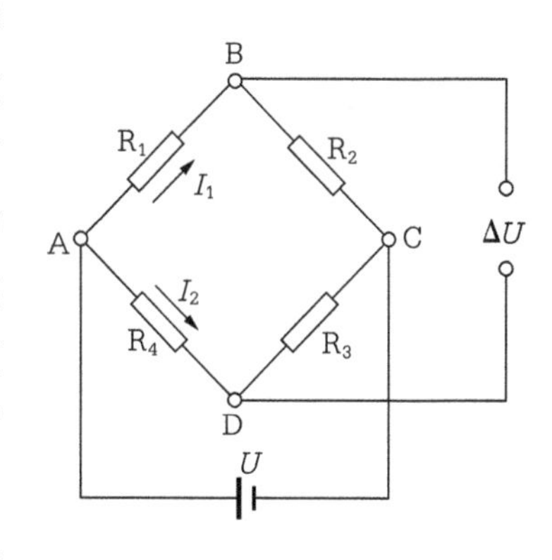

图 4.47　惠斯通电桥电路[1]

设各桥臂电阻分别为R_1、R_2、R_3和R_4，其中的任一桥臂电阻都可以是应变片电阻。电桥的A、C端为输入端，现接直流电源；B、D端为输出端。下面分析当R_1、R_2、R_3、R_4变化时，输出电压的变化情况。

设A、C间的电压为U，则流经电阻R_1的电流为

$$I_1=\frac{U}{R_1+R_2} \tag{4.4}$$

R_1两端的电压降为

$$U_{AB}=I_1R_1=\frac{R_1}{R_1+R_2}U \tag{4.5}$$

同理，R_4两端的电压降为

$$U_{AD}=\frac{R_4}{R_3+R_4}U \tag{4.6}$$

所以，B、D端的输出电压为

$$\Delta U_{BD}=U_{AD}-U_{AB}=\frac{R_4}{R_3+R_4}U-\frac{R_1}{R_1+R_2}U=\frac{R_2R_4-R_1R_3}{(R_1+R_2)(R_3+R_4)}U \tag{4.7}$$

当输出电压$\Delta U=0$时，即电桥平衡。于是由式（4.7）得电桥平衡条件为

$$R_2R_4=R_1R_3 \tag{4.8}$$

电桥平衡后，各桥臂电阻的微小变化ΔR_1、ΔR_2、ΔR_3、ΔR_4将使输出电压发生相应的变化，由式（4.7）得

$$\Delta U=\frac{(R_2+\Delta R_2)(R_4+\Delta R_4)-(R_1+\Delta R_1)(R_3+\Delta R_3)}{(R_1+\Delta R_1+R_2+\Delta R_2)(R_3+\Delta R_3+R_4+\Delta R_4)}U \tag{4.9}$$

将式（4.8）代入式（4.9），且由于$\Delta R_i<<R_i$，可略去高阶微量，得到

$$\Delta U=U\frac{R_1R_2}{(R_1+R_2)^2}\left(\frac{\Delta R_1}{R_1}-\frac{\Delta R_2}{R_2}+\frac{\Delta R_3}{R_3}-\frac{\Delta R_4}{R_4}\right) \tag{4.10}$$

当接入应变片电桥为等臂电桥时，即$R_1=R_2=R_3=R_4$，且当四个电桥应变片灵敏系数K均相同时，将关系式$\frac{\Delta R_i}{R_i}=K\varepsilon_i$代入式（4.10）得

$$\Delta U=\frac{UK}{4}(\varepsilon_1-\varepsilon_2+\varepsilon_3-\varepsilon_4) \tag{4.11}$$

若设$\frac{UK}{4}\varepsilon_{ds}=\Delta U$，则

$$\varepsilon_{ds}=\varepsilon_1-\varepsilon_2+\varepsilon_3-\varepsilon_4 \tag{4.12}$$

式中，$\varepsilon_{ds}=\frac{4\Delta U}{UK}$是应变仪的读数。

式（4.12）表明应变仪的读数与所接各应变片的应变成线性关系，且相邻桥臂的符号相异，相对桥臂的符号相同。这就是所谓的应变仪读数公式。

在进行测量时，可根据测量要求选择相应的应变片接入桥路方式，不同接桥方式如图4.48所示。

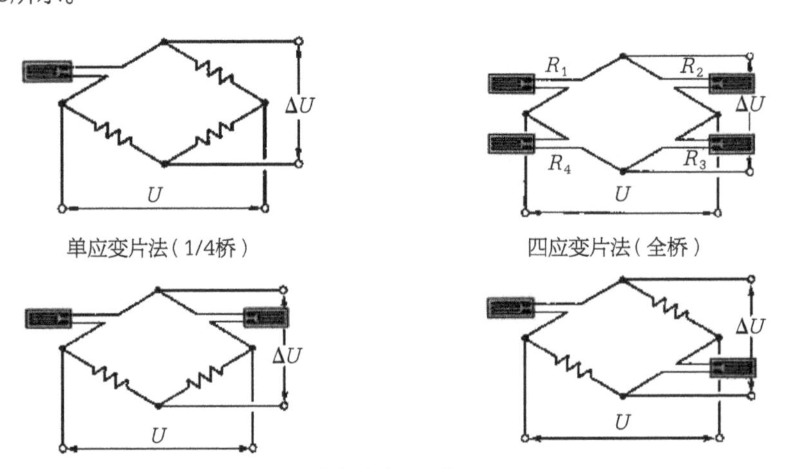

图4.48　不同接桥方式

4.7.2 应变电测技术在 PCBA 可靠性评估中的应用

应变电测技术以应变-电阻变化原理为基础，其作为一种有效的测量和转换技术，广泛应用于航空、航天、电力、土建、水利、桥梁、船舶、机械、医学等工程技术领域，是理论验证、质量检验和科学研究的有力手段。近年来，随着电子制造技术的发展，如何提高PCBA的制造质量及其可靠性已成为当今电子产品制造的一个重要课题，在电子领域应变电测技术也逐步得到应用。

1. 过大应变导致的 PCBA 失效

当今电子元器件封装的体积越来越小，加上现在无铅制程的热应力和焊点脆性都显著增加的现实，制造过程中的过大弯曲所导致焊点开裂发生的概率随之增加。对所有表面处理方式的封装基板，过大的应变都会导致焊点的损坏。这些失效包括在PCBA制造和测量过程中的焊料球开裂、线路损坏、焊盘起翘和基板开裂。图4.49所示为作者实验室在失效分析中遇到的一些典型的应变失效案例。

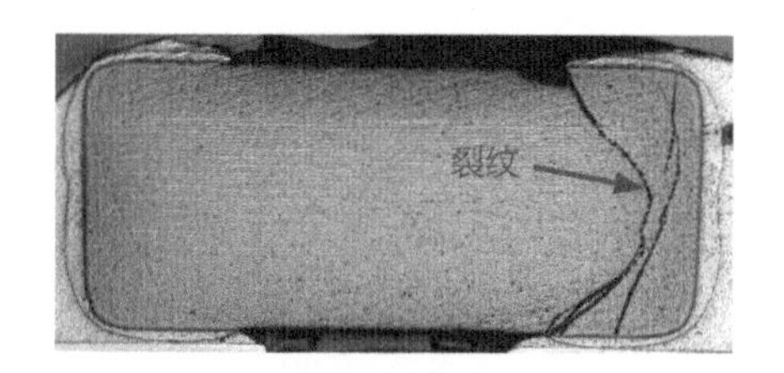

陶瓷电容开裂

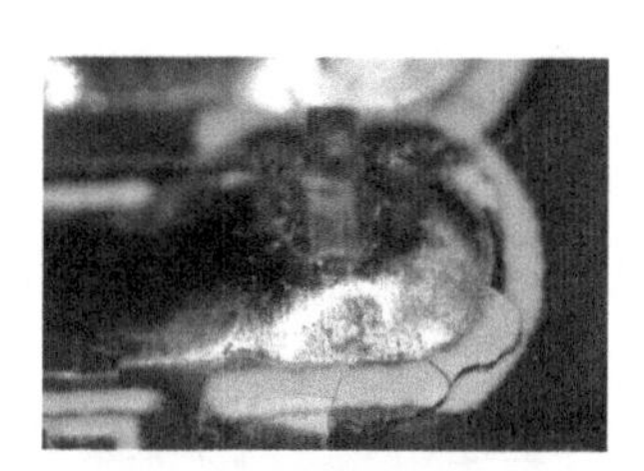

焊盘断裂起翘

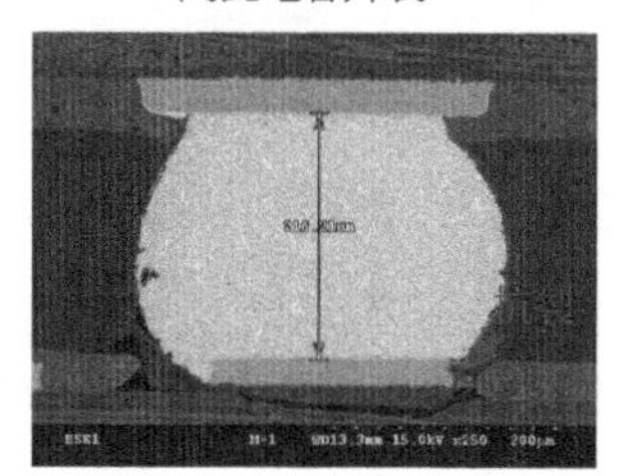

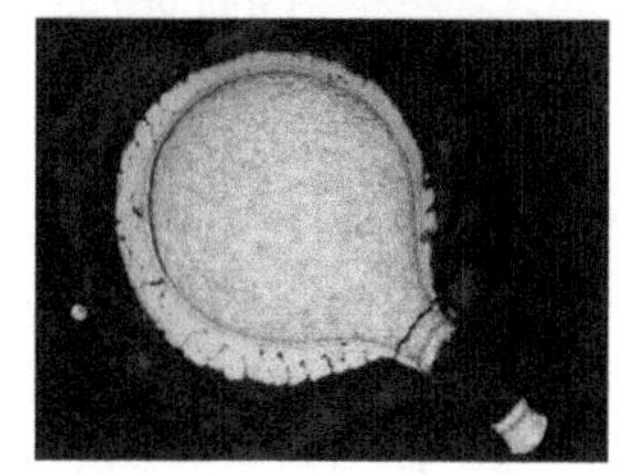

焊盘坑裂及导线拉断

图 4.49　典型的应变失效案例

作用在PCBA焊点上的应力，无非是机械应力和热应力。机械应力是指物体受到外力而变形时，在其内因各部分之间相互作用而产生的应力。热应力是指温度改变时，物体由于外在约束以及内部各部分之间的相互约束，使其不能完全自由胀缩而产生的应力。应变电测技术主要应用于PCBA的机械应力损伤评估。PCBA应变测量包括把应变片粘贴在印制板上，然后让贴装好应变片的PCBA经受不同的测量和组装过程操作。超出应变极限的测量和组装步骤被视为应变过大，在生产过程中要进行确认并采取改善措施。

2. 应变测量的应用范围

如前所述，由于元器件焊点对应变失效非常敏感，因此PCBA在最恶劣条件下的应变特性鉴定显得至关重要。使用应变测量可以定量地评估和识别出潜在大应力引起的有害流程。通过对制造变动敏感区域的确认，应变测量为产品质量的提升指明了方向。应变测量成为未来工艺改进的基准，并可对调整的效果进行量化。

根据IPC/JEDEC-9704标准，需要进行应变测量的PCBA的典型制造工序如下。

1）SMT组装制程

- 分板（裁板）制程。
- 所有人工操作制程。
- 所有返工和修补制程。
- 连接器安装。
- 元器件安装。

2）印制板测量过程

- 在线测量（ICT）或等效的“短路和开路”测量。
- 印制板功能测量（BFT）或等效的功能测量。

3）机械组装

- 散热片组装。
- 印制板的支撑组件/增强板组装。
- 系统印制板集成或系统组装。
- 外设部件互连（PCI）或子板安装。
- 双列直插内存模块（DIMM）安装。

4）运输及处理

跌落试验的目的是使运输包装受到规定的测量条件，以确定包装箱是否会发生可能导致BGA开裂问题的过度板弯曲。

总之，应变测量的目的是描述所有涉及机械载荷的组装步骤特征。不要把测量局限于以上所列步骤，或者仅应用于已知的高风险区域。通过这些测量得到的数据可作为将来参考的基准。

3. 应变测量方法描述

典型的PCBA应变测量可按照四个步骤执行：选取应变片；准备PCBA样品和粘贴应变片；应变测量试验；记录分析数据。

1）选取应变片

在应变电测技术最近涉及的电子领域，印制板应变测量用电阻应变计选用方法将会对测量数据的可信赖性产生重大影响。电阻应变计的选用必须考虑测量对象的材料、测量对象的形状和尺寸、测量点表面的曲率、导线的引出与贴附、应变片加压加热固化处理的可能性、测量点受力状态、温度范围和温度变化状态、环境介质和要求的测量精度等方面的信息[2]。

综合以上各方面的因素，印制板用应变片应符合如下规格要求[3]。

（1）应变片敏感栅结构形式为堆叠三轴应变花（0° /45° /90°）来实现ICT等主应变方向未知情形下的测量。

（2）应变片敏感栅的标称尺寸为1.0 ~ 2.0mm^2，一般情况下敏感栅长度应该尽可能短以便把不均匀印制板的应变梯度的影响降到最小，但在有足够粘贴面积的前提下应变片的尺寸应该足够大，以便印制板上引线和导通孔不至于干涉应变数据的读取。

（3）应变片电阻值为120Ω或350Ω，出于减少热输出和信噪比的考虑，建议优先选用350Ω的应变片。

（4）应变片的一端连有引线或引线焊盘，另外从应变片到应变采集系统应选择长度小于2m的导线来减小其对应变片灵敏度的衰减作用。

满足要求的堆叠应变花如图4.50所示。

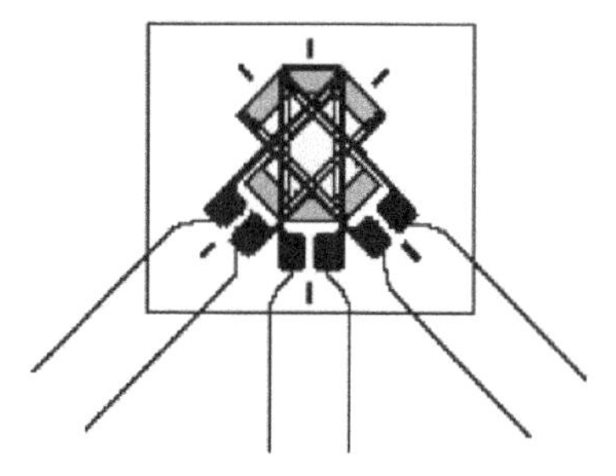

图 4.50 满足要求的堆叠应变花

2）准备PCBA样品和粘贴应变片

一般而言，应变评估的目的不是PCBA产品的电气性能，而是需要知道最新设计的产品在机械性能上的表现。

印制板的准备是应变片黏附过程的关键环节。正确的印制板准备将有助于确保应变片被适当地黏附，从而进一步提高读数的准确性。对于一款PCBA产品，通常至少选用两块印制板作为测试板并黏附应变片：第一块板上只有SMT元器件（SMT回流焊后）；第二块板上既有SMT元器件也有通孔元器件（波峰焊后）。第一块板测量的目的是对于人工操作、连接器和其他通孔元器件插装，以及任何波峰焊前进行的电气测量过程中的应变/应变率进行特征描述。第二块板用来描述波峰焊后的所有组装步骤特征，如分板/裁板、印制板的支撑物/加固物组装、最终系统组装、PCI卡插入、子板插入、散热片连接、测量操作（ICT、BFT）、BGA及通孔元器件的返工等。当准备测试板时，用耐热胶带或扎线带捆扎和固定导线很重要，导线应该布置于元器件之间，避免与任何制程步骤发生干涉。

应变测量中粘贴应变片是至关重要的一步，直接影响测量数据的准确性。供应商和用户应当在需粘贴应变片并测量的元器件上达成统一。对于面阵列元器件，IPC/JEDEC-9704标准推荐对于任何大于或等于27mm × 27mm的面阵列元器件或尺寸大于10mm的细节距元器件（0.8mm节距及以下）应进行评估。如果印制板上有大量BGA元器件（也就是6个或以上），可以先依靠有限元分析（FEA）方法，或者其他分析计算方法来预测应变片最佳放置位置。对于焊点较小、本体较硬的非面阵列元器件（如多层陶瓷电容MLCC），通过评估制程中产生的应变并确保其在可接受范围内，能够明显减少/消除诸如焊点开裂、元器件断裂、焊盘起翘、承垫坑裂和印制板导体损伤之类失效的发生。对于芯片级无引线陶瓷元器件风险的评估，可以使用单轴或三轴应变片，首选的贴片位置是应变片衬底边缘离元器件的每个末端不超过1.0mm，且与元器件的长轴对齐。图4.51所示为IPC/JEDEC-9704标准推荐的不同封装元器件贴片位置。

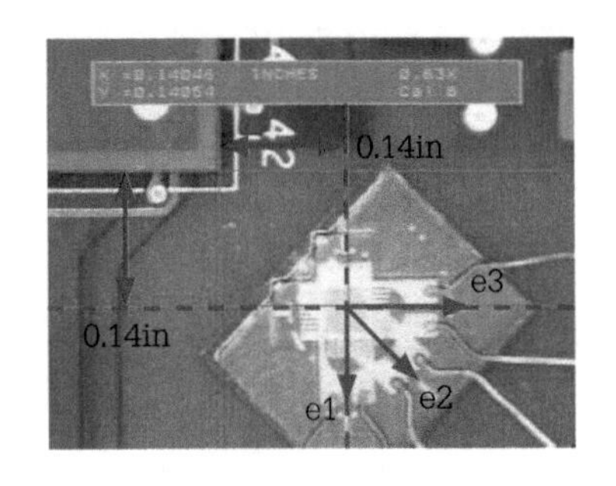

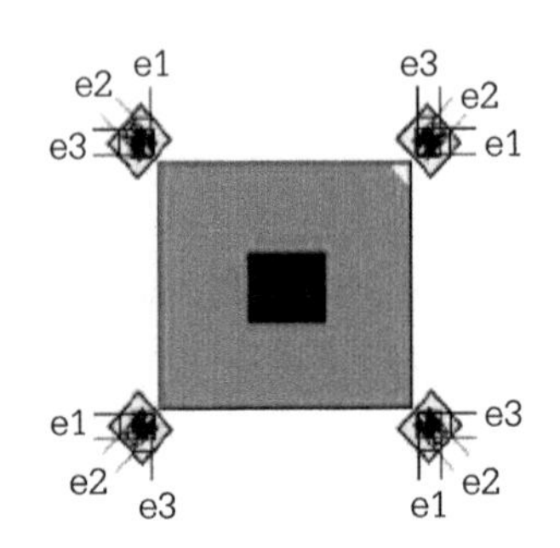

球栅阵列元器件推荐的应变片放置位置

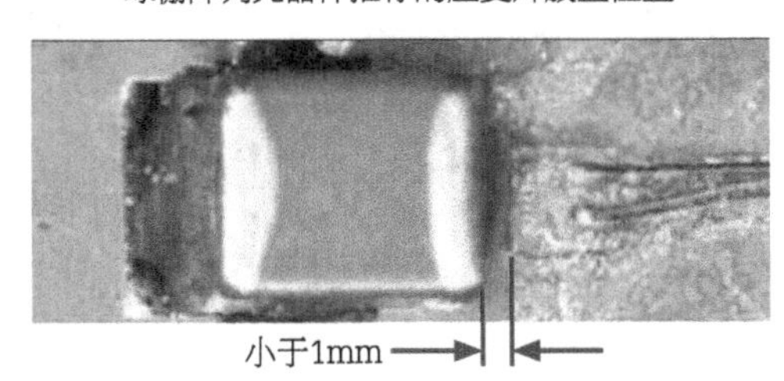

MLCC封装的单轴应变片的放置位置（距焊料填充处小于1.0mm）

图 4.51　不同封装元器件贴片位置

3）应变测量试验

在准备好PCBA样品和粘贴应变片后，将传感器连接到数据采集仪器上，并且运行相关测量程序。测量在运行时需关注的几个参数，有扫描频率（取样率）、取样分辨率和增益设置、通道数目和激励电压。

（1）扫描频率。对高应变率事件，如ICT或其他针床型的测试仪，推荐将扫描频率设定为2000Hz，最低扫描频率为500Hz。对于一般的低应变率组装制程，如机械组装，推荐最低扫描频率为500Hz。

（2）取样分辨率和增益设置。推荐最低的取样分辨率为12 ~ 16位，并可以调整信号放大器增益来获得动态范围的最佳使用，通用的方法是使用内置低通滤波的数据采集系统，它可以去除在应变测量数据采集过程中的噪声。

（3）通道数目。可用的监控通道数目限制了一遍测量的数目。如至少12个通道才可以满足测量一个BGA芯片的四个角的扇形应变片组的需要，或者至少3个通道才能测量一块扇形应变片组。当通道数不足时，如允许使用多次测量，必须在同样的机械载荷下监测任何一个堆叠应变花上的3个应变片，以避免分析时任何应变计算有误。

（4）激励电压。由于印制板材料的热导率低，应变片很可能在电流流经它们时被加热，利用三引线结构和四分之一桥就能减小这种影响。激励电压应该与信噪比平衡，如果印制板组件静止，应变数值出现较大漂移，就应该降低电压直到这种影响完全消失或信噪比变得可接受。一般而言，2V的激励电压应该可以提供令人满意的性能。

4）记录分析数据

应变测量的最后一步是对采集完的原始应变数据进行分析评估。分析的详细信息随所采用的特定应变极限标准而异。一般而言，应变分析应该给出每一个被检测步骤的主应变和对角线应变的峰值（最大值和最小值）。最大/最小主应变可通过应变摩尔圆解析法获得，计算公式如下：

$$(\varepsilon_{max},\ \varepsilon_{min})=\frac{\varepsilon_{0^\circ}+\varepsilon_{90^\circ}}{2}\pm\frac{\sqrt{2}}{2}\cdot\sqrt{(\varepsilon_{0^\circ}-\varepsilon_{45^\circ})^2+(\varepsilon_{45^\circ}-\varepsilon_{90^\circ})^2} \tag{4.13}$$

4.7.3　典型应用案例

下面选择一个典型的PCBA现场制程应变评估的案例进行介绍，重点介绍上述应变电测技术的运用以及解决问题的基本思路。

客户委托样品如图4.52、图4.53所示，据客户反映，外壳锁固过程中螺孔附近的0805CHIP电容常出现开裂现象。失效分析的结果表明该电容为应力损伤破坏，因而建议客户优化0805CHIP电容位置，并对优化排布前后的电容的应变进行评估。

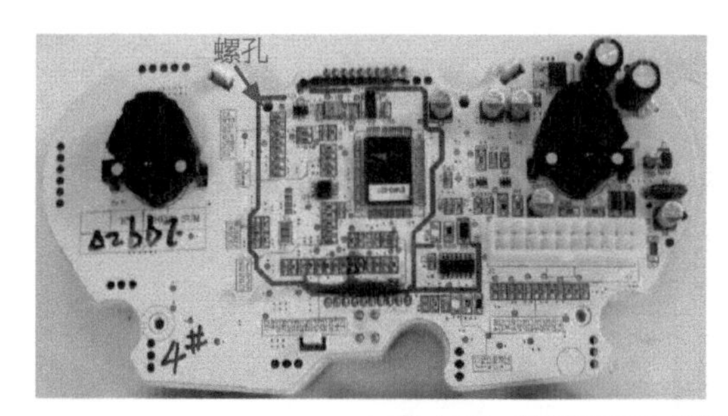

图 4.52　待测 PCBA 样品外观及失效现象

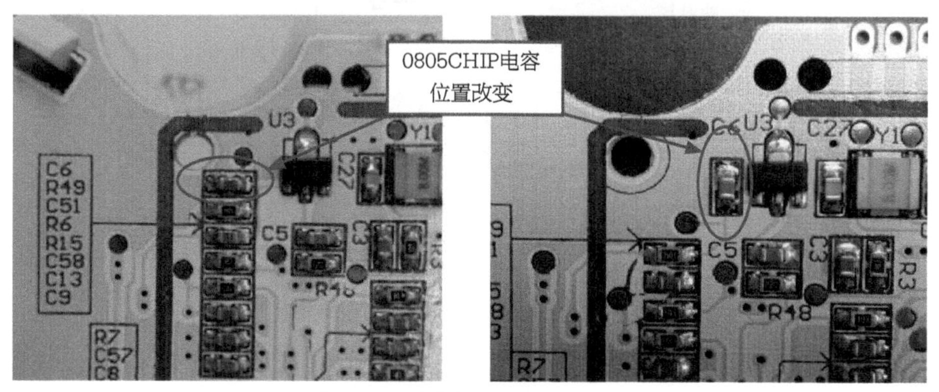

图 4.53　改板前后电容位置变化

根据IPC/JEDEC-9704A标准及委托单位要求，应变片采用堆叠三轴应变花（0°/45°/90°）形式，贴片位置参考图4.51。其中改板前样品测量位置为1个，改板后样品测量位置为2个（2#应变片用以测量改板后0805CHIP电容附近位置的应变）。准备好测试板样品和粘贴应变片后，将传感器连接到数据采集仪器上，对样品进行螺钉锁固现场试验并运行相关测试程序，测试板样品在装配过程中的应变-时间历程曲线，最后分析螺钉装配过程中电容附近测量点的最大主应变情况。另外，依据GB/T 2693—2001《电子设备用固定电容器　第1部分：总规范》，对焊有0805CHIP电容的标准测试板样品进行三点弯曲试验，并在试验过程中监测电容的应变特性。具体数据分析结果见图4.54～图4.57。

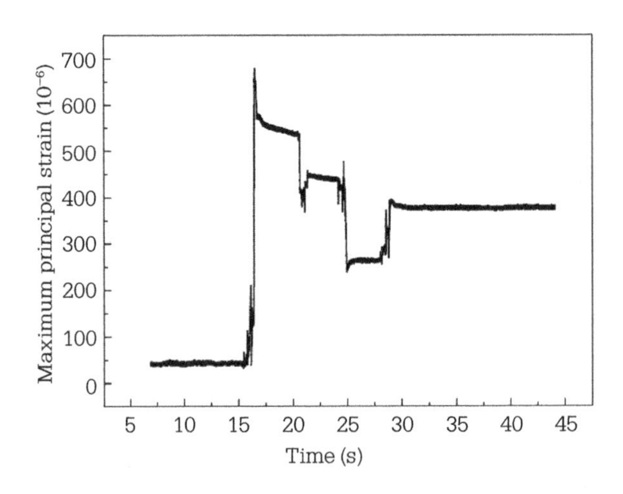

图4.54　样品测试位置的应变-时间历程曲线（1）（改板前，螺钉锁固扭矩0.3N·m）

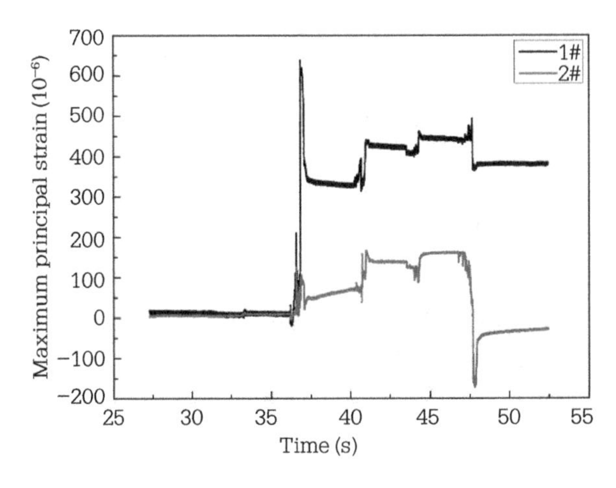

图4.55　样品测试位置的应变-时间历程曲线（2）（改板后，螺钉锁固扭矩0.3N·m）

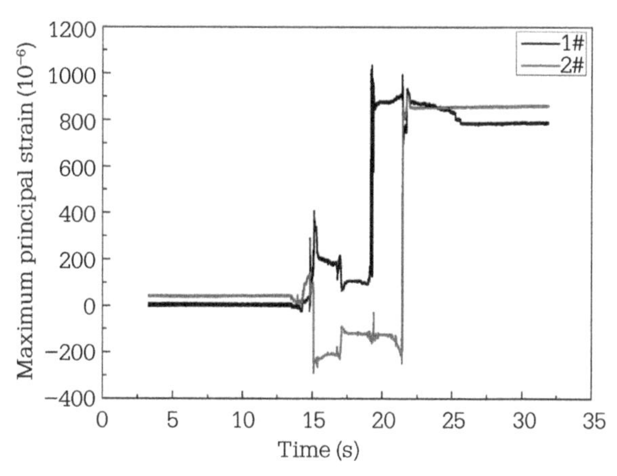

图 4.56　样品测试位置的应变－时间历程曲线（3）（改板后，螺钉锁固扭矩 0.5N · m）

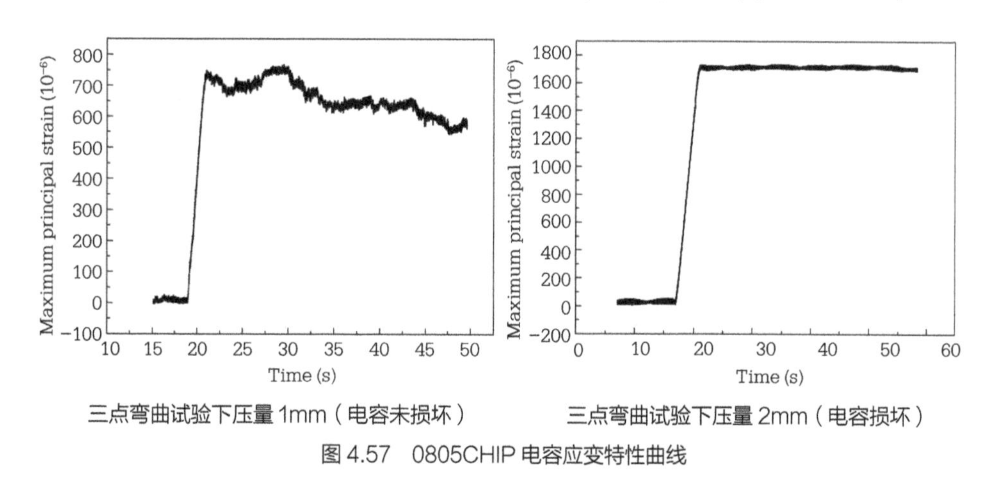

三点弯曲试验下压量 1mm（电容未损坏）　　三点弯曲试验下压量 2mm（电容损坏）

图 4.57　0805CHIP 电容应变特性曲线

综合现场螺钉装配过程以及电容本身的应变特性分析可知：印制板改后，0805CHIP电容变换到新位置，其附近的变形相对减小，0805CHIP电容承受应力损伤的风险减小；拧螺钉时扭力的控制对于螺孔附近的电容的变形影响较大，随着扭力的增大，应变测量位置的应变峰值增加，并且在扭矩为0.5N · m时，电容附近的应变超过1000με，应力损伤风险较高。建议对螺钉装配制程加强管控，尽量将扭矩控制在较低的数值并规范螺钉装配工序操作规范。

4.7.4　结束语

运用应变电测技术来评估PCBA及其元器件的变形对于电子工业是非常有利的，而且其作为一种识别和改进生产操作（有造成互连损伤的高风险）的方法也逐渐被认可。本文系统介绍了应变电测技术的基本原理、应变测量的具体操作方法、应变数据分析方法和应变电测技术在PCBA可靠性评估中的应用。电子工艺相关技术人员一方面据此可以快捷可靠地制定相关应变评估方案，有效识别并控制具有潜在风险的PCBA生产制程，为研发设计及可制造性设计提供改进的依据；另一方面，还可以用于对应变导致的各种失效的根本原因进行验证，确保失效分析结果的准确性，以及为后续的改进提供依据。此外，无铅化便携式电子产品有着广泛的用途和良好的市场前景，但目前对该领域的应变测量研究刚刚起步，无论是测量选材还是测量方法都仍有许多的问题需要研究。总之，面对这个全新又富有挑战性的领域，力学工作者和可靠性工程师将大有可为。

参考文献

[1] 张如一. 应变电测与传感器[M]. 北京：清华大学出版社，1999.
[2] 史洪宾，吴金昌，章晶. 印制电路板用电阻应变计选用方法研究[J]. 半导体技术，2009，（10）:981.
[3] Printed circuit assembly strain gage test guideline: IPC/JEDEC-9704—2011[S].

4.8 离子研磨技术及其在工艺分析中的应用

传统的金相切片技术在工艺分析、电子元器件和组件的失效分析方面发挥着重要的作用，这在本书前面的章节中已经介绍过。但是，随着电子封装或组装向高密度方向发展，许多新材料、新工艺和技术等的普及应用，分析难度也在不断提升，传统金相分析用的机械研磨技术已经不能满足高端工艺分析的需要，其主要原因是机械研磨存在不可避免的问题。例如，接触式处理样品表面会存在残余应力、研磨的方向可能会导致划痕的出现、研磨的杂质颗粒可能会附着在样品表面等；而非接触式的电解抛光仅限于金属样品的制备，应用范围有限。在微小样品或精细结构的分析制样领域，金相分析中机械研磨很难满足微观分析不断精细化的发展需求。离子研磨技术的出现，弥补了这些不足。本节将介绍离子研磨技术及其在日新月异的工艺分析中的典型应用。

4.8.1 离子研磨技术的基本原理和应用特点

离子研磨（Cross section Polishing，CP）技术就是通过离子研磨抛光仪将氩气离子化为氩离子，利用氩离子轰击样品表面，获得精细的抛光表面的物理过程。其中氩离子与样品表面材料相撞后发生离子交换，生成的产物被真空泵抽走，其工作原理如图4.58所示。离子研磨技术解决了机械研磨的不足。离子束作用在样品表面抛光是非机械接触式，不存在应力作用，高真空的样品舱室能够迅速抽走离子束与样品表面反应生成的产物，且仅有离子束作用在样品表面，不存在杂质污染。机械研磨技术和离子研磨技术的效果对比如图4.59所示。离子研磨技术的应用越来越广泛，效果和可靠性都比较好的离子研磨抛光仪是徕卡三离子束切割仪，其外观如图4.60所示。

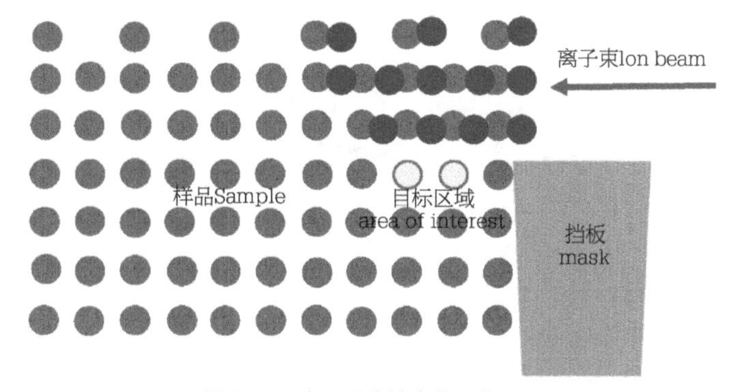

图 4.58　离子研磨技术的工作原理

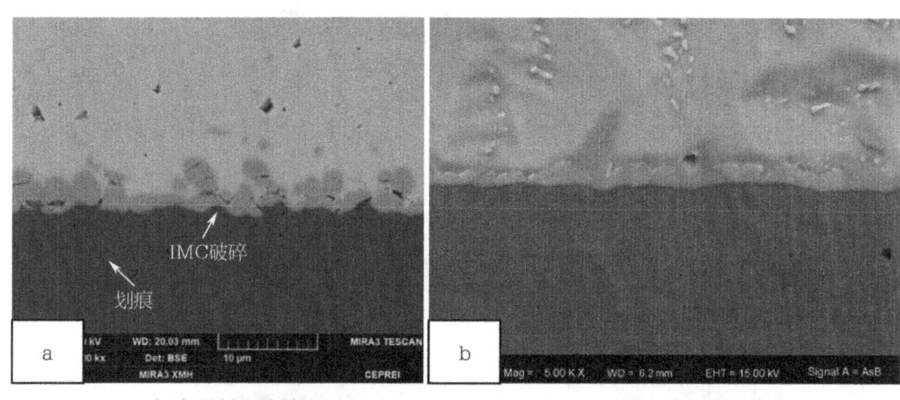

（a）机械研磨技术　　（b）离子研磨技术

图 4.59　机械研磨技术与离子研磨技术的效果对比

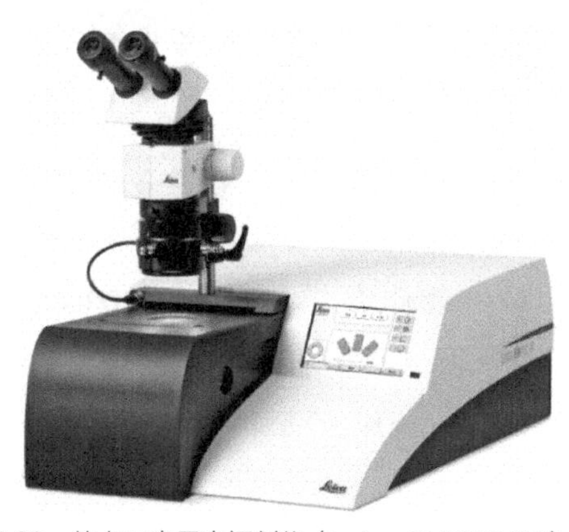

图 4.60　徕卡三离子束切割仪（Leica EM TIC 3X）外观

离子研磨技术应用的对象比较广泛，可适用于各种固体材料的截面抛光处理和制样。其无应力作用，无机械损伤，可获得平整、清洁的高质量截面的特点，适用于扫描电镜、电子探针、电子背散射衍射等对样品制备要求较高的分析制样。图4.61是连接器引脚经离子研磨技术处理后的SEM图，其表面平整干净，既没有机械研磨技术产生的划痕，也没有砂纸颗粒以及氧化铝颗粒的污染。同时，离子研磨技术能够把机械研磨技术的残余应力消除，可以清晰地呈现引脚材料的晶体结构，满足EBSD的制样要求。

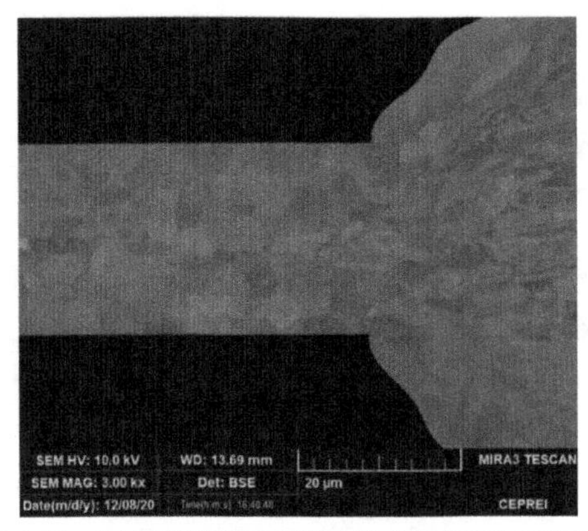

图 4.61 连接器引脚经离子研磨技术处理后的 SEM 图

4.8.2 离子研磨技术的制样要求

离子研磨技术可分为平面抛光技术与截面抛光技术，两者的主要区别是样品夹具不同，适用的样品种类不同，如图4.62所示。

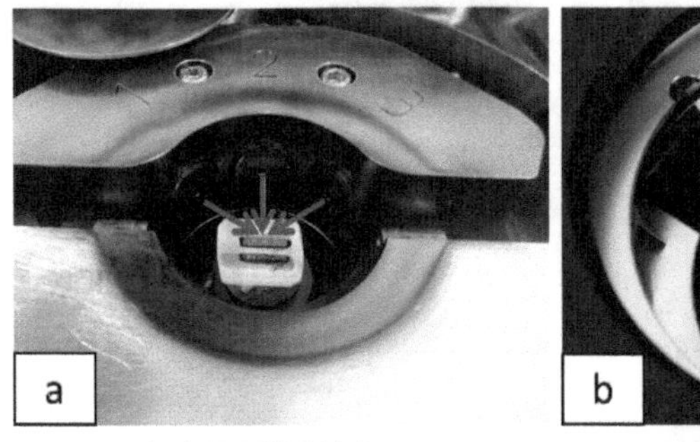

（a）平面抛光技术

（b）截面抛光技术

图 4.62 平面抛光技术及截面抛光技术工作实时图

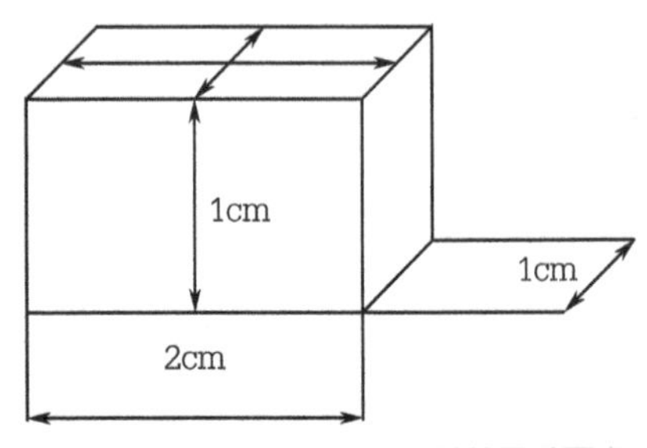

图 4.63 离子研磨技术对切片的尺寸要求

平面抛光技术是将离子束直接作用在样品浅表面的几百纳米至几微米部分。这就要求样品表面必须平整。一般是结合已制成的金相切片一起使用的，适用于绝大部分样品。制样过程需用环氧树脂镶嵌并按照特定规格的切片将样品研磨到需要观察的位置。受离子研磨仪舱室的设计限制，切片的尺寸不宜超过20mm×10mm×10mm（长×宽×高，见图4.63）。平面抛光技术是浅表面的制样方式，切片的机械研磨加工引入的研磨痕迹和残余应力很大程度上决定了平面抛光技术的最终效果，所以需要确保手工研磨具备较好的质量。

截面抛光技术是离子束直接对样品截面进行轰击，将截面的损伤层去除，从而得到高质量样品。相比于平面抛光技术，截面抛光技术不会受限于机械研磨的质量。它是直接将样品部分截面打穿几毫米的厚度，从而获得一个干净的截面。截面抛光技术比平面抛光技术更能呈现样品的原始形貌，效果更优，适用于电子背散射衍射的制样。建议薄片的制作长度≤10mm，宽度≤1mm，厚度为2.5 ~ 6mm。但由于离子枪的能量有限，大范围的离子轰击所需要研磨加工时间比较长，所以该方法一般建议作用于截面平整且截面厚度较薄的样品。

4.8.3　离子研磨技术的典型应用

1. 超薄金属层厚度分析

在化学镀镍/浸金（ENIG）表面处理工艺中，金作为保护镍层的材料，其厚度会影响焊盘润湿性能和焊接后焊点的可靠性，因此有必要对金层厚度进行测量和管控。ENIG表面处理中金层具有极好的延展性，通过截面测量其仅有几十纳米的金层，传统的机械研磨+金相测量方式，金层会在机械研磨的应力作用下发生延展，无法测量真实的金层厚度。金层机械研磨效果如图4.64（a）所示。对机械研磨后的样品表面进行抛光处理，去除浅表面的应力层或延展层，就可以获得平整、洁净、真实的高质量镀层信息，金层离子研磨效果如图4.64（b）所示。

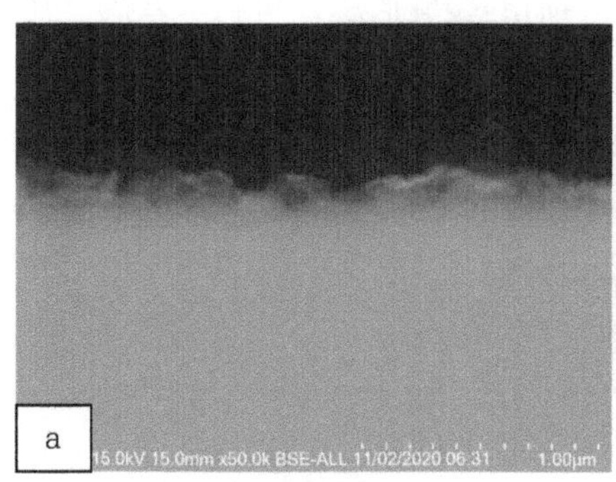

（a）机械研磨效果

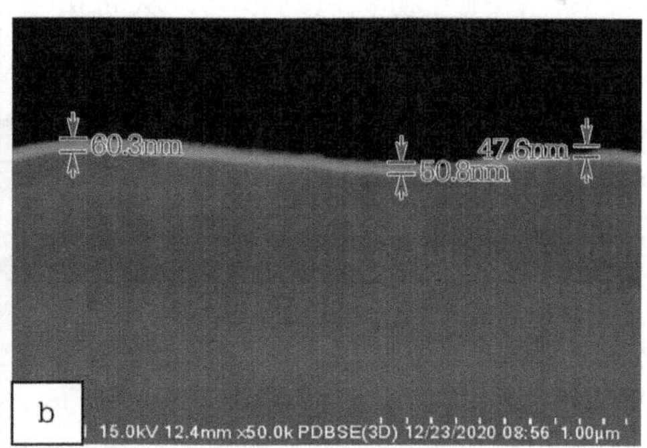

（b）金层离子研磨效果

图 4.64　机械研磨与金层离子研磨的效果

2. 多层结构分析

组件互连焊点的金属间化合物（IMC）的结构和化学组成是焊点可靠与否的标志。因此，经常需要制作焊点的金相进行观察，现在以金属间化合物（IMC）的观察为例说明CP的应用特点。由于锡与金属间化合物（IMC）在背散射探头下颜色几乎无法分辨，为了清晰地观察金属间化合物（IMC），常规的方法是对锡进行化学蚀刻，通过高度差区分锡和金属间化合物（IMC）。但这样会出现药水污染和图像不美观两种不良情况，如图4.65（a）所示。而离子研磨对不同硬度材料的作用效果不一致，可以明显区分出不同结构，得到的图像能够清晰分辨出金属间化合物（IMC），而且无蚀刻液污染风险，图像清晰美观，如图4.65（b）所示。

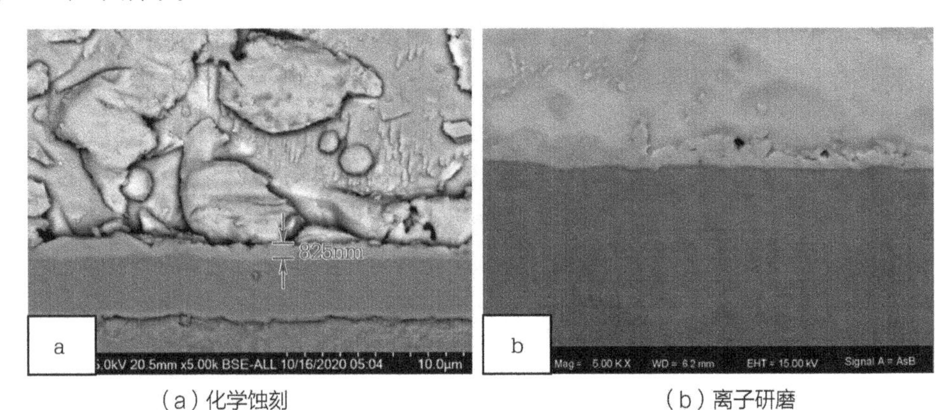

（a）化学蚀刻　　（b）离子研磨

图 4.65　化学蚀刻与离子研磨的焊点截面图

3. 盲孔孔底缺陷分析

PCB制造工艺中的高密度集成（HDI）技术可以使终端产品设计更加小型化。盲孔设计是HDI技术常用的设计，其孔底与承垫盘的结合不良是HDI板在无铅回焊及长期环境应力作用下最常见的可靠性问题之一。针对盲孔孔底与承垫盘结合不良位置进行切片分析并用SEM观察，使用机械研磨的方式进行，裂缝里会有研磨的砂纸颗粒及氧化铝抛光粉颗粒的影响，无法对裂缝形貌进行分析，如图4.66（a）所示。而经过离子研磨处理后，消除了砂纸颗粒及氧化铝抛光粉颗粒的影响，从而获取了清晰的裂缝信息，有利于查找盲孔开裂的原因，如图4.66（b）所示。

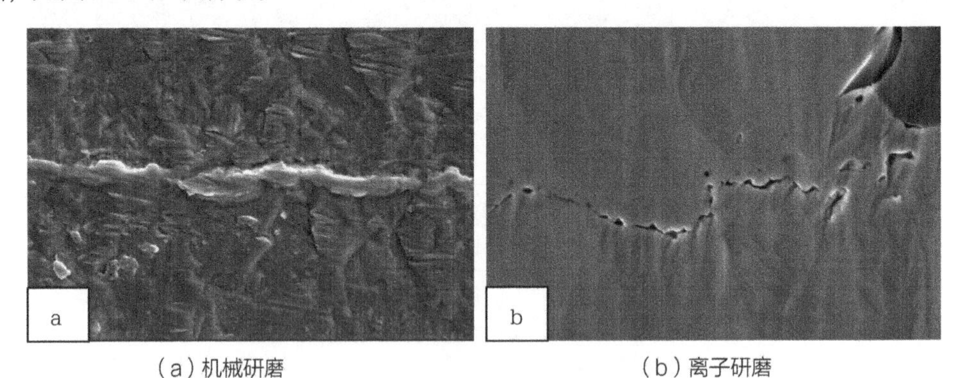

（a）机械研磨　　（b）离子研磨

图 4.66　机械研磨与离子研磨的盲孔截面图

4. 金属晶粒观察分析

材料或镀层的质量和可靠性在很多时候取决于金相组织及晶粒大小和分布。传统的机械研磨制样存在应力作用，制成的金相切片有残余应力的存在，表层晶体信息受到破坏，会影响对金属结晶形态的分析效果。经离子研磨处理后，残余的应力层消除，得到晶体信息完整的表面，满足电子背散射衍射的制样要求，可用强信号背散射探头进行晶粒尺寸观察。图4.67（a）是样品经机械研磨和化学药水蚀刻后用SEM观察的孔断现象，从该图中只能获取开裂及针孔的信息，无法针对铜的晶粒进行分析。图4.67（b）是截面经过离子研磨处理去除浅表面的应力层后，再用背散射探头观察，可以清晰地观察到铜层的开裂是沿晶开裂，为查找失效原因提供了明确的方向。

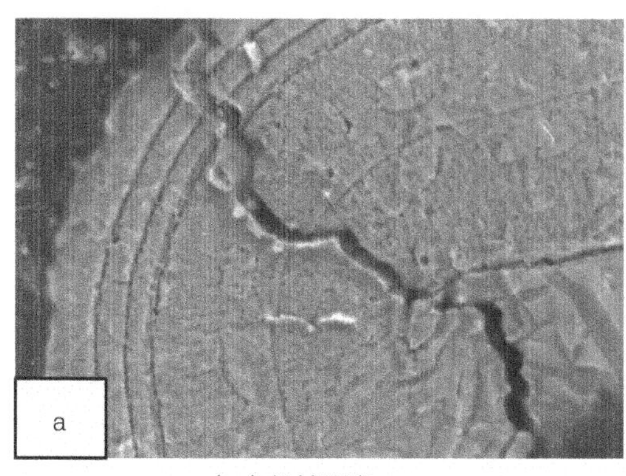

（a）机械研磨

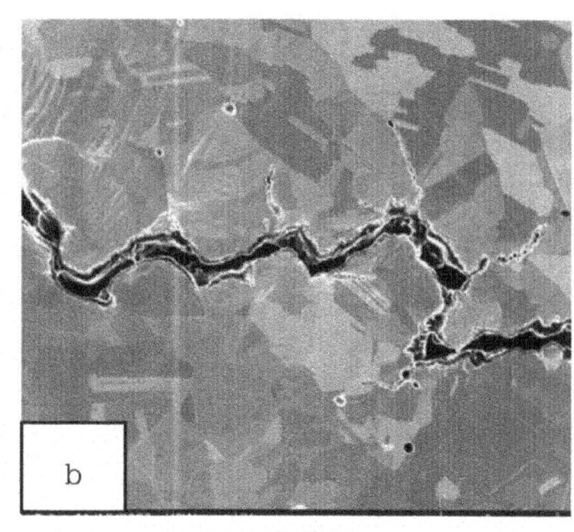

（b）离子研磨

图 4.67　机械研磨与离子研磨的孔铜截面图

4.8.4　结束语

本节主要讲述了离子研磨技术的原理和应用特点，通过典型应用分享展示了离子研磨技术在工艺分析中的作用和价值。随着分析技术逐渐深入，以及微观分析、物相分析不断精细化，对于制样技术的要求越来越高。离子研磨技术的出现，弥补了传统机械研磨技术精度不高的问题，获得了高质量的被试表面，已成为电子组件和材料分析制样技术中重要的技术手段之一。

4.9　聚焦离子束技术及其在工艺分析中的应用

随着我国微电子工业的发展，电子产品尺寸越来越小，在生产难度不断增加的同时，也给电子组件的失效分析带来了更大的挑战。扫描电子显微镜（SEM）问世后，在微观分析过程中发挥了重要作用，发展到现在，它不仅可以提供优于1nm分辨率的扫描图像，还可以结合能谱分析，获得分析对象的成分信息，但是SEM只能表面成像而不能进行加工，这个不足之处局限了它的进一步应用。在推断故障原因的过程中，如果非破坏性方法查不出原因，就有必要采取破坏性的方法来筛选有问题的区域。一般情况下，金相切片是最简单有效的方法，但金相切片存在机械应力过大和精细定位困难等缺点，对微观缺陷的定点分析帮助有限，要解决这个难题，我们需要一种既能微观观察又能精细加工的技术。聚焦离子束（FIB）技术刚好可以同时满足这两个要求，它是将一束聚焦的离子在样品表面扫描，不仅可以表面成像，还可以对样品进行加工，特别是同时集成了电子束和离子束的双束系统，可以同时发挥SEM和FIB各自的优势来完成微区精准定位和精细加工，最终准确找到导致失效的根本原因。本节将详细介绍聚焦离子束技术，以及该技术在印制板及其组件失效分析中的应用情况。

4.9.1 聚焦离子束技术的基本原理

一般商用聚焦离子束技术采用液相金属镓（Ga）作为离子源，镓元素具有低熔点、低蒸汽压及良好的抗氧化性能。加热融化的镓源在电场作用下发生电离并可场发射，发射出来的离子通常可以加速到0.5 ~ 30keV的能量。聚焦离子束系统利用静电透镜将发射出来的镓离子聚焦并对样品表面进行扫描，离子束在扫描的过程中，会将样品表面的原子溅射出来，同时还会产生二次离子（SI）及二次电子（SE）。通过分析SI和SE信号，可以直接观察离子束轰击表面的变化，实时掌握样品表面加工情况。在双束系统中，离子束有3种主要功能：成像、切割和沉积/增强蚀刻。

（1）二次电子和二次离子信号都可以用来成像，二次电子像主要体现形貌衬度，二次离子像可以同时体现形貌衬度和取向衬度，一定程度上可以实现EBSD才能实现的结果。

（2）切割功能是通过高能离子束与样品表面原子之间的物理碰撞来实现的，镓离子可以通过透镜系统和光阑将离子束直径控制到纳米尺度，极细的离子束在图形发生器的控制下，按照指定的轨迹将样品表面的原子溅射出去，从而对样品进行精细的微纳加工。

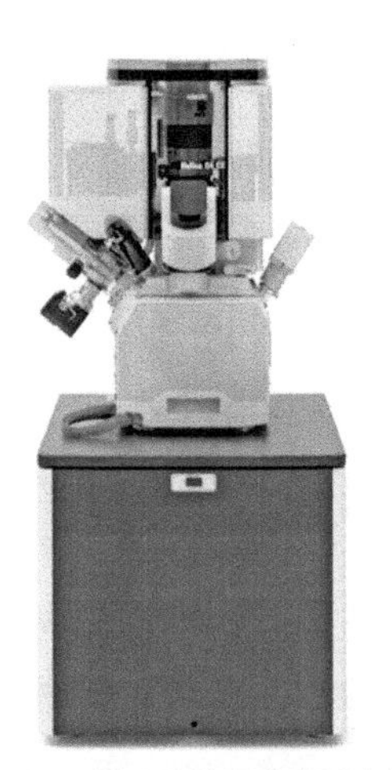

图4.68　某公司的聚焦离子束设备

（3）离子束与气体注入系统（GIS）结合起来可以实现沉积或增强蚀刻功能。将含有金属的有机前驱物加热成气态通过针管喷到样品表面，当离子或电子在该区域扫描时，金属部分会残留在扫描区域，这样可以沉积出设计好的图形，目前常用的前驱物可以沉积Pt、C、W、Au、SiO_2等。还有一类前驱物可以与离子束蚀刻掉的样品部分发生反应，减少再沉积现象，从而提高加工效率，这就称为气体增强蚀刻。某公司的聚焦离子束设备如图4.68所示。

4.9.2 聚焦离子束技术在电子组件失效分析中的应用

根据聚焦离子束技术的工作原理和特点，该技术在电子组件和工艺分析的应用主要有以下几个方面。

（1）截面切割表征分析。在金相切片制作过程中，经过反复研磨抛光后，切片表面会出现几微米厚的机械应力层，当我们需要观察纳米级的微观缺陷或测量纳米级的厚度，以及样品太小或机械切割取样困难时，一般的金相切片显然无法满足需求。通过聚焦离子束切割，切割面形貌不会受到机械应力破坏，从而在最大程度上保留了截面的本来形貌，有助于我们做出准确的分析判断。图4.69是用聚焦离子束加工后观察基材表面镀层的案例。由于基材表面镀层不连续，所以导致基材氧化失效。图4.70是用聚焦离子束加工焊接界面后观察柯肯达尔空洞的案例。由于焊接界面两端材料的热扩散速率不一致，导致热扩散速率较快的材料一侧容易出现柯肯达尔空洞，大量柯肯达尔空洞的出现会降低焊接界面材料连接强度，极大地增加了焊点开裂的风险。图4.71是用聚焦离子束加工后观察表面镀金层厚度的案例。均匀连续的镀金层能较好地防止基材氧化失效，使用切片检查金层连续性是常用的手段，然而金比较软，用传统的切片手段观察时极易出现延展，当使用聚焦离子束加工时，可以避免金发生延展。

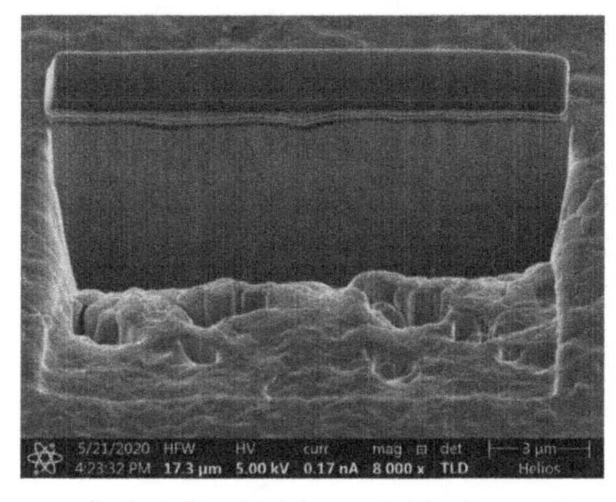

（a）聚焦离子束加工后整体形貌

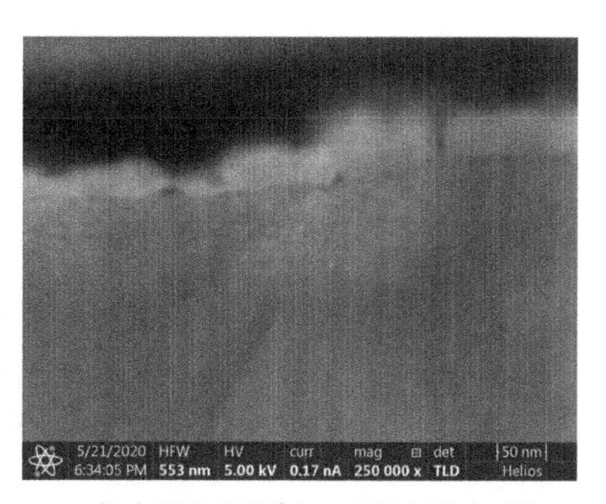

（b）聚焦离子束加工后局部放大形貌

图 4.69　基材表面镀层

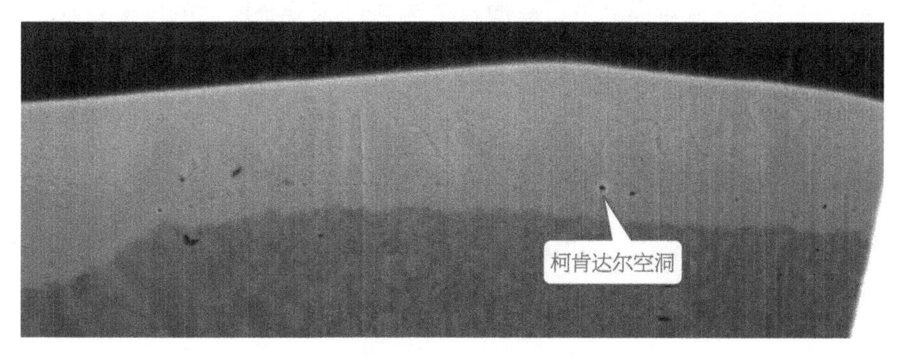

图 4.70　柯肯达尔空洞

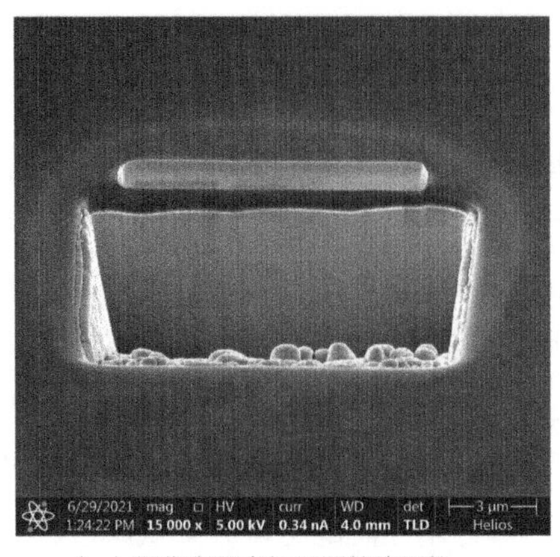

（a）聚焦离子束加工后整体形貌

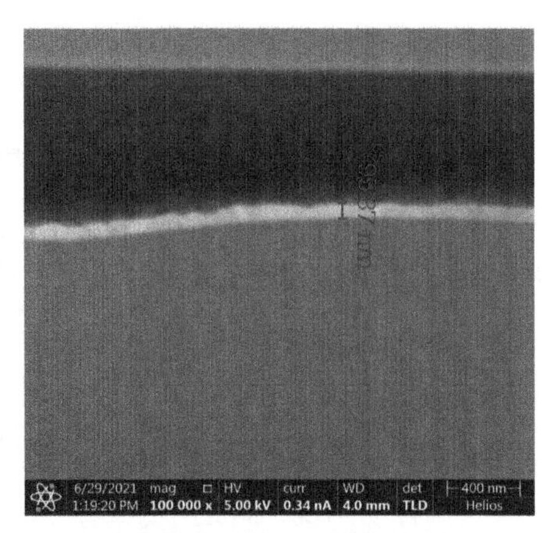

（b）聚焦离子束加工后局部放大形貌

图 4.71 表面镀金层厚度

（2）TEM样品制备。当失效位置小到SEM也无法清楚表征时，就需要借助分辨率更高的观察设备。TEM是目前微观分析领域分辨率最高的设备，然而TEM制样是整个试验过程中最重要的环节，传统的TEM样品制备包括切割、研磨、减薄等步骤，不仅费时费力，成功率低，而且很难做到精确定位，然而借用双束聚焦离子束可以边加工边观察，相对于传统TEM样品制备过程，不仅加工精度高，而且速度快。双束聚焦离子束已成为TEM样品制备的最重要方法之一。

图4.72简要介绍了使用双束聚焦离子束加工TEM样品制备流程。

第一步，在样品感兴趣位置的两侧挖槽并对两侧修边，见图4.72（a）；

第二步，对样品进行U形切，确保底部断裂，见图4.72（b）；

第三步，伸入Easylift，将样品与探针相焊接，并将样品切断，使其与基底分离，见图4.72（c）；

第四步，将粗切出来的样品靠近铜网，并利用沉积Pt，将样品焊接在铜网上，见图4.72（d）；

第五步，使用低电流对样品进行减薄直至达到TEM观察所需的厚度要求，见图4.72（e）；

第六步，使用低电压对样品表面进行去非晶处理，减少表层非晶和污染物对TEM观察的影响，见图4.72（f）。

根据样品位置以及所需要观察的方向不同，双束聚焦离子束加工TEM样品可以分为Top Down、Invert和Plane View三种模式，区别在于样品从基底提取的方向和粘铜网方向不一样，最终都需要将样品减薄到适合TEM观察的尺寸。

除以上列举的常用分析方法外，聚焦离子束还可以用于原子探针样品制备（过程类似TEM样品制备）、离子注入改性、三维重构分析、芯片修补、电路编辑和微纳结构制备等领域。随着设备技术的发展，聚焦离子束技术将会应用于越来越多的失效分析领域。

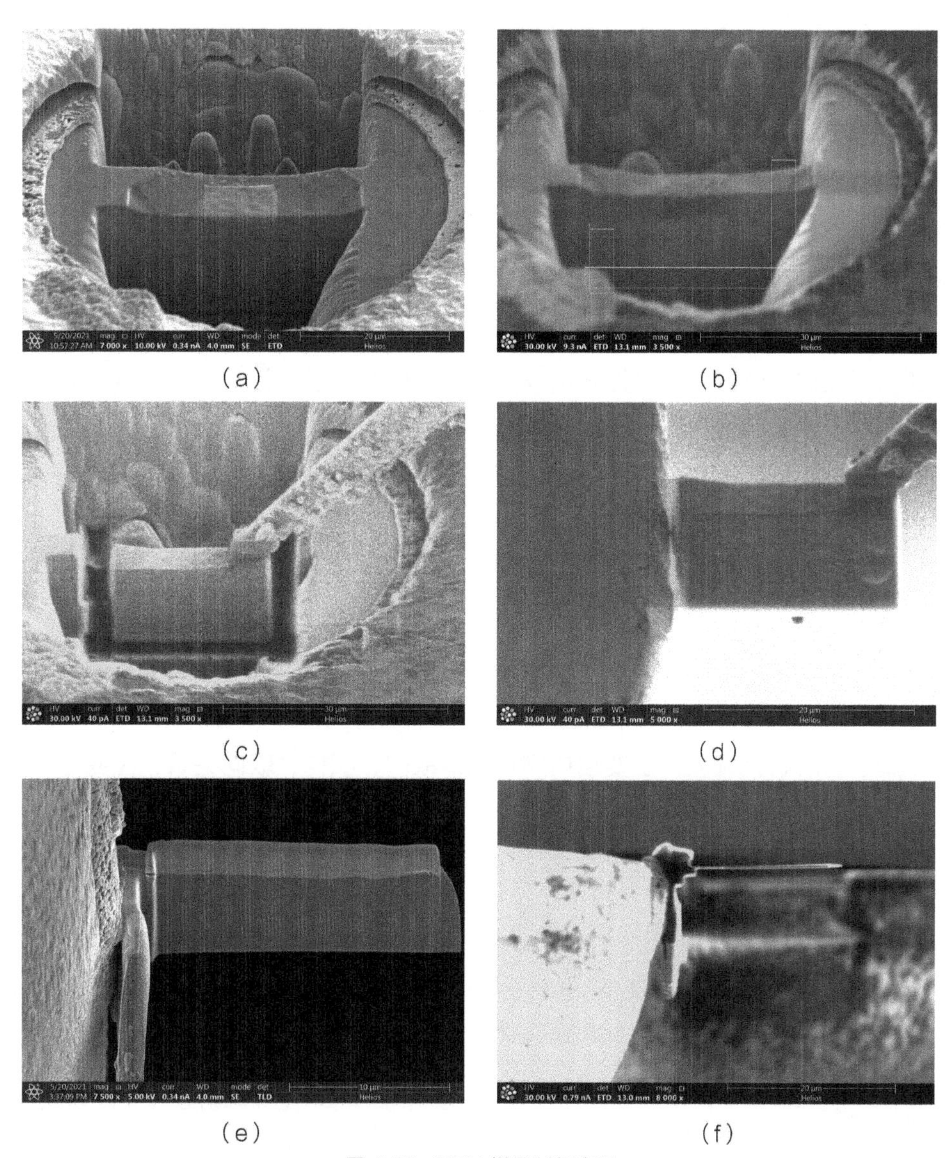

图 4.72　TEM 样品制备流程

4.9.3　结束语

以上讨论了聚焦离子束技术的概念和原理，重点阐述了其在电子组件失效分析中的应用案例。聚焦离子束技术已被广泛应用在失效分析工作中，它已成为微纳分析不可替代的手段之一。双束聚焦离子束技术还有许多功能没有充分应用，相信随着技术的发展，聚焦离子束技术作为一种全新的技术，将给我们的分析工作带来更广阔的思路和更有价值的信息。

4.10 电子背散射衍射技术及其在工艺分析中的应用

随着电子产品不断朝着高密度、小型化、轻型化、多功能和高可靠性方向发展，越来越多的新材料和新工艺得到应用，电子产品研制和使用过程产生的失效故障也越来越复杂。失效分析作为提高产品可靠性的关键手段，也面临着越来越严峻的挑战，必须开发和利用更新、更先进的分析技术来提升和改善失效分析的质量和效率。电子背散射衍射技术的出现，弥补了失效分析在晶体结构等微区分析方面能力的不足。本节将详细介绍电子背散射衍射技术的基本原理和基本功能，及其在电子组装工艺分析中的典型应用。

4.10.1 电子背散射衍射技术的基本原理

电子背散射衍射（Electron Backscattered Different，EBSD）技术通过自动标定背散射衍射花样，测定样品表面的晶体微区取向，主要用于观察样品的晶体结构。EBSD技术已经广泛应用于材料研究领域，主要包括测定晶体取向、织构、取向关系、应变分布、晶格常数、物相鉴定及晶界性质研究等方面。由于电子组装工艺涉及大量的材料及其工艺过程，因此，EBSD技术可以在工艺可靠性研究和分析方面发挥重要作用。

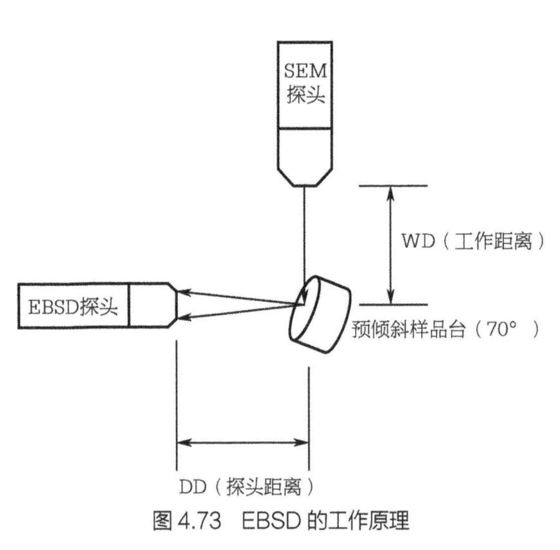

图4.73 EBSD的工作原理

EBSD探头作为配件安装在扫描电子显微镜（SEM）上，EBSD的工作原理如图4.73所示。高能电子束入射到倾斜（70°）样品表面时发生散射，产生的背散射电子部分符合布拉格衍射条件，在EBSD探头中形成菊花带（电子背散射衍射花样），通过相机采集最终传递到计算机进行图像处理，得到各种晶体信息。

扫描电镜-能谱分析（SEM-EDS）是稳定固体样品微区成分分析中最基本、最方便快捷及准确可靠的分析手段之一，但在电子信息产业蓬勃发展，新材料、新工艺不断涌现的情况下，扫描电镜-能谱分析的局限性日益显现，电子背散射衍射技术的出现，为晶体结构分析打开了一扇门。电子背散射衍射技术通常可以配合能谱仪（EDS）一起使用，可同时对样品进行晶体结构分析及化学成分分析，为失效分析提供更为精确的定位及机理分析证据。

与其他微观分析手段相比，电子背散射衍射技术的应用优势主要体现在三个方面：第一，能获得较高的空间分辨率；第二，晶体显微成像，可以对块状样品的表面逐点进行晶体学分析，获得晶体织构、晶体取向及晶界特性等的分布信息，可以定性和定量地表征材料的显微织构；第三，分析速度快。

电子背散射衍射技术是目前晶体结构分析领域内最全面、最准确的分析手段之一，但其制样却是一大难题，也是电子背散射衍射技术数据采集过程中最关键的步骤。针对印制板，常用的制样方法是采用环氧树脂固封，以金相制样的形式进行研磨、抛光，最终得到一个平整的截面，而研磨抛光因会有残余应力的存在，表层晶体信息受到破坏，影响材料结晶形态的分析效果。针对该问题，建议在有条件的情况下，可以采用离子束抛光处理，离子束不存在应力作用，可以在去除表面受损部分的晶体结构后得到一个表面晶体信息完整的截面，有利于在电子背散射衍射技术数据采集过程中获取准确完整的晶体信息。而针对不同材料，电子背散射衍射技术制样处理的方式有所不同，这需要技术人员反复试验摸索。针对大部分印制板及其组件样品，金相切片搭配离子研磨进行制样较为快速有效。

4.10.2　电子背散射衍射技术的基本功能

电子背散射衍射花样数据主要分为五部分，分别是织构及取向差分析、晶粒尺寸及形状的分析、晶界亚晶及孪晶性质的分析、相鉴定及相比计算、应变测量。其中复杂的数据处理主要是用于材料物性研究，而针对失效分析，一般只需要获得晶粒信息即可。

1. 晶粒尺寸

晶粒尺寸是晶体信息中最常用的数据之一，通过电子背散射衍射技术的采集可以获得菊池带衬度图（见图4.74），可以把所有晶粒（小晶粒及孪晶除外）直观地展示出来。利用软件处理数据可以获取每个晶粒的直径、面积、角度等信息（见图4.75）。晶粒尺寸决定材料本身的性质，晶粒大脆性高，晶粒小韧性好。一般情况下，晶粒越细小，力学性能也越好。这是因为晶粒越小，晶界越多。晶界处的晶体排列是非常不规则的，晶面犬牙交错，互相咬合，因而加强了金属间的结合力。针对生产过程中对材料晶粒尺寸的把控，可以用电子背散射衍射技术对不同电子工艺条件下的样品进行分析，从而找到最佳的组装工艺条件。

2. 晶体取向

晶体取向也是备受关注的晶体信息之一。在一般多晶体中，每个晶粒都存在不同于相邻晶体的取向。从整体看，所有晶粒的取向都是任意分布的。在某些情况下，晶体的晶粒在不同程度上围绕某些特殊的取向排列，称为择优取向或织构。针对材料本身选择合适的取向排列对于生产商而言无疑是重点，这同样需要进行大量的实验，利用电子背散射衍射技术去验证才能得到最佳的生产条件，如回流焊的工艺参数，从而提高产品可靠性。

图 4.74　菊池带衬度图

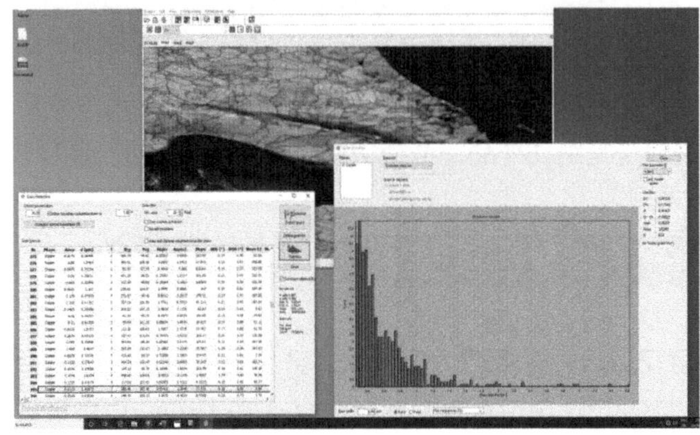

图 4.75　晶粒数据图

图4.76（a）为印制板盲孔的晶粒取向分布图，图4.76（b）是其对应的ND（法向）方向反极图，红色表示晶粒对应的法向方向平行于[001]方向，蓝色和绿色分别表示晶粒对应的法向方向平行于[111]和[101]方向。因此，可以根据每个晶粒的颜色确定其取向，把微观的组织结构和取向特征对应起来。

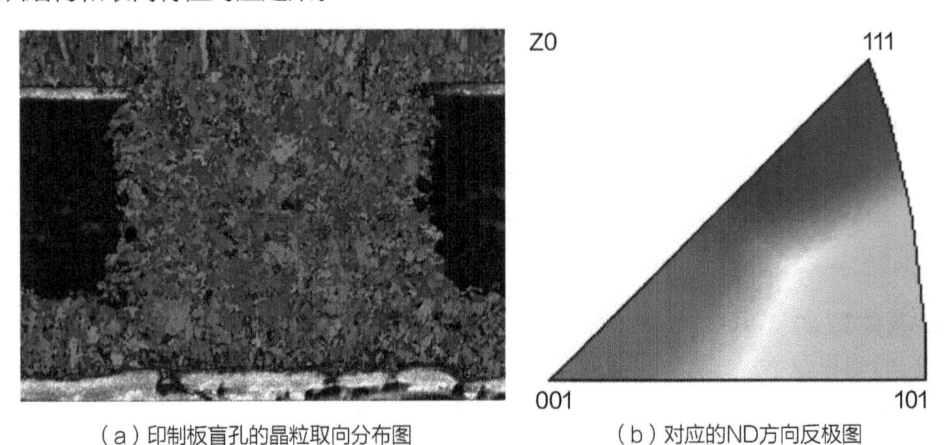

（a）印制板盲孔的晶粒取向分布图　　（b）对应的ND方向反极图

图 4.76　印制板盲孔的晶粒取向分布图及其 ND 方向反极图

通过晶粒取向我们可以区分晶粒，通过该方法可以判断开裂模式，沿晶开裂属于脆性开裂，裂纹两侧是取向差异较大的两个晶粒（见图4.77）；而穿晶开裂是应力过大导致的，裂纹两侧是取向差异较小的两个晶粒（见图4.78）。因此，对裂纹萌生与晶粒取向的关系，以及应力来源的分析，可以为查找失效原因提供非常好的帮助。例如，过应力导致的焊点开裂，通常需要改进焊点的设计或另外增加补强措施，仅靠改进工艺已经于事无补。

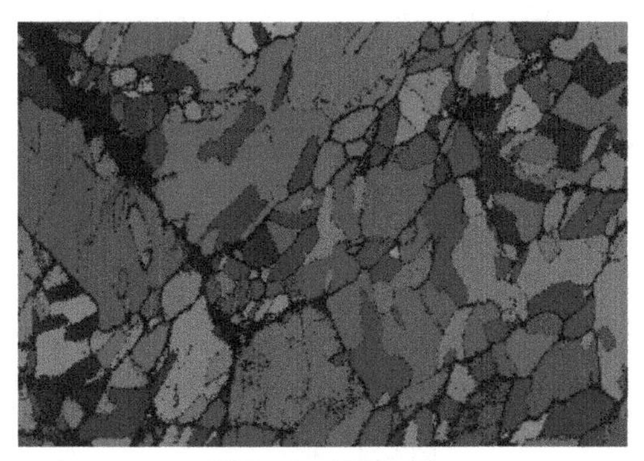

图 4.77 沿晶开裂

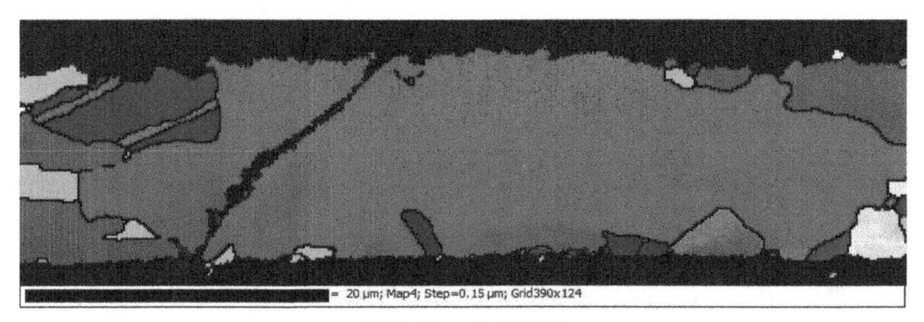

图 4.78 穿晶开裂

3. 晶界

晶界是指两个空间位向不同的相邻晶粒之间的晶面（区别单晶体与多晶体的主要特征）。晶界根据晶粒间错配角可区分为大角度晶界、小角度晶界、亚晶界等。用电子背散射衍射技术可以直接获得相邻晶体之间的取向差，从而测得晶界两边的取向。

晶界对变形存在阻碍作用，晶粒越细，晶界越多，位错运动的阻力越大，而且晶界多，变形均匀性提高，由应力集中导致的开裂机会减少，可承受更大的变形量，强度高，表现出高塑性。图4.79为纯金的晶界图，5° ~ 20° 的晶界用黄色表示，大于20° 的晶界用红色表示。

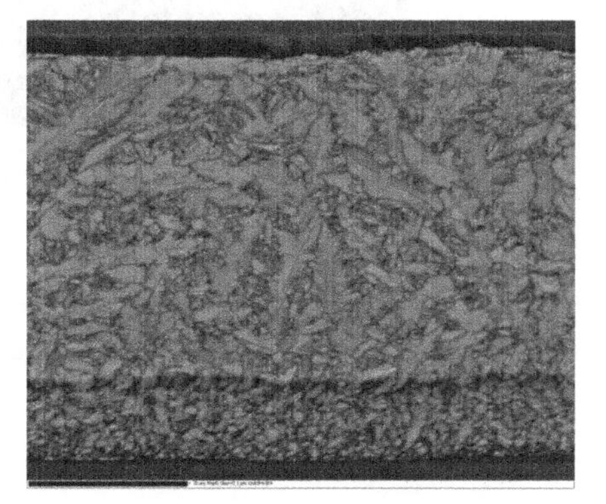

图 4.79 纯金的晶界图

4. 相鉴定

物相是物质中具有特定的物理化学性质的结构。同一元素在一种物质中可以以一种或多种化合物状态存在。电子背散射衍射花样包含晶系（立方、六方等）对称性的信息，晶面和晶带轴间的夹角与晶系种类和晶体的晶格参数相对应，这些数据可用于电子背散射衍射技术相鉴定。

图4.80是相分布图，根据晶体结构的不同进行区分，红色代表铜、蓝色代表Cu_6Sn_5、绿色代表银三锡、黄色代表锡。电子背散射衍射技术能够区分不同结构的物质，相对能谱的面扫图更为直观，可以更加方便地支持电装焊接工艺的优化。

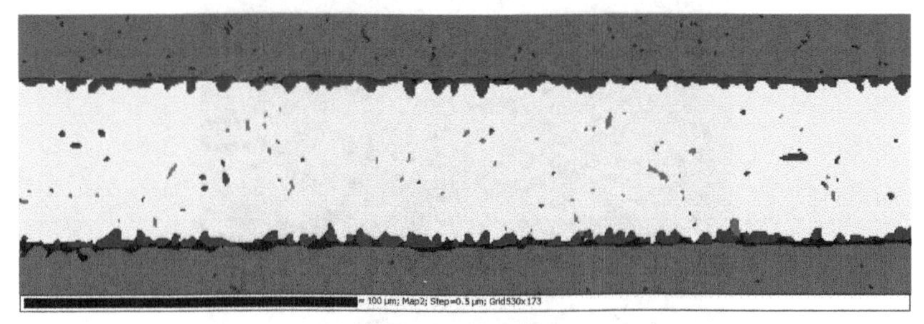

图4.80 相分布图

5. 应力应变

材料中微米级微区范围内的应力和应变状态常被用来解释宏观材料的失效行为。目前的常规技术都难以实现数微米范围内的应力应变测试和分析。电子背散射衍射技术是近年来新发展的可用于微区应力应变状态分析的有力手段。应力的程度通过用蓝色到红色表示塑性变形由弱到强的程度。图4.81是挠性板开裂铜线的应力分布情况。应力过大的地方往往就是裂纹萌生的开始之处，对于设计改进或工艺优化非常有帮助。

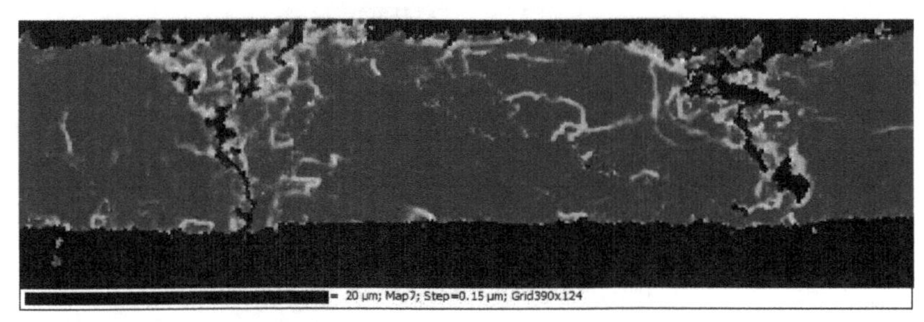

图4.81 挠性板开裂铜线的应力分布情况

4.10.3 经典案例——疲劳开裂

某公司送检样品大引脚继电器焊点存在开裂现象，该公司产品运行2年多陆续出现交流滤波板继电器引脚焊锡开裂或出现焊料缺失的情况。对板面焊点进行外观检查，未发现明显开裂痕迹，部分焊点存在补焊的情况，将板面继电器焊点进行金相切片处理，用离子研磨技术处理切片使焊点截面晶体结构良好保持原样，便于用电子背散射衍射技术进行分析。对焊点进行SEM+EBSD分析，发现大引脚继电器焊点普遍存在粗化、空洞、开裂的情况。裂纹属于沿晶开裂，且组织较为粗大，引脚焊点开裂属于典型的疲劳开裂（见

图4.82）。根据这一结果，可以进一步查找疲劳的原因是机械疲劳还是热疲劳，再采取设计改进，以避免类似早期失效问题的产生。

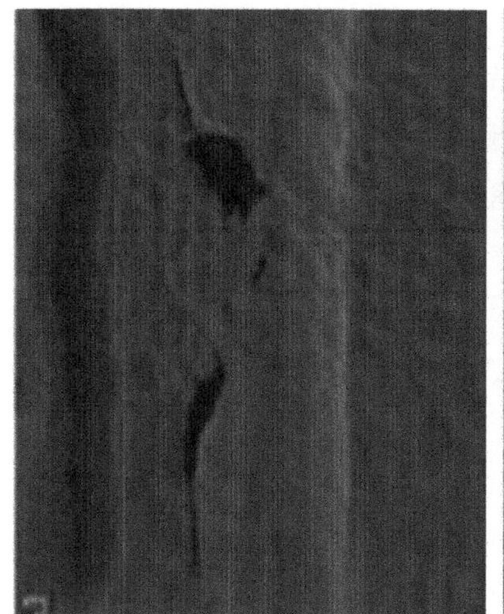

（a）引脚焊点SEM图

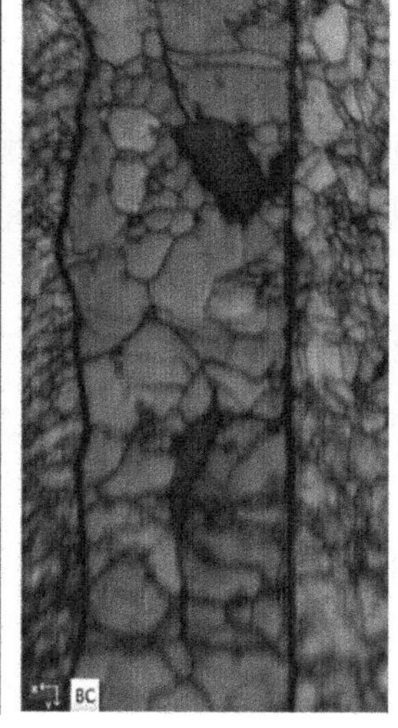

（b）引脚焊点菊池带衬度图

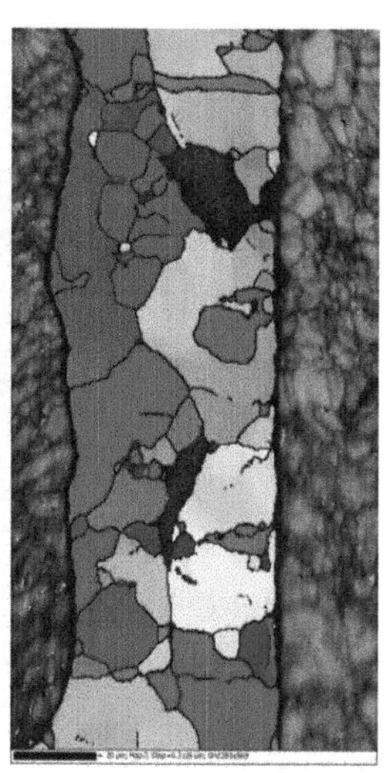

（c）引脚焊点菊池带衬度图+晶粒取向分布图

图 4.82　典型的疲劳开裂

4.10.4　结束语

本节介绍了电子背散射衍射技术的基本原理、基本功能及其典型应用。在微区晶体结构的分析领域，电子背散射衍射技术具有独特的优势和应用价值。微区显微分析是电子产品和材料失效分析的常用手段。随着科学技术的不断发展，在未来精密制样和微纳分析领域，电子背散射衍射技术将会得到更加广泛的应用，在工艺分析方面也会大有作为。

4.11　硫化腐蚀试验及其在 PCBA 可靠性评估中的应用

随着现代社会工业化的飞速发展，某些环境日益恶化，大气中的硫含量有明显升高的趋势，二氧化硫、硫化氢和硫酸盐等腐蚀性物质漫布于工业区、交通干道，甚至居民区等环境中，促使近年来电子产品的硫化腐蚀概率不断升高。如何评价和改进电子产品的防硫化腐蚀能力，确保相关电子产品及其零部件的可靠性，成为了业内广泛关注的议题。本节对硫化腐蚀的主要反应机理进行归纳，并总结当前主流的硫化腐蚀试验方法，同时介绍硫化腐蚀试验在PCBA可靠性评估中的若干应用，为业界研制PCBA防硫化提供有效措施和参考意见。

4.11.1 硫化腐蚀反应机理

电子组件中含有大量的铜（Cu）、银（Ag）、铝（Al）等对硫敏感的金属，这些金属被含硫物质腐蚀的反应机理主要有三种，分别为直接硫化反应、酸性腐蚀、电化学腐蚀。

（1）直接硫化反应，如单质硫、硫化氢直接和银等金属发生反应：

$2Ag+S \rightarrow Ag_2S$

$4Ag+2H_2S+O_2 \rightarrow 2Ag_2S+2H_2O$

（2）酸性腐蚀，如在水分和氧气的参与下，二氧化硫转变成硫酸，并对铝等金属造成腐蚀：

$2SO_2+ 2H_2O+ O_2 \rightarrow 2H_2SO_4$

$2Al+ 3H_2SO_4 \rightarrow Al_2(SO_4)_3+3H_2$

（3）电化学腐蚀，如潮湿条件下硫化氢对铜等金属的腐蚀反应：

H_2S 遇水电离：$H_2S \rightarrow S^{2-}+2H^+$

阳极反应：$Cu \rightarrow Cu^{2+}+2e^-$

阴极反应：$2H^++2e^- \rightarrow H_2$

阳极产生的Cu^{2+}和S^{2-}反应：Cu^{2+} $S^{2-} \rightarrow CuS$

硫化腐蚀示例如图4.83和图4.84所示。

面电极生成硫化银支晶

Element	wt%	at%
CK	09.29	34.30
OK	02.73	07.58
SK	22.50	31.24
AgL	65.39	26.88

图 4.83 贴片电阻的硫化腐蚀失效及其面电极切片的 SEM&EDS 结果

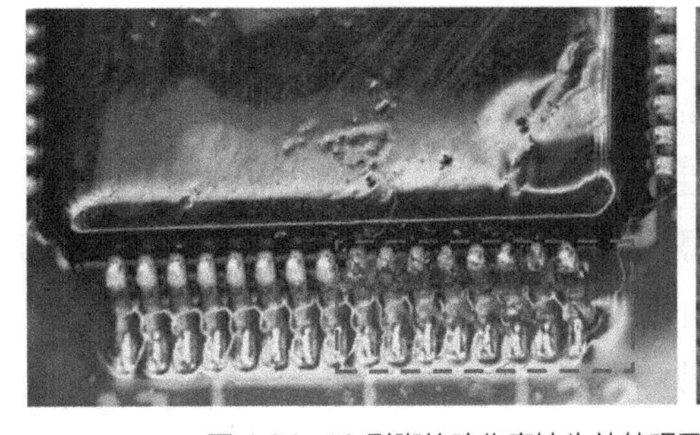

Element	wt%	at%
CK	10.64	33.06
OK	01.07	02.49
CuL	66.47	39.05
SK	21.82	25.40

图 4.84 IC 引脚的硫化腐蚀失效外观及其腐蚀位置的 SEM&EDS 结果

4.11.2　常用的硫化腐蚀试验方法

为了评估电子组件产品或防护材料的耐硫化能力，以及选择更耐硫化的元器件或材料和工艺，就需要进行硫化腐蚀试验。常用的硫化腐蚀试验方法有三种：混合气体腐蚀试验、干式蒸硫粉试验、湿式蒸硫粉试验。

1. 混合气体腐蚀试验

混合气体腐蚀试验主要用于考察电子组件在一定温度、湿度条件下对H_2S、SO_2、NO_2、Cl_2四种气体的防护能力，一般是依据GB/T 2423.51《电工电子组件环境试验 第2部分：试验方法 Ke：流动混合气体腐蚀试验》或IEC 60068-2-60 *Environmental Testing - Part 2-60：Tests - Test Ke：Flowing Mixed Gas Corrosion Test*[1、2]，在混合气体腐蚀试验箱中对样品进行试验，混合气体腐蚀试验条件如表4.4所示。

表4.4　混合气体腐蚀试验条件[1]

试验参数	方法1	方法2	方法3	方法4
H_2S（10-9vol/vol）	100±20	10±5	100±20	10±5
NO_2（10-9vol/vol）	—	200±50	200±50	200±20
Cl_2（10-9vol/vol）	—	10±5	20±5	10±5
SO_2（10-9vol/vol）	500±100	—	—	200±20
温度/℃	25±1	30±1	30±1	25±1
相对湿度/%RH	75±3	70±3	75±3	75±3
实验气体每小时体积更换数	3 ~ 10	3 ~ 10	3 ~ 10	3 ~ 10

单纯考察电子组件的防硫化腐蚀能力时，一般采用方法1进行试验；当电子组件的服役环境比较复杂时，可依据环境的复杂性及恶劣程度采用方法2至方法4进行试验，需要注意的是，在H_2S 存在的条件下，NO_2和Cl_2分别能与之反应生成硝酸（HNO_3）及盐酸（HCl）等强酸，会加速电子元器件的腐蚀速率[3]。

2. 干式蒸硫粉试验

干式蒸硫粉试验主要用于考察电子组件在较低湿度条件下对硫及其衍生物的防护能力，具体的试验方法为：选择一密闭容器，在其底部加入一定量的升华硫粉，在其中部悬挂样品，然后密闭容器并将容器置于高温箱中进行试验（典型的试验条件为：2.5 ~ 3.0g 硫粉/L，50 ~ 105℃）。本方法适用于服役环境干燥、温度较高的电子组件的防硫化腐蚀评价。

3. 湿式蒸硫粉试验

湿式蒸硫粉试验主要用于考察电子组件在高温、高湿条件下对硫及各种含硫化合物的防护能力，可参考ASTM B809 *Standard Test Method for Porosity in Metallic Coatings by Humid Sulfur Vapor*（"*Flowers -of- Sulfur*"）进行试验，即在一真空干燥器底部加入一定量的饱和硝酸钾溶液，并将盛有足量的升华硫粉的玻璃培养皿悬浮于溶液表面或置于底部隔板上，采用支架将样品悬挂于干燥器中部，要求样品距离硫粉或溶液至少75mm，距离干燥器内壁至少25mm，样品间距至少10mm，然后将干燥器置于高温箱中进行试验，如图4.85所示。典型的试验温度为50 ~ 105℃，试验温度越高，内部的湿度越高，化学环境越恶劣，腐蚀效果越强。考察金属镀层的孔隙率能力时，一般采用50℃进行试验；考察三防材料的防硫化腐蚀效果时，则采用85℃进行试验；而考察电阻等元器件的耐硫化腐蚀能力时，则采用105℃进行试验。

湿式蒸硫粉试验的内部化学环境复杂，包括高浓度单质硫、二氧化硫、硫化氢、硫酸盐及各类含硫化合物等，当试验温度为105℃时，其内部湿度可达98%RH以上，硫化腐蚀环境相当恶劣，适用于服役环境苛刻或具有高可靠性要求的电子组件或元器件的防硫化腐蚀评价。

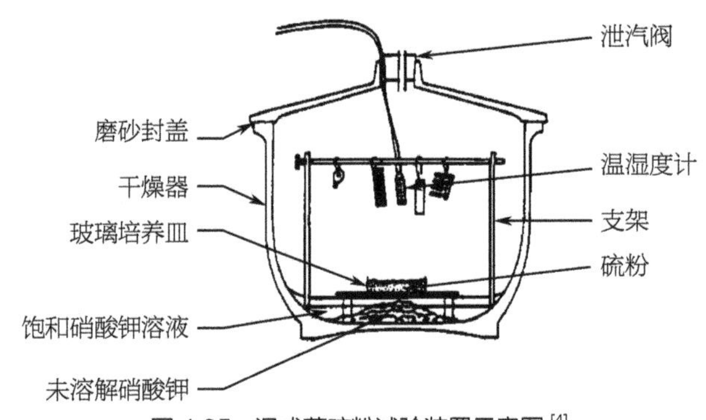

图 4.85 湿式蒸硫粉试验装置示意图[4]

一般而言，在试验温度相近的前提下，上述方法的硫化腐蚀严苛程度从高到低排序分别为：湿式蒸硫粉试验、干式蒸硫粉试验、混合气体腐蚀试验（方法1）。但也存在例外，如有的元器件对湿度敏感，有的元器件对湿度不敏感，则会导致元器件在干和湿两种试验环境下表现出截然相反的防硫化腐蚀能力。我们曾遇到过一个案例，不同厂家生产的同等级防硫化电阻（A电阻和B电阻）在外场服役时，发现A电阻的失效率极高，而B电阻的失效率却很低，经过控制不同湿度对两种电阻进行蒸硫粉试验，发现A电阻在高湿条件下硫化腐蚀失效率很高，低湿条件下却很低；而B电阻在高湿条件下硫化腐蚀失效率较低，在低湿条件下失效率明显增高（见表4.5），这说明元器件的防硫化腐蚀能力与其所用材料息息相关，在不明确元器件的防护性能及条件时，建议对元器件在不同湿度条件下的防硫化腐蚀能力进行评估。

表4.5　同等级防硫化电阻经不同湿度蒸硫粉试验后的失效率比较

序号	试验条件	A电阻失效率	B电阻失效率
1	105℃ /98%RH	100%	1.5%
2	105℃ /52%RH	0.1%	31%
3	105℃ /30%RH	0%	50.5%

4.11.3　硫化腐蚀试验在 PCBA 可靠性评估中的应用

由于在某些应用场景中PCBA由于硫化引起的失效或故障越来越多，因此，为了确保PCBA的应用可靠性，需要在研制阶段就对PCBA及其元器件和材料的耐硫化性能做评估。在PCBA的可靠性评估中，硫化腐蚀试验的应用主要有3个方面：硫化风险位置的暴露、三防涂料的防硫化优选、元器件的防硫化能力评价等。

1. 硫化风险位置的暴露

先对PCBA进行硫化腐蚀试验，再对PCBA进行外观检查和功能测试，可以暴露PCBA的硫化腐蚀风险位置，图4.86中展示了PCBA上常见的3种易被硫化腐蚀的位置：①的腐蚀位置为元器件引脚的弯折处，该处为应力集中位置，镀层容易开裂破损而露出基材，因而易受硫化腐蚀；②的腐蚀位置为元器件的焊盘边缘，若焊料无法完全覆盖焊盘，则焊盘的裸铜位置容易被硫化腐蚀；③的腐蚀位置为金手指周边，由于金手指制作工艺的问题，其截面位置均无金镀层覆盖，因此金手指周边的截面位置易受硫化腐蚀。通过硫化腐蚀试验提前暴露PCBA的腐蚀风险，可以有效地为PCBA的防硫化腐蚀提供改进方向。

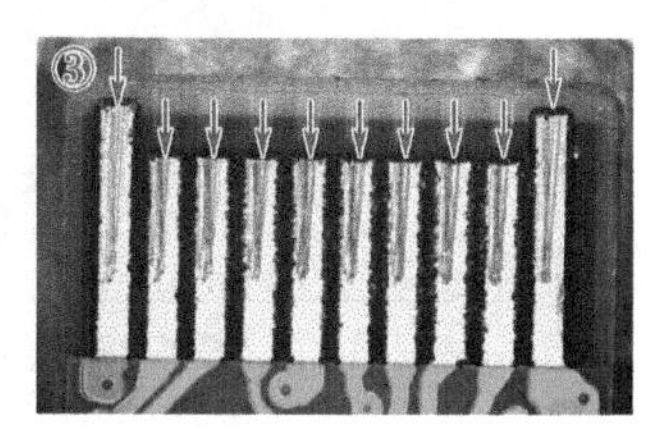

图 4.86　PCBA 上常见的 3 种易被硫化腐蚀的位置

2. 三防涂料的防硫化优选

采用三防涂料对PCBA进行涂覆，是目前性价比最高的一种防硫化方式，但并非所有的三防涂料都具有良好的防硫化效果。目前，市面上三防涂料的种类繁多（如有机硅、丙烯酸、聚氨酯、醇酸树脂等），合成路径及改性方法各不相同，通过对比试验，我们发现不同材质的三防涂料的防硫化效果具有较大差异（见图4.87），相同材质但不同品牌的三防涂料的防硫化效果也不尽相同（见图4.88）。一般而言，聚氨酯三防涂料的防硫化效果相对较好，但仅通过材质来判断三防涂料的防硫化能力是不充分的，不同制造商的工艺水平与配方，以及使用方法都可能对防硫化效果有不同的影响。因此，建议在实际应用过程中，先依据需求选择几款性能达标的三防涂料，再通过硫化腐蚀试验优选出一款三防涂料进行应用。

3. 元器件的防硫化能力评价

采用防硫化元器件可以有效提高元器件的防硫化能力，但投入的成本必然会比较高；即使选用的不是防硫化的元器件，不同供应商之间的产品也会有差异。为降低物料成本，同时保障电子组件具有足够的防硫化性能，在考虑兼容性的前提下，可以采用不同等级的元器件和不同型号的三防涂料进行硫化腐蚀正交试验，进而优选出性价比最高的元器件及三防涂料组合，表4.6为不同型号及等级电阻与不同三防涂料的硫化腐蚀正交试验结果，通过表中的数据可知，使用6#三防涂料进行防护，B和D品牌的普通0603电阻也可获得良好的防硫化效果。如果6#三防涂料的价格可接受，则使用普通电阻代替防硫电阻无疑可以节约成本，而PCBA防硫化的可靠性也同样可以得到保证。

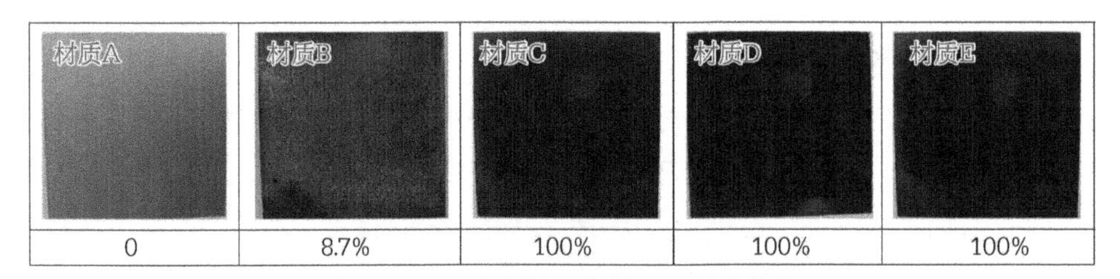

图 4.87　不同材质的三防涂料的防硫化效果

（注：涂覆铜片，湿式蒸硫粉试验 120h；图片下面的数字代表腐蚀的程度）

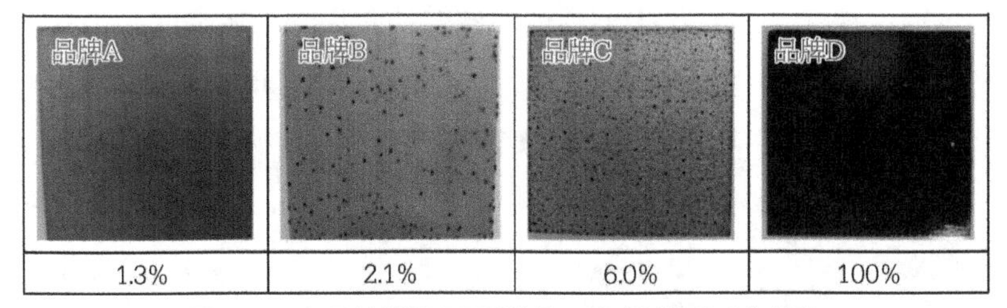

图 4.88　相同材质但不同品牌的三防涂料的防硫化效果

（注：涂覆铜片，湿式蒸硫粉试验 120h；图片下面的数字代表腐蚀的程度）

表4.6　不同型号及等级电阻与不同三防涂料的硫化腐蚀正交试验结果

电阻型号	涂覆状态							
	1#三防涂料	2#三防涂料	3#三防涂料	4#三防涂料	5#三防涂料	6#三防涂料	总计	电阻失效率
A普通0603	25	25	25	25	24	24	148	98.7%
B普通0603	25	11	3	1	8	0	48	32.0%
C普通0805	25	6	9	1	4	1	46	30.7%

（续表）

电阻型号	涂覆状态							
	1#三防涂料	2#三防涂料	3#三防涂料	4#三防涂料	5#三防涂料	6#三防涂料	总计	电阻失效率
D普通0603	10	17	7	10	1	0	45	30.0%
A防硫0603	1	0	0	0	0	0	1	0.7%
B防硫0805	0	0	0	0	0	1	1	0.7%
C防硫0805	0	0	0	0	0	0	0	0.0%
D防硫0603	0	0	0	0	0	0	0	0.0%
总计	86	59	59	44	37	26	289	—
样板失效率	43.0%	29.5%	29.5%	22.0%	18.5%	13.0%	—	—

注：每个正交组合的电阻试验量为 25 只，表中每个组合所对应的数字为试验完成后该组合的电阻失效数量。

4.11.4 结束语

随着电子组件向高度集成化和高可靠性的方向发展，以及应用场景环境污染恶化，防硫化腐蚀将成为各厂家不得不面对的一项重要课题，特别是硫化风险高的电网设施、通信基站、汽车电子及轨道交通电子。为保障产品在服役过程中不发生硫化腐蚀失效，需要从研发、设计、选材、工艺验证及质量管控等方面引入防硫化措施或考察项，包括研发设计时对元器件和材料的选择、结构设计、供应商的选择评估、三防工艺优化与验证，以及材料的质量一致性保证等防硫化的措施和手段，以不断提高产品在恶劣服役环境条件下的长期可靠性。

参考文献

[1] 李岩，朱建华.混合流动气体腐蚀试验探讨[J].电子质量，2012（06）：58-60+63.

[2] 全国电工电子产品环境条件与环境试验标准化技术委员会. 环境试验　第2部分：试验方法　Ke：流动混合气体腐蚀试验：GB/T 2423.51—2020[S]. 北京：中国标准出版社，2020:12.

[3] Environmental Testing - Part 2-60: Tests - Test Ke: Flowing Mixed Gas Corrosion Test: IEC 60068-2-60—2015[S].

[4] Standard Test Method for Porosity in Metallic Coatings by Humid Sulfur Vapor (“Flowers -of- Sulfur”): ASTM B809—2013[S].

4.12 有限元仿真及其在电子组装工艺可靠性工程中的应用

仿真科技作为信息时代除理论推导和科学试验外的第三门新型科研方法，其技术及相关产品广泛应用于工业产品的研究、设计、开发、测试、生产、使用等各个环节。随着数值计算方法的发展与完善，以及计算机技术的突飞猛进，各种针对电子组装的热–结构耦合分析的软件也大量涌现出来。有限元仿真是电子组装工艺可靠性分析最为常用的数值方法，通过建立有限元模型，可以对电子组装制造工艺过程和各种振动、温度和湿度等工作环境进行模拟分析，分析它对工艺过程及其产品的影响。大量研究和应用表明，以有限元分析为代表的仿真技术是电子组装工艺可靠性研究的有效工具，将仿真技术应用于电子组装工艺可靠性分析，可以对电装工艺进行优化设计、工艺参数优化、互连可靠性评价、失效根因分析，为改进电子组件质量和互连可靠性提供科学依据，减少对高昂成本的实验的依赖，实现电子组装的高效性和经济性。

4.12.1 有限元仿真分析流程

有限元仿真分析流程一般包含三个主要步骤：前处理、加载及求解、后处理，如图4.89所示。

前处理是指建立几何模型，包括定义单元特性、网格划分、定义边界条件等内容。

加载及求解是指根据工程问题背后的物理基础确定分析类型，如线性静力分析、动态分析、非线性分析、热分析、流场分析、电磁场分析、翘曲分析等，加载方式包含自由度DOF、面载荷（包括线载荷）、体积载荷、惯性载荷等。

对计算结果进行后处理，可输出包含变形图、结果云图、等值线图、矢量图等分析结果。以ANSYS分析软件为例，后处理分析通常包含通用后处理（POST1）和时间历程后处理（POST26），通用后处理用来分析展示整个模型在某一时刻的结果，时间历程后处理用来分析和展示模型在不同时间段或载荷步上的结果，常用于处理瞬态分析和动力学分析的结果。

图4.90所示为基于有限元仿真的典型BGA器件板级组装焊点热循环评价仿真流程。

（1）实体模型构建：根据实际组件（包含BGA器件、PCB、焊点等）的结构和封装尺寸构建实体模型，简化模型包括模压树脂、Si芯片、基板、Cu焊盘、焊点阵列和PCB结构。

（2）有限元模型构建：根据分析对象中各组成部分材料本构特性选择不同单元类型进行模型网格划分，如弹性材料（模压树脂、Si芯片、封装基板、Cu焊盘及PCB结构）的单元类型为SOLID45单元，焊点材料选用黏塑性适用单元——SOLID185单元。

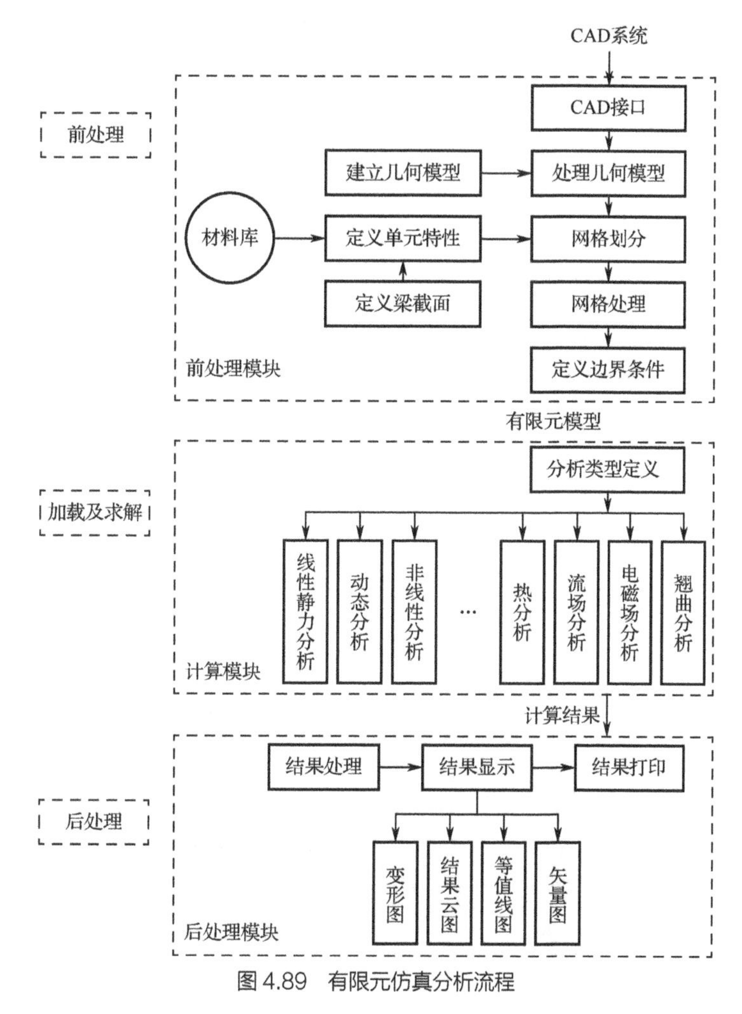

图 4.89　有限元仿真分析流程

（3）定义边界条件：以1/4模型切割平面作为对称边界，并以模型底部中心的节点作为整个模型变形的参考点，即固定此节点所有的自由度（x、y、z三个方向的平移和旋转）。

（4）应力加载：模拟热循环载荷为温度循环载荷，参考热循环试验标准JESD22-A104-C，选取范围为-40 ~ 125℃温度循环，零应力应变参考温度设为25℃，温度循环载荷加载到有限元模型所有节点上。

（5）计算结果分析：对BGA封装结构及互连焊点应力应变场进行分析，通过通用后处理预测焊点可能失效的位置，通过时间历程后处理提取危险位置单元/节点的应力应变历程数据曲线，获得累积应变/应变能等特征参量，根据IPC-SM-785标准中推荐的相关焊点寿命模型，可实现预测焊点寿命的目的。

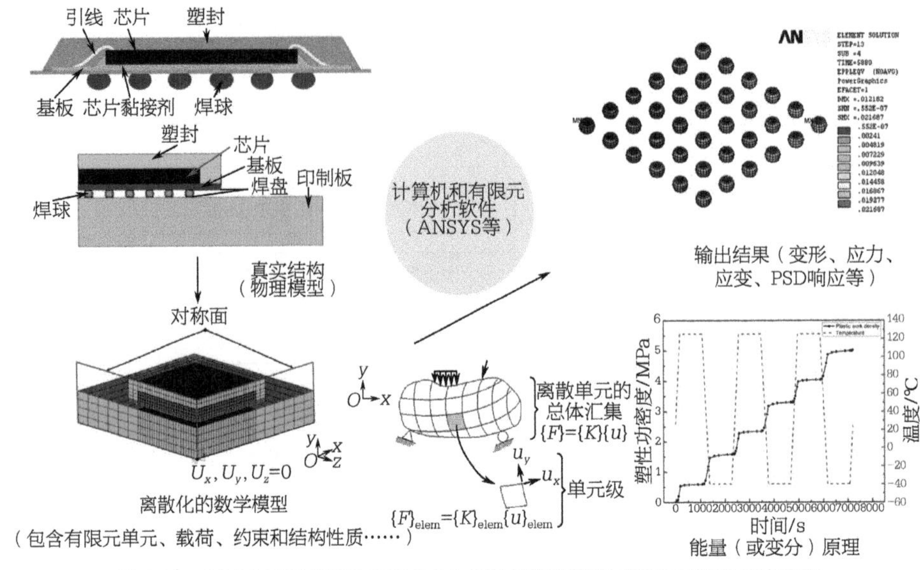

图 4.90 基于有限元仿真的典型 BGA 器件板级组装焊点热循环评价仿真流程

4.12.2 有限元仿真在电子组装工艺可靠性工程中的应用

如图4.91所示，有限元仿真可应用于电子组装工艺可靠性工程相关的设计、工艺优化、评价、失效分析等各环节，具有广阔的应用前景。

（1）设计方面，基于有限元仿真可研究物料选材（如焊点成分、PCB材质）、结构（封装结构、尺寸）、布局（元器件在PCB版图布局）等对板级互连工艺实现及互连可靠性的影响，从而支撑确定设计优化方案。

（2）工艺优化方面，可针对电子组装工艺过程，如典型的回流焊过程，研究焊接参数，如焊接温度、焊接时间、加热/冷却速率等对板级互连成型的影响规律，确定关键工艺参数及影响机理，提出工艺改进方案。

（3）评价方面，可研究不同环境应力加载条件，如振动、冲击、热循环等对互连可靠性的影响，实现PCBA产品互连可靠性仿真评价。

（4）失效分析方面，根据失效样品的应力历程，通过仿真试验复现失效模式，明确失效位置、影响因素及影响机理，支撑产品失效根因复现和预防控制措施制定。

图4.92所示为有限元仿真应用于电源模块中的QFN焊点互连可靠性评估与提升的典型案例，优化QFN引脚焊盘Layout设计、PCB选材、焊锡膏体积等影响因素，提升QFN板级互连可靠性，支撑实现电源模块产品的质量可靠性指标。

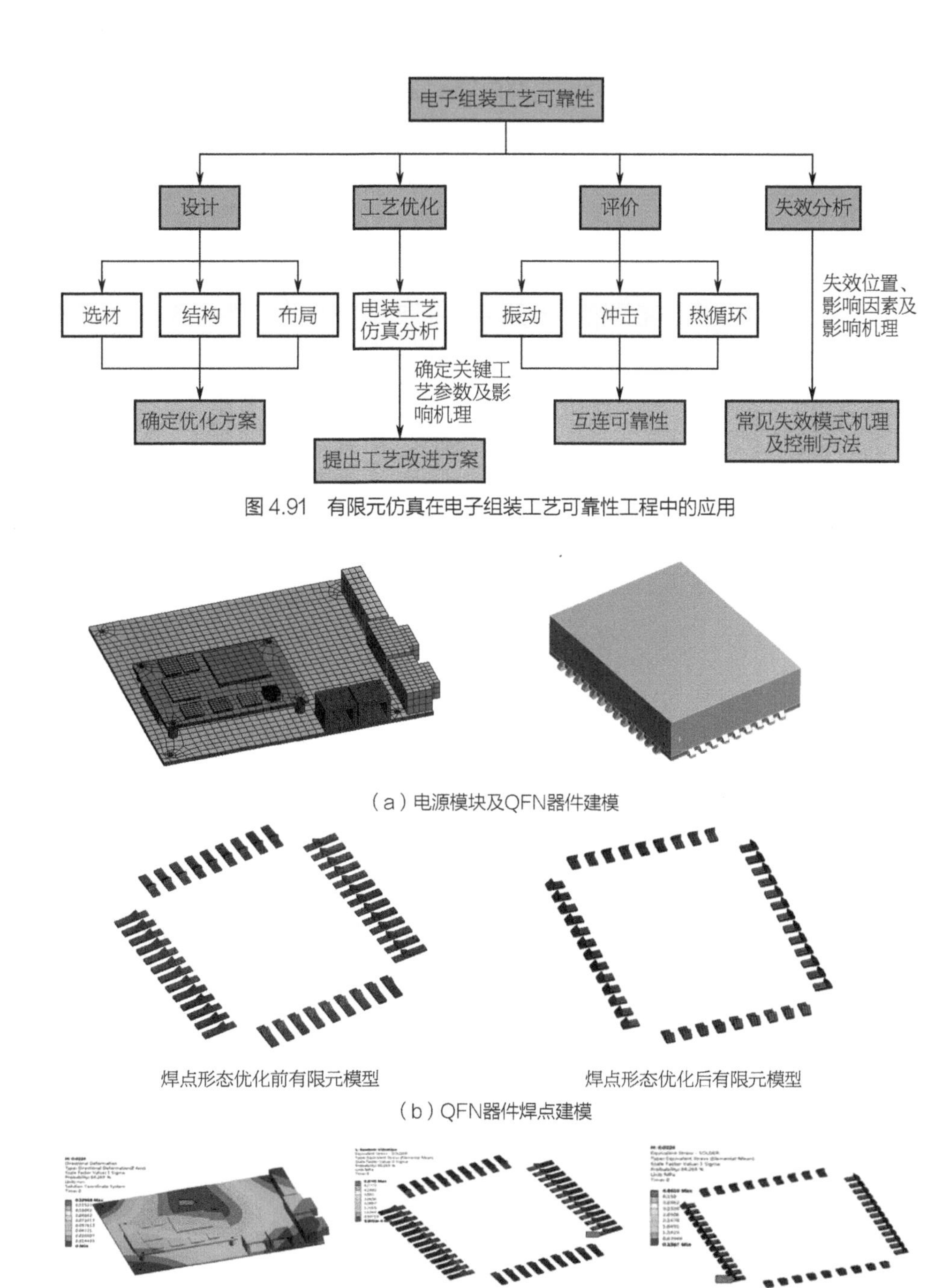

图 4.91　有限元仿真在电子组装工艺可靠性工程中的应用

（a）电源模块及QFN器件建模

（b）QFN器件焊点建模

（c）变形/应力分布云图

图 4.92　有限元仿真应用于电源模块中的 QFN 焊点互连可靠性评估与提升的典型案例

4.12.3　结束语

电子组装工艺可靠性是一个复杂的系统工程，保证电子组件在最优稳定工艺下完成组装是保证电子产品工艺质量和可靠性的重要内容，通常需要做很多设计验证、工艺验证及大量试验分析的具体工作，时间和经济成本的投入都很大。将有限元仿真应用于电子组装工艺可靠性工程相关的设计、工艺优化、评价、失效分析等各环节，可以大大减少试验研究的成本并缩短产品量产和上市的时间。此外，电子组装工艺可靠性仿真技术以建模仿真手段为突破口，将可靠性设计融入电子组装工艺工作全流程，可实现电装工艺可制造性与可靠性协同设计与分析，进一步提高了电子组装制造的效率和可靠性水平，同时降低工艺实施的成本。因此，有限元仿真在保障工艺可靠性方面具有广阔的应用前景。

Chapter 5

第5章 案例研究篇

5.1 阳极导电丝（CAF）生长失效案例研究

随着信息科技的进步，电子电气设备向着小型化、便携化快速发展。作为电子元器件装联的载体和电子组件的重要组成部分，印制电路板（PCB）的设计密度越来越高，表现为更细的导线、更小的间距、更薄的绝缘层、更精密的钻孔设计、更复杂的层间电路布局等。与此同时，要求信号传输速度不断加快。因此，产品质量和可靠性将面临更大的挑战。近年来，阳极导电丝（CAF）生长导致电子产品故障的案例越来越多，已经成为组件最典型的失效模式之一。由于CAF生长是一种累积失效，具有一定的潜伏性和隐蔽性，往往在产品服役一段时间后才显现，所以对于终端客户来说，CAF生长失效往往防不胜防，并且会造成重大的损失，甚至引发安全事故。

5.1.1 CAF生长机理

阳极导电丝（CAF）的生长主要由于玻璃纤维（玻纤）与树脂间存在缝隙，在后期的正常使用过程中，在孔间电势差的作用以及湿热的条件下，铜发生水解反应且沿着玻纤缝隙的通道迁移并沉积。

CAF生长往往发生在相邻导体之间，如通孔与通孔之间、通孔与表面线路之间、相邻线路或相邻层之间，见图5.1。其中，通孔之间最容易发生CAF生长失效。CAF生长的存在显然会造成相邻导体之间的绝缘性能下降，甚至出现短路烧毁等重大事故。

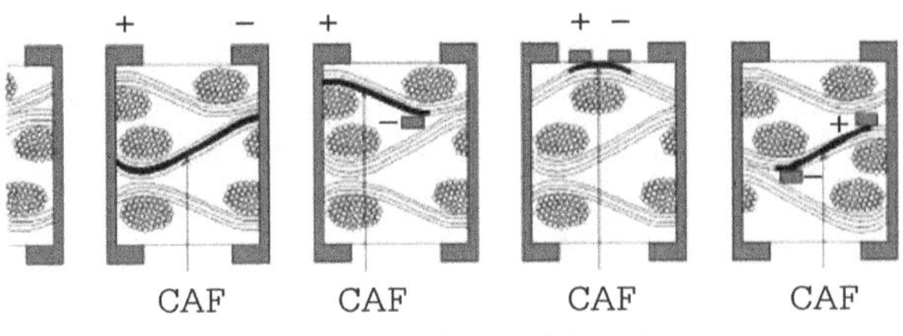

图5.1 CAF的各种生长形式

CAF的生长大致有两个阶段。第一，湿热环境促成玻纤表面硅烷偶联剂的化学水解，在树脂与玻纤之间的界面上形成沿玻纤增强材料方向的CAF生长通道；第二，铜腐蚀水解，形成铜盐沉积物，在电势作用下发生溶解—迁移—还原—溶解循环，形成CAF生长。

因此，CAF生长必须具备以下几个条件。

（1）存在电势差，提供离子运动的动力。

（2）树脂和玻纤存在间隙，提供离子运动的通道。

（3）湿气存在，提供离子化的环境媒介。

（4）存在金属离子。

5.1.2 CAF生长影响因素

影响CAF生长的因素主要有以下几个方面。

（1）PCB基材：各种材料由于吸水性或疏密性差异导致其耐CAF生长能力不同。

（2）PCB制程特别是制孔工艺：不良的制孔工艺形成的质量缺陷如存在玻纤缝隙、严重芯吸等均会加剧CAF生长。

（3）PCB设计：层间绝缘层厚度、孔间距等多个设计因素决定了离子迁移距离，均对CAF生长失效有直接的影响。

（4）电势梯度：电势梯度越高，CAF形成和生长越快。

（5）环境：湿热环境为电化学腐蚀提供反应媒介。

5.1.3 CAF生长失效典型案例

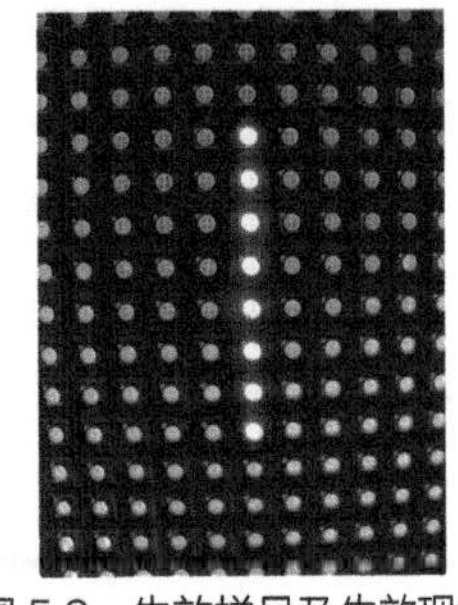

图5.2 失效样品及失效现象

1. LED常亮失效

【案例背景】

客户送检一块失效模组，失效表现为通电后该模组上有8颗LED未受程序控制而表现出常亮状态（见图5.2）。客户怀疑该模组存在微短路失效，要求对失效原因进行分析。

【案例分析】

通过电路原理图及PCB设计版图可知，失效LED为共阳极RGB发光二极管，且其红色发光二极管阴极同属一个网络，由LER74网络组成（见图5.3）。

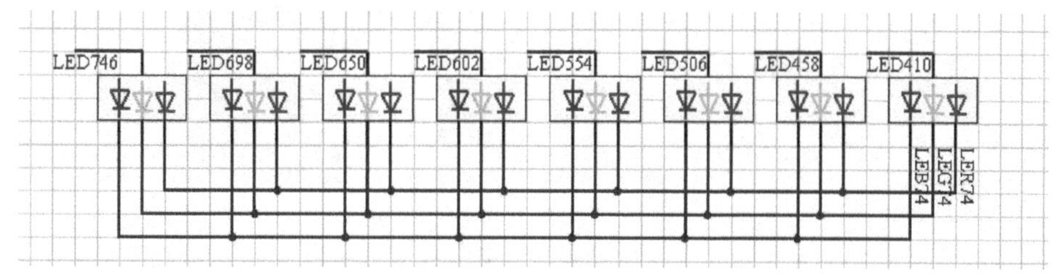

图 5.3　失效 LED 电路原理图

逐步排查发现LER74网络与其邻近网络（GND）相邻两个导通孔间的电阻值偏小（见图5.4），使来自GND网络的电气电路对LER74网络形成了干扰，致使LER74网络上的电压被拉低。

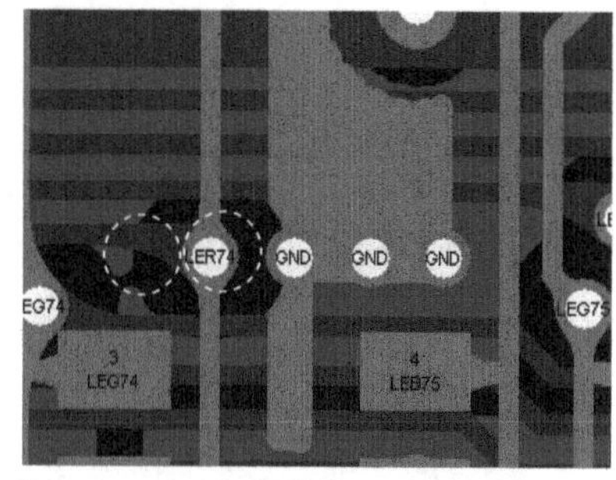

图 5.4　LER74 网络与 GND 网络局部图

进一步检查发现，这两个导通孔之间的玻纤缝隙存在明显导电阳极丝（CAF）生长现象，见图5.5。CAF的存在使得两孔的电气间距明显缩小，两孔间的绝缘电阻降低，从而导致两个网络之间发生漏电现象，并使得GND网络的电气电路对LER74网络产生明显的干扰而导致失效LED（红色发光二极管）阴极电压偏低，进而使得这些LED在通电状态下不受程序控制而常亮。

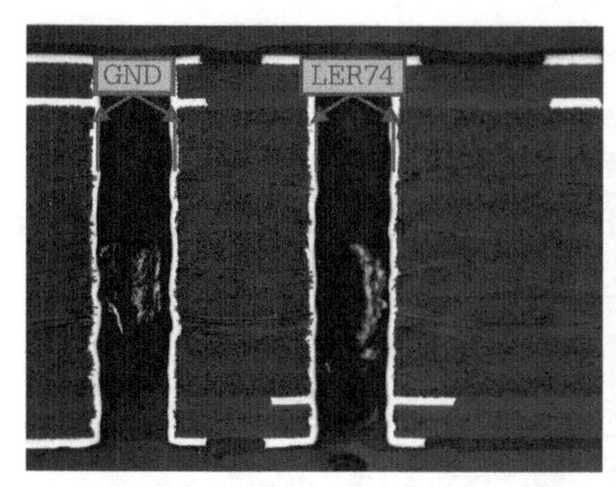

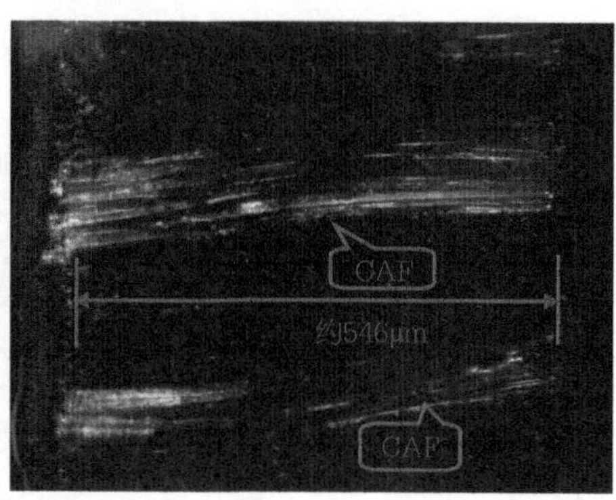

图 5.5　两个导通孔间发现 CAF 生长现象

2. 电池保护板烧蚀

【案例背景】

客户送检一块发生烧蚀的电池保护板，客户反映该板在与电池装配后电测合格，存放一段时间后出现烧蚀失效，另有同批次的另一块电池保护板完全烧毁。客户要求分析发生烧蚀的原因。失效样品外观见图5.6。

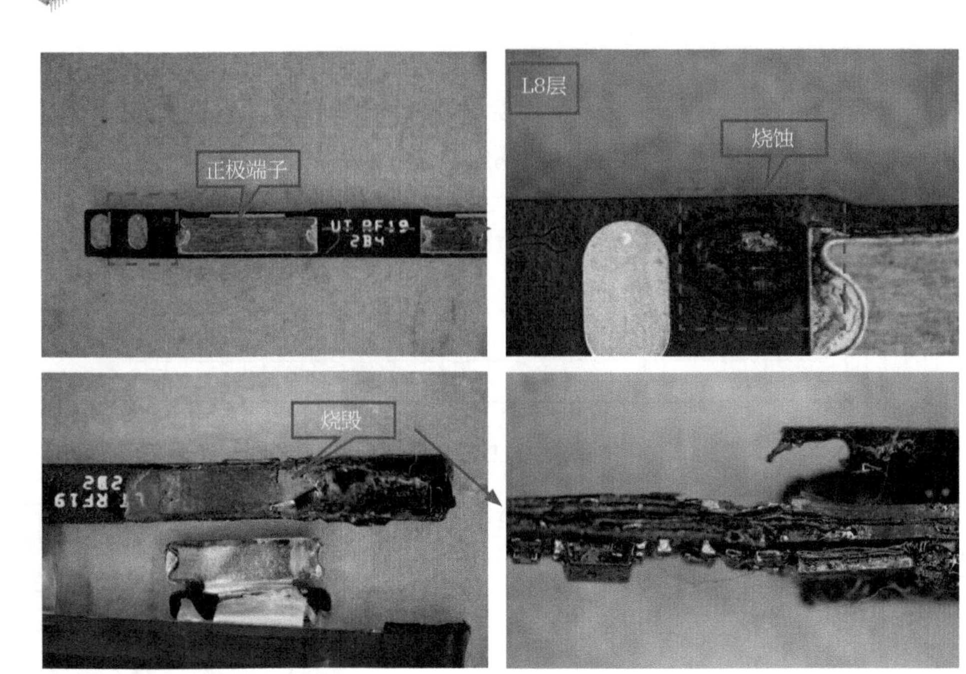

图 5.6　失效样品外观

【案例分析】

经分析发现，失效电池保护板为8层结构，烧蚀发生在电池正极端子附近。从烧蚀程度L8层比L1层更为严重的特征可以看出，最先短路的位置位于L6 ~ L8层的可能性较大。结合各层电路分析，短路应该发生在L6、L7层。

进一步分析发现，失效样品烧蚀区域L6、L7层P^+与B^-之间存在明显的导电阳极丝（CAF）生长现象，见图5.7。此外，在烧蚀位置邻近区域玻纤中也发现了CAF生长现象，见图5.8。

严重的CAF生长导致正极、负极图形间短路并形成瞬间大电流，造成热量迅速累积致使PCB基材烧蚀。基材烧蚀严重时，会使得正极、负极间的绝缘阻挡层（由树脂和玻纤构成）失效，甚至造成互相搭接，致使产品烧毁。

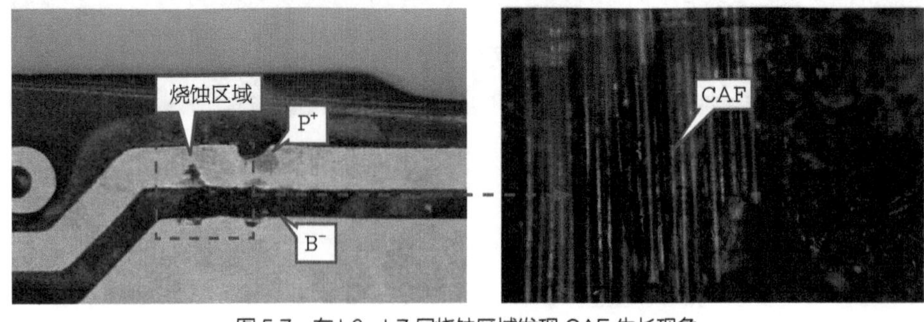

图 5.7　在 L6、L7 层烧蚀区域发现 CAF 生长现象

图 5.8　L6、L7 层烧蚀位置邻近区域发现 CAF 生长现象

5.1.4　启示与建议

在高密度组装时代，预防并控制CAF生长是保证电子产品质量和可靠性的重要环节之一，建议积极采取以下措施。

（1）采用耐CAF生长板材，并且评估耐CAF生长能力。

（2）加强PCB来料优选和控制，对PCB的制孔质量进行严格的评估和有效管理。

（3）在PCB设计方面要充分考虑避免或降低CAF生长的可能性。

（4）对半成品、成品的储存和运输环境进行严格控制。

5.2　兼容性试验方案设计及案例研究

电子工艺辅料是指在电子装配工艺中所用的辅助材料，包括焊料、助焊剂、焊锡膏、焊锡丝、助焊膏、清洗剂、三防漆等。这些辅助材料是制造高质量电子组件和设备的基础，辅料出现问题则会导致整机的质量和可靠性下降，增加返修率，影响企业效益和品牌声誉。因此，电子工艺辅料评估项目的开展是十分必要的，尤其是影响组件失效率较高的辅料，需要从认定、采购到进货检验等各个环节进行适当的质量和可靠性评估，以提供相应的可靠性保障体系。

经过多年电子辅料产品检测与电子产品失效分析发现，许多电子产品出现大量焊接不良、焊剂残留物造成漏电、电迁移、腐蚀等早期组装失效现象都与电子辅料密切相关。这些失效或故障除与电子辅料本身的质量不合格有关外，还与电子辅料选用不当有关，即所选用的电子辅料相互之间存在不兼容问题。典型的材料不兼容表现为，材料之间互相发生物理化学反应，产生吸湿性更强或更多的离子性物质，这就会引起产品的电气绝缘性降低乃至发生腐蚀等可靠性问题。这种辅助材料之间的兼容性问题此前被忽视，直到问题频频暴露。本节将讨论工艺辅料的材料兼容性评估方法以及相关案例。

5.2.1 兼容性试验原理

在单个电子工艺辅料（焊料、助焊剂、焊锡膏、焊锡丝、助焊膏、清洗剂、三防漆等）的绝缘电阻按照IPC的标准进行测试且结果合格（>100MΩ）的前提下，在实际的工艺过程中依次使用电子工艺辅料，然后测试其潮湿绝缘电阻，如果绝缘电阻不合格则表示其材料之间不兼容，反之则兼容。最后使用逐步排除法筛选出相互间不兼容的材料。

5.2.2 兼容性试验方案

为了逐一找到组件组装过程所使用各种物料之间的兼容性，需要逐步按由简到繁的顺序增加参与试验的材料的数目，如表5.1所示。试验时选择一种标准梳形电极作为试验样品，按照实际的工艺条件将这些辅料施用于梳形电极上，然后参考IPC-TM-650 2.6.3测试绝缘电阻的方法进行测试。测试样品制作的时候，需要考虑尽量接近实际的工况，因此，使用的梳形电极也可能采用不同表面处理的可焊性涂覆材料，如OSP、HASL、ENIG及化学镀银等。

表5.1 兼容性试验方案表

序号	焊锡膏	助焊剂	焊料	焊锡丝	助焊膏	清洗剂	三防漆	……
1	√	√						
2	√	√	√					
3	√	√	√	√				
4	√	√	√	√	√			
5	√	√	√	√	√	√		
6	√	√	√	√	√	√	√	
……								

5.2.3 案例研究

【案例背景】

PCBA表面有腐蚀、铜绿等形貌，通过能谱分析，发现里面含有溴、硫、氯等腐蚀性元素，验证试验证明，这些离子来源为助焊剂残留。通过调查发现，工艺过程中所使用的电子工艺辅料管理存在技术缺陷，所使用的电子工艺辅料的质量管控不到位，批次来料未经任何检验，直接投产使用。

为了查找腐蚀离子来源并对腐蚀进行预防和改善，客户要求对其电子工艺辅料（焊料、助焊剂、焊锡膏、焊锡丝、三防漆）进行质量评估，找出产生腐蚀的原因。腐蚀物的

EDS结果见图5.9。

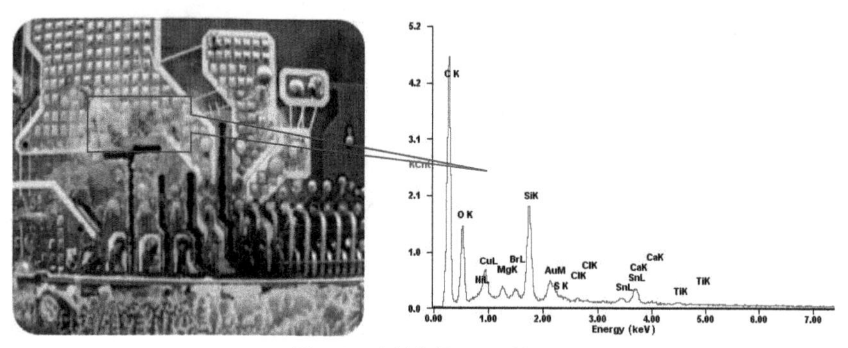

图 5.9　腐蚀物的 EDS 结果

【案例分析】

表面绝缘电阻和铜板腐蚀性等评估项目结果表明，工艺过程中所用的电子工艺辅料自身均不存在品质问题。因此建议对焊锡膏、助焊剂、焊料、焊锡丝和三防漆进行相互兼容性试验，见图5.10 ~ 图5.12。

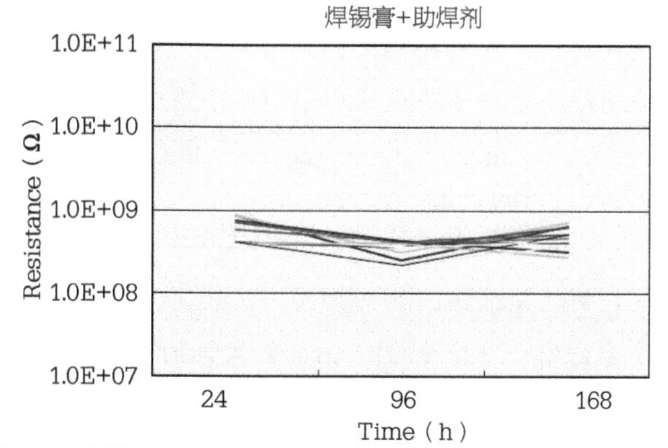

图 5.10　焊锡膏和助焊剂兼容性测试的 SIR 测试结果——相互兼容

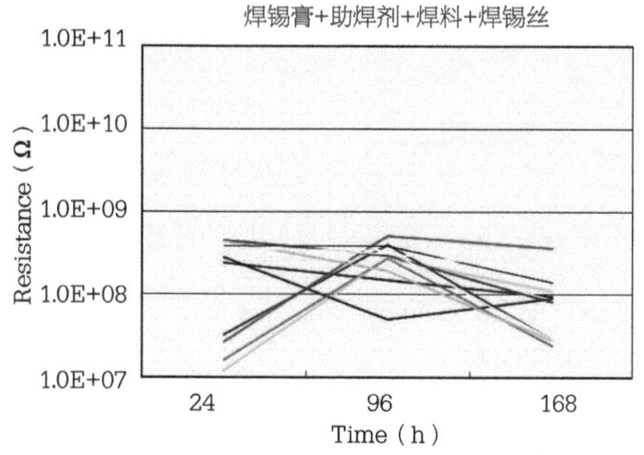

图 5.11　焊锡膏、助焊剂、焊料和焊锡丝兼容性测试样品的
绝缘电阻测试结果及其外观——相互不兼容

图5.11　焊锡膏、助焊剂、焊料和焊锡丝兼容性测试样品的绝缘电阻测试结果及其外观——相互不兼容（续）

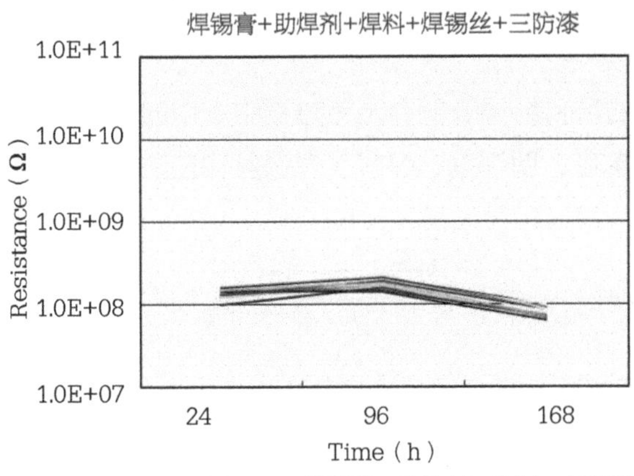

图5.12　焊锡膏、助焊剂、焊料、焊锡丝和三防漆相互不兼容

通过兼容性试验，工艺过程中使用的焊锡丝、三防漆与其他辅料相互不兼容（表面绝缘电阻值小于100MΩ）是腐蚀产生的原因，表现为不同组分间产生物理化学反应，呈现腐蚀和长铜绿现象。

同时，同一品牌产品的相互兼容性优于不同品牌产品的相互兼容性，见图5.13、图5.14。

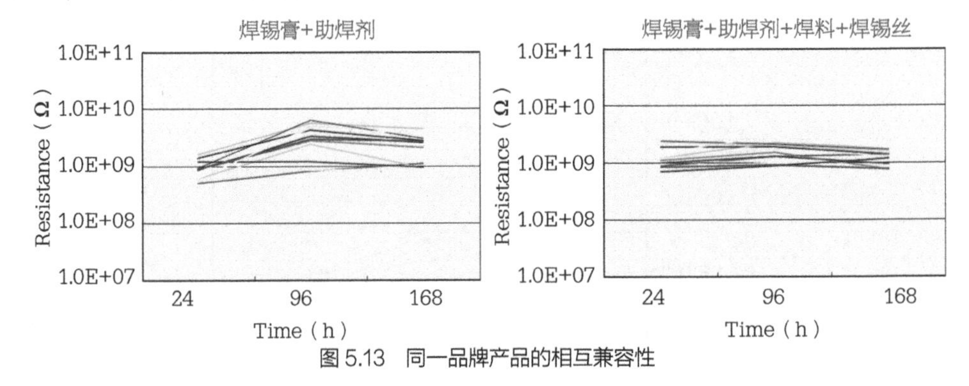

图5.13　同一品牌产品的相互兼容性

随着产品的功能多样化需求的增加，满足产品功能多样化的基本原料也随之呈现多样化，同时生产企业自身研发能力的提升，越来越多的新配方产品面世。但是合成这些配方产品的原材料五花八门、多种多样，当不相匹配的原材料相遇后，相互之间不可避免地会发生一些物理化学反应，出现不兼容的现象。

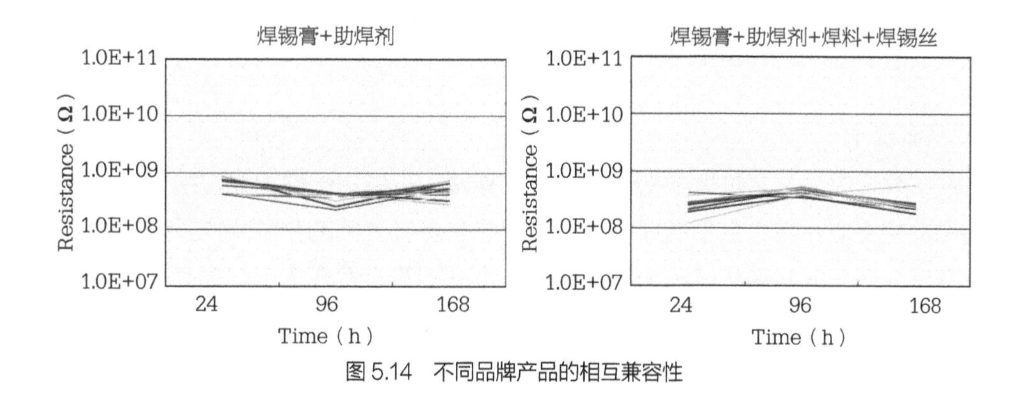

图 5.14　不同品牌产品的相互兼容性

5.2.4　启示与建议

单个电子工艺辅料检测合格，并不能保证相互兼容；同一厂家生产的电子工艺辅料相互之间的兼容性要优于多个厂家组合的兼容性。

在组装工艺过程中，电子工艺辅料的质量及其相互兼容性对产品可靠性有着重要的影响，以前大家对这一问题缺乏足够的认识，直到目前问题频频暴露引起损失才引起重视。因此，在选用电子工艺辅料时，除对其自身性能进行评估外，还应考虑材料之间的相互兼容性问题。通过兼容性评估，可以筛选出不兼容的产品，为选择合适的电子工艺辅料提供科学依据，确保同时使用多种辅料进行组装工艺的产品的长期可靠性。

5.3　波峰焊中不熔锡产生的机理与控制对策

随着电子制造业的迅速发展，其中的关键工艺技术——SMT技术也日新月异，其焊接工艺部分也越来越多地采用回流焊工艺。但尽管如此，波峰焊工艺的使用仍然必不可少，特别是混装的各种主板。众多的制造企业都遇到过类似这样的问题，即在波峰焊的工艺过程中，锡炉的表面浮起许多不熔化的大块锡渣，业界俗称“不熔锡”。这些不熔锡的特点是不论如何搅拌都不熔解，温度升高到350℃以上才熔化，外观上有明显的金属光泽，与传统的锡渣区别明显。这些不熔锡在锡炉的表面呈半漂浮状态，严重影响焊接的效果。而所使用的配套材料如助焊剂、焊锡一般都符合相关验收标准，这就给业界造成了极大的困扰，笔者常常接到客户委托，解决由此产生的质量问题纠纷，因此如何查找其产生的原因并找到有效的控制对策极为重要。

5.3.1 不熔锡产生机理分析

【样品概况】

通常在波峰焊接工艺过程中锡炉表面产生锡渣，主要由于焊锡在焊接高温过程中与空气中的氧发生反应，其次由于助焊剂及其残留物与焊锡之间的化学反应及其产物的包覆，外观大多呈灰黑色的沙砾状或疏松的黏结状。本文中笔者发现的不熔锡则与传统的锡渣有较明显的区别，它有一定的金属光泽，不熔锡典型的外观见图5.15。为了便于机理与原因的分析，产生不熔锡的工艺所使用的焊锡与助焊剂也一同收集，见图5.16。

图 5.15 不熔锡典型的外观

图 5.16 收集的焊锡、助焊剂和不熔锡

【分析过程】

1. 光学显微镜分析

首先选择具有代表性的几块不熔锡，用显微镜对其组织结构进行观察。图5.17就是其典型的外观，发现其结构疏松，含有黑色的夹杂物以及部分大小不同的颗粒状的金属结晶体。这说明其中不但包覆有氧化物，还有一些助焊剂残留的有机物。不熔锡的整体多成块状，比普通的锡渣颗粒明显粗大，且不容易碎。其所使用的焊锡与助焊剂以及不熔锡见图5.18。为了弄清其内部结构，笔者将不熔锡与未经使用的焊锡一起制作金相，进一步分析其微观结构，图5.19、图5.20分别是它们的金相结构。比较其结构发现，未经使用的焊锡结构致密均匀、没有夹杂物或特殊的结晶结构，而不熔锡则有很多孔洞，比表面积急剧增加，高温过程氧化自然严重。

图 5.17 不熔锡典型的外观

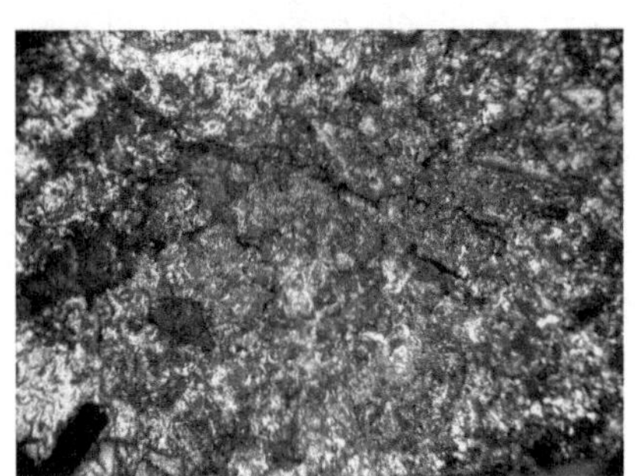

图 5.18 所使用的焊锡与助焊剂以及不熔锡

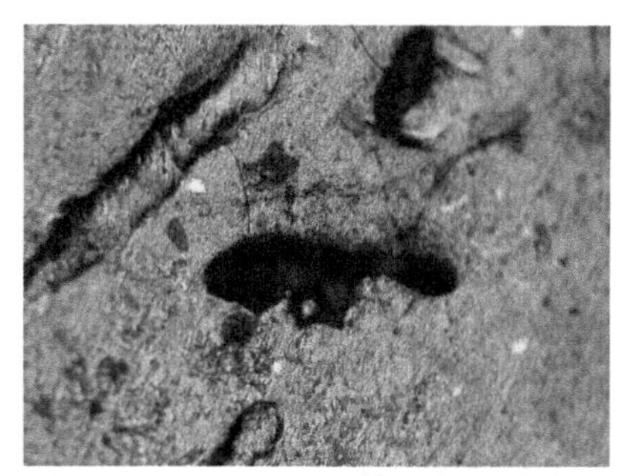

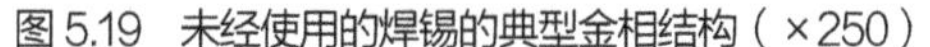

图 5.19　未经使用的焊锡的典型金相结构（×250）

图 5.20　不熔锡的典型金相结构（×250）

2. 化学成分分析

形成了大量的不熔锡，人们首先想到的往往就是焊锡质量不好，可能含有过多的杂质。因此，除对不熔锡进行外观与金相分析外，我们还对这些不熔锡以及未经使用的焊锡均匀取样，按照国家标准进行化学成分的分析，结果见表5.2。从其结果看，未发现异常情况。未经使用的焊锡符合国家标准（GB 8012），而不熔锡的成分也符合国际标准（J-STD-001D，锡炉适用），只是使用过程中电路板或元器件引脚上铜的溶解造成了铜含量的增加，但也未超出0.3%重量百分比的控制标准。可见均匀取样进行的测试证明，未经使用的焊锡与不熔锡的化学成分在整体上没有明显差异。

表5.2　未经使用的焊锡与不熔锡的化学成分

序号	检测项目	实测结果/wt%	
		焊锡	不熔锡
1	锡（Sn）	59.8	59.5
2	锑（Sb）	0.017	0.045
3	铅（Pb）	余量	余量
4	铜（Cu）	0.0008	0.21
5	银（Ag）	0.0083	0.007
6	铁（Fe）	0.0063	0.008
7	锌（Zn）	0.0002	0.0003
8	镉（Cd）	0.0000	0.0000
9	砷（As）	0.001	0.001
10	铝（Al）	0.0005	0.0005
11	铋（Bi）	0.0044	0.0084

3. 扫描电子显微镜与能谱分析

由于简单的外观检查以及成分分析没有发现不熔锡产生的线索，于是笔者再使用扫描电子显微镜（SEM）对其结构做更细致而深入的分析，并且对其中发现的异常区域使用能谱（EDS）进行微区现场分析。用SEM在不同放大倍数下进行观察，结果发现：在2000倍率下可以清晰地看到不熔锡表面有明显的针状结构（见图5.21），用EDS分析则证实该针状物质是氧化铝（见图5.22）；而在4000倍率下观察，则发现不熔锡表面有许多絮状结构的物质包覆在铅锡结构的焊料表面（见图5.23），对其成分进行分析后发现，该絮状物质的主要成分也为氧化铝（见图5.24）。而用SEM在同样的倍率下观察未经使用的正常焊锡的表面结构，则发现有明显的不同（见图5.25），比较图5.23与图5.25可以发现，去除图5.23中的絮状物质就与图5.25中正常焊锡的结构一致了。

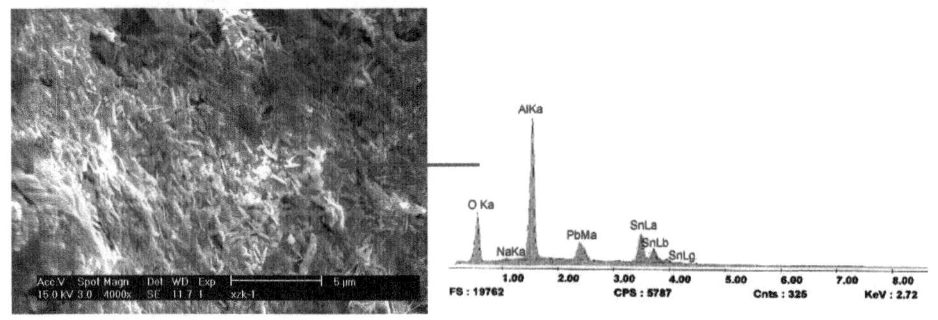

图 5.21　不熔锡的表面 SEM 照片（×2000）　　图 5.22　图 5.21 中针状物质的能谱分析结果

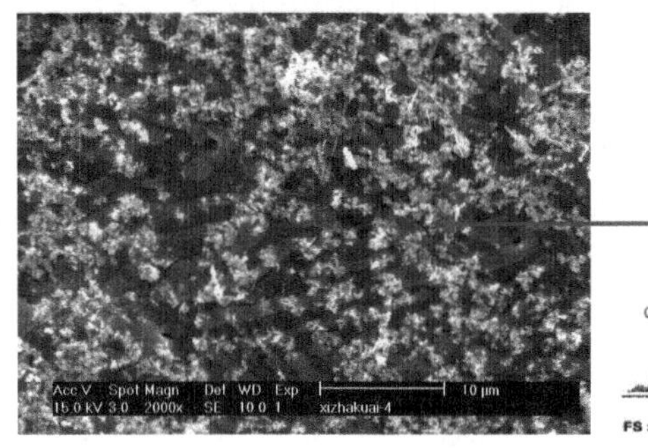

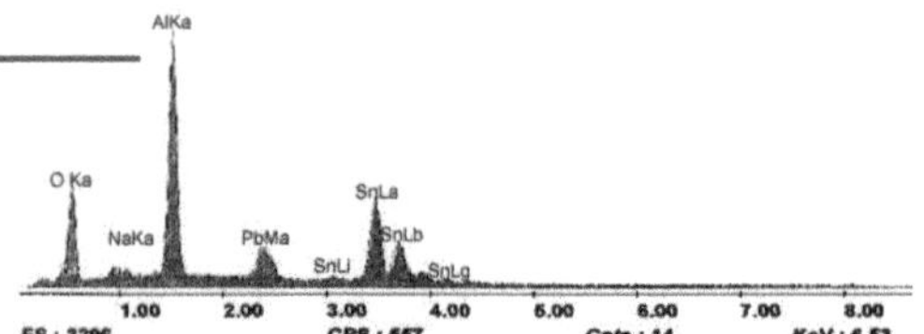

图 5.23　不熔锡的表面 SEM 照片（×4000）　　图 5.24　图 5.23 中絮状物质的能谱分析结果

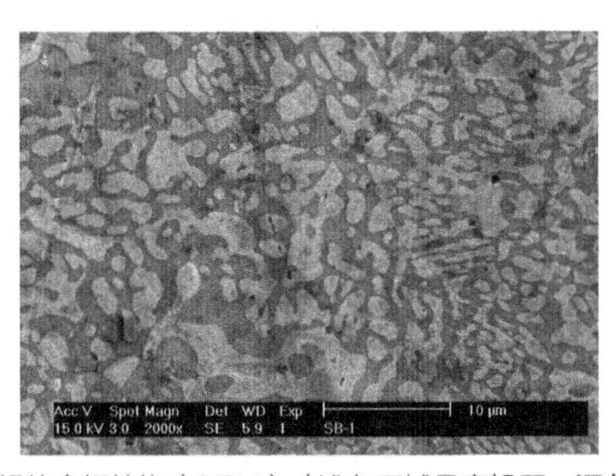

图 5.25　正常焊锡的金相结构（SEM）（浅色区域是富铅区，深色区域是富锡区）

5.3.2　不熔锡产生的机理

根据以上对不熔锡与所使用的焊锡成分与结构分析的结果可以发现，不熔锡产生的机理已经非常清楚：不熔锡之所以不熔主要是因为其表面包覆了一层耐高温且比重很小的氧化铝，这层氧化铝则主要富集在锡渣的表面，它并没有均匀地分散在锡渣中，因此，当我们使用均匀取样方式对其进行化学组成分析时，并没有发现铝或氧化铝超标。况且该不熔锡的结构疏松而氧化夹杂物多，也会造成熔点明显升高。由于未经使用的焊锡一切正常，而不熔锡结构疏松且氧化夹杂物多，因此可以推断在波峰焊工艺中助焊剂的残留以及高温的氧化形成了初步的锡渣核。然后由于所焊接的PCBA上或夹具与制具上含有铝材，在酸性的助焊剂和焊接高温环境下，溶解到焊锡炉中，随着波峰焊的制程不断在锡渣核表面富集，导致不熔锡块生成并不断长大，形成现在所见的不熔锡。而本文中所提的焊锡的质量则没有任何问题。

5.3.3　不熔锡产生的控制对策

当我们弄清楚不熔锡产生的机理后，就很容易找到控制不熔锡的办法。首先，检查我们所使用的制具与夹具，还有PCBA上所使用的零部件，尽量不使用含有铝的材料；其次，在采购焊锡时，应该按照国际和国家标准进行检测验收，并且选用抗氧化能力强的焊料，防止所用的焊锡中本身就含有过高的铝杂质；再次，就是所使用的助焊剂的酸值或活性不能太强，如果必须使用活性的助焊剂，则最好对其中的制具予以保护，以免产生反应带入铝杂质；最后，焊接的温度在保证焊接质量的前提下要控制得尽可能低些，以免焊料氧化加速产生过多的锡渣。一直困扰着使用波峰焊工艺的电子组装界的不熔锡问题现在终于清楚了，相关各方许多不必要的争执也可以停止了。

5.4　PCB 导线开路失效案例研究

PCB为各电子元器件提供了电气互连的载体，如果发生开路（导线断开），则直接导致互连网络的中断，造成电子组件严重的功能性失效。一般情况下，每一块PCB出货前均要求通过外观和电气连接的检验，因而PCB制造过程不良导致的导线断开不会进入后续工序。然而，在电子产品使用一段时间后，却发现仍然存在较多由于PCB导线断开导致的产品失效，直接导致整个电子组件的故障，造成巨大损失并引起供应链各环节不同企业间的纠纷。本节将讨论PCB应用环节的导线开路失效问题，并介绍两个典型案例。

5.4.1　主要开路机理

PCB分为刚性PCB和挠性PCB（FPC）。对于PCB导线开路，除本身PCB蚀刻导线不良外（蚀刻导线不良在PCB制程过程检测可以发现），在形成组件之后，主要开路机理分为应力断裂和腐蚀断裂两种。

对于刚性PCB，应力作用导致的开路主要为孔铜断裂和内层分离，在本书中有专门的章节予以介绍，而除了孔铜及与孔铜相连的导线，刚性板由于其不易弯折，表面导线并不容易受应力作用发生断裂，表面导线发生的断裂则主要与表面腐蚀迁移有关。对于FPC，由于其弯折特性，在弯折过程中给表面导体带来较大应力，表面导线容易发生应力开裂。

5.4.2 表面导线开路影响因素

腐蚀导致开路的主要影响因素如下。

（1）离子残留：包括PCB制造过程与焊接过程导致的离子残留。

（2）PCB阻焊膜致密性：若阻焊膜致密性不足，则会形成腐蚀性物质入侵的通道及铜层被腐蚀迁移的通道。

（3）环境因素：湿热的环境会大大加速电化学腐蚀的速率。

（4）PCB导线设计：存在持续电场的导线（如直接连接电池的导线）发生电化学腐蚀的风险要远大于其他导线。

应力导致开路的主要影响因素如下。

（1）应力大小：过大的应力直接导致导线金属被拉裂。

（2）导线层结晶结构：良好的晶体结构可以使得金属具有较好的抗拉延展性，而结晶不良则抵抗应力的能力差。

5.4.3 PCB 表面导线开路典型案例

1. 计算机主板导线开路

【案例背景】

客户提供一块计算机主板，在使用一段时间后失效，电路分析发现某段导线开路，其同批次多款产品均在同一段导线处开路。

【案例分析】

分析发现，该段网络与主板电池相连，因此长期处于通电状态。放大观察发现，发生开路的导线有阻焊膜鼓起，附近表面有较多白色异物残留。进一步放大观察发现，失效点表面阻焊膜有破损，铜已迁移至阻焊膜表面，截面可见导线断开，断开区域有大量蓝色物质，阻焊膜有缺口（见图5.26、图5.27）。进一步分析发现，失效导线周围Br^-残留量较高（表面离子色谱测试结果见表5.3）。以上证据表明，导线开路是由导线铜层发生腐蚀迁移导致断裂所造成的，而腐蚀的产生与阻焊膜破损、表面离子污染、持续电场作用等因素均相关。

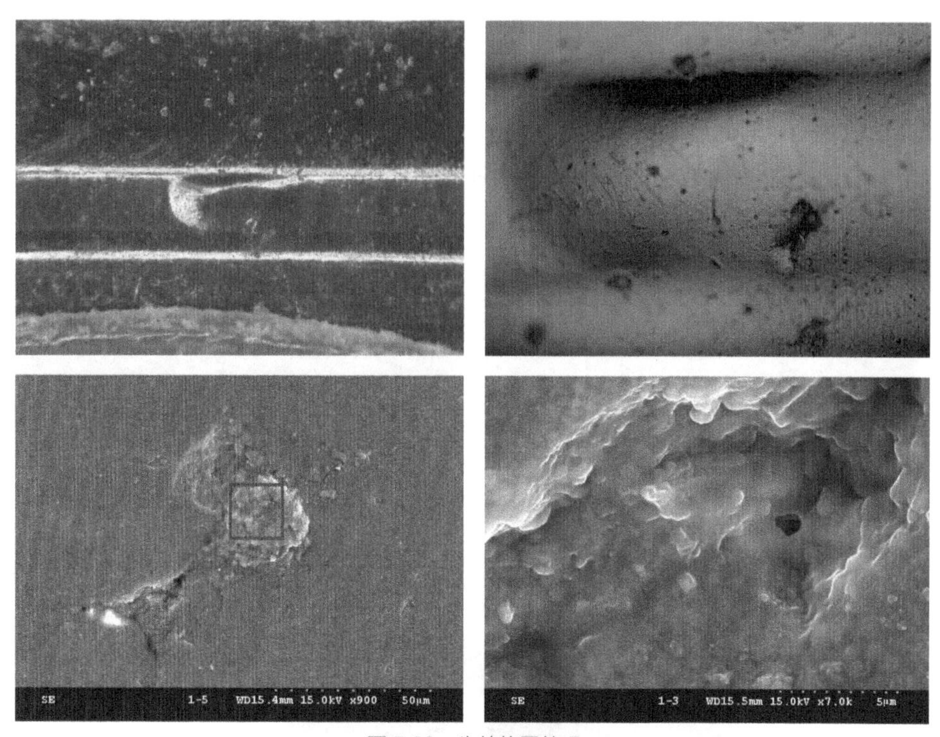

图 5.26　失效位置外观

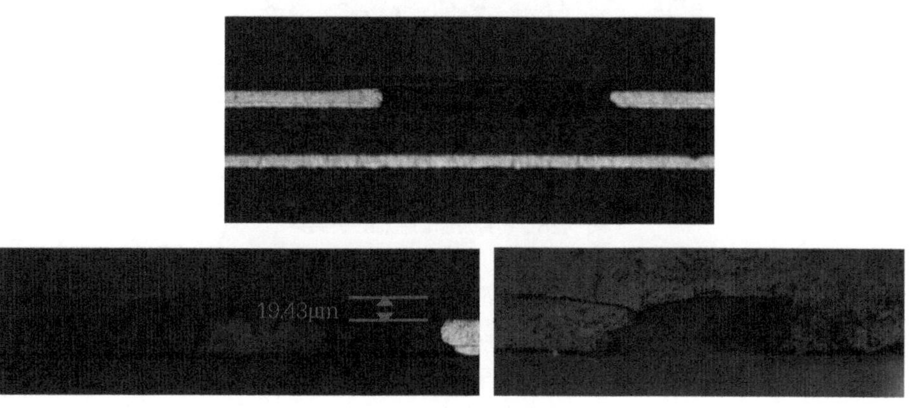

图 5.27　失效位置切片图

表5.3　表面离子色谱测试结果

样品名称	检测结果/（μg/cm²）				
	F^-	Cl^-	Br^-	NO_3^-	SO_4^{2-}
PCB组件波峰焊接面	0.472	0.393	4.263	0.033	0.458
PCB光板	/	0.377	/	0.062	0.172
备注	仪器检测下限：0.003μg/cm²，“/”表示未检出				

2. FPC 导线开路

【案例背景】

某厂商FPC模块在进行冷热冲击试验后出现功能性失效，经电测排查，确定某段导线不通，需要分析导线开路原因。

【案例分析】

外观发现，失效导线出现疑似开裂现象，对该段导线进行金相切片分析，证实导线铜层开裂，而表面覆盖膜良好，进一步观察发现沿铜晶界开裂，基铜晶格较为粗大，晶界存在微裂纹（见图5.28）。

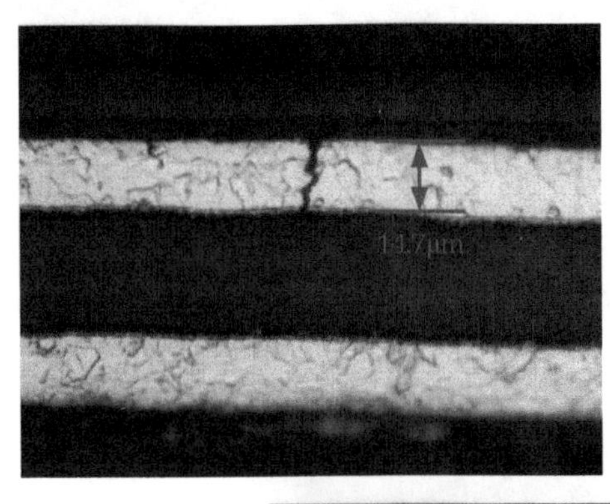

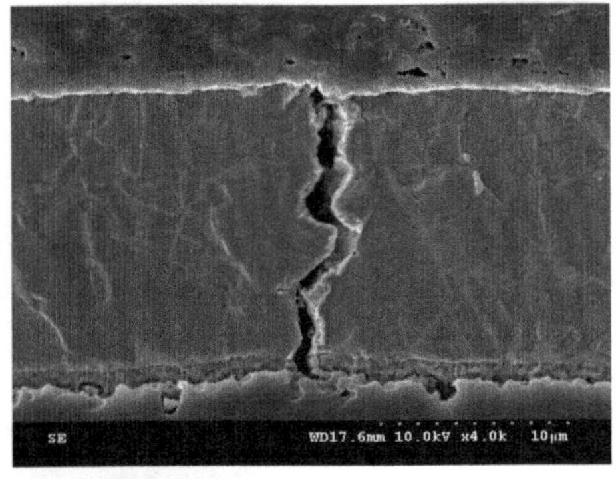

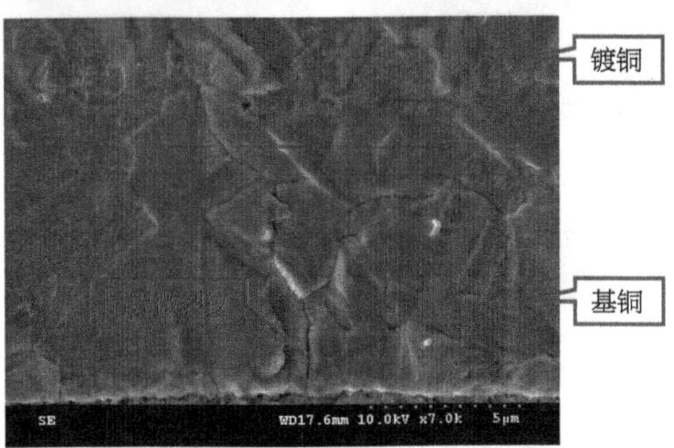

图 5.28　切片及断口金相分析结果

FPC本身覆盖膜良好，断裂面两端高度吻合，可以排除外界割裂或铜层受腐蚀发生断裂。晶格界面多处存在微裂纹，且晶界微裂纹主要集中在基铜层，在FPC弯折带来的应力及环境冷热冲击带来的膨胀应力作用下，铜层容易沿着晶界开裂直至完全断开。

5.4.4　启示与建议

对于腐蚀导致的开路失效而言，由于缺少焊接后清洗工艺，使用免清洗助焊剂存在表面离子含量偏高的风险。若阻焊膜存在一定的缺陷，而该位置有持续的电场作用，则在电场及空气中水汽的作用下，腐蚀性离子会逐渐渗透穿过阻焊膜腐蚀铜层，造成电子产品失效。另外，电子产品上不可避免地存在电场作用，因此，使用免清洗工艺时，要结合自身产品和工艺特点对助焊剂焊接后离子残留的影响进行评估，在保证焊接质量的情况下选取离子残留较少的助焊剂，或者进一步优化工艺流程，减少腐蚀性离子的残留。同时PCB

的阻焊膜质量也非常重要。要避免这类失效现象，在评估和选择PCB时，还要关注PCB的阻焊膜质量。此外，阻焊膜质量不好还会导致锡珠的产生，影响产品质量和可靠性。

对于应力导致的开路失效，特别应该加强对镀层或导线的微观结构检查，除选择延展性好的铜箔外，还需要优化电镀工艺，确保导线本身的质量和耐应力能力。另外，还要优化PCBA的结构设计和安装工艺，避免引入大的应力。

5.5 PCB 爆板分层案例研究

随着焊接工艺从无铅向有铅转换，焊接的温度相应提高了约30℃，并且随着组装密度的提高，不少组件的装联焊接采用多次回流+波峰的工艺。对于PCB而言，必须具有更优异的耐热性能，才能承受更高的温度及反复受热，否则可能出现爆板分层的现象。无铅转换以来，爆板已经成为组装工艺的一个典型的失效模式。PCB爆板分层会使得内部的电绝缘性能降低发生漏电击穿，或者导致导线通孔断裂，最终导致电子产品的功能失效。

5.5.1 主要爆板分层机理

PCB爆板分层主要发生在多层板上。PCB多层板主要由芯板（覆铜板）、PP片（半固化片）、外层铜箔相互叠加层压而成。在焊接的强热作用下，PCB会发生剧烈膨胀，如果PCB内部树脂水分过高或树脂不稳定分解产生小分子，则会在PCB内部产生巨大压力，导致在各层压材料的结合面以及树脂基材的内部均有可能发生分层。

5.5.2 主要爆板分层模式

PCB爆板分层可能发生在内部的任何位置，主要如下：

（1）PCB芯板树脂内部分层；

（2）PCB芯板铜层与树脂间分层；

（3）PCB芯板铜层与PP片树脂间分层；

（4）PP片树脂内部分层；

（5）PP片树脂与表面铜层分层；

（6）PCB表铜或基材与阻焊膜分层。

5.5.3 PCB爆板分层典型案例

1. 棕化面分层

【案例背景】

某四层板在焊接后出现明显鼓泡现象，失效率超过15%，经确认，焊接工艺并未出现异常，需要分析其PCB爆板分层的具体原因。

【案例分析】

通过切片观察发现，所有分层均发生在PP片与芯板铜层界面，铜表面无树脂黏附。将其爆板位置直接剥开，未检测到铜表面存在污染物质（见图5.29）。将含内层铜和不含内层铜的PCB样品进行T260（分层时间）对比，含内层铜的样品仅在260℃持续了1.4min即发生爆板，而且切片显示同样在芯板铜层与PP片间出现分离，而不含内层铜的PCB样品在260℃持续了14.0min（见表5.4）。一般行业的经验认为，普通PCB的T260超过10min即可，因此，这可以有力地证明爆板分层是由于芯板铜层与PP片结合不良所致的。

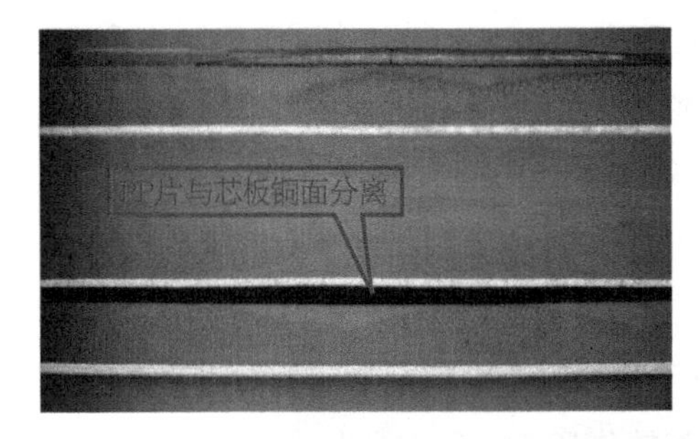

图5.29 分层位置切片图

表5.4 T260分层时间测试结果

样品名称	分层时间
PCB（含内层铜）	1.4 min
PCB（无内层铜）	14.0 min

由于PP片是有机树脂体系，而铜是金属，两者之间本身很难结合，因此，需要对铜表面进行化学处理，使得铜表面形成一层金属-有机络合层，在层压时PP片才能很好地与铜层结合。该失效样品所用的棕化处理是最常见的一种芯板铜表面处理方式。正是由于棕化处理不良，导致芯板铜层与PP片结合力弱，受热后在其界面发生分层。

2. PP 片内部分层

【案例背景】

另一款四层板在焊接后出现明显鼓泡现象，失效率超过10%，需要分析其PCB爆板分层的具体原因。

【案例分析】

揭开爆板位置发现分层发生在PP片内部，铜表面黏附一层树脂，因此可以排除界面不良导致的分层（见图5.30）。即使烘烤过后再进行热应力试验，仍然发现爆板现象，PCB整板的T260（分层时间）也小于10min，表明爆板并非PCB吸潮所致，PCB本身耐热性存在不足。

从失效样品中取出PP片的树脂进行T_g（玻璃化转变温度）和ΔT_g（固化因子）测试，结果发现，先后两次扫描的T_g值分别为114.1℃和126.0℃，ΔT_g达11.9℃，且两次T_g值均未达到要求（≥135℃）（见表5.5）。树脂在温度低于T_g时为玻璃态，可以具有较好的机械强度，而在温度高于T_g时，树脂进入橡胶态，树脂会变柔软，因此T_g值是树脂耐热性能的重要指标，T_g值低意味着树脂耐热性能差。ΔT_g反映的是树脂固化的程度，一般认为ΔT_g应不大于3℃。若ΔT_g过大，则意味着树脂未固化完全，树脂机械强度不足，焊接受热时在膨胀应力下容易发生爆板分层。因此，T_g值不符合规格且PP片固化不完全，共同导致了PCB焊接受热后发生爆板分层。

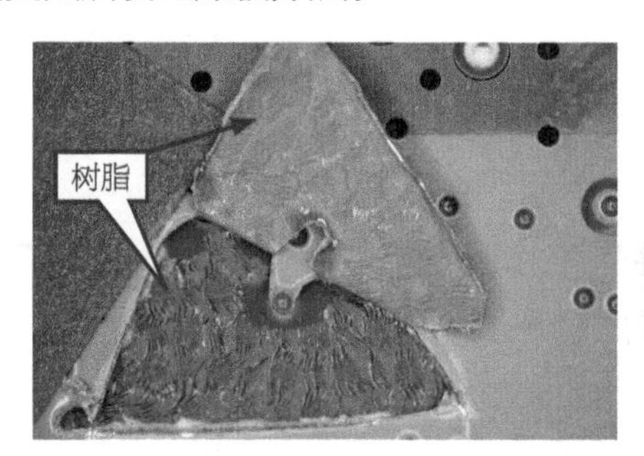

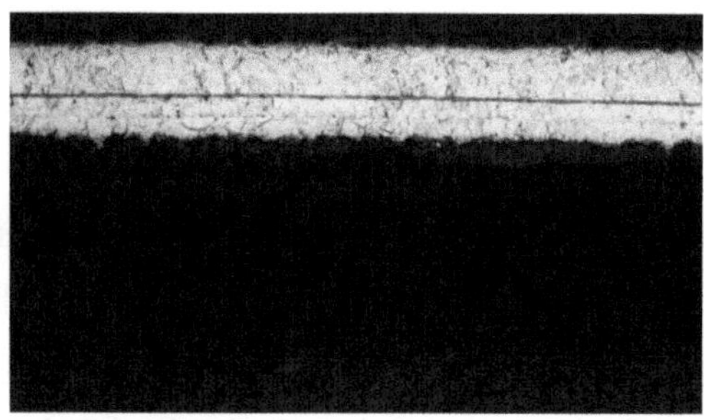

图 5.30　分层位置图

表5.5　T_g和ΔT_g检测结果

样品名称	检测结果/℃		
	T_{gI}	T_{gF}	ΔT_g
外层PP片	114.1	126.0	11.9
备注	T_{gI}：初始T_g值；T_{gF}：最终T_g值；$\Delta T_g=T_{gF}-T_{gI}$		

5.5.4　启示与建议

导致PCB焊接过程爆板分层的原因还有很多，如吸潮、过热、界面污染等，需要有较丰富的PCB材料和制程的经验才能找到其确切原因。对于电子组装过程，要想避免爆板分层的发生，可以针对不同批次产品进行严格的热应力测试，在高于焊接温度的情况下保证其不发生爆板分层，那么可以在很大程度上有效地避免焊接过程中爆板分层失效的发生。但有些多层板内部的爆板分层，从外观上未必能观察出来，在使用过程中就会造成内层线路的离子迁移，从而导致漏电甚至击穿。若通过热分析的手段（T_g、T260、T_d等测试）进一步分析材料的耐热性能，更好地确保材料的耐热性及PCB层间结合力，则可以更好地保证电子产品的可靠性。

5.6 PCB孔铜断裂失效案例研究

为了满足高密度封装以及电路设计密度的要求，PCB的层数也越来越多，而各层电路之间的连接必须通过通孔得以实现。通孔一旦断裂则基本维修无望。因此，通孔的可靠性直接影响着整个电子组件的可靠性。由于通孔制造工艺较为复杂，所以往往通过通孔的质量就可以判断整个PCB的制造工艺能力，而通孔的不良很可能在组装过程甚至使用过程中受到持续的膨胀应力作用后才会显现出来，造成巨大损失。通孔断裂（孔断）的失效率近年来一直持续在一个较高的数值上，但其原因各异，需要仔细分析找出其根本原因，才能有针对性地进行改善和预防。

5.6.1 主要孔铜断裂机理

在20 ~ 260℃范围内，树脂基材的平均线性膨胀系数与铜的并不匹配，大约要高两个数量级。在焊接受热过程中，PCB的Z轴方向树脂的膨胀会造成孔铜受到较大的拉伸应力，孔铜需要有较好的抗拉强度和延伸率才能抵抗这种拉伸应力造成的破坏，否则孔铜可能被拉裂。若孔铜厚度不足或电镀质量不佳，则会直接降低孔铜的抗拉强度和延伸率。在所有PCB相关检测标准中，孔铜质量及可靠性的检测均占据了极为重要的地位。

5.6.2 孔铜断裂主要影响因素

孔铜断裂的外部因素如下：

（1）焊接过热；

（2）样品使用时处于反复冷热交替状态；

（3）腐蚀物质被引入通孔内造成孔铜腐蚀。

孔铜断裂的内部因素如下：

（1）孔铜电镀质量不佳，厚度不足或结构不良；

（2）孔铜由于PCB制程不良造成局部空洞及腐蚀。

5.6.3　孔铜断裂典型案例

1. 孔铜腐蚀

【案例背景】

某电视机顶盒主板出现功能失效，经初步电路分析，确定部分通孔存在电阻值增大甚至开路的现象，要求分析孔电阻值增大（开路）的原因。

【案例分析】

通过前期的分析排查及电测，确定了具体的失效孔。对失效孔进行金相切片分析，发现所有失效孔均在中部出现孔铜断裂，SEM清晰可见孔铜的环状断裂，因此导致了通孔电阻值增大甚至开路。裂口呈现弯月状，放大可见边缘存在铜层被腐蚀的形貌，另外，其他通孔也发现了类似的腐蚀形貌（见图5.31）。因此可以初步确定是腐蚀造成了孔铜局部偏薄，在焊接的高温过程中，局部偏薄的孔铜由于膨胀应力出现环状拉裂，导致孔电阻值增大甚至开路。

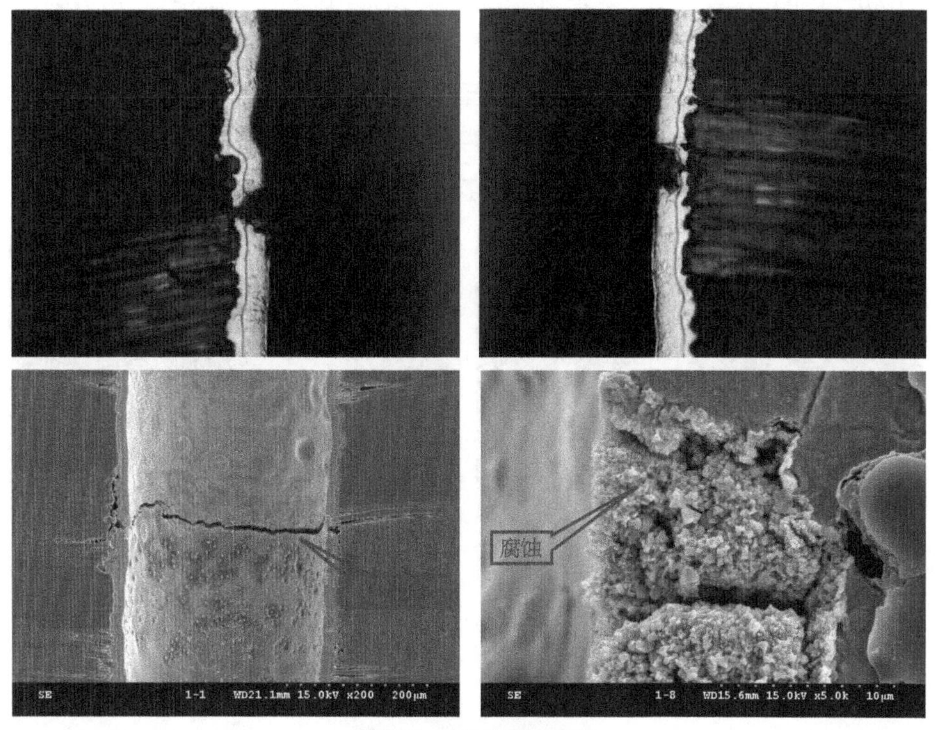

图 5.31　失效孔腐蚀形貌

但该腐蚀是如何造成的呢？外界引入腐蚀物的可能性不大，因为首先该通孔已有油墨堵孔，且即使有外界腐蚀物渗入，也应该首先在靠近孔口处发生腐蚀。而如果是PCB制程过程的腐蚀物残留，那么孔铜应该较为均匀地发生腐蚀，而不应该仅在某个区域出现不断咬蚀而其他位置孔铜光滑。该腐蚀根本原因的推断需要结合PCB的制造工艺来进行。该PCB采用的是图形电镀工艺，即在PCB所有需要导通的位置电镀铜之后，对所有不需要线路的位置原先存在的铜层需要将其蚀刻，而为了避免线路铜层也被蚀刻，需要预先在线路铜层表面加镀一层锡作为保护，待不需要线路的位置铜蚀净后再将锡层褪除。通孔铜层也是需要保护的对象，然而在镀锡过程中，由于部分药水及参数设置的原因导致其渗镀能力偏弱，在通孔中部的部分位置未很好地镀上锡，从而在后期蚀刻过程中，通孔中部缺乏锡保护的铜层被蚀刻，因此切片孔铜呈现局部弯月状缺口的形貌。

2. 孔铜结晶不良

【案例背景】

与上述案例类似，组装后通孔出现电测不通的现象，要求分析通孔不通的原因。

【案例分析】

对失效孔进行金相切片分析，发现孔铜断裂，断裂处孔铜并未明显变薄，孔铜厚度符合标准要求，上下断裂面吻合，呈现脆性断裂形貌（见图5.32）。在正常情况下，铜层具有一定的延展性，受拉伸应力时应该先变薄再被拉断。因此，这表明该PCB孔铜抗拉强度和延伸能力严重不足，其原因主要是由于孔铜层的结晶出现了异常。在正常情况下，铜层的晶体应呈现多面体的形貌，晶格的排列无明显的方向性，这样的铜层韧性较好，然而失效孔铜呈现连续柱状结晶，部分位置出现孪晶及晶界空洞，此类结晶形貌在受到应力拉伸时，由于晶格与晶格间较为薄弱，孔铜容易沿着晶界被撕裂，呈现脆性断裂的形貌。此类不良结晶的形成主要与电镀过程添加剂的使用不当或电镀参数的设置不当有关。

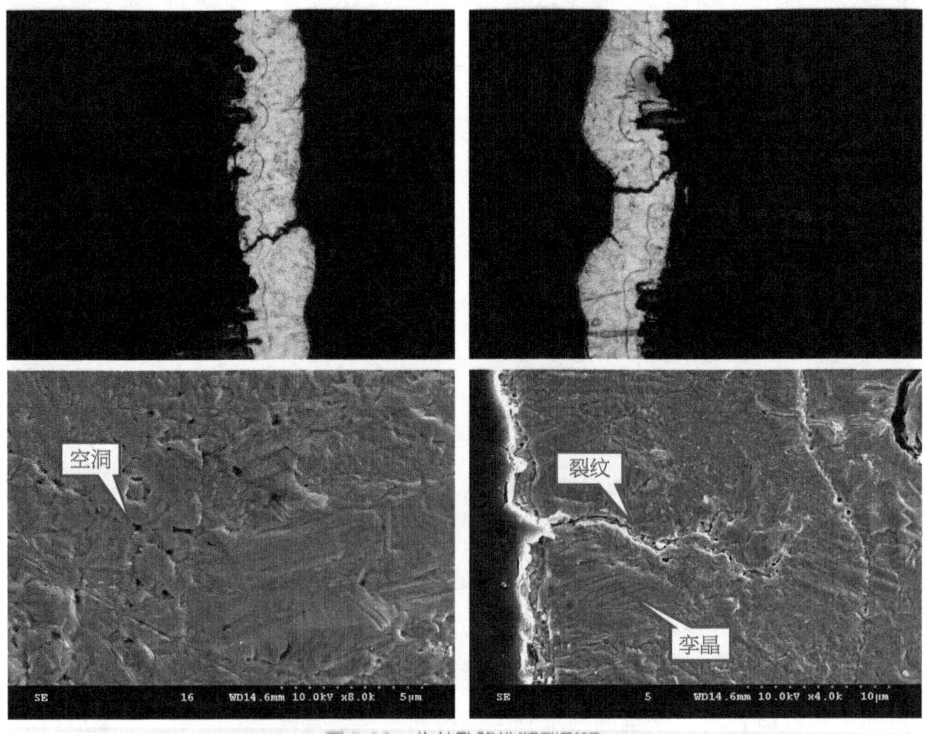

图5.32 失效孔脆性断裂形貌

5.6.4 启示与建议

对不同批次的PCB来料，很多只是进行电路通断的测试，而未进行严格的可靠性检测，类似孔铜被咬蚀的现象必须通过金相切片观察才能发现，孔铜也需要使用相同电镀工艺制作出的铜箔来评价其抗拉强度及延伸率，以防止电镀过程出现结晶异常。上述的孔铜断裂均是批次性失效，组装后的产品因PCB孔铜断裂失效无法返修，会造成巨大损失。因此需要建立完善的PCB管控体系，对影响可靠性的关键项目建立批次性检测体系，至少应该对通孔进行金相切片检查，才能保证高质量的PCB和制造出高可靠性的电子产品。

5.7 电迁移与枝晶生长失效案例研究

无铅化以后，由于无铅焊料的润湿性下降，所以组装缺陷率明显上升。为此，最好的办法就是提升或改善助焊剂的助焊性能。但提升助焊性能的方法是增加助焊剂中固体活性物质的含量，而这些活性物质往往具有较强的腐蚀性，如果焊接工艺配合不当，则它们会残留在焊点周围或电路板上，常常导致腐蚀和电迁移等可靠性问题。在电路板工作时的电场以及周围水分存在的条件下，腐蚀将恶化并导致电迁移，最终引发短路甚至电路板组件烧毁。典型的腐蚀失效往往发生在产品交付使用半年以后，腐蚀的速率与周围的环境还有很密切的关系。这种问题往往是批次性的，损失和影响都很大。另外，电路板与元器件可焊性表面涂层的无铅化也加剧了可靠性问题的产生，需要引起无铅制造相关各方的高度注意。

5.7.1 电迁移与枝晶产生的机理

枝晶（Dendrite）是指金属被腐蚀后，在电场引力的作用下发生了电迁移，生长出了外观像树枝一样形貌的晶体。枝晶产生的前提条件是金属发生了腐蚀，并且存在电场的影响。由于电子产品只要通电工作，当中的电子组件表面焊点之间随时都可能形成电位差，即受到来自电场的影响，因此，导致组装后电路板表面枝晶生长的关键因素就是腐蚀。图5.33展示了电迁移发生示意图。

$$M-ne \overset{[H_2O/H^+/Cl^-]}{=====} M^{n+} \Longrightarrow \text{阴极（或低电位）} M^{n+} \Longleftrightarrow M(O,OH)$$

图 5.33　电迁移发生示意图（M 表示金属）

首先由于SMT工艺中使用的助焊剂残留，助焊剂中的酸性物质或卤素离子在潮湿的环境下极易发生对焊点或焊盘与元器件引脚上金属涂层的腐蚀，如果有电场存在，则这种腐蚀现象极易发生。我们使用EDS或FTIR技术，常常在腐蚀发生的周围或枝晶的周围发现较高浓度的有机酸或卤素离子的存在，同样，使用EDS技术非常容易鉴别枝晶的成分信息。当腐蚀发生后，金属变成了金属离子，在水（或潮湿气氛）与电场的作用下，金属阳离子将向阴极迁移，由于电场时断时续，电迁移中的离子就结晶析出，形成了像树枝一样的晶体形貌。图5.34所示为典型的铅迁移与枝晶形貌。

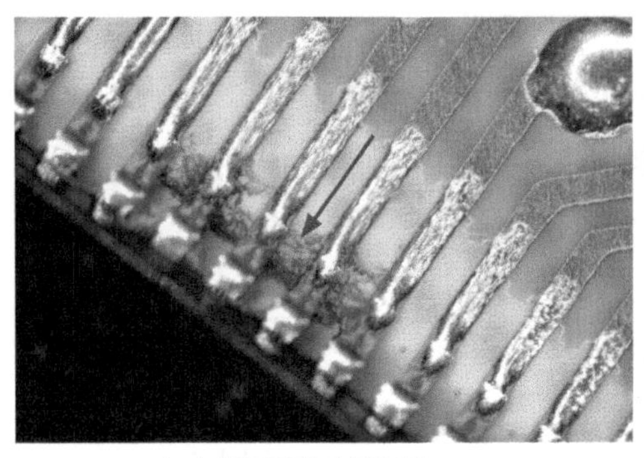

（a）铅迁移的光学照片

（b）典型的铅枝晶照片（SEM）

图 5.34　典型的铅迁移与枝晶形貌

5.7.2　枝晶生长风险分析

无铅工艺导入的技术瓶颈之一就是所使用的无铅焊料的润湿性严重下降，导致元器件引脚焊锡爬升不足、焊盘暴露等缺陷的产生。为了解决这一问题，业界首先想到的最佳手段就是通过改进助焊剂的配方增加带有腐蚀性成分的活性材料来提升助焊剂的助焊能力。例如，助焊膏中助焊剂的比例由原来的10%提高到约12%，焊锡丝中助焊剂的含量由传统的2%增加到3%，波峰焊所使用的液体助焊剂的固体含量也有明显的增加。助焊剂的这种增加必然导致焊接后残留物不同程度的增加，残留物中的腐蚀性物质也增加了焊点腐蚀与枝晶生长的风险。

另外，随着电子产品的小型化与无铅制造的可焊性要求，电路板与元器件的可焊性涂层中大量使用含银及高锡的材料，这些材料腐蚀后产生的阳离子极易发生电迁移，进而发生枝晶生长。

以上两种因素的变化，导致在无铅工艺中生产的电路板组件发生电迁移腐蚀及枝晶生长的风险显著增加。据本实验室的初步统计分析，无铅工艺中枝晶生长的风险概率与有铅工艺相比有30%以上的增加。

5.7.3　电迁移与枝晶生长失效典型案例

1. Pin 针焊点间漏电失效

【案例背景】

客户送检两块失效显示板，失效表现为样品连接线Pin针焊点间漏电（见图5.35），要求对失效原因进行分析。

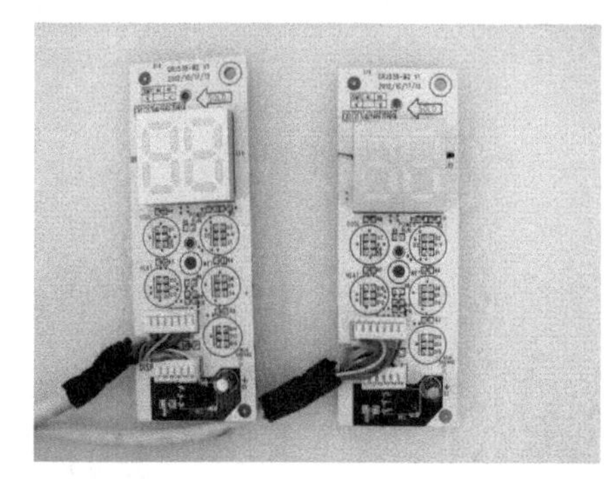

图 5.35　失效样品及失效位置

【案例分析】

观察发现，2pcs样品均在Pin针（6pin）3、4引脚间发现存在异物，异物在PCB板面防潮油下方，见图5.36。经X射线观察，发现失效样品3、4引脚间存在阴影，进一步证实了异物的存在，见图5.37。

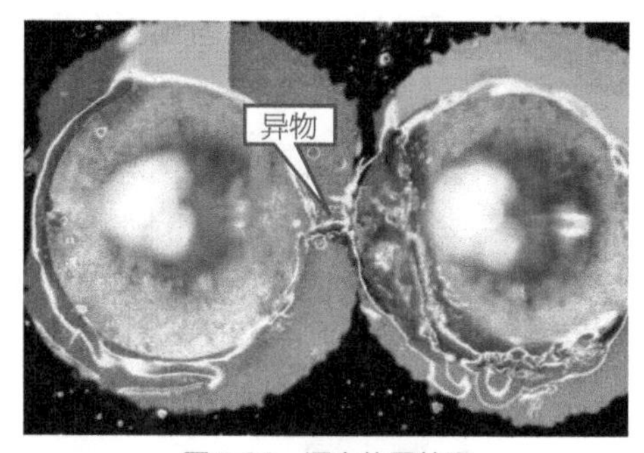

图 5.36　漏电位置外观

对样品失效位置进行金相切片分析，明显发现漏电的3、4引脚间有异物残留，经EDS确认主要为锡；残留的锡与焊点间有迁移形貌，迁移产物主要成分为锡和铅，见图5.38。显然，锡的残留及锡铅的迁移导致焊点间漏电。

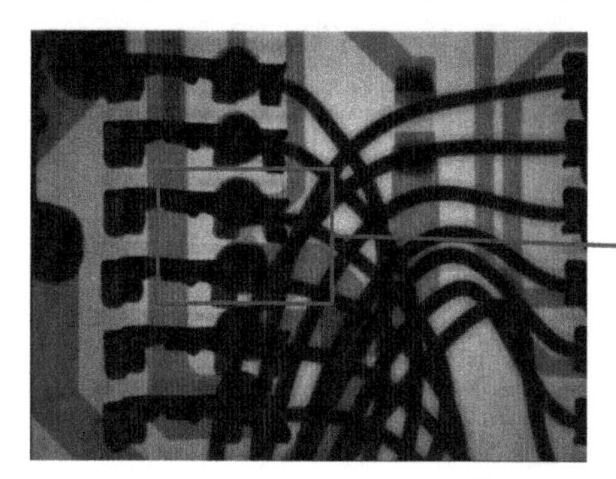

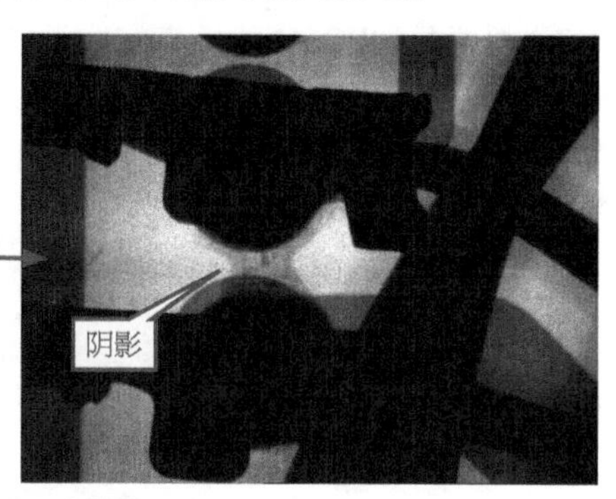

图 5.37　漏电位置 X 射线图

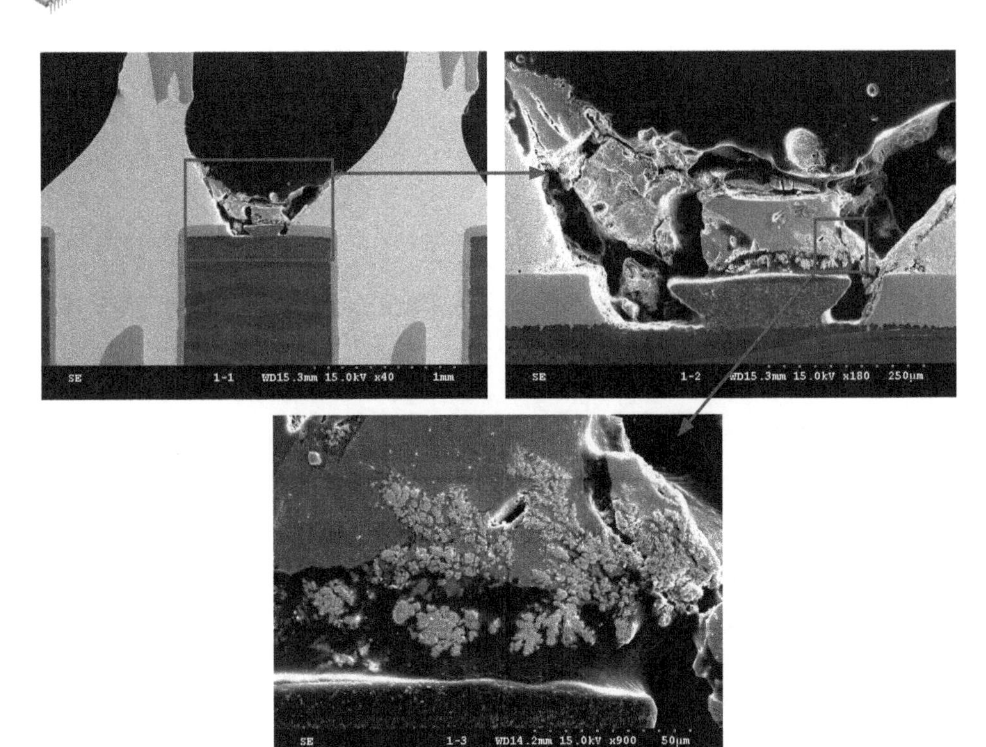

图 5.38 漏电位置切片电镜图

焊接工艺过后，焊点间有焊料残留，会使得焊点间的绝缘距离极大地缩短，在使用过程中，在焊点两端电压差的作用下，焊料易发生迁移导致漏电。由于板面已刷防潮油，会在一定程度上隔绝外界水汽及阻碍板面离子的自由移动，焊料的迁移相对较难迅速形成。而失效样品焊点间明显大量的迁移表明：在焊接后的板面上可能残留了腐蚀性较强的物质，即使涂覆了三防漆，如果涂覆前板面的清洁度不够，仍然可能导致迁移的发生（虽然迁移的速度可能会有所减缓）。

2. 银迁移失效分析

【案例背景】

客户送检样品为PCM模块，客户怀疑银迁移漏电导致电路控制信号电平被拉低，从而导致产品失效。客户要求分析银迁移失效原因，送检样品的外观见图5.39。

（a）已剥胶不良品

（b）未剥胶不良品

图 5.39 送检样品的外观

【案例分析】

对失效品上的失效电容位置进行外观检查，结果发现：在剥掉UV胶后，元器件表面大部分的迁移产物都黏附于UV胶表面，迁移产物呈枝晶状；元器件焊点表面为银白色，较光洁，未见明显腐蚀发黑等情况。失效品外观检查照片见图5.40。

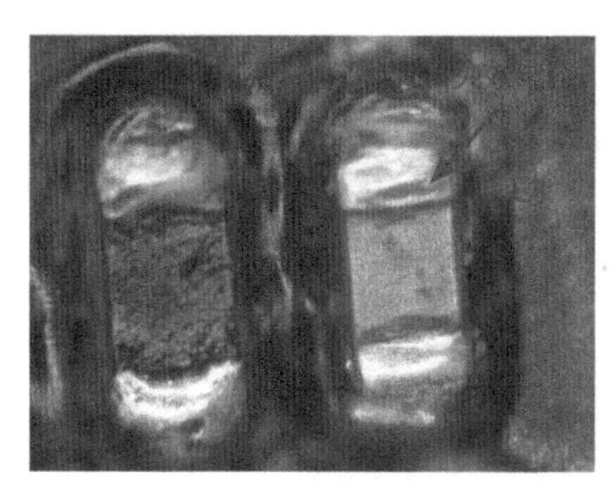

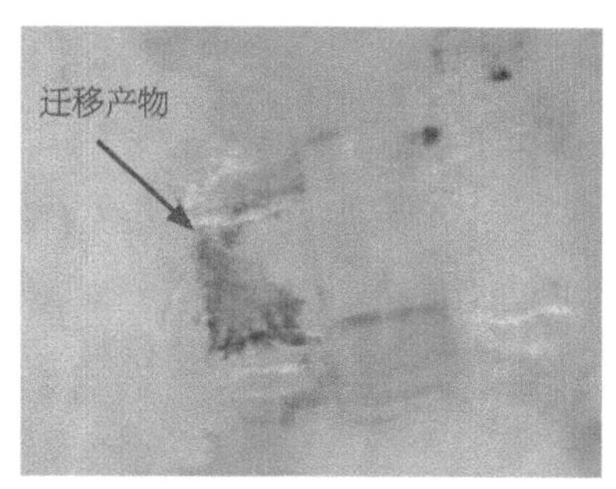

图 5.40　失效品外观检查照片

对失效电容位置进行表面SEM & EDS分析，结果发现：元器件表面银迁移产物主要呈现枝晶状生长，迁移产物成分主要为银，迁移产物发源于元器件陶瓷体与端电极结合部位，见图5.41。

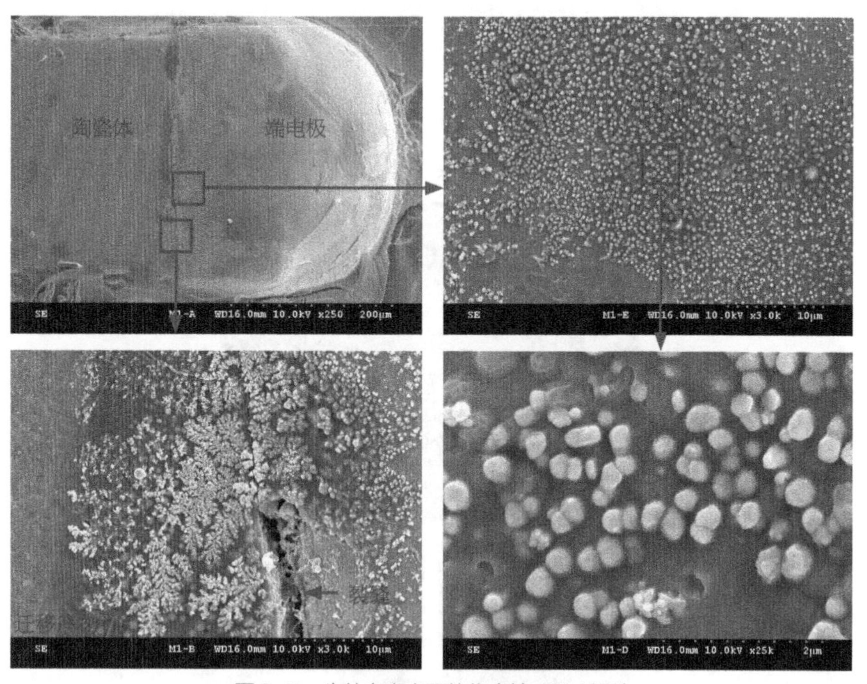

图 5.41　失效电容表面的代表性 SEM 照片

对失效电容和良好电容焊点制成的金相切片进行进一步对比分析，用SEM观察焊点截面，结果发现：失效电容的端电极与陶瓷体之间均存在明显的分离现象，而良好电容的端电极与陶瓷体则结合紧密。其代表性SEM照片见图5.42。

综上内容可知：失效电容的端电极与陶瓷体之间烧结不良，端电极与陶瓷体结合界面仍存在颗粒状的银，在一定的温湿度及电场作用下，部分银颗粒通过端电极与陶瓷体之间的裂缝被带到端电极表面，一部分银颗粒与端电极连接的银在水汽和电场作用下向另一端端电极发生电迁移并导致元器件功能失效；另一部分银颗粒则附着在端电极已覆焊料的表面上。

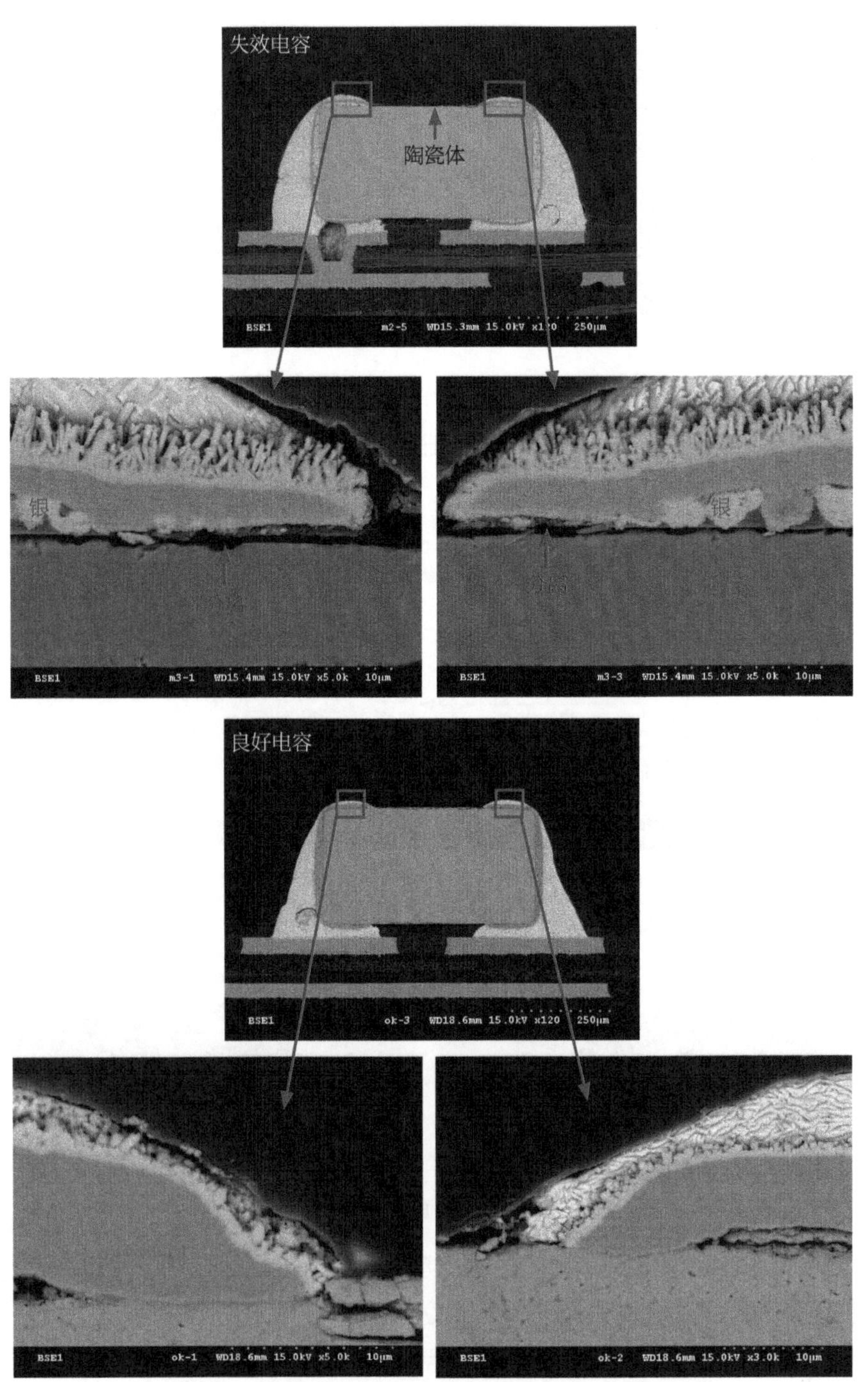

图5.42 电容（失效/良好）焊点截面的代表性SEM照片

5.7.4 启示与建议

由于无铅工艺的特点，枝晶生长已经成为无铅化过程中亟待解决的最重要的可靠性问题之一。枝晶生长的过程包括腐蚀、电迁移与枝晶形成。我们可以从多个方面采取措施对枝晶生长进行控制和防范，但最关键的问题是控制腐蚀过程的发生。因此，首先要从调整助焊剂的化学配方着手，尽量使用那些在常温下没有活性或腐蚀性但在焊接工艺过程中才有活性的活性剂，并且适当增加树脂的比例，使得助焊剂在焊接后的残留物最少且没有活性。但对于使用助焊剂或焊料的用户而言，在选用助焊剂或焊锡膏时应该按照有关标准进行电迁移评估，不能只进行简单的测试后就冒然使用，因为枝晶生长需要一定的时间才显现，且不止发生在一两块板上，往往造成整批板子报废，损失不可弥补。其次就是考虑控制容易发生电迁移的材料的使用，如含银的表面处理等。再次就是在PCB设计时考虑焊点的分布与电场的因素，不要形成易于积累残留物的焊点分布以及减小相邻焊点之间产生电场的电位差。最后就是通过工艺的优化使得助焊剂在工艺中全部或尽量消耗，残留物最少。总之，最重要的问题就是如何去除导致腐蚀发生的诱发因素。

5.8 波峰焊通孔填充不良案例研究

焊料的通孔填充性问题一直是无铅波峰焊工艺在焊接双面板或多层板时一个很大的挑战，特别是遇到大厚度或存在大吸热元器件时，填充不良现象尤为严重。由于填充不良会降低焊点的机械强度，还会减弱焊点的抗热疲劳性能，甚至严重影响产品的电气性能，因此在生产中必须设法控制与改进工艺使焊点达到优良的通孔填充性。而波峰焊工艺过程控制的影响因素众多，使影响通孔填充性的因素错综复杂，因此对PTH焊点填充不良失效案例的分析对于波峰焊的相应工艺优化具有重要作用。

5.8.1 波峰焊通孔填充不良现象描述

依据标准IPC-A-610E，镀通孔波峰焊后垂直透锡高度目标为100%，这也是高可靠性产品的基本要求，如图5.43所示；填充高度可接受比例为75%（允许包括主面和辅面一起最多25%的下陷），如图5.44所示。另外，当镀通孔连接散热层或起散热作用的导体层时，元器件引脚在B面焊点内可辨识且B面焊料填充360° 润湿镀通孔内壁和引线的周围，2级产品允许镀通孔的最小垂直填充高度可

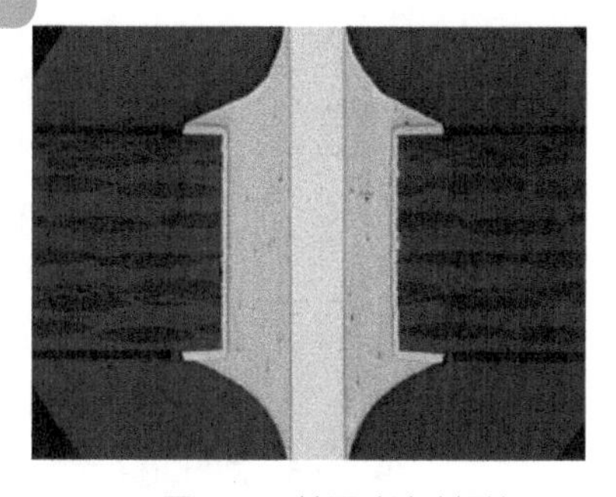

图 5.43　镀通孔波峰焊填充高度目标（实装板切片图）

接受比例为50%，如图5.45所示。如果PTH焊点不满足上述填充条件，则称之为PTH焊点填充不良。波峰焊通孔填充不良使PTH焊点的机械强度大幅下降，甚至由于导通电阻增大而影响了导电性能，严重降低了焊点可靠性。

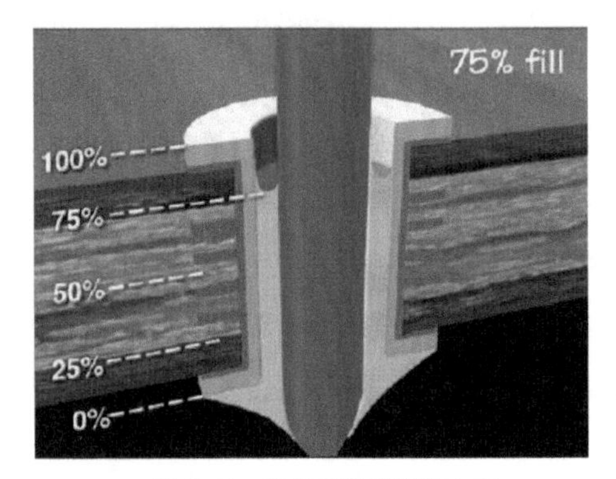

图5.44 镀通孔波峰焊填充高度可接受比例（示意图）

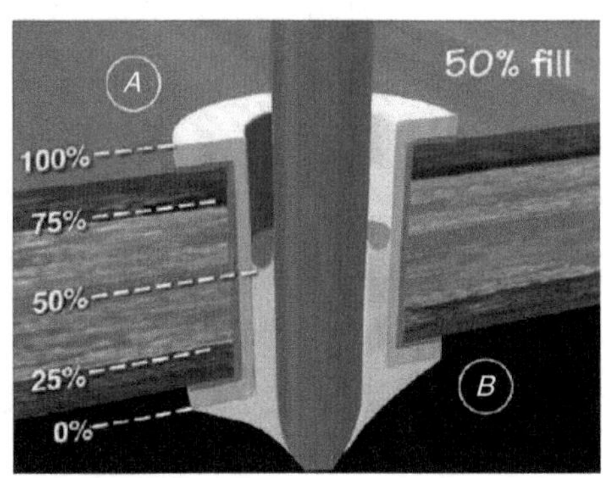

图5.45 连接散热层或起散热作用的导体层时，镀通孔波峰焊填充高度可接受比例（示意图）

5.8.2 波峰焊通孔填锡的物理过程

在波峰焊工艺中，通孔的填锡过程是指PCBA经过涂覆助焊剂去除氧化膜后，接触焊料波峰并依靠焊料对基体金属的润湿作用及毛细现象沿金属化孔爬升，实现焊接的过程。在通孔的填锡过程中，通孔与引线间隙的填充可简化为两平行线板插入液态焊料的状况，如图5.46所示，焊料可以润湿金属板，否则会出现图5.46右图现象。

在填充中，由于液态焊料对母材的润湿，产生焊料弯曲液面，导致附加压力P_A的产生。如图5.47所示，此时焊料在金属化孔内受到三个力的作用，由表面张力形成的附加压力P_A、由于PCB浸入熔融焊料一定深度形成的焊料静压力P_Y和重力G。焊料所受焊料静压力或由液态波峰产生的对焊料的向上压力P_Y不是焊料爬升的主要作用力，而由表面张力形成的附加压力P_A才是焊料爬升的主要作用力，即毛细作用力。

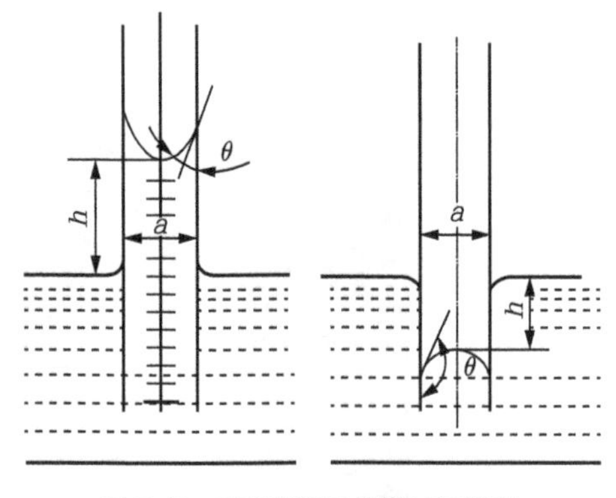

图5.46 波峰焊通孔填锡过程模型

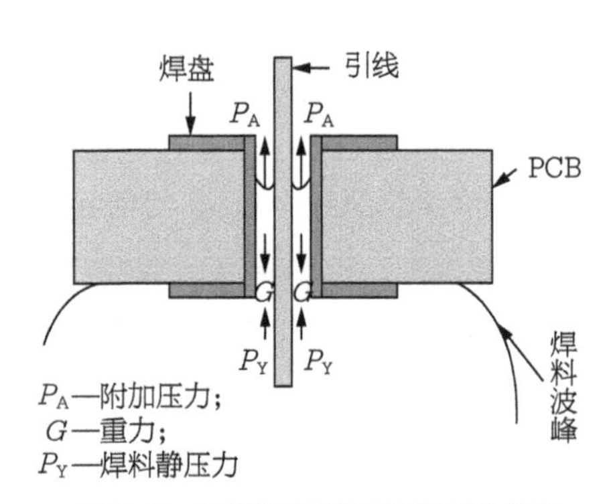

图5.47 波峰焊通孔填锡过程受力分析

附加压力P_A是任意形状界面比平界面多出的压力，是由表面张力形成的，其表达式为

$$P_A=2\sigma/r \quad (5.1)$$

式中，σ为表面张力；r为弯曲液面的曲率半径。

可见附加压力P_A与表面张力σ成正比，与曲率半径r成反比。

图5.48为弯曲液面处放大的受力图。液面最大爬升高度经过推导可由式（5.2）确定。

$$h=\frac{2(\sigma_{sg}-\sigma_{sl})}{\rho g a} \quad (5.2)$$

式中，h为液面最大爬升高度；σ_{sg}为固气界面张力；σ_{sl}为固液界面张力；ρ为液态焊料密度；g为重力加速度；a为通孔与引脚间隙；

由式（5.2）可知，液面最大爬升高度h和通孔与引脚间隙a成反比，即间隙越小，毛细作用越强，爬升高度越高；另外，增加固气界面张力σ_{sg}，或者减小固液界面张力σ_{sl}也可以增加液面最大爬升高度。清洁的通孔内壁可以使焊料表面张力维持较小的值，如果孔壁有残留的氧化物，则焊料表面张力值很大，将导致$\sigma_{sg}<\sigma_{sl}$，从而产生填充不良。

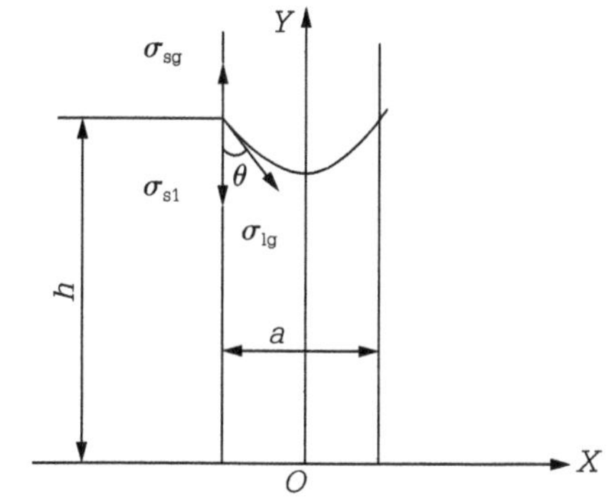

图 5.48　弯曲液面处放大的受力图

在实际生产过程中，焊接时间为3 ~ 5s，所以在固定的焊接时间内，焊料的爬升速度越快，填充的高度也会越接近最大爬升高度。而焊料黏度和爬升速度成反比，焊料的黏度随温度的升高而降低，所以增加温度可以提高爬升速度。

5.8.3　影响波峰焊通孔填充不良的因素分析

通过以上对填锡的物理过程分析，可以得出下列影响波峰焊工艺的通孔填充性的关键因素。

（1）波峰焊各组件的可焊性。波峰焊组件（包括元器件引脚和PCB通孔焊盘）的可焊性决定了界面的润湿性，直接影响通孔填充高度。

（2）助焊剂的选型与涂覆。助焊剂的选型决定了可焊端氧化膜的除膜工艺能力，从而影响了可焊端表面对焊料的润湿性能。涂覆均匀到位，使孔壁内部全部均匀涂覆，焊锡才能爬升到位。

（3）波峰焊设备的维护保养。如果波峰焊设备在不正常的条件下工作，则会影响产品

的通孔填充性。特别要关注设备的预热性能，必须确保板预热的均匀性和板背面的温度达到目标值，否则会严重影响焊锡爬升。

（4）波峰焊参数的设定。轨道倾角、链速、助焊剂喷涂量、助焊剂喷涂均匀度、预热温度与时间、焊接温度与时间、波峰高度等工艺参数的设定会直接影响产品的通孔填充性。

（5）PCB孔径与元器件引脚直径的匹配。从液面最大爬升高度 h 看，以小间隙为佳，但是过小的间隙又会对插件等工序带来困难。因此，波峰焊时为使焊料能填满孔隙，必须在安装设计时保证合适的孔径比。

5.8.4 PTH 填充不良典型案例

1. 波峰焊 PTH 上锡不良，焊点发黑

【案例背景】

委托单位所送样品为1pcs已组装的PCBA（以下称为不良品）和6pcs未焊接的PCB（以下称为空板）。委托单位提供的工艺信息为：PCB表面处理为化学镍金（ENIG），无铅制程，样品回流焊后过波峰焊。委托单位称该批样品波峰焊后随机出现不良，不良率为3%左右。其不良品表现为波峰焊后焊盘上锡不良，部分焊盘存在露金和发黑的现象，如图5.49所示。按照委托单位要求，对此不良原因进行分析。

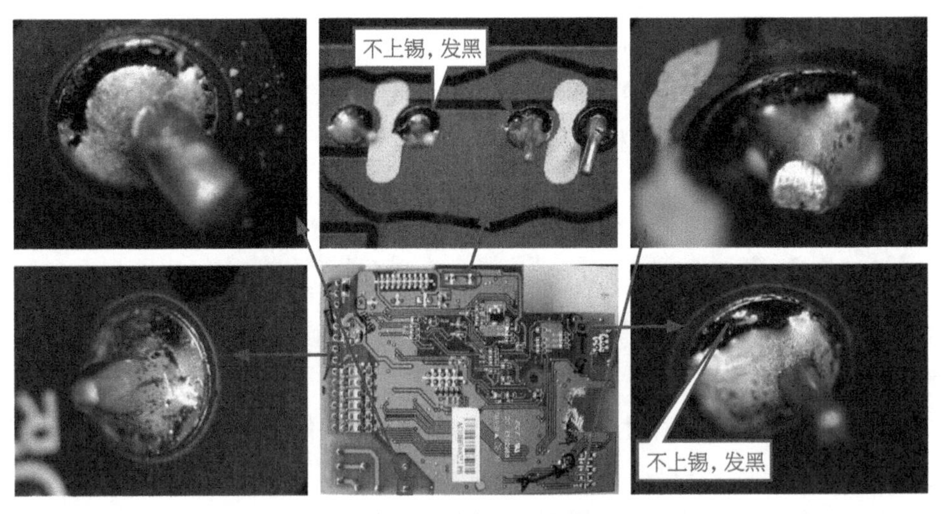

图5.49 不良品及失效现象

【案例分析】

对不良品焊点进行金相切片和SEM & EDS分析发现，孔壁及孔边缘焊盘存在镍层缺失的异常现象，如图5.50所示。镍层缺失处的焊料与孔壁之间形成了金属间化合物

（IMC，1.4μm），且所形成的IMC中含有少量的Ni（镍），金属间化合物中存在镍元素说明此处的孔壁在波峰焊前存在很薄的镀镍层，镀镍层在焊接过程中全部参与合金化，从而导致镀镍层缺失。孔壁局部位置镀镍层偏薄（厚度的不均匀）很可能与化学镍金工艺过程控制有关。PCB焊盘发黑处主要为镍，镀镍层氧化从而呈现为黑色（焊盘发黑）。镀镍层氧化可能与PCB表面处理工艺（如化学镍金的药水）过程中氧化腐蚀和焊接过程中高温氧化有关。

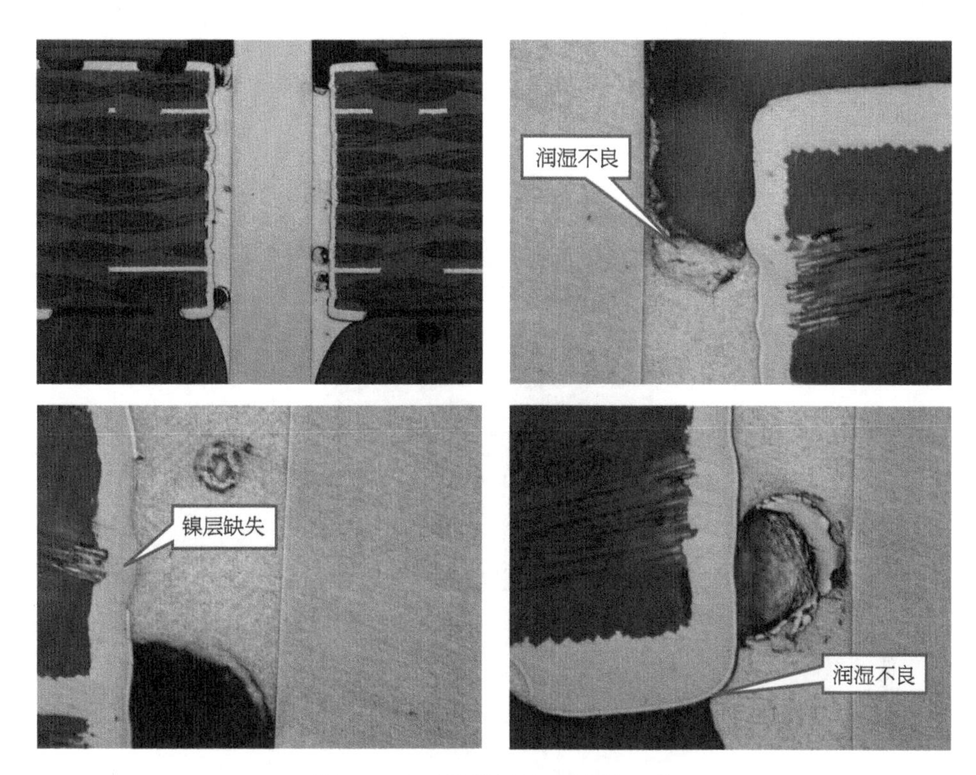

图 5.50　不良品焊点的代表性金相照片

金相切片分析还表明，所检不良焊点的孔壁镀镍层和焊料之间存在明显的润湿不良现象，而焊料和引脚之间润湿较好，故可以初步判断导致焊料和孔壁之间润湿不良的原因与镀镍层可焊性不佳有关。

SEM & EDS分析还表明，空板焊盘镀金层表面局部位置存在镍的晶粒突起，去金后，焊盘镀镍层表面存在较多明显的腐蚀点（见图5.51）。镀金层表面镍晶粒突起和镀镍层存在腐蚀，说明在化学镀镍/浸金工艺中，PCB焊盘镀镍层的质量不佳。镀镍层存在腐蚀和晶粒突起等不良会影响焊盘的可焊性，经过一次回流焊的高温后，这种氧化腐蚀加剧，最终导致焊接过程中PCB焊盘上锡不良。

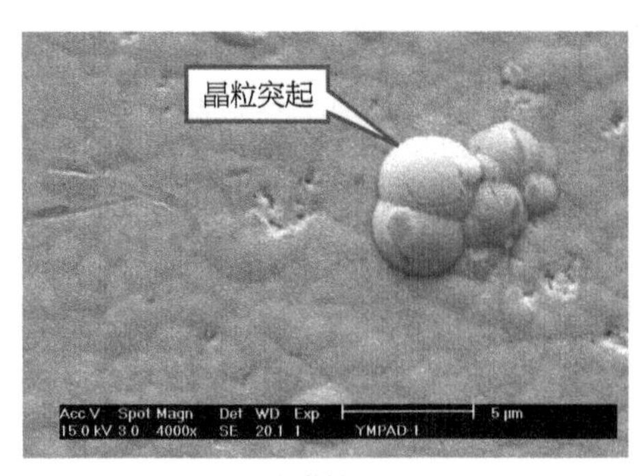

去金前　　　　去金后

图 5.51　空板焊盘镀金层表面代表性 SEM 照片

2. 焊点吹孔失效

【案例背景】

委托单位送检1pcs插件焊点存在不良的 PCBA样品（喷锡板），放大后观察到多个焊点存在明显的吹孔现象，焊点周围存在锡珠，焊点表面及其周围存在大量残留物颗粒，如图5.52所示。要求分析不良原因。

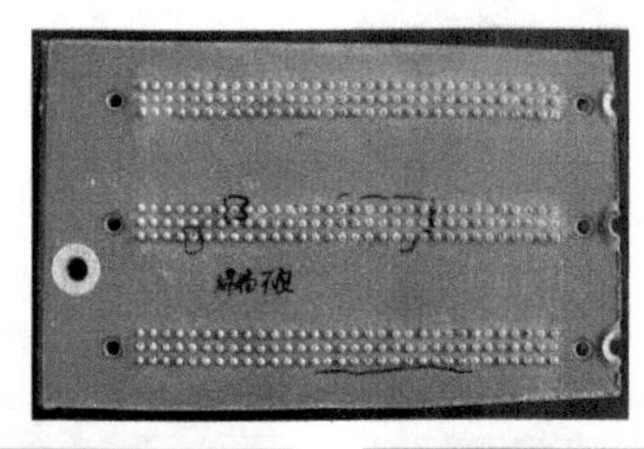

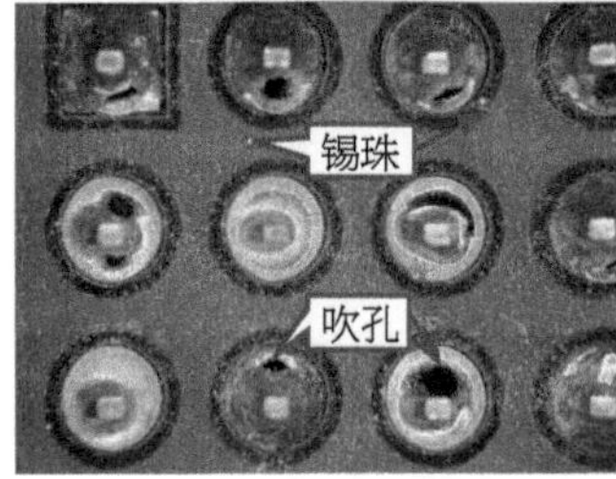

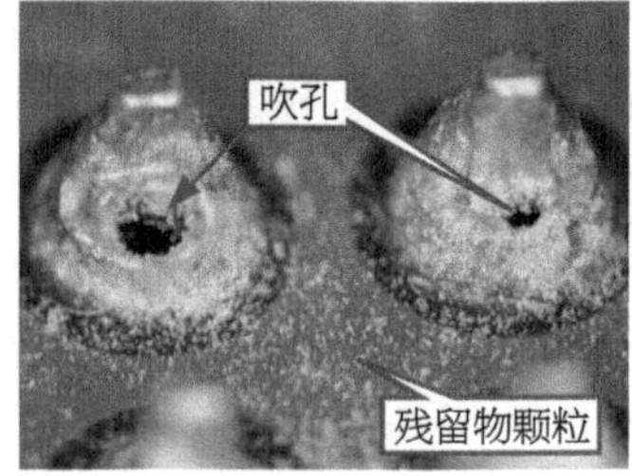

图 5.52　PCBA 样品（焊接面）外观及缺陷位置照片

【案例分析】

本案中，失效样品的多个焊点存在吹孔现象；在焊接面上，焊点表面及周围均存在少量锡珠和大量残留物颗粒。金相切片分析表明，所检插件孔焊料填充不足，孔壁粗糙，孔旁多处基材疏松，芯吸现象明显；焊点中除存在吹孔现象外，焊料中也存在大空洞；个别焊点焊接面的焊盘发生起翘，如图5.53所示。

通过SEM & EDS 分析，结果发现：焊接面插件孔旁基材疏松及芯吸现象更为清晰明显；吹孔孔口处存在明显的助焊剂残留物；元件面的本体上喷溅了大量锡珠，焊接面焊点周围的残留物颗粒主要是焊料渣和助焊剂的残留物，如图5.54所示。

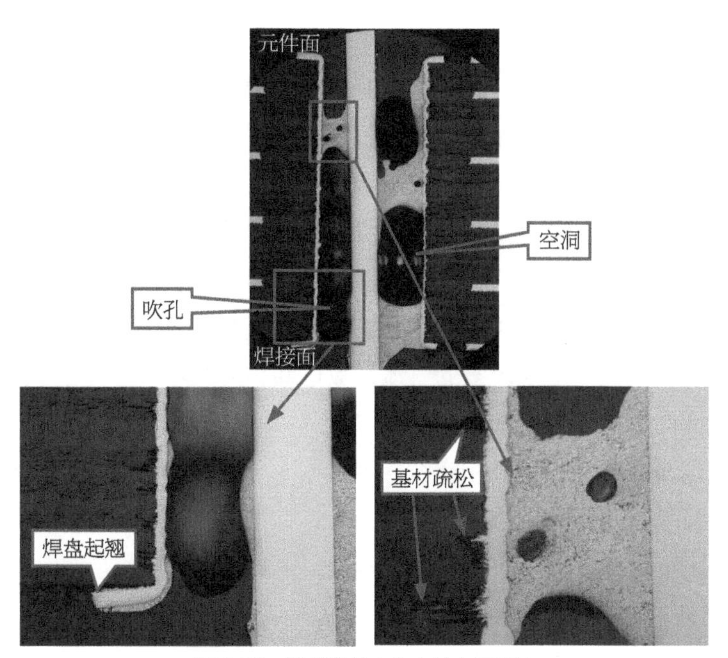

图 5.53　插件孔焊点代表性金相照片

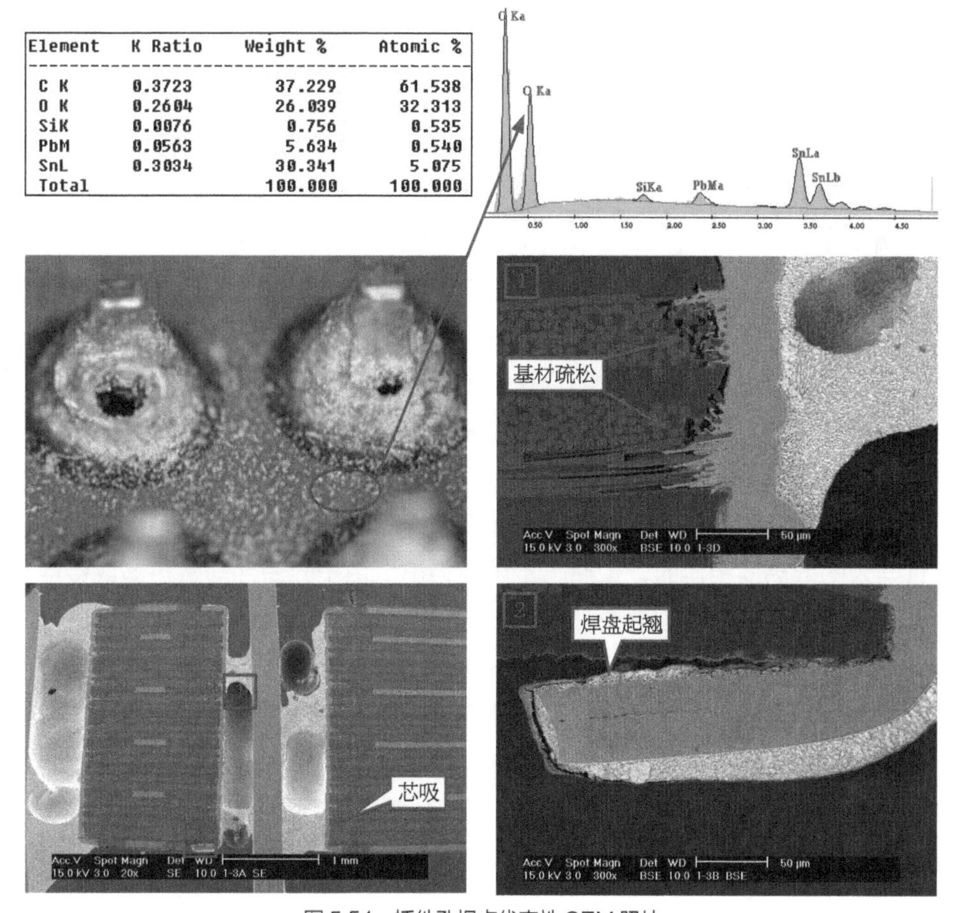

Element	K Ratio	Weight %	Atomic %
C K	0.3723	37.229	61.538
O K	0.2604	26.039	32.313
SiK	0.0076	0.756	0.535
PbM	0.0563	5.634	0.540
SnL	0.3034	30.341	5.075
Total		100.000	100.000

图 5.54　插件孔焊点代表性 SEM 照片

在波峰焊过程中，焊点和通孔内部产生的气体将向外逃逸。当焊点顶层焊料凝固后对放出的或捕获的气体不再提供一条逃逸通道时，焊点内部气体一部分继续膨胀并从底部喷逸而形成吹孔，未逸出的气体则被包裹在凝固的焊料内部形成空洞。在焊接过程中，焊点内部产生的气体主要是由于助焊剂的挥发及潮气的释放导致的。吹孔孔口存在助焊剂残留物，以及焊点周围锡珠、焊料渣和助焊剂残留物颗粒也证实了这一点。助焊剂过量或焊前溶剂挥发不充分，或者基板受潮等因素，都将导致焊接过程中产生大量的气体而易形成吹孔或焊料内空洞。另外，样品插件孔孔壁粗糙，孔旁基材疏松，这些都易使PCB内部残存过量潮气而导致焊接过程中产生较多的气体，故这些也应为吹孔产生的原因之一。针对以上现象，可通过插件焊接前烘烤PCB基板，增加预热时间或提高预热温度，选择合适的焊料波峰形状等措施减少或消除吹孔和空洞等现象。而从长远考虑，应通过控制PCB制造工艺消除孔壁粗糙及基材疏松等问题，杜绝PCB内部潮气残存渠道，加以对波峰焊工艺的严格控制和优化，从而在根本上消除吹孔和空洞现象。

3. 预热不足导致的填充不良

【案例背景】

一个六层的无铅电源主板，使用无铅锡银铜焊料波峰焊组装。初期PCBA波峰焊工序经反复试跑，焊锡通孔的爬升高度达不到客户的100％填充要求。板面安装有6个功率管，且用一个铝管作为其共同的散热器，功率管通过导热胶与散热器连接，工作时通过散热器散热，波峰焊安装时散热器已经与功率管粘接好。

【案例分析】

外观检查发现，填充不良的通孔基本集中在这几个功率管的引脚焊点上。于是选择几个典型的通孔进行切片分析，典型的切片照片见图5.55。从切片照片中可以看出，焊锡爬升不足，但是焊料对元器件引脚及通孔内壁的润湿角没有问题，显示PCB与元器件的可焊性均没有问题。同时发现通孔内部还有比较多的气孔，显示助焊剂气体或孔壁水分没有通过预热或焊接的热量充分挥发出去。另外，再根据焊锡对PCB孔壁的爬升高度要高于元器件引脚端的特点，可以断定该通孔爬升不良的根本原因是预热不足，特别是当功率管与大的散热器相连时，预热不足更为突出。由于元器件与散热器或接地大焊盘相连时，一般的预热不能达到要求，如一般的石英加热管辐射预热方式的设备通常很难达到要求，即使主板底部的预热温度已经不低甚至超过主板的T_g，但是主板的背面温度由于散热器的影响太低仍然不能保证焊锡爬升到位，这时需要更换或改进预热装置，如采用热风预热等，使得主板的各个区域温度差别不会过大。同时再降低主板的走速，必要时需要多管齐下这个问题才能得到解决。本案例的问题最终通过改进波峰焊设备的散热器得到解决。

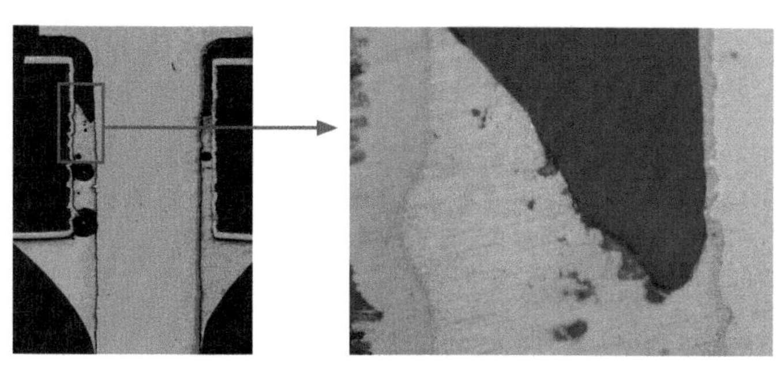

图 5.55　填充不良通孔的典型切片照片

5.8.5 启示与建议

波峰焊通孔填充不良是由多种影响因素综合作用形成的，在解决问题时，应从主要因素着手进行改善。为了避免填充不良缺陷的发生，首先要保证组件各部分的可焊性和选择合适的助焊剂，然后对波峰焊工艺参数进行优化，特别是预热工艺和炉温曲线关键参数的优化，另外还要保证组件的工艺设计合理。

5.9 PCBA 腐蚀失效案例研究

近年来，由于成本原因及环境保护和清洁生产的要求，越来越多的电子厂商在PCBA生产制程中采用免清洗或简单清洗工艺，也就是在焊接过程中一般采用免清洗助焊剂。对于非高可靠性的电子产品，采用免清洗工艺可以达到减少工序、降低成本、减少有毒有害溶剂挥发等目的。然而，众多电子厂商发现，采用免清洗或简单清洗工序后，如果不能保证板面的离子残留清除干净，一些PCBA在储存或客户端使用一段时间后更易产生板面腐蚀甚至电路开路失效问题。此类问题造成的损失和影响往往都很大，需要引起PCBA制造相关各方的高度注意。

5.9.1 PCBA 腐蚀机理

形成PCBA板面腐蚀物的根本原因是PCBA清洁不彻底，存在离子污染。通常焊点金属因其表面覆盖着一层结构致密、附着力强的氧化层而使其不受环境的侵蚀。然而，若在PCBA表面残留某些含有卤素离子（含卤素的活性松香助焊剂、空气中存在含有氯的盐雾成分及汗渍等）的残留物，那么在卤素离子的作用下将发生系列化学反应，生成腐蚀产物。如图5.56所示为含铅焊料腐蚀的简化循环过程，由反应式可见，氯化铅很容易转变为较稳

金属铅　空气

$$\mathrm{Pb+1/2\,O_2 \rightarrow PbO+2HCl \rightarrow PbCl_2+H_2O}$$

$$\mathrm{PbCO_3\downarrow +2HCl \leftarrow PbCl_2+H_2O+CO_2}$$

多孔性腐蚀沉淀物　空气

图 5.56　含铅焊料腐蚀的简化循环过程

定的碳酸铅，并在该转变过程中释放出另一个氯离子，该氯离子再次游离侵蚀氧化铅层。该转变过程的最终产物——碳酸铅为多孔性腐蚀沉淀物，它结构疏松、附着力差，不能起到保护金属的目的。而且只要环境中有水和二氧化碳，这种腐蚀过程就将永无休止地循环下去，直到焊料中的铅全部被消耗殆尽，从而使电子装备彻底损坏。因此，研究焊后PCBA表面的洁净度状况对于某些高可靠性产品是非常重要的。

5.9.2　PCBA 腐蚀失效典型案例

1. 主板表面腐蚀失效

【案例背景】

委托单位所送3pcs使用相同PCB生产的主机板，分别使用不同的助焊剂和清洗剂，其中使用B厂生产的助焊剂和清洗剂的没有问题，而使用A厂生产的助焊剂的则发生了通孔开路与电路腐蚀的故障（见图5.57）。根据委托单位要求，对导通孔及电路腐蚀原因进行分析。

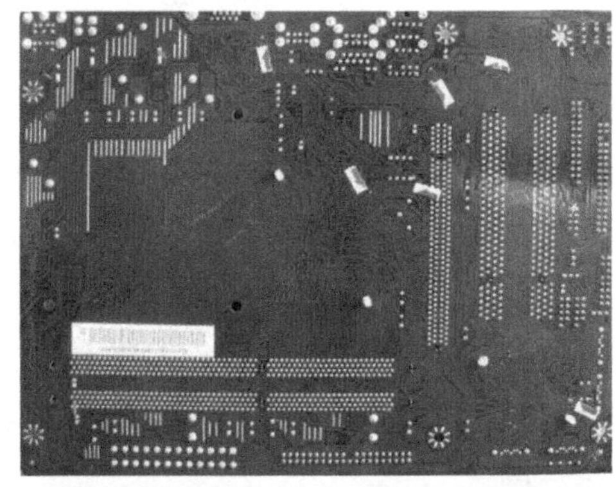

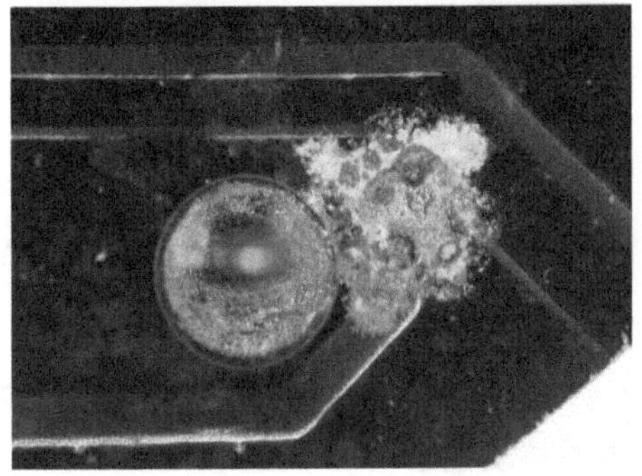

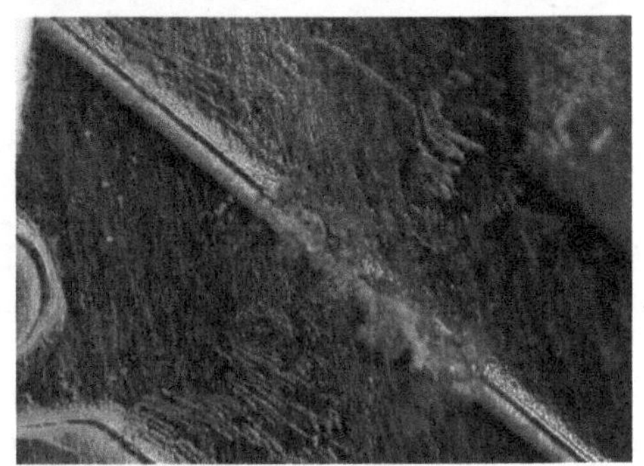

图 5.57　PCBA 表面腐蚀照片

【案例分析】

主机板导通孔及导线被氧化腐蚀，生成了主要为绿色的腐蚀物，集中在波峰焊接面的导通孔周围，而元件面未发现有腐蚀物存在。通过对腐蚀物的分析可知，其腐蚀物中铜和溴元素的含量高（见图5.58）。从被腐蚀导通孔切片上看（见图5.59），导通孔中绿油塞孔留下凹口并且阻焊膜有明显的破损，导致孔铜暴露，而元件面和焊接面阻焊膜塞孔的破损程度是相近的，都有局部破损的现象，也就是说，元件面和焊接面孔铜暴露的概率是相近的，但是，元件面却未发现有腐蚀现象。因此，腐蚀应与波峰焊过程有关。另外，从PCB样品的导通孔的切片来看，阻焊膜的破损应该是在焊接前就存在的，而不是在焊接之后产生的。接下来通过离子色谱分析发现，PCBA焊接面上Br^-浓度较高，而元件面未检测出Br^-。Br^-容易发生水解，从而生成腐蚀性较强的氢溴酸。铜与稀酸在常温条件下是不会发生反应的，但是铜的氧化物与稀酸会发生反应。暴露的孔铜在空气、二氧化碳、水分和酸性介质的作用下不断地发生氧化腐蚀。

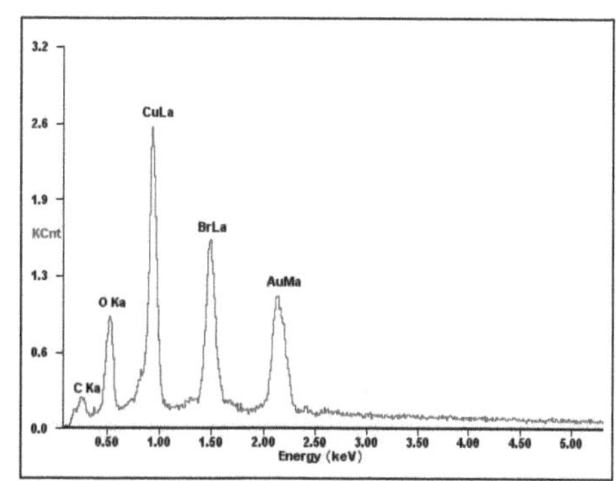

图 5.58　腐蚀物的 SEM&EDS 分析结果

PCB上阻焊膜和助焊剂中都含有溴（Br）元素，而A厂助焊剂在焊接前未检出Br，焊接后，检出了较高浓度的Br^-，这表明焊接前Br在助焊剂中以共价态的形式存在，而焊接后助焊剂在焊接过程中受热发生了分解，从而产生了Br^-，这也是一种助焊剂配方技巧，让具有活性的Br^-只参与焊接过程，焊后又消耗掉，但是如果焊后Br^-没有消耗干净则极易产生麻烦。PCB本身在高温焊接后未检测到Br^-，这说明Br在PCB中通常作为阻燃剂的成分以稳定共价态的形式存在，在高温焊接过程中不会产生Br^-。这些分析表明，较强腐蚀性的Br^-来源于助焊剂高温焊接的分解产物。做同样的模拟试验，没有发现B厂的助焊剂有Br^-产生的可能。另外，在实际波峰焊工艺中，喷涂助焊剂后，在导通孔的位置由于塞孔不佳，在凹口处会聚积较多助焊剂，因此在经过焊接过程之后，导通孔位置会残留较多的Br^-，而洗板水又未能洗净这些残留物质，在潮湿的环境下，导通孔位置会比其他位置容易发生腐蚀。

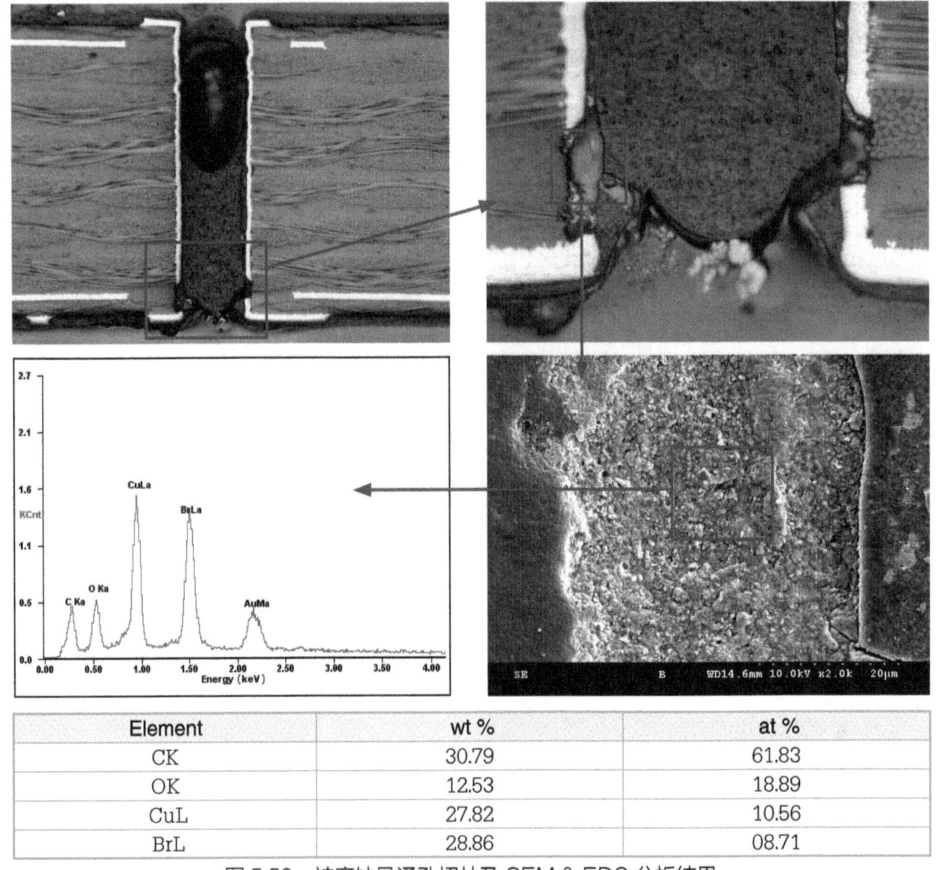

Element	wt %	at %
CK	30.79	61.83
OK	12.53	18.89
CuL	27.82	10.56
BrL	28.86	08.71

图 5.59　被腐蚀导通孔切片及 SEM & EDS 分析结果

2. 电路腐蚀失效

【案例背景】

客户送检样品为2pcs失效的PCBA（见图5.60），PCBA在存放或使用一段时间后发现电路存在腐蚀痕迹，观察发现2pcs失效样品腐蚀均发生在同一Pin点位置，且均发生在波峰焊接面，Pin点周围有蓝绿色腐蚀物，附近板面上有白色异物残留。客户反映腐蚀位置均与板上电池连接，处于长期通电状态，要求分析造成腐蚀的物质及发生腐蚀的原因。

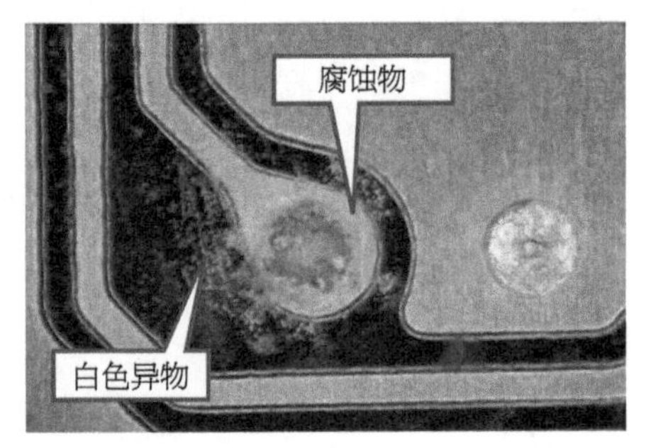

图 5.60　失效 PCBA 样品外观

【案例分析】

用SEM & EDS对样品失效位置进行观察分析，可清晰地看到委托单位指示的Pin点旁有大量异物堆积，EDS分析表明该堆积的异物元素成分主要含碳（C）、氧（O）、铜（Cu）、溴（Br）和氯（Cl），表明该异物为铜的腐蚀产物，见图5.61。对失效点附近区域做表面离子色谱分析，结果表明样品表面有较明显的Br^-、Cl^-等离子残留。

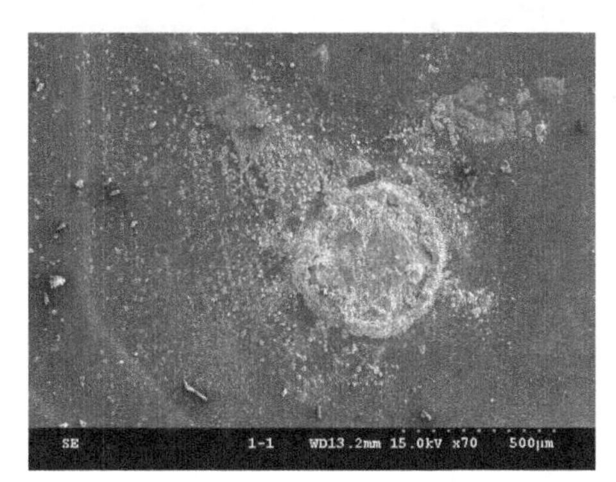

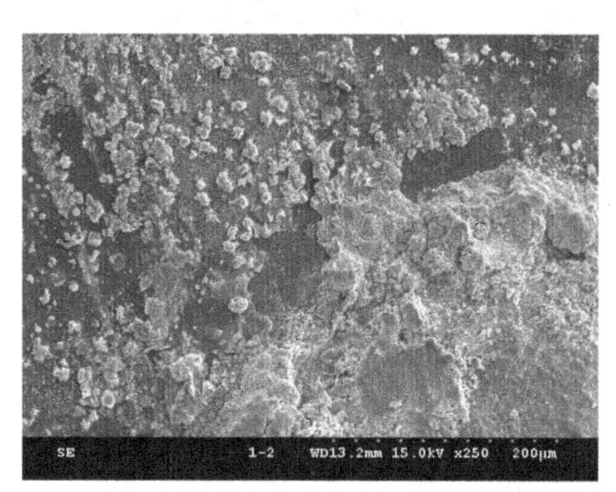

图 5.61　样品表面 SEM 照片

对腐蚀点位置进一步进行金相切片分析，结果显示，阻焊膜在靠近Pin点位置均翘起，即阻焊膜与铜层有分离，翘起位置铜层被腐蚀。此外，考察其他未发生腐蚀的Pin点，同样发现阻焊膜与铜层结合不良的现象，见图5.62、图5.63。

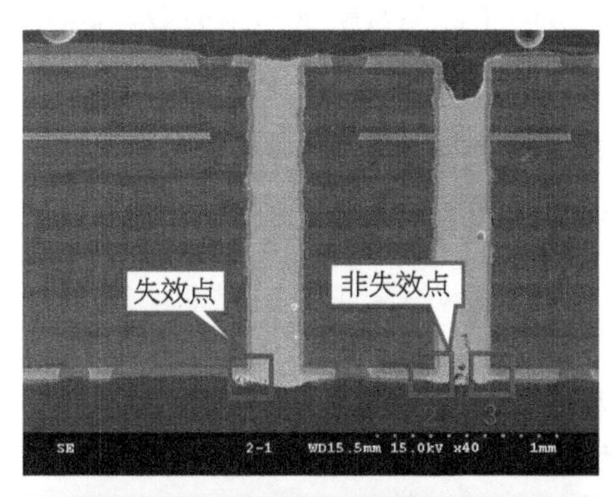

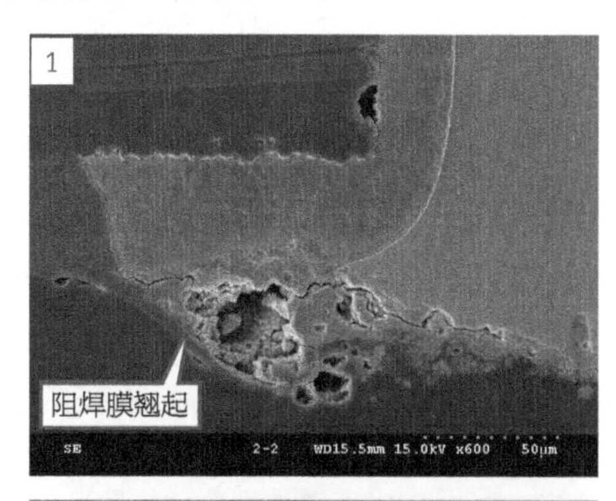

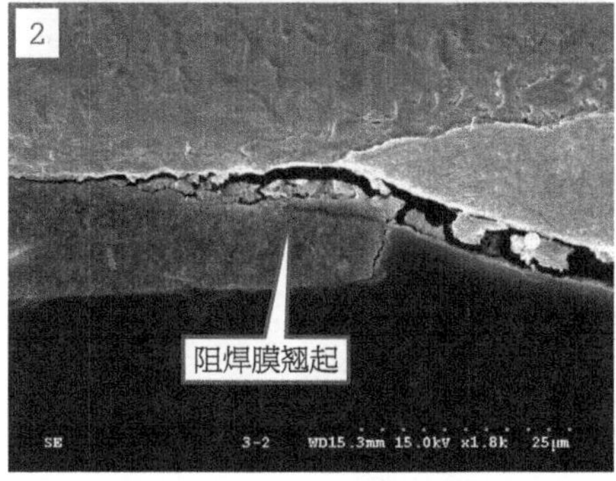

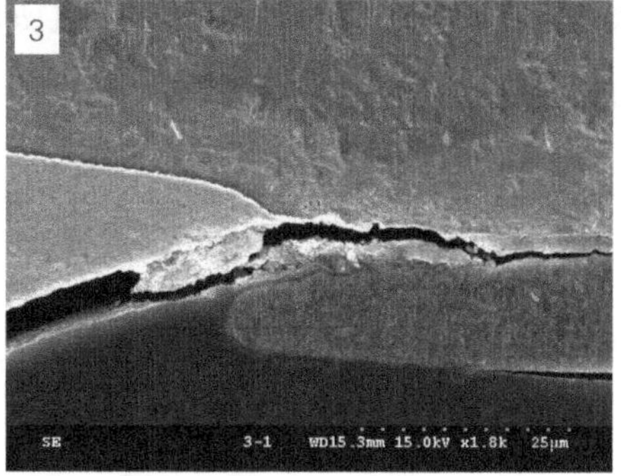

图 5.62　失效样品 1# 的切片图

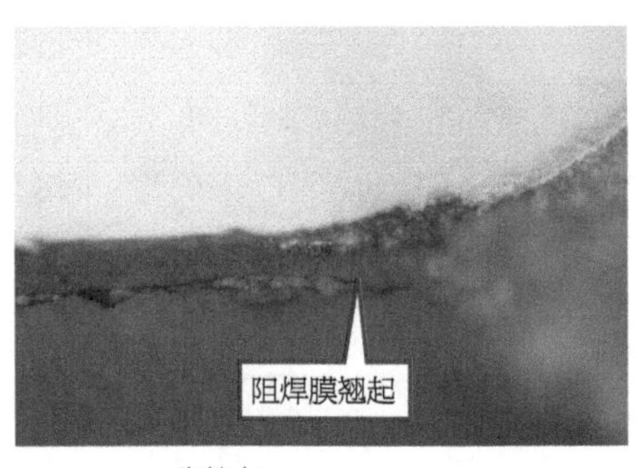

失效点

非失效点

图 5.63　失效样品 2# 的切片图

由于Pin点附近阻焊膜与铜层结合不良存在间隙，导致残留较多Br^-、Cl^-等腐蚀性离子而不易清洗干净。在腐蚀性物质、持续电场和空气中水汽的共同作用下，铜层逐渐被腐蚀从而导致失效。

5.9.3　启示与建议

通过上述分析可知，由于缺少焊接后清洗工艺，使用免清洗助焊剂存在表面离子含量偏高的风险。若阻焊膜或绿油塞孔存在一定缺陷，在持续的电场作用下，聚集残留下来的腐蚀性离子会逐渐渗透穿过阻焊膜腐蚀铜层，造成电子产品开路或短路失效。即使无电场作用，偏高的表面离子残留量也会对PCBA表面焊点造成腐蚀，从而对电子产品可靠性造成影响。为了预防这类失效问题，应采取以下积极的预防措施。

（1）确保PCBA的清洁度，特别是离子清洁度符合规定的标准要求。

（2）加强对PCB的管控，确保其结构完整性。

（3）尽量使用不含卤素或卤素含量低的助焊剂，对于助焊剂除检测其离子性的卤素外，还应该检测其包括共价态卤素在内的总卤素，或者检测使用后板面的卤素离子。

（4）正确使用清洗溶剂。如使用松香类助焊剂，正常时由于其中含卤素的活性物质被松香树脂包围着，故不会出现腐蚀性。但如果清洗溶剂使用不当，它只能清洗松香而无法去除含卤素的离子，就会加速腐蚀。一般建议使用同时含有极性溶剂和非极性或极性低的复合型清洗剂，即有良好的清除离子性和非离子性残留物（如树脂）的效果。

5.10　漏电失效案例研究

电子产品功能的实现需要电路的正常互连。而电子组件若漏电，则直接影响功能的实现甚至完全失效。漏电可能发生在任意位置，包括元器件内部引线间、焊点间、PCB电路间等。在电子产品的长期可靠性中，电性能的可靠性至关重要，很多电子产品在使用初期正常，而由于其电绝缘性能的退化及金属导体的不断电迁移，最终漏电导致功能失效。笔者分别就PCB电路间漏电和焊点间漏电分享三个典型案例，谈谈防止产品漏电失效需要注意的可靠性风险点。

5.10.1　主要漏电失效机理

造成电子产品漏电失效的机理很多，并且PCB内、表面焊点间、元器件内部均有可能发生漏电失效。其中主要的失效机理为腐蚀和电迁移，电迁移是金属物质在水汽和电场的作用下发生电化学反应形成金属离子，并随着电场的方向发生迁移并在迁移路径上沉积，最终将两导体连通导致漏电。其中典型的有助焊剂残留物导致的腐蚀、PCB内部导通孔之间或盲埋孔之间的导电阳极丝（CAF）生长导致的漏电，以及PCB材料本身绝缘性不足或吸水性过大导致的漏电等。此外，还有非典型的阻焊漆结合不良形成新的漏电通道等。由于本书其他章节已有关于电迁移和腐蚀的介绍，所以这里选择其他漏电失效模式进行分析。

5.10.2　漏电主要影响因素

根据漏电失效产生的机理，其主要影响因素如下。

（1）环境潮湿，水汽为腐蚀和电迁移必备的媒介，湿度大将加速腐蚀和迁移的机会和速度。

（2）表面离子残留，离子浓度高将加速腐蚀和迁移离子的产生和迁移速度。

（3）相邻导体间的电势差，使得发生反应的离子发生定向迁移。

（4）材料本身特性，若材料容易吸水，或者由于结合不紧密为迁移提供通道，均会使迁移更容易发生。

（5）迁移通道或导电通道的产生机会，如焊盘间的缝隙、阻焊漆脱落、爆板分层及玻纤分离等。

5.10.3　漏电失效典型案例

1. PCB 电路间迁移漏电

【案例背景】

某电子产品在使用一段时间后出现故障，经电路分析排查，确认在PCB表面几段密集的平行电路间存在漏电问题，但电路表面均有阻焊膜覆盖，并未发现存在表面迁移的迹象。

【案例分析】

通过显微镜仔细观察，发现漏电电路间绿油出现鼓泡，绿油表面并未发现存在异物。小心地去除绿油后，在金相显微镜下放大观察，发现导线间竟然有暗黄色的金属光泽物质生长。通过EDS的确认，导线间生长的异物主要为铜（见图5.64），铜将两根本该绝缘的导线相连，导致电路间漏电。

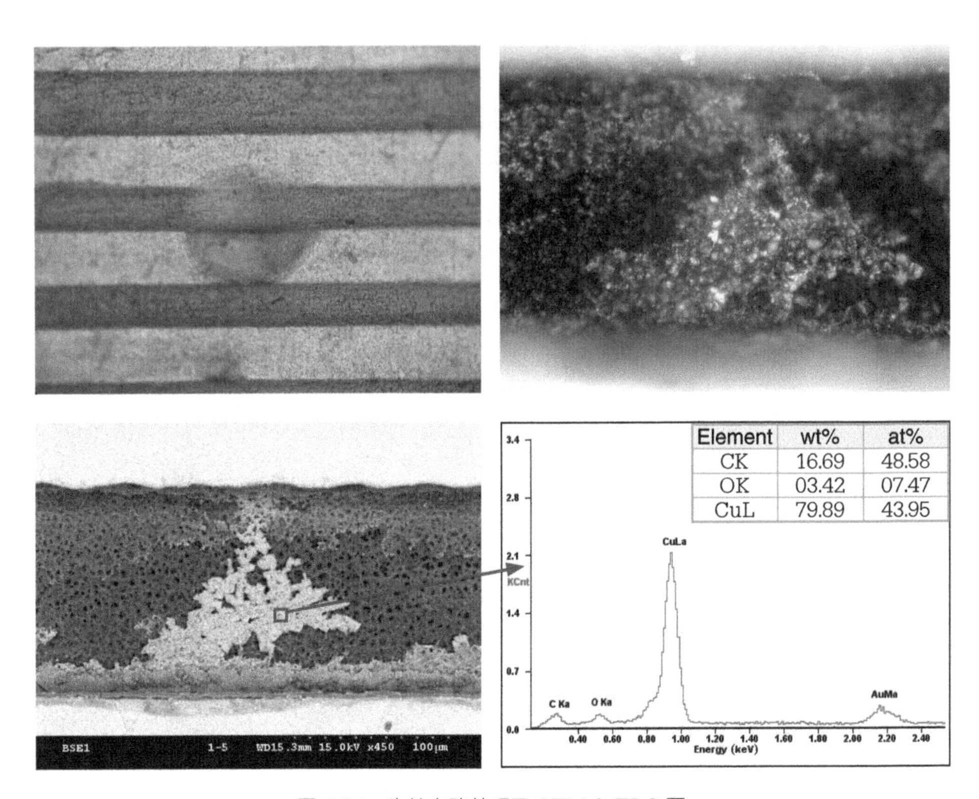

Element	wt%	at%
CK	16.69	48.58
OK	03.42	07.47
CuL	79.89	43.95

图5.64　失效电路外观及SEM & EDS图

在本案例中，由于PCB绿油与基材结合不良，为铜层的电迁移提供了通道，PCB涂覆绿油前的清洗也不够彻底，导致基材表面残留离子浓度偏高。在使用过程中，电路间会存在电势差，在电势差、空气中水汽、表面离子的共同作用下，导线铜层发生电化学反应并随着电场方向迁移且沉积，最终使得相邻电路间发生漏电失效。

2. 异常白斑漏电

【案例背景】

委托单位送检3pcs漏电失效的PCBA样品和1pcs良品，要求分析漏电原因。委托单位指出的失效点（A、B）之间的绝缘电阻值为45kΩ左右，同时发现失效区域的相邻导线之间的板面上存在多处明显的白斑，这些白斑无法用溶剂清洗，附近的插件焊点周围存在喷溅的锡珠；而另一个良品的相同点之间的绝缘电阻值大于$10^{10}\Omega$，板面未发现明显的白斑异常和锡珠喷溅现象。失效部位的外观见图5.65。

图 5.65　失效部位的外观

【案例分析】

在立体显微镜下对样品失效部位进行外观检查及电测发现：白斑不能清洗表示产生这种现象的原因可能是阻焊漆与基材发生分离所致，另外，锡珠喷溅现象的同时存在，暗示该PCB的水分或内部小分子物质残留过多，导致在焊接高温时发生气体喷溅和阻焊漆的分离；而且经过清洗和再次测量，绝缘电阻并没有上升且白斑也没有消失，显示该PCB存在问题。为此，对白斑出现的区域进行切片分析，结果发现白斑出现区域的阻焊膜与其下的基材之间存在明显的空隙；而未发现白斑的区域，阻焊膜与基材之间结合情况良好（见图5.66）。同时对白斑出现区域的截面进行SEM观察，发现该处阻焊膜及其下的基材之间确实存在空隙；EDS分析发现，排除阻焊膜及基材成分的影响，空隙中的物质还含有镍（Ni）、铜（Cu）、氯（Cl）元素，代表性SEM&EDS分析结果见图5.67。除去样品表面的阻焊膜，发现白斑出现区域的基材表面存在明显树枝状的金属电迁移，金属电迁移物质的成分与截面空隙中物质的成分基本相同，主要也是镍（Ni）、铜（Cu）、氯（Cl）等元素（见图5.68）。根据制程判断其中含镍元素和氯元素的物质很可能来源于PCB阻焊膜印制前的处理液残留。

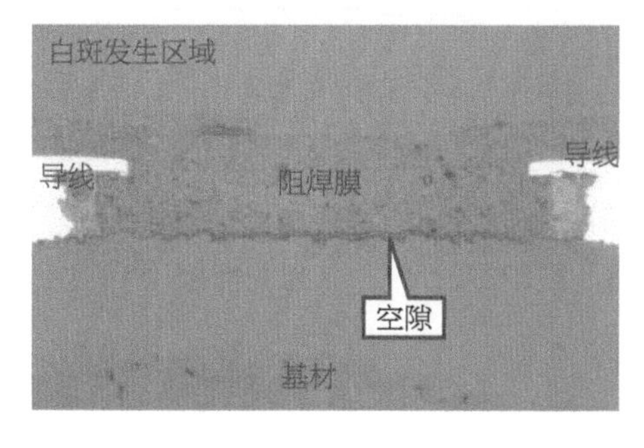

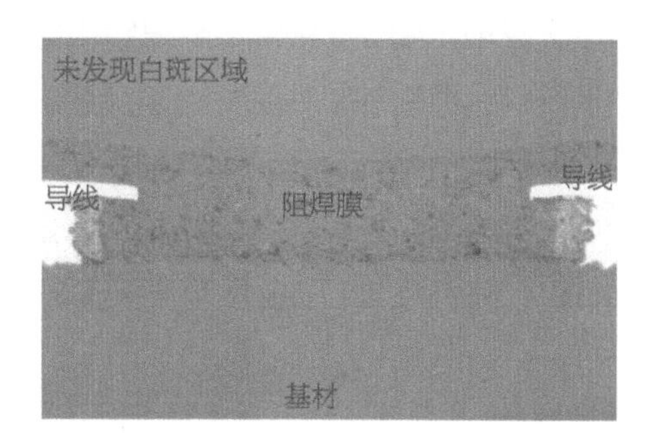

图 5.66　漏电区域代表性切片照片

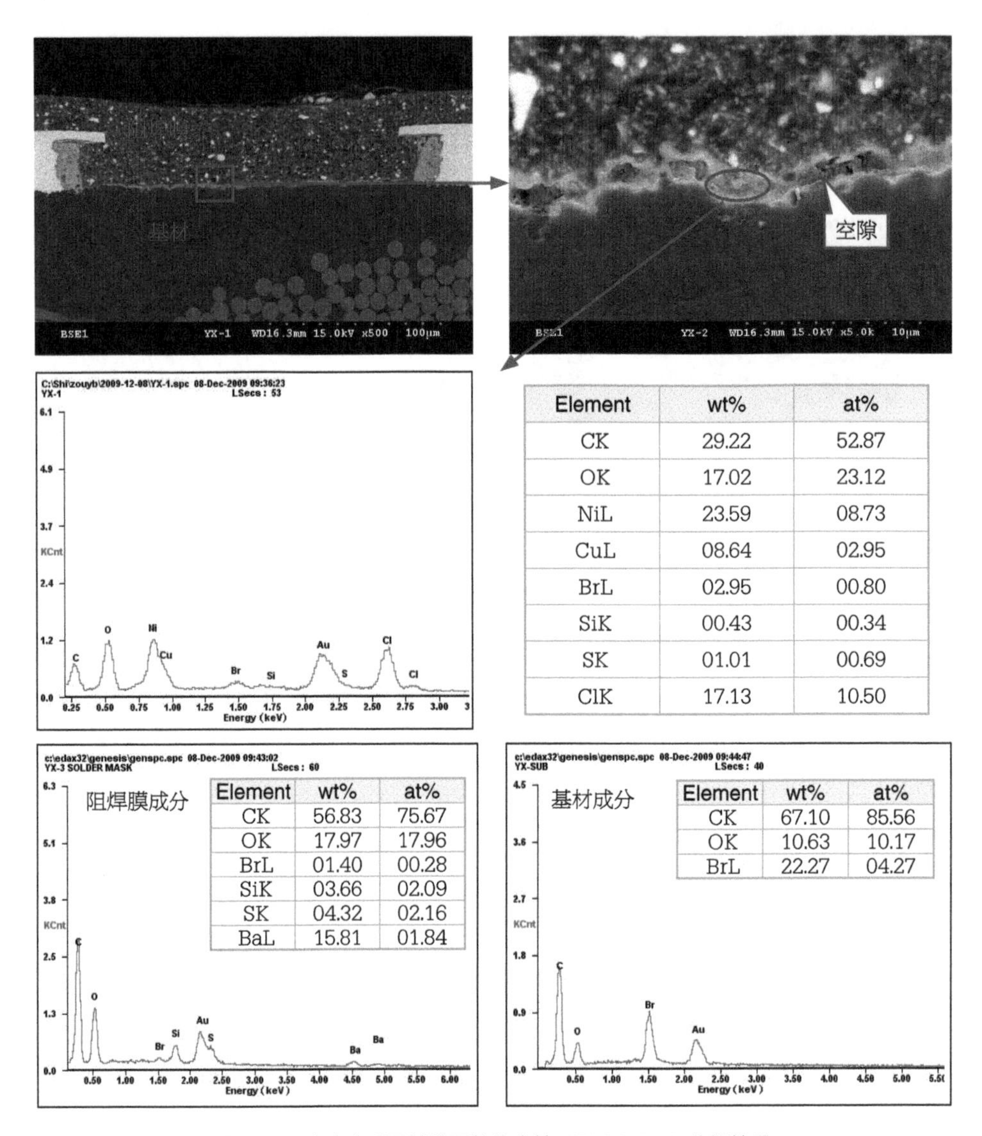

Element	wt%	at%
CK	29.22	52.87
OK	17.02	23.12
NiL	23.59	08.73
CuL	08.64	02.95
BrL	02.95	00.80
SiK	00.43	00.34
SK	01.01	00.69
ClK	17.13	10.50

阻焊膜成分

Element	wt%	at%
CK	56.83	75.67
OK	17.97	17.96
BrL	01.40	00.28
SiK	03.66	02.09
SK	04.32	02.16
BaL	15.81	01.84

基材成分

Element	wt%	at%
CK	67.10	85.56
OK	10.63	10.17
BrL	22.27	04.27

图 5.67　白斑出现区域截面的代表性 SEM & EDS 分析结果

由以上分析可知，当PCB在阻焊膜印制前的处理工序中由于清洗不净而造成局部区域处理液残留时，会造成该处基材与阻焊膜之间结合不良，在高温焊接时易生成板面外观上的白斑。产品组装并使用时，相邻导线在偏压影响下，白斑区域由于吸湿而在板面下逐渐发生金属离子性物质的迁移，并在板面上出现树枝状盐类沉积物并不断蔓延伸展，最终导致相邻导线之间的绝缘电阻值降低甚至短路。

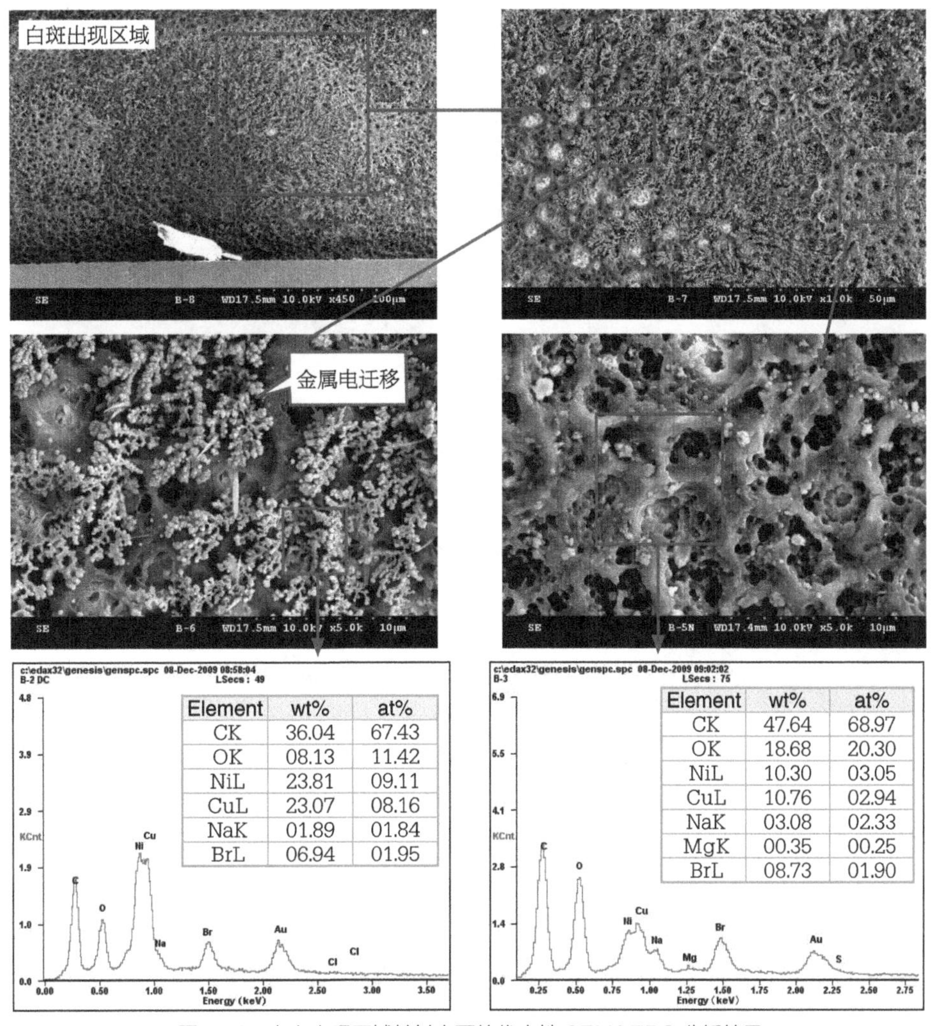

Element	wt%	at%
CK	36.04	67.43
OK	08.13	11.42
NiL	23.81	09.11
CuL	23.07	08.16
NaK	01.89	01.84
BrL	06.94	01.95

Element	wt%	at%
CK	47.64	68.97
OK	18.68	20.30
NiL	10.30	03.05
CuL	10.76	02.94
NaK	03.08	02.33
MgK	00.35	00.25
BrL	08.73	01.90

图 5.68　白斑出现区域基材表面的代表性 SEM&EDS 分析结果

3. 焊点间漏电

【案例背景】

某电子产品在使用一段时间后出现间歇性的功能失效，经排查确认失效是某个区域焊点发生漏电所致，测量其焊点间电阻时发现焊点间绝缘电阻偏低。焊点间板面无异物残留，未见明显的迁移现象，即使使用体视显微镜观察也并未发现其存在明显异常。

【案例分析】

通过SEM将其表面放大观察，发现焊点间表面存在大量微小颗粒状物质，经EDS证实其为助焊剂包裹的微小锡珠颗粒。原来，看似干净的表面也存在那么多导电的锡珠（见图5.69）。

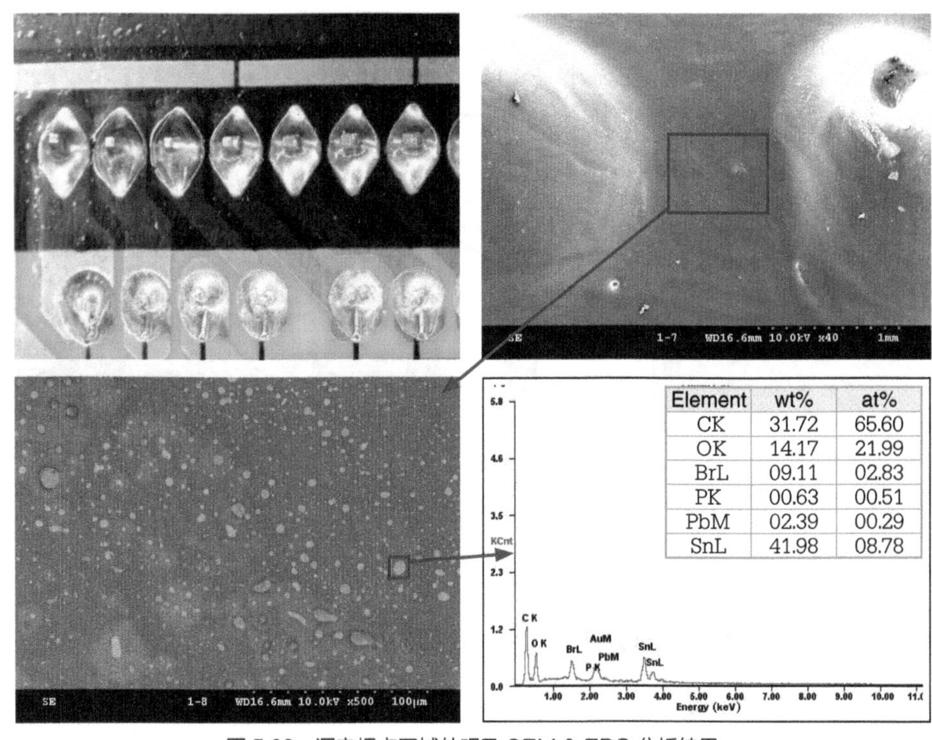

图 5.69 漏电焊点区域外观及 SEM & EDS 分析结果

进一步对漏电区域表面进行离子色谱分析，结果表明Br^-含量非常高，最高约达20μg/cm^2，而PCB光板并未检测出Br^-，Br^-主要来源于焊接后的助焊剂残留物（见表5.6）。目前行业内从避免发生腐蚀或电迁移导致失效的角度考虑，对于采用免清洗工艺的PCBA，表面残留的Cl^-应不高于0.5μg/cm^2（3.0μg/in^2），Br^-应不高于1.9μg/cm^2（12μg/in^2），NO_3^-、PO_4^{3-}和SO_4^{2-}应不高于0.5μg/cm^2（3.0μg/in^2）。Br^-的浓度远远超出了行业内的典型值上限。本身焊点间大量微小锡珠的存在已经大大降低了焊点间的绝缘间隙，而离子浓度又偏高，在水汽的作用下，离子会自由移动，从而进一步降低焊点间的绝缘性能，甚至导致焊点间绝缘性失效。

表5.6 PCBA表面离子色谱测试结果

样品名称	检测结果（μg/cm^2）					
	F^-	Cl^-	Br^-	NO_3^-	PO_4^{3-}	SO_4^{2-}
PCBA漏电位置表面1	0.670	0.239	20.032	/	0.458	0.597
PCBA漏电位置表面2	0.572	0.393	7.263	0.033	/	0.458
PCB光板	/	0.377	/	0.062	/	0.172
备注	仪器检测方法下限：0.003μg/cm^2					

5.10.4 启示与建议

通常由于制程的原因导致漏电通道的形成，使得很大一部分漏电是金属物质腐蚀后在电场和潮湿环境的作用下发生电迁移所致。要提高电子产品的绝缘可靠性，最大限度地避免漏电失效的发生，除提高材料本身的绝缘性能外，各种工艺过程都需要严格控制，防止引入污染，并尽可能避免给金属离子的电迁移提供通道。由于漏电失效一般是在使用一段时间后才会发生的，因此，对于用户而言，使用之前应该对PCB及各种工艺辅料进行长期绝缘性或电迁移特性的评估，只有选择耐电迁移特性和绝缘性好的材料，才能更好地保障电子产品的长期绝缘可靠性。

5.11　化学镀镍 / 浸金黑焊盘失效案例研究

为了保护焊盘表面不受污染和氧化，保证焊接可靠性，PCB表面焊盘必须进行表面涂覆处理。目前，常见的焊盘表面处理方式有：热风整平（HASL）、化学沉锡、化学沉银、化学镀镍/浸金（Electroless Nickle and Immersion Gold，ENIG）、电镀镍金、有机可焊性保护膜（OSP）等。其中，ENIG以其优越的平整度、良好的散热、较低的接触电阻等特性，被广泛应用于精密组装的高端电子产品及通信产品领域。然而，ENIG的镍腐蚀问题——行业内俗称“黑焊盘”——一直困扰着电子组装业，该问题从ENIG工艺问世以来就时有发生，成为影响产品质量和可靠性的一大杀手。本节将讨论ENIG焊盘典型的黑焊盘失效问题。

5.11.1　黑焊盘形成机理

在ENIG表面处理工艺中，先在电路板铜箔表面化学镀镍，然后在酸性的镀金液里利用置换反应浸金。化学镀镍时，由于还原剂次磷酸盐同时发生歧化，自我还原为单质磷并和镍原子同时沉积，因此化学镀镍层实际上是镍-磷（Ni-P）层。在化学浸金过程中，先镀上的金属镍与溶液中的金发生置换反应，镍溶解与金沉积同时在镍表面镀上了金。一旦镍层表面被金原子完全覆盖即无镍可溶时，则金层的沉积也将停止，见图5.70。因此，金层的厚度通常为0.05 ~ 0.1μm。

然而，实际的情况并不总是那么理想。由于镍原子半径小于金原子半径，因此金原子沉积排列在镍层上时会形成较多疏孔，镀金液可以透过这些疏孔与下方的镍层继续发生缓慢反应，使镍原子继续氧化，加之镀金液在某些情况下过度活跃，将造成局部镍面非规律性地过度氧化。因此，即便反应结束后，外观上焊盘无任何异常，但是金层与镍层界面之间早已形成氧化镍（Ni_xO_y）。在后续进行的焊接过程中，金层在焊接的瞬间迅速扩散到焊料中去，留下低可焊性的氧化镍与焊料继续扩散，此界面势必难以形成均匀连续的金属间化合物（IMC），焊接强度无从保证，会引发虚焊或焊点开裂甚至元器件脱落；更严重的镍层腐蚀会导致完全不润湿，金层逸走后，焊盘表面暴露出黑色的受腐蚀的镍，呈现“黑焊盘”。

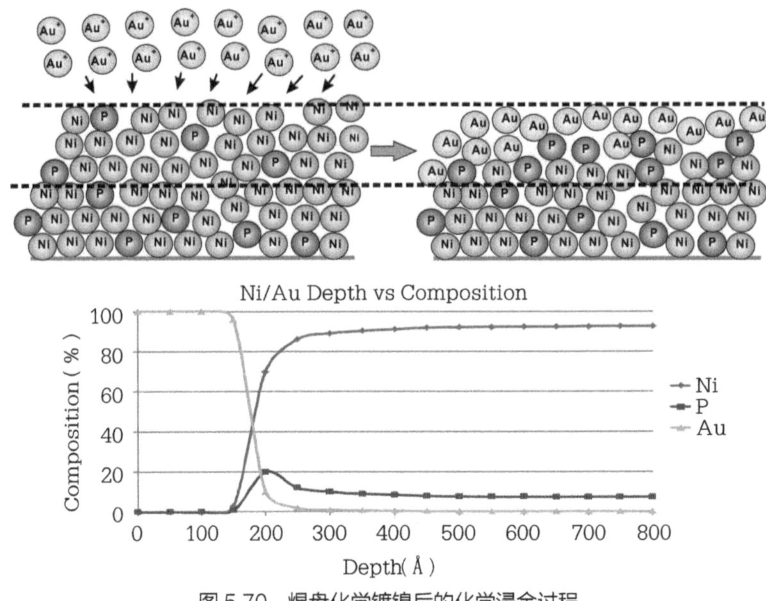

图5.70 焊盘化学镀镍后的化学浸金过程

5.11.2 黑焊盘形成的影响因素及控制措施

影响黑焊盘形成的因素较多，且错综复杂。目前大量研究证实其形成主要与两个过程有关。

（1）化学镀镍过程。第一，磷在镍层中的相对含量会直接关系到镍层对抗镀金液攻击的能力，当镍层中的磷含量较高时，焊盘的抗蚀能力较强，但是由于表面张力增大，焊盘的可焊性相应降低；第二，镍层厚度和表面结构也会影响其抗蚀性，因厚度不足引发的镍晶瘤起伏落差较大时，镀金液对晶界的攻击效果更为明显。

（2）浸金过程。第一，镀金液存在老化问题，使用时间越久，酸性的镀金液攻击性越强；第二，金层厚度不宜过厚，否则不仅会加剧攻击，而且还会带来其他诸如“金脆”等可靠性问题。

5.11.3 黑焊盘失效案例

1. PTH孔焊接不良失效

【案例背景】

客户送检一块失效PCBA，失效表现为手工焊接PTH焊盘位置发现焊接不良，且焊接不良位置发黑，如图5.71所示。委托单位同时还提供1pcs与失效样品相同生产周期的PCB光板，要求对焊接不良原因进行分析。

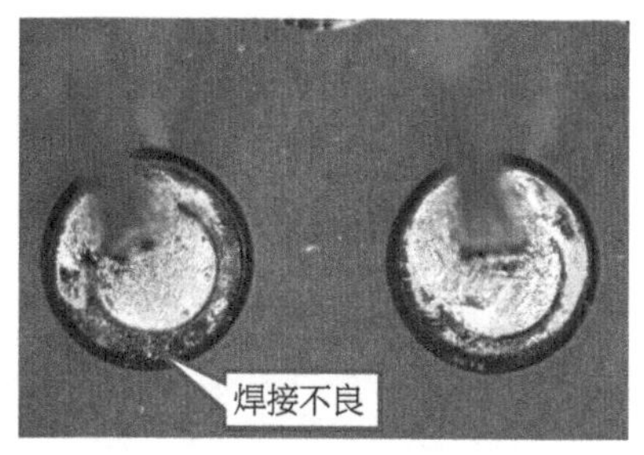

图 5.71　失效现象的代表性照片

【案例分析】

微观形貌结果发现，PTH焊盘焊接不良区域呈现出典型的镍（Ni）层被过度氧化腐蚀后的泥裂状的形貌。截面观察发现失效位置及孔壁上，镍层遍布渗透性腐蚀带，IMC层不连续；焊料与元器件引脚则焊接良好。焊接不良位置的切片形貌如图5.72所示。

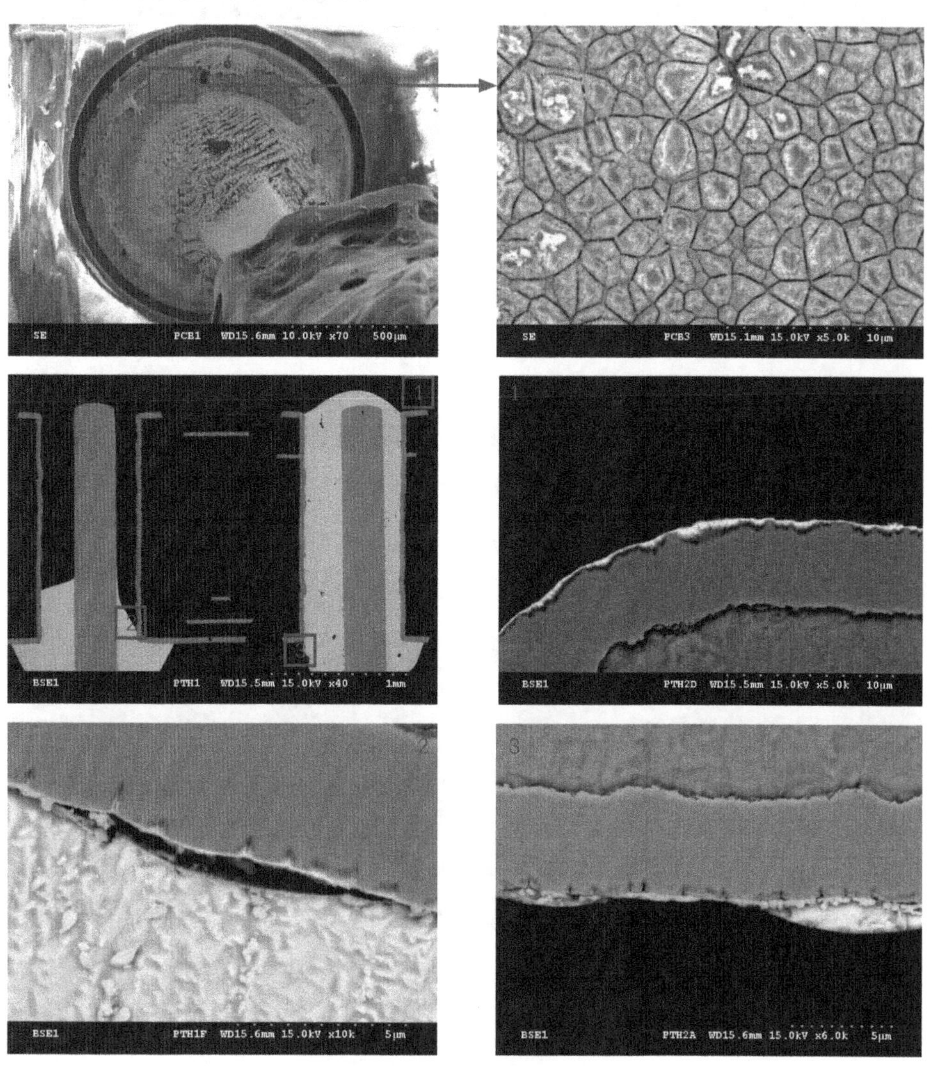

图 5.72　焊接不良位置的切片形貌

失效样品上未参与焊接的PTH焊盘表面金层未见异常，镍层表面存在严重的晶界腐蚀，如图5.73所示。同批次光板的PTH焊盘表面金层未见异常，但去金后的镍层表面同样存在晶界腐蚀，如图5.74所示。

图 5.73　失效样品上未参与焊接的 PTH 焊盘表面的形貌

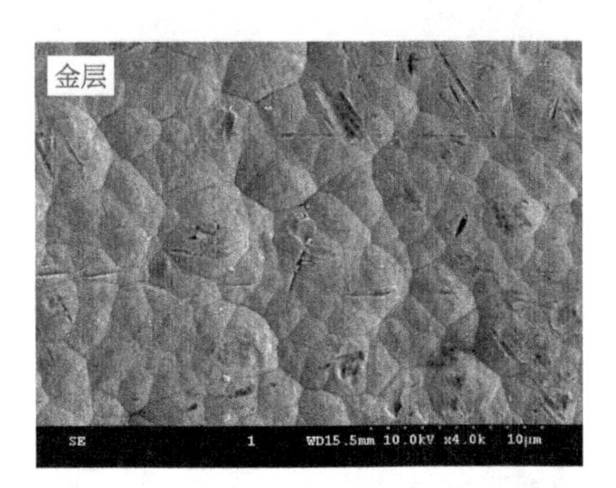

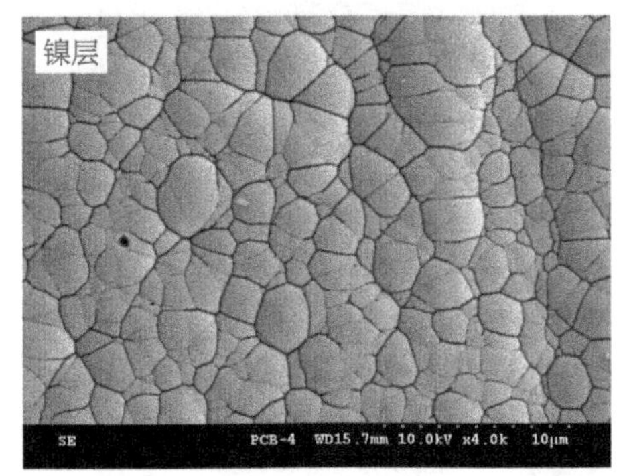

图 5.74　同批次光板的 PTH 焊盘表面的代表性 SEM 照片及 EDS 分析图

光板的PTH焊盘的可焊性不良，表现为局部退润湿；经高温老化后，PTH焊盘的可焊性进一步劣化，退润湿区域不仅增大，而且不良区域发黑，如图5.75所示。

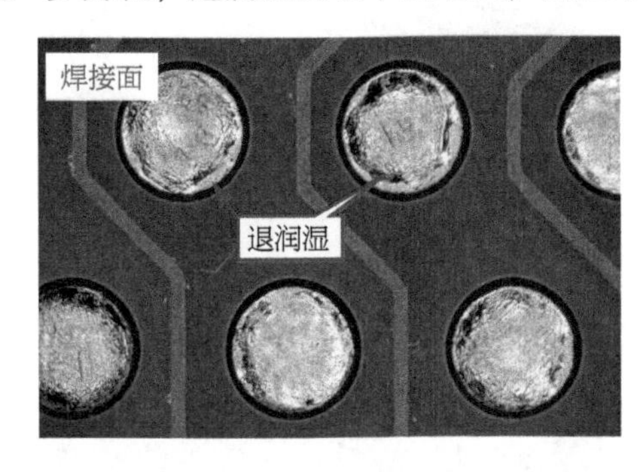

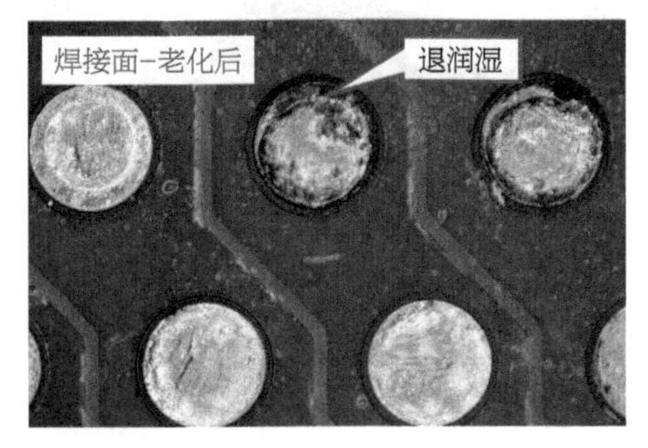

图 5.75　高温老化前、后的可焊性测试结果

失效样品上的PTH焊盘ENIG工艺处理不良，镍层严重腐蚀，焊盘可焊性不良。在焊接过程中，焊盘表面的金层迅速溶解扩散，留下焊料在镍层润湿扩散。而严重的镍层腐蚀降低了焊盘的可焊性，导致焊接不良，焊料在焊盘表面退润湿并暴露出黑色的镍氧化层。此外，PTH焊盘在手工焊接前经历了两次回流焊高温，镍层的氧化腐蚀程度进一步加剧，可焊性进一步降低。

2. BGA 焊盘焊接不良失效

【案例背景】

客户送检2pcs失效样品，失效表现为样品功能测试不良，失效定位在BGA位置，不良率为3%，拆开BGA后发现大量焊盘焊接不良且发黑。客户要求分析BGA焊盘焊接不良的原因。失效样品外观如图5.76所示。

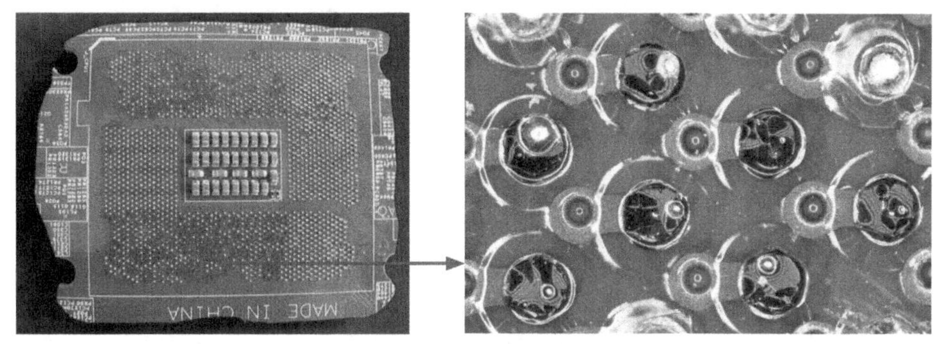

图 5.76　失效样品外观

【案例分析】

微观形貌结果发现：焊接不良的BGA焊盘普遍存在明显的镍层腐蚀并形成连续的腐蚀带，如图5.77所示。磷元素在镍层本体中的相对含量不足5wt%（质量百分比）。

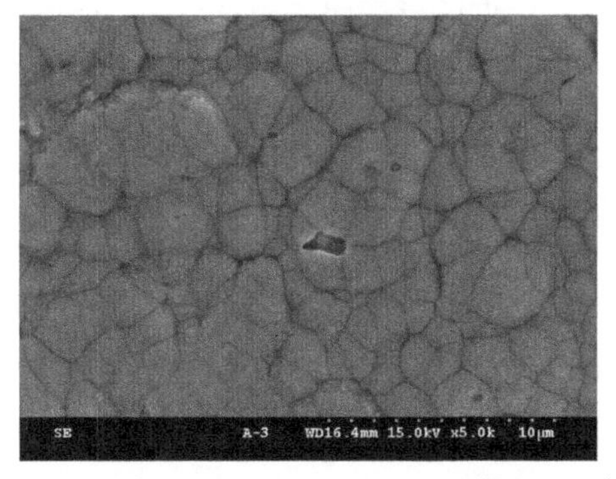

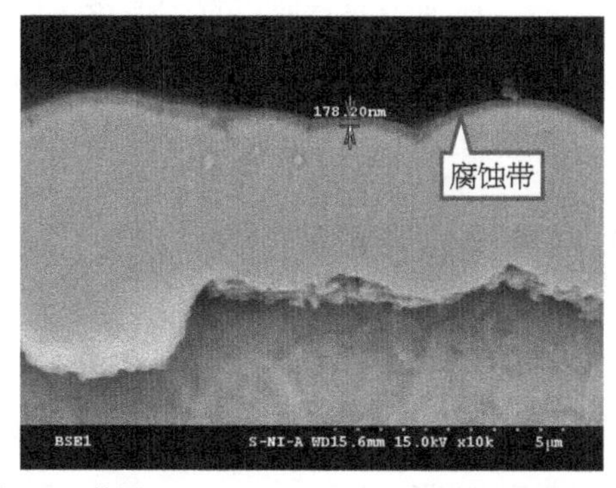

图 5.77　失效 BGA 位置

即便是那些外观焊接良好的焊盘，仍发现界面金属间化合物（IMC）生长不均匀，焊盘镍层表面存在腐蚀，IMC层底部（与焊盘镍层界面）之间普遍存在裂隙，焊点强度十分脆弱，如图5.78所示。与失效样品相同批次的PCB光板上，BGA位置金面未见异常；再观察其镍面，普遍存在腐蚀并已形成明显的渗透性腐蚀带，如图5.79所示。磷元素在镍层本体中的相对含量不足5wt%。可焊性测试进一步发现：这些焊盘普遍润湿不良，润湿不良位置的焊盘发黑，与失效现象完全一致，结果如图5.80所示。

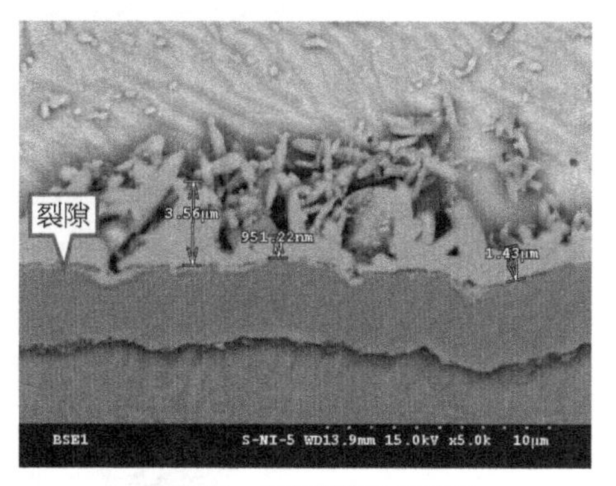

图 5.78　已润湿的焊点界面

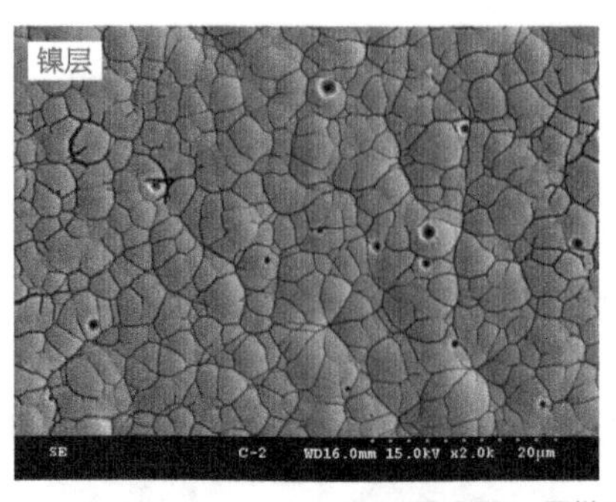

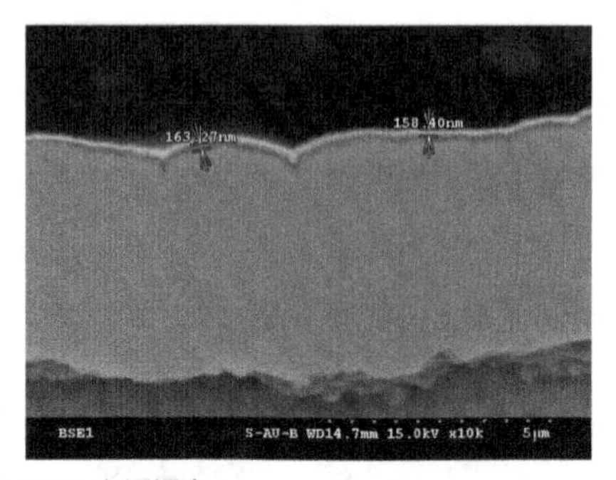

图 5.79　同批次 PCB 光板焊盘

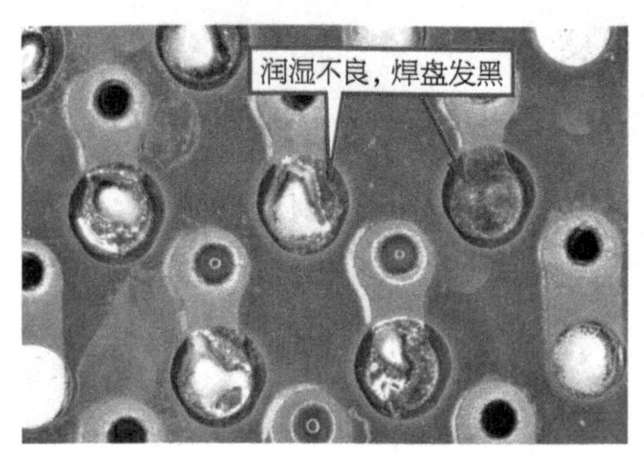

图 5.80　同批次 PCB 光板的可焊性测试结果

因此，ENIG工艺处理中镍层遭受严重腐蚀是导致BGA位置焊接不良、焊盘发黑的根本原因。经分析发现：这些焊盘镍层中磷的相对含量较低，普遍不超过5wt%（目前PCB表面ENIG处理一般采用中磷工艺，磷在镍层中的相对含量为7wt%～9wt%）。当镍层中的磷含量较低时，镍层的抗蚀性较差，容易在后续的浸金工艺中遭受金水的过度攻击。浸金工艺完成后，焊盘表面虽被金层所覆盖形成表面看似正常的焊盘，但其金层下面的镍层已经遭受侵蚀。在焊接时，焊盘表面的金层迅速溶解扩散，留下镍层与焊料润湿形成焊点。严重的镍层腐蚀必然会大大降低焊盘的可焊性，在润湿不良区域，焊盘暴露出黑色的镍氧化层，即外观发黑。

3. FPC 焊点开裂失效

【案例背景】

客户送检若干摄像头模组样品，反映组装后部分连接器焊点开裂甚至整个零件脱落，脱落后的焊盘发黑，失效比例高达10%。客户要求分析连接器焊点开裂甚至脱落的原因。失效样品外观如图5.81所示。

图 5.81　失效样品外观

【案例分析】

通过对失效位置的微观分析发现：开裂失效发生在IMC层与FPC焊盘镍层间，镍层存在明显的渗透性腐蚀带（0.6~0.8μm），焊盘端IMC层形成不连续，如图5.82所示。此外，良品（暂时没有出问题的样品）焊盘截面中，FPC焊盘侧IMC形成情况稍优于失效品，但局部仍不连续，镍层同样可见明显腐蚀带（富磷层），如图5.83所示。

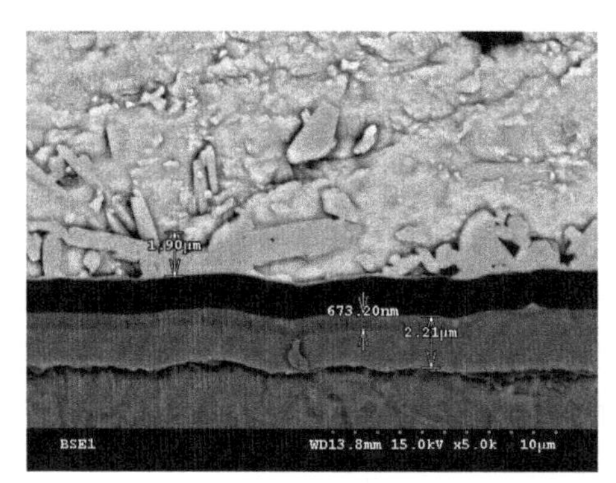

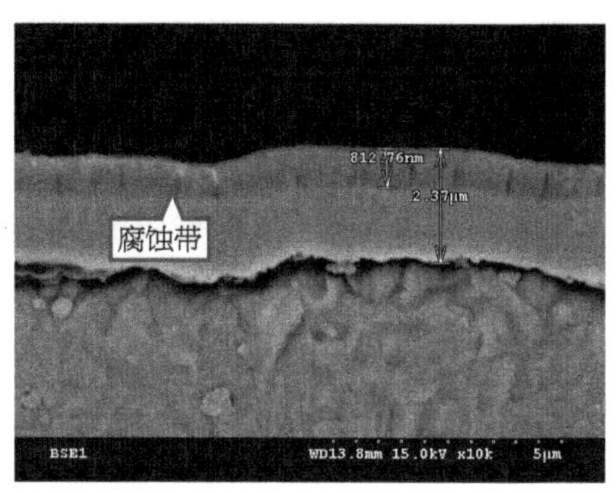

图 5.82　失效位置焊点 / 焊盘截面

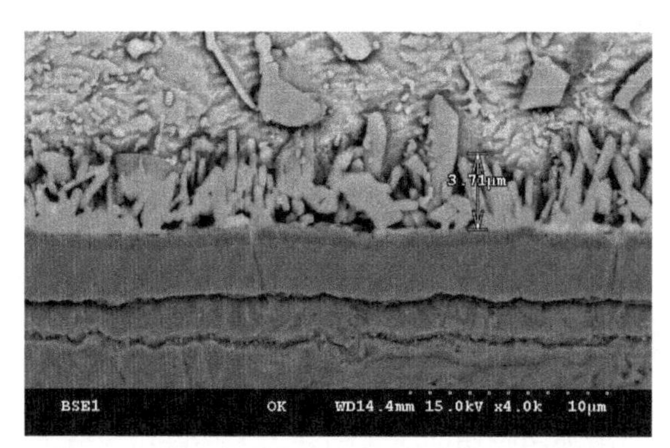

图 5.83　良品（暂时没有出问题的样品）的焊盘截面

本案例中所检FPC焊盘镍层在ENIG工艺处理过程中遭受严重腐蚀，严重的镍层腐蚀影响到镍层在焊接过程中与焊料之间的相互扩散，从而降低焊盘的可焊性，界面IMC层无法形成，焊点强度不足，在外力作用下容易开裂甚至整个元器件脱落，露出严重腐蚀的镍层，外观呈现黑焊盘。

5.11.4　启示与建议

目前，ENIG工艺仍是高密度、高可靠性互连应用中首选的焊盘表面处理工艺，然而，黑焊盘的不时发生犹如噩梦，使得整个行业都头痛不已。

因此，在焊盘表面处理工艺环节应采取有效措施预防并控制镍层遭受过度侵蚀，目前行业内普遍采取的措施如下。

（1）减少化镍槽的寿命，控制磷含量。

（2）镍层厚度至少控制在4μm以上，保证镍层相对平坦，减少镀金液对晶界的攻击。

（3）浸金厚度控制在0.1μm以内，在减少镀金液过度攻击的同时也降低“金脆”风险。

（4）浸金溶液中加入还原剂得到半置换半还原的复合金层，减少对镍层的过度攻击，但是成本较高。

（5）采用其他表面处理工艺如化学镍钯金、OSP等代替ENIG工艺，但是，化学镍钯金工艺将带来更高的生产成本，且工艺及可靠性研究尚不成熟，OSP工艺成本较低，存在耐热性不足、返修困难等缺点。

此外，由于黑焊盘具有较强的隐蔽性，出厂前的外观检查及功能测试很难发现，然而一旦投入生产，将会付出惨重的代价。因此，用户应该加强对ENIG表面处理工艺的PCB来料的科学有效的检测。一般方法是，样品过两次回流焊后再去金，然后用SEM检查就很容易发现这种黑镍现象，从而避免因盲目使用导致的高昂成本。

5.12 焊盘坑裂失效案例研究

绿色电子产品制造的环保要求不断提高，全球电子产品制造业已基本实现无铅化，无卤化也在火热推行中。PCB作为电子产品中的关键部件之一，近年来向着无铅无卤化制造快速发展。为了适应无铅制程更高的焊接温度，目前业界的做法是用酚醛材料（Phenolic）取代原有的双氰胺（Dicy），作为新的固化剂加入PCB的树脂材料中，使其固化，成为PCB的基体材料。与此同时，PCB基板的无卤化必然带来包括阻燃剂、固化剂等在内的关键材料的变化，从而引发PCB内部树脂和玻纤之间结合力的变化。无铅工艺需要更高的焊接温度，无铅焊点比有铅焊点更硬，从而引起焊接过程中热应力增大，由此引发焊点下PCB内部的开裂，最终导致产品失效。近年来，焊盘的拉脱及坑裂现象已经成为电子元器件板级故障中最主要的失效模式之一。

5.12.1 焊盘坑裂机理

当元器件及焊点在Z轴方向上的热膨胀与PCB板材之间存在较大差异时将会产生过大的应力，焊接高温中已呈橡胶态的软化的基材树脂有可能受应力作用在焊盘承垫底部基材位置开裂，焊盘底部形成弹坑状开裂形貌，称为焊盘坑裂（Pad Crater）。

焊盘坑裂常见于BGA封装的焊点中。无铅焊接过程中的强热导致PCB的树脂软化呈现橡胶态并膨胀，而BGA封装载板材料的Z轴膨胀系数（Z-CTE）很小，因此BGA会发生凹形上翘（见图5.84），BGA四个边角将承受向上的拉力，几方搏力过程中，由于无铅

BGA锡球与有铅锡球相比具有刚性大的特性（见图5.85），受应力时不容易变形以消除应力，若焊接界面不存在焊接缺陷，则更容易在PCB焊盘承垫下方开裂。BGA焊盘坑裂示意图如图5.86所示。承垫坑裂往往沿着玻纤与树脂的界面或走势开裂。

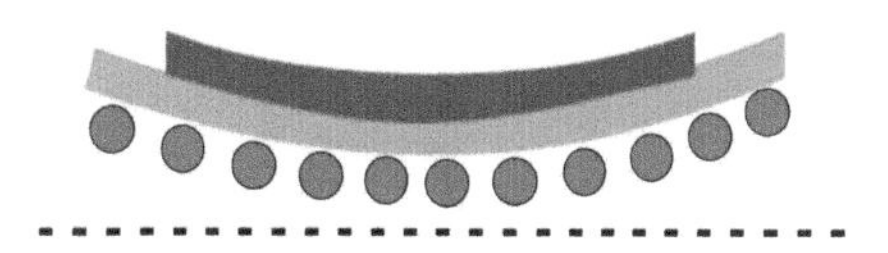

图 5.84　强热导致 BGA 凹形上翘

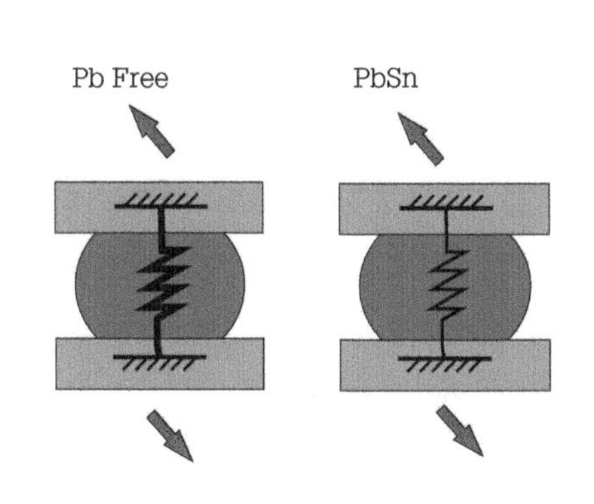

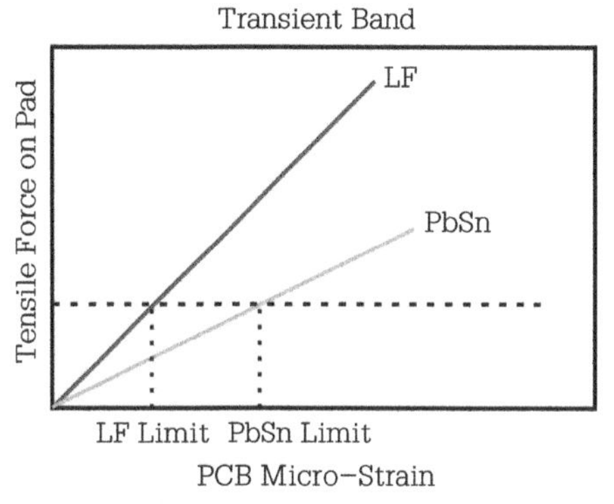

图 5.85　有铅锡球与无铅锡球受力及强度对比

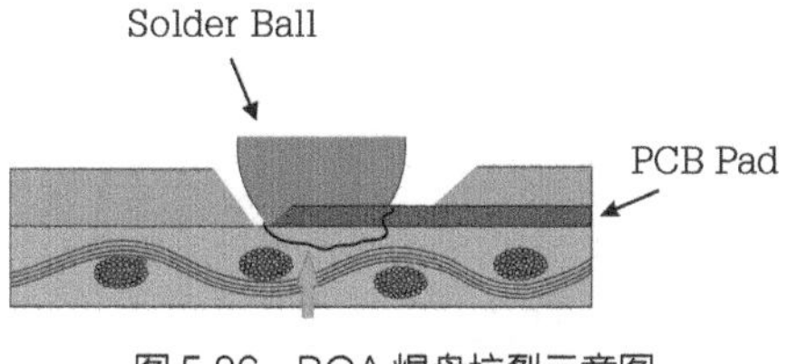

图 5.86　BGA 焊盘坑裂示意图

坑裂失效具有一定的隐蔽性。当焊盘坑裂并未拉断与焊盘相连的导线时，往往未导致元器件功能即刻失效而被忽略。然而，一旦导线被拉断，就会造成开路而使产品功能失效，且无法修补，最终造成损失。

5.12.2　焊盘坑裂形成的影响因素

焊盘坑裂形成的影响因素如下。

（1）PCB焊盘附着力或基材热性能不良。PCB基材热性能不良主要表现为固化不足、耐热性能不良等。

（2）BGA封装体热变形过度或因与PCB基材热膨胀系数不匹配导致焊接过程中焊盘受到较大热应力影响。

（3）焊接工艺参数控制不合理，焊接过热导致极大热应力。

（4）其他过应力。

5.12.3　焊盘坑裂失效典型案例

1. 案例一

【案例背景】

客户送检2pcs失效PCBA，外观如图5.87所示。客户反映失效样品BGA在焊接后功能不良，要求对不良原因进行分析。

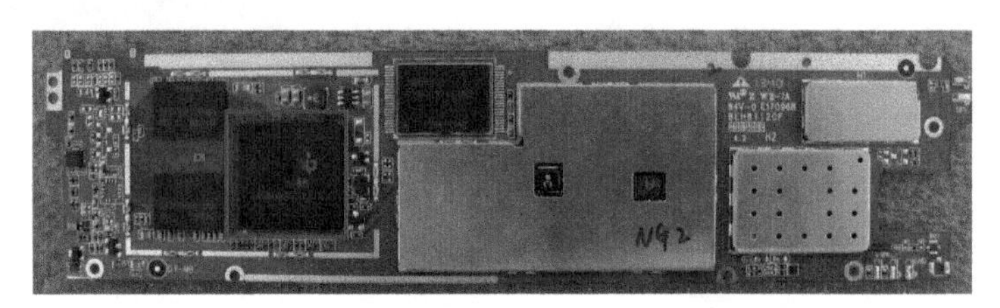

图 5.87　失效样品及失效 BGA 位置

【案例分析】

经分析发现，边角位置的BGA焊点开裂，开裂位置均发生在PCB焊盘下方基材的pp层内部（焊盘坑裂）。边角焊点与中央焊点存在一定高度差，整体焊接效果呈现边角稍低、中间稍鼓胀状态，如图5.88所示。BGA封装在常温至260℃再到常温的最大变形量满足相关标准要求，如表5.7、图5.89所示。此外，从焊接界面形成的金属间化合物（IMC）的形貌和厚度分析，未发现焊接过热的迹象。

失效样品PCB基材的热分析结果显示（见图5.90）：（1）首次升温过程出现两个玻璃化转变温度（T_g）而二次升温只有一个T_g，这说明基材固化程度不均匀或存在具有不同T_g的树脂材料，材料在焊接受热过程中会再次固化，从而增大PCB内部的应力；（2）BGA附近位置板材的T260分层时间仅为6.4min，未达到一般行业内对无铅板材的要求，这说明其耐热性能较差；（3）基材α_1-CTE 的值约为127.1ppm/℃，PTE值为4.59%，均超出IPC-4101B规范对用于无铅焊接工艺基材的上限要求，基材的CTE及PTE过高会导致它与其他材料的兼容性变差。

由此可见，失效样品PCB基材固化不完全，导致基材自身强度不足，而且增大了焊接时PCB所产生的内应力；同时，PCB基材的耐热性能不良且膨胀系数偏大，从而导致失效样品BGA焊盘下方的基材在焊接过程中受变形应力作用而开裂。

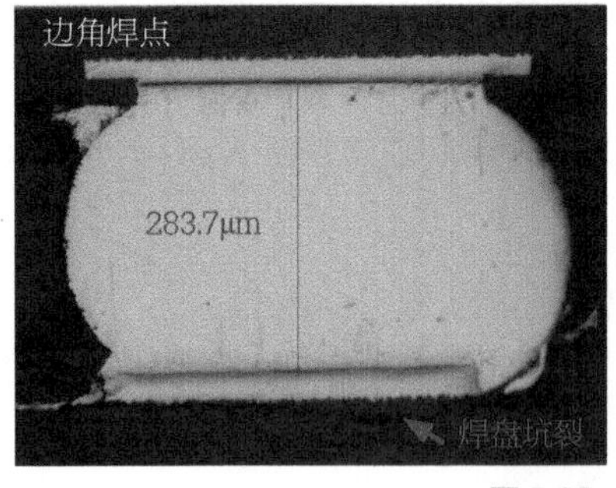

图 5.88　BGA 焊点金相截面

表5.7　BGA封装翘曲分析结果

温度/℃	25	85	140	185	215	235	245	260	245	235	215	185	140	85	32
翘曲/μm	−45	−95	−119	−82	46	38	49	75	59	46	30	−62	−128	−85	−43

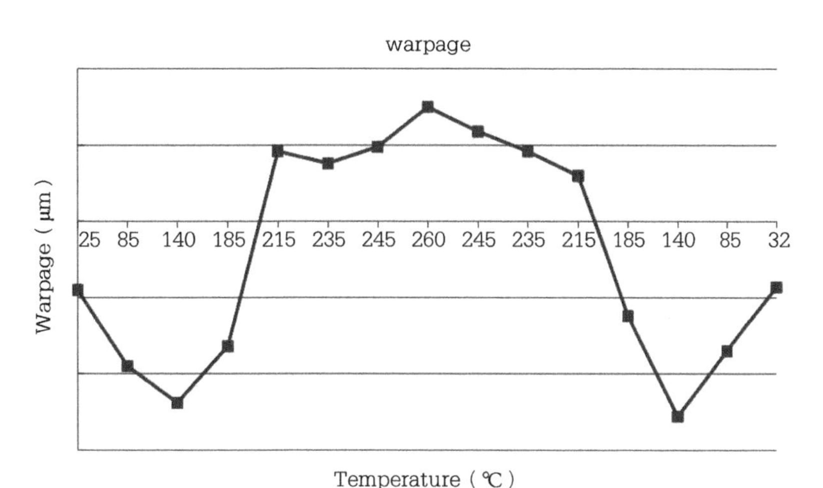

图 5.89　BGA 封装热变形测试结果

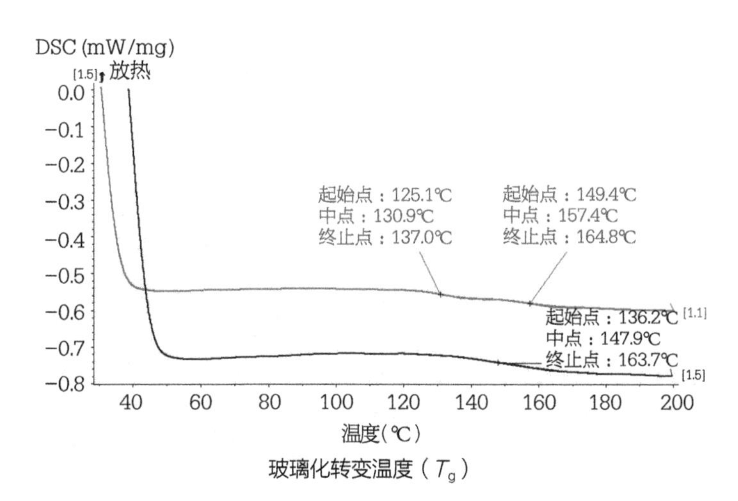

玻璃化转变温度（T_g）

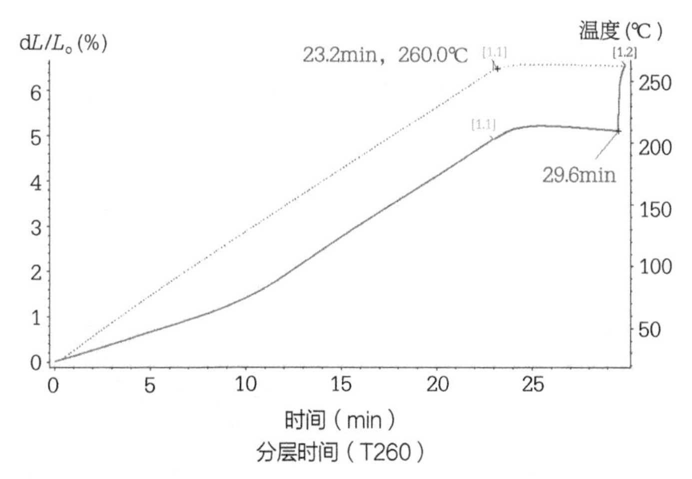

分层时间（T260）

图 5.90　热分析结果（T_g/T260/CTE）

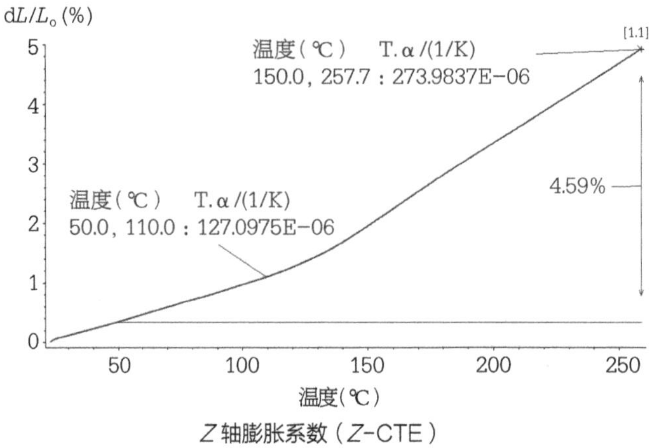

Z 轴膨胀系数（*Z*-CTE）

图 5.90 热分析结果（T_g/T260/CTE）（续）

2. 案例二

【案例背景】

客户反映手机无法拍照，分析为PCBA开路所导致，经进一步分析发现，BGA器件焊点失效，客户要求分析失效原因。失效样品外观如图5.91所示。

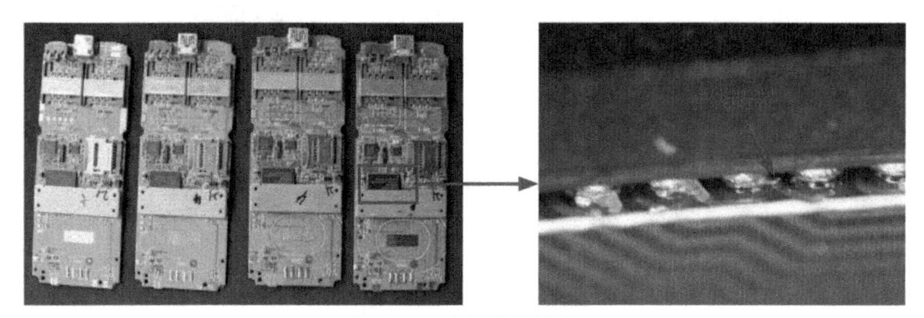

图 5.91 失效样品外观

【案例分析】

检查失效BGA外围焊点，发现部分焊盘所连接导线被拉起，部分导线断裂，如图5.91右图所示。

再进一步分析发现，PCBA样品的BGA焊点普遍存在坑裂不良，且部分与BGA焊盘相连的导线被拉断，如图5.92所示，直接导致样品功能失效。发生坑裂的焊点主要集中在器件的边角位置。根据这些典型特征，我们怀疑焊接后存在分板不当或跌落，造成过应力。

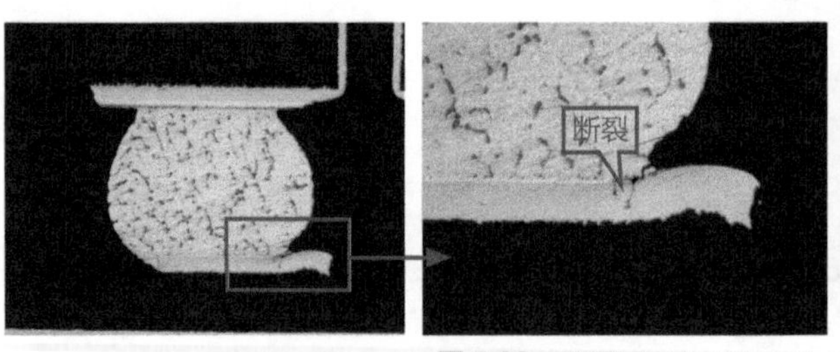

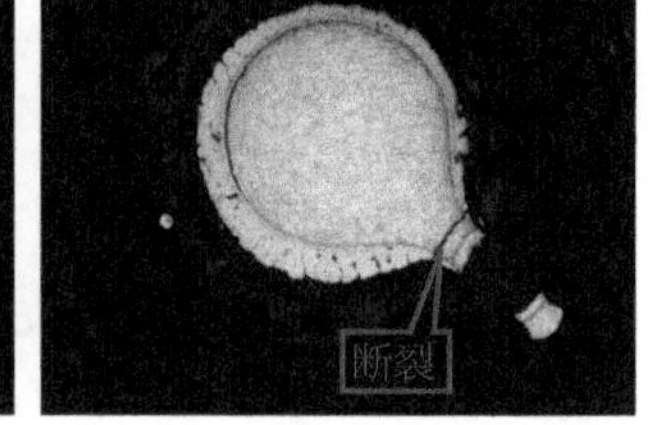

图 5.92 坑裂不良并拉断导线

BGA焊点普遍存在边角焊点高度较高，而中央焊点高度较低的趋势，这说明焊接过程中存在一定的翘曲。BGA封装模拟焊接过程的变形量未超出标准要求。BGA位置的板材热分析结果表明，PCB基材不均匀，固化不完全，*Z*轴膨胀系数较大，如图5.93所示，这些状况会增大焊接过程中PCB基材的内应力，降低基材内树脂与玻纤之间的结合力。

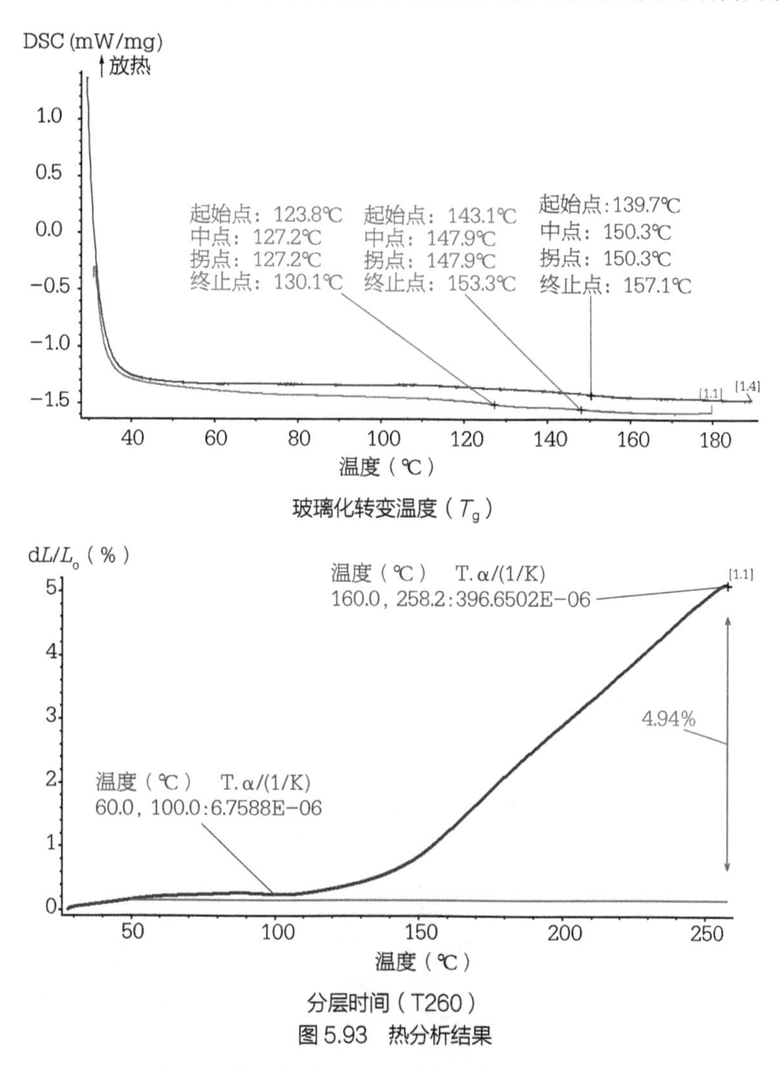

图 5.93　热分析结果

在发生坑裂的BGA焊点中，局部界面IMC层有因为过度受热而增厚的现象，如图5.94所示。与PCB基板上其他焊点对比分析后，可以推断BGA器件应该是经历过返修。二次受热特别是局部受热，会进一步增大PCB基板的变形，加剧坑裂或焊点开裂不良的发生。

此外，在整个模拟焊接的升温和降温过程中，PCB基板的变形都相对较小，这表明PCB的刚性相对较强，而PCB基板与BGA器件之间的变形叠加后的总变形量呈逐渐增大的趋势，冷却过程中位于边角位置的焊料球受到斜向上的拉力也因此逐渐增大，当超出PCB基板树脂与玻纤之间的最大结合力时即发生开裂（坑裂）。

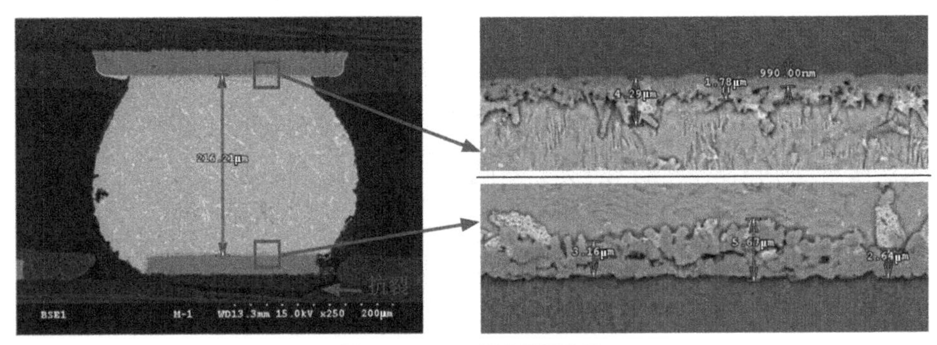

图 5.94　IMC 厚度测量结果

3. 案例三

图 5.95　失效样品外观及失效位置

【案例背景】

客户将200pcs PCBA样品进行振动试验，试验前有3pcs失效，试验后有23pcs失效，表现均为黑屏或不开机。客户已定位为BGA位置失效，要求分析失效原因。失效样品外观及失效位置如图5.95所示。

【案例分析】

经分析发现，BGA焊点存在两种失效模式：一种是BGA焊料球与焊盘分离；另一种是坑裂，部分焊盘完全脱离基材并将与焊盘相连的导线拉断，如图5.96所示。两种失效模式都会导致BGA位置电路不通，表现为样品黑屏或不开机。

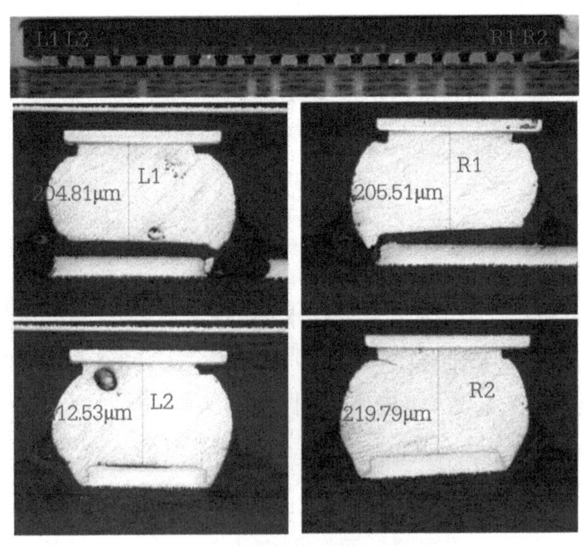

图 5.96　焊点失效的开裂模式

对于开裂模式，开裂位置均在IMC层与镍层之间，富磷层和IMC层均较厚（见

图5.97），表明样品焊接时存在过热迹象。较厚的富磷层及IMC层均会降低焊点的机械强度，受应力时容易在镍层与IMC层间开裂。此外，失效样品基材树脂的ΔT_g为10.7℃，远远超出正常标准，如图5.98所示，这说明该PCB层压树脂存在固化不完全现象。树脂固化不完全则强度较弱，受到热及应力时容易开裂。

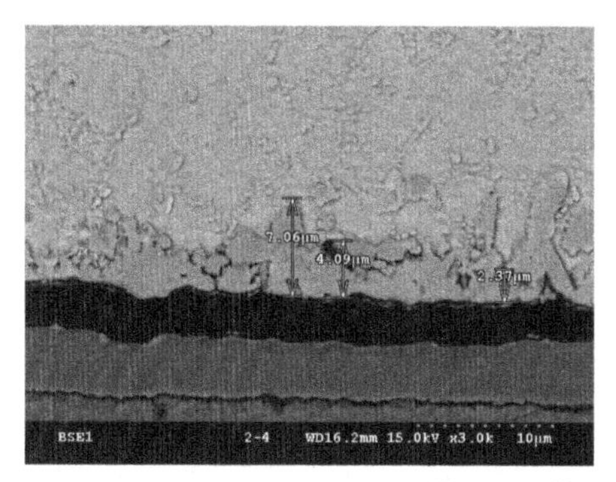

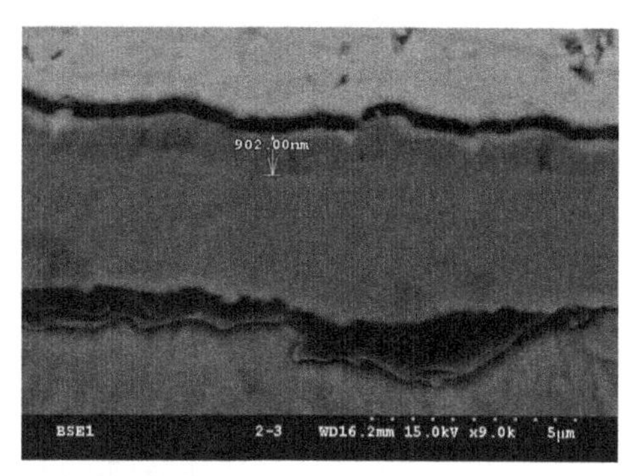

图 5.97　较厚的 IMC 层和富磷层

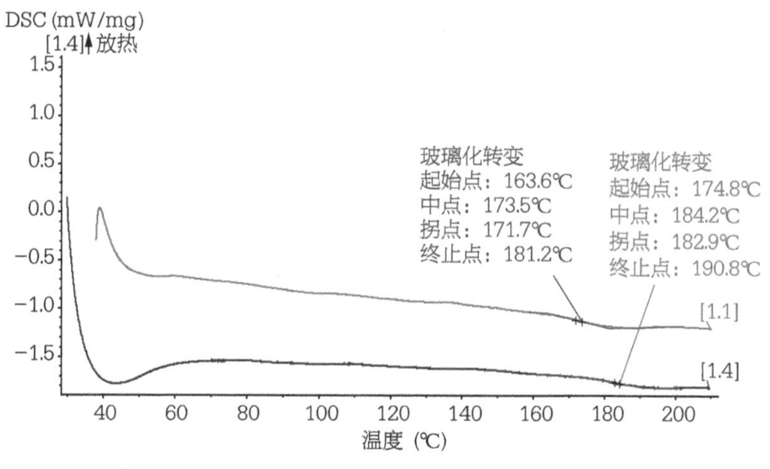

图 5.98　玻璃化转变温度（T_g）测试结果

因此，BGA焊点失效主要由于焊接过热所带来的较大应力所造成。在应力作用下，焊点最薄弱位置（部分在焊料球与焊盘间，部分在焊盘下方树脂处）开裂。由于焊接过热，一方面使得IMC层过厚以及镍层富磷，降低了焊料球与焊盘的结合力；另一方面焊接热量过多降低了基材树脂的强度，导致树脂受热容易开裂。此外，PCB本身也存在不良，一方面镍层存在腐蚀，导致容易形成富磷层，进一步降低焊料球与焊盘的结合力；另一方面基材树脂固化不完全，降低了树脂的耐热性，进一步导致树脂焊接受热容易开裂。

5.12.4　启示与建议

随着行业内无铅、无卤环保进程的不断推进，PCB焊接过程中坑裂失效发生的频率越来越高。由于坑裂失效具备一定的隐蔽性，有时能通过线下功能测试而流入市场，带来极大的可靠性风险，因此，必须采取有效措施预防及评估这种潜在质量风险。目前行业内普遍采取的措施有：

（1）加强PCB物料管控，优选耐热性能良好的板材；

（2）全面考虑物料的工艺兼容性，谨防元器件与PCB焊接热失配；

（3）细化无铅或后向兼容工艺参数控制；

（4）采取适当方法增加BGA焊点强度，如underfilling、边角位置焊点点胶、增大边角位置焊盘直径等。

5.13 疲劳失效案例研究

焊点的疲劳失效主要包括热疲劳和机械疲劳，其中热疲劳是主导因素。热疲劳源于焊点在工作过程中所承受的热循环负载、功率循环过程等，包含由于热不匹配导致的等温机械疲劳。研究表明，热疲劳和等温机械疲劳都是一种在疲劳和蠕变交互作用下的失效过程。

5.13.1 疲劳失效机理

大多数焊点的失效机理是一种蠕变与疲劳损伤的复合累积损伤。宏观上表现为热疲劳损伤导致在远离焊点中心区的焊料与基板过渡区（即高应力区）产生初始裂纹，然后逐渐沿焊料与基板界面扩展至整个焊点长度；微观上表现为热疲劳断口表面有疲劳条纹的特征、晶界微空洞和蠕变沿晶界断裂的痕迹。焊点疲劳损伤的过程如图5.99所示。

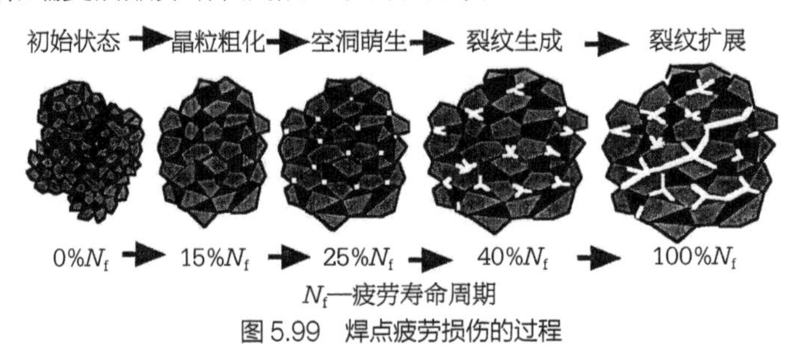

图 5.99 焊点疲劳损伤的过程

5.13.2 引起疲劳的因素

产品在装配完成后的运输、使用过程中，焊点是可靠性的薄弱环节，它承担着热学的、电气的及机械连接等多种作用，并且普遍会受到周期性的机械应力及蠕变应力，尤其是在航天、航空、航海及车载等产品中更为明显。这时如果存在设计不当导致局部应力过大，或者焊料合金在焊接过程中熔融扩散不良（冷焊、偏析），就更加容易发生疲劳失效，从而降低焊点的寿命。

5.13.3　疲劳失效典型案例

1. 电容器烧损失效

【案例背景】

客户反映产品经过两周高低温（0 ~ 45℃温度循环）加5周45℃高温试验后，陆续出现功能失效。失效电容都在放大管的输出链路上（电流约为4A），外观可见电容器局部烧损（见图5.100）。

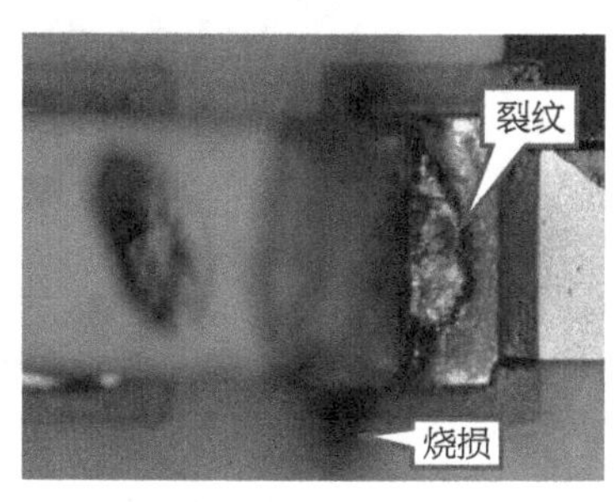

图 5.100　失效样品和失效现象

【案例分析】

失效电容焊点的焊料中间都可见疲劳裂纹的蔓延（见图5.101、图5.102）；无论是否为失效位置，其他焊点也都存在焊料晶粒粗大的现象。失效样品焊点中靠近元器件端还存在较多的空洞，并且焊料晶粒粗大，使得其在老化试验过程中比正常焊点更快速地发生疲劳破坏而开裂；而当开裂导致电气连接处面积变小时，电阻变大产生大热量而发生烧损失效。失效现象首先发生在放大管的输出链路上，这是因为此处的电流较大（4A左右），在老化试验过程中受到的应力更大；而其余的焊点同样存在一定的失效风险。

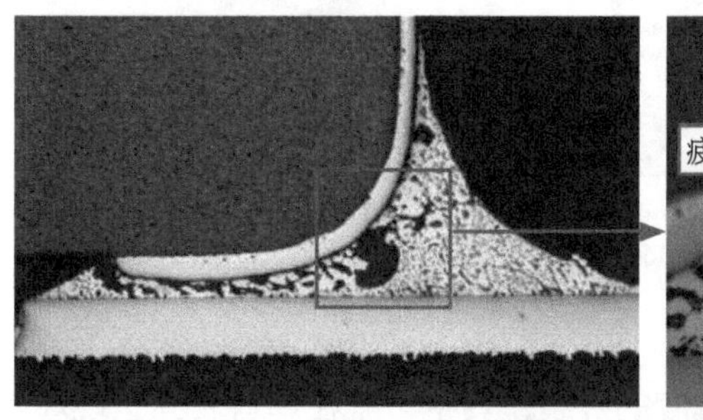
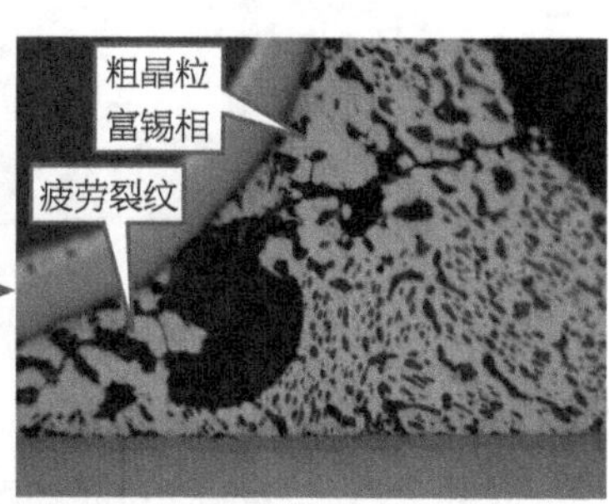

图 5.101　开裂焊点截面金相图片（1）

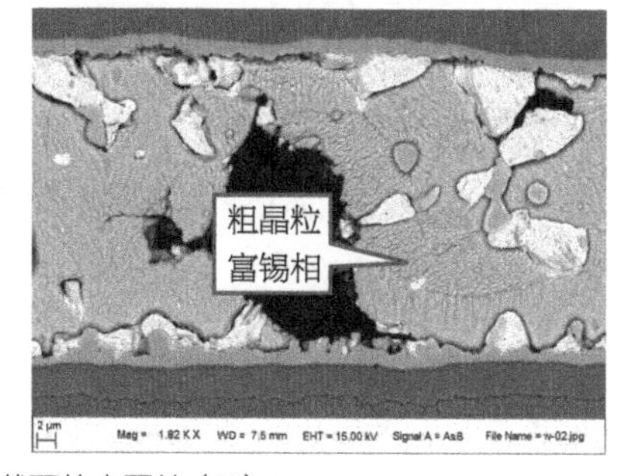

图 5.102　开裂焊点截面放大图片（2）

焊点经模拟返工后，焊料晶粒状态有明显改观，呈现细小均匀的形貌，这说明提高焊接热量能够改善晶粒粗大的潜在缺陷。在客户提供的回流曲线中，峰值温度约为210℃，处于推荐值的下限，显示原来的焊接工艺温度低、时间长，这说明焊接工艺曲线还有较大的优化空间（见图5.103）。

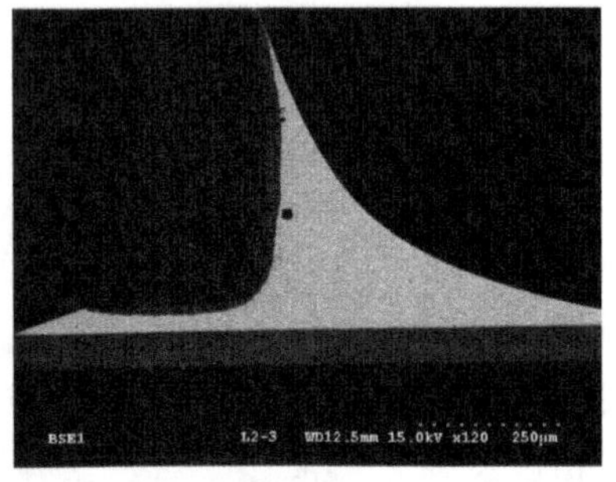
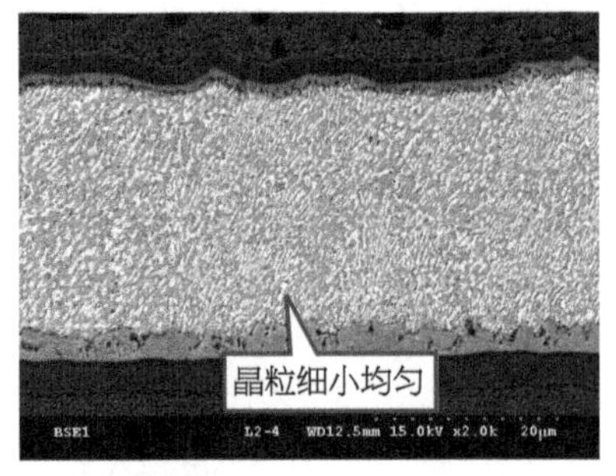

图5.103 焊点模拟返工后截面图片

2. 继电器接触不良失效

【案例背景】

客户送检一块主板，反映在使用过程中继电器接触不良。经排查，器件本身功能测试通过；但发现焊点开裂（见图5.104），要求对其开裂的原因进行分析。

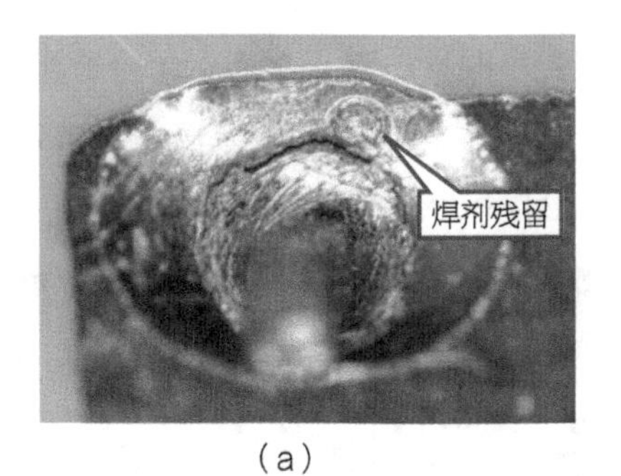

（a） （b）

图5.104 失效焊点外观

【案例分析】

样品上继电器的焊点均存在不同程度的开裂，其中一个在焊料表面呈现环状开裂，旁边可见焊剂残留，这说明很可能经历过补焊。其中失效焊点A存在补焊迹象，焊点两侧均从焊料中间开裂，裂缝附近焊料晶粒结构疏松粗大，并可见晶界裂纹，这说明焊接效果不好，补焊效果也不佳（见图5.105）；焊点B开裂位置及晶粒状态与A相似，开裂源区处于应力集中位置，焊料边缘有轻微的挤压形变（见图5.106）。此外，外观合格的其他未补焊插装焊点的焊料结构也呈现疏松状态，在应力集中部位存在较多微裂纹。PCB焊盘与焊料之间Sn/Cu合金均匀处仅为0.6 ~ 1.1μm，这说明焊接热量是有所欠缺的。

继电器上未完全开裂的焊点B呈现出被挤压的形貌，这说明它曾受到过应力，过应力来源很可能来自装配不当；而开裂源区周边焊料中普遍可见晶界微裂纹。外观合格的其他焊点的焊料结构也呈现疏松状态，在应力集中部位还存在较多微裂纹（见图5.107），这说明在使用、运输过程中，大多数焊点已经发生了疲劳失效。焊料结构疏松是冷焊的一种表征，是由于焊接工艺过程控制不当导致的，它的形成原因主要是焊料中杂质过多、焊接前清洁不充分和/或焊接过程中热量不足。本案例中焊接热量有所欠缺，但也不能排除焊料包含杂质等其他因素。而继电器因体积大，在装配、运输、使用时焊点承受的应力比其他焊点也要大，因此首先暴露出问题。

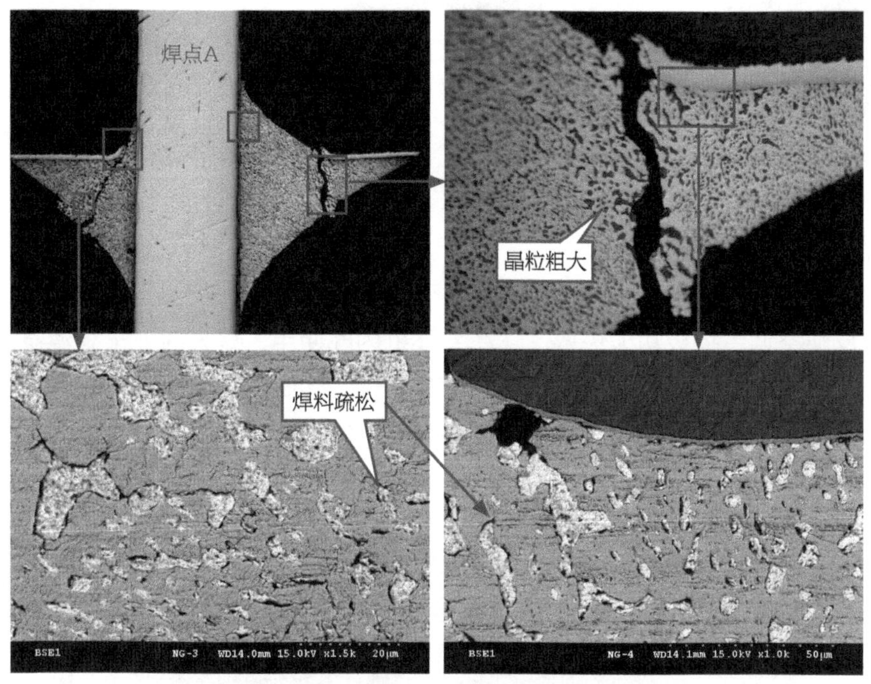

图 5.105　失效焊点 A 截面代表性照片

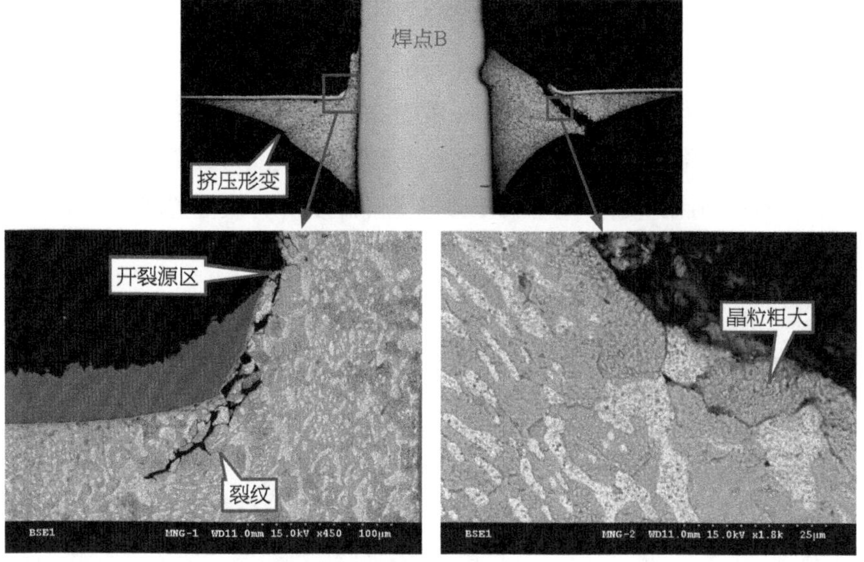

图 5.106　失效焊点 B 截面代表性照片

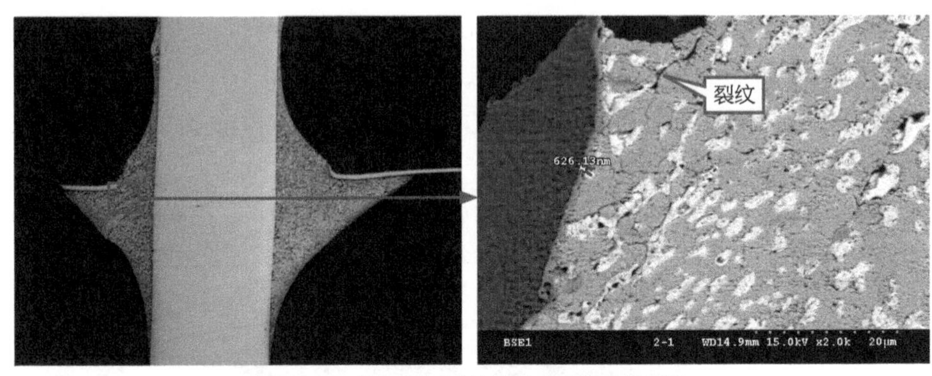

图5.107　外观合格的其他焊点截面代表性照片

3. 主控板功能失效

【案例背景】

客户反映空调主控板功能失效，它在室外机内部使用，夏天时处于高温高湿的环境中，并且压缩机会使其产生振动。而其他样品进行跌落试验后，相同位置的焊点也有开裂现象。另外，失效区域的定位孔在安装使用时并未进行固定（见图5.108）。

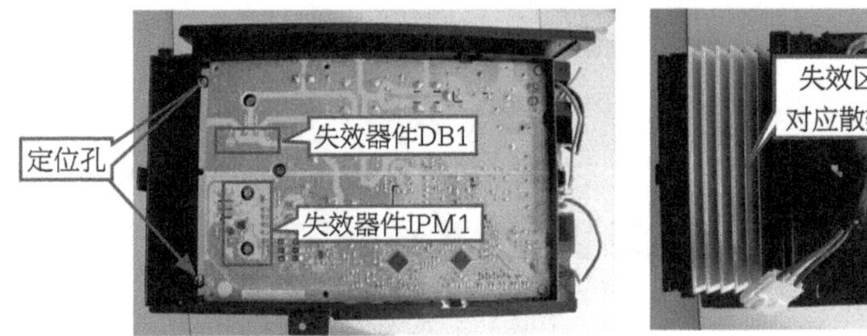

图5.108　送检不良样品外观

【案例分析】

对失效的样品进行观察，发现失效集中在IPM1和DB1两个器件的焊点（见图5.109），这两个器件顶部承载着散热片的重量，另外，其装配方式使得本体与PCB之间留有较大的距离，并且没有底部支撑（见图5.110）。焊点的具体开裂位置都发生在焊料中间，而其余位置的焊点外观饱满，均未发现开裂。

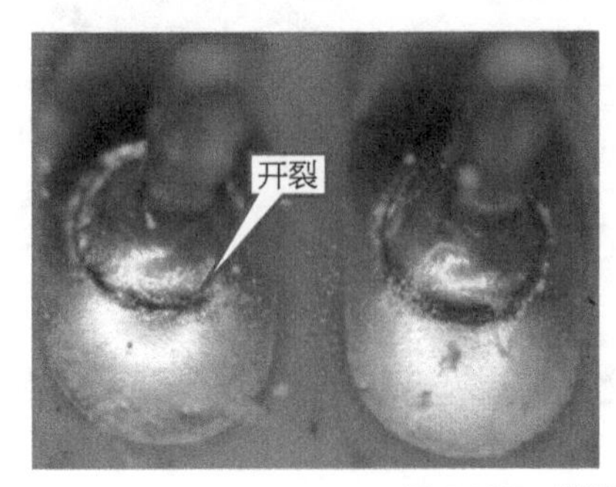

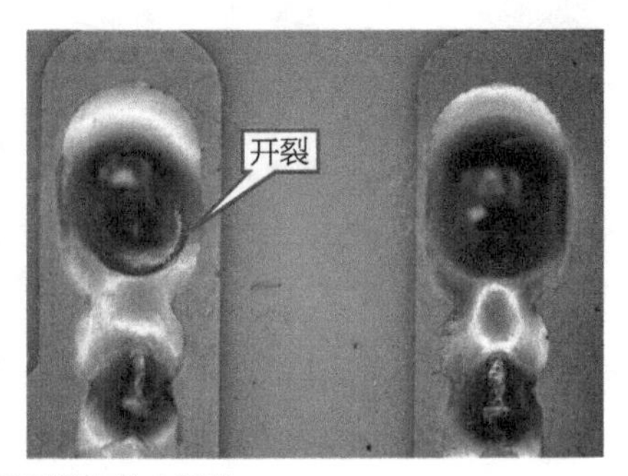

图5.109　样品开裂焊点放大照片

对焊点的金相切片及SEM分析结果表明：失效焊点从焊料中间完全开裂并有不同程度的位移，开裂处没有明显的单纯过载导致失效的痕迹；失效焊点的开裂起源于垂直PCB的应力条带两端，符合器件焊点的受力方向；开裂源区的金属颗粒比其他位置的粗大，呈现疲劳状态（见图5.111）。而其余位置的焊点均未发现疲劳引起的微裂纹。这说明其他焊点未受到同类型的应力，也能够排除焊接工艺缺陷导致失效的可能性。

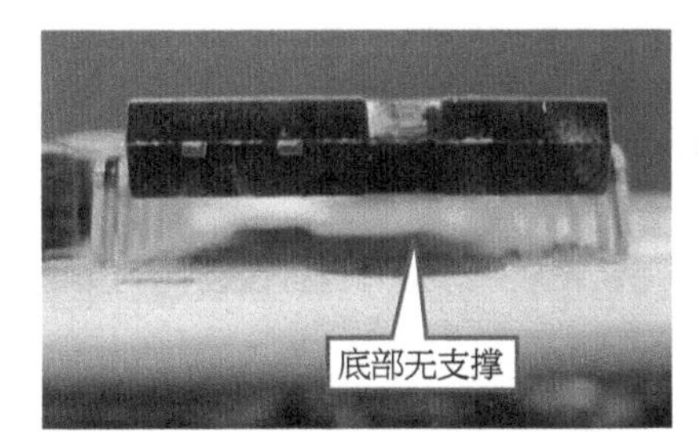

图 5.110　失效器件装配照片

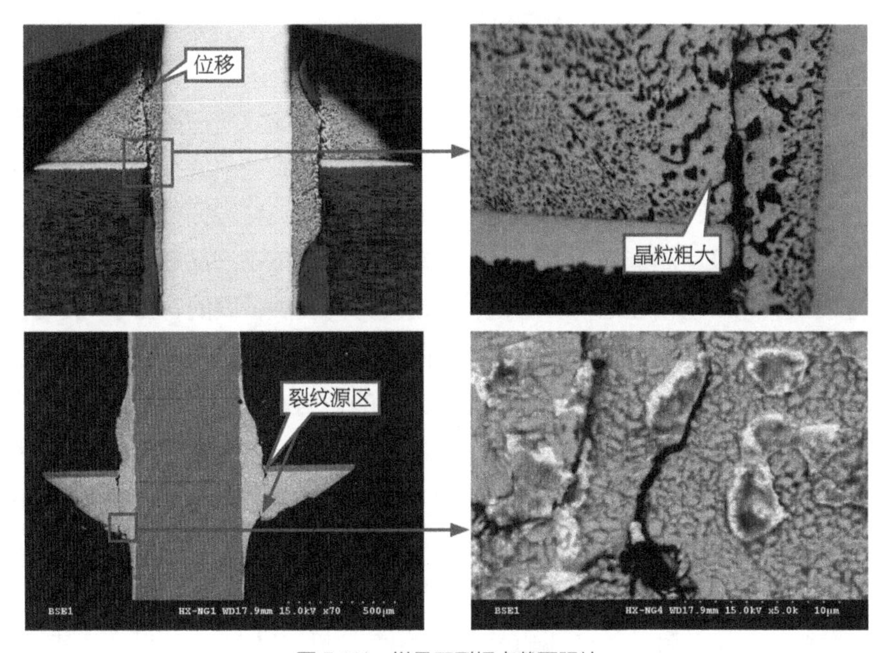

图 5.111　样品开裂焊点截面照片

结合失效背景，该样品在室外机内部使用，压缩机会使其整体产生振动，而失效区域的PCB定位孔未进行固定，不能很好地消减振动的影响；加上两个器件顶部承载着散热片的重量，器件本体与PCB之间留有较大的距离，并且没有底部支撑，这种结构导致其焊点直接承受反复的振动应力，最终在最薄弱的位置发生疲劳失效。此类设计及使用不当引发的失效与焊点本身质量无直接相关性。

5.13.4 启示与建议

（1）如果工艺条件不良，则焊料合金在焊接过程中熔融容易扩散不均匀，称之为偏析。偏析使得焊点内部的机械和物理性能发生改变，影响其工作效果和使用寿命；因此，在生产过程中必须防止合金在凝固的过程中发生偏析或金相组织不理想，这样才能够有效增加焊点的固有可靠性和使用寿命。

（2）对于容易受到循环应力的元器件焊点，应从设计上充分考虑应力缓解方案，如固定好安装孔、用适当的胶填充悬空的元器件本体，还要充分考虑各类材料的线膨胀系数的匹配性。

（3）这些问题其实可以通过可靠性试验来及早发现或暴露，然后采取针对性的整改措施来应对。

5.14 HASL焊盘可焊性不良案例研究

为了保持PCB焊盘在焊接组装时仍然具有良好的可焊性，通常需要在焊盘铜箔的表面进行表面处理。典型的表面处理方式有化学镍金、电镀镍金、化学浸银、有机可焊性保护层（OSP）、化学镀锡或电镀锡、热风整平（HASL）等，这些表面处理方式在可焊性保持时间、成本、可焊性及可制造性等方面各有优缺点。由于电子产品在向小型化、多功能化等方向快速发展，PCB也相应地向小型化、高密度方向发展，同时，由于电子组装越来越多地采用表面贴装的方式，以及其对PCB焊盘平整度的要求，PCB的表面处理方式也越来越多地采用化学镍金。但那些通用的家电产品及大型的通信设备的主板由于其小型化的要求并不严格，所以成本与可焊性反而是一个重要的考量要素，这些电路板将大量使用OSP及HASL的表面处理方式。相比之下，使用HASL处理的焊盘表面就是焊锡，与电路板组装焊接时使用的焊锡具有很好的兼容性，因此，HASL处理的焊盘可焊性与可靠性似乎更有保证。但是HASL处理的PCB也有明显的缺陷，即焊锡表面张力的影响导致焊盘表面平整度差，高密度贴装的时候影响焊锡的印刷进而影响组装质量；另外，HASL工艺中PCB需要经过高温熔融的焊锡，其基材必然受到损伤，特别是无铅化后HASL工艺使用的温度更高，从而满足使用更高熔点的无铅焊锡后表面处理的效果。由于成本的原因，目前的无铅HASL工艺主要使用的是锡铜系列的无铅共晶焊料，因此HASL工艺的温度往往要在260℃以上。本以为HASL的优势是其具有良好的可焊性，但是我们最近常常遇到HASL表面处理的PCB可焊性不良的质量案例，给PCB用户造成了严重的损失，进而导致了供需双方的质量纠纷。下面将介绍HASL焊盘可焊性不良的一个典型案例，这种案例在无铅化以后频频发生，给电子组装制造业带来了很大的损失。

5.14.1　HASL 焊盘可焊性不良的主要机理

一般而言，一个普通的焊盘，其可焊性取决于其表面状态，包括清洁度（污染情况）、氧化程度以及表面处理材料与焊料的兼容性。对于铜箔表面做热风整平的焊盘，通常表面覆盖了焊锡，无铅的一般就是锡铜共晶焊料，这种焊料与焊锡或锡炉中的无铅或有铅焊料兼容性显然没有任何问题，都是锡基焊料，只是成分稍有差异；一旦焊接的时候，污染或氧化也可以通过助焊剂的作用予以清除，达到可焊性好的目的。但是无铅HASL焊盘有其特殊性，就是除了污染与氧化以外，无铅高温热风整平获得的焊锡镀层常常由于高温整平导致焊盘上的焊锡与基底铜箔发生熔融扩散反应，产生过多的金属间化合物；另外，由于整平时熔融的焊锡表面张力的作用会导致焊盘不平整，即出现焊盘中间高四周低的龟背形，影响贴片的精度和焊点质量。为此，热风整平的工艺中常常要用更高温度和更大压力的热风进行整平，一方面可以使焊盘尽可能平整，另一方面还可以节约焊锡的应用，从而降低整平工艺的材料成本。因此，这常常造成在焊盘上产生很厚的金属间化合物，部分焊盘区域甚至全部都是金属间化合物。而金属间化合物表面的可焊性急剧下降，这是因为金属间化合物结构致密且熔点高出焊锡很多，锡与铜形成满价的化学计量比的金属间化合物后就进一步阻止了锡与铜的反应，实际上就是改变了焊盘表面处理材料与焊料的兼容性。于是在进一步进行组装焊接的时候，就增加了焊锡浸润的难度，引发大面积爆发润湿不良的质量问题。

5.14.2　HASL 焊盘可焊性不良的主要影响因素

HASL焊盘可焊性不良的主要影响因素一般包括以下几个方面。

（1）热风整平中焊锡里铜杂质过高。这样将导致焊锡流动性变差，为了保证热风整平的质量，常常需要增加锡炉的温度或热风的温度和压力，就会导致金属间化合物生长的机会大大增加。

（2）热风整平中的热风刀温度和压力。温度高和压力大，均可增加焊盘可焊性不良的概率。

（3）焊接时使用的助焊剂活性。活性高可增加焊锡浸润的速度。

（4）焊接时的焊接温度。温度高可使焊盘表面的金属间化合物容易熔解。

5.14.3　HASL 焊盘可焊性不良案例

【案例背景】

一大批无铅PCB在用SMT工艺经回流焊组装成PCBA时，在板面的多处地方出现了润湿不良的问题，润湿不良的焊点分布没有规律（见图5.112）。组装时所用的焊锡等物料都没有变化，据调查，工艺参数也一直在受控范围内。用户怀疑PCB存在质量问题，只好暂时停产待查原因，以便整改。需要说明的是，该PCB的表面处理是热风整平，整平所用的焊料是锡铜镍无铅共晶合金。

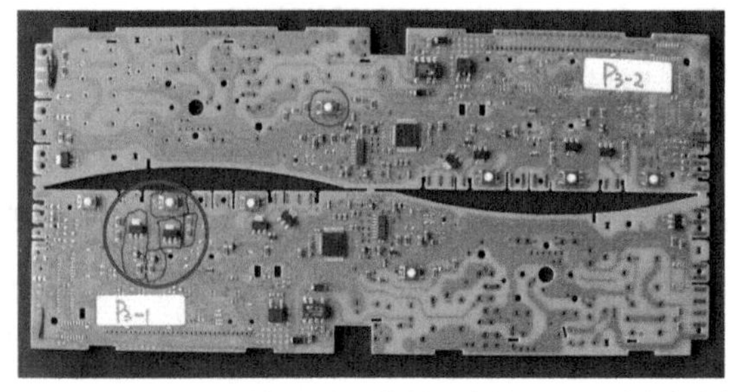

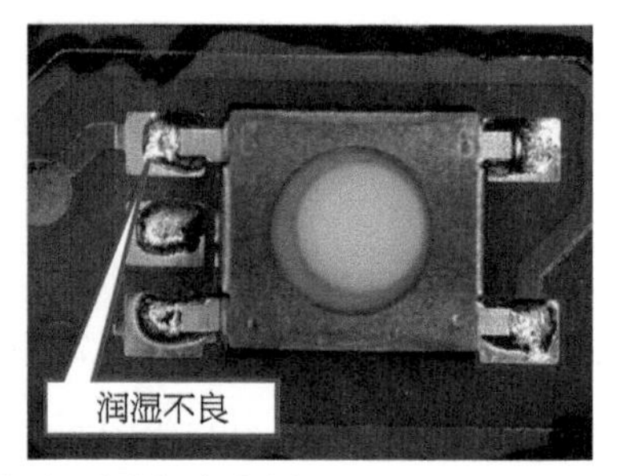

图 5.112　润湿不良的 PCBA（左）及其典型不良的焊点（右）

【案例分析】

用光学立体显微镜分别检查了PCBA上的不良焊点和同批次的PCB裸板对应焊盘的外观特征，结果发现不良焊点中的焊锡回流后对元器件的引脚浸润良好，而对焊盘的浸润很差，有的焊盘甚至40%的面积仍然裸露没有浸润。从焊点焊锡的表面光泽度来看，焊锡的熔化状况和回流的工艺参数应该没有问题，主要的原因应该定位在PCB焊盘的可焊性存在质量问题。用显微镜观察裸板的焊盘表面，结果还发现焊盘的表面平整度不好，呈现凹凸不平的异常现象（见图5.113）。

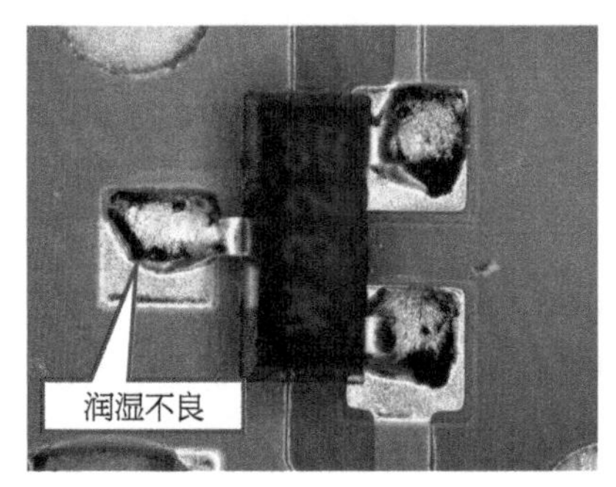

图 5.113　典型的不良焊点（左）与 PCB 焊盘（右）外观检查

用SEM与能谱分析PCBA上锡不良的区域，发现不良区域的焊盘表面有一些残留物，通过其外观特征及其元素成分判断，这些残留物应该是焊锡回流后的助焊剂残留。用有机溶剂清洗该不良区域后再用SEM与能谱分析，结果发现这些残留物很容易被清洗干净，但是裸露出来的未上锡的焊盘表面结构显示该镀层均已经合金化，即焊盘的镀层均为锡铜的金属间化合物（见图5.114），能谱分析的结果进一步证实了我们的判断。综合清洗前后的结果可以推断该焊盘的润湿不良与污染无关。

对不良焊点进行切片分析，并用SEM进行观察，进一步证实未润湿上锡部分的镀层均已经金属化，生成了明显的锡铜的金属间化合物（见图5.115）。对同一批次的裸板的焊盘进行类似分析也发现焊盘上焊锡厚度不均匀，薄的区域已经全部金属化，生成了金属间化合物（见图5.116）。即焊接润湿不良的焊盘表面在组装焊接前都已经是金属间化合物了，而表面覆盖金属间化合物的焊盘的可焊性显然很差。从镀层的截面看，包括金属间化合物的典型的镀层厚度最小一般有1.5μm，最大的约为9.4μm，由此镀层表面呈现凹凸不平的现象。遗憾的是，在薄的区域基本上已经形成了可焊性差的金属间化合物。

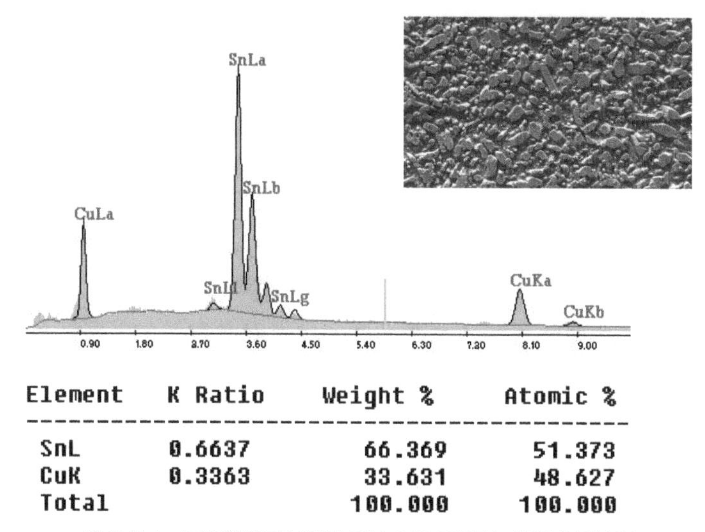

Element	K Ratio	Weight %	Atomic %
SnL	0.6637	66.369	51.373
CuK	0.3363	33.631	48.627
Total		100.000	100.000

图 5.114　不良润湿区域清洗后的 SEM 照片与能谱分析结果

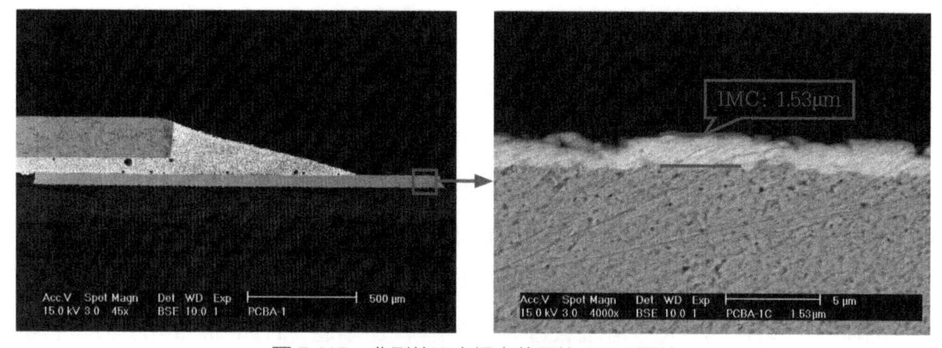

图 5.115　典型的不良焊点截面的 SEM 照片

通过以上分析，发现润湿不良的焊盘表面镀层质量不均匀，焊锡厚度差异很大，部分镀层薄的区域在焊接前已经金属化，生成了可焊性极差的锡铜金属间化合物。这层金属间化合物应该是在热风整平的工艺过程中，熔融的焊锡与PCB的铜箔扩散形成的，而本来金属间化合物表面应该有的焊锡镀层则被过高温度或压力的热风刮除，只留下较硬的金属间化合物层。因此，焊盘镀层表面的过度金属化的原因应该是热风整平工艺中PCB过长的浸锡时间和过高压力及温度的热风刀造成的，与镀层本身的厚度无关，与污染也无关。

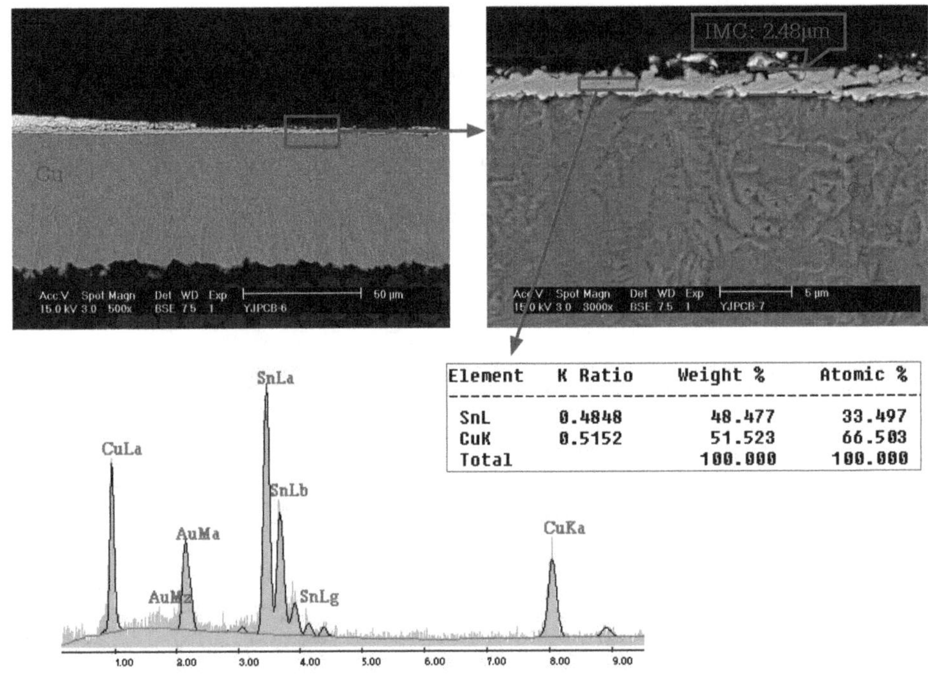

Element	K Ratio	Weight %	Atomic %
SnL	0.4848	48.477	33.497
CuK	0.5152	51.523	66.503
Total		100.000	100.000

图 5.116　PCB 裸板的焊盘截面的典型 SEM 照片与能谱分析结果
（注：能谱图上显示的 Au 是方便测试而人为所喷的）

5.14.4　启示与建议

很多时候人们往往将焊盘可焊性差的原因归结为可焊性镀层过薄，或者镀层表面受到阻焊的有机污染物污染，这种情况对于电镀或化学镀形成的镀层可能是对的。但对于HASL的表面处理而言，这样的推理却往往不正确。从本案例来看，镀层表面过度的合金化，表面覆盖物都是金属间化合物而没有可焊的焊锡，同样可以导致后续的焊接不良，而这种焊接不良在以前往往被许多人认为是镀层过薄造成的。要知道，HASL处理的可焊性镀层的厚度是没有标准要求的，只是需要镀层被焊锡覆盖并可焊即可。

为了避免类似问题，如果是HASL处理的PCB，特别是无铅HASL处理的PCB，对于供应商或制造商而言，应该加强热风整平工艺的控制，避免锡炉杂质超标，控制锡炉温度过高、热风刀温度过高或压力过大；同时加强PCB出厂的可焊性及镀层质量的检测，控制不良品出厂。对于用户而言，应加强对来料的可焊性和镀层质量的检测，必要时检测镀层中金属间化合物的生长厚度及厚度分布。

5.15　混合封装 FCBGA 的典型失效模式与控制

随着电子信息产品向多功能与小型化方向快速发展，FCBGA（倒装球栅阵列封装）的集成电路以其更薄、更小且更易于散热等特点得到了越来越广泛的应用。另外，由于欧盟RoHS指令等环保法规的要求，FCBGA等元器件也需要无铅化，但是由于可靠性等原因，欧盟RoHS法规给予FCBGA类型的封装内部连接使用无铅焊料一定期限的豁免，即在FCBGA内部的互连仍然可以继续使用高铅含量的高温锡铅焊料（如Sn10Pb90）或是锡铅共晶焊料（即Sn63Pb37）。下面将讨论混合封装的FCBGA典型的失效模式与控制对策，该混合封装形式的FCBGA内部芯片倒装凸点用的是锡铅共晶焊料，而元器件外部的球形引脚则是无铅的锡银铜共晶焊料。

5.15.1　FCBGA 的封装结构和工艺介绍

FCBGA的典型封装结构见图5.117，其内部的焊料球凸点和外部的球形引脚可以是无铅焊料或锡铅焊料。工艺流程是，先在芯片电极表面做焊料球凸点，然后倒扣在基板上，通过回流焊将焊料与基板的焊盘连接，再进行底部填充，然后固化底部填充胶，或者先涂覆胶（不自动流动）再安放芯片回流，见图5.118。这种封装方式最大的好处就是内部电路走线短信号串扰和损耗小、封装体更薄、芯片背面即可散热；不足的地方就是封装体各材料之间膨胀系数相差很大，疲劳寿命可能会受影响，底部填充材料可能易于吸湿且填充工艺难于控制，导致焊接组装时产生分层等缺陷；另一个较大的问题就是在元器件进行组装时，内部互连的共晶焊料可能会熔融以致产生可靠性问题，如果内部芯片凸点用高温的高铅焊料则会增加芯片凸点置球的困难。鉴于目前RoHS法规豁免铅在FCBGA芯片内部的使用，所以目前不少芯片封装的厂商仍然使用共晶的锡铅焊料球做内部互连材料，而外部的球形引脚则使用锡银铜的共晶焊料，这就形成了本节要讨论的混合封装的FCBGA。

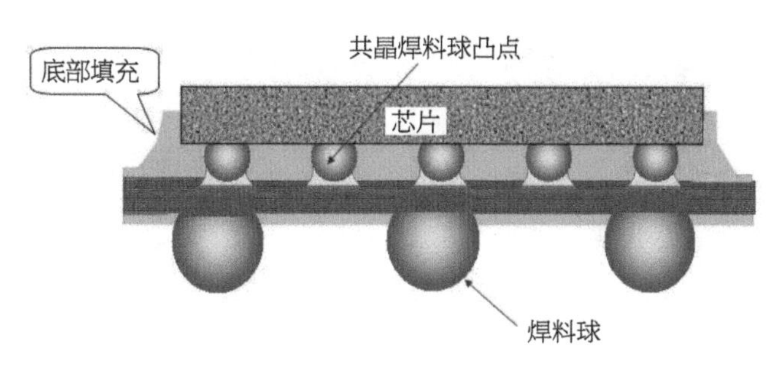

图 5.117　FCBGA 的典型封装结构

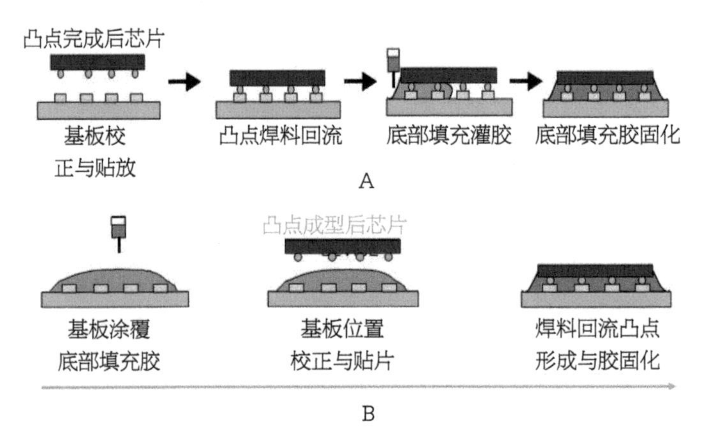

图5.118 FCBGA封装的典型工艺流程（A/B）

5.15.2 混合封装FCBGA的典型失效案例分析

【案例背景】

实验室收到客户委托分析的两只失效的FCBGA封装芯片（由于保密的原因，省去样品的外观），该芯片已经从PCBA上取下，外部的球形引脚基本脱落或破坏，其故障现象为：该芯片在焊接组装成PCBA前测试，电源两端不短路；在回流焊后，用三用表测试电源两端均短路，怀疑该芯片有问题，于是用返修台取下后测试，发现电源与地也全短路。另外，了解到该PCBA组装焊接温度最高为230℃，回流区域焊接时间为30s。

【案例分析】

对失效芯片的外观检查未发现异常，但是用X射线透视检查则发现了大问题，如图5.119所示，芯片区域的部分球形焊点影像模糊，形状不是纯圆，且球形焊点大小不均匀。显然该FCBGA内部的焊料球在回流焊组装期间发生了熔融，而这种熔融导致了焊料球变形或焊锡流动流失。根据客户的反映，回流焊的峰值温度最大不超过230℃，这对于无铅元器件的焊接而言已经是低限了。显然FCBGA内部的焊料球合金不应该是无铅的，而极可能是锡铅共晶合金。

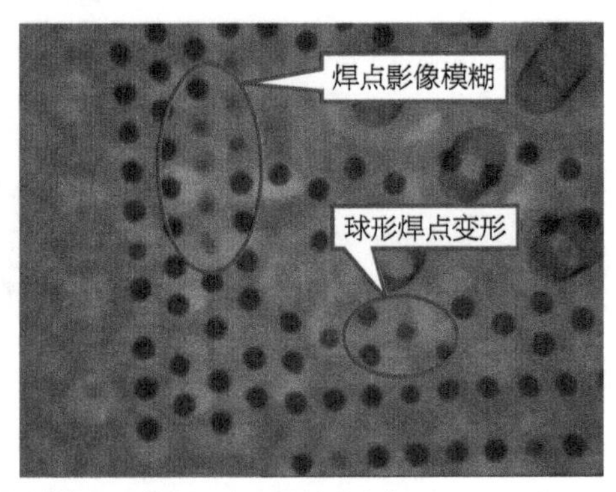

图5.119 失效芯片的X射线透视照片（左：整体；右：局部放大）

另外，再一次根据产品规格书对样品的电源两端的端口进行*I*−*V*特性测试，结果显示样品电源两端均短路。为此怀疑元器件内部由于焊料球熔融后发生流动从而导致短路现象。

为了证实这一推测，我们对其中一只失效样品用环氧树脂固封后从样品背面方向沿轴向研磨至倒装焊焊料球（参考图5.117自上而下），结果如图5.120所示。在显微镜下可见底部填充层界面有异常（颜色不均匀），利用机械方式去除颜色较深处底部填充层后发现，如图5.120（c）所示，内部焊料球确实在元器件进行回流焊时已经熔融并导致了短路，同时发现底部填充层不均匀，填充质量很差且与基板有分层的情况。

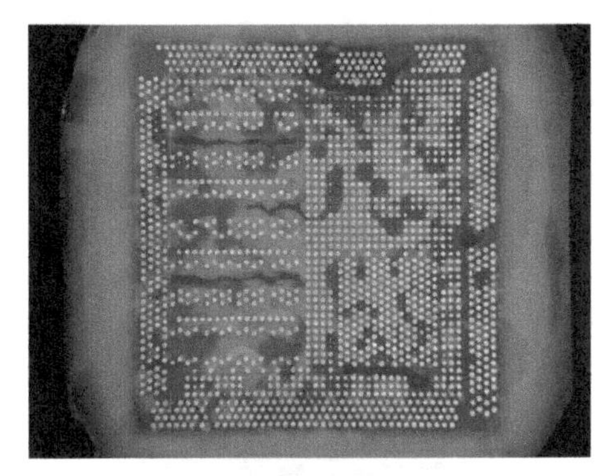

（a）切片整体

（b）局部放大

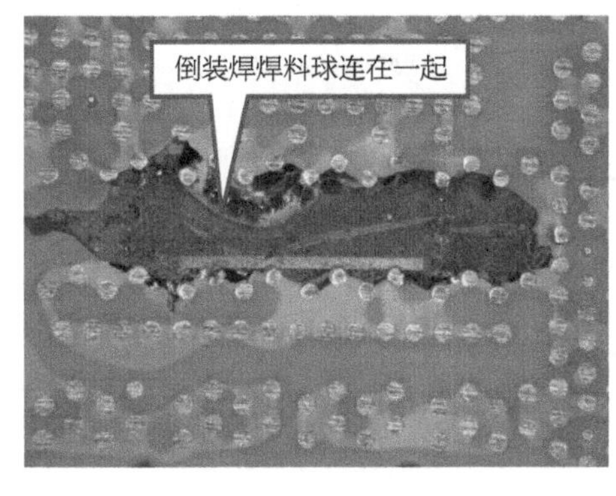

（c）焊料球熔融相连

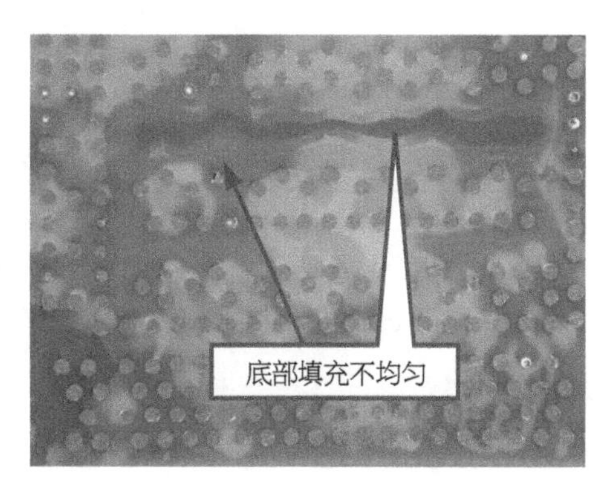

（d）底部填充质量差

图 5.120　失效芯片的切片结果

为了证实我们的推测，用X射线能谱对样品的芯片倒装焊焊料球桥连处焊锡及外部焊料球部位进行成分分析，结果如图5.121所示，该样品芯片倒装焊焊料球桥连处及焊料球为铅锡共晶焊料，该类型焊料的熔融温度约为183℃。元器件外部的焊料球的焊料合金则为锡银铜共晶焊料，这种焊料的熔融温度约为217℃。

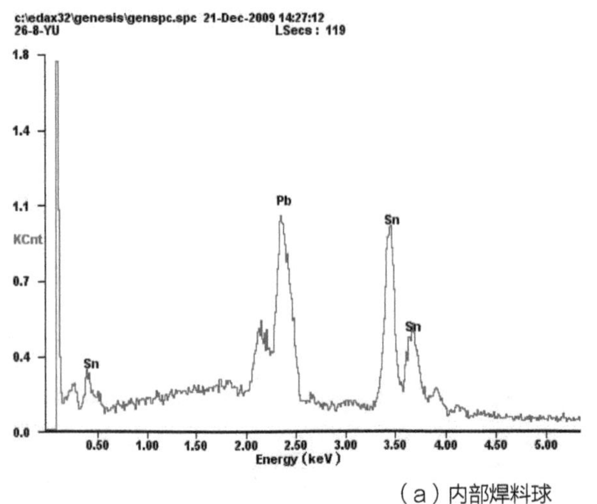

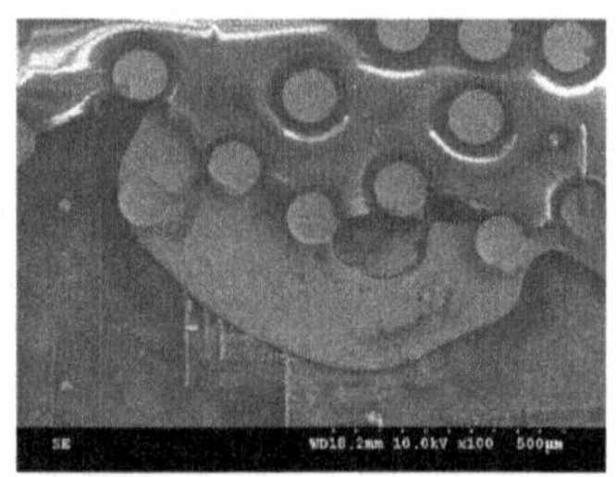

Element	wt %	at %
PbM	38.28	26.22
SnL	61.72	73.78

（a）内部焊料球

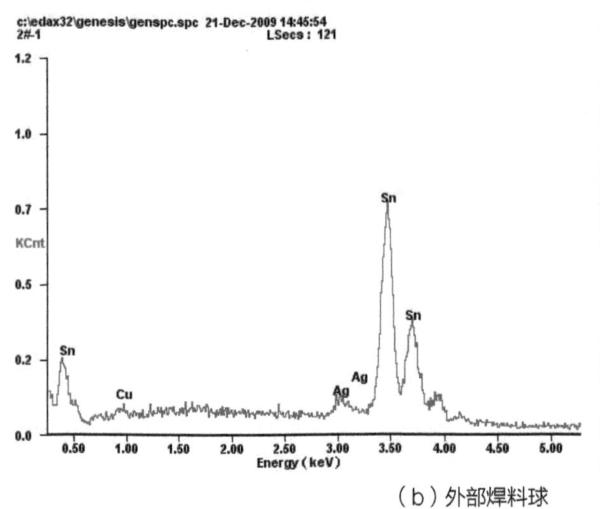

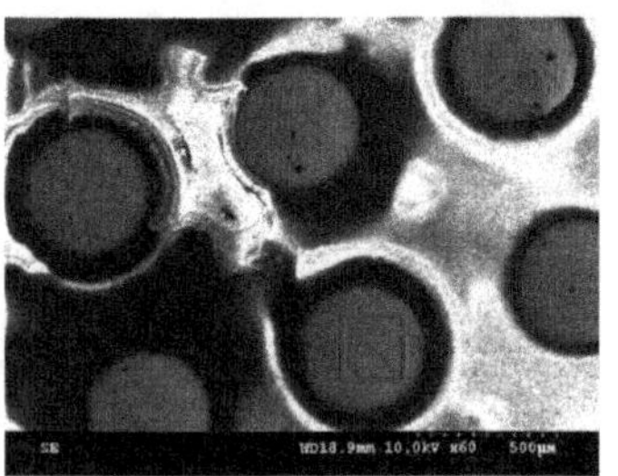

Element	wt %	at %
CuL	02.19	04.01
AgL	02.98	03.20
SnL	94.83	92.79

（b）外部焊料球

图 5.121　FCBGA 样品的内部焊料球和外部焊料球的能谱分析结果

【案例结论】

以上分析过程证实了该失效的FCBGA为有铅和无铅混合封装形式，其中元器件内部芯片凸点使用的是锡铅共晶焊料球，而外部球形引脚使用的是无铅的锡银铜共晶焊料。在对这种元器件进行组装时，为了保证焊点的质量通常会使回流焊的峰值温度达到230℃以上，虽然封装体对热会有一定的阻隔，但是如果回流的时间较长，则内部的锡铅共晶焊料容易达到熔点温度以上而发生熔融，此时如果底部填充的质量不好，或者与基板/芯片界面有分层，则焊锡就会流动从而导致短路。本案例元器件的失效机理或模式就是这种情况。

5.15.3　针对混合封装 FCBGA 类似失效模式的控制对策

为了满足RoHS环保法规的要求，FCBGA封装的元器件也必须无铅化，但是内部的互连得到了相关法规的豁免。为此，不少知名芯片厂商就采用混装的形式封装其芯片，即内部芯片凸点使用锡铅共晶焊料，外部球形引脚则使用锡银铜共晶焊料。从本文所介绍的案例来看，最主要的问题是内部互连焊料在外部组装回流时发生熔融，同时底部填充发生了分层或本身填充不良，从而导致了元器件内部短路失效。

事实上，这种失效常常发生，非常普遍。为了达到控制这种失效的目的，主要的针对性措施有两个。一个是更换芯片内部的锡铅共晶焊料球的合金为高温焊料，如使用Sn10Pb90的高铅焊料，或者使用无铅锡银铜焊料合金替代。这样由于封装体的隔热作用使元器件组装时内外温差超过30℃，元器件因此失效的概率会大大下降甚至消失，但是这种方式会增加元器件生产商的工艺难度和成本。另一个是确保底部填充的质量，让填充层没有缝隙，从而限制熔融焊锡的流动。另外，还必须保证元器件的吸湿性小或元器件保存在足够干燥的环境，严格按照潮湿敏感元器件的管理要求进行管理，因为吸湿高的元器件会因为组装回流焊期间的高温而发生爆米花效应，进而发生分层，产生熔融焊锡流动短路的通道。

以上这些措施大多需要元器件的生产商来实施才能达到目的或得到根本解决。对于元器件的用户而言，则需要加强湿敏元器件的保存管理，不能发生过度的吸湿现象；同时还可以通过优化回流焊工艺条件，来确保对元器件最少的热损伤或高的焊点质量。

5.16　混装不良典型案例研究

随着无铅化在电子装联领域的推广，焊料、PCB镀层和元器件焊端镀层等已基本实现无铅化，但是有些如军工、航天等领域的电子产品以及部分特殊封装的元器件，为了保证可靠性还是采用有铅焊料。另外，市面上一部分元器件全部无铅化，已找不到有铅镀层表面处理，所以在实际生产中面临部分元器件是有铅的和部分元器件是无铅的现象，即混装工艺。混装，从广义上讲是指有铅制程中有铅、无铅元器件混用，或者是无铅制程中有铅、无铅元器件混用，其中有铅制程+无铅BGA，即有铅焊锡膏（Sn-Pb共晶焊料）+无铅BGA等复杂元器件的混用类技术较复杂。混装工艺可以分为前向兼容（Sn-Pb元器件采用无铅焊料组装）和后向（逆向）兼容（无铅元器件与Sn-Pb焊料组装）。

5.16.1　混装常见缺陷与机理

后向兼容工艺中常见缺陷有焊料扩散不均匀、开裂、冷焊、枕头效应等；与后向兼容工艺相比，前向兼容工艺导致的缺陷则比较少见，主要缺陷是元器件损伤、局部空洞过多、分层等过热导致的失效。这里我们主要讨论的是在后向兼容工艺中，组装工艺不当而影响焊点可靠性的几个主要失效模式和机理。

1. 印刷工艺引起的失效

对于后向兼容焊点，印刷的依然是有铅焊料，对于无铅BGA的焊接，如果模板开口不改进，则易造成焊料量偏少，那么由于无铅焊料没有完全熔融或塌陷造成的焊点自定位能力不足的问题将更突出，焊点移位的缺陷将更多，此时焊点的抗机械冲击能力大大降低。

2. 贴片工艺引起的失效

由于后向兼容焊点的自定位能力不足，所以对贴装设备的贴片精度提出了更高的要求。在以前的纯有铅焊接中允许的贴片误差在后向兼容焊点中就可能造成严重的焊点可靠性问题。

3. 焊接工艺引起的失效

回流曲线参数设置是影响后向兼容焊点可靠性的关键因素，如果焊接温度不能满足无铅BGA的温度要求，则无铅BGA的焊料球只能部分熔融或塌陷，这样就会造成冷焊或金相结构不均匀，使焊点的抗热、抗机械疲劳和抗冲击的能力大大下降。另外，也容易造成共晶Sn-Pb焊料中的Pb在无铅BGA焊料球中扩散不均匀，将会引起焊接界面处的富铅现象，而且界面处的微观结构不均一，这样很可能会产生细小的裂缝甚至导致整个焊点开路。此外，由于回流焊过程中过度的预热，以及锡球与焊料（焊锡膏中）的熔点不同而导致的熔融时间差异，很容易产生枕头效应（Head in Pillow），即焊料球最终躺在焊盘的焊料上面但是没有融合，形成了虚假的焊点。这种枕头效应在后向兼容工艺中非常普遍，由于本书有专门的章节讨论这种案例，这里就不再赘述了。

此外，当进行无铅波峰焊时，过大的温度差会使有铅的元器件承受比较大的热机械应力，导致元器件的陶瓷与玻璃本体产生应力裂纹，应力裂纹是影响焊点长期可靠性的不利因素。

5.16.2 混装工艺失效典型案例

1. 无铅 BGA 虚焊

【案例背景】

国内某品牌手机厂商送来数片故障主板，要求进行故障原因分析，该故障模式爆发频率很高，已停产待查。电路分析后确认其中主芯片为无铅封装的BGA，在与主板的电路互连时出现不良，导致自动关机或死机现象。

【案例分析】

经了解该主板使用了有铅工艺，即使用有铅焊料进行SMT贴装，但是其中所使用的主芯片已经无铅化了，买不到类似的有铅封装的芯片。国内没有像欧盟那样强制要求电子产品无铅化，因此，国内这种情况非常普遍。

由于失效样品比较多，于是直接对问题BGA的焊点进行切片，结果见图5.122。结构疏松强度薄弱的焊盘表面界层显而易见，图5.122（a）还显示了助焊剂受热产生的气体扩散导致的空洞，这是由于温度或热容不足气体不能排出所致。同时也可以清楚地看到，焊锡膏的浸润性并不存在任何问题，是明显的热容不足导致了焊盘界面的合金化不能完成，焊料球体的形状以及粗糙的金相结构也证实了这一点。其中图5.122（b）的BGA焊料球还与焊盘间有明显的裂纹，这种裂纹的存在以及粗糙的组织结构在环境应力的影响下，裂纹很容易扩展开裂最终导致电气开路故障。

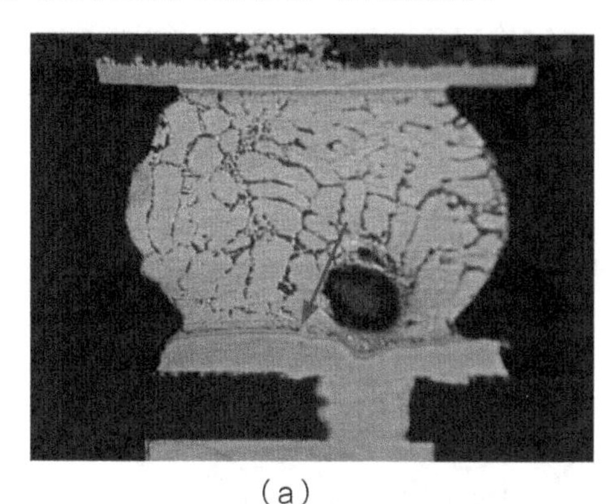

（a）

（b）

图 5.122　不良焊点的典型金相照片（ENIG 焊盘）

对于使用有铅的焊锡膏来组装无铅的BGA，由于有铅焊锡膏回流时的峰值温度一般不高于225℃，最高不能超过235℃，否则会对其他有铅的零部件造成热损伤，典型的回流时间（TAL）也只能在45s左右。而球形引脚采用锡银铜（SAC）焊料的无铅BGA按照这个工艺条件，焊料球熔融充分的可能性非常小，一方面由于该类型元器件密度高，施热设备的加热效率很难在此温度范围确保焊料球熔融所需的热量；另一方面，锡银铜焊料球本身的熔点区域（217 ~ 220℃）明显高于锡铅焊锡膏熔融温度（183℃），焊料球吸热至熔融所需要的热容也明显增加。此外，由于大多数焊料球本身在BGA封装时都形成了较为粗大的结晶颗粒，所以使得焊料之间的扩散或金属化更为困难。上述原因导致了使用普通的锡铅焊锡膏进行回流焊工艺，通常不能使无铅的焊料球熔融乃至“二次坍塌”，这样一来即使焊锡膏对焊料球或PCB的焊盘有很好的浸润或合金化，也无法得到可靠的焊点，这是因为在焊点界面上扩散与合金化都很差，无法形成良好的金属间化合物。

显然，其他形式封装的元器件要焊接的引脚很少有类似问题，主要是因为它们没有类似BGA这种需要大量吸热的焊料球，而只要保证可焊性就可以了。

2. 无铅 BGA 功能失效

【案例背景】

客户送检一块主板，反映在经历混装回流焊工艺以及后续的背面有铅波峰焊，BGA功

图 5.123　失效样品的外观

能测试不良，要求分析不良原因。失效样品的外观见图5.123。

【案例分析】

对失效BGA进行染色定位及切片分析后，发现混装BGA器件（BGA：SAC305，焊锡膏：Sn63Pb）出现大量开裂现象：①整个焊点坍塌程度明显，Pb元素在焊料球中扩散较为均匀，但在靠近器件侧可见明显的Pb元素富集现象（见图5.124）；②焊点开裂均发生在BGA器件焊盘上的IMC与焊料之间，而PCB焊盘与焊料的界面结合良好。

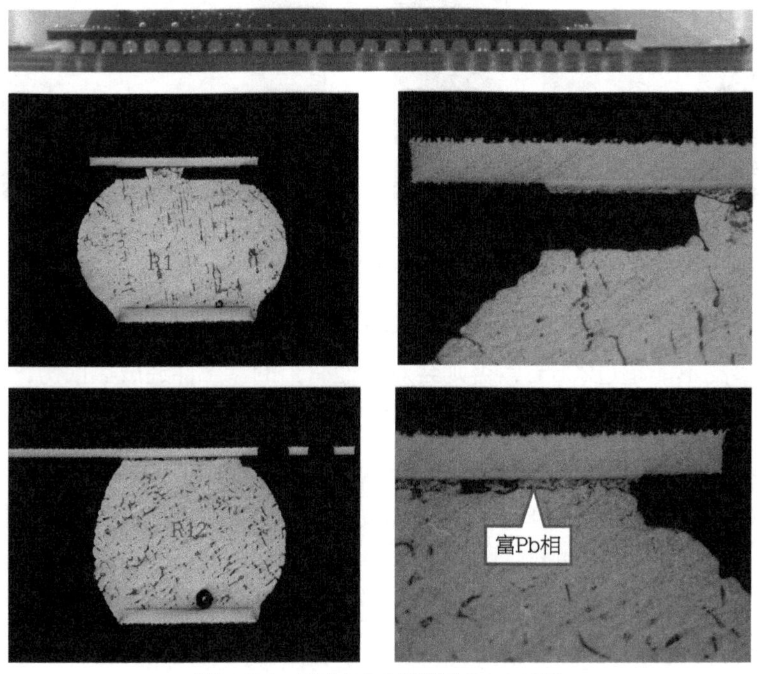

图 5.124　低熔点合金诱发型 BGA 开裂

用SEM对BGA失效焊点的分离界面进行微观形貌分析，结合EDS验证，可知导致这一现象的原因为混装BGA焊点中存在（Sn）+（Pb）+Ag3Sn+Cu6Sn5四元共晶结构（熔点低至176℃），分析结果见图5.125。经客户端测试后证实，在后续的波峰焊过程中，BGA焊点处温度达到或超过了四元低熔点合金的熔化点，因此BGA焊点熔化。而在波峰焊的冷却阶段，由于PCB侧快速冷却，BGA器件侧（塑封散热慢）冷却缓慢，因此低熔点四元合金相偏聚在器件侧，而且冷却过程中BGA器件近似于哭脸形状（边角上翘），造成BGA器件边缘上焊点器件侧在四元低熔点合金区域与主体焊点脱离或部分脱离，从而产生了较多的BGA焊料球脖子部位开裂，最终导致BGA器件功能失效。

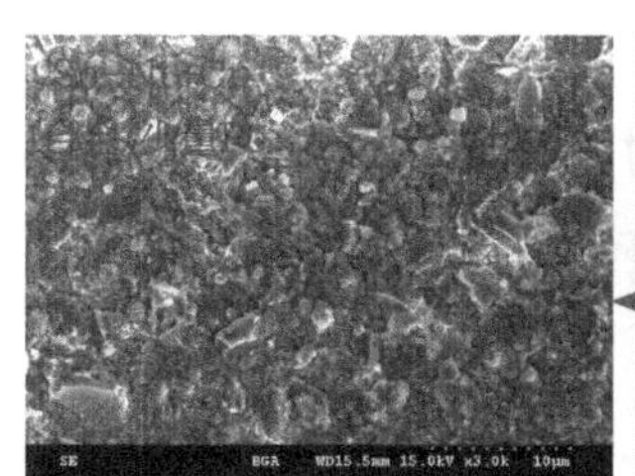
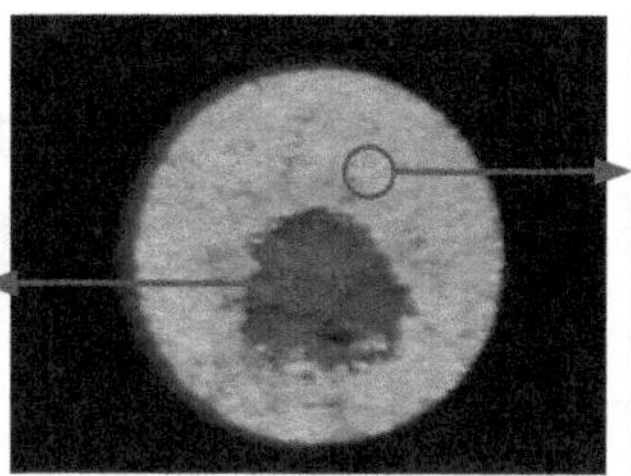
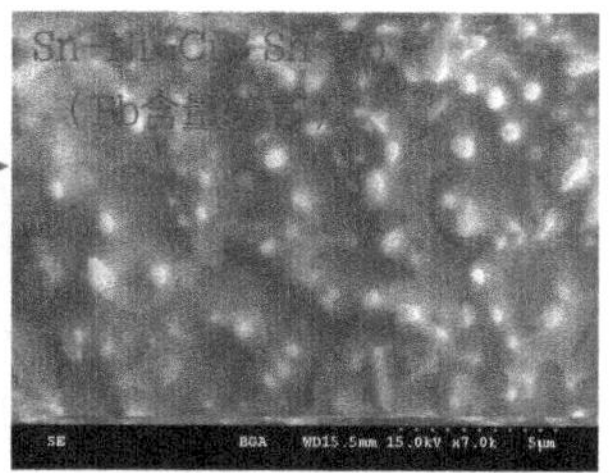

图 5.125　机械分离后器件侧 SEM&EDS 分析结果（Pb 富集）

5.16.3　启示与建议

对于使用焊锡膏进行贴装的焊接工艺，回流焊的工艺参数一般是针对所使用的焊锡膏进行回流为基础来优化定制的，同时考虑PCB、元器件及其分布的影响等因素。而对于回流焊BGA类型的器件通常还需要回流焊时将其球形引脚熔化，并形成所谓的“二次坍塌”，这样才能够使焊点有充分的金属化以及器件本身有很好的自动校正效果，才可能获得可靠的BGA焊点。

在后向兼容工艺中，因无铅焊料球与锡铅焊料的熔点有差异，以及低熔点合金的产生，在温度控制上很容易出现问题，需要调整好参数设置，适当地增加预热时间和温度以及焊接时回流的温度，保证焊接热量足够且分布均匀，同时又要避免过热，损伤其他元器件。此外，还要避免在焊点界面产生Pb富集以及其他低温相的产生。这里需要做很多工艺优化和鉴定的工作，以避免混装的主要问题并开始正式的生产作业。

5.17　枕头效应失效案例研究

随着高密度封装技术在制造行业的飞速发展和广泛应用，在实现产品小型化、多功能化的同时，产品质量和可靠性问题也接踵而来。特别是无铅化后，电子装联工艺又迎来了新的挑战，在众多的质量和可靠性问题中，BGA/CSP类封装焊点失效现象相对集中和普遍，焊点失效主要表现为焊点开裂、漏焊、连焊、润湿不良等。而其中较典型的、发生频次较高的，同时也是BGA封装焊点独有的一种缺陷为“Head in Pillow（HIP）”，即我们俗称的“枕头效应”或“头枕接触”。本节将讨论HIP产生的机理和相关案例等。

5.17.1　枕头效应产生的机理

BGA枕头效应主要表现为焊接过程中BGA焊料球和焊锡膏没有完全熔合在一起，成为部分熔合挤压的凹形，或者成为没有扩散的轻微或假接触的凸形。其成因主要包括工艺参数的设置与焊锡膏不匹配、焊料球表面污染、贴片偏移量过大及器件形变过大等。

首先是工艺参数的设置不当，焊接过程中BGA枕头效应形成过程如图5.126所示：PCB印刷焊锡膏贴装BGA器件后进入预热区（有铅100 ~ 150℃，无铅110 ~ 180℃），焊锡膏中助焊剂开始渗透到表面，可挥发性溶剂开始汽化挥发，与此同时，焊锡膏中助焊剂开始清洗焊料球与焊盘表面氧化物，焊锡膏软化、塌落、覆盖焊盘与BGA焊料球。当预热时间过长且温度未达焊料回流时，BGA焊料球由于是无铅的，所以熔点较高而未熔融，如果助焊剂溶剂挥发完毕和活性物消耗殆尽，在进入焊接（回流）区时，失去活性的助焊剂中的树脂就会在焊锡膏表面干涸而不易流动，就形成了“阻焊膜”，此时BGA器件由于受热变形翘曲进一步促使焊料球与焊锡膏间距拉大而不能很好地接触熔合在一起，最后形成焊料球与焊锡膏未熔合好的“头枕接触”形貌，即枕头效应。如果是混装焊接工艺（BGA无铅焊料球，焊锡膏为有铅），由于缺乏经验的工程师常常担心热量不够而使预热区设置过长，同时由于两种焊锡膏（焊锡膏中的有铅焊锡与BGA焊料球中的无铅焊锡）熔融不同步，更容易导致枕头效应。另外，如果BGA焊料球表面氧化或污染较严重，这些污染物不足以被焊锡膏中的助焊剂除去，则覆盖在表面也会形成“阻焊膜”导致枕头效应；再就是，BGA器件形变过大或贴片偏位等导致焊料球与焊锡膏不能良好接触，都会增加枕头效应发生的概率。

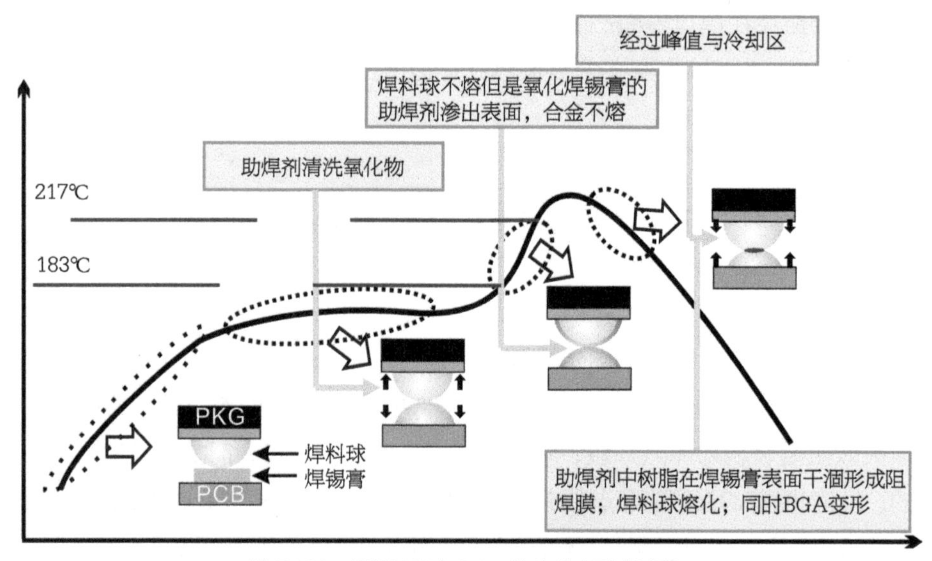

图 5.126　焊接过程中 BGA 枕头效应形成过程

5.17.2　枕头效应形成的因素

枕头效应形成的因素如下。

（1）焊锡膏与焊接工艺的不匹配、预热区设置过长。

（2）BGA器件本身的质量问题：焊料球污染或氧化严重，回流期间受热形变过大。

（3）设计因素：BGA器件和PCB焊盘设计不匹配、误差过大；或者PCB焊盘设计有盘中孔（Via in Pad）导致焊锡膏流失。

（4）物料因素：焊锡膏氧化、焊锡膏活性不够、助焊剂残留物多。

（5）焊锡膏印刷量缺损，贴片错位较大，无法保证BGA焊料球与焊锡膏良好接触。

5.17.3　枕头效应失效案例

1. 手机主板焊接不良

【案例背景】

某款手机主板（局部外观见图5.127），该产品在投入市场后，陆续遭到客户投诉退回，经初步定位至该手机中CPU的BGA位置，对其进行排查，初步判断为焊接不良。

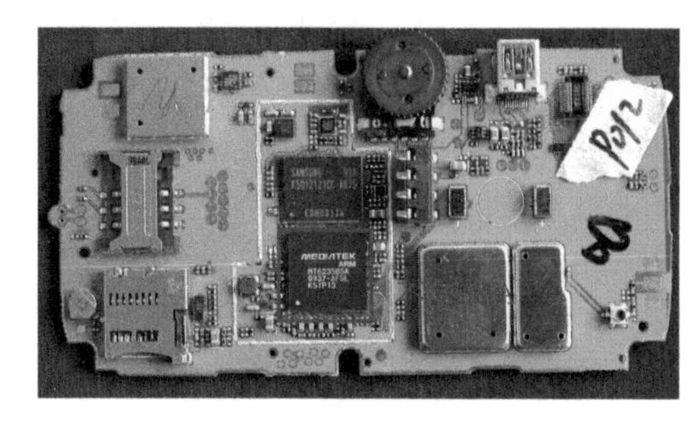

图 5.127　失效样品局部外观

【案例分析】

对失效主板中指定失效位置的BGA器件焊点进行分析，用X射线和切片发现其失效特征主要表现为BGA焊料球与焊锡膏没有完全熔融，为典型的枕头效应（见图5.128）。在未熔合的焊料界面有大量的焊锡膏残留物，其分离界面局部焊料表面有完整的结晶形貌（见图5.129）。染色试验发现BGA焊点失效分布随机，中间、边缘位置均有发生。基本排除了在焊接过程中由于BGA受热形变大导致其接触不良造成焊接失效的可能性；同时部分不良发生在单个孤立的焊盘上，也有部分发生在与导线连接的焊盘上，并且焊锡膏与PCB 焊盘间形成了厚度适当、均匀的IMC，也可以排除焊接过程中PCB受热不均匀以及回流时间或温度不足导致熔合不良的可能性。另外，用SEM检查了BGA焊料球表面的清洁度，除个别焊料球局部污染外，没有发现具有普遍性的污染现象。

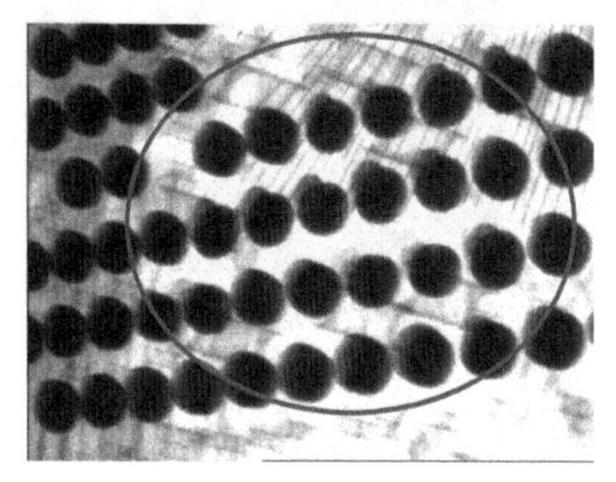

图 5.128　不良焊点 X 射线图像与切片金相照片

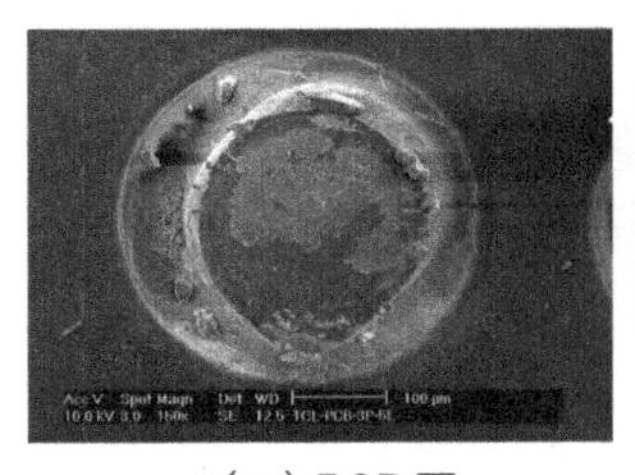
（a）PCB 面

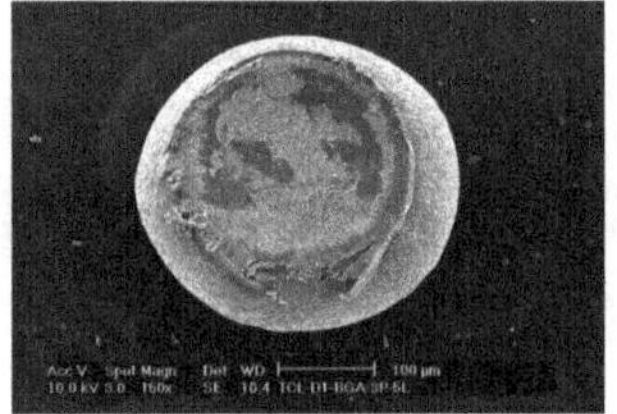
（b）BGA 面

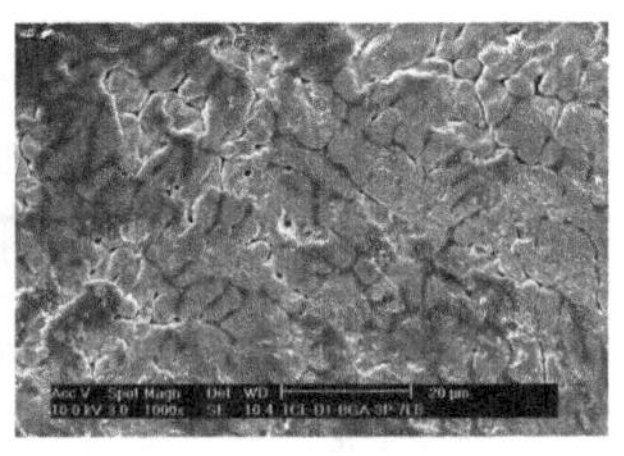
（c）分离面结晶形貌

图 5.129　不良焊点机械分离后的 SEM 照片

此外，通过在不同焊接工艺条件下的比较，发现在实际生产用曲线条件下焊锡膏表面有较多的助焊剂残留（见图5.130），而缩短预热时间后，焊锡膏表面的助焊剂残留明显减少（见图5.131）。显示该产品所用的焊锡膏工艺窗口相对较小，进一步证实了过长的预热时间导致在焊锡膏熔化前其中的溶剂过多挥发和活性物质过早失去活性，焊锡膏表面残留下黏稠度较大、流动性差的松香或树脂，降低了对焊料表面进行物理化学清洗和保护不被氧化的功能，同时失去活性的这些有机残留物覆盖在焊料表面，进一步阻碍了焊料的扩散和浸润焊料球，造成焊锡膏与BGA焊料球扩散熔合不良，发生本案例中的枕头效应。证实本案例的枕头效应缺陷主要是由于工艺参数设置不良所导致的，焊锡膏的品质因素（残留物过多）也有“贡献”。

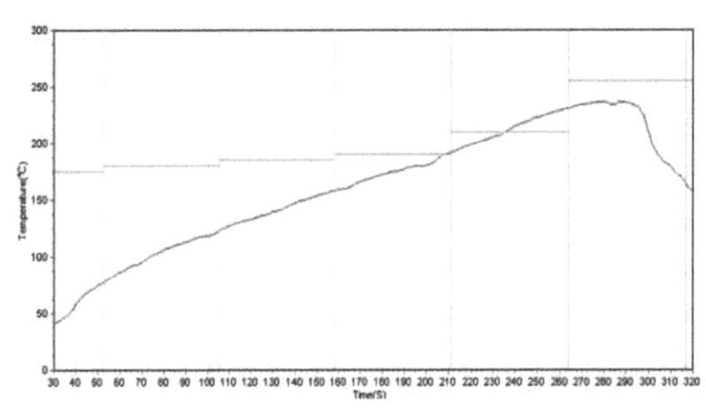

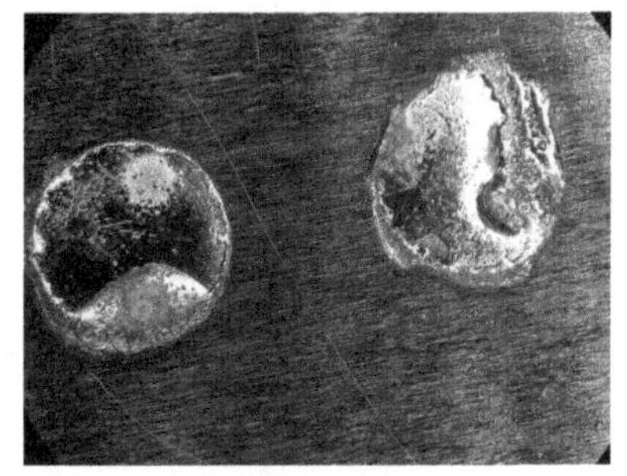

图 5.130　回流工艺条件一（130 ~ 180℃预热时间约 85s）焊锡膏润湿效果

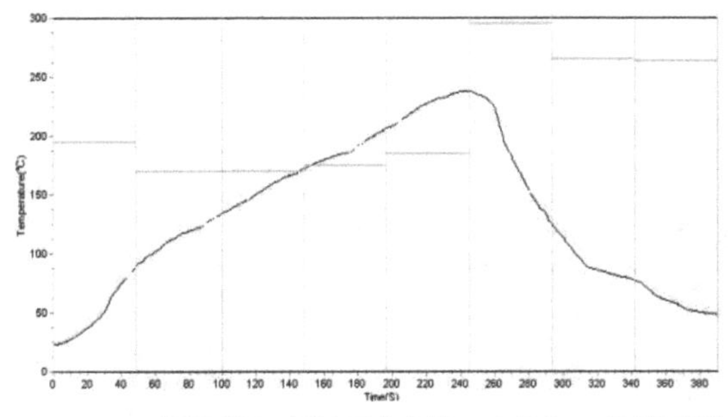

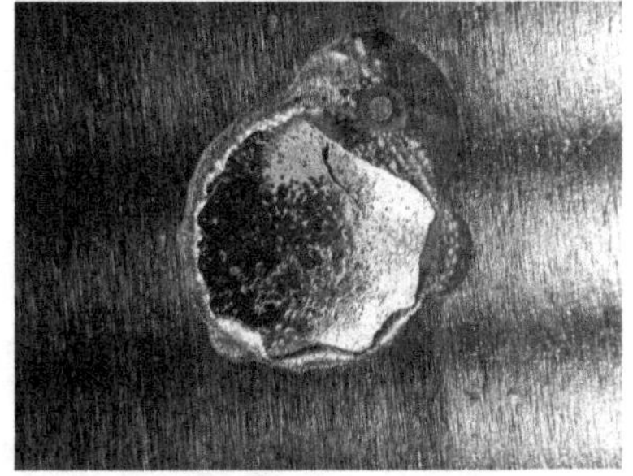

图 5.131　回流工艺条件二（130 ~ 180℃预热时间约 57s）焊锡膏润湿效果

2. 摄像机主板不良

【案例背景】

某款摄像机主板（局部外观见图5.132）在客户端发生失效，定位在某一BGA互连不良上，要求对其互连不良原因进行分析。

【案例分析】

首先通过X射线检查发现了该指定的BGA焊点不良应该是枕头效应缺陷（见图5.133）。经进一步的切片和EDS分析发现，不良特征主要表现为焊锡膏与BGA焊料球完全不熔合，同时在分离界面夹杂大量的助焊剂残留物，犹如一层阻焊膜，隔开了焊锡膏与BGA焊料球的熔合，为典型的枕头效应（见图5.134）。

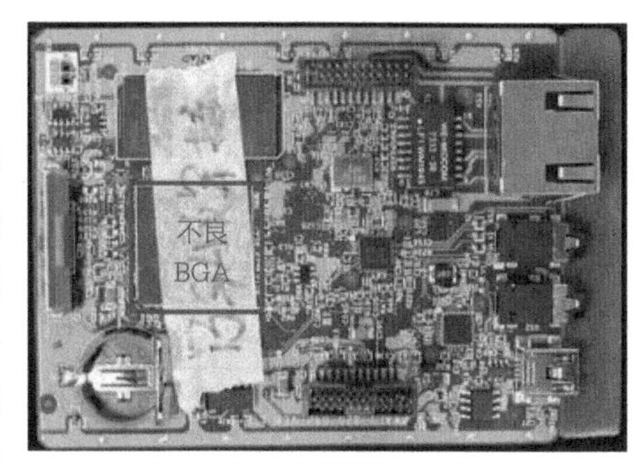

图 5.132　失效样品局部外观

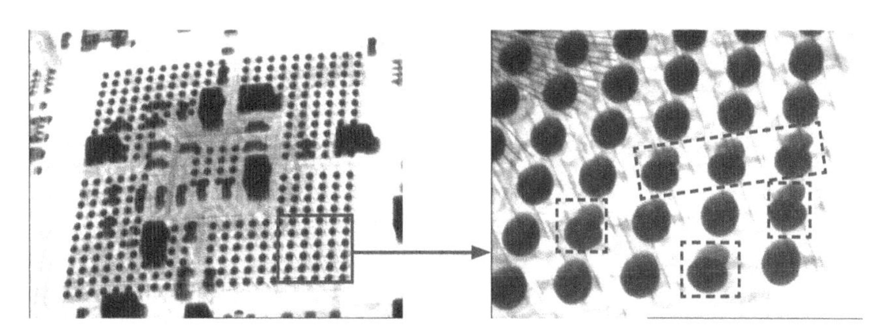

图 5.133　BGA 焊点的代表性 X 射线照片（红色虚线框中的为异常焊点）

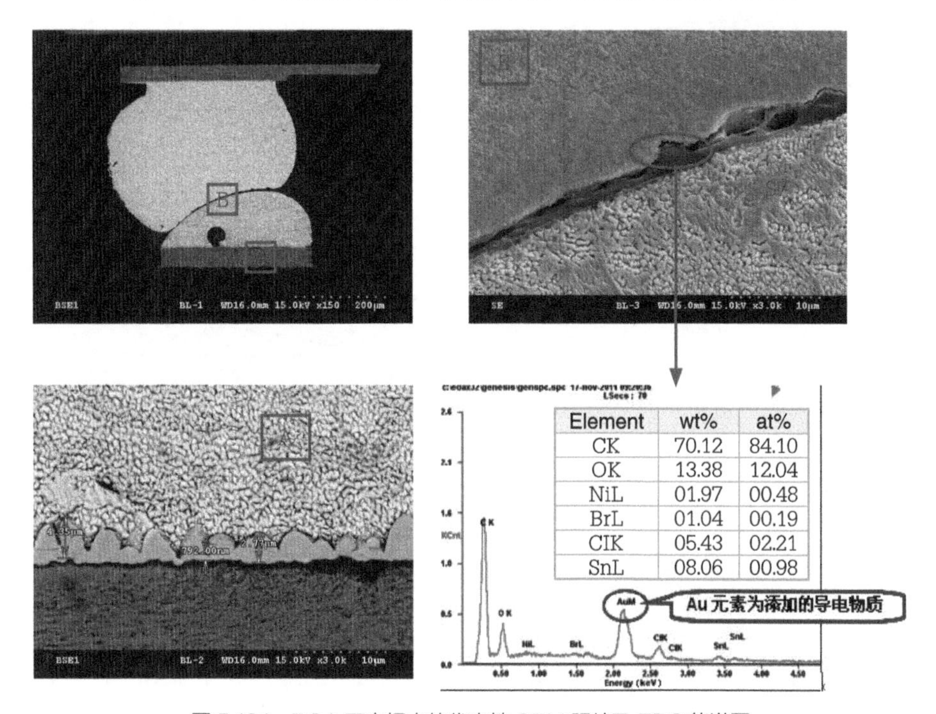

图 5.134　BGA 不良焊点的代表性 SEM 照片及 EDS 能谱图

另外，通过云纹分析发现，BGA器件在升温和降温过程中经历反复翘曲，BGA器件形变达到了91μm（见图5.135），虽未超出JEITA ED7306中允许形变为140 ~ 170μm（焊料球高度为0.33 ~ 0.40mm，间距为0.68 ~ 0.8mm）的要求，但形变仍然明显，对枕头效应缺陷的产生应该也有一定的“贡献”。

Sample	20	50	100	125	183	200	220	245	255	245	220	200	183	150	100
BGA	65	−40	−73	−77	−45	45	54	79	91	81	64	46	43	−48	−41
备注	所检BGA焊料球的平均高度为0.34mm														

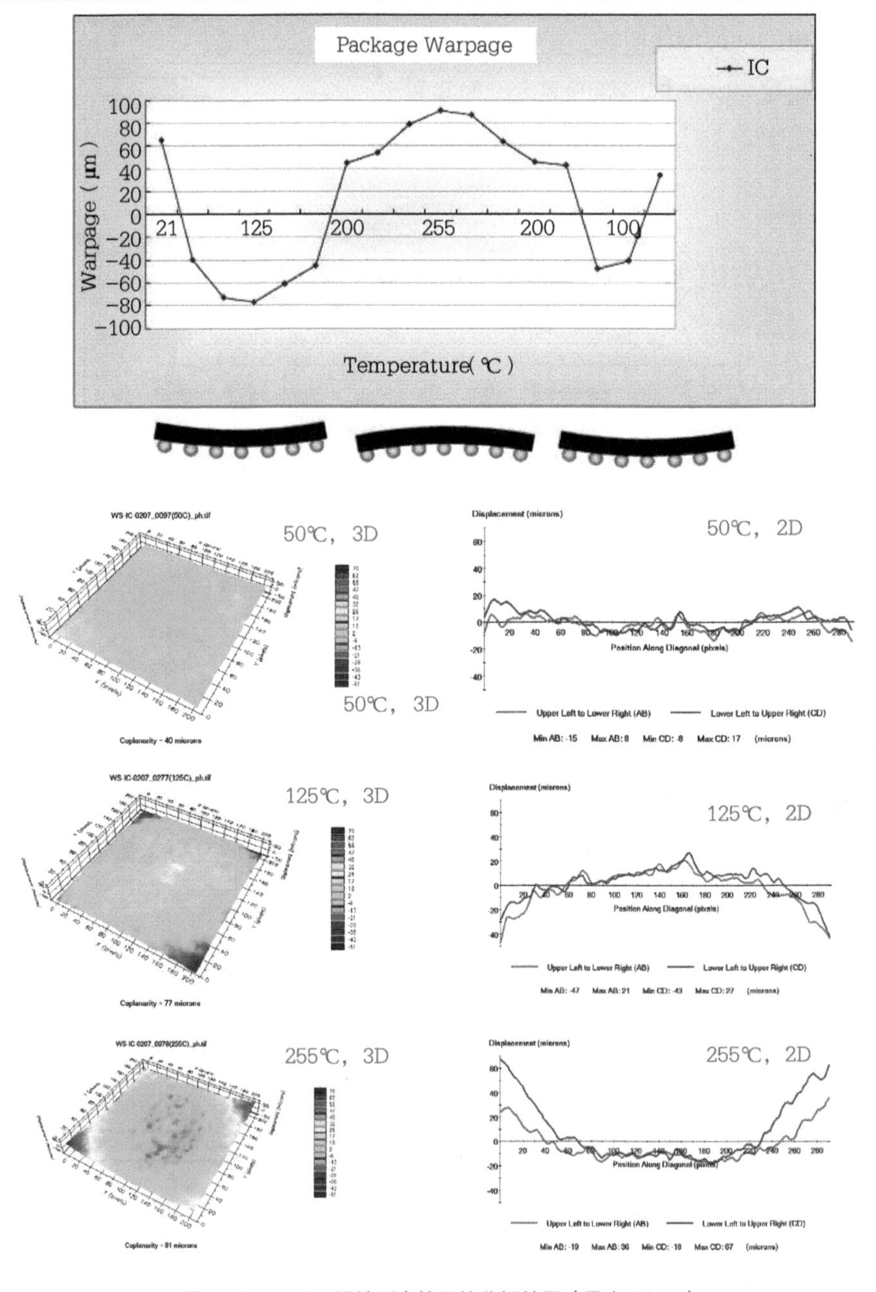

图 5.135 BGA 器件形变的云纹分析结果（最大 91μm）
（JEITA ED7306 焊料球间距：0.68 ~ 0.8mm，允许形变为 140 ~ 170μm）

本案例枕头效应缺陷产生的主要原因与上一个案例基本一致，就是工艺参数设置不当，导致过多的流动性差的助焊剂树脂残留物成为焊锡膏互相熔合的阻焊膜，BGA器件的形变只是有助于这一问题的产生罢了。

5.17.4　启示与建议

在BGA焊接失效案例中，枕头效应缺陷近年来发生频率越来越高。而由于焊点仍存在局部连接，很难在前期的功能测试、在线测试中发现，其失效往往发生在后期的安装、运输及使用中，造成的损失和影响特别大，所以前期的预防和质量控制尤为重要。要降低或避免枕头效应的发生，建议做好以下几点。

（1）优化工艺。寻找最佳工艺条件，优化预热和回流参数，避免预热过度导致焊锡膏中的助焊剂失去活性，其树脂残留在熔融的焊料表面形成阻焊膜，尽可能使焊锡膏与焊料球同时熔化或步骤一致。避免贴片偏位过大，拉大焊料球与焊锡膏的距离造成不良；避免回流温度不均匀或过高导致BGA器件形变过大等。

（2）来料控制。BGA器件储存和正确使用，避免氧化和污染，并保持干燥；选用品质好的焊锡膏，如焊接工艺窗口较大、残留物少且活性较好的焊锡膏可显著改善此不良的发生；选用耐热性好、变形小的BGA器件和PCB材料，可以降低不良的发生。

（3）优化设计。避免出现BGA焊盘中盘中孔（Via in Pad）设计，这类设计不仅会带来焊接空洞，也会造成焊锡膏与焊料球接触不好；BGA焊盘设计与BGA焊料球设计尺寸匹配好，以减小贴片偏差。

此外，为了避免有枕头效应缺陷的PCBA流入下一道工序或安装应用到整机设备上，也可以通过增加适当的环境应力筛选（ESS）来剔除或及早发现这种问题。

5.18　LED 引线框架镀银层腐蚀变色失效案例研究

近年来，随着LED产业的快速发展，新材料、新工艺的使用以及对LED产品的要求不断提升，LED产品所面临的质量与可靠性问题不断涌现。如果早期失效非常普遍，则本来以寿命长且节能见长的LED照明产业的优势将不复存在。总结近年来LED产品失效模式发现，由于腐蚀导致的光源变色已经成为LED产品最为主要的失效模式之一，其中出现较多的是LED引线框架（简称支架）镀银层腐蚀变色失效。本节将讨论该失效模式的机理，并分享两个典型案例。

5.18.1 LED 支架镀银层的腐蚀变色机理

LED支架银镀层的腐蚀变色机理分为以下三种。

（1）LED支架镀银层在一定温度（促使反应越过能量壁垒，加速反应进行）和湿度（H_2O，与含硫、氯或溴物质反应形成腐蚀性硫化物）条件下，与含硫物质接触会生成硫化银，接触氯、溴物质生成卤化银，导致LED光源变色失效。

$$Ag+X+H_2O\xrightarrow{\text{能量}}\begin{cases}Ag_2S\\AgCl\\AgBr\end{cases}\quad X=S,Cl\ or\ Br$$

（2）LED支架镀银层在高温高湿的环境下，极易与氧气发生反应，生成黑色的氧化银。

$$Ag+O_2\xrightarrow[\text{能量}]{H_2O}Ag_2O$$

（3）化学物质间的不兼容，如保护胶、封装胶、三防漆、焊锡膏或助焊剂残留物、导热或粘接胶片等，而发生化学反应生成物导致的腐蚀变色。

$$Ag+C_XH_YO_Z\xrightarrow{\text{高湿，高温}}Ag_2O$$

5.18.2 LED 支架镀银层的腐蚀影响因素

影响LED支架镀银层的腐蚀因素主要有以下几个方面。

（1）LED支架镀银层表面防护能力，研究表明LED支架镀银层表面保护层防护能力有机处理膜>银层上镀钯镍>无机处理膜>电泳沉积膜>电解钝化膜>化学钝化膜。

（2）封装胶抗潮湿和硫化物渗透能力，对于密封性良好的LED光源，湿气和硫化物是通过封装胶和结合面渗透的，因此抗渗透能力至关重要。

（3）封装工艺缺陷，由于封装过程中工艺缺陷或环境控制导致LED产品实际上是直接暴露在腐蚀环境下的。

（4）LED产品的热设计，能量是加速反应的动力，热设计差的产品使芯片表面温度过高，封装胶抗渗透能力下降，湿气和硫化物分子运动加剧，渗透能力加强。

（5）环境：湿热环境为腐蚀提供反应媒介。

（6）材料间的兼容性，由于材料化学物质间的不兼容，发生化学反应而导致腐蚀。

5.18.3 LED 支架镀银层的腐蚀典型案例

1. LED 支架镀银层氧化腐蚀

【案例背景】

客户送检LED光源若干（见图5.136），失效表现为由该光源产生的球泡灯或灯管进行常温点亮，12h内出现LED支架镀银层变色；在高温、高湿（85℃、85%RH）条件下试验，2h内出现LED支架镀银层变色。客户怀疑该批支架存在缺陷，要求对失效样品的支架易变色原因进行分析。

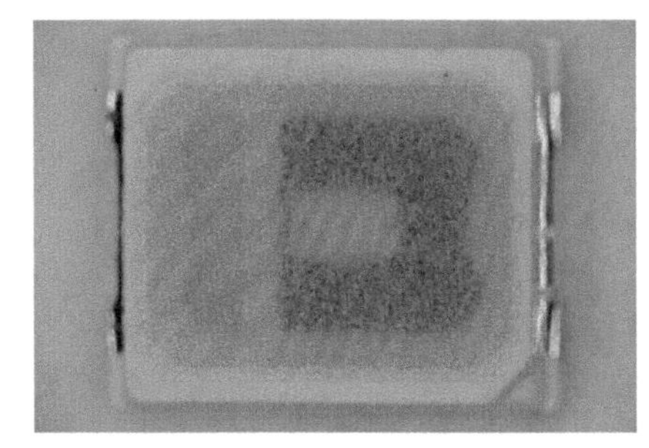

图 5.136　LED 光源失效样品及失效现象（左：试验前，右：试验后）

【案例分析】

通过背景情况调查及观察失效样品形貌特征，认为该失效应是腐蚀所致。因此选用机械开封方案进行开封观察，可以看到芯片周围腐蚀严重，远离芯片位置腐蚀情况较轻，开封后立体显微镜和SEM照片见图5.137。

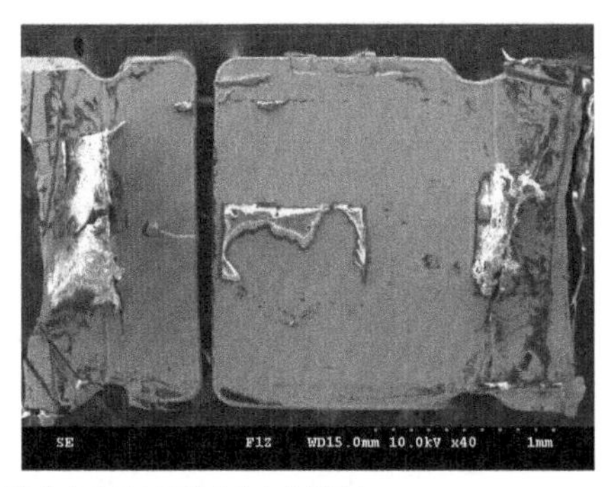

图 5.137　失效样品开封后立体显微镜（左）和 SEM（右）照片

使用能谱法定量分析（EDS）腐蚀位置成分得知：该位置的主要成分为碳（C）、氧（O）、银（Ag）（见图5.138），因此可以判断LED支架镀银层在高温、高湿的环境下与氧气发生反应生成黑色的氧化银（Ag_2O）。通过使用飞行时间二次离子质谱（TOF-SIMS）对LED支架镀银层的浅表面进行分析可知，失效样品表面有铬（Cr）元素存在，而对照的良品表面没有该元素（见图5.139）。通常铬（Cr）是由于支架进行防变色的保护涂覆时使用铬酸盐表面钝化时引入的，因此可知良品与失效样品支架防变色的保护层不同。通过对使用相同的工艺方式和制程制作固晶、键合但不进行封装的试验样品进行高温、高湿（85℃、85%RH）条件下点亮试验发现，4h后，失效样品同批次支架变色，良品没有明显变化，这说明同样条件下失效样品支架耐腐蚀能力差。由于目前LED支架镀银层的保护方式比较多地使用有机膜保护，而少数会使用铬酸盐钝化，而保护能力是有机处理膜>银层上镀钯镍>无机处理膜>电泳沉积膜>电解钝化膜>化学钝化膜，因此综上所述，该案例的失效机理为失效样品LED支架镀银层在高温、高湿的环境下与氧气发生反应生成黑色的氧化银。失效原因是失效样品所用支架与良品所用支架表面防变色保护处理方式差别，在同等试验条件下，失效样品采用铬酸盐钝化的防变色处理工艺形成的保护膜耐腐蚀能力差。

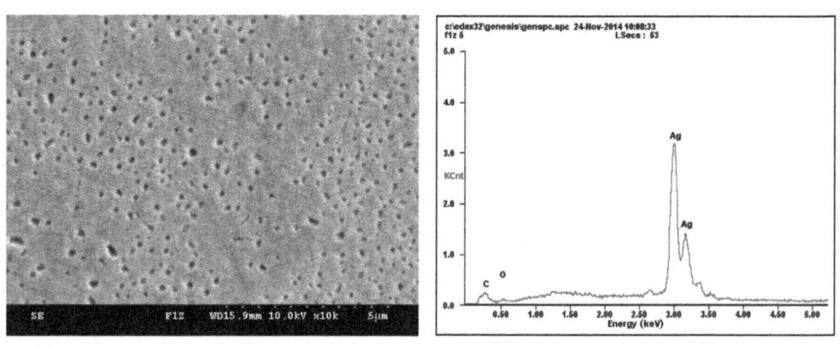

图 5.138　失效样品腐蚀位置表面微观形貌（左）和 EDS 成分分析结果（右）

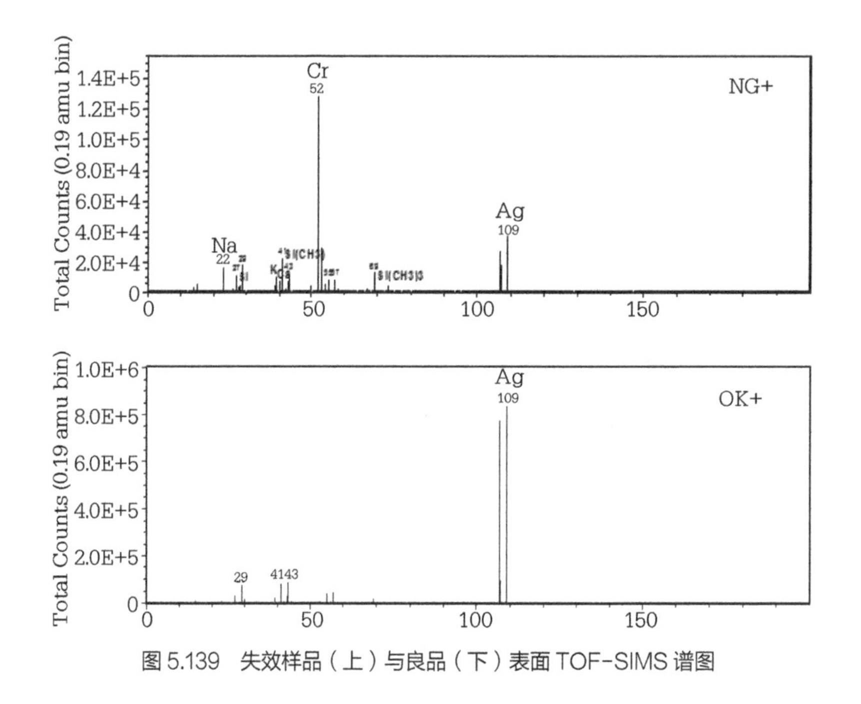

图 5.139　失效样品（上）与良品（下）表面 TOF-SIMS 谱图

2. LED 支架镀银层硫化腐蚀

【案例背景】

客户方送检9W球泡灯一只，内含SMD 2835光源55颗，该灯进行室温老化测试2h后开始发生严重光衰，LED光源灯珠变色。客户要求分析导致该不良现象的原因。LED光源失效样品与良品外观对比见图5.140。

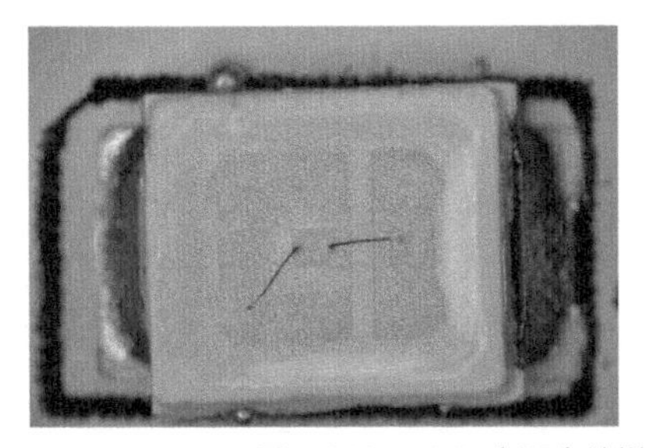
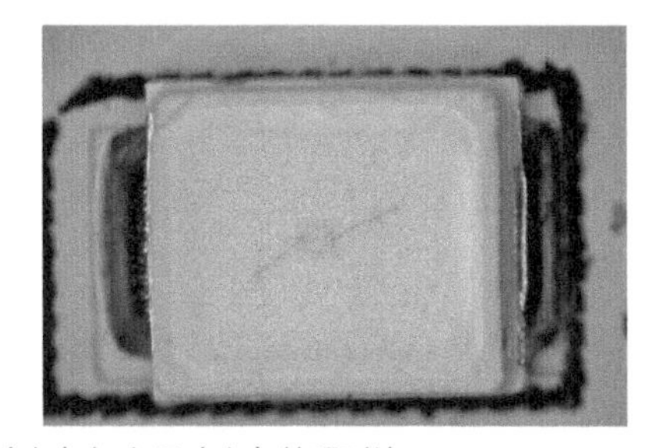

图 5.140　LED 光源失效样品（左）与良品（右）外观对比

【案例分析】

经分析发现，失效样品LED支架镀银层表面呈现腐蚀形貌（见图5.141），并且通过对腐蚀位置进行表面微观形貌观察发现腐蚀产品呈现颗粒状，经EDS成分分析该位置的主要元素成分为碳（C）、硫（S）、银（Ag）（见图5.142）。

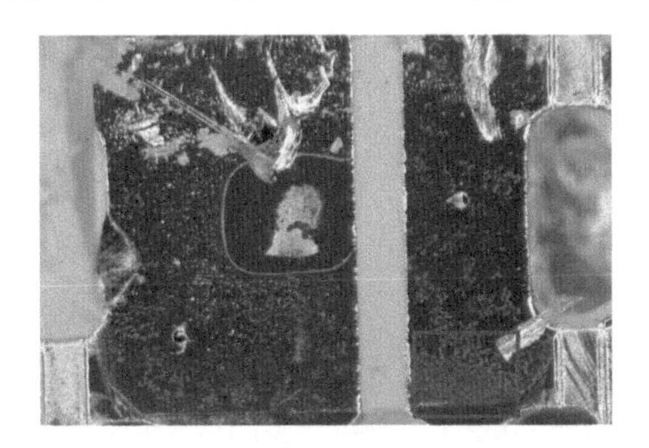
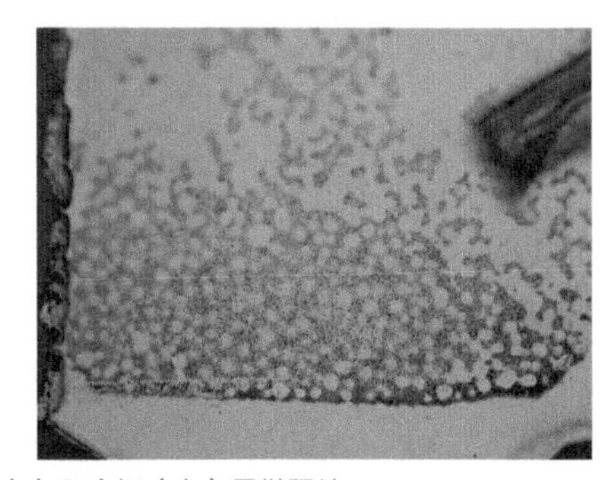

图 5.141　开封后腐蚀位置立体（左）和金相（右）显微照片

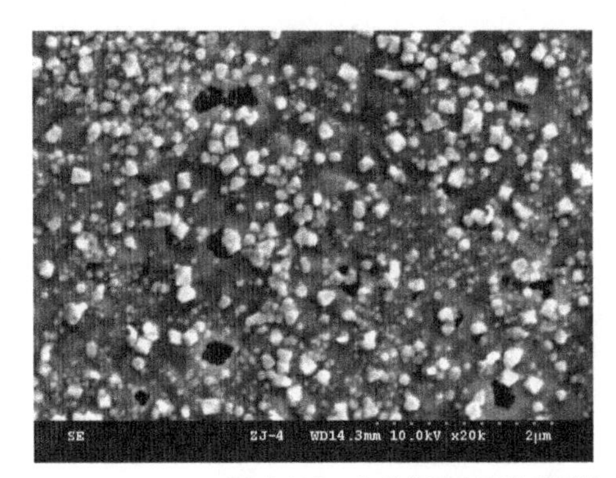

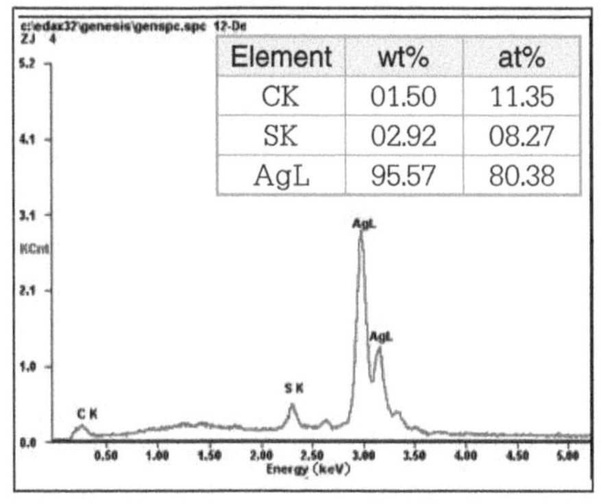

Element	wt%	at%
CK	01.50	11.35
SK	02.92	08.27
AgL	95.57	80.38

图 5.142　失效位置表面微观形貌（左）和 EDS 成分分析（右）

该失效现象的机理为LED支架镀银层在一定温度和湿度条件下与含硫物质接触生成黑色硫化银，导致LED光源腐蚀变色，致使支架反射率降低，LED光源进行室温老化测试2h后失效。由于失效时间短，因此含硫物质应该来自与镀层接触的封装胶，用化学方法可以得到证实。

5.18.4 启示与建议

这些年来，在政府推动以及环保的压力下，以节能和寿命长为优势的LED产业高速发展，但是由于LED封装环节众多的质量和可靠性问题，对LED产业的健康发展造成了严重的影响。预防并控制LED光源频频发生的框架腐蚀是保证产品质量和可靠性的重要环节之一，由于腐蚀失效具有批次性的特征，造成的损失和影响巨大，因此建议LED封装业采取积极的应对措施，从设计、制程到物料的选择和控制等方面均应加强管理：首先了解LED的主要失效模式和机理，在设计阶段就采取针对性的措施；其次是加强来料的分析评价，选择耐腐蚀性好的引线框架和封装材料，避免使用含有腐蚀物的材料或容易产生通道给腐蚀物的材料；最后就是加强制程管理，控制生产环境的温度、湿度以及腐蚀物污染，避免框架或镀层有机会接触腐蚀物。如果发生了失效或异常，应该及时进行机理和原因分析并采取针对性的措施。

5.19 烧板失效典型案例研究

电子产品向高密度、多功能方向发展，给PCB中电路的设计、制造生产、贴件组装和表面防护均带来了巨大的挑战。从原材料选择到产品成型，任何一步出现差错都有可能带来灾难性的后果。近年来，频频发生的烧板失效，给产品的研制方造成了很大的损失和困扰，甚至威胁到人的生命安全。烧板的过程是无序的失效行为，而且也是直接证据经常被破坏的过程，其根本原因难以查找，这也是很多发生烧板失效的产品难以从失效分析中找到改善方向的原因。本节将就烧板失效分享三个典型案例，谈谈烧板失效分析的一些思路，为分析该类失效提供参考，同时也给防止产品发生烧板失效提供参考方向。

5.19.1 主要烧板失效机理

造成电子产品烧板失效的原因有很多种，但是总结归纳起来，产生烧板失效的机理主要有两种情况。

（1）有效的绝缘间距无法满足电性能的要求。此原因可以是导体间的绝缘性能下降，也可以是导体间距变小。其主要的失效现象为电压击穿、飞弧打火等。

（2）电路回路中聚集了过多的热量。根据电能转热能的焦耳定律：$Q=I^2Rt$，引起热量Q的增大在电子产品上有两个因素，即回路中的电流 I 增大，如短路、浪涌、过流等；或者回路中阻值R增大，如导线变窄变薄、接触电阻增大等。其主要的失效现象为过热烧毁。

这两种情况引起的烧板有本质的区别，但往往烧板过程中它们均有发生。这两种情况是互相促进的关系，即一种情况是另一种情况的诱发原因，因此真正原因常常被掩盖，难以查找。

5.19.2　烧板失效典型案例

1. 焊接残留物导致打火烧板

【案例背景】

某电源模块产品在做可靠性试验期间，陆续在QFN器件位置出现不同程度的烧板现象。产品试验过程板面温度为100 ~ 110℃，加载电压为70V。

【案例分析】

通过外观检查，发现所有失效样品的烧毁位置均在QFN器件引脚与接地大铜面之间，且烧毁形貌均以器件引脚根部为中心向四周扩散，具有明显的规律，如图5.143所示。同时在板面上发现不同程度的锡珠现象，表明焊接材料或者焊接工艺存在异常。

（a）样品1烧板位置外观

（b）样品2烧板位置外观

（c）样品3烧板位置外观

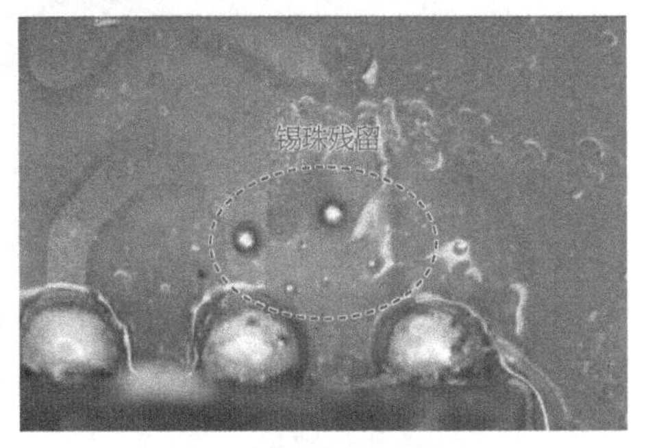

（d）板面其他位置外观

图 5.143　失效样品外观检查图

为了查证烧板的源头，将其中一个烧损较轻微的样品进行垂直切片截面分析，如图5.144所示，发现PCB基材的烧损程度由表面至内层逐渐减弱，且未伤及内层电路，这说明起火是由表面引起的。分析的重点应从PCB板面查找证据。结合PCB的布线图及电路原理图，初步怀疑QFN器件引脚和其接地大铜面之间有异常，使得产品电流回路发生异常而引发烧板。电路分析如图5.145所示。

（a）样品切片位置示意图

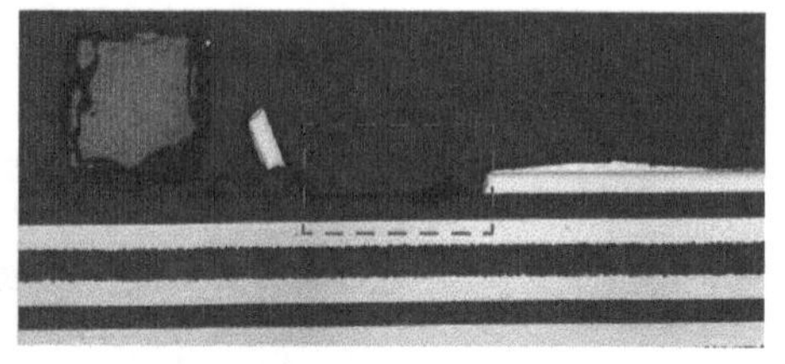

（b）图（a）切片截面

（c）图（b）红框位置放大图

图5.144　切片截面分析图

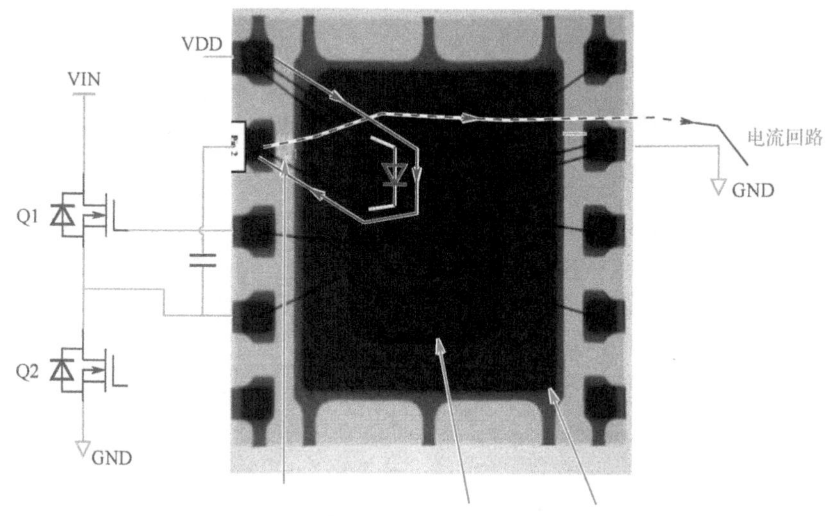

图5.145　电路分析

为了验证QFN器件引脚与其接地大铜面存在异常，取烧损最轻微的样品，即烧损初期的样品，进行垂直切片截面分析，如图5.146所示。引脚焊盘与大铜面之间的距离仅约为0.3mm，且在引脚焊盘和接地大铜面之间的阻焊坝上发现了含锡（Sn）的异物。引脚焊盘与大铜面的间距本已较狭小，金属锡和锡化合物的残留（其实就是裹挟了锡珠的助焊剂残留物）在很大程度上降低了引脚焊盘与接地大铜面之间的有效绝缘间距，而本产品为电源模块，工作电压也较高，由此可推断烧板应为引脚焊盘与接地大铜面之间发生了飞弧打火，打火使得表面残留物的绝缘性进一步恶化，当打火持续进行到一定程度时，引脚焊盘与大铜面之间呈低阻直接导通状态，形成新的回路并产生大电流，进一步加剧产品烧损程度。

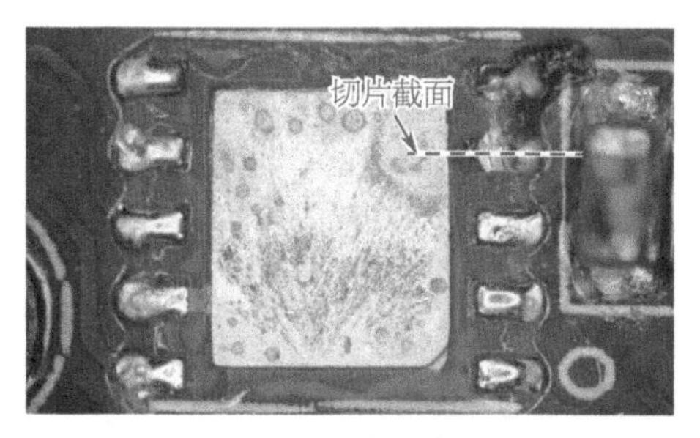

（a）切片位置示意图

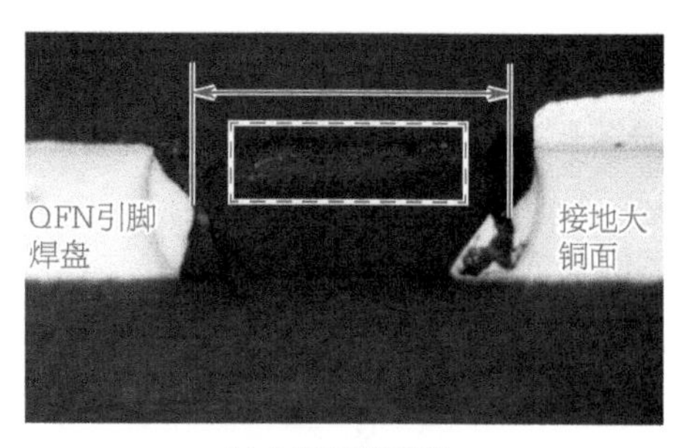

（b）切片截面图

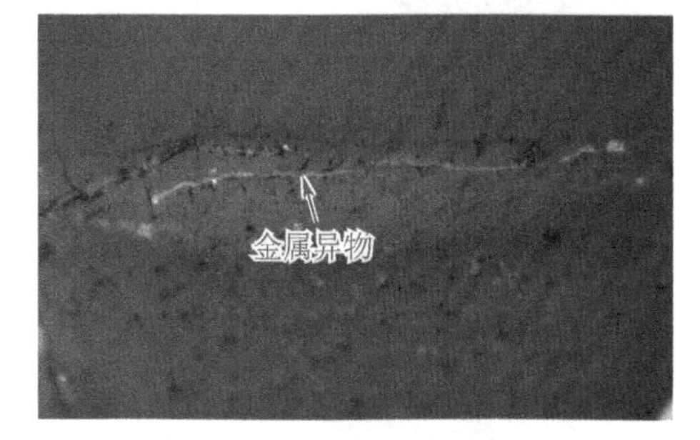

（c）图（b）红框处放大图

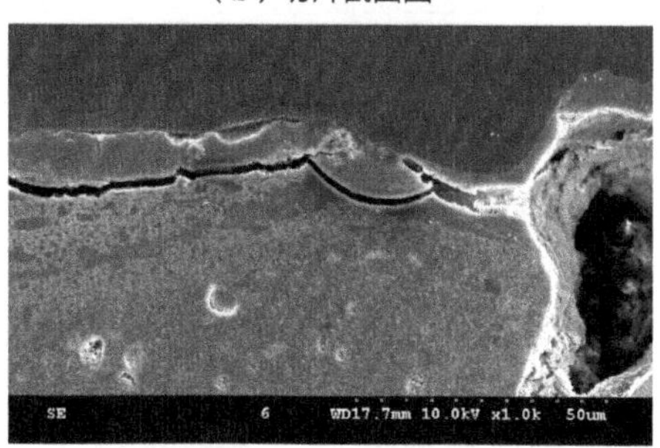

（d）切片截面SEM图

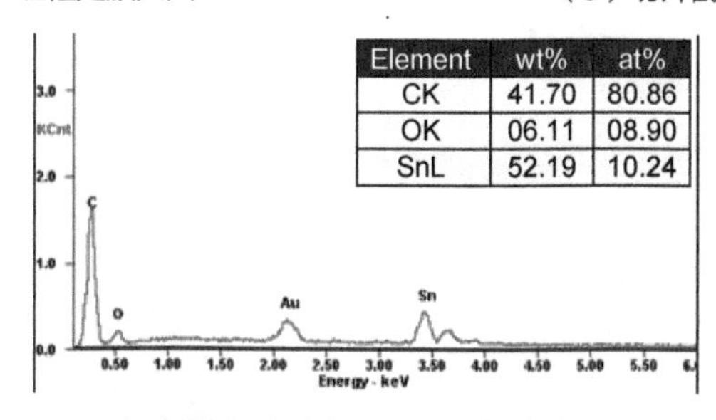

Element	wt%	at%
CK	41.70	80.86
OK	06.11	08.90
SnL	52.19	10.24

（e）图（d）中红框处EDS分析图

图 5.146　烧损初期样品垂直切片截面分析图

结合外观检查到的锡珠残留现象，引脚焊盘与大铜面之间的含锡物质残留与焊锡膏的配方、焊锡膏的使用和储存、焊接工艺参数以及该处的器件和焊点结构特点均有关系。同时，引脚焊盘与器件大铜面的间距狭小及器件结构特点就会影响回流焊过程中助焊剂的挥发和溢出，无法有效挥发和溢出的酸性有机物质则进一步影响该区域的整体耐压情况，电气间隙与高电压乃至焊接工艺和设计的合理性也需要进一步加以验证。所以该产品和工艺的改善方向可以考虑从焊锡膏的选材（选用低残留焊锡膏）、焊锡膏的使用和储存（避免焊锡膏氧化和吸水）、焊接工艺参数优化与焊盘结构设计等方面开展。

2. PCB 板面残留异物导致烧板失效

【案例背景】

某Wi-Fi模块样品在进行高温高湿加速老化1000h过程中发生烧板失效，老化的条件为：不通电、60℃ /93%RH预处理168h后，再加3.3V电压，在85℃ /85%RH条件下进行

1000h试验。产品表面涂覆三防漆。15pcs样品同时进行老化试验，1pcs出现烧板失效。PCBA有塑料壳密封，PCB板面涂覆三防漆。拆开外壳，PCB板面及输入端线缆呈严重腐蚀现象。

【案例分析】

拆除样品外壳进行外观检查，可见塑料壳上有明显的受热变黄现象，这说明板子上曾出现过热现象。查看板子上与外壳受热区域相对应区域，正反面都有被腐蚀的铜绿现象。至此，样品是先发生烧板再产生腐蚀，还是先产生腐蚀再引发烧板，难以判断。再进一步对比电路原理图和PCB的布线图，发现腐蚀较为严重的位置有共同的特点，即都集中在输入端电源线的回路上，其他位置焊点未见明显腐蚀现象，由此可判断应该是先烧板再腐蚀。外观检查图如图5.147所示。

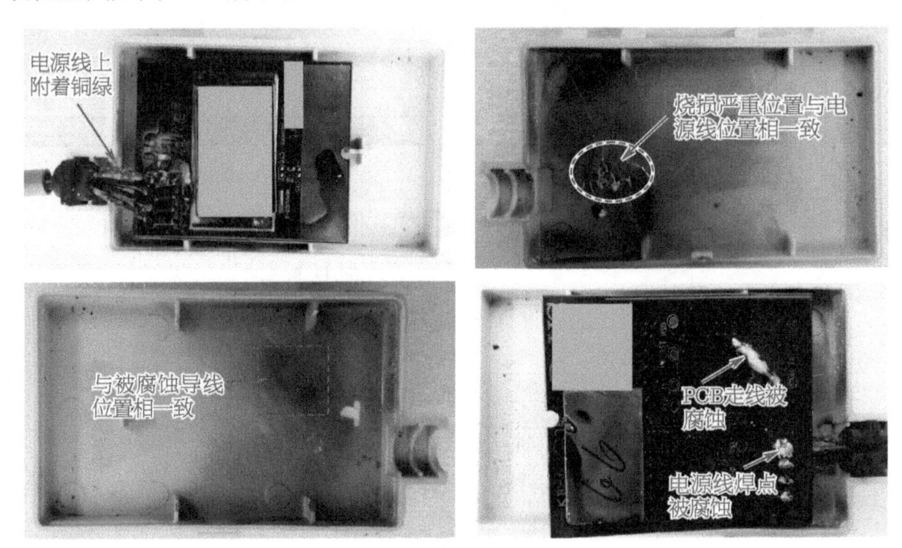

图 5.147 外观检查图

由于损坏的电路都在输入端上，所以电路烧损的末端就是烧板的起始点。据此对样品进行外观检查及X射线检查，将烧板的起始点定位至板卡焊接面的PCB走线上。结果在该走线上也发现了金属物搭接GND与电源走线的异常情况，如图5.148和图5.149所示。

（a）外观检查图

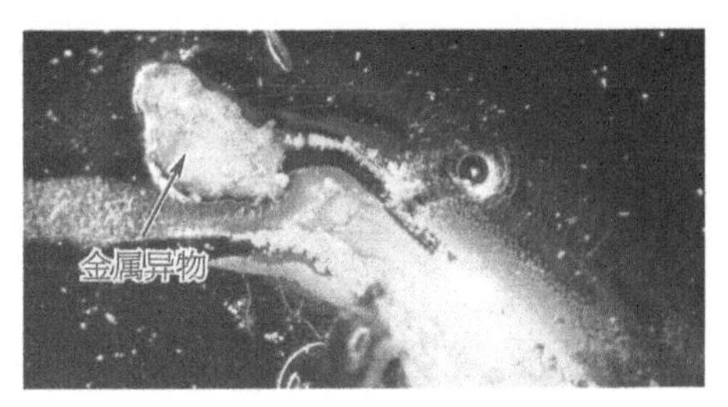

（b）图（a）红框处放大图

图 5.148 烧板起始点位置外观检查

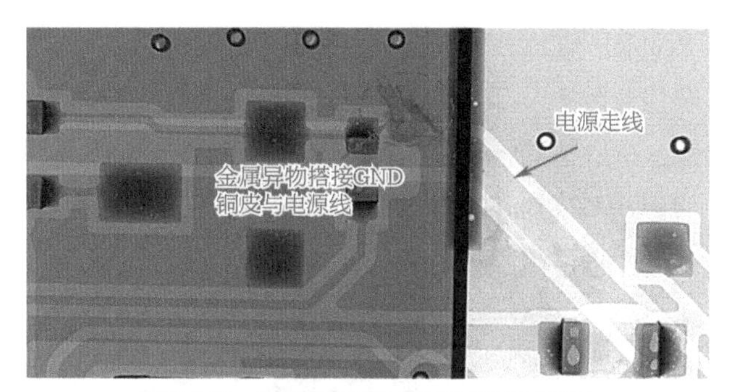

图 5.149　烧板起始点位置 X 射线检查图片

为查证金属异物的成分及搭接情况，将该处（见图5.150）进行两个垂直切片分析：一个是GND铜皮位置，另一个是电源导线位置。结果可见金属异物为铜，分别与GND铜皮和电源导线相连接，并且异物中还夹着玻纤和阻焊材料。玻纤和阻焊材料是PCB制程上的物料，说明铜金属异物是在PCB制作过程中引入的，如图5.151所示。

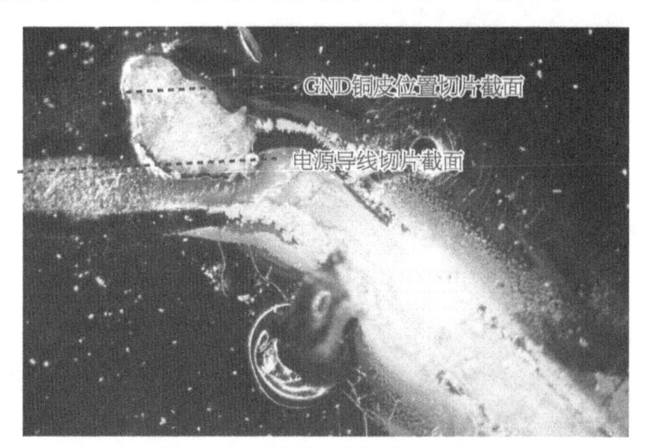

图 5.150　金属异物切片位置示意图

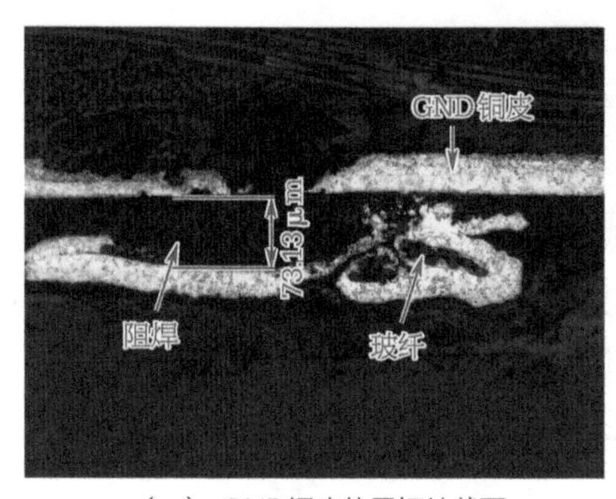

（a） GND铜皮位置切片截面

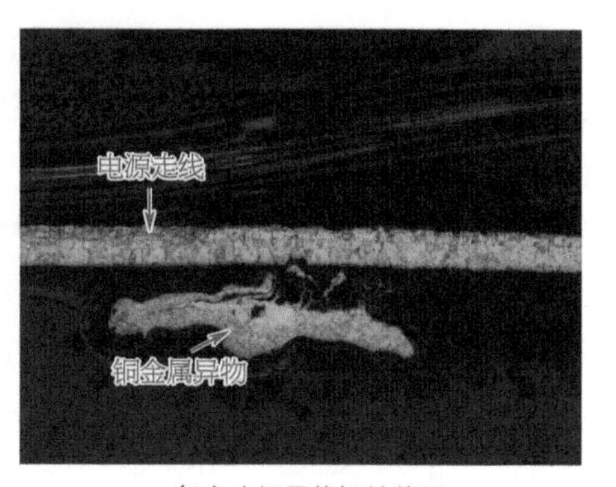

（b）电源导线切片截面

图 5.151　金属异物切片截面图

通过以上分析，引起烧板的原因基本明确，即铜金属异物在PCB制造阶段引入，使得电源走线与GND铜皮发生短路，短路大电流导致产品发生烧板失效。此外，短路大电流产生的热量不仅烧坏了表面阻焊层和三防漆，使得金属导线裸露，还使得材质为聚氯乙烯的电源线护套和漆包线发生分解产生Cl^-，实际测试板面离子发现Cl^-含量高达68.5mg/ml（以1ml萃取液萃取的结果，萃取位置示意图见图5.152）。Cl^-在水分的协助下对裸露的金属物质具有强的腐蚀性，同时也具有强的导电性，Cl^-的出现不仅使得裸露金属发生腐蚀，也使得电流的走向不再受控，这也是电源线位置（元件面上）发生了更严重烧板的原因。

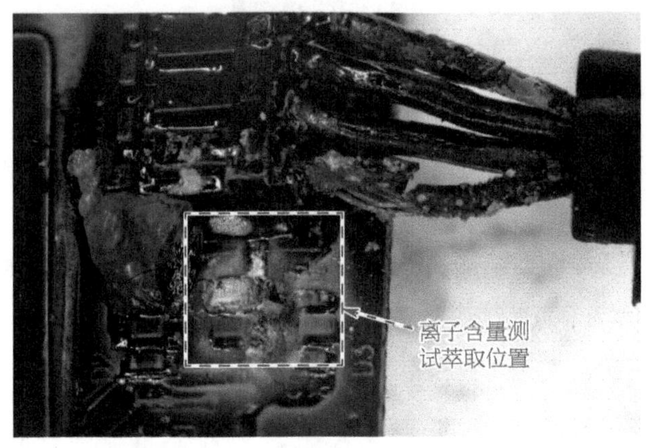

图 5.152 离子含量测试萃取位置示意图

3. PCB 导线腐蚀导致烧板失效

【案例背景】

样品为变频空调外机电控板，样品从安装到发生烧板失效，仅工作了近1年的时间。烧毁的导线分别连接电容P极和N极，电压为310 ~ 400V_{DC}。PCB为双面印制板，表面处理为OSP。

【案例分析】

对样品进行外观检查，发现表层（元件面）烧毁相对轻微，在导线的拐角处铜箔被烧断，且基材烧穿成空洞，见图5.153（a）。底层（焊接面）烧毁较严重，明显见熔球现象，且部分导线烧毁缺失，缺失处呈高温烧毁后的玻纤发白现象，表明烧板过程热量巨大，是过热烧毁的一种现象，见图5.153（b）。在导线缺失的端头位置可见蓝绿色异物现象，同时在接近导线拐角处也发现基材烧穿的空洞现象，烧毁现象仅沿导线走向，未见与周边焊点漏电烧毁的形貌。这说明烧板不是与周边焊点等金属物质发生漏电短路烧毁的。在元件面与烧毁同一侧（长边方向）其他导线位置可见明显蓝绿色异物附着现象，放大观察确认为铜层被腐蚀产生的铜绿现象，见图5.153（c）。

X射线下观察烧毁处，发现元件面导线仅在拐角处有烧损，且呈“喇叭”形貌向焊接面导线方向扩大。焊接面导线烧毁较为严重，其中一端呈不规则的咬蚀形貌，另一端呈熔球形貌。两根导线所连接的电容未见破损，电容未见异常现象，如图5.154所示。这说明导线烧毁不是因为电容失效引起的，而是由于导线异常引起的。

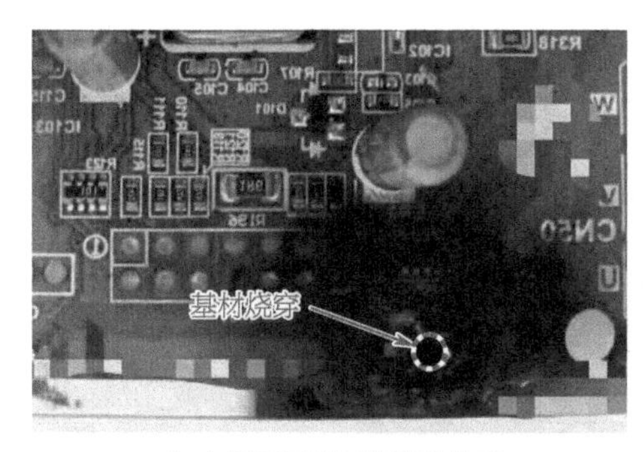

（a）样品元件面烧毁处外观

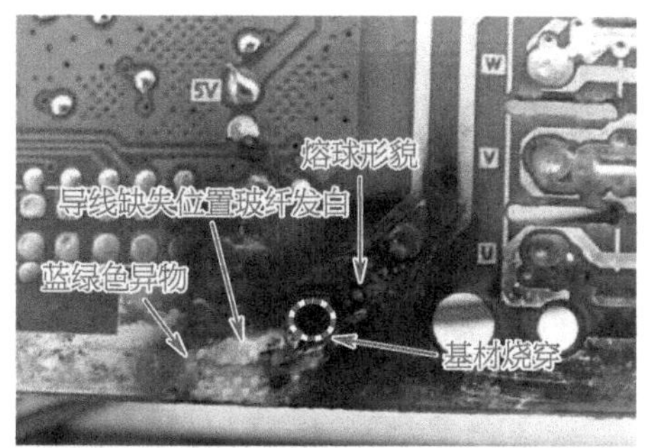

（b）样品焊接面烧毁处外观

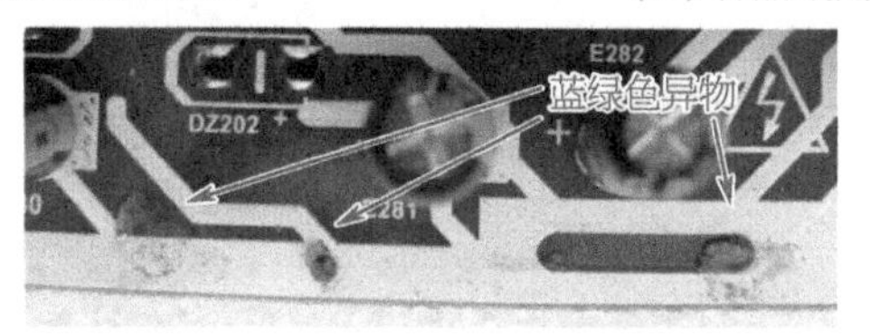

（c）样品元件面上其他导线位置外观

图 5.153　样品外观检查代表性图片

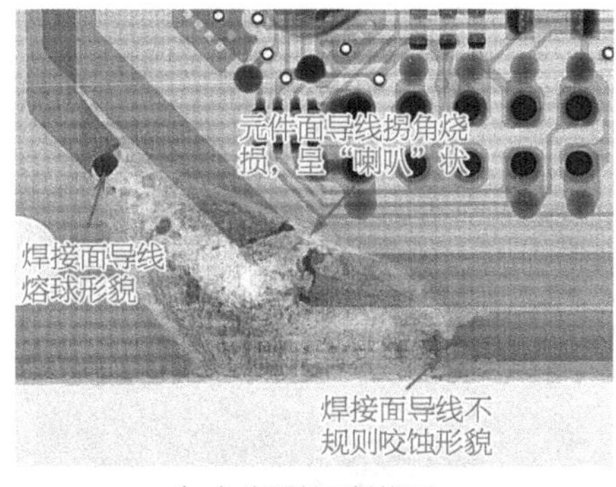

（a）烧毁处X射线图

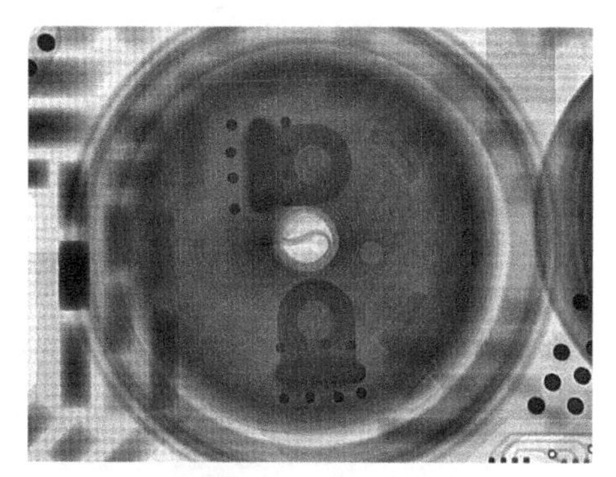

（b）导线所连接电容X射线图

图 5.154　样品 X 射线检查代表性图片

切片截面分析（见图5.155）结果显示在基材炭化严重的位置可见铜层晶粒粗大形貌，在铜层烧损的前端可见铜熔融后的形貌，相对应的基材位置可见明显烧穿通道现象，如图5.156所示，这说明烧板的热源集中在上下两层导线的基材中间。PCB为双面印制板，基材内部无导线，造成基材烧穿只能是上下两层导线间打火导致。但是近1mm的板厚，仅导线间的310 ~ 400V_{DC}的压差不足以击穿，所以应该还有其他因素导致烧板。观察烧损位置周边的导线情况，发现导线存在咬蚀变窄变薄的现象，如图5.157所示。导线变窄变薄导致线电阻增加，从而引起导线发热量增加，聚集到一定程度时基材被灼热炭化，进一步劣化基材的绝缘性能，从而使得上下两层导线间打火失效。结合外观检查所发现导线被腐蚀的铜绿形貌，可推断导线被咬蚀变窄变薄是由于导线的表面防护不足，在使用过程中导线铜层被环境中的离子腐蚀所导致。

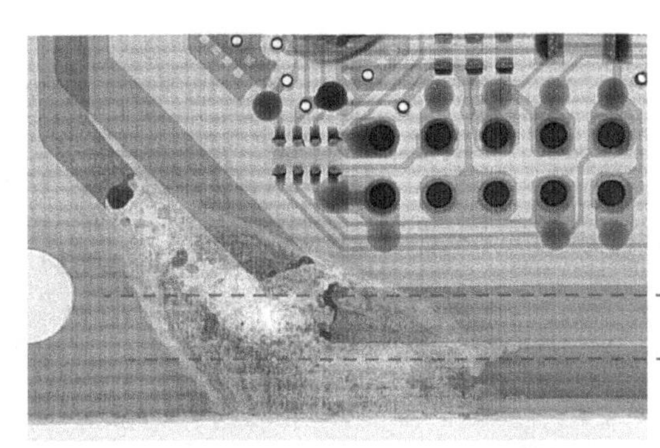

图 5.155　切片截面分析示意图

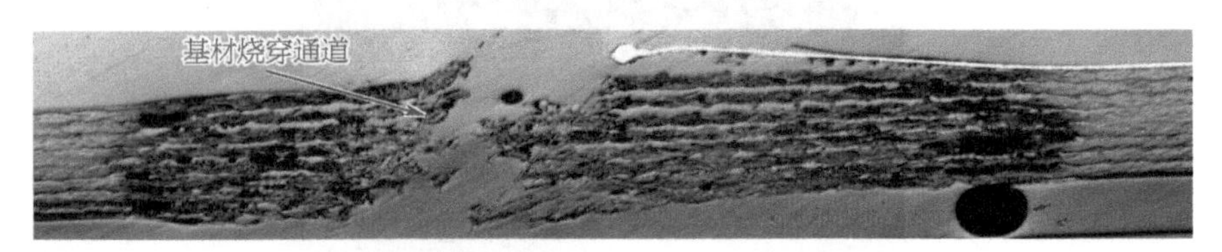

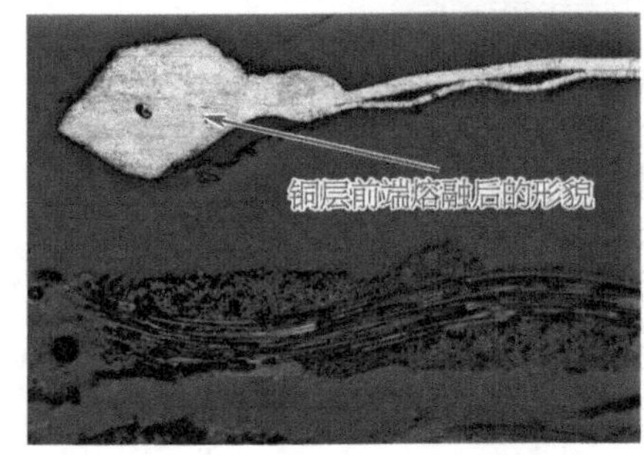

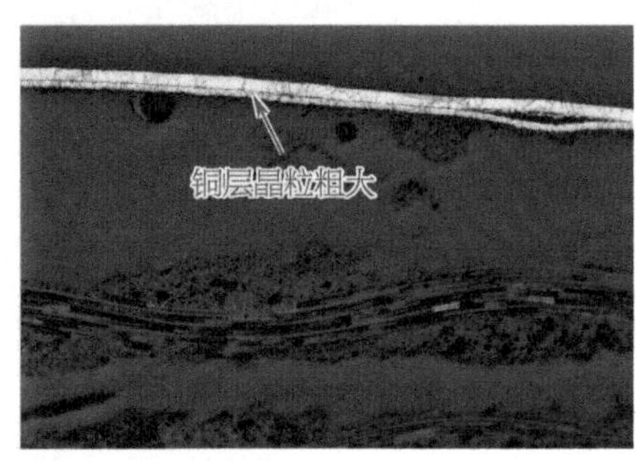

图 5.156　切片截面 2 分析图片

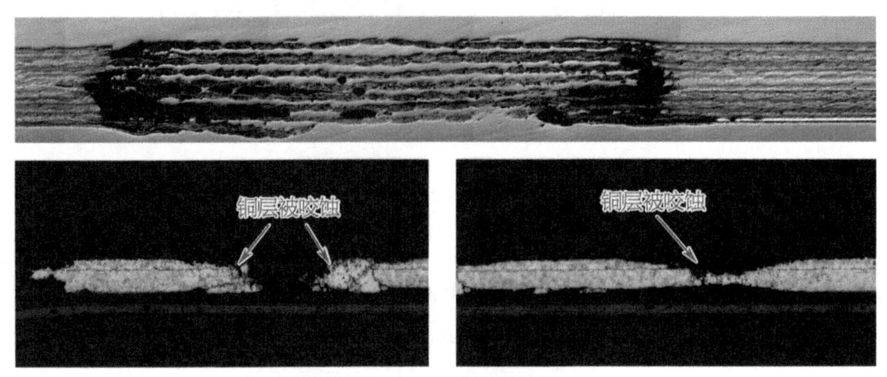

图 5.157　切片截面 1 分析图片

5.19.3　启示与建议

烧板失效的分析难点是在烧毁的板卡上找到真正的起火点，明确烧板的机理。这就需要分析人员具备一定的电学知识，还要熟知PCB加工工艺和板级组装制程工艺。在外观检查难以判断起火点和烧板机理时，借助电路分析可以快速锁定可疑点，然后再通过其他破坏性的分析逐一排查验证。

对于产品而言，发生烧板是关乎安全的事件。防止烧板的发生，要从烧板机理和原因上着手防范措施，既要增加电气间隙的有效绝缘性能，又要做好热设计避免PCB发生热量聚集。在产品设计上，除考虑增加绝缘间距外，还要考虑产品特点与工艺适应性。在材料的使用上，要先做好物料选型工作。PCB要求合格而可靠的基材和工艺保障，不同封装形式的元器件贴装以及PCBA上电气环境对焊锡膏都有不同的要求，焊锡膏需要在选型时与实际的实装板进行工艺可靠性验证，还需要对焊接工艺进行优化等。在产品的防护上，需要根据产品服役的环境条件选择合适的防护方法，如在湿热的环境下，进行良好的三防涂覆表面处理以防止板卡上金属物发生腐蚀是非常必要的。对于有长期使用要求或使用环境恶劣的产品，还应进行高温高湿、温度冲击或温度循环等可靠性试验对工艺可靠性进行充分验证。

随着高密度大功率电子产品越来越多，烧板失效案例也越来越多，带有批次性的特点，而且大多数是发生在应用阶段，其原因分析也非常困难，因此，导致的损失和影响巨大。从以上案例来看，需要在产品设计和工艺可靠性方面加大工作力度，采取足够的预防措施，以避免事后的巨大麻烦和损失。

5.20　片式电阻硫化腐蚀案例研究

随着大气污染日趋严重，空气中的硫浓度不断攀升，越来越多的电子产品因遭受硫化腐蚀而失效，如片式电阻、LED光电器件、继电器、轻触开关、电连接器接触件等[1, 2]。最早被发现的因硫化腐蚀而引起失效的元器件是片式电阻，片式电阻在使用一段时间后出现阻值增大或开路失效。典型的电阻硫化腐蚀失效往往发生在产品交付使用后的2 ~ 3年，腐蚀的速率与使用环境密切相关，且往往是批次性出现的，因此会给企业造成巨大的经济损失。电子产品中经常发生的硫化腐蚀已经严重地影响了产品的可靠性和使用寿命，并且已经成为电子行业一个普遍的共性问题。相关企业已经在对电子元器件的防硫化腐蚀开展深入研究，并将硫化腐蚀试验纳入到产品的可靠性评估项目中。本节将通过典型硫化腐蚀失效案例，介绍硫化腐蚀失效发生的机理及预防措施。

5.20.1　片式电阻硫化腐蚀机理

电阻硫化腐蚀通常只出现在厚膜片式电阻中，对插件电阻和全薄膜工艺生产的薄膜片式电阻没有影响。厚膜片式电阻的结构如图5.158所示[3]，它一般由高热传导性陶瓷基板、

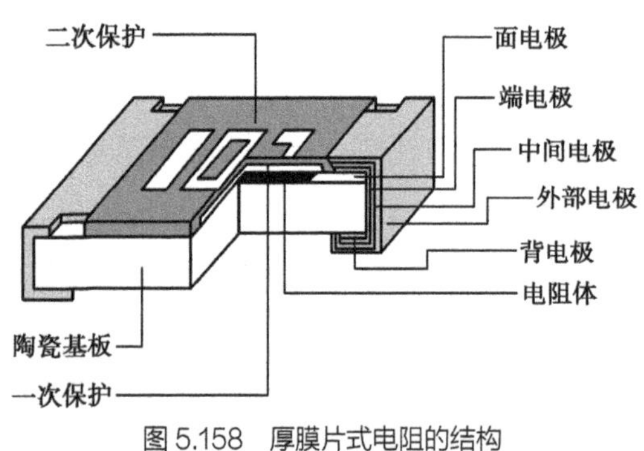

图 5.158　厚膜片式电阻的结构

电阻体、保护膜和端电极构成。端电极一般采用三层结构，即内部电极（包括面电极、背电极和端电极）、中间电极和外部电极，面电极和背电极一般采用银浆料或银钯浆料，通过烧结而成。端（侧）电极一般是真空溅射镍铬合金。中间电极为电镀镍，它起到隔离作用，能有效地防止在焊接期间银层的浸析。外部电极一般是电镀锡或锡铅，保证良好的焊接性。保护膜主要是为了保护电阻体，一方面起机械保护作用，另一方面使电阻体表面具有绝缘性，避免电阻与邻近导体接触而产生故障。一次保护为玻璃浆料（玻璃粉等），二次保护为保护浆料（玻璃粉、有机材料等）。

由片式电阻（本节特指厚膜片式电阻）的结构分析可知，硫化气体最容易入侵的是片式电阻的面电极。这是因为片式电阻的电极是金属材料，而保护层是有机材料，两种材料的交界处难以形成有效的层间化合物，缝隙不可避免。空气中的硫化物（主要是硫化氢 H_2S、碳基硫COS）会慢慢从缝隙处渗透到面电极，导致面电极材料中的Ag被硫化，形成高电阻率的硫化银，最终导致阻值增大失效甚至电阻开路。片式电阻硫化腐蚀机理如图5.159所示。硫化腐蚀更容易发生在电阻贴装上PCB制程PCBA以后，主要是SMT焊接的热应力以及焊锡的浸润和熔蚀作用，导致面电极暴露的缘故。所以在考核和选择防硫化电阻时，应该先将电阻通过SMT工艺焊到PCB上后再进行硫化腐蚀试验，以更好地评估电阻防硫化的能力及其不同电阻之间的差异或优劣。

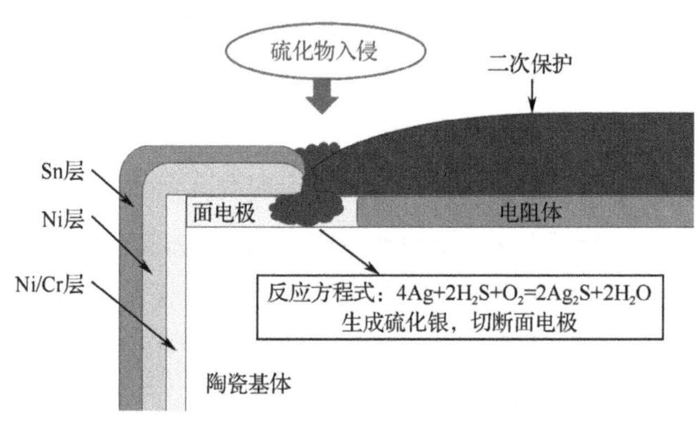

图 5.159　片式电阻硫化腐蚀机理

5.20.2　片式电阻硫化腐蚀预防措施

由于电阻硫化腐蚀失效是一个长期缓慢的过程，在产品的生产、筛选阶段难以识别和剔除。如何在以后的使用过程中避免硫化腐蚀失效的发生是用户最关心的问题，结合本节对厚膜片式电阻失效机理的分析，可以从提高片式电阻自身防硫化能力、采用三防漆进行防护、优化电路板的设计等措施出发，来保证产品的长期可靠性。其主要预防措施如下。

（1）电阻的选型。厚膜片式电阻容易发生硫化失效，在电阻的选用过程中可以选择插件电阻或全薄膜工艺电阻。但是插件电阻的质量是片式电阻的10倍，占用空间也大；薄膜电阻价格昂贵。如果由于各种原因不能选用以上两种电阻，还可以选择防硫化电阻。防硫化电阻的设计思路有两种：一种是通过改进设计，使保护膜与电镀层的搭接长度变长，提高产品的防硫化能力；另一种是通过提高面电极中钯的含量（质量分数从常规的0.5%提高到10%以上）或将面电极的浆料改为金浆。相对而言，第二种方法能更好地保证电阻不被硫化。虽然防硫化电阻能有效提高电阻的防硫化性能，但成本会有较大幅度的上升[3]。大部分PCBA使用的电阻数量是可观的，从成本角度来看，防硫化电阻不是用户的首选。

（2）涂覆三防漆。如果电路板未采用密封设计，则可以采用涂覆三防漆的方法对厚膜片式电阻进行保护，也可以起到隔绝空气防止电阻硫化的作用，但应对不同类型三防漆的特性进行比较后甄选，通常丙烯酸、聚氨酯类三防漆在防硫化性能上具有一定的优势。

（3）灌封胶的选型。在DC/DC模块电源等产品中，通常会使用硅胶进行灌封。而硅胶对硫化物有吸附作用，且本身具有微孔结构，随着硅胶中的硫化物浓度不断攀升，硫很容易通过电阻端电极或二次保护层交界缝隙进入面电极，导致失效。因此，灌封胶的选型显得尤为重要，根据目前大规模工程使用情况，用高导热的聚氨酯灌封胶可避免电阻硫化的产生。

（4）优化电路板设计。在电路板的设计过程中应确保电阻的位置合理，周围不存在装配应力。因为片式电阻承受力小，易产生裂纹，在使用过程中应注意轻拿、轻放，避免对其造成潜在损伤，影响后期使用的可靠性。减振橡胶块、阻尼块等橡胶件具有较高的含硫量，应避免使用容易释放硫气体的材料[4]。

（5）开展充分的防硫化验证。对首次使用的片式电阻或新选用厂家的片式电阻，在产品投入使用前，进行防硫化能力的评估，能有效提高产品的长期可靠性，验证产品的储存和使用寿命是否满足目标要求。目前国内外还没有统一的硫化评价标准，现有硫化试验方案大致有混合气体试验法、硫磺蒸汽试验法、硫磺溶剂试验法等。这些试验方法在本书前面的章节中有介绍，不过评估片式电阻时最好先将电阻样品用回流焊工艺焊在PCB上，以更加真实地反映硫化的实际情况。

5.20.3　片式电阻硫化腐蚀典型案例

【案例背景】

整机在室外环境中累计工作超过两年半后出现信号异常，规格为1.62kΩ的电阻在电路中起限流作用，经电路分析排查定位到该电阻存在电阻值异常。失效样品的外观如图5.160所示。

【案例分析】

电阻标称电阻值为1.62kΩ，电测结果为17.32MΩ，可见该样品电阻值明显增大。光学外观检查发现其端电极边缘（端电极与陶瓷体交界处、端电极与包封层交界处）有明显的黑色颗粒，局部放大形貌如图5.161所示。同时，在X射线透视下可观察到失效电阻的面电极有断开的特征，如图5.162所示。

图 5.160　失效样品的外观

图 5.161　失效样品局部放大形貌

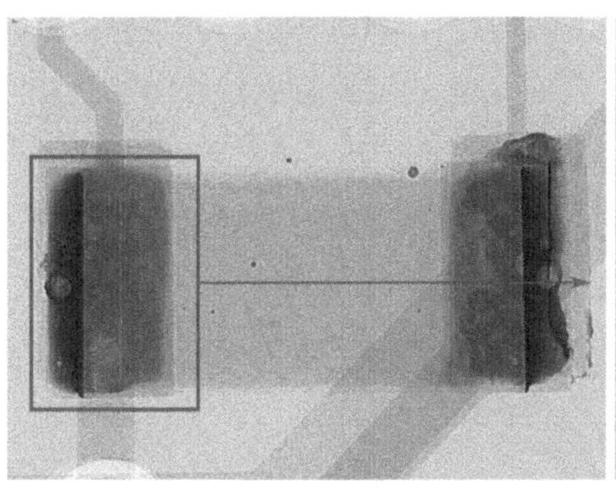
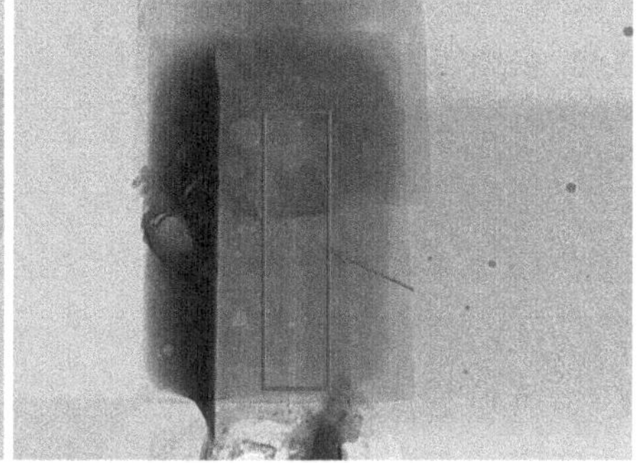
图 5.162　失效样品 X 射线图

对其进行微观形貌及成分分析，发现在包封层和面电极的交界处有硫化银的存在，如图5.163所示。

进一步对失效样品进行金相切片后电镜分析，发现样品端电极与包封层交界位置下方的面电极断开，EDS分析结果显示，面电极断开的位置还发现有硫元素，这说明失效样品面电极已发生硫化腐蚀断开，如图5.164、图5.165所示。

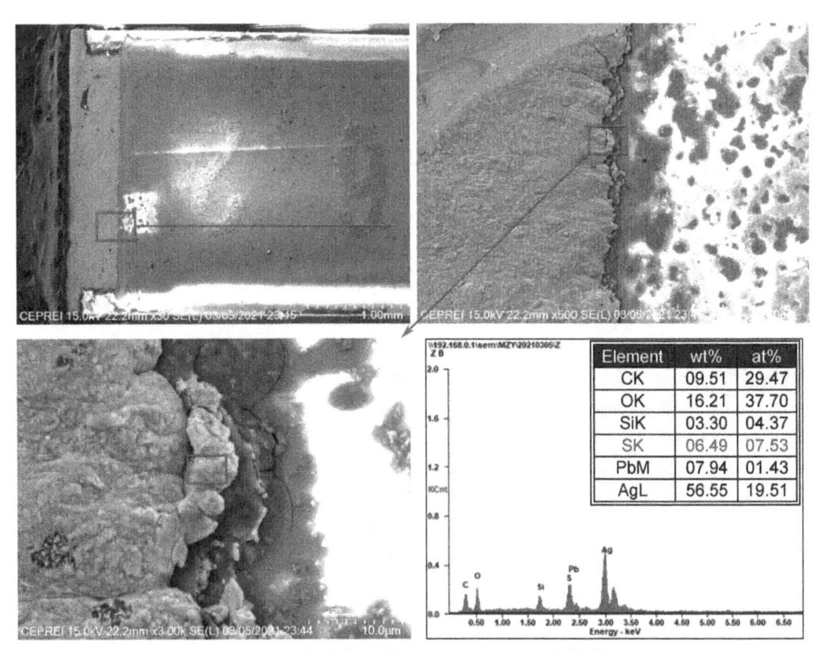

Element	wt%	at%
CK	09.51	29.47
OK	16.21	37.70
SiK	03.30	04.37
SK	06.49	07.53
PbM	07.94	01.43
AgL	56.55	19.51

图 5.163　失效样品表面 SEM&EDS 分析结果

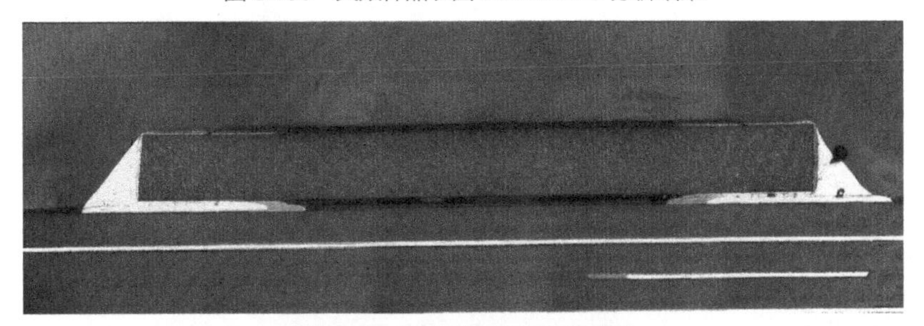

图 5.164　失效样品金相切片全貌

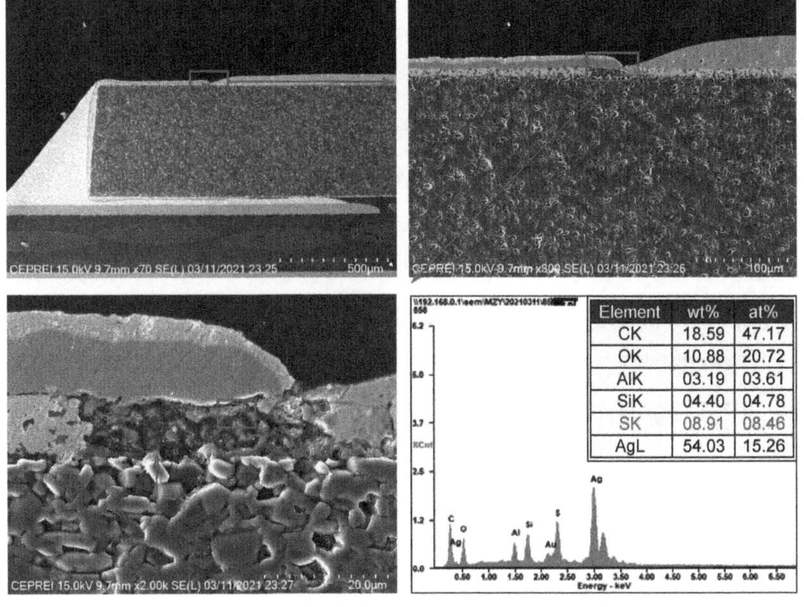

Element	wt%	at%
CK	18.59	47.17
OK	10.88	20.72
AlK	03.19	03.61
SiK	04.40	04.78
SK	08.91	08.46
AgL	54.03	15.26

图 5.165　失效样品切片后 SEM&EDS 分析结果

综上所述，面电极银层被含硫物质腐蚀断开，造成其组织增大失效，导致PCBA信号异常。

5.20.4 启示与建议

空气中的硫与产品中的银结合是一个非常缓慢的过程，短期内影响不明显，但使用两年后失效数量以几何倍数增加，应引起足够的重视。面对硫化腐蚀的问题，电路板在设计、生产、原材料等环节必须采取必要的防硫化措施。第一，要求电子元器件生产厂在产品设计时就应考虑硫化作用，使产品从结构上能够防硫化，以防止硫化的破坏性作用；第二，对于用户而言，还应从产品的选择入手，完善产品规范以及硫化反应可靠性测试标准，以便更准确地评估产品防硫化能力，选择防硫化能力好的元器件和材料；第三，通过增加三防涂覆工艺，选择防硫化的防护涂料，加强产品防硫化的能力。

参考文献

[1] 欧毓迎. 电路板硫化失效的研究[J]. 日用电器，2014，5：43-46.
[2] 彭伟，杨博，曾阳. 电子元器件抗硫化研究[J]. 信息技术与标准化，2021，1：74-77.
[3] 王能极. 厚膜片式电阻器硫化机理及失效预防[J]. 电子元件与材料，2013，32（2）：36-39.
[4] 刘玮，高东阳，席善斌.某机载电子设备中片式厚膜电阻器失效机理分析[J]. 电子质量，2018，3：23-25.

5.21 盲孔失效典型案例研究

电子产品正向小型化、高性能化、多功能化、信号传输高频化与高速数字化等趋势发展，从而对PCB提出高密度化、高可靠性、高性能化的要求，这必然增加了PCB内部高密度电气互连的复杂性。PCB内部实现电气导通与信号传输的主要途径是连接不同内层的微过孔，主要分为三类，盲孔、埋孔和镀通孔。盲孔具有几何尺寸小、布线灵活、可靠性高的优点，并且能加快信号传输速率、降低射频干扰与电磁干扰，在不同层互连结构中起着重要的作用，对发展性能更强、效能更好的PCB起着关键的作用，因而研究PCB盲孔失效机理对其可靠性的保障具有重要作用。

5.21.1 盲孔主要失效机理

盲孔作为层间互连通道，其失效主要与开裂和错位等造成的导通不良有关，所以根据开裂的位置特征，盲孔互连缺陷主要分为6种，盲孔与内层连接盘分离、孔壁断裂、转角开裂、焊盘开裂、盲孔对位不准及叠层盲孔特殊失效。下面简述前5种缺陷。

（1）盲孔与内层连接盘分离。该失效缺陷是6种中最为常见的一种。造成该失效缺陷的因素有很多，最常见的起因是由烧蚀能量不当或钻孔技术差所引起的树脂残留，在焊盘与镀层间形成了一层绝缘层。清洗不彻底也将使产品在烧蚀过程中的杂质残留在金属镀层间的界面，弱化界面间的结合力。另外，连接盘上化学镀铜不良，也会使得盲孔镀铜层底部和连接盘结合强度不足，容易造成开裂分离，如图5.166所示。

图 5.166　盲孔与内层连接盘分离

（2）孔壁开裂。孔壁开裂主要是由于电镀铜厚度不足、在盲孔底部快速减薄引起的。常常在板面附近可以看到较厚的镀铜，但在焊盘连接点变得非常薄，如图5.167所示。这种缺陷一般是由于镀铜药水在盲孔中交换不充分引起的。在组装过程中基材膨胀，盲孔会受到较大的应力作用，当底部铜厚不足时，极易产生裂纹甚至发生断裂，造成导电通路电性能下降，并最终导致电阻偏高或开路。

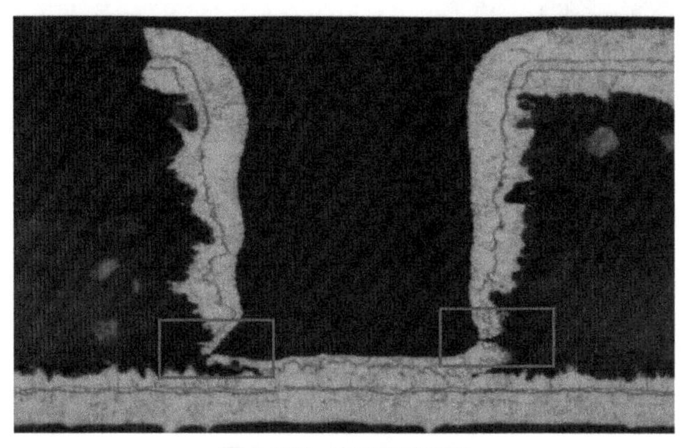

图 5.167　盲孔孔壁开裂

（3）转角开裂。转角开裂是指开裂出现在盲孔转角与焊盘/铜箔相连的地方，这种缺陷属于磨损的失效模式。发生这种缺陷的产品常常受到过度的铜减薄操作而导致焊盘铜厚不足。当转角镀层减薄后，就会在焊盘和镀铜盲孔间产生“对接点”，在焊盘扭转时，这个对接点就会受力。一般而言，这种情况较少，只有当PCB和器件之间热膨胀系数（CTE）极度不匹配时，才发生这种失效缺陷，如图5.168所示。

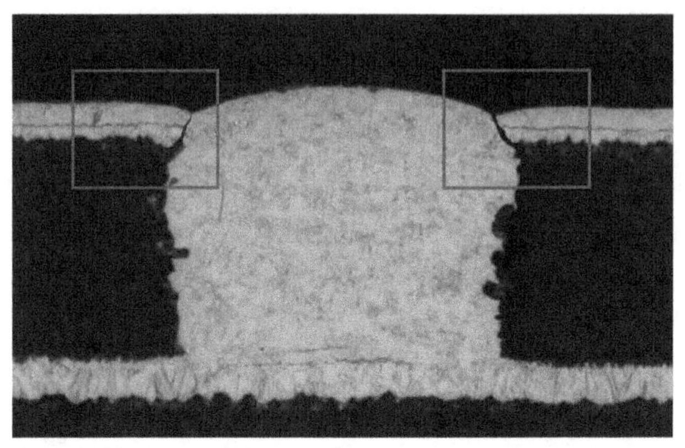

图5.168 盲孔转角开裂

（4）焊盘开裂。CTE不匹配、基板Z轴膨胀会在上下焊盘间产生应力，并致使焊盘开裂。这种失效缺陷常在薄型基板或柔性板间发生，CTE较高或T_g较低的丙烯酸类胶合的基板容易出现这种失效。

（5）盲孔对位不准。这种缺陷会引起开路或短路故障，XY平面或 Z 轴方向尤其可能发生短路故障，如图5.169所示。

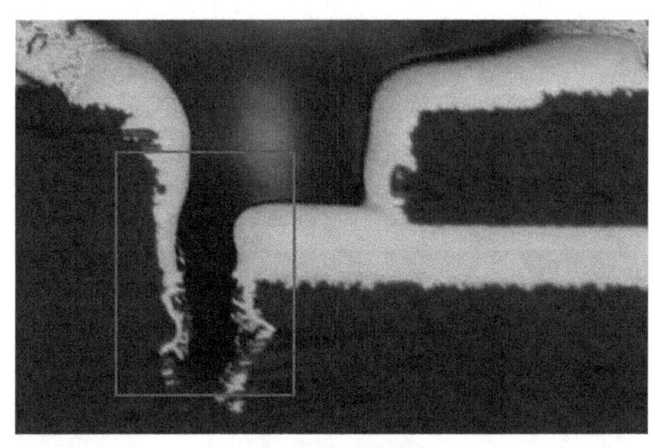

图5.169 盲孔对位不准

5.21.2 盲孔失效主要影响因素

根据对大量失效案例的分析和总结，把盲孔失效的主要影响因素罗列如下。

（1）材料胀缩。在PCB结构中，铜箔与高分子基材之间热膨胀系数不同，导致盲孔在Z轴方向承受基材膨胀的应力作用。大部分有机树脂，Z轴CTE在玻璃化转变温度（T_g）

以上会大幅度增加，如普通FR-4环氧层压板，在T_g以前一般是40 ~ 60ppm/℃，而达到T_g后变成了200 ~ 300ppm/℃，一般铜的膨胀系数为17ppm/℃左右，所以当PCB受到较强的热循环作用时，就会在Z轴方向产生极大的拉伸应变，在多次热循环作用下，可能会致使盲孔产生裂纹并进一步失效。因此，在制作多层板时应注意材料的选择及材料的匹配性问题。

（2）PCB设计。PCB设计中与盲孔相关的参数包括孔径大小、介质厚度与孔径比（厚径比）、镀层厚度、结构分布、孔壁角度等，这些参数在很大程度上决定PCB生产工艺选用，从而影响盲孔的可靠性。例如，介质厚径比影响UV激光加工及孔壁角度，过大的厚径比会提高UV烧蚀树脂的难度，也对后续微蚀、除胶、电镀等湿制程的药水交换增加挑战；镀层厚度也是电镀工艺控制的关键，厚度不足会造成孔铜抗拉强度不足；多阶叠盲孔的设计也会对钻孔和曝光工序要求较高，偏位较大会造成开路或短路故障。

（3）制造工艺。首先是钻孔与清洗引起的缺陷，主要是树脂钻污、孔壁粗糙、纤维疏松和毛头等，使镀铜层不均匀、结合力不足，并在一定热应力（如回流焊）或机械应力下发生开裂。其次是镀铜质量缺陷，主要是镀铜与连接盘分离、镀层空洞、镀铜厚度减薄、镀铜结晶异常、镀层夹杂物、转角断裂等，这些缺陷主要源于镀液组成与性能和镀铜工艺参数等方面的影响。其中，树脂钻污的去除较为关键，影响除污清洁度的因素主要有绝缘层材料的种类、膨松剂种类、膨松剂及高锰酸钾液的浓度、温度、处理时间等，也有企业在除胶后使用等离子清洗、喷淋微蚀等进一步提高除污效果。

5.21.3　盲孔失效典型案例

1. 盲孔开路失效

【案例背景】

某公司产品在客户端失效现象为功能不稳定，经过排查是开路导致，发现失效位置固定，都出现在同一网络中，网络中有树脂塞的埋孔上加盲孔的设计，失效比例为1%。

【案例分析】

经过对失效样品失效位置进行切片和SEM分析发现，失效位置盲孔底部与内层连接盘发生明显分离现象（见图5.170），说明造成开路失效的根本原因是盲孔底部与内层连接盘分离。

通过对失效样品同周期PCB光板拔孔和SEM分析发现，拔孔后的分离界面均为铜结晶的晶界之间，未发现明显异物以及基材特征元素Br元素，基本可以排除是由于除胶不净导致的分离。分离界面铜面未见明显韧窝形貌，说明盲孔底部与内层焊盘结合并非十分牢靠。进一步观察可见盲孔底部铜面有针孔形貌（见图5.171），针孔的存在势必导致孔底和内层铜结合力有所下降，当盲孔底部结合强度不足以抵抗焊接或温度冲击带来的应力作用时即发生盲孔底铜和内层铜分离。另外，失效样品上取样进行Z轴膨胀系数（CTE）测试，结果为α_1-CTE（约64.73ppm/℃）、α_2-CTE（约241.93 ppm/℃）和PTE（3.25%）（曲线见图5.172），膨胀系数并不大，基本可以排除基材本身膨胀过大而导致的盲孔底部分离。

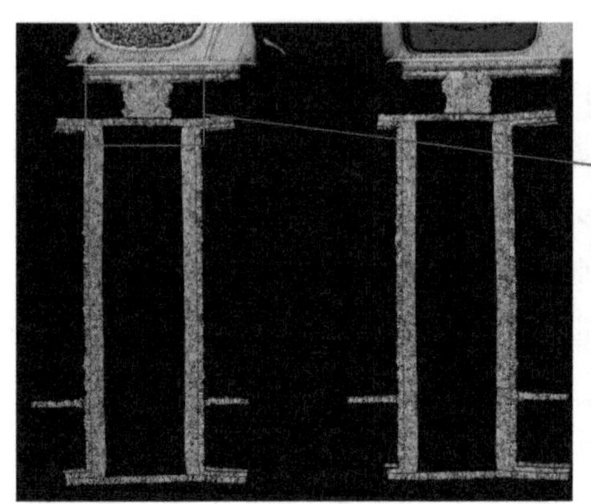

图 5.170　失效位置切片整体结构图和盲孔底部分离形貌

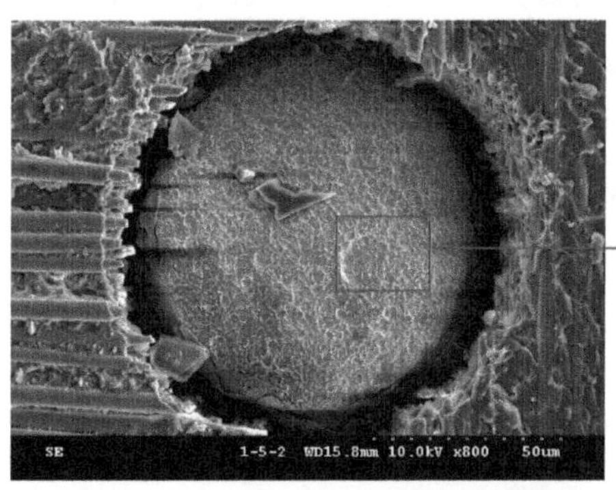

（a）失效样品同周期光板拔孔内层连接盘整体图

（b）内层连接盘表面放大图

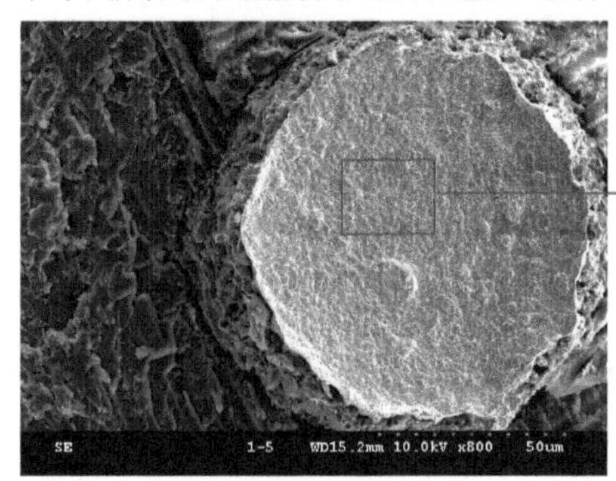

（c）盲孔孔铜侧整体图

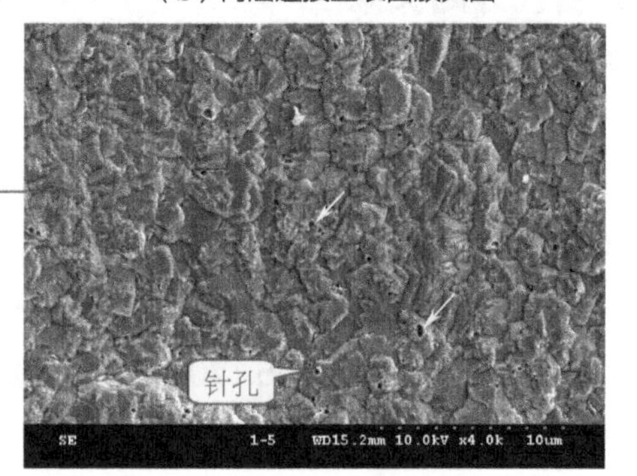

（d）盲孔底部表面放大图

图 5.171　失效样品

因此，本案例开路是由于盲孔底部镀铜存在针孔缺陷造成盲孔孔铜和内层铜结合强度减弱，焊接中受焊接热应力的影响发生开裂。而镀铜层存在较多针孔通常与电镀工艺不良有关，需要监测工艺及其电镀液的品质变化，做进一步查证。

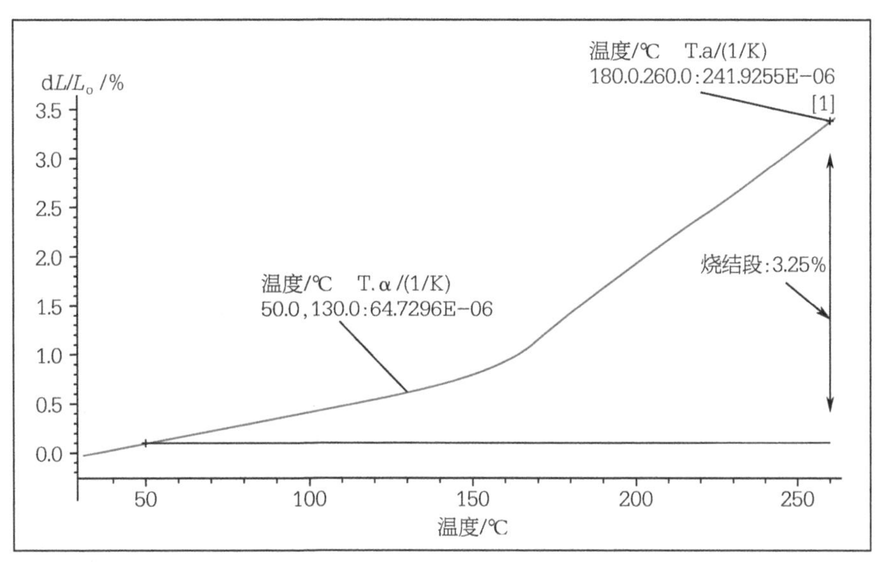

图 5.172　失效样品 Z-CTE 测试曲线图

2. 除胶不尽开路失效

【案例背景】

某厂商生产的手机出货到法国后出现较多比例不开机问题，初步分析为主板断线导致，分析开路具体原因。

【案例分析】

故障定位后进行切片分析，发现多处一阶盲孔底部存在开裂现象（见图5.173），确认了失效是由于一阶盲孔底部开裂导致的。这说明一阶盲孔的孔底存在结合不良的情况，同时发现开裂集中在一阶盲孔底部的位置，具有明显的位置特征，初步判断开裂与盲孔制作流程有关。

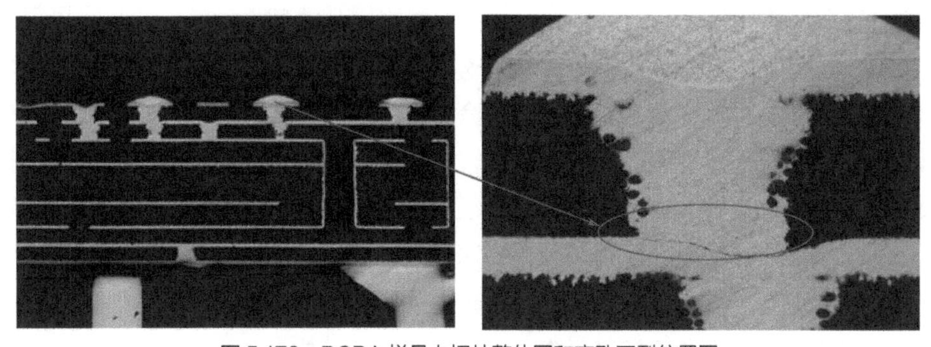

图 5.173　PCBA 样品上切片整体图和盲孔开裂位置图

截面上一阶盲孔底部开裂位置在SEM 背散射（BSE）模式下可见裂缝内有异物，EDS分析判断其主要为氧化铜；将盲孔拔出后外观上可见孔底已呈紫黑色，SEM下未见孔底铜有韧窝形貌，而是呈疏松形貌，表明盲孔开裂并非韧性开裂，进一步证实了盲孔底部结合不良。在其中一个盲孔边缘可见异物残留，异物经EDS确认含基材的Br元素（见

图5.174），结合PCB制作流程基本可认定为除胶不净导致的残留。以上结果表明送检样品一阶盲孔底部局部除胶不净、孔底氧化严重、结合界面疏松等不良现象引起盲孔底部结合不良，导致盲孔底部开裂而引发开路失效。

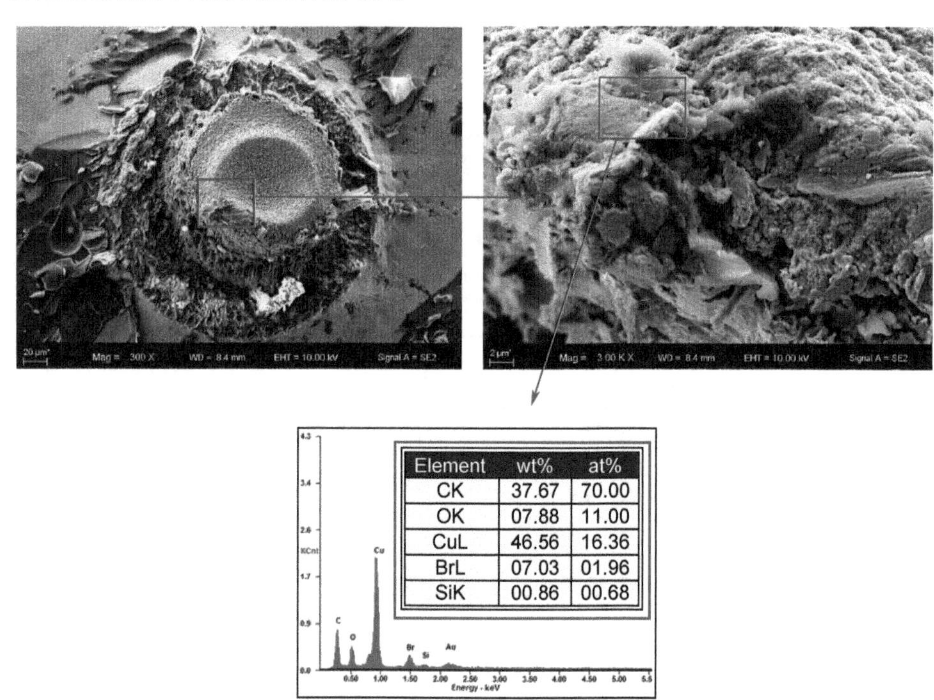

图 5.174　一阶盲孔拔出后 SEM 整体图、底部放大图和 EDS 分析结果

5.21.4　启示与建议

随着PCB电路精细化、高密度化，盲孔的应用比例必然越来越高，盲孔的可靠性成为制约PCB和PCBA可靠性的关键因素。盲孔失效通常导致电路互连失效，已经成为PCB开路故障的主因之一，并且较多盲孔缺陷在PCB检测工序电测、终检都难以发现，只能在后期焊接组装后测试发现，而且很多是批量问题，如果这些缺陷流转到终端产品，则必将造成较大损失。造成盲孔失效的原因有多种，必须根据不同的失效现象进行详细分析，发现导致问题的根本原因，并采取针对性的改善，这样才能保证盲孔的可靠性。对于PCB厂家，加强盲孔生产相关工序的工艺控制和质量检查，如镀铜前加强盲孔底部和孔壁质量的检查，确保孔壁洁净，防止杂质元素污染，以保证镀铜的结构完整性。对于PCB设计方，也可以通过模拟试验如有限元方法（FEM）和弯曲测试等，优化盲孔和焊盘的设计。总之，只有从盲孔失效的形成机理出发，制定科学的操作规范，严格执行和监督各项改善、预防措施等，才能将问题得到有效解决，不断提升产品良率及可靠性。

5.22　键合失效案例研究

键合属于传统概念中一级封装的重要组成部分，主要是指通过键合线实现电子器件或模块内部芯片间或内部芯片与外部引脚的互连。作为半导体后道工序中的关键工序，键合在未来相当长的一段时间内仍将是电子器件或模块封装内部连接的主流方式，在典型空封的微波模块和电源模块的微组装中也经常使用。键合失效不仅影响内部芯片与外部引脚之间的电气互连，甚至会导致整个电子产品的功能失效，因此键合的可靠性是电子组装可靠性的一个重要组成部分。

根据外部能量的输入方式，键合工艺可分为以下三种：热压键合、超声键合和热超声键合；根据键合点形貌，键合工艺可分为球形键合和楔形键合。目前键合工艺中应用广泛的是热超声金丝球焊键合。

5.22.1　典型的键合工艺流程

为了更好地理解或分析键合相关的失效或故障，首先简要介绍典型的键合工艺流程。以热超声金丝球键合为例（见图5.175），键合工艺的流程如下。

（1）金丝通过线管和线夹，穿入键合机劈刀，劈刀外伸出部分的金丝通过电火花放电等方式熔融凝固形成标准的球形。

（2）劈刀下降搜索焊点，在适当的压力和超声时间内将金丝球压在电极或芯片上，完成第一焊点的键合。

（3）劈刀拉线弧后运动到第二焊点焊盘位置。

（4）劈刀下压，通过球焊劈刀的外壁对金线施加压力完成第二焊点。

（5）完成第二焊点键合后，截线、扯线尾使金线断裂。

（6）劈刀通过线夹送出线尾并提升至打火位置，再次打火成球并预备下一次键合。

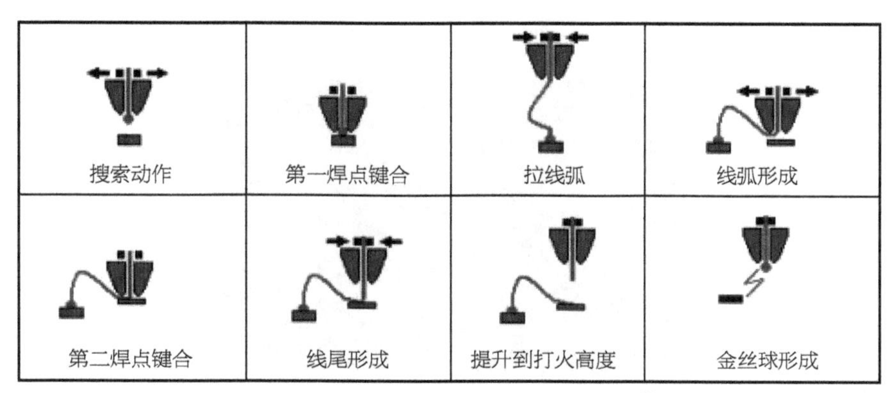

图 5.175　热超声金丝球焊键合工艺流程图 [1]

5.22.2 键合失效模式和机理

键合是芯片和外部封装体之间实现互连的很常见的一种连接应用工艺。键合的失效会导致相应引脚失去功能，从而导致器件及组件失效。因此，对键合失效模式和机理进行研究和总结是非常必要的。

键合的失效模式主要包括两大类：键合不良、脱键及键合断裂。

1. 键合不良

键合不良往往和键合工艺参数设置不当有关，如键合应力、声波能量、传送角度等工艺参数设置不当等，造成常见的失效模式包括塌丝、焊盘出坑、键合剥离等。

2. 脱键及键合断裂

引线在键合后发生的断裂模式主要为三类：引线在键合点处脱键、引线在非颈缩点处断裂和引线在颈缩点处断裂。

（1）引线在键合点处脱键，其主要原因是键合区域表面污染或工装引入污染、键合区表面绝缘层形成、键合点金属间化合物缺陷、键合工艺参数设置不当等。

（2）引线在非颈缩点处断裂，其主要原因是键合工艺过程机械损伤、化学腐蚀等。

（3）引线在颈缩点处断裂，其主要原因是键合工艺制程引入污染元素导致形成共晶相、材料间的接触应力过大或过小等。

5.22.3 键合失效典型案例

1. 焊盘质量不良导致键合失效

【案例背景】

失效样品的键合焊盘表面处理工艺为沉镍钯金，存在金丝键合不良的失效现象，失效表现为部分键合点甩线不良并形成焊盘凹坑，失效位置外观如图5.176所示。

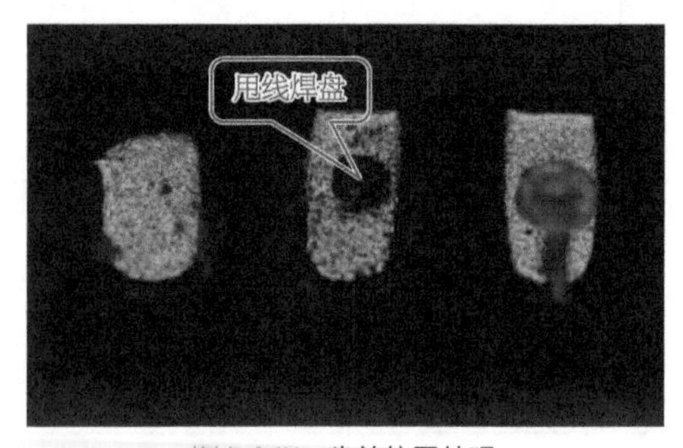

图5.176 失效位置外观

【案例分析】

对甩线焊盘采用显微形貌观察及成分分析，其代表性照片如图5.177所示。焊盘上存在微裂纹和镀层脱落的现象。切片分析发现甩线发生在焊盘镍层（腐蚀带）与金丝球之间，且甩线焊盘存在连续的贯穿性镍层腐蚀（见图5.178）。通过对失效区域进行成分分析，其主要组成元素有C、O、P、Ni，未检测到Au和Pd元素，这说明焊盘表面的Au/Pd镀层已脱落。

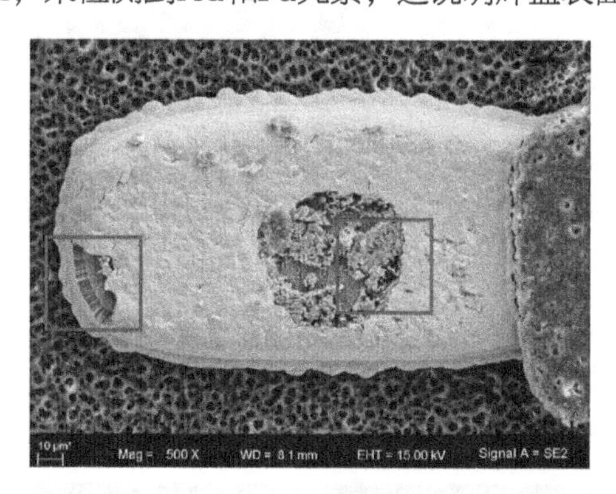

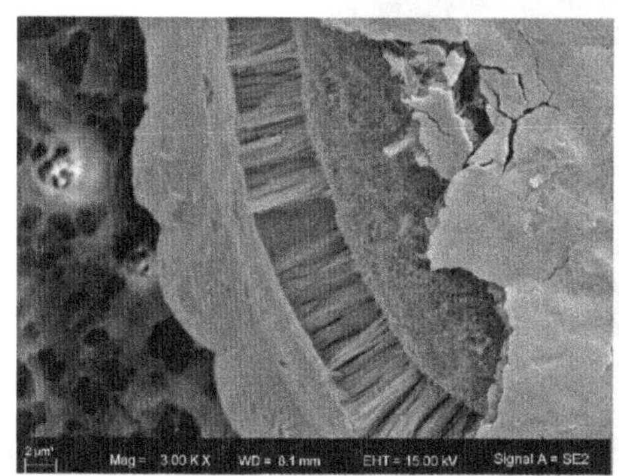

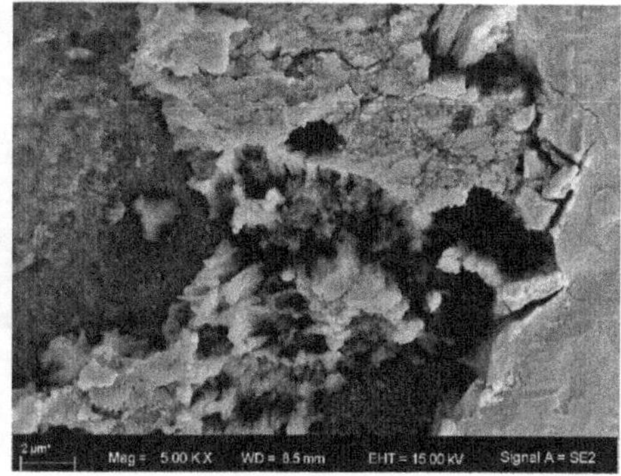

图 5.177　失效位置的代表性 SEM 整体照片和局部放大照片

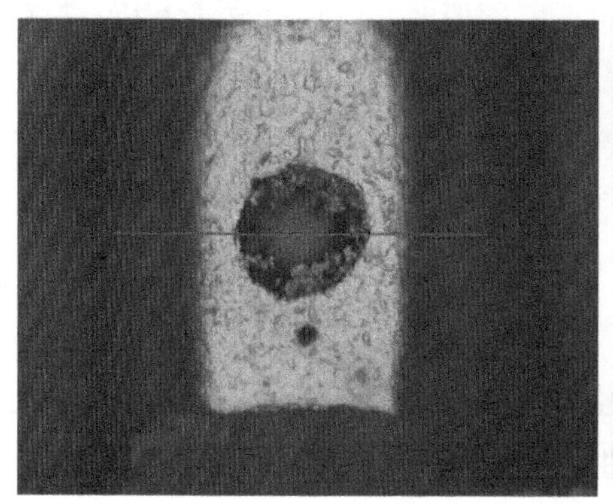

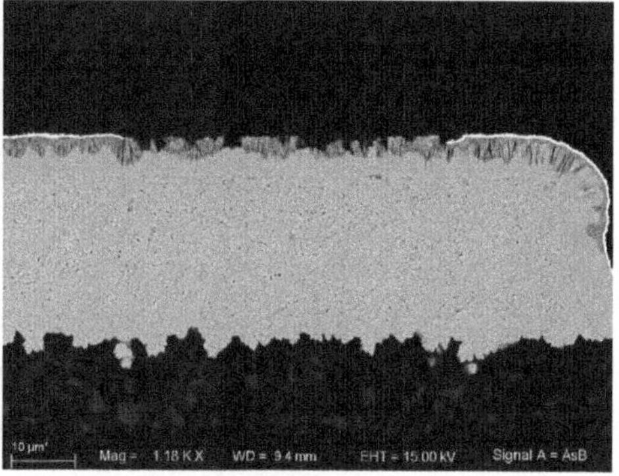

图 5.178　失效位置的金相切片位置及键合区位置的截面形貌

对同批次未失效键合点位置进行形貌观察和成分分析发现，未失效键合点位置的焊盘同样普遍存在连续的贯穿性镍层腐蚀。部分键合点与焊盘的金层之间存在缝隙，未形成良好的键合界面，且在Bump球底部的局部位置存在Au/Pd镀层断裂和Ni层裂缝，这说明焊盘表面的镀层在金丝键合的应力作用下已出现了松动的现象，如图5.179所示。

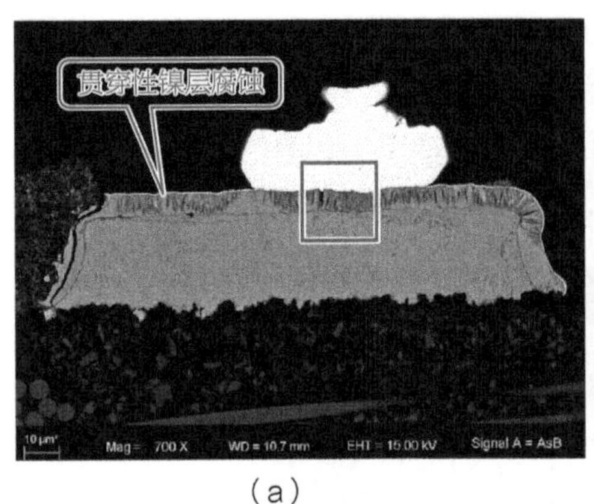

（a）

（b）

图 5.179 未失效键合点的代表性 SEM 照片和腐蚀区域放大照片

进一步对未键合焊盘表面进行金相切片分析发现，未键合焊盘同样存在连续的贯穿性镍层腐蚀，其代表性SEM照片如图5.180所示。

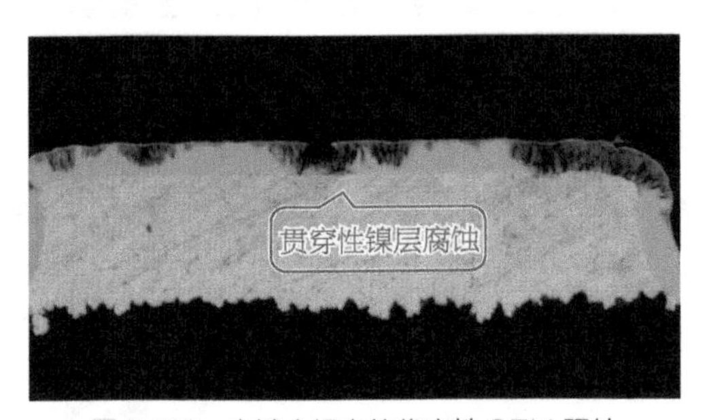

图 5.180 未键合焊盘的代表性 SEM 照片

键合用的焊盘镍镀层存在严重的镍层腐蚀。在键合过程中，在劈刀压力和超声振荡共同作用下，焊盘键合区域的Au/Pd镀层因镍层的支撑强度不足和腐蚀氧化不能形成良好的键合点，从而发生断裂，使得键合区域Au/Pd镀层脱落形成凹坑并导致键合甩线失效。

2. 白斑脱键

【案例背景】

样品为SRAM器件，据用户方反馈，该器件在表面贴装焊接后的功能测试中发现失效（来料未经功能测试），失效表现为部分引脚之间$I-V$特性曲线呈现开路特性或不稳定开路特性。

【案例分析】

将器件进行化学开封，然后对引线进行键合拉力测试，发现电测失效的pin脚的键合点存在脱键现象，如图5.181所示。

图 5.181 脱键位置的外观照片

对脱键位置进行显微观察和成分分析，发现该位置残存有淡黄色或白色物质（见图5.182），且表面存在较多空洞，同时成分分析表明这些物质主要是Au-Al化合物，应为键合界面形成的金属间化合物。对失效样品上其他完整键合点进行金相切片，发现键合界面已形成厚达8μm的Au-Al金属间化合物，显示键合能量可能过大。此外，还发现在金属间化合物和金丝之间的界面存在裂纹，见图5.183（a）；从EDS成分分析可以看出，键合界面形成的Au-Al化合物的原子百分比接近2:1，见图5.183（b），应为典型的Au_2Al合金，俗称“白斑”。白斑是键合界面常见的一种恶性合金，它的存在会导致键合强度降低、键合点脆性开裂、接触电阻增大等失效，引发器件性能退化或键合点脱键开路。

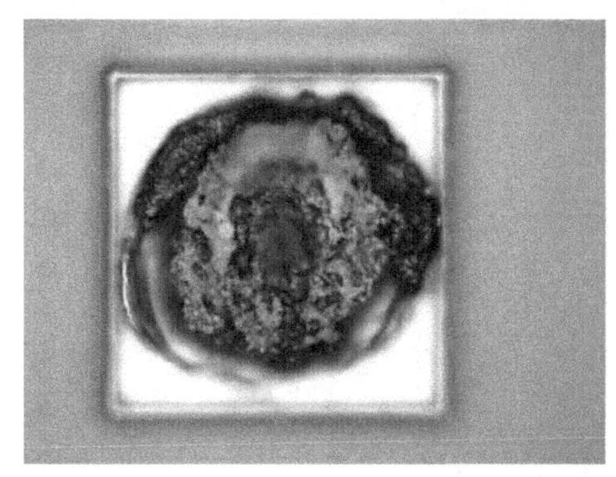

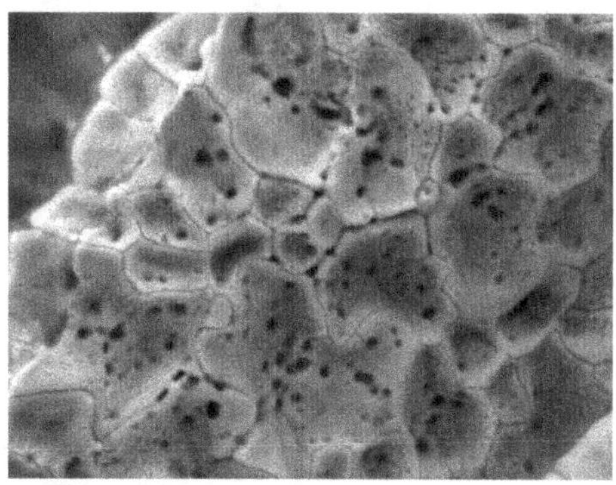

图 5.182　脱键位置的代表性形貌及局部放大照片

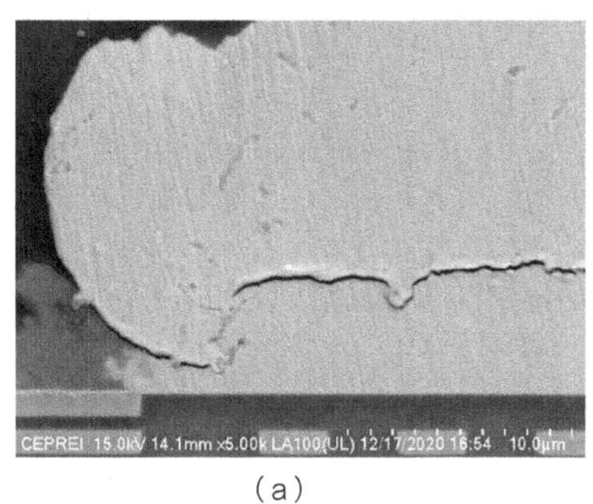

（a）

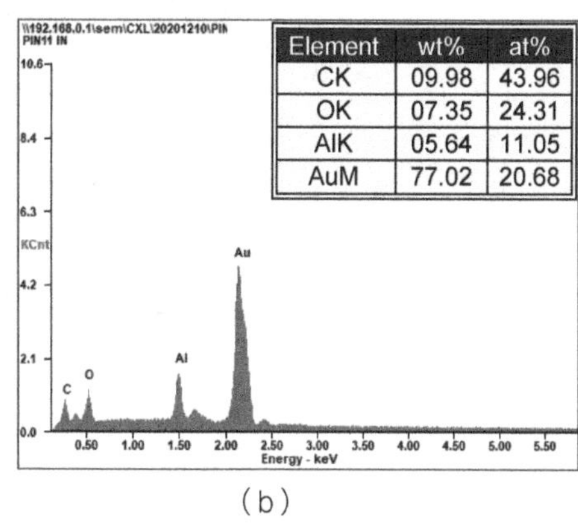

（b）

图 5.183　键合点金相截面照片及金属间化合物能谱分析结果

3. 键合丝疲劳断裂

【案例背景】

样品为传感器，在使用前经历了随机振动、热循环试验及热真空试验，试验后发现功能不良，初步定位到键合丝断裂，断裂位置如图5.184所示。

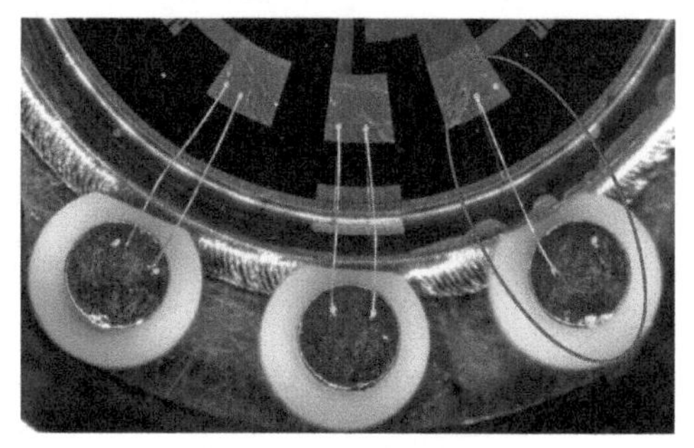

图 5.184　键合丝断裂位置

【案例分析】

对失效位置的键合丝进行微观形貌观察（见图5.185）发现：①键合丝普遍存在明显的颈缩和机械损伤，且无垂直过渡段，键合丝一离开键合点即弯折；②在断口表面观察到疲劳弧线（裂纹扩展区）和韧窝（瞬断区），裂纹源位于键合丝的弯折的外表面（外表面受到拉伸应力），裂纹源区域也存在明显的疲劳弧线，这表明键合丝发生的是典型的疲劳断裂。同时还发现，键合无垂直过渡段导致了应力集中，以及键合工艺过程机械损伤等键合工艺不良问题，进一步促进了键合点疲劳断裂的过早发生。

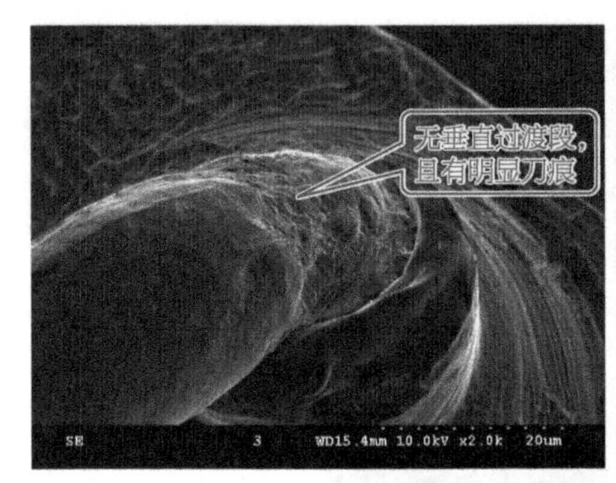

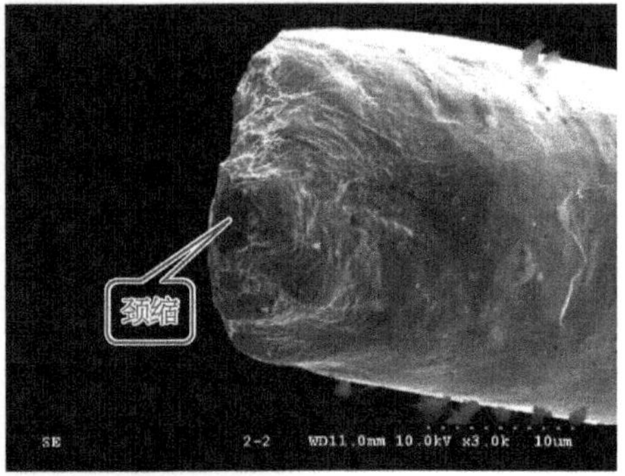

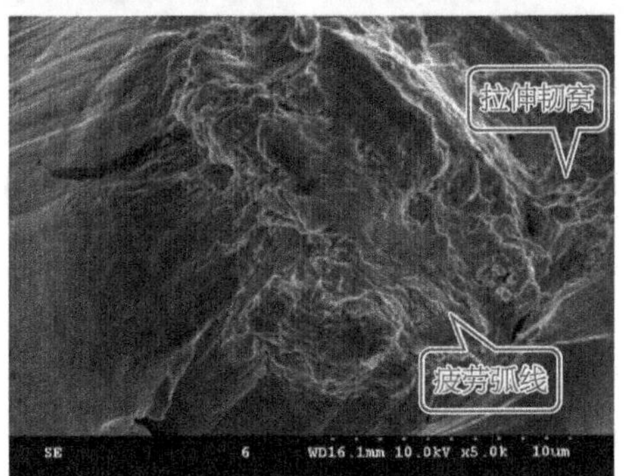

图 5.185　失效位置的键合丝

5.22.4　启示与建议

在集成电路和电子元器件的芯片与外部引线的连接方法中，键合工艺是最主要和最通用的方法之一。虽然键合工艺属于成熟工艺，但是由于这种工艺精细化程度要求高，易受工艺参数设置、结构材料、键合区域表面状态、键合设备及工装状态、操作环境等多种因素影响，也是封装工艺中次品率最高的工艺技术之一。键合工艺质量和可靠性直接影响电子元器件及组件的应用可靠性，因此需要在现有质量标准的基础上，针对典型的失效模式和机理，开展系统性的分析—优化改进—验证—固化工作，进一步完善键合工艺质量管控体系，达到提升和保障元器件及组件可靠性的目的。

参考文献

[1] 常亮，孙彬，徐品烈，等. 金丝引线键合失效的主要因素分析[J]. 电子工业专业设备，2021，287：23-28.

5.23　立碑失效案例研究

随着电子电气设备向着高密度、小型化、多功能和便携化方向快速发展，微小尺寸片式元器件的应用日趋广泛，导致电子产品的SMT组装难度越来越高。近年来，SMT组装行业在组装封装尺寸01005、0201、0402的片式元器件时发生立碑失效的现象越来越多，严重影响了产品的制造质量和效率。本节将通过三个典型案例，讨论立碑失效的机理以及预防措施，为行业减少类似问题提供参考。

5.23.1　立碑失效机理

立碑（Tombstone）也称曼哈顿效应，是一种片式元器件的典型组装工艺缺陷，即片式元器件在回流焊过程中，一端离开焊盘表面，呈现倾斜或直立的状态，如图5.186所示。一般情况下，这种缺陷会在AOI或外观检测阶段被检出。产生立碑的原因主要是质量较轻的元器件两端的润湿力差异导致元器件本体失去平衡造成的。润湿力的大小与单位面积的润湿力、润湿面积及润湿时间有关。

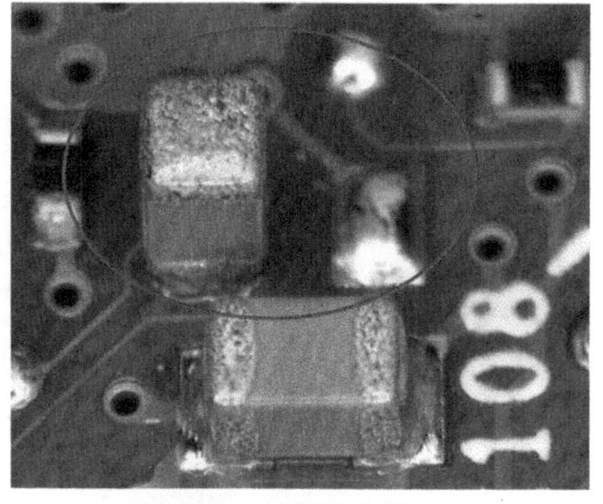

图 5.186　典型的立碑图片

5.23.2　立碑失效的影响因素

通过对各种立碑案例及其原因的分析和总结，将影响立碑的主要因素归纳为以下几个方面。

（1）PCB焊盘设计。两侧焊盘本身大小或热容量差异大，导致焊料熔融润湿焊盘的时间不同，引起两端润湿力不平衡。其中热容量差异主要体现在焊盘设计考虑不周，将其中某一焊盘与大散热的接地或大导体相连，使得加热焊接时两个焊盘的温度差异过大。

（2）PCB可焊性。两侧焊盘的可焊性差异影响了润湿力的大小，污染或氧化以及焊盘表面状态由于工艺异常会造成两个焊盘的可焊性差异。

（3）元器件的可焊性。元器件物料两个可焊端的可焊性有差异（如污染、镀层不耐溶蚀等），或者可焊端面积不同，引起润湿力大小差异。

（4）PCB焊盘和元器件的尺寸匹配。匹配不好会影响润湿面积，这与可制造性设计有关。

（5）工艺因素。贴片精度、焊锡膏印刷质量、回流焊温度曲线设置等都会引起两端润湿力的不平衡。

（6）元器件布局结构。元器件布局不合理可能会产生遮蔽，导致两侧焊盘的受热不均匀，或者导致回流时热风气路不均匀，出现润湿力不平衡的情况。这个时候的立碑缺陷常常具有位置特征。

5.23.3 立碑失效典型案例

1. 0201二极管立碑失效

【案例背景】

失效样品无铅回流后，样品上的0201二极管出现立碑失效，且立碑位置固定。失效样品及失效现象如图5.187所示。

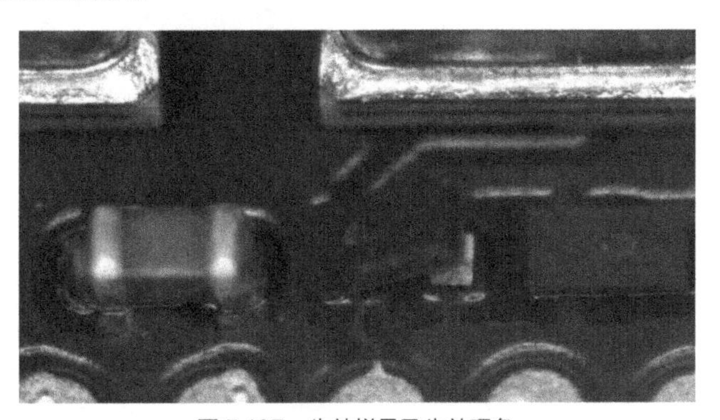

图5.187 失效样品及失效现象

【案例分析】

图5.188 立碑焊盘外观

失效样品上立碑位置固定，与之相邻的同型号的二极管未出现立碑失效，因此该失效具有明显的位置特征。观察周围的元件布局，并无明显的元件遮挡或气流异常通道。将立碑的二极管移除，发现上锡不良的焊盘表面有部分区域可见焊锡覆盖，部分金层未被溶解，如图5.188所示。对虚焊一侧的焊盘进行分析，未发现明显的异物污染，可排除污染导致的润湿力差异。本身固定位置固定一侧立碑，也与焊盘污染导致失效的特征不符。再观察焊盘，发现两侧焊盘大小开窗一致，但与不良焊盘连接的导线较粗而且连着较大的铜箔，而另一侧焊接良好的焊盘连接的导线较细，同样加热条件下必然导致两侧焊盘的热容量有差异，温度低的一侧焊盘因润湿慢而首先被拔起。另外，对失效二极管物料进行称重，发现其质量只有0.06mg，而0201尺寸的片式电容的质量大约是0.27mg，二极管的质量轻，对焊盘的热容量的微小差异更敏感，更容易发生立碑。因此，两侧焊盘热容量差异是导致0201二极管固定位置一侧立碑的原因。

2. 0201 电容立碑

【案例背景】

失效样品在SMT后，X射线检查发现0201电容焊点出现立碑现象。立碑全部出现在焊接第二面，位置不固定。该产品涉及A和B两个元件供应商，C和D两个PCB焊盘供应商，其中A+C组合出现立碑的比例明显高于其他组合。失效样品外观如图5.189所示。

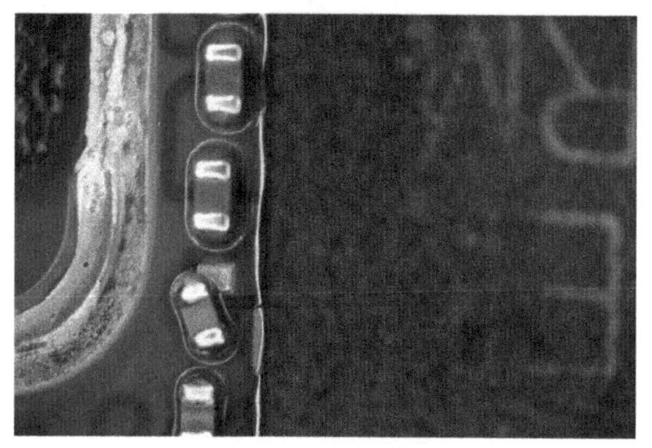

图 5.189　失效样品外观

【案例分析】

在采用相同焊接工艺的条件下，本案例发现A+C的组合出现立碑的比例高，但是A+D及C+B组合的立碑比例都不高，这说明导致立碑的原因可能是焊接窗口的问题。经观察发现，所有的立碑焊盘全部出现在焊接的第二面的A供应商的0201电容位置（焊接第一面C供应商的0201电容无立碑，焊接第二面的其他供应商的0201电容也无立碑），并且立碑的特征全部是PCB焊盘不润湿，焊料全部爬升至端子一侧。PCB焊盘表面未见明显的污染，也未检测到OSP的特征元素Cl，这表明虚焊一侧的OSP膜已溶解，也就表明PCB焊盘的润湿性可能已退化。进一步对比不同厂家的PCB焊盘的OSP厚度发现，未失效的D供应商的PCB焊盘的OSP在厚度和均匀性上都明显优于C供应商，C供应商的OSP膜局部位置不连续，其OSP膜厚度测量图片如图5.190所示。因此，C供应商的PCB的第二面焊接工艺窗口偏窄。

另外，C+B组合的失效比例同样比较低，怀疑除了C供应商PCB焊盘本身的可焊性退化，物料的差异也是导致虚焊的原因。对电容物料和PCB焊盘的匹配性进行分析，发现C供应商PCB焊盘设计较小，并且焊盘内间距较大，而A供应商元件的端电极尺寸相对B供应商元件（无虚焊问题）较大，和C供应商PCB焊盘匹配时，A供应商元件的部分端电极会搭不上焊盘，这将导致两边润湿力不平衡，从而出现立碑失效。而B供应商元件的端电极间距较大，几乎可全部落在PCB焊盘上，因此，B供应商元件与C供应商的PCB焊盘的匹配性优于

A供应商元件。不同厂家PCB焊盘和元件可焊端匹配图片如图5.191所示。

因此，焊接第二面焊盘可焊性退化以及PCB焊盘尺寸和电容元件尺寸不匹配缩小了工艺窗口，容易产生两端润湿力或润湿时间的差异，导致了0201电容更容易立碑。

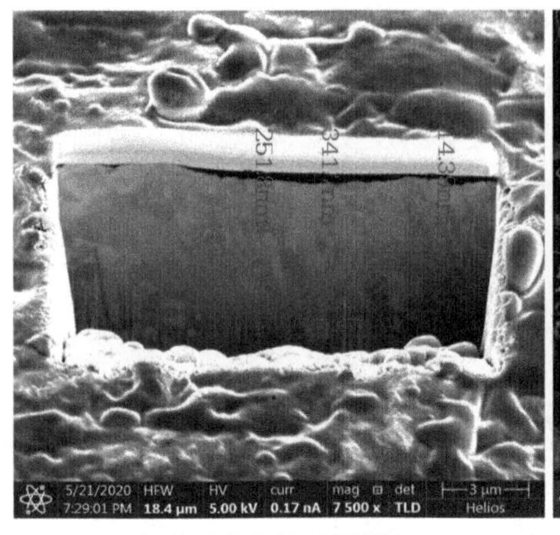

（a）C供应商PCB焊盘

（b）D供应商PCB焊盘

图 5.190　OSP 膜厚度测量图片

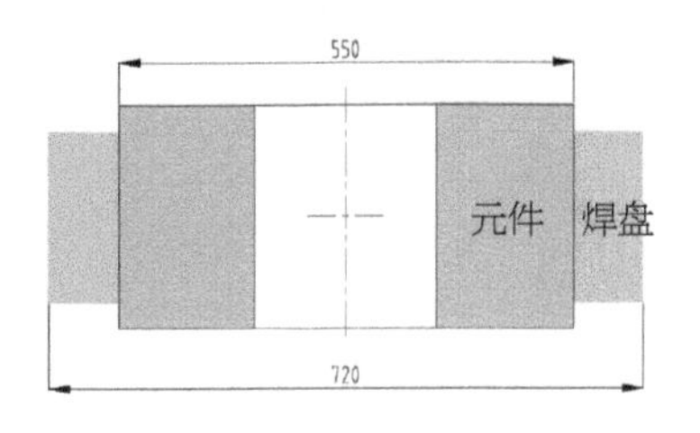

（a）C供应商PCB焊盘+A供应商元件

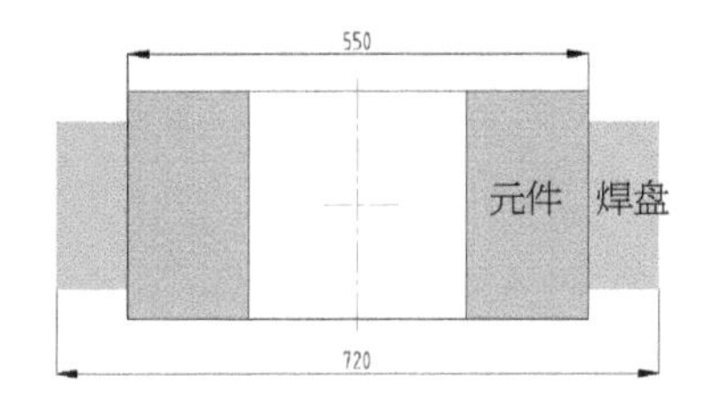

（b）C供应商PCB焊盘+B供应商元件

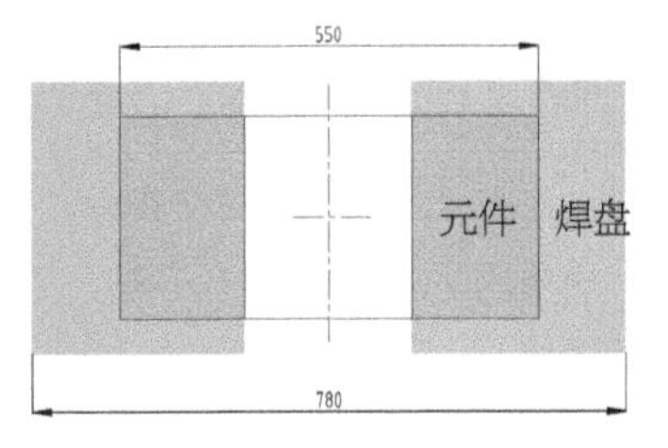

（c）D供应商PCB焊盘+A供应商元件

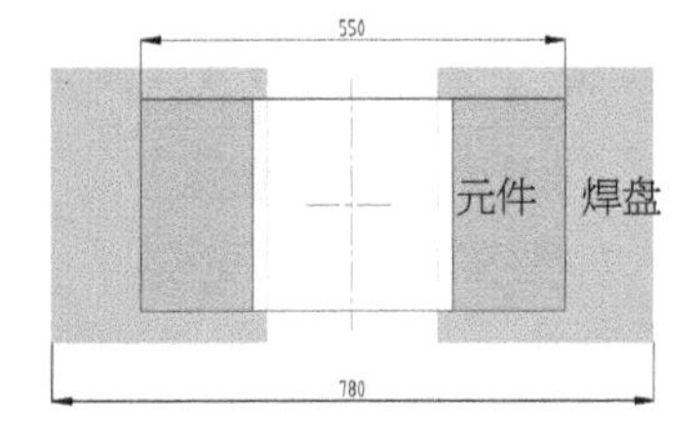

（d）D供应商PCB焊盘+B供应商元件

图 5.191　不同厂家 PCB 焊盘和元件可焊端匹配图片（单位：μm）

3. 0201 电阻元件端电极污染导致立碑

【案例背景】

手机产品上的0201电阻出现立碑现象，失效比例约为0.18%，立碑的电阻位置随机分布。立碑失效现象如图5.192所示。

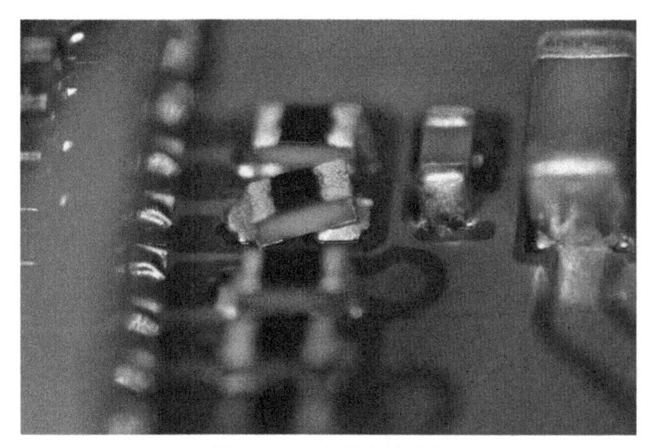

图 5.192　立碑失效现象

【案例分析】

两个样品上各有一处0201电阻立碑现象，这两处立碑位置不同。电阻均呈现一侧焊接良好，另一侧虚焊的现象。将电阻与PCB机械分离，发现两个立碑焊点上，虚焊一侧分离面均位于电阻和焊料之间，焊料顶部平滑，焊料未见任何焊接后机械撕裂的痕迹，而焊接良好一侧分离面位于电阻可焊端和本体之间，电阻的部分电极分离时被撕裂，如图5.193所示。

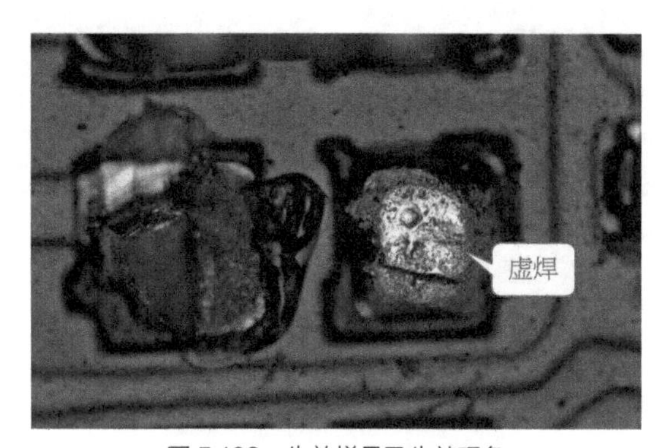

图 5.193　失效样品及失效现象

电阻立碑一侧的端子检测到有Na和P等异常元素，这说明端子表面可能存在污染，如图5.194所示。对失效电阻立碑一侧进行可焊性测试，发现虚焊端不上锡；用异丙醇超声清洗后，再进行可焊性测试，发现可以上锡，表明电阻其中一个可焊端表面存在污染是导致两端润湿力不平衡的原因。

对同批次电阻物料端子进行观察，发现个别可焊端上存在含有Na和P的污染物，对这些被污染的电阻进行可焊性测试，发现同样不上锡，如图5.195所示。

因此，0201电阻来料可焊端表面存在污染是导致立碑的原因。

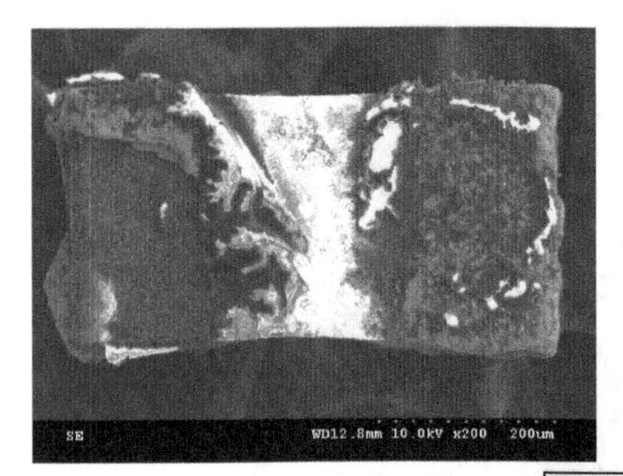

Element	wt%	at%
CK	34.47	67.06
OK	12.27	17.93
NaK	03.93	03.99
PK	02.34	01.77
SnL	46.99	09.25

图 5.194　电阻虚焊一侧表面 SEM&EDS 分析结果

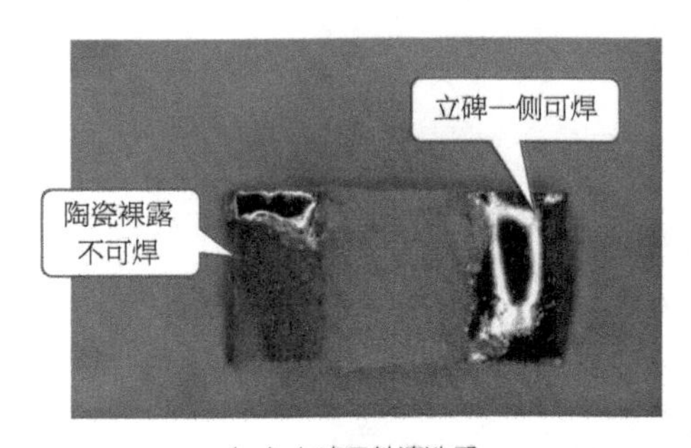

（a）立碑元件清洗后

（b）有污染的物料

图 5.195　电阻可焊性测试后外观

5.23.4　启示与建议

随着高密度电子组装的快速发展，需要用到越来越多的微型的片式元器件，由于微型片式元器件本身很轻且体积小，SMT组装时很容易由于焊盘之间的润湿力不平衡而发生立碑虚焊现象。有时是单一因素导致，有时是设计、物料、工艺等多方面共同作用的结果。为了更好地预防立碑失效或不良，建议针对影响因素采取以下措施。

（1）做好微型的片式元器件的焊盘设计和布局，尽量避免导致焊盘热容量差异大的设计；同时控制焊盘工艺误差，确保贴片的精度。

（2）加强PCB和元件来料优选和控制，防范焊盘或端子引脚的污染和氧化风险，需要时对其可焊性进行有效评估。

（3）加强SMT工艺制程管控，从贴装精度、焊锡膏印刷质量、回流炉温度控制等方面进行优化，以确保工艺稳定。